KB172937

한국의 근현대건축

한국의 근현대건축
MODERN ARCHITECTURE IN KOREA
다이어그램으로서의 역사
A HISTORY AS DIAGRAMS

정인하
Jung Inha

열화당

일러두기

· 이 책은 저자가 1990년대부터 최근까지 쌓아 온 한국 근현대 건축 및 건축가에 대한 연구 성과를
단행본에 맞게 수정, 보완, 구성하고 관련 도판을 엄선해 함께 엮은 것이다. 새로 쓴 원고 외에 근
간이 된 발표 논문과 국내외 단행본들은 참고문헌에 밝혔다.

· 대부분의 건축물명은 당시 명칭으로 적고 처음에만 현재 명칭을 병기했다.

· '조선/한국' '한양/한성/경성/서울'은 문맥에 따라 그 명칭을 적절히 혼용했으며, 그 외의 지명,
학교명, 단체명 등은 당시의 명칭을 적고 현재 명칭을 병기했다.

· 길이와 면적은 '마일/킬로미터' '인치/미터/척' '제곱미터/평' 등의 단위를 시대와 지역에 따라
적절히 혼용했다.

· 근대기 문헌을 직접인용(" ")할 경우, 원문의 의미를 훼손하지 않는 선에서 현대어로 고쳐 적었다.

· 번역자가 명시되지 않은 해외 문헌은 모두 저자가 번역한 것이다.

· 사진 설명에 표기된 건축 연도는 설계부터 준공까지의 기간을 가리키며, 그 시점이 불분명할 경우
는 설계 또는 준공 연도 중 한쪽을 표기하고 그 내용을 밝혔다.

· 수록 도판의 출처는 책 끝 도판 제공에 밝혔다.

오랜 노력의 결실이 이렇게 세상에 빛을 볼 수 있게 되어서 매우 기쁘게 생각한다. 어렴풋한 시작은 대학원에 진학하면서였다. 한국 현대건축을 연구하겠다는 생각을 가지고 있었지만, 어떻게 해야 할지 몰라 매우 혼란스러웠다. 이 분야를 지도하는 교수도 없었고, 학생 스스로 그 길을 찾아가야 할 형편이었다. 지금은 여러 건축 아카이브가 생겨나면서 여건이 많이 개선되었지만, 그때만 해도 건축가의 삶을 학문적으로 조명하는 자체가 매우 낯선 주제였다. 또한 1980년대 한국의 시대 상황은 정치 과잉의 시기였다. 이에 영향을 받아 정치 이념과 건축의 관계에 대해 많은 관심을 가졌고, 러시아 근대 아방가르드부터 연구하고자 했지만, 냉전 상황에서 연구 자료를 구하는 것조차 막막했다. 그래서 생각한 것이 프랑스 유학이었다. 경제적으로 어려웠던 상황에서 학비가 들지 않았던 프랑스 유학은 유일한 탈출구였다. 노란 봉투에 담긴 박사 과정 입학 허가서를 처음 받았을 때의 감격을 잊지 못한다.

그렇지만 1989년 가을에 도착한 프랑스의 대학 상황은 매우 어수선했다. 건축학교와 대학교 사이에 교육 편제가 완전히 분리되어, 건축사 연구는 대학의 고고학 및 예술사학과에서 예술사의 일부로 다뤄졌다. 이에 따라 건축사 연구는 제한적으로 이루어졌고, 건축설계 분야와의 연계도 거의 없었다. 논문 과정에 들어가 본격적인 건축사 연구를 시작할 때 지도 교수로부터 예상치 못한 요청을 받았다. 파리 이십세기 건축 아카이브 Le Centre d'archives d'architecture du XXe siècle à Paris 에 가서 자료 정리를 도우라는 것이었다. 처음 그곳에 도착하자 엄청난 서가에 꽂힌 수많은 문서와 도면이 눈을 사로잡았다. 연구자들의 손길을 기다리고 있었던 그것은, 사실 건축사에서 그다지 알려지지 않았던 프랑스 건축가들의 자료였다. 지도 교수가 자료 조사를 요청했던 로베르 카믈로 Robert Camelot 역시 나에게는 매우 낯선 인물이었다. 돌이켜 보면 이때의 경험이 나의 학문적 기초를 형성하는 중요한 계기가 되었지만, 당시로서는 왜 이런 작업을 하는지에 대해 별다른 이해가 없었다.

그렇게 학위를 받고 귀국해서 대학에 자리를 잡았을 때 일종의 지적 공백 상태에 놓이게 되었다. 특히 미국 대학에서 반짝거리는 이론체계를 전수

받은 다른 연구자들과 비교해서 더욱 그랬다. 그래서 바르부르크학파 예술사가들의 주요 저작과 후기구조주의 철학을 섭렵하기 시작했다. 이론적 연구와 병행해 프랑스 유학 시절에 경험했던 방법론에 따라 한국 건축가들의 자료를 차근차근 모아 나갔다. 우선 귀국하자마자 공간건축에 입사해 김수근 건축을 연구했고, 이후 유사한 방법으로 김중업, 이희태, 김종성의 건축을 탐구해 나갔다. 건축 아카이브가 없었던 상황에서 그런 작업은 상당한 끈기와 인내를 요구했다. 한양대학교 건축·도시·역사연구실의 연구원들이 여러 방면에서 큰 도움을 주었다. 그렇게 자료들이 쌓이며 다양한 연구 성과가 나오기 시작했다. 다이어그램, 지형도, '가능성의 장'과 같은 이론체계를 가지고 축적된 연구 자료들을 해석하는 작업이 뒤따랐다.

이 책은 약 사십 년에 걸친 지적 여정을 일단락 짓는다는 의미를 지닌다. 많은 이들의 도움이 없었다면 결코 이루어지지 않았을 것이다. 가족들의 뒷받침 역시 매우 크게 작용했다. 그들의 이름을 가슴에 새기며 이 글을 마무리하고자 한다.

2023년 여름
정인하

차례

책머리에 5

서론. 건축지형도와 다이어그램 9

1부. 개항과 식민 시대: 서구 근대건축의 수용

　1장. 개항과 미완의 개혁 21

　2장. 식민지 도시공간의 형성 49

　3장. 근대 도시주거의 출현 75

　4장. 근대적 재료와 구법의 도입 95

　5장. 박길룡: 주거 개선과 사회학적 건축론 123

　6장. 이상: 도시적 변모와 아방가르드의 탄생 145

2부. 개발 시대: 한국 건축의 정체성 탐구

　7장. 도시의 확장과 건설 붐 169

　8장. 도시 주거의 고밀화 201

　9장. 전통 논쟁과 건축의 기념성 221

　10장. 이희태: 비례와 형식 체계 245

　11장. 김중업: 시적 울림의 세계 263

　12장. 김수근: 휴먼 스케일의 공간 탐구 283

　13장. 기술의 고도화와 의미론 탐구 303

　14장. 김종성: 구축적 논리와 공간적 상상력 327

3부. 세계화 시대: 건축으로의 다원적 접근

　15장. 리얼리티의 발견 349

　16장. 이타미 준: 보편적 지역주의 369

　17장. 우규승: 도시로서의 건축 387

　18장. 정기용: 건축의 일상성 409

　19장. 4.3그룹: 마당의 담론 425

　20장. 한국에서의 랜드스케이프 건축 447

　주註 467

　참고문헌 501

　찾아보기 521

　도판 제공 541

서론. 건축지형도와 다이어그램

1876년 개항 이후 한국의 물리적 환경은 너무나 근본적으로 변해 왔다. 따라서 이 시기 동안 한국에서 일어난 건축, 도시, 주거의 변모 과정을 정확히 파악해내기란 매우 어렵다. 1904년 한국에 건너온 오스트레일리아의 사진가 조지 로즈 George Rose 가 찍은 사진들을 보면, 한국은 근대 문명과는 완전히 동떨어진 은둔과 고립의 나라였다. 도시 인구는 전체 인구의 3퍼센트를 넘지 못했고, 대한제국의 수도였던 한성조차 그 인구가 20만 명이 채 되지 못했다. 도성 내부를 제외한 대부분의 공간들이 논과 밭으로 채워져 있었고, 그 위로 초가집들이 듬성듬성 들어서 있을 뿐이었다. 그로부터 백이십여 년이 지난 후 한국은 완전히 현대사회로 변모했다. 이 시기에 한반도 전체 인구는 다섯 배 이상 증가했고, 그중 90퍼센트 이상이 도시에 거주하게 되었다. 이에 따라 논과 밭으로 가득 찬 목가적인 풍경은 거대한 빌딩이 복잡하게 얽힌 가로망街路網들로 바뀌어 나갔다. 물론 그 과정이 순조롭지는 않았다. 식민지배와 전쟁, 분단, 군사 쿠데타, 급격한 경제 성장 그리고 민주화를 겪으면서 한국의 물리적 환경은 파괴되었다가 다시 생성되기를 반복했다.

이같은 엄청난 변화에도 불구하고, 지난 세기 동안 근대화를 성취하려는 한국인들의 열망은 한 번도 중단된 적이 없었다. 이에 따라 개항 이후의 한국 건축은 다양한 관점으로 이해될 수 있지만, 전통 사회에서 근대 사회로 이행하면서 물리적 환경을 근대적 기준에 맞춰 새롭게 구축해 나간 과정으로 요약될 수 있을 것이다. 서구 문명이 유입되기 전까지 한국은 이미 독자적인 문화를 형성하고 있었다. 그렇지만 개항 이후 그런 독자성은 서구의 근대 문명에 압도되어 매몰될 위험에 처하게 된다. 여기에 한반도가 일본에 강제로 병합되면서 그런 위험은 더욱 커졌다. 이런 위태로운 처지에서 벗어나기 위해 한국인들은 필사적으로 근대화를 추구해 나갔다.

세 가지 건축지형도

개항 이후 한국 사회와 문화는 근대화를 통해 이전 시기와 완전하게 구분된다. 서구보다 적어도 한 세기 이상 늦게 시작되었지만, 근대화는 지난 세기 내내 지배적인 이념으로 작용했으며, 건축과 도시에 급격한 변화를 일으켰다. 이로 인해 전통적인 삶의 방식은 철저히 파괴되었다. 모더니티는 끊임없이 기존에 존재했던 것들을 부정하고 파괴하는 경향이 있다. 한국의 근현대건축에서도 비슷한 현상이 나타났다. 일정 시기 건축 담론상에 푸코^{M. Foucault}가 이야기한 단층선^{fault line}이 발생했고, 이에 따라 역사적 흐름이 순차적이기보다는 불연속적으로 이루어졌다. 이십세기 한국 건축과 도시의 진행 과정을 면밀히 검토해 보면 두 가지 단층선이 발견되고, 그것을 전후로 각기 다른 건축지형도가 형성되었음을 확인할 수 있다. 첫번째 단층선은 1945년 해방부터 1950년 육이오전쟁으로 이어지는 역사상 가장 참혹했던 시기였고, 두번째는 1980년대 후반부터 1990년대 초반까지 군사정권에서 민주정권으로 이행되는 시기였다. 첫번째 단절과 비교해 두번째는 그 불연속성의 강도는 덜했지만, 그럼에도 세계화의 도래로 한국의 건축과 도시 담론들이 크게 바뀌었음을 부정할 수 없다.

이같은 단절을 경계로 한국의 건축은 세 가지 각기 다른 풍경의 건축지형도를 탄생시켰다. 국가 권력의 작동 방식과 경제 구조, 도시화와 주거 문제, 재료 생산과 건축 생산 방식, 이에 대응하는 지식체계가 구조적으로 바뀌었기 때문이다. 첫번째는 1876년 개항 이후부터 1945년까지로, 우리는 이를 식민지 근대 시기로 규정할 수 있다. 당시 근대적 재료와 구법이 일본을 통해 이식되었고, 식민지배의 수단으로 근대적인 도시계획과 건축이 처음으로 그 모습을 드러냈다. 어려운 여건 속에서 한국인 건축가들이 배출되기 시작했고, 주거의 근대화와 관련하여 일정한 진전이 있었다. 두번째는 1953년부터 1980년대 말까지의 소위 개발 독재[1] 시기이다. 엄청난 도시 인구의 증가로 인해 국가 주도의 대규모 건설 사업이 펼쳐졌고, 건축가들은 공공건축을 설계하며 근대적 정체성을 찾아 나섰다. 또한 건축의 생산 기술이 비약적으로 발전하며 '기술의 의미'가 탐구되기 시작했다. 마지막은 1990년대 초부터 시작된 것으로, 우리는 이를 근대화 정착기와 세계화 이행기로 규정할 수 있다. 이 시기에는 도시 인구의 증가 속도가 둔화되면서, 국가 주도의 무분별한 개발이 새로운 세대의 건축가에 의해 비판받았다. 현실을 바탕으로 다양한 지역주의적 경향이 나타났고, 마당이나 랜드스케이프 같은 개념들이 중요하게 대두되었다.

이러한 시대구분은 국내외 정치경제적 여건과도 어느 정도 일치하며, 도시화 과정과도 대략 맞아떨어진다. 즉, 근대 도시의 인구성장 그래프는 초기 단계, 가속화 단계, 정착 단계라는 세 단계를 거치며 S자의 커브 모양을 띠게 되는데, 한국 근현대건축사에 등장하는 2개의 단층은 이에 정확하게 대응한다. 한국의 근대화는 서양의 근대화에 비해 뒤늦게 시작되었기 때문에, 비교적 짧은 기간에 서양에서 두 세기 이상에 걸쳐 일어난 변화들을 압축적으로 담게 된다.

물론 이같은 단절과 시대구분이 서구 근대건축의 역사와는 일치하지 않으며, 그렇기 때문에 역사 서술에 많은 어려움을 가져다준다. 역사가에 따라 의견이 다르지만, 서구 근대건축의 출발점은 보통 십팔세기 산업혁명 이후로 보고 있다. 산업혁명이 촉발시킨 새로운 생산 양식과 그로 인한 도시화, 공업 기술의 발전, 근대적 삶의 방식의 도래가 건축을 근본적으로 바꿔 놓았다는 데는 큰 이견이 없다. 이에 비해 같은 시기에 일어난 정치적 격변은 근대건축의 형성과 발전에 부차적인 것으로 평가된다. 그렇지만 한국을 포함한 동아시아 근대건축에서 정치적인 변동은 경제적 변화보다 훨씬 중요한 의미를 가진다. 우선 근대의 출현 자체가 산업혁명에 따른 자연스러운 결과가 아닌, 서구 열강의 강압적인 개항으로부터 시작되었기 때문이다. 개항 이후로도 국가 주도의 톱다운top-down 방식이 건축 변화의 동인으로 작용했으므로, 근대건축의 시기 구분은 상당수 정치적인 변화와 궤를 같이한다. 근대 이후 새롭게 등장한 행정, 교육, 산업 시설, 교통망은 국가나 통치 세력에 의해 근대화 수단으로 간주되었고, 따라서 국가주의가 지향하는 목표나 경향이 건축적 변화를 견인해 나갔다. 이런 사실은 한국 근현대건축사의 시대구분에서 건축의 자율적 영역보다는 정치사회적인 변동이 우선적으로 고려되는 이유이다. 근대건축을 다룬 중국과 일본의 주요 저서에서도 비슷한 구분을 볼 수 있다. 보통 중국의 경우 1840년 아편전쟁부터 1949년 공산화까지, 일본의 경우 1856년 개항부터 1945년 제이차세계대전의 종전까지를 근대건축의 시기로 구분한다.

그렇지만 근대의 기점을 개항 이후로 잡을 경우 가장 큰 문제로 대두되는 것은, 서구의 절충주의 건축과 국제주의 양식이 근대건축이라는 이름 아래 함께 뒤섞이는 현상이다. 또한 서구 건축과 근대건축이 혼동되어 그들 각각에 대한 정확한 이해를 가로막게 된다. 순수한 건축적 관점에서 본다면, 1916년 경성고등공업학교에서 서양식 건축 교육이 시작된 때, 아니면 한국의 건축가들이 사무실을 열고 본격적인 활동을 시작한 1930년대를 한국 근대건축의 기점으로 봐야 할 것이다. 이 경우 개항 이후에 이루어진 건축적 변화를 포함하지 못한다는 어려움이 있다.

시기 구분의 어려움은 1945년 이후의 현대건축을 다룰 때도 발견된다. 서구의 경우, 1960년대 이후의 건축 경향을 포스트모던으로 규정하고, 근대건축과 구분하는 경향이 있다. 이 시기 서구의 젊은 건축가들은 근대건축의 이념을 거부했고, 기계 문명 대신에 새롭게 펼쳐진 전자 문명에 걸맞은 건축을 주장하고 나섰다. 더불어 도시의 인구 증가율이 낮아지면서, 팀 텐 Team X [2] 을 비롯한 젊은 세대 건축가들은 건축과 도시를 근본적으로 다른 시각에서 바라보았다. 이런 변화에 비해 1990년대 동유럽 공산권의 몰락과 냉전의 종식, 세계화의 진전은 건축 역사에서 그다지 커다란 균열을 일으키지 않았다. 세계화는 서구의 관점에서 보자면 기존의 자본주의를 전 세계적 차원으로 확장시킨 것뿐이다. 그러나 한국에서는 민주화의 성취라는 차원에서 1990년대의 변화가 중요한 의미를 가진다. 이 시기에 이르러 근대라는 메커니즘은 한국 사회에 정착해, 더 이상 외부에서 수용된 곁가지가 아니라 본체 그 자체로 작용하기 시작했다. 미국의 도시이론가 피터 로 Peter G. Rowe 교수는 이런 현상을 '탈영토화'와 '재영토화'라는 두 가지 관점에서 설명했다. 즉, 막대한 서구 건축의 영향 아래 모든 부분이 서구화되는 것을 탈영토화, 그렇게 서구화된 사회가 지역성에 의해 새롭게 변모되는 것을 재영토화로 정의한다. 한국의 경우, 문민정부가 시작되는 1993년경에 비로소 근대가 하나의 의미있는 삶의 방식으로 정착되었다고 생각된다. 근대는 더 이상 '상상' 속의 타자가 아니라, 한국인들의 삶 속에 자연스럽게 내재화되었다. 이 과정에서 서구에서 유행했던 포스트모던 건축은 큰 의미를 갖지 못했고, 오히려 한국의 건축가들은 근대가 만들어낸 새로운 '현실'을 발견하고 이를 바탕으로 근대적 자아를 자각하게 되었다. 이러한 결과로 이전 건축가들과는 확연히 다른 경향들이 등장했다.

이같은 단절과 시대구분을 통해 건축 담론이 작동되는 방식을 살펴보면 약 백오십여 년에 걸쳐 이루어진 한국 건축의 근대화를 좀더 효율적으로 설명할 수 있을지도 모른다. 그러나 역설적이게도 이 책에서 더욱 주목하는 것은 엄청난 단절과 변화에도 불구하고 변하지 않고 남아 있는 요소들이다. 그들은 오랫동안 인간과 자연환경에 의해 형성되어 왔으며, 급격한 근대화 과정에서도 여전히 한국인들의 삶의 방식에 뿌리 깊게 내재되어 있다. 모더니티는 스스로의 정체성을 현재의 관점에서 항상 새롭게 정의하도록 요구한다. 이십세기에 지역적 전통은 한국 건축가들에게 중요한 의미를 가졌다. 그들은 전통건축에서 새로운 이상성을 발견하고자 했고, 그렇게 발견된 것들은 근대적 방식으로 작품에 반영되었다. 그런 점에서, 한 세기에 걸쳐 한국 사회가 급격한 변화를 겪었음에도 한국 건축가들의 인식은 여전히 그들이 성장한 장소와 깊은 관계를 맺고 있음을 알 수 있다. 독특한 지리적 환경과 기후에 적응하면서 한국인들이 오랜 기간 발전시켜 온 다양한 공간 조직의 원리들은 그들의 작품 세계에 중요한 기반이 되었다. 경우에 따라 그것들은 '다이어그램'으로서 반복적으로 등장하고, 이를 통해 한국 건축은 독자적인 정체성을 추구해 왔다고 볼 수 있다. 따라서 지역적 특수성이 건축적으로 형성되는 과정을 추적하는 것은 이 책에서 매우 중요하다.

가능성의 장과 다이어그램

오늘날 건축사 서술에서 커다란 어려움이 존재하는 것이 사실이다. 그것은 주로 건축을 정의하는 방식이 다르기 때문이다. 십팔세기에 건축사가 처음 서술되기 시작했을 때 건축은 회화, 조각과 함께 예술의 일부로 간주되었고, 건축가는 건축사의 주된 주제였다. 그것은 르네상스 이래의 서구 건축의 지적 전통이었다. 그렇지만 산업혁명이 일어나고서 많은 기술적 발전이 건축에 수용되면서 건축가들은 기술적 가치를 중시하게 되었고, 그런 생각은 건축사 서술에서도 반영되기 시작했다. 그리고 이십세기 들어서 주거나 도시 문제가 심각해지면서 건축가들은 이를 해결하기 위한 다양한 방법들을 강구했고, 건축사는 이같은 변화들을 받아들여야만 했다. 오늘날 건축 담론은 예술적 기술적 사회경제적 가치들에 근거해서 그 의미체계가 결정되는데, 문제는 이들 사이의 관계를 규명하는 것이 단순하지 않다는 데 있다. 가령 대규모 아파트 단지가 지어지는 과정을 보면, 거기에는 도시적 맥락이나 법규, 부동산 시장 등이 중요한 기준으로 작용할 뿐, 예술적 가치나 공학적 가치는 그다지 중요하지 않다. 가장 일반적인 재료와 구법을 사용하며 익명적인 방식으로 설계되기 때문이다. 고층 빌딩을 건설할 때는 공학적 기술, 재료 생산, 그리고 경제성이 가장 중요하게 작용하게 된다. 이에 비해 박물관이나 미술관을 지을 경우, 건축의 미적 가치가 가장 중시된다. 아파트 단지와 고층 오피스 빌딩, 박물관은 모두 건축가들이 중요하게 다루는 주제이지만, 놀랍게도 그들의 디자인이 기반하는 근거는 매우 다르다. 그렇다면 이런 이질적인 관계를 어떤 방식으로 연결 지어서 하나의 통합된 서술을 이끌어낼 수 있을까, 이 질문이 건축사가들에게 가장 고심되는 부분이다.

건축가를 중심에 놓고서 볼 때, 기술적 사회경제적 가치는 일종의 외부적 조건으로 간주될 수 있다. 건축가의 의식 바깥에서 구조화되어 건축가의 의식과 실천을 한계 짓기 때문이다. 거기에 포함되는 법과 재료 생산, 자본, 정치 이념 등은 공시적인 지식체계를 형성하며, 다양한 건축 행위가 이루어지는 과정에서 마치 언어의 문법체계처럼 개입하게 된다. 도시를 가득 채운 수많은 건물들은 바로 그런 구조체계에 따라 의미가 발생된다. 그런 점에서 그 외부적 조건들은 건축가들에게 일종의 가능성의 장 space of possibilities을 형성시킨다. 여기서 가능성의 장은 물리적 환경을 만들어 가는 과정에서 지배적으로 작용했던 다양한 외부적 조건들을 가리킨다. 가능성의 장이라는 개념을 보다 효과적으로 전개해 나가기 위해, 건축물들의 생산을 가능케 했던, 권력과 생산 사이의 일정한 관계를 가정하고자 한다. 그것은 건축적 담론을 특정 패턴으로 구조화하며 특정 시기 건축가들의 사고를 한계 짓는 지평으로 작용한다. 이들은 앞서서 제기했던 시대 구분과 맞물리며 각기 다른 지형도를 만들어낸다.

오늘날 건축은 과거처럼 장인들의 오랜 경험을 통해 축조되는 행위로 정의되지 않는다. 대신 건축을 둘러싼, 도시 구조, 법과 제도, 생산 방식, 미적 규범이 복합적으로 얽혀 있는 지적 체계로 이해된다. 그런 지적 체계들은 자본이나 권력과 결합해 일종의 가능성의 장을 형성하고, 건축 생산은 여기에 대응해서 새롭게 조직된다. 그렇게 구조화된 장은 건축가들에게 일종의 가능성의 조건을 마련해 주고, 건축가들의 설계 행위는 그런 가능성의 조건 속에서 이루어지는 일종의 실천으로 간주된다. 전통이 깊은 대학교 교정을 방문해 보면, 건물들이 지어지는 시기에 따라 각기 다른 형태와 공간 그리고 가능성의 방식과 재료를 가지고 있다는 것을 볼 수 있다. 가령 이화여대 교정에는 1930년대 윌리엄 보리스William M. Vories가 설계한 팔라디오니즘Palladianism의 건물과, 1980년대 정림건축에서 설계한 기능주의적 건물들, 그리고 2000년대 도미니크 페로Dominique Perrault의 랜드스케이프 건축이 공존한다. 건축가들은 왜 이렇게 같은 프로그램의 건물들을 다른 방식으로 짓는 것일까. 그 이유는 건축가들이 각기 다른 가능성의 장 속에서 사유하고 실천하고 있으며, 각각의 가능성의 장은 서로 다른 효과를 발생시키고 있기 때문일 것이다.

그렇다면 역사 속에서 기존의 가능성의 장이 갑자기 해체되고, 새로운 것이 출현하는 이유는 무엇인가. 여러 가지 요인이 있겠지만 한국 근현대건축의 경우 무엇보다 세계 체제의 변화와, 이에 따라 달라진 권력의 작용과 배치를 꼽을 수 있다. 식민 시기, 냉전 시기, 세계화 시기라는 시대적 구분은 한국인들이 주도적으로 만들어 놓은 틀이 아니다. 세계체제에 의해 만들어진 일련의 힘의 배치들이 한국인들에게 강요했던 결과이다. 이 점은 한국 근현대건축의 특수성이자 한계라고 볼 수 있다. 세계체제의 변화는 한반도 내에서 권력의 작동 방식을 바꿔 놓았다. 식민 시대에는 제국주의와 식민주의라는, 냉전 시대에는 자본주의와 공산주의라는 대립된 이념이 서로 충돌했다. 정치경제적 힘들은 이 양극단적인 이념을 중심으로 배열되었다. 그리고 이들이 통합된 세계화 시대에는 글로벌 분업 구조 속에 일련의 지배 관계가 결정되었다. 한국인들은 그 속에서 생존을 위한 최선의 경제 구조를 도출해야만 했다. 건축의 생산 방식은 이 과정에서 결정되었다. 그리고 지속적으로 바뀌는 경제 구조로 인해 각기 다른 도시화의 양상이 만들어졌다. 식민 시기에 도시화는 점진적으로 이루어졌고, 개발 연대에는 급격하게 진행되다가, 세계화 시대에 들어와서 다시 완만해졌다. 그것은 건축의 존재 방식을 새롭게 정의했다.

건축의 기술적 사회경제적 가치에 비해, 예술적 가치는 다른 차원을 가진다. 먼저 그것은 공시적인 구조체계로 설명될 수 없는 역사성을 가지고 있다. 서양 건축사의 돔^{dome}이나 볼트^{vault} 구조처럼 시대적 제약과는 상관없이 통시적인 계열체를 형성하면서 반복적으로 등장하는 요소들이 존재하는 것이다. 그것은 또한 외부적 조건과는 상관없이 존재하는 건축의 내부성에 의해 결정된다. 건축가들은 형태, 공간, 구조, 대지, 기능과 같은 개념들을 새롭게 배열하여 고유한 미적 체계를 만든다. 그들은 마치 생물체의 디엔에이^{DNA}처럼 잠재되어 있다가 현실 속에서 다양한 환경과 반응하며 자동적으로 생성된다. 이처럼 건축의 고유한 속성들이 일정한 패턴으로 현실화되는 과정을 다이어그램^{diagram}이라고 부르고자 한다. 그 다이어그램은 역사 속에서 간혹 매혹적인 새로움과 창의성으로 다가온다. 소수의 건축가들은 이미 확립된 규범으로부터 벗어나서 건축의 내부 요소들을 새롭게 조직하여 오히려 기존의 것을 허물어트리고 있다. 여기서 다수와 소수는 단순한 수적인 우열에 의해 구분되기보다는, 들뢰즈^{G. Deleuze}와 가타리^{P. F. Guattari}의 정의에 따르면, 사회의 권력 관계와 담론 생산에서의 우열에 의해 구분된다.[3] 흥미로운 사실은, 경우에 따라서 소수의 작업들은 다수가 만들어 놓은 가능성의 장을 붕괴시키고 일종의 '탈주선'으로 작용한다는 것이다. 김수근의 공간 개념은 그 대표적인 예이다. 개발 시대 한국 건축가들은 한국 건축의 정체성을 주로 형식적인 측면에서 찾았다. 그렇지만 김수근은 전통에 대한 형식적인 접근을 거부했다. 그 대신 인간 척도의 공간 개념에 초점을 맞추고, 한국 전통건축 본질을 새롭게 제안했다. 그런 그의 시도는 개발 시대를 탈주해 세계화 시대에까지 이어졌고, 여전히 젊은 건축가들에게 중요하게 작용하고 있다.

사실 '가능성의 장'과 '다이어그램'의 관계는 이 책을 관통하는 핵심적인 주제이기도 하다. 건축가들에게 가능성의 장은 타자로서 작용하며, 계속해서 그의 의식 내부로 밀려와서 주체화된다. 이에 비해 건축가들의 상상력과 욕망은 명백히 다이어그램을 통해 세계 속으로 펼쳐진다. 그것은 불완전하며, 기존의 구조를 무너트리고 변경시키며 새롭게 발산해 간다. 서구 건축계에서도 그 둘의 관계를 둘러싸고 여전히 첨예한 논쟁이 벌어지고 있다. 렘 콜하스^{Rem Koohaas}는 글로벌화된 자본주의 시장에서 작동하고 있는 구조적인 힘들이 건축 생성의 결정적인 요인이라고 믿는다. 이에 비해 피터 아이젠만^{Peter}

Eisenmann은 그런 외부적인 요인들로는, 형태와 공간을 생성시킬 때 건축가들의 머릿속에서 작동하는 내재적인 생성 규칙들을 설명할 수 없다고 본다. 이 책에서 가능성의 장과 다이어그램들은 독특한 지형도를 만들어낸다. 그 지형도 위에서 이들은 마치 뫼비우스 띠처럼 연결되어 있어서 역사 전개에 역동성을 부여한다고 본다. 이 경우 건축은 외부성을 접고 있으면서 동시에 내부성을 펼치는 것으로 양의적으로 정의된다. 가령, 박길룡의 주거계획안들은 식민 시기 주생활에 대한 담론을 내포하고 있지만, 동시에 그의 주거계획안을 통해 한국인의 주거에 대한 그의 생각은 이 세계로 투사시킨다. 그런 점에서 가능성의 장과 다이어그램은 건축가를 통해 서로 조응하고 있다.

이 책의 구성 방식에서 가능성의 장에 대한 부분이 우선적으로 서술되고, 이어서 건축가들의 다이어그램이 이어지도록 한 것은 이런 관계를 반영하기 위해서이다. 경우에 따라서는 건축 작품 하나에 가능성의 장과 다이어그램이 여러 번 입체적으로 겹쳐지기도 한다. 가령 김수근이 서울 북촌에 지은 공간 사옥은, 식민 시기의 주거유형과 개발 시대의 전통 논쟁, 그리고 마지막으로 김수근의 내면에서 작동했던 건축의 내부성을 겹쳐서 언급될 필요가 있다. 이처럼 건축사 속에 등장하는 다양한 요소들이 입체적으로 포착될 때, 한국 근현대건축에 대한 이해가 보다 깊어질 수 있다고 생각한다.

비움과 채움의 상관적 관계

가능성의 장과 다이어그램 사이의 밀접한 관계는, 한국 근현대건축사에서 '채움과 비움의 상관적 관계'라는 매우 의미있는 하나의 주제를 부각시킨다. 이는 건축가 내부의 다이어그램과 외부의 가능성의 장을 관통하면서, 또한 개념적 차원과 실제적 차원에서 동시에 맞물리며 한국 근현대건축에서 중요한 의미를 갖게 된다. 개별적인 오브제를 강조하는 근대건축에서 비움을 강조한 것은 매우 특이한 현상이다. 여기서 비움은 1960년대 이후 서구에서 등장한 보이드void 개념과 정확하게 일치하는 것은 아니다. 서구에서 보이드는 솔리드solid와 대비되는 개념으로 채택되었는데, 루이스 칸Louis Kahn이 설계한 소크 연구소Salk Institute for Biological Studies의 가운데 중정이 그 대표적인 예이다. 이 공간은 비어 있음 그 자체로 미학적 완결성을 획득했지만, 주변 건물이나 내부 공간과의 관계는 크게 주목받지 못했다. 그러나 한국 건축에서 비어 있는 부분은 채워진 부분과의 상관적 관계를 통해 그 의미가 생성된다. 그 관계가 없어지면, 비움 자체가 성립되지 않는다. 전통적으로 내부의 실室들은 마당을 향해 열려 있고, 마당과 실들은 긴밀하게 연결되어 있다. 이같은 비움과 채움의 상관적 관계가 시대적 한계를 뛰어넘어, 한국 근현대건축에도 반복적으로 이어지고 있다는 사실은 매우 흥미롭다.

근대 이전까지 이러한 상관적 관계는 전통건축에 등장하는 다양한 형태의 마당을 통해 이루어졌다. 전통건축에서 외부 마당은 다양한 건물들과 관계를 맺으면서 미분화된 상태로 마치 고리 같은 역할을 담당했다. 물론 근대화를 거치며 그런 공간적 관계는 그대로 유지될 수 없었다. 식민 시기부터 건축가들의 지상 과제는 서구적인 모델을 그대로 답습하는 것이었다. 이에 따라 전통적인 공간 구조가 해체되면서 커다란 변화가 일어났다. 새로운 재료와 난방 방식 그리고 위생 시설이 주거공간으로 들어오고, 이 과정에서 다양한 주거 유형들이 등장했다. 도시형 한옥도 그 가운데 하나로, 중앙에 위치한 외부 마당은 다양한 실들의 기능을 배분하면서 좁은 내부 공간에서는 할 수 없는 다목적 기능을 수행했다. 그것은 근대화 과정에서 한국인들이 생각했던 비움과 채움의 관계를 가장 단순하게 실현했다.

그렇지만 개발 시대로 접어들면서 단층의 도시 한옥은 그 유효성을 상실했다. 도시 인구가 급속도로 증가해, 고밀화에 적절히 대응하면서도 대량 생산이 가능한 도시주거 유형이 필요했기 때문이다. 또한 자동차의 대량 보급은 새로운 도시주거를 요구했다. 1960년대 말부터 단층의 도시 한옥을 대체하는 '집장사집'들이 등장하는데, 여기서 거실은 도시형 한옥의 마당을 내부화한 것이었다. 집장사집의 내부 공간은 마치 홀과 같은 거실을 통해 각 방으로 이어진다. 이로 인해 '외부 마당 – 내부 실'의 관계가 '내부 거실 – 내부 실'의 관계로 바뀌었다. 이렇게 만들어진 평면 방식은 아파트, 다세대주거와 같은 고밀도 주거 건물의 단위세대로 활용되며 도시 전체로 퍼져 나갔다. 이는 전통 온돌이 바닥 패널로 바뀌면서 아파트의 난방 방식으로 채택된 것과 유사하다. 이처럼 도시형 한옥에서 발전시킨 독특한 평면체계는 1960년대부터 대량으로 보급된 아파트의 단위평면으로 변형되어 보편적인 한국인들의 삶에 커다란 영향을 미치게 되었다.

이러한 현상은 주거공간뿐 아니라 도시공간에서도 전개된다. 도시공간에서 '비움'이라는 개념이 중요하게 대두된 것은, 도시의 고밀화 현상과 깊은 연관이 있다. 인구 밀도가 높고 거주할 땅이 항상 부족한 한국적 특수 상황에서, 도시의 지가는 지속적으로 상승했다. 한국의 도시정책자들은 개발업자들에게 보다 높은 밀도의 개발을 허용함으로써, 의도대로 도시계획을 이끌어 나가고자 했다. 이것이 개발 시대의 도시정책을 작동시키는 가장 전형적인 방법이었다. 그 결과 도시공간은 부동산 투기의 장으로 변질되었다. 현재 도시공간에 촘촘히 채워진 고밀도 건물들은 그 탐욕의 결과물이다. 한국의 현대건축가들이 비움을 주장하고 나선 것은 도시공간의 고밀화와 상업화에 대한 일종의 저항이라고 생각된다. 즉 상업적인 욕망을 제어하기 위한 비판적 성찰의 한 방편으로 비움을 주장하고 나선 것이다. 그런 의미에서 도시의 고밀화와 비움은 대단히 역설적인 관계인데, 도시공간이 건물로 채워질수록 비움에 대한 갈증이 더 커져 나간 까닭이다.

'4.3그룹' 건축가들을 중심으로 사라져 버린 도시 한옥의 존재를 다시 불러내, 비움의 의미를 새롭게 조명한 것도 이러한 맥락에서 이해할 필요가 있다. 그들은 도시 한옥에서 나타나는 독특한 공간적 특징에 주목하면서, 마당을 통해 내부와 외부, 빈 것과 채워진 것을 일원적으로 보려는 경향을 가졌다. 그리고 그 관계성에 초점을 맞추었는데, 이는 내부와 외부를 철저하게 분리하려 했던 근대건축과는 다른 점이다. 이와 함께 그들은 기능적으로 애매하면서도 다양한 목적을 수용하는 도시 한옥의 마당이라는 공간에 주목하고, 그것을 현대적인 방식으로 구현하고자 했다. 이는 대단히 독특한 건축적 특징을 만들어냈고, 지금도 여전히 생성 잠재력을 가지고 있다.

비움과 채움의 상관적 관계는 2000년대 이후 랜드스케이프 건축과 결합하면서 새로운 차원을 획득하게 된다. 광주 국립아시아문화전당, 국립현대미술관 서울관과 같은 대규모 공공건물에서 볼 수 있는 것처럼, '비움'은 여전히 중요한 다이어그램으로 채택되고 있다. 이들 건물을 설계한 건축가들은 건물을 독립된 오브제로 대상화하지 않고, 의도적으로 도시공간 속에 빈마당과 함께 흩트려 놓았다. 그렇게 건물과 마당이 대지에 통합되면서 하나의 도시적 풍경을 형성하도록 했다. 이는 건물과 비움의 관계를 보다 통합적인 관점으로 해석한 것이며, 세종시의 도시설계에서도 그대로 이어진다. 도시 중심을 비우는 개념이 지배적인 스킴 scheme 으로 작용하면서, 비움의 개념은 도시적 차원으로 확장된다. 그런 점에서 비움과 채움의 상관적 관계는 시대적 구분을 떠나서, 그리고 건축, 주거, 도시를 관통하면서 한국의 근현대건축에서 중요한 다이어그램으로 작용한다고 할 수 있다.

마지막으로, 앞서 서술한 주요 개념들은 이 책의 구성과 긴밀하게 연관되어 있음을 밝힌다. 한국 근현대건축에서 등장하는 세 가지 건축지형도는 3개의 부로 나눠 서술되고 있다. 세 시기마다 각기 다른 지형도가 그려졌기 때문에 이같이 구분했다. 그리고 각 부는 6-8개의 장으로 채워지는데, 이들은 각 건축지형도에서 등장하는 '가능성의 장'과 주요 다이어그램을 효과적으로 묘사한다. '가능성의 장'에 관한 장을 앞에 두고, 다이어그램에 해당하는 장을 뒤로 뺀 이유는 공시적인 구조를 먼저 서술하는 것이 건축지형도를 효과적으로 전달하는 데 유리하다고 판단했기 때문이다.

1부. 개항과 식민 시대: 서구 근대건축의 수용

1장. 개항과 미완의 개혁

1876년 조선은 강화도조약을 체결하며 세계를 향해 최초로 문호를 개방한다. 일본의 강압에 의해 체결된 불평등 조약이었지만, 조선이 외국과 맺은 최초의 근대적 조약으로, 조선이 쇄국정책을 버리고 국제 사회의 일원이 되는 계기가 되었다. 이 조약에 따라 부산, 원산, 제물포가 개방되었고, 거기에 일본의 전관거류지가 설치되었다. 이어서 미국, 영국, 독일, 러시아, 프랑스 등 서구 열강과 통상 조약을 잇달아 체결했고, 이들 나라 역시 개항장에 공동거류지를 건설했다. 이렇게 만들어진 도시공간에 잇달아 들어선 각국 영사관과 상관商館은 한국인이 목격한 최초의 서구 건축물이었다. 고종高宗과 조선정부는 중국과의 경험으로 개항이 거스를 수 없는 대세라는 사실을 파악하고, 개항을 통해 서구 문물을 수용하면서 동시에 기존의 정치 권력을 유지하고자 했다. 그러나 그런 노력에도 불구하고, 조선은 곧 주변 열강들의 침략에 희생자가 된다. 특히 메이지유신을 통해 근대화에 성공한 일본은 대륙 침략을 위해 계속해서 한반도 진출을 모색했고, 청일전쟁과 러일전쟁에서 잇달아 승리하면서 조선을 식민지배하게 되었다.

역사적인 관점에서, 개항부터 해방까지는 두 가지 상반된 힘이 작동하기 때문에 그 힘의 작동 방식에 따라 두 시기로 나누어 보아야 한다. 첫번째는 1876년 개항부터 1910년 일본에 강제 병합되기까지의 시기이다. 많은 한계에도 불구하고, 조선 정부가 힘들게 근대화를 이끌고 간 시기라고 생각된다. 고종이 펼친 개화정책은 일본 메이지 정부의 정책에 비해 늦게 시작되었고, 추진 과정이 모호해 제대로 진행되지 않았다. 그것은 완전 개방적인 서양화를 지향하는 것이 아니었다. 전통적인 유교사상을 바탕으로 국왕중심적인 성향을 뚜렷이 보여주었다.[1] 여기에 더해, 고종의 개혁 의지에도 불구하고 주변 열강의 간섭과 내부 반발이 일관된 정책의 집행을 가로막았다. 이 때문에 서구 근대 문명의 수용이 체계적이지 않고 한정된 범위 내에서만 이루어졌다. 결국 조선왕조의 몰락으로 개화정책은 실패로 끝나고 말았다. 그러나 그 과정에서도 여러 근대건축물들은 꾸준히 지어졌고, 현재까지 그 흔적이 남아 있다.

두번째는 1910년부터 일본이 패망한 1945년까지의 시기로, 일제는 조선을 식민통치하기 위해 다양한 건물들을 지어야만 했다. 이 시기의 건축물들은 식민지 근대주의로 특징지어진다. 근대화는 유럽을 중심으로 발생되어 전지구적 차원으로 확산되었지만, 동시적으로 일어나지 않았고 일정한 시차를 가졌다. 이에 따라 근대화는 세계 곳곳에 지배와 피지배의 역학 관계를 만들어냈다. 동아시아의 경우, 빠른 시기에 근대화를 달성한 일본은 타이완, 한국, 만주를 식민지로 만들면서 하나의 제국을 형성했고, 서구의 근대 문명을 이용해 식민지배를 영속화하려고 했다. 이 때문에 일본의 이해와 관계된 부분은 근대화가 대단히 빠르게 진행된 반면, 그렇지 않은 부분은 매우 더뎠다. 이러한 불균형은 장기적으로 한국 사회의 근대화에 부정적인 영향을 미쳤고, 근대 사회로의 이행을 늦추었다. 이 양상은 식민지 근대화 시기에 등장한 도시와 건축의 담론에서 잘 나타난다.

개항장의 성립

1876년 개항과 함께 근대적 도시공간이 형성되기 시작한다. 최초 개항장의 설치는 강화도조약을 통해 그 근거가 마련되었다. 그 조관條款 제4-5관을 살펴보면, 부산 초량항에 조관을 새로 세워 무역사무를 처리하고, 이십 개월 이내로 통상에 편리한 항구 두 곳을 택해 일본 국민의 왕래, 통상을 허가한다고 적혀 있다. 이 조약을 근거로 부산(1877), 원산(1880), 인천(1883) 3개 항구가 개항되었고, 여기에 일본 상인이 거주할 전관거류지가 만들어졌다. 그 후로도 조선 정부는 목포(1897), 진남포(1897), 군산(1899), 성진(1899), 마산(1899), 용암포(1904), 청진(1908) 등 모두 10개의 항구를 차례로 개방했다.[2] 그리고 서울, 용산, 경흥, 평양, 의주 등 기존의 5개 내륙 도시에는 개시장開市場이 설치되었다. 여기서 개시장은 "항구가 아닌 내륙이나 그 외의 지역에 외국인들이 거주하는 곳으로 인정하는 형태이며, 성격상 개항장과 같은 것이다."[3] 근대식 도시공간은 이렇게 개방된 개항장과 개시장에서 처음 등장했다.

개항 전까지 한국의 주요 도시 지역들은 대부분 내륙에 위치했다. 물론 조선시대에도 조운漕運을 위한 포구가 존재했지만 그 규모는 미미했다. 개항과 함께 조계지租界地로 개발된 곳들은 주로 한적한 어촌이었다. 당시에는 해상을 통한 외국과의 무역이 전무했으며, 연안 어업에 종사하는 어민들이 그곳에서 살고 있었다. 개항장의 위치는 대부분 조선 정부의 의지보다는 강대국들의 전략적 판단에 따라 선정되었다. 일본은 조선과 대륙으로 진출하기 위해 적합한 장소들을 물색했고, 동시에 중국은 한반도에 대한 기존의 종주

권을 유지하기 위해 계속해서 일본을 견제하고자 했으며, 러시아는 남하정
책에 필요한 항구를 한반도에서 찾았다. 러시아가 마산포의 개항을 강하게
주장한 것도 바로 그런 연유 때문이었다. 러시아의 남하를 저지하려던 영국
도 많은 노력을 기울여서, 1885년에 일어난 거문도사건은 이런 상황에서 일
어났다. 이처럼 한반도를 중심으로 각축을 벌였던 세력들은 외교적 절충을
통해 개항장의 위치를 결정했고, 그중 일본은 지리적 근접성으로 가장 큰 영
향력을 끼치고 있었다.

개항장은 외부 세력에 의해 강압적으로 개방되었으나, 무역과 거주를
위한 다양한 공공시설이나 외부 공간이 계획적으로 정리되면서 근대 도시의
맹아로서 역할을 했다. 따라서 도시사 속에서 개항장의 조계지를 바라보는
상반된 시각이 존재한다. 한편으로는 불평등 조약에 의한, 한국의 주권이 미
치지 못하는 치외법권의 공간이면서, 다른 한편으로는 최초로 근대 문물을
수용해 도시의 성장과 번영이 일어나는 곳이기도 했다. 공통적으로 이런 모
순된 측면을 가지고 있는 동아시아 개항장들은 동아시아 전역에 걸쳐 점처
럼 산개하며 하나의 국제적인 네트워크를 만들어냈다. 기선들이 주요 개항
장을 정기적으로 오가며 상업 활동을 펼쳤고, 조선의 개항장들도 그 네트워
크에 포함되어 갔다.

공간적으로 개항장은 조계 제도의 특수성을 반영하고 있다. 조계 제도
는 일찍이 중국에서 하나의 제도로서 발전되어 일본과 한국으로 전파되었
다. 따라서 한국의 개항장에 대해 살펴보기 전에, 조계지 전반에 대한 이해가
필요해 보인다. 조계는 "개항장 내의 일정한 범위의 지역을 구획해 이를 외국
인의 거주 지구로 하고, 그 지역 내 지방행정권의 전부 또는 일부를 외국 정
부(영사)나 거류 외국인들에게 위임하는 제도"[4]로 정의된다. 당시 서양 중심
의 국제법에서는 조계concession 와 거류지settlement 두 종류가 있었다는 것이 통
설이다. 조계는 외국 정부가 중국 측으로부터 일정한 지역을 영구 임차해, 자
국의 영사를 통해서 개인에게 땅을 할당해 주는 방식이다. 그 대가로 외국 정
부는 해마다 일정한 지세를 중국에 납부하게 된다. 톈진, 한커우, 광둥, 충칭
등의 조계가 이에 해당한다. 거류지는 조계와는 달리, 중국 정부와 외국 정
부 사이에 토지 임차 관계가 없다. 외국인 개인이 중국인 소유자와 직접 교섭
하며, 중국 관헌과 외국 영사의 역할은 이를 위한 편의를 도모하는 데 지나지
않았다. 톈진의 영국 조계, 샤먼 구랑위의 공동 조계, 상하이의 영국·프랑스
조계가 이에 속하는 것이었다. 그렇지만 다양한 문헌 속에서 이 두 가지 용어
가 엄격하게 구분되지 않고 사용되는 것이 현실이다. 특히 일본은 조계 대신
에 거류지로 통일해서 사용하기도 했다.

지리상의 발견과 대항해 시대를 거치면서 서구 제국들이 취했던 식민지 지배 형식은, 인도나 라틴 아메리카의 국가들처럼 식민 모국이 피식민국의 주권을 완전히 장악하는 방법이었다. 그렇지만 동아시아에서는 이런 방식 대신에 특정 항구 또는 지역만을 외국인에게 개방하는 조계 형식을 택했다. 십구세기에 들어서면서 서구 열강들이 동아시아 국가들에 제국주의적 침략을 개시하자, 동아시아 국가들은 공통적으로 쇄국정책을 통해 완강히 저항했다. 하지만 서구 제국들은 경제적 교류를 앞세워 끊임없이 문을 두드렸고, 침략을 위한 교두보를 마련하고자 했다. 개항장의 조계지가 바로 그런 역할을 수행했다. 조계지는 서구인들이 동아시아에서 안전하게 거주하고, 편리하게 물건을 거래하기 위해 설정된 공간이었다. 그곳을 통해 서구 제국들은 직접적인 지배보다는 일부 지역을 할양받는 방식을 통한 경제적인 침투에 집중했고, 그를 바탕으로 점차 정치적이고 군사적인 영향력을 확대해 나갔다.

동아시아 최초의 개항장은 중국에 설치되었다. 1840–1842년 1차 아편전쟁 이후, 청 정부와 영국 사이에 난징조약이 체결되면서 중국의 5개 도시, 즉 광저우, 샤먼, 푸저우, 닝보, 상하이가 개방되었다. 물론 처음부터 조계 제도가 정착되었던 것은 아니다. 난징조약에서 5개 항구를 개방했을 때만 해도 조계지의 설정은 전제되지 않았을 뿐 아니라 상상하지도 않은 일이었다.[5] 그런데 그 후 외국인들이 거주하게 되면서 원주민과 조약국 간에 여러 가지 불편, 분규가 일어나게 되었다. 이를 해결하는 방안으로 영국 영사와 상하이 지방 관헌 간에 서구인 거류 지구의 운영을 논의하게 된 것이 조계의 기원이었다. 영국은 자유롭게 거주지를 마련할 필요가 있었고, 반면 청나라는 영국인의 거주지와 범위를 제한함으로써 이들의 행동반경을 통제해야 했다. 이처럼 초기 개항장을 중심으로 일정 기간 동안 조정기를 거친 후 1858년 체결된 톈진조약에서 조계는 하나의 제도로서 확립되었다.[6] 이 조약에 의해 조계지는 조계 보유국의 치외법권이 인정되는 지역이 되었다. 이 조항이 적용될 경우, 조계지에서 일어난 외국인의 범죄를 청나라 정부가 처벌하지 못한다. 영국은 청나라를 강제해 자신들의 의사에 따라 거주지와 통상 구역을 획정劃定하고 중국 행정 계통과 법률 제도에 독립된 조계를 설정하게 된다. 이처럼 조계지가 자치권을 행사하는 독특한 지위를 갖게 되면서, 그 후 개항한 다른 동아시아 국가들에도 반영되었다.

동아시아에서 조계 제도가 가장 일찍 발달한 도시는 상하이로, 거기서 제도 대부분이 완성되었다. 영국은 1843년 후먼조약을 맺은 후, 두 해가 지나 제1차 토지장정土地章程을 체결하게 된다. 이 협정을 통해 조계의 경계가 확정되고, 토지의 임차 방식이 규정되었다. 이에 따르면 영국인들은 빌린 토지

1부. 개항과 식민 시대: 서구 근대건축의 수용

에 대해 매년 지대를 지불하고, 계약 시 지대의 열 배에 해당하는 보증금을 지불하도록 했다. 1854년에 체결된 제2차 토지장정에서는 지대가 세금이 되고, 보증금은 실질적인 땅값의 기능을 했다.[7] 물론 당시 중국에서 모든 땅은 황제에 귀속되어 토지는 매매될 수 없었지만, 영구 임대의 형식으로 빌릴 수 있었다.

대부분의 개항장은 이처럼 지대를 지불하는 거주민들에 의해 자치적으로 운영되었다. 그들이 대표를 선출해 자치운영회인 신동공사紳董公社를 결성했고, 그 집행 기구인 공부국工部局이 납세자로부터 세금을 거둬 도시의 제반 시설들을 유지하고 관리하도록 했다. 영사는 법적인 지위만을 가질 뿐 실질적인 권한은 없었다. 자치운영회와 공부국은 조계 내에서 마치 작은 정부와 같이 각종 규칙 제정과 벌금 부과 권한을 가졌으며, 도로 개설, 가로등 설치, 건물의 자재 사용 제한 등 모든 결정권을 행사했다. 이런 제도는 상하이에서 시작되어, 하나의 모델로서 동아시아 전역으로 퍼져 나갔다. 한국에서 신동공사가 처음 등장한 때는 1883년 체결된 조영수호통상조약에서였고, 1884년의 인천제물포각국조계장정에서는 그 조직과 역할, 권한이 별도로 규정되었다.[8] 그렇지만 한국의 조계지를 일본인들이 대부분 차지하면서, 형식은 신동공사이지만 실제로는 일본 영사의 감독하에 거류민들의 자치가 이루어졌다.

한국의 개항 도시들은 다른 동아시아 국가들에서 발전시킨 조계 제도를 그대로 받아들였다. 그렇지만 실제 거주민들의 분포를 보면 일본의 영향이 매우 컸음을 알 수 있다. 가장 국제적인 면모를 가졌던 인천에서조차 구미인歐美人은 1904년 1만 9,661명의 거주자 가운데 120명에 불과했다. 부산은 더욱 심해서 전체 1만 1,996명 가운데 구미인은 3명뿐이었고, 그들은 세관 관리나 선교사였다.[9] 이 때문에 한국의 개항장은 일본 거류지를 중심으로 계획될 수밖에 없었다. 강화도조약 이후 일본이 부산, 원산, 인천에 전관거류지를 개설한 후, 중국과 서구 열강들도 조선 정부와 조약을 체결해 그들의 거류지를 조성해 나갔다. 이때 이미 조성된 일본 거류지는 중요하게 고려될 수밖에 없었다.

조계지의 도시공간

동아시아 개항장에서 조계지의 경계와 구획은 별도의 토지장정이나 지소규칙地所規則을 체결하면서 이루어졌다.[10] 그중 시가지는 다양한 방식으로 계획되었는데, 주로 두 가지 요인에 크게 영향을 받았다. 우선 원주민들의 주거지와 완전 분리되어 입지해 있는지, 아니면 근접해 있는지에 따라 달라졌다. 또한 평탄지에 위치하는지, 혹은 구릉지에 위치하는지도 커다란 차이를 불러일으켰다. 그렇지만 한 가지 공통점은 대부분의 조계가 물가에 입지해 있다는 점이고, 이에 따라 소위 번드^{The Bund}, 혹은 와이탄^{外灘}, 해안통^{海岸通}이라고 불리는 독특한 공간이 등장한다. '번드'라는 말이 인도 이외의 지역에서 처음 사용된 곳은 중국 광저우였다. 이후 개항장에서 수변 공간을 따라 만들어진 선형의 공간을 가리키는 말로 정착되었으며, 톈진조약이 체결될 때에는 부두와 그 주변 건물, 기반 시설들을 설명하기 위해 사용되었다.[11] 그 후로 이 말은 동아시아 전체 개항장에서 같은 의미로 통용되었다. 서구인들은 개항장에 처음 정착하면서, 거주와 교역을 위한 다양한 시설들을 해변이나 강변을 따라 선형적으로 배치했다. "여기서 물에 대한 접근은 매우 귀중한 것으로 인식되었다. 육상 소통로를 갖고 있었던 다른 식민지들의 항구보다 그것은 훨씬 중요했다. 물 없이는 개항장도 그 의미를 잃어버렸다."[12] 부두 주변에는 주로 상관과 창고, 세관, 영사관, 군사 시설이 들어섰고, 외국인의 주택들은 주로 배후 경사지의 높은 곳에 위치해서 아래쪽을 내려다볼 수 있었다. 이와 같은 형태는 한편으로 원주민들과 분리되면서, 다른 한편으로 개항장 전체를 조망할 수 있게 했다. 번드는 무역이 중심이 되는 상업 활동에 적합한 공간 형태로, 대부분의 동아시아 개항장들은 이러한 도시공간에서 시작되었다.

홍콩, 상하이, 샤먼, 우한과 같은 중국의 개항 도시를 비롯해, 요코하마, 고베와 같은 일본의 개항 도시, 그리고 인천, 부산과 같은 한국의 개항장에서 개항 초기 번드의 공간적 특징은 공통적으로 나타났다. 그래서 그것은 베란다 양식의 건축물과 더불어, 서구인들이 동아시아 개항장에 처음 정착하면서 만들어 놓은 가장 중요한 시각적 공간적 장치였다. 반듯하게 정리된 길과 녹지를 따라 정장 차림의 서구인들이 산책하는 모습은 원주민들에게 미지의 세계에 대한 동경을 심어 주었다. 거기에 깃발을 휘날리며 육중하게 들어서 있는 서양식 건물들은, 개항장이 서구 제국주의 국가에 소속된 공간이라는 사실을 확실하게 각인시켰다. 그리고 원주민들은 그런 도시공간과 건축물을 통해 서구 열강의 힘을 명확히 인식했다.

해안이나 강안을 따라 길게 배치된 초기의 개항장은, 조계지 인구가 증가함에 따라 확장되어 갔다. 개항장에서 번드를 기점으로 내륙 방향으로 도시가 팽창하면서, 그것의 공간적 성격 역시 바뀌었다. 홍콩이나 고베, 부산처럼 산을 등지고 있는 경우, 도시공간은 바다를 매립해 그 영역을 늘려 가거나, 혹은 주변의 해안가를 따라 선형적으로 확장되었다. 부산은 해방 이전까지 대략 세 차례의 부두 확장 공사가 이루어졌다. 1902년부터 북항 매립 공사를 시작해 1908년에 완성하고, 1910년부터 부산항 축항 공사를 진행해 현재의 부산 도심의 모습을 갖추었다. 그리고 1913년부터 부산진 매축 공사를

1부. 개항과 식민 시대: 서구 근대건축의 수용

시작했고, 이후 도심과 부산진을 연결하는 중앙 부두를 만들었다.[13] 이 과정에서 개항 초기 번드의 모습은 사라졌다. 부산뿐 아니라 비슷한 확장 공사가 진행되었던 마산, 인천 등에서도 마찬가지의 현상이 나타났다.

그렇지만 상하이나 샤먼, 우한, 광저우처럼 배후가 평지인 경우 격자형의 모양을 갖춘 도시체계로 변모해 나갔다. 이 경우에 최초로 서구인들이 정착한 수변 공간은 가치를 잃지 않고 상업 중심지로 보존된다. 이렇게 확장된 개항장의 도시공간은 분리와 혼합으로 특징지어진다. 개항장은 처음부터 공간적인 분리와 차별이 명확히 드러나는 곳이었다. 초기에 개항장이 만들어질 때, 서구인들은 원주민들과는 분리된 별도의 거주지를 만들어서 생활하려고 했다. 그래서 산이나 물과 같은 자연 지형을 이용해 원주민들의 왕래를 막았다. 또 요코하마에서 볼 수 있는 것처럼 공용 공간을 통해 서구인과 일본인의 거류지를 명확히 구분하기도 했다. 그렇지만 중국의 경우 태평천국의 난을 거치면서 중국인들이 개항장에 대거 몰려들었고, 이같은 분리 정책은 폐지되고 곧 잡거가 이루어졌다. 이로 인해 1935년에는 상하이 공동 조계지 내의 총인구 116만 명 중 중국인이 97퍼센트를 차지했다.[14] 거기서 토착 문화와 서구 문화가 점차 결합되어 제삼의 문화가 등장하고, 그것은 동아시아 개항장의 근대성을 규정하게 되었다. 이와 같은 혼성 문화는 주로 흉내내기 mimicry를 통해 이루어졌다.

한국의 개항장 가운데 가장 국제적인 성격이 강했던 곳은 제물포였다. 일본은 이곳에 최초의 전관거류지를 건설하면서, 교역보다는 일본인의 거류에 초점을 맞추었고, 도시공간도 이런 의도가 반영되었다. 일본은 1881년 조선 정부로부터 제물포의 개항을 수락받고 정식으로 조약을 체결하기 이전에 이미 전관거류지를 조성하기 시작했다. 당시 시가지 조성에 관한 다양한 자료[15]들이 남아 있어서 계획 과정을 상세히 추적해 볼 수 있다. 특히 1883년 9월부터 1884년 10월까지 일본 전관거류지의 계획에 관해서는 6개의 도면이 존재한다. 이 가운데 인천 주재 일본 영사가 한양 주재 공사에게 1883년 9월 8일에 보낸 보고서의 첨부 도면을 보면, 거류지 계획에 대한 일본의 전체 의도를 읽을 수 있다. 도면의 내용은 전체 면적 4만 3,627제곱미터 규모의 부지 중앙에 일본영사관을 배치하고 해안과 평행하게 3열로 된 가구들을 대칭으로 배치하는 것이었다. 각 가구들의 크기는 20×120미터에서 30×120미터로 구획되었고, 각 가구들 사이에 폭 12미터의 도로가 개설되었다.[16] 각 필지의 용도가 결정되지 않은 상황에서 크기를 설정해 놓은 이유는 그들이 특정한 사용 목적을 가지고 있었기 때문일 것이다. 여기서 눈에 띄는 점은 인천의 일본인 거류지 계획에서 등장하는 블록의 크기가 요코하마의 그것과 비슷하다

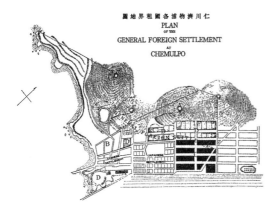

圖地界租國各浦物濟川仁
PLAN
OF THE
GENERAL FOREIGN SETTLEMENT
AT
CHEMULPO

1 인천 제물포 각국 조계지
계획. 1890.(왼쪽)
2 인천 제물포 외국 거류지.
1915년경.(오른쪽)

는 것이다. 이것은 헤이안시대[794-1185]에 교토의 도시공간을 격자형으로 구획하기 위해 만든 조방제[條坊制]에서 유래한 것으로, 훗날 에도시대[1603-1868]에 도쿄의 교외 지역들을 구획하기 위해서도 사용했다.[17] 이런 초기 스킴은 부분적으로 조정되지만 크게 변하지 않고 계속해서 유지된다.

인천 청관 조계지는 1883년 12월에 일본 조계 서편에 위치한 구릉지에 개설되었다. 면적은 약 2만 6,700제곱미터 정도이고, 특별한 의도 없이 전체 대지가 불규칙한 8개 조각으로 구획되었다. 이를 바탕으로 1884년 4월에 한성에 주재하는 청국 병사 500명을 동원해 시가지와 도로를 개설하는 공사에 착수했다. 그리고 1885년 3-4월경에 완공되었다.

청국 거류지 이외에 한국 정부는 1884년 10월에 인천제물포각국조계장정을 체결해, 외국인 거류지 조성에 합의했다.[도판1, 2] 각국 거류지가 인천에 만들어진 데에는 한성에 주재했던 영국 총영사 애스턴[W. G. Aston]의 주도적인 역할이 컸다. 그는 일본 주재 외교관으로서 고베와 오사카의 각국 거류지를 직접 목격하고 체험한 바 있어서 조계 장정의 초안을 마련하는 데 어려움이 없었다.[18] 제물포의 외국인 거류지는 전 지구를 A, B, C, D 네 등급으로 나누었다. 대지의 지리적 위치와 성격에 따라 임대료를 다르게 책정하기 위한 구분이었다. 공간 계획상의 특징을 살펴보면 계획 전에 이미 결정된 일본 거류지를 존중하며 가로체계를 구획했음을 알 수 있다. 그렇지만 각각의 필지 면적은 900제곱미터 내외로 일본 거류지에 비해 넓게 구분했다.

인천 이후 개방된 한국의 개항 도시들은 서구 열강과의 조약에 의해서라기보다는 일본의 강요에 의해 조선 정부가 스스로 개항을 선언하는 형식을 취했다. 물론 이같은 방식이 조선 정부의 주도적인 결정인지, 아니면 강압에 따라 어쩔 수 없이 한 것인지에 대해 아직도 역사학계에서는 논의가 진행 중이다. 일본은 청일전쟁의 승리 이후 한국에 대한 지배력을 강화하고자 했

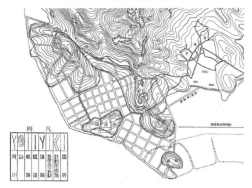

3 목포 개항장 계획. 1902.(왼쪽)
4 1930년대 목포의 시가지
모습.(오른쪽)

고, 최대한 경제적 이익을 달성하기 위해 새로운 항구를 필요로 했다. 특히 전라도 지방에서 생산되는 쌀은 상품성이 높아서 이미 많은 일본인들이 수출에 간여하고 있었다. 목포와 군산은 이런 목적에서 건설되었고, 이 과정에서 중국이나 일본의 개항장과는 다른 도시공간이 등장했다.[도판 3, 4] 일본 정부는 일본인들을 개항장에 집단 이주시켜, 그것이 침략의 발판이 되기를 원했다. 이로 인해 인천과 부산을 제외한 한국의 개항장에는 선형의 번드보다는 격자형의 거류지가 집중적으로 나타났다.[19] 주요 건물들도 해변을 따라 선형으로 늘어서기보다는, 격자형 도시공간 속에 산개했다. 군산과 목포의 개항장 공간은 네덜란드인 스타던 J. C. Staden 에 의해 구획되었다고 한다. 그는 일찍이 초대 주한 영국 공사 파크스 H. S. Parkes 와 총영사 애스턴에 의해 고용된 측량기사였다. 일본과 중국 등지에서 활약하다가 그들과 함께 내한해 인천, 목포, 군산, 마산을 포함한 여섯 군데 조계지를 설계했다고 한다.[20]

그의 필지 분할 방식은 여러모로 공통된 경향을 보여준다. 목포에서는 필지를 세 가지 등급으로 나누어 공매했다. A지구는 매립이 필요 없는 지구이고, B지구는 영사관 등이 설치될 언덕, C지구는 매립을 요하는 해변이다.[21] 각 지구마다 필지의 최대 및 최소 넓이를 두었는데, A지구와 C지구는 500 − 1,000제곱미터, B지구는 1,000 − 5,000제곱미터이다. 제한의 근거는 명확하지 않지만, 목포와 군산에서 블록 크기는 이에 따라 많은 부분이 결정되었다. 목포에서는 두 가지 크기의 블록이 존재하는데, 첫번째는 대략 60×80미터(4,800제곱미터)이고, 두번째는 90×90미터(8,100제곱미터)이다. 군산에서도 한 블록의 크기는 40×60미터(2,400제곱미터)이다. 이들은 4개 필지로 세분될 경우 쉽게 임대할 수 있는 땅의 크기이다. 이렇게 구획된 각 블록들 사이로 대략 8, 10, 12, 15미터 폭의 도로들이 그리드 형태로 설치되었다. 각 블록들의 토지 이용에 관한 규정은 정해지지 않았고, 다만 건물의 접근과

　　　　　　　　　　　　　　　　　　　1장. 개항과 미완의 개혁

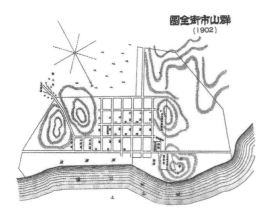

위생시설에 대한 제한들만 정해졌다. 이렇게 구획된 블록 내부로 다양한 건물들이 들어서기 시작했다. 영사관과 세관 같은 공공시설, 창고, 마치야町屋라고 불리던 일식 주택들이 그 자리를 차지했고, 여러 방식으로 세분되었다.[22] [도판 5, 6]

　　1908년 청진을 마지막으로 더 이상 개항장으로 지정된 곳은 없었다. 1910년 조선이 일본의 식민지로 전락하면서 개항장의 의미가 사라졌기 때문이다. 일본 정부는 조계지에 진출했던 각국 정부와 협상을 벌여 1914년 조계 제도를 완전히 폐지한다. 이 때문에 1910년 이후 한반도 내의 도시계획은 전혀 다른 차원에서 이루어지게 된다. 개항장과 조계 제도는 사라졌지만, 그것이 남긴 유산은 도시에 따라 여전히 남아 있다. 오늘날 관광 산업을 진흥하려는 지방 자치 단체의 의지 때문에, 외국인 거류지들은 처음 맥락과는 상관없이 복원되어 마치 관광 상품처럼 취급되고 있다.

고종의 미완의 개혁

개항과 함께 서구 문명이 조선에 급속도로 침투해 오면서, 조선 정부 역시 이에 대응해 다양한 근대화정책을 시행했다. 최초의 시도는 조선 왕실에서 비롯되었는데, 고종은 개화정책을 이끌고 간 중심 인물이었다. 그의 개화정책들은 곧 부분적인 성과를 거두었지만 사회 전체를 바꿀 정도로 체계적이지는 못했고, 그 추진력 또한 미약했다. 그는 동도서기東道西器의 구호 아래 서구 기술 문명을 받아들여 위로부터의 개혁을 추구해 나갔지만 결국 실패했고, 조선은 일본의 식민지로 전락했다. 특히 고종의 근대화 노력은, 1897년 대한제국을 선포하고 국왕의 권위를 제고하기 위한 다양한 건축 사업을 펼칠 때 집중되었다. 1895년 을미사변乙未事變 이후 거처를 덕수궁(당시 경운궁)으로 옮긴 고종은, 거기에 근대 문물을 상징하는 서양식 건물들을 짓고 생활했다.

그러나 그 건물들은 모두 외국인 건축가들에 의해 설계된 것이었고, 건설 자재 역시 모두 외국에서 수입된 것들이었다. 건물 설계와 재료 생산, 시공 과정을 절대적으로 외국에 의존하는 상태에서, 건축물의 생산 토대가 마련될 수는 없었다. 이런 문제점들은 점차 개선되어 나갔지만, 식민 기간 동안 근본적으로 바뀌지는 않았다.

건축 분야에서 고종의 개화 노력이 최초로 가시적인 성과를 거둔 것은 1883년 기기창機器廠의 건설이었다. 강화도조약을 맺은 이후, 조선 정부는 권력 핵심에 있던 젊은이들을 뽑아 일본과 청나라, 미국에 파견했다. 그들은 이들 나라의 발전된 문물을 시찰하고 돌아와 한국 사회의 근대화에 기여하게 된다. 1882년 1월 17일, 김윤식이 인솔한 영선사領選使가 청나라의 권고로 조선을 출발해, 톈진으로 파견되었다. 이들의 주 임무는 신식 기기를 학습하는 것이었다. 십구세기 서구와의 여러 차례 전쟁에서 연이어 패배한 청나라 정부는 1860년대부터 양무운동을 펼치며 개혁을 꾀했다. 중체서용中體西用 사상을 바탕으로 서구의 근대 기술을 직접 받아들여 광저우, 난징, 우한, 난퉁 등에 기기국과 군수 공장을 건설했다. 톈진기기국은 그중 하나로, 북방에서 창설된 최초의 군수 시설이었다. 거기서 서양 총포와 화약 등 무기류와 철물과 관계된 것들을 제조했다. 1867년 설치된 이후 확대됨에 따라, 톈진은 점차 청나라 말기의 중요한 군사 기지로 발돋움했다. 특히 1870년 이홍장李鴻章이 직예총독에 임용되면서, 톈진의 무기기기총국을 인수해 다섯 차례에 걸쳐 확장했다. 여기서 생산된 무기는 북양 함대의 주요 군수 물자가 되었다.[23]

조선에서 파견된 영선사들은 청에 머물며 학당과 공장에서 서구의 과학 기술을 배웠다. 그렇지만 시간이 지나면서 재정이 바닥나자 중도 귀국자들이 등장했다. 이에 조선 정부는 톈진기기국에 머물며 공부하는 학도들을 귀국시키고, 아울러 기기 구매를 요청했다. 그렇게 해서 지금의 삼청동에 근대식 무기를 제작하던 관아인 기기국 소속의 기기창이 들어섰다. 1883년 5월 착공해 1884년 5월 16일 준공된 기기창은 주물 공장 격인 번사창, 용광로가 있는 숙철창, 그 외에 목양창, 동모창, 창고까지 모두 5개 건물로 구성되었다. 현재는 그중 번사창만 남아 당시의 모습을 전해 주고 있다.[도판 7] 이 건물은 벽돌조에 목조 트러스 지붕 구조로, 중국식으로 지어졌다. 톈진 해광사海光寺에 위치한 기기국 서국의 배치 도면에는 당시 건물들의 윤곽이 그려져 있는데, 지붕과 창문 등이 번사창의 그것

7 기기창의 주물 공장 격이었던 번사창. 1883-1884년.

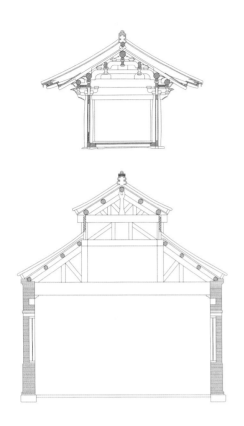

8 한옥(위)과 번사창(아래)의
지붕 구조 비교. 목구조 체계의 엄청난
변화를 보여준다.

과 매우 흡사하다는 점을 알 수 있다. 그렇지만 기기창은 무기 생산을 제대로 못하고 문을 닫게 된다. 1894년에 일어난 동학농민운동과 청일전쟁을 거치면서, 일본이 모든 무기 제조창을 폐쇄해 버렸기 때문이다.[24]

번사창 건물에서 주목할 부분은 지붕의 목조 트러스이다. 이것은 서구 건축으로 이행되면서 새롭게 나타난 구축 방식으로, 한국 전통건축의 지붕과 비교해 보면 명확한 차이를 확인할 수 있다.[도판 8] 번사창의 지붕 모양은 형태적으로 전통적인 맞배지붕과 유사하나, 내부를 뜯어 보면 그 구축 방식이 완전히 다르다. 전통적인 대량식 구조 대신 크고 작은 부재들이 트러스를 형성하며 지붕 하중을 지탱하고 있는 것이다. 건물 본체는 50센티미터 두께의 조적조 위에 3.6미터 간격으로 트러스를 얹고, 8.5×33미터의 대공간을 별도의 내부 기둥 없이 완성했다. 과거에는 존재하지 않았던 무주無柱 공간으로, 새로운 구축 방식이 채택되면서 일어난 공간적 변화를 잘 보여준다.

건축적 변화와 더불어, 대한제국시대에 한성의 도시 구조도 대대적으로 변모하게 된다. 개항 직후 도시에 대한 최초의 논의는 치도론治道論으로 등장한다. 조선 정부는 젊은 인재들을 외국에 파견해 앞선 문물을 시찰하도록 했는데, 그들은 한결같이 도로 개축 문제를 가장 우선적으로 다뤄야 할 시대적 과제로 제기했다. 대표적인 개화파 인물인 김옥균金玉均은 1882년 일본에서 귀국한 뒤 『한성순보漢城旬報』에 「치도약론治道略論」이라는 글을 게재하고, 조선이 처한 세 가지 우선적 당면 과제로 위생 문제, 농잠의 진흥, 도로의 개축을 들었다. 그리고 나라를 부강시키려면 산업을 개발해야 하고, 산업을 개발하려면 치도를 먼저 해야 한다고 주장했다. 이를 위해 무엇보다 관련 법규의 제정과 담당 기구의 설치가 긴요하다고 강조했다.[25]

이 시기 한성도시개조사업의 실무를 담당한 인물은 한성판윤을 재임했던 이채연李采淵이었다. 그는 미국에서 외교관으로 활동하면서 워싱턴 디시D.C.의 도시계획을 목도했으며, 귀국한 이후 한성부윤으로 기용되어 한성도시개조사업을 주도했다. 그 주요 내용은 1896년 9월 28일 발령된 「내부령」 제9호 「한성부 도로의 폭을 규정하는 건」에서 찾을 수 있다. 이채연은 이 법령에 따라 수백 년간 형성되어 왔던 도시구조를 바꾸어 나가기 시작했다. 이는 다음과 같은 세 가지 중요 사업을 포함한다. 먼저 종로, 남대문로 등 한성

1부. 개항과 식민 시대: 서구 근대건축의 수용

부의 주요 간선도로를 침범한 무허가 가옥을 철거해 본래의 도로 공간을 회복하고, 두번째로 아관파천 이후 정궁으로 새로 건설된 덕수궁의 대한문 앞을 중심으로 방사상 도로를 만들어 이를 중심으로 도시구조를 재정립하고,[26] 마지막으로 덕수궁을 비롯한 주요 시설을 연결할 간선도로망을 정비하는 것이다. 특히 덕수궁과 경복궁을 연결하는 지금의 태평로가 큰길로 확장되었으며, 그렇게 넓어진 대로에 전차가 달리기 시작했다. 1898년에는 한성전기회사가 설립되면서 전차, 전등, 수도, 전화 등의 근대적 인프라를 구축하는 일도 시작되었다. 첫 전차는 1899년 5월에 개통되었고, 1900년 4월에는 가로등이 사용되기 시작했다.

대한제국 시기 도시구조의 변화는 덕수궁을 중심으로 이루어졌다. 1392년 수도 한양이 건립될 시기에 중요한 계획 기준으로 작용했던 것이 바로 정궁이었던 경복궁이다. 이를 중심으로 주산을 북쪽에 두고, 남쪽으로는 종묘, 사직, 주요 관청 시설들이 세워졌다. 그것은 오랫동안 동아시아의 도시구조를 결정하는 방식이었다. 그러나 덕수궁이 도시 중심으로 새롭게 떠오르면서 도시의 주요 방향은 동쪽을 향하게 되었고, 이로써 오백 년 이상 지속되어 온 도시구조는 바뀔 수밖에 없었다. 덕수궁 앞에 넓은 공지가 조성되고, 그 주변으로 관공서들이 건설되기 시작했다. 의정부와 탁지부가 현재 서울시청 별관 자리에 새롭게 들어선 것도 이같은 변화와 깊게 연관된다. 국가기록원에 남아 있는 대한제국 시기 행정 관청의 설계도면을 살펴보면, 배치 구조를 정확하게 확인할 수 있다.

9 환구단의 건설은 대한제국의 시작을 알리는 상징적 의미가 있었다. 1897-1901년.

도시구조의 변화는 환구단園丘壇의 설치에서도 명확히 드러난다.[도판 9] 고종으로서는 대한제국의 새로운 시작을 알리는 상징적 장치가 필요했다. 따라서 덕수궁 전면에 환구단을 설치하고 황제 즉위식을 거행했다. 중국의 황제가 제사를 지내는 베이징의 천단을 그대로 모방했는데, 거기에서도 하늘에 제를 올리기 위한 의식을 거행하는 환구단과 신패를 보관하는 황궁우皇穹宇가 마주보며 서 있다. 고종이 환구단을 덕수궁의 대한문 바로 맞은편에 있는 옛 남별궁 터로 정한 것은, 남별궁이 선조 26년에 명나라 장수 이여송이 주둔한 이후 중국 사신이 머무는 곳이었기 때문이다. 이곳에 환구단을 세우는 것은 중국과의 단절 및 독립국의 위상을 드러내는 의미가 있었다.

환구단의 제반 시설물들은 1897년 착공 이후

1장. 개항과 미완의 개혁

1900년에 일차적으로 완성되었지만, 이후 1901년의 중수, 1903년의 주변 정리를 거쳐 순차적으로 그 형태가 완성되어 갔다. 그중 가장 먼저 수축된 건물이 황제 즉위식에 활용된 환구단이다. 정사각형의 담장 안에 화강암으로 둥글게 삼단의 석축을 쌓고, 맨 윗단에 황금색의 원추형 지붕을 얹은 형태로, 천원지방天圓地方이라는 동아시아의 오래된 세계관을 시각화한 것이다. 이어서 1898-1899년에 환구단의 북쪽에 황궁우가 건축되었다. 이 두 건물 사이에는 3개의 아치형 문으로 이루어진 중문이 있고, 이곳을 지나면 전통적인 목조 방식으로 된 팔각 건물이 등장한다. 이 황궁우는 대한제국의 정통성을 뒷받침해 줄 하늘과 땅, 조상신의 신위를 보관하는 공간으로, 현존하는 몇 안 되는 대한제국 시기 건축물이다. 황궁우의 내부는 하나로 통해 있지만, 외부에서 보면 지붕이 3층으로 보인다. 이같은 형태는 천단을 모방한 것이지만, 이를 통해 바로 길 건너 서 있는 서양의 영사관이나 교회에 뒤지지 않는 대한제국의 위엄을 나타내려 했던 것으로 보인다. 환구단은 1913년 헐렸고 황궁우만 현재 남아 있다.

고종은 덕수궁 내부에도 석조전을 비롯한 돈덕전, 구성헌, 정관헌, 중명전, 환벽정 등의 서양식 건물들을 세워 근대 군주로서 면모를 부각시키려고 했다. 그런 점에서 덕수궁과 정동 일대는 근대화 초기의 건축과 도시의 변화를 집약하고 있다. 덕수궁의 양관洋館들 가운데 석조전은 개항 이후 조선의 군주가 열망했던 근대화의 성과를 상징한다.[도판10] 정면 54미터, 너비 31미터의 지상 2층 지하 1층 규모로, 당시에는 덕수궁에서 가장 중심적인 건물이었다. 1층은 영사와 사신이 황제를 알현하는 장소로 사용되었고, 2층은 황제와 가족의 생활 공간으로 할애되었다. 건물의 전체 윤곽은 신고전주의 건

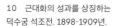

10 근대화의 성과를 상징하는 덕수궁 석조전. 1898-1909년.

11 조선은행 본점. 현재는
한국은행 화폐박물관으로 사용된다.
1897-1901년.

물 특유의 엄정한 비례를 가지고 있다. 이오닉 오
더Ionic order의 열주들과 페디먼트pediment가 건물 전
면을 구성하며, 건물 앞에는 기하학적 정원과 분
수가 자리한다.

고종이 석조전을 짓기로 결정한 이면에는, 맥
리비 브라운J. McLeavy Brown의 건의가 있었다. 그는
1893년 조선에서 총세무사로 임명되어, 모든 국가
적 재정 업무를 총괄했던 영국인이다. 고종의 허
가를 받은 후, 그는 상하이에서 등대건축가로 활
동한 존 레지널드 하딩John Reginald Harding에게 설계
를 맡겼다. 최근에 일본 하마마쓰 시립도서관에서 발견된 이 건물의 설계도
에 따르면, 1898년에 설계가 완성된 것으로 보인다. 그것을 바탕으로 1900년
에 기공한 후, 조선인 기술자 심의석沈宜錫이 공사에 참여해 1909년에 최종적
으로 완공되었다.

덕수궁 석조전은 양식적인 측면보다는 넓은 스팬을 가진 방화상防火床 구
조로 축조되었다는 점이 특기할 만하다. 1989년 「덕수궁 석조전(동관) 건물
구조 안전도 조사연구보고서」에 따르면 75센티미터 간격으로 작은 철제 보
를 설치하고 그 사이를 파형 철판으로 채운 것으로 보인다.[27] 당시 조선에 지
어진 대부분의 서양식 건물들이 목조 바닥판으로 시공된 점을 고려할 때 구
축 방식의 커다란 변화이다. 이후 다쓰노 긴고辰野金吾가 설계한 조선은행 본
점에서도 비슷한 방법을 채택했다.[28] [도판 11] 그것은 작은 I형 연철 보를
60-90센티미터 간격으로 평행하게 배치한 다음 하부에 거푸집을 대고 무근
콘크리트를 타설해 바닥판을 만드는 방법이다. 당시 도입된 대표적인 방법
가운데 하나는 60-90센티미터 정도의 간격으로 I형 연철 보를 배치한 다음,
그 사이에 아치 모양으로 구부린 하부 플랜지flange를 설치하고 그 위에 콘크
리트를 타설하는 것이었다.

건축가 사바틴과 베란다 건축

근대 이후 정동 지역은 외국인들의 집단 거주지로 탈바꿈했다. 그 전까지는
한양도성의 서쪽 끝에 위치해 중심부에서 살짝 떨어진, 서대문과 가까운 한
적한 동네로 알려져 있었다. 이곳에는 임진왜란이 끝난 이후, 선조宣祖가 환
궁해서 정사를 본 행궁이 위치해 있었다. 그 후 광해군光海君이 즉위와 함께
재축된 창덕궁으로 옮겨 가면서, 정동과 행궁은 거의 주목을 받지 못했다. 조
선 후기에 정동은 주로 왕실의 대지로 소유되거나, 귀족들의 저택 또는 몇몇

1장. 개항과 미완의 개혁

양반들의 주거가 산개해 있는 곳이었다. 1898년 캐나다인 선교사 제임스 게일 James S. Gale이 출간한 『코리안 스케치 Korean Sketches』에 실린 사진들은 정동의 이런 분위기를 잘 보여준다. 그렇지만 개항 후에는 각국 외국 공관들과 선교 거점이 이곳에 자리잡았고, 결정적으로는 고종이 1897년 대한제국 선포 후 행궁을 개조한 덕수궁을 정궁으로 삼으면서 대한제국의 정치적 중심지로 부상했다.

개항 초기에는 도성 안에 외국인이 거류하는 것을 금지했기 때문에, 정동에도 외국인들이 없었다. 단 한 사람 예외적인 인물이 있었는데, 바로 독일인 묄렌도르프 P. G. von Möllendorff였다. 그는 청나라 이홍장의 천거로 조선 정부의 외교와 세관 업무를 전담하기 위해 내한, 임오군란 당시 살해된 민겸호의 정동 집에서 살게 된다. 그는 서구 국가들과 통상우호조약 등을 체결하는 데 조선의 입장에 서서 많은 공헌을 했다. 묄렌도르프에 이어 정동 지역에 진입했던 초대 미국 공사 푸트 L. H. Foote와 그 일행도 묄렌도르프의 주선으로 민계호, 민영교 소유의 정동 사저를 구입할 수 있었다. 푸트 일행이 도성 안에 그들의 근거지를 마련할 수 있었던 것은, "양국은 각각 외교대표를 임명해 타방의 수도에 주재시킬 수 있다"는 조미수호통상조약 제2조에 근거해서였다.[29] 1883년 푸트가 처음 정동 땅을 매입한 이후, 정동은 점차 외국인 거류지로 바뀌어 나갔다. 비슷한 시기 영국에서 주한 총영사로 임명된 애스턴 역시 여러 부지를 물색하다가 한성부의 중개를 받은 끝에 현재의 영국영사관 부지를 사들였다. 당시 정치적 중심지는 박동 지역(현 수송동, 미국대사관 뒤쪽 지역)으로, 정동은 도성의 서남쪽에 치우쳐 있었지만 오히려 언덕과 성벽으로 둘러싸여 안전했고, 이와 함께 마포를 통해 한강 및 제물포로 출입이 용이하다는 장점을 인정받았기 때문인 것으로 보인다.

대한제국 시기에 한국과 수호통상조약을 맺은 나라는 11개국으로, 이 가운데 9개 나라가 자국의 영사관과 공사관을 서울에 개설했다. 정동에는 미국을 비롯해서 영국, 러시아, 독일, 프랑스의 공사관이 모여들었고, 이에 따라 정동은 마치 베이징의 둥자오민샹 東交民巷 사관구 使館區처럼 서구 국가들의 외교 단지로 변모했다. 외교 공관들이 먼저 들어선 후, 정동에는 미국 북장로교와 감리교가 공사관 거리를 사이에 두고 선교 거점을 마련해, 병원, 고아원, 학교 등의 의료 교육 관련 복지 시설을 설치했다. 이곳에 이화학당, 배재학당, 언더우드학당 등이 연이어 세워졌고, 유서 깊은 정동제일교회와 새문안교회 등도 함께 들어섰다. 이로써 한적한 교외와 같았던 정동 일대에 십구세기 말에 이르러 건설 붐이 일어났다. 새로운 길이 놓이고 서양식 건물들이 들어서면서, 매우 부산스러운 도심지로 흡수되었다. 고종이 이곳을 좋아했던 이유 중 하나가, 정치군사적으로 가장 위협적인 중국과 일본 공사관으로 부터 떨어져 있기 때문이었다.

정동 일대의 주요 서양식 건물들 가운데 상당수가 우크라이나 태생의 건축가 아파나시 세레딘 사바틴Afanasii I. Seredin-Sabatin에 의해 설계되었다. 그는 당시 상하이에서 일했던 일종의 '거류지 모험 건축가'였다. 십구세기 후반 동 아시아에 다양한 개항장들이 생겨나면서, 서양의 토목 기술자나 측량 기술 자가 부를 좇아 혹은 생계를 위해 몰려들었다. 그들은 도시 기반 시설을 조성 할 때 꼭 필요한 존재로, 한곳에 머물기보다는 여러 거류지들을 전전했고, 필 요할 경우 건축가 역할도 겸했다.[30] 사바틴 역시 다른 기술자들처럼 정식으 로 건축 교육을 받지 못했지만, 많은 현장 경험을 통해 실무를 익히면서 설계 와 시공 감리를 겸했던 것으로 보인다. 당시 중국을 방문했던 묄렌도르프의 요청으로, 사바틴은 1883년 9월 인천의 해관에서 세관 감시원으로 일하다 1888년 3월 이후 서울로 가 경복궁 중건소에서 근무했다고 한다.[31] 그가 제물 포에 여러 건물들을 설계했다고 전해지지만 명확한 근거는 없다. 유일하게 근거가 확인되는 건물은 1901년 완공된 제물포구락부이다. 벽돌조 2층 건물 로, 각국공원(현 자유공원)의 남측에 지어졌다. 사바틴의 다른 건물들과는 달리 건물 입면에 베란다가 설치되지 않은 점이 특이하다.

사바틴은 1883년 입국 때부터 1904년 2월 러일전쟁의 발발로 귀국할 때까지 약 이십여 년간 20여 개의 건물 설계와 시공에 관여했다. 이 기간 동

12 오다 쇼고의 『덕수궁사』에 수록된 사바틴이 정동에 건립한 건물들의 위치. 1. 프랑스공사관, 2. 러시아공사관, 3. 손탁호텔, 4. 덕수궁 중명전, 5. 덕수궁 돈덕전, 6. 덕수궁 정관헌.

1장. 개항과 미완의 개혁

13 덕수궁 중명전. 1901년 준공.(위)
14 덕수궁 정관헌. 구조체계는
다르지만 공통적으로 베란다를 외관에
활용하고 있다. 1899-1900년.(아래)

안 그는 서울에서 서양식 건물을 설계하고 시공할 수 있는 거의 유일한 인물이었다. 고종은 그런 사바틴을 총애했고, 시공 현장에서 여러 문제가 발생했음에도 그를 감쌌다. 그가 정동에 설계한 작품은 러시아공사관, 프랑스공사관, 손탁호텔이다.[도판 12] 이 가운데 프랑스공사관은 그동안 건축가가 알려지지 않았다가 최근의 프랑스 외무성 자료에서 그의 설계 사실이 밝혀졌다.[32] 덕수궁에 신축했던 다양한 양관들, 황실 도서관인 중명전,[도판 13] 외국 사신 접견을 위한 구성헌, 연회 시설인 돈덕전, 휴식 공간인 정관헌[도판 14] 등도 사바틴에 의해 설계된 건물이었다.

사바틴이 설계한 건물들은 대부분 소실되어 그동안 건축계의 주목을 거의 받지 못했다. 그러나 최근 고종 시대의 정동 지역과 덕수궁이 재조명되면서, 그가 설계한 건물들이 하나둘 복원되기 시작했고, 이에 따라 소실된 건물들까지도 커다란 관심을 받고 있다. 정관헌과 중명전은 이미 대대적으로 수리되었고, 돈덕전과 현재 첨탑 부분만 남아 있는 러시아공사관은 복원이 논의되고 있다. 그의 건물들이 대한제국시대를 대변하는 주요 건물로 자리매김하면서 이에 대해 좀더 자세한 건축적 분석이 요구된다.

그의 건축 경향을 이해하기 위해서는, 복원용으로 작성된 각종 도면들과 당시의 사진으로부터 도움을 받을 수밖에 없다. 이 자료들을 통해 그의 건물들이 대부분 1층 내지 2층 높이의 적벽돌 구조로 세워졌음을 알 수 있다. 벽돌은 당시 국내 생산이 여의치 않았기 때문에, 주로 외국에서 수입해 사용했다.[33] 오다 쇼고小田省吾는 『덕수궁사德壽宮史』에서 "돈덕전, 구성헌, 중명전, 환벽정 등의 양관들이 모두 중국산 붉은 벽돌을 건축 재료로 쓰고 있다"[34]고 밝혔다.

중명전에서 사용된 구법을 살펴보면 사바틴이 설계한 건물들의 축조 방식을 대략적으로 파악할 수 있다. 전체적으로 건물은 화강석 3-4단을 쌓은 줄기초 위에 벽돌조 벽체에 의해 구축되었다. 기초로는 화강석을 사용했는데, 그 축조 방식으로 볼 때 조선의 장인들로부터 도움을 받은 것으로 보인다.[35] 벽돌조 벽체가 전체적으로 수직 하중을 지탱하기 때문에, 구조적으로 벽돌 쌓기와 개구부의 설치가 중요했다. 다양한 벽돌쌓기 방식 가운데, 중명전에서는 221×110×55밀리미터 크기의 벽돌을 네덜란드식 2매 쌓기로 했다.

목조 바닥은 당시 단층형과 복층형 두 가지 방식이 존재했는데, 이 건물은 단층형으로 촘촘한 목조 보 위에 나무판을 깔았다. 석조전처럼 대규모 건물에는 방화상 구조가 사용되었지만, 비용이나 공정상 규모가 작은 건물에는 이같은 목조 바닥이 사용되었다. 지붕은 킹 포스트 트러스 king post truss (왕대공 트러스)로 축조되었고, 그 위에 목재널을 깔고 동판으로 마감했다.[36] 지붕 재료는 전통적인 기와 대신에 함석판이나 동판들을 사용했다. 개방된 베란다에는 기둥과 아케이드를 설치해 하중을 지지했다. 사바틴이 설계한 나머지 건물들도 중명전과 비슷한 방식을 따른 것으로 보이지만, 지붕의 형태는 건물에 따라 달랐다. 특히 프랑스공사관의 경우 망사르드 지붕 mansard roof 을, 정관헌의 경우 팔작지붕을 택했다. 건축가가 건물의 용도에 따라 지붕 형태를 달리한 것으로 보인다.

건물들의 평면에서 확인할 수 있는 한 가지 특징은 바로 건물 외벽에 공통적으로 베란다가 설치된 것이다. [도판15] 동아시아에서 식민지 베란다 양식으로 불리는 것으로, 동아시아 개항장에서 가장 흔하게 접할 수 있는 형태적 특징이다. 사바틴이 설계한 건물 외에도 정동에 있는 영국공사관이 이와 같이 전면이 베란다로 처리되어 있다. 그렇다면 이같은 양식은 어디에서 유래되었으며, 이런 형태가 갖는 함의는 무엇인가. 그 기원으로 본다면, 무더운 남쪽에서 완성되어 점차 북쪽으로 올라온 것이 틀림없다. 이 양식의 기원은 유럽이 아니라 유럽의 식민지가 건설된 무더운 지역이었다. 즉 베란다는 무더운 기후에 대응하면서 만들어진 식민지 양식인 것이다. 식민지 베란다 양식에 대해 많은 연구를 했던 일본의 후지모리 테루노부 藤森照信 교수는 '베란다'라는 말의 어원을 인도에서 찾았다. "그 말은 원래 영어가 아니라, 인도 땅에 먼저 발을 들여놓았던 포르투갈 및 스페인 언어에서 유래된 것으로 나중에 영어로 바뀐 말이다."[37] 그는 아시아에서 베란다 양식이 성립하는 과정을 다음과 같이 분석했다. "인도에도 동남아시아에도 중국 남부에도 유럽인이 진출하기 전에 이미 높은 건축 문화가 있었고, 이윽고 유럽의 상인과 식민지의 지배국 사람이 그 지역에 뿌리 내리면서 현지를 연구하고 배워 베란다를 덧붙이는 새로운 서양관의 형식을 만들어냈다는 생각이 자연스럽다."[38]

15 사바틴이 설계한 건물의 평면. 왼쪽 위부터 시계 방향으로 덕수궁 중명전, 러시아공사관, 덕수궁 돈덕전, 프랑스공사관. 회색 부분이 베란다에 해당한다.

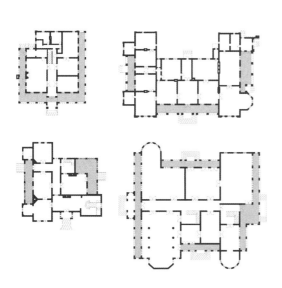

1장. 개항과 미완의 개혁

이 양식은 인도에서 출발해 싱가포르, 마카오, 홍콩을 거쳐 타이완에 이르고, 나중에는 일본의 나가사키까지 도달하면서, 동아시아에서 최초의 국제적인 양식으로 받아들여졌다. 현재 남아 있는 건물들을 연결시켜 보면 대략의 윤곽이 드러난다. 물론 건물 전면에 베란다를 설치하는 방식은 서구 건축의 오랜 전통이어서, 가령 안드레아 팔라디오Andrea Palladio가 설계한 코르나로 저택Villa Cornaro이나 키에리카티 저택Villa Chiericati에서도 비슷하게 발견된다. 이런 점에서 식민지 베란다 양식이 하나의 독자적인 양식으로 성립할 수 있을지 의문이 드는 것도 사실이다. 그렇지만 이 양식의 독특한 점은, 건물의 한 면, 두 면, 경우에 따라 네 면 모두를 베란다로 두른다는 점이다. 사바틴이 설계한 건물의 경우, 정관헌과 중명전은 세 면이 베란다로 개방되었고, 돈덕전, 러시아공사관, 프랑스공사관 등은 세 면이 베란다지만 중간에 돌출된 탑이나 터릿turret에 의해 잘려 나간 형태다. 베란다 부분의 입면 처리도 중요했다. 덕수궁 석조전처럼 기둥들과 수평 보, 난간으로 간단히 처리하는 경우도 있지만, 아케이드와 다양한 장식들을 덧붙여 화려한 입면을 선보이기도 한다.

베란다 양식에는 두 종류의 입면 구성이 있다. 첫번째는 베란다가 순수하게 기둥과 보로 구성된 방식으로, 중국에서는 주로 1840년대에 건설된 건물에서 자주 나타난다. 1846년 완공되어 홍콩에 가장 오래된 서양식 건물인 플래그스태프 하우스Flagstaff House는 그 대표적인 예로서, 전면이 열주와 보로 구성된 전형적인 식민지 베란다 양식이다. 한국에서는 덕수궁 석조전이 이런 방식을 취한다. 두번째는 아치식 베란다로, 주로 1860년대 이후에 도입되었다.[39] 중국 광저우의 샤미엔이나 샤먼의 구랑위와 같은 서양 조계지에서는 주택, 클럽, 공관 등 다양한 유형의 건물들이 이런 양식으로 지어졌다. 식민지 베란다 양식은 1890년대 이후 상하이에서는 자취를 감추지만 한국에서는 바로 그 시기에 도입되기 시작했다. 십구세기 후반 상하이에서 건축 일을 배운 사바틴 역시 두번째 방식에 익숙했던 것으로 보인다. 그의 주요 건물들은 대부분 기둥 사이에 아치를 가지는 두번째 방식이었다.

사바틴은 다양한 종류의 재료와 아치를 구사하면서 전체 외관의 변화를 이끌어냈다. 초기의 세창양행 사택, 러시아공사관, 프랑스공사관의 경우 베란다에 기둥과 반원형 아치를 사용했다. 특히 러시아영사관에서는 르네상스식 장식이 들어가 상당히 장중한 느낌을 준다. 그렇지만 덕수궁 돈덕전과 손탁호텔에서는 반원이 아니라 원호의 일부분만 사용된 얕은 궁형 아치segmental arch들이 외관을 둘러싼다. 덕수궁 중명전에서는 반지름이 다른 3개의 원들을 결합해 만든 독특한 곡선 형태의 삼중심 아치three-centered arch를 사용했다. 이처

16 　사바틴 건물에서 나타나는
베란다 입면. 맨 위에서부터
러시아공사관, 덕수궁 중명전, 덕수궁
정관헌, 덕수궁 돈덕전.

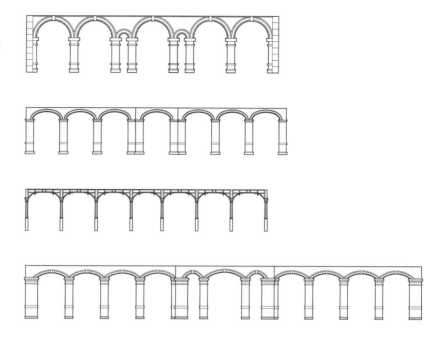

럼 다양한 아치 형태를 적용함으로써 입면에 변화를 주었다. 일종의 한양 절충주의 건물이었던 덕수궁 정관헌에서는, 베란다 역시 돌이나 벽돌보다는 목재를, 아치 대신에 전통적인 파련각 무늬의 낙양을 사용했다. [도판16]

식민지 베란다 양식이 처음 만들어졌을 때는 무더운 기후가 중요한 요인으로 작용했다. 베란다는 무더위를 피할 수 있도록 건물 전체에 그늘을 드리우는 역할을 했다. 그렇지만 조계지가 점차 북상하면서 기후적인 고려는 점차 줄어들고, 오히려 양식적인 측면이 부각되었다. 그렇다면 이 양식이 기후와는 상관없이 계속해서 사용된 이유는 무엇일까. 베이징 최초의 공사관 구역이라고 할 수 있는 둥자오민샹에 지어진 건물들은 여전히 대부분 전면에 베란다를 취하고 있다. 그 점은 한국도 마찬가지로, 1897년 제물포항에 건축된 영국영사관도 최근에 발견된 도면을 보면 건물 전면이 베란다로 되어 있다. 사바틴이 설계한 프랑스공사관이나 덕수궁 중명전 역시 베란다 형식을 취하지만, 추위 때문에 건물 내벽에 벽난로가 설치되었다. 이를 통해 이 양식이 점차 북상하면서 식민지배를 상징하는 형식체계로 전환되었을 가능성이 크다는 것을 알 수 있다. 즉, 조계지에서 베란다는 서구 문명과 토착 문명, 지배와 피지배라는 힘의 관계를 시각화하는 건축적 장치가 되는 것이다. 개항 초기에 찍은 사진에는 베란다에서 거리를 내려다보는 정장 차림의 서양인들이 자주 등장하는데, 토착인들은 그런 모습에서 서구 문명에 대한 일종의 경이로움을 느꼈을 것이다.

가톨릭 교회 건축

서구 건축의 유입 과정에 대해 오랫동안 연구를 진행해 왔던 건축사가 윤일주尹一柱는 개항 이후의 한국에서 이루어진 건축적 변화를 기술하며 "서구에서 근대건축이 그 모습을 갖춰 가고 있을 동안 한국에서는 서구 문명의 유입 파이프가 타율적인 외교와 종교뿐이었고, 그로 인해 실체화된 것은 양식이었다"[40]고 썼다. 개항 이후 서구의 외교 관련 건물들은 정동 지역에 주로 한정되었고, 1905년 을사늑약으로 외교권을 일본에 빼앗긴 이후로는 그나마도 더 이상 지어지지 않았다. 그렇지만 기독교 관련 건물들은 가톨릭 교구나 개신교 선교 거점에 따라 지방에도 많이 세워졌고, 1941년 태평양전쟁으로 중단될 때까지 건축 활동이 지속적으로 이루어졌다. 그런 점에서 서양의 종교 건축은 한국 건축에 보다 큰 영향을 미쳤다. 또한 전후戰後에도 기독교 신자 수가 증가하면서, 초기 기독교 관련 건축물들은 계속해서 모방의 대상이 되었다. 개항 시기에 나타난 건물 유형으로서는 드물게 지금까지 영향력을 행사하는 예로 볼 수 있다.

기독교는 두 가지 경로를 통해 전래되었다. 하나는 프랑스 파리 외방 전교회傳敎會에서 파견한 천주교 신부들을 통해서였다. 이 전교회는 1664년 파리에서 설립된 이후 오늘에 이르기까지 아시아에 4,000여 명의 선교사들을 파견했는데, 한국에는 그중 170여 명이 파견되었다. 흥미로운 점은 서양의 신부들이 조선 천주교 신자들의 자발적인 요청에 따라 파견된 것이다. 1831년 로마 교황청은 방콕의 보좌주교였던 브뤼기에르B. Bruguiére 신부를 최초로 조선에 파견했고, 그 후로 파리 외방 전교회 출신의 선교사들이 조선에 입국해 포교 활동을 했다. 프랑스 선교사들이 처음 파견될 당시에는 포교 활동이 허용되지 않았기 때문에 입국은 은밀하게 이루어졌고, 종교적 박해로 많은 이들이 순교했다. 1886년 한불 수교가 이루어진 후 종교의 자유가 인정되자, 파리 외방 전교회 선교사들에게 토지 구입과 건축이 허용되었고 자유로운 여행이 가능해졌다. 이를 바탕으로 전국적인 포교 활동을 시작해 신자 수를 늘려 나갔는데, 이 과정에서 전통적인 교구 제도가 바탕이 되었다. 가톨릭의 교회 조직은 초기에는 서울 교구만 존재하다가, 1911년에 1개가 더 늘어나 대구 교구로 분리되었다. 본당 수도 계속해서 늘어나서, 1910년에는 54개에 이르렀다. 맨 먼저 제물포, 원산, 부산 3개 개항장에 본당이 창설되었고, 1889년에 서울, 평양, 대구, 전주 등 조선의 전통적인 도시에도 본당이 생겼다. 이에 따라 교구와 본당을 중심으로 다양한 형태의 교회 건물들이 건설되었다. 1892년에는 서울의 두번째 본당인 약현성당이 한국에서 최초의 벽돌조 건물로 건축되었고, 1897년 인천 답동성당이, 1898

년 서울 명동성당이 완공되어 조선의 선교 자유를 상징해 주었다.[41] 이 과정에서 코스트 E. J. G. Coste 신부와 푸아넬 V. Poisnel 신부는 성당 건설과 관련해 중요한 역할을 담당했다.

코스트 신부는 조선으로 건너오기 전 홍콩, 싱가포르, 상하이 등에서 다양한 건축 활동에 참여했고,[42] 특히 1872년 홍콩의 베다니 Béthanie 요양원에 고딕 건축물을 세우는 일을 하며 고딕 건축에 대한 기본 지식을 쌓았다.[43] 1885년 서울에 처음 도착한 이후, 그는 제물포성당, 용산신학교성당, 약현성당, 명동성당 등을 세우면서 프랑스식 고딕 양식을 채택했다. 양식적인 측면에서 보면, 동아시아에 건립된 가톨릭 교회들은 대략 세 가지로 구분된다. 먼저, 포르투갈 출신의 예수회 건물들이 세운 교회들은 주로 바로크 양식으로 지어졌다. 마카오의 성 바울 성당 유적 Ruins of St. Paul's과 베이징의 남당 南堂 등이 대표적이다. 그들은 자코모 비뇰라 Giacomo B. da Vignola 가 설계한 로마의 제수 성당 Chiesa del Gesù을 모형으로 삼았다. 반면, 파리 외방 전교회 출신 프랑스 선교사들은 일 드 프랑스 지방에서 발전시킨 고딕 양식을 선호했다. 중국 광저우의 석실성심 성당 石室圣心大教堂과 상하이의 쉬자후이 성당 徐家汇主教座堂이 그를 대변한다. 한국에서도 대부분의 건물들이 고딕 양식을 따랐지만, 돌이 아닌 벽돌로 지어진 점이 특이했다. 이 외에도 독일과 영국 출신 선교사들은 로마네스크 양식을 적용하기도 하는데, 칭다오의 성 미카엘 성당 St. Michael's Cathedral과 서울의 성공회성당이 그 좋은 예다.

이처럼 다양한 양식이 수입되어 지어진 성당 건축물들은 일정 부분 토착화의 과정을 거치게 된다. 코스트 신부가 한국에서 지은 종교 건축에서 나타나는 한 가지 특징은, 주요 구조체는 벽돌로, 천장은 목재로 축조했다는 점이다. 이 때문에 유럽 성당들과 비교해서 그 구조나 디테일이 달랐고, 앞서 중국에 지어진 가톨릭 교회들과도 달랐다.[44] 당시 한국 가톨릭 교회의 일반적인 축조 방식은, 회색 벽돌을 이용해 건물의 골조와 주요 윤곽선을 만들고, 벽체의 나머지 부분은 붉은 벽돌로 채워 넣는 방식이었다. 그런 다음 천장 리브 rib를 짙은 회색 벽돌로 만들고, 나머지는 목재를 짜서 집어넣었다. 천장이 목조로 처리되었기 때문에 지붕의 무게가 줄어들었다. 따라서 그것을 지탱할 측면의 버팀벽들이 클 필요가 없었고, 이에 따라 건물 외관이 비교적 단순해졌다. 또한 벽체가 모든 하중을 지탱해야 하므로 창들은 주로 반원형의 아치 형태를 띠었다. 돌을 정교하게 다듬을 수 있는 석공이 부재한 상태에서, 당시 한국에 온 프랑스 신부들은 이런 방법이 고딕 성당을 지을 수 있는 효율적인 방법이라고 판단한 듯하다. 여기에다 구조체와 충진재 사이에 벽돌 색깔을 달리해, 마치 전통건축의 목조식 구조와도 유사한 느낌을 주었

17 서양의 성당이 토착화된
나바위성당. 1906-1907년.(위)
18 약현성당. 1891-1892년.(아래)

다. 이처럼 가톨릭이 한국 사회에 토착화되는 사례로 전북 익산의 나바위성당이 있다.[도판 17] 이 성당은 실제로 한국식 기와지붕과 벽돌 벽체가 절충되어, 두 가지 구축 방식이 잘 어울린다는 사실을 보여준다. 처음에는 순수 한옥으로 세워졌으나, 1916-1917년에 건물 벽체와 입구가 조적조로 바뀌었고, 1922년 회랑 기둥 아랫부분이 석조로 개조되어 현재에 이른다.

코스트 신부의 대표적인 건축물 중 약현성당은 1891년 착공해 일 년 만에 완공한 다음, 1893년 4월에 축성식을 가졌다.[도판 18] 이 자리에 세워진 것은 1866년 천주교 수난 때에 가까운 서소문 밖에서 순교한 44명의 신자들을 기리기 위해서였다. 코스트 신부는 중앙에 하나의 첨탑을 갖는 고딕 양식을 선호했는데, 하나의 첨탑이 주출입구 위에 세워지는 것으로 유럽에서는 드문 양식이었다. 파리에 있는 생제르맹 데 프레 성당이 바로 이런 방식으로 지어졌다. 또한 붉은 벽돌을 이용해 건물의 벽체와 버트레스buttress를 쌓았고, 건물 천장은 목재로 된 아치를 사용했다. 길이 32미터, 폭 12미터의 장방형 성당으로, 코스트 신부는 이 성당을 통해 성당 건설에 관한 많은 지식을 축적했던 것으로 보인다.

코스트 신부는 약현성당에 이어, 1892년부터 보다 규모가 큰 명동성당도 축조하기 시작했다.[도판 19] 이 성당은 서울 교구의 주교좌 성당으로 명동의 언덕배기에 우뚝 솟아 있다. 한국에서 가톨릭이 계속 성장해 가면서 많은 교회들이 지어졌는데 명동성당은 중요한 전범으로 작용했다. 약현성당과 같이 하나의 첨탑을 가지고 있지만 벽돌을 쌓는 방식이 달랐다. 명동성당은 회색빛의 벽돌을 중심으로 명료한 구축체계를 드러내는데, 붉은 벽돌은 하중이 작용하지 않는 부분에 주로 채워 넣었다. 벽돌을 가지고 높은 벽체와 천장 볼트 구조를 지어야 했기 때문에 건설 과정에서 많은 어려움이 따랐던 것이 사실이다. 우선 많은 벽돌이 필요했는데, 청일전쟁으로 벽돌 수급이 여의치 않자 코스트 신부는 직접 벽돌 공장을 세워 재료 문제를 해결해 나갔다. 또 다른 문제는 시공 과정에서 몇 번의 붕괴 사고를 경험하게 된 것이었다. 공사는 프랑스 신부들의 주도로 중국의 벽돌공들이 작업했는데, 난이도가 높은 천장 볼트 부분에서 많은 문제를 일으켰다. 뮈텔 주교의 일기에 따르

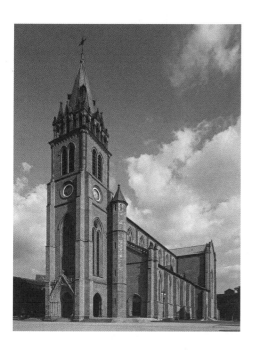

19 명동성당. 1892-1898년.

면, "한국에서 많은 건물을 설계했던 건축가 사바틴이 구조적인 문제를 자문했다"고 한다.[45] 이같은 노력에도 불구하고 코스트 신부가 1896년 선종하면서 완성을 보지 못하고, 푸아넬 신부가 그 작업을 이어받아 1898년에 완공했다.

푸아넬 신부가 명동성당에 이어 대구 계산성당과 전주 전동성당을 설계하면서, 고딕 성당의 건설은 서울을 벗어나 지방으로 확산되었다. 그렇지만 그가 설계한 건물들은 코스트 신부의 그것과는 달랐다. 건물 양식으로는, 단일 첨탑이 아닌 건물 전면의 양쪽에 쌍탑을 두는 방식으로 바뀌었다. 유럽에서 볼 수 있는 중세 성당의 가장 흔한 유형으로, 대구 계산성당은 그 대표적인 예이다. 전주 전동성당의 경우 전면에 모두 3개의 첨탑이 등장하며 그 형태도 다양해졌고, 특히 첨탑 위로 돔 지붕이 도입되어 눈길을 끈다. 천장 구조도 시공이 어려운 사분할 리브 볼트 ribbed vault 보다는 단순한 첨두 아치 pointed arch 로 대체되었다.

개신교 선교 거점

개항 이후 기독교 건축이 조선에 들어온 또 다른 경로는 개신교 선교사들을 통해서였다. 한말과 일제강점기에 개신교 선교사를 파송한 나라는 미국, 영국을 비롯해서 캐나다, 오스트레일리아 등이 있다. 1945년 이전까지 한국에 머물렀던 선교사는 모두 1,529명으로, 미국 출신의 선교사가 1,059명으로 가장 많았다. 그들은 안전을 위해 보통 선교 거점에 위치한 선교 본부 내에 머물렀다. 1891년 부산을 시작으로 1916년 철원에 이르기까지 한반도에는 총 30개의 선교 거점이 세워졌다.[46] 효과적인 선교를 위해 각 교파의 선교회는 협정을 맺고, 인구 5,000명의 개항장과 읍들을 제외한 나머지 지역들은 각기 분할해 활동이 중복되지 않도록 했다.[47]

선교 본부는 주로 도성 바깥의 한적한 지역에 위치했다. 당시 모습이 명확히 보이는 전주 거점 사진을 보면, 언덕배기에 울타리가 있고 그 안에 선교사 주택 몇 채가 학교, 병원과 함께 띄엄띄엄 세워져 있다. 선교사들의 활동이 한국 사회에 매우 효과적으로 받아들여진 이유는 교육 사업과 의료 사업을 병행했기 때문이다. 각 개신교 교단에서는 이들 분야에 엘리트들을 선발해 파견했다. 그들의 활동이 지역사회에 긍정적으로 스며들면서, 개신교도

1장. 개항과 미완의 개혁

자연스럽게 전파되었다. 그들이 설립했던 학교들은 여전히 한국의 주요 교육 기관으로 자리잡고 있다. 현재까지 선교 본부의 흔적이 남아 있는 지역은 서울, 대구, 광주, 공주 등이다. 서울의 경우 정동에 장로교와 감리교 선교 본부가 자리잡았고, 다양한 학교와 교회가 남아 있다. 대구의 경우 1899년부터 선교 거점이 개설되면서 북장로회 소속의 선교사들이 성벽 남쪽의 동산을 구입해 계성학교, 신명학교, 동산병원, 미국선교원, 선교사 주택을 지었다. 광주의 경우 미국의 남장로회 선교사들이 들어와 선교 거점을 마련하고 그곳에 기독병원, 수피아여학교, 선교사 주택을 세웠다. 공주는 감리교 선교사들이 정착해 영명학교와 교회, 주택을 지었다. 그렇게 해서 서구 기독교계는 1938년 한국에서 전문학교 6개, 중등학교 33개, 소학교 225개, 강습소 및 서당 301개, 유치원 199개, 총 764개의 교육 기관을 가지고 있었으며, 그 생도가 10만 명을 넘었다. 또 병원 23개, 양로원 5개, 고아원 4개, 기타 17개의 사회 사업을 펼치고 있었다.[48]

개신교 선교 거점의 성립으로 도시구조에 가장 많은 영향을 받은 도시는 평양이었다. 북방의 군사 거점이었던 조선시대 평양은 네 겹의 성곽으로 둘러싸인 요새였다. 그렇지만 선교사들이 정착하면서 도시 경관이 확연히 바뀌었다. 청일전쟁 이후 평양, 선천, 의주를 비롯한 서북 지역에서 기독교는 선교 역사상 드물게 큰 성공을 거두고 있었다. 특히 평양은 이 지역의 영적 각성 운동을 주도하며 한국 교회를 이끄는 중심 세력으로 발돋움했다.[49] 십구세기 말에 평양은 신자 수에서도 서울의 세 배로 압도하고 있었다.[50] 이에 따라 많은 선교사들이 평양으로 몰려들어, 높고 빈 지대에 선교 거점을 마련했다. 감리교는 남산현, 장로교는 보통문 근처의 언덕배기에 거점을 마련하며 교회를 중심으로 다양한 학교, 병원, 선교사 주택을 지었다. 1902년의 평양전도를 보면 선교 거점의 위치를 확인할 수 있다.

대구의 선교 거점은 외국인 선교사들이 건설한 거점 가운데 가장 보존이 잘 되어, 당시 선교사들의 활동을 생생하게 증언해 준다. 그 위치는 읍성의 서쪽 바깥에 있는 높은 언덕으로, 시가지를 내려다볼 수 있었다. 한국인들과 접촉이 용이하면서도 어느 정도 단절되어 있다는 점에서 평양의 선교 거점과도 유사하다. 현재 그곳에는 3채의 선교사 주택이 남아 있다. 이 외에도 선교 사업을 위해 지었던 대구제일교회와 동산병원, 계성학교 등도 과거의 형태를 보존

20 한국 최초의 감리교회인 정동제일교회. 1895년 준공. 1898년 신축.

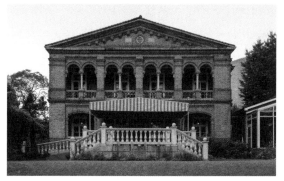

하고 있다. 대구의 선교 거점을 개척했던 선교사는 미국 북장로회 소속의 베어드W. M. Baird로, 그는 대구야말로 영남지방의 선교를 위한 최고의 전략지임을 간파했다. 1896년 베어드는 대구 읍성의 남문 안에 있던 집 1채를 구입함으로써 초석을 놓게 된다. 훗날 베어드가 서울로 차출되어 올라가자 그의 처남이었던 애덤스J. E. Adams가 그의 자리를 이어받아, 읍성 바깥의 현재 자리에 거점을 마련하고 활발한 선교 사업을 펼쳤다. 그의 주도로 1898년 대구제일교회가 세워졌고, 1906년에는 계성학교가 설립되었다.

이 시기 서울 정동에 지어진 개신교 교회 가운데 가장 눈에 띄는 건물이 정동제일교회와 성공회성당이다. 정동제일교회는 1895년 목사 아펜젤러H. G. Appenzeller에 의해 설립된 한국 최초의 감리교회로, 선교 초창기에는 한옥 예배당에서 예배를 보다가, 점차 신자 수가 늘면서 1898년 조적조 예배당을 신축했다.[도판 20] 건축가는 요시자와 토모타로吉澤友太郎로 알려져 있고, 시공은 심의석이 맡았다. 전형적인 개신교회 건물로, 한쪽에 높은 탑이 붙어 있는 고딕 양식이다. 초기 모습을 그린 투시도를 보면 탑은 뾰쪽한 첨탑으로 설계되었지만, 상부가 지어지지 않아서 지금처럼 다소 뭉뚝한 모습을 가진다. 내부 공간도 트랜셉트가 돌출된 십자형 평면으로 계획되었지만, 네이브의 측면 부분이 확장되어 하나로 트인 홀처럼 바뀌었다.

성공회성당은 영국공사관과 인접한 곳에 위치했다.[도판21] 영국공사관이 현재의 장소에 처음 자리잡은 때는 1884년으로, 조영수호통상조약이 체결된 이듬해였다. 조약 체결 후에 한국을 찾은 애스턴이 정동에 한옥 6채가 놓인 언덕의 땅을 매입해 공사관으로 사용하다가, 1891년 그곳에 2채의 서양식 건물을 새롭게 건립했다. 이들은 현재 정동에 남아 있는 유일한 외교 관련 건물이다. 설계는 1889년에 상하이에 거주했던 마셜F. J. Marshall이 했고, 중국 연안의 개항장에서 흔히 볼 수 있는 전형적인 식민지 베란다 양식으로 지어졌다.[51] 성공회성당은 그로부터 삼십여 년 늦은 1922년, 공사관의 입구 쪽에 세워졌다. [도판 22] 마크 트롤럽 Mark. N. Trollope 주교의 주도로 공사가 시작되었지만, 자금 문제 등 여러 가지 사정으로 1926년에 일부 완공되었다. 미완성인 상태로 칠십여 년을 사용하다가 1994년 증축 공사를 시작해 1996년 현재의 모습으로 완전히 공사를 마쳤는데, 건축가 아서 딕슨 Arthur S. Dixon 이 설계를 담당했고, 전형적인 로마네스크 양식으로 지어졌다.

2장. 식민지 도시공간의 형성

1910년 일본은 조선을 강제 병합한 후, 조선총독부를 설립해서 행정, 재정, 사법, 군사, 치안 등 식민통치의 근간이 되는 국가 장치들을 장악했다. 식민지 상태에서 펼쳐진 도시 및 토목 관련 정책들은 조선총독부가 식민통치를 정당화하기 위한 수단으로 전락했다. 일제강점기에 이루어진 수많은 도시 개발과 인프라 시설의 건설은 다양한 관점에서 평가될 수 있지만, 그 가운데 가장 논쟁되는 두 이론이 식민지 수탈론과 식민지 근대화론이다. 이 두 이론은 일제강점기에 일어난 다양한 현상들을 정반대의 입장에서 바라보고 있어 오늘날까지 논란을 불러일으키고 있다. 여기서 식민지 수탈론은 해방 이후 한국에서 일제강점기를 이해하는 가장 주된 시각이었다. 이에 따르면, 조선 후기 이래 발아, 성장해 온 내재적 발전은 일제의 침략에 의해 좌절되었다. 이 경우 일제가 1920년대 이후 수행한 도시 프로젝트들은, 그 결과와는 상관없이 근본적으로 조선의 식민화를 영속화하려는 의도에서 비롯된 것이다.

이에 비해 식민지 근대화론은 1980년대 "서구에서 활동하는 한국학 연구자들이 일제 식민통치가 식민지 조선에서 행한 근대화 역할을 본격적으로 부각하면서 시작되었다."[1] 식민지 근대화론자들은 "식민통치가 피식민지의 전통문화에 가한 여러 형태의 훼손도 근대화를 위한 '필요악'으로 간주한다."[2] 그리고 "제국주의의 파괴적 속성보다는 건설적 유산을 강조한다. 그리하여 식민지배는 철도와 통신, 항만 건설 등 사회간접자본 시설의 설치, 교육, 금융제도의 설립, 근대적 관료제도의 도입을 통해 전통사회의 근대화에 기능적인 역할을 결과적으로 수행했다고 본다."[3] 나아가 이들은 전후에 일어난 한국 경제 발전의 기원도 일제 식민통치에서 찾았다. 식민 시기에 공업화를 위해 조선총독부가 행한 강력한 정부 통제 기능을 1960년대 이후 박정희 시대의 공업화 전략과 동일 선상에서 인식하는 것이다.[4] 따라서 식민지 근대화론의 관점에서 보자면, 일제강점기에 이루어진 도시계획과 건설은, 한국의 도시들이 전근대적인 상태에서 벗어나 근대 도시로 이행하는 중요한 계기를 만들어 주었다고 평가할 수 있다.

일제강점기 도시 및 토목 사업에 대한 역사적 평가는 여전히 진행 중이다. 그렇지만 일제강점기에 조성된 물리적 환경만을 따로 떼어내서 본다면, 해방 이후 어느 정도 시간이 경과했기 때문에 비교적 명료한 평가를 내릴 수 있다. 특히 이 책에서 의도한 것처럼 생성 잠재력의 관점에서는 일제강점기에 대한 평가는 이견 없이 분명해 보인다. 제도적 측면을 제외하고 식민지배를 위해 일제가 만들어 놓은 건축적 장치들은 대부분 파괴되어 그 흔적이 거의 남아 있지 않다. 보존되어 있는 몇몇 건물들도 한국의 현대 건축가에게 거의 영향을 미치지 못한다. 비슷한 시기 선교사들에 의해 건설된 교회나 성당이 오늘날 종교 건축을 설계할 때 여전히 참고점이 되고 있다는 사실과 비교해 매우 대조적이다. 도시계획의 영향력은 건축에 비해 오래 지속되었지만, 최근 진행 중인 서울 아현동 재개발에서 볼 수 있는 것처럼, 식민 시기에 계획된 지역은 오늘날 가장 낙후된 지역으로 전락해 대규모 재개발에 직면해 있다. 시간이 지나면서 이런 경향은 가속될 것이다. 또한, 일제강점기에 건설된 일식 주거는 대부분 흔적도 없이 사라졌다. 기후적 조건이나 한국인의 삶의 방식에 잘 맞지 않아서 남아 있는 건물들도 내부 구조가 대폭 변형되었다. 대신 서양식 문화주택과 도시형 한옥은 전후에도 계속 살아남아 도시주거의 모태가 되었다. 그런 점에서 일정 기간 동안 한반도를 거쳐 갔던 일본의 식민 문화는, 물적 환경 차원에서는 거의 소멸되어 생성 잠재력을 가지지 못한다. 이에 따라, 일제강점기에 건설된 물리적 환경은 주로 식민 시기를 증언하는, 그래서 그 시기 가능성의 장과 그것의 작용을 설명하기 위해 주로 인용될 것이다.

철도 부설과 군사 도시의 건설

일본의 조선 침략은 철도 부설을 통해 본격화되었다. 1894년 조일잠정합동조관에 따라 일본은 경인철도 부설 사업권을 획득했다. 경인철도 부설권은 1895년 명성황후 시해 사건으로 반일 여론이 거세진 후 1896년 3월 미국인 모스J. R. Morse에게 넘어갔다가, 모스가 미국 자본가들로부터 투자 유치에 실패하자 일본 정부가 되찾게 된다. 이렇게 1899년 서울과 인천 사이에 33.2킬로미터 길이의 철도가 처음 개통되었다. 이후 일본은 1905년 경부선, 1906년 경의선을 차례로 개통해 조선 침략의 발판으로 삼았다. 철도가 한반도를 관통하게 되자, 철도가 지나가는 내륙 도시들이 근대 도시로 성장하게 되었다. 개항이 새로운 항구 도시를 만들어냈다면, 철도는 내륙 도시들의 도시구조를 급속도로 바꿔 놓았다. 대전처럼 철도 건설에 참여했던 일본인들이 집단적으로 거주하면서 시가지로 발전한 지역도 있었다.[5] 철도의 개통과 함께 새롭게 등장한 교통수단들도 도시공간을 변모시키는 데 중요한 역할을 했다. 한국에서 노면 전차가 처음 도입된 때는 1898년이었다. 미국인 콜브란H. Collbran과 보스트윅H. R. Bostwick은 대한제국으로부터 한성 시내에서의 전기 사업 경영권을 얻어 그 일환으로 전차를 부설하고자 했다. 그해 10월 18일 공사가 시작되어 12월 25일에는 서대문에서 청량리까지 1단계가 완공되었고, 이후 사대문 밖으로 계속해서 뻗어 나가면서 서울의 전통적인 도시공간을 마포, 아현, 청량리와 같은 교외 지역으로 확장시켰다. 전차는 부산과 평양에도 부설되고 노선이 확대되면서 가장 중요한 시내 교통수단이 되어 갔다.

철도 부설과 함께 1906년「토지가옥증명규칙」이 발효되면서 많은 일본인들이 도시로 몰려들었다. 이 규칙에 의해 한국의 전 지역에 걸쳐 토지를 소유할 수 있게 된 일본인들은, 한국인이 거주하는 기존 지역이 아닌, 주로 철도역 주변에 새로운 터전을 마련했다. 이로 인해 하나의 도시공간에서 한국인과 일본인 사이의 갈등이 계속 불거졌다. 갈등은 성벽의 철거를 둘러싸고 더욱 첨예화되었다. 성벽의 철거는 전근대적인 도시공간의 해체와 새로운 도시질서의 출현을 의미하며, 주로 철도역 주변에 거주했던 일본인들이 도시 안으로 침투할 수 있게 해 주었다. 성벽 철거와 관련해 가장 격렬하게 대립한 곳은 전통적인 성벽 도시였던 대구로, 경부선의 개통과 함께 대규모로 이주해 온 일본인들은 시가지 도로 개설을 위해 성벽을 허물 것을 요구했다. 한국 정부의 반대에도 불구하고 일본인 자치회는 1906년 성벽 철거를 시작했고,[6] 1908년에는 성벽이 철거된 자리에 순환도로가 개통되었다. 1907년 전주에서는 도시계획의 일환으로 전주성이 철거되었다. 서울의 경우 전차 선로가 설치되면서 성의 일부가 허물어졌고, 1908년에 남대문 좌우로 성벽이 철거되고 거기에 도로가 개설되었다. 이처럼 성벽 도시의 형태를 띠었던 내륙 도시들은 근대적인 교통망이 설치되면서 더 이상 유지될 수 없었다. 교통 흐름을 방해했던 전통적인 도시 구조물들은 파괴되었고, 일본인들은 근대화라는 이름으로 기존의 도시질서를 파괴해 나갔다. 이를 통해 근대화가 식민지배를 강화하는 장치로 사용되고 있음을 알 수 있다.

1910년 이전 한국에서의 대규모 도시계획은 주로 일본의 군사 시설과 관련되어 있다. 서울의 경우 용산이 일본군의 군사 기지로 활용되면서 도시 경계가 다소 기형적인 형태로 확장되었다. 근대 이전에는 단지 한강변의 모래사장에 지나지 않았던 용산이 개발되기 시작한 것은 경인선 철도가 지나면서부터였다. 용산역은 이후에 건설된 경의선의 출발지가 되면서 교통의 중심지로 부상했다. 이 지역은 러일전쟁이 발발하면서 군사 기지로 활용되기 시작했는데, 많은 일본군을 위한 병영이 설치되었기 때문이다. 그 후 전쟁에서 승리한 일본은 용산 일대의 땅 300만 평을 헐값에 매수해 한국적인 군사 기지의 건설을 서둘렀다. 도심으로부터 이동을 원활하게 하기 위해 1906년부터 서울역에서 한강에 이르는, 현재의 한강로와 후암동에서 용산고등학교로 이어지는 2개 간선도로를 완공했다. 그리고 주둔 군인들을 위한 관사도 이 길을 따라 대규모로 건설되었다.[7] 그렇지만 이 시기 용산 지역을 위한 특정한 도시계획이 행해지지는 않았다.

이에 비해 함북 나남과 경남 진해는 군사 도시로 새롭게 개발되었다. 그 개발 방식은 개항장과는 완전히 달랐다. 나남은 서울에서부터 북동쪽으로 약 550킬로미터, 편입되기 전 당시 청진에서는 약 17킬로미터 떨어져 있던 곳으로, 높고 낮은 산들로 둘러싸여 있다. 이곳에 약 3,300헥타르에 달하는 거대한 면적의 신도시 건설이 착수된 때는 1907년이었다. 진해와 더불어 일본인에 의해 수립된 최초의 도시계획이었다.[8] 일본군은 여러 가지 측면에서 이곳을 군사적인 요충지로 판단했다. 만주 국경으로부터 90킬로미터 정도의 거리에 위치해 러시아나 중국과 전쟁을 치를 경우 신속하게 국경 지역으로 군대를 이동시킬 수 있었다. 일본 본토에서 배를 타고 직접 건너올 수도 있어서 전쟁 물자들을 공급하기도 유리했다. 일본군은 이 일대의 땅을 거의 강제로 매수해 다양한 기반 시설을 설치했다. 시가지계획이 누구에 의해 이루어졌는지는 알려져 있지 않지만 당시의 도시계획 수법을 정확히 이해한 전문가라고 생각된다. 그는 시가지를 양분해 북쪽은 병영으로 남쪽은 시가지로 계획했다. 시가지에는 150×160미터 규모의 블록 내부에 40×15미터 크기의 가곽街廓들을 반복적으로 배치했다. 여기서 특징적인 것은, 시가지 내부에 X자형의 도로를 설치하고 그 가운데를 공원으로 배치한 것이다.

진해는 일본 해군이 군항을 설치하기 위해 막대한 넓이의 땅을 강제수매한 후 신도시를 조성한 예다. [도판 1, 2] 참여했던 계획가들은 잘 알려져 있

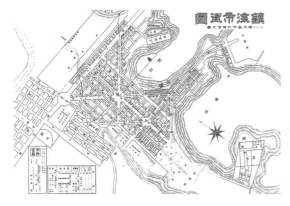

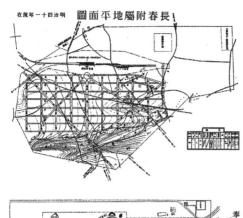

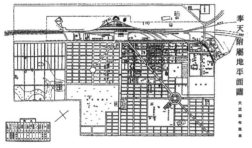

3 장춘의 도시계획. 1908년.(위)
4 펑톈의 도시계획. 1915년. 나남과
진해 시가지계획과 유사하다.(아래)

지 않지만 그 수법이 일본군이 만주에서 철도를 건설했을 때 그 주변을 계획한 방식과 대단히 유사해 보인다. 사실 일본 본토에서는 1919년 「도시계획법」이 제정되기 전까지 거의 모든 도시계획이 수도 도쿄에만 적용되고 있었다. 그래서 메이지시대1868-1912에서 다이쇼시대1912-1926 초기까지는 일본 도시계획의 암흑기로 일컬어진다.[9] 그 대신 새로운 도시의 건설은 주로 만주 지역에서 이루어졌다. 많은 도시계획 이론들이 주로 이 지역에 적용된 것은 이 때문이다. 일본은 1905년 러시아와 포츠머스조약을 맺고, 관동주 조차권租借權과 남만주철도를 획득했다. 그리고 1906년 남만주철도주식회사를 건립한 후 철도 주변의 도시들을 계획하기 시작했다. 이 시기에 계획된 중국 장춘과 펑톈(현 선양)의 도시 형태와 진해의 그것을 비교해 보면 많은 유사점을 발견할 수 있다.[도판 3, 4] 거기에는 격자형 가로와 사선형 가로가 철도역을 중심으로 결합되어 있다.[10] 진해의 경우, 자연 조건에 맞춰 도시의 경계를 설정한 다음 도시 한복판을 관통하는 남북 방향과 동서 방향의 간선도로를 십자형으로 설치했다. 기본적으로 전체 대지를 60-80미터 크기의 격자형 블록으로 구획하되, 초점이 될 만한 장소를 세 군데 선정한 후 그를 중심으로 방사선 도로가 형성되도록 했다.

그렇다면 이런 도시계획 수법은 어디서 유래했는가. 남만주철도주식회사의 도시계획가들은 서구의 도시계획에 대한 연구에 몰두했고, 그중 미국과 유럽의 주요 도시계획 수법에 많은 영향을 받은 것으로 보인다. 특히 미국의 영향은 지대했다. 십구세기 후반 미국은 동부에서 서부로 영토를 확장해 나가면서 많은 도시들을 건설했다. 특히 1860년대 이후 철도 노선의 폭발적인 팽창에 힘입어 미국의 도시들은 비약적으로 발전했다. 이 과정에서 다양한 도시계획 방법들이 제안되었는데, 이탈리아 건축사학자 만프레도 타푸리Manfredo Tafuri에 따르면, 그 가운데 특히 세 가지가 역사적으로 중요한 의미를 가진다. 첫번째로, 미국식 자본주의를 반영한 격자형 토지 구획이다. 이는 뉴욕 맨해튼에서 볼 수 있는 것처럼 모든 블록이 동일한 크기로 반복되는 방식이다. 이렇게 구획한 이유는 부동산 거래의 편의를 도모하기 위해서였다. 두번째는 미국 특유의 자연 숭배와 종교적 공동체를 세우려는 청교도 정신이 합쳐지면서, 도시에서 일어난 공원 운동과 도시 미화 운동City Beautiful Movement

　　　　　　　　　　　　2장. 식민지 도시공간의 형성

이다.[11] 미국의 조경가 프레더릭 로 옴스테드 Frederick Law Olmsted 가 행한 일련의 계획안들은 이를 잘 반영한다. 그리고 마지막으로, 유럽의 바로크식 도시계획이 바로 그것이다. 미국의 도시계획가들은, 특히 다니엘 버넘 Daniel H. Burnham 은 피에르 랑팡 Pierre C. L'Enfant 의 워싱턴 계획에서 많은 영향을 받았고, 그것을 현대 도시에 적용하고자 했다. 이에 따라 그의 계획안에는 주요 공공건물들과 공원들을 연결하는 사선형 가로들이 특징적으로 등장하게 된다. 특히 1909년 설계한 '시카고 플랜'은 이 점을 잘 보여준다. 일본이 만주와 식민지 조선에서 행한 다양한 도시계획들은 이러한 미국의 도시계획 수법을 직접적으로 수용한 것으로 보인다.

시구개정사업

한국을 강제 합병한 일본은 다양한 식민정책들을 수행해 나갔다. 그중 물리적 환경과 관련해 대표적인 정책 세 가지를 꼽을 수 있는데, 1911년에 제정 공포된 「도로규칙」, 1912년에 발표된 「토지조사령」 「시구개정령」이다. 「도로규칙」은 도로의 등급과 관리의 기준, 건설 비용의 책정 등을 담고 있었다. 이 규칙에 의해 전국의 도로는 그 중요성에 따라 네 등급으로 분류되었다. 각 등급의 도로 폭 역시 1등급 7.3미터, 2등급 5.5미터, 3등급 3.6미터로 구분되었으며, 그 관리의 책임은 1, 2등급은 총독부서, 3등급은 도지사, 등외도로는 시장이나 군수가 맡도록 했다.[12] 이를 바탕으로 일제는 전국적으로 치도治道 사업을 펼쳐 나갔고, 신작로라고 불리는 근대식 도로들이 생겨났다. 일제에 의한 대대적인 도로망의 건설에는 식민지배를 더욱 공고히 하려는 의도가 반영되었다. 철도가 주로 전국의 주요 도시들을 관통하는 사회간접자본 시설이라면, 도로는 이를 더욱 촘촘한 네트워크로 만드는 역할을 했다.

일제강점기 토지조사는 당시 한국 사회에 큰 영향을 미쳤다. 식민지배 이전까지 한국의 토지제도는 원칙적으로 국유제로서, 근대적인 토지의 소유 관계가 없었다. 이러한 현상은 근대화 이전까지는 큰 문제가 되지 않았으나, 근대화와 함께 자본주의가 성립하면서 많은 문제를 불러일으켰다. 토지를 구매하려 해도 소유자가 명확치 않아 누구를 상대해야 할지를 몰랐고, 더욱이 소유를 증명할 문서가 구비되지 않았으며, 면적의 단위와 경계선도 명백하지 않았다. 이같이 애매하고 혼란한 재래의 소유 관계를 정리·개편하는 것은 식민정책을 수행하려는 식민지 지배 계급에게 무엇보다 필요했다. 따라서 근대적 토지 소유권의 확립을 목표로 일본은 1905년 통감부의 설립과 더불어 그 기초 사업에 착수했다. 그리고 이듬해 외국인의 토지 소유를 법적으로 확인하는 「토지가옥증명규칙」 「토지가옥저당규칙」을 반포하고, 토지 가옥의 매매, 저당, 교환, 증여에 대한 법적 기초를 만들었다.

이러한 준비를 거친 후 1910년 초에는 한국 정부 내에 토지조사국을 설치해 토지조사사업의 단서를 확립했다. 한일합병 후에는 토지조사국을 조선총독부 임시 토지조사국으로 개칭해 본격적인 사업을 시작했다. 1912년 「토지조사령」을 공포하고 사업을 촉진하는 한편 보증을 도모하고, 같은 해에 자본주의를 토대로 한 일본 민법을 적용한 「조선민사령」을 발표했다. 이같은 자본주의적 사유권의 확립과 근대적 토지 사유 제도의 법적 조치를 토대로 한 토지의 소재·가격·지형 등의 조사, 측량을 시행한 토지조사사업은 1918년에 끝을 맺었다.

토지조사와 함께 도시 관련 훈령도 공포되었다. 1911년 4월 7일 「토지수용령」이 공포되고 도로 설치를 위한 법적 장치가 마련되었다. 조선총독이 인정하는 경우 군사 시설, 관공서, 교육 시설, 철도, 도로, 교량 등의 건설을 위해 필요한 토지의 수용과 사용이 가능해졌다. 이어서 조선총독부가 1912년 10월 7일에 훈령을 하달하면서 「시구개정령」이 처음으로 그 모습을 드러낸다. 거기서 주요한 시가지의 시구 개정 또는 확장 시에 총독부의 허가를 받도록 지시했다.[도판5] 「시구개정령」이 발표되고 한 달 뒤에 총독부는 「경성시구개수예정계획노선京城市區改修豫定路線」에 29개 노선을 고시했다. 이는 전통적

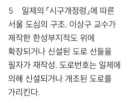

5 일제의 「시구개정령」에 따른 서울 도심의 구조. 이상구 교수가 제작한 한성부지적도 위에 확장되거나 신설된 도로 선들을 필자가 재작성. 도로번호는 일제에 의해 신설되거나 개조된 도로를 가리킨다.

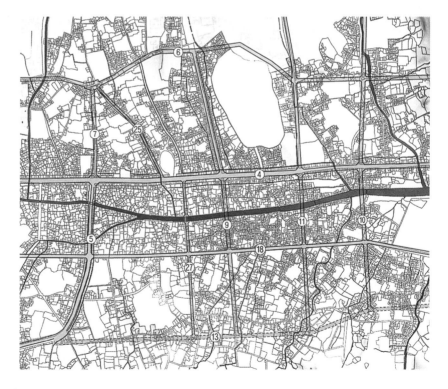

2장. 식민지 도시공간의 형성

인 서울의 가로체계를 대대적으로 재정비하겠다는 의도를 담고 있었다. 그 후로 이들 법령은 1934년 「조선시가지계획령」이 제정될 때까지 도시 개발의 기본적인 법령으로 작용했다. 일제강점기에 실행된 도시계획은 이 「시구개정령」과 「조선시가지계획령」이라는 두 가지 다른 법제에 근거해 실시되었다. 이들은 각기 다른 실행 방식과 정책 목표를 가지고 있었고, 이 때문에 결과적으로 만들어진 도시공간도 다른 모습을 보여준다.

총독부 기술 관료들이 가지고 있었던 도시적 담론은 대부분 서구로부터 수용되어, 일본에서 그 실행 방법과 효과가 검증되어 있다. 그러므로 식민 시기의 도시적 담론은 대체적으로 한국이 아닌 일본의 현실 속에서 형성된 것이다. 당시 한국의 도시 발전은 일본보다 뒤처졌기 때문에 시행에 큰 문제는 없었다. 일본은 서구의 주요 도시계획 이론들을 모델로 삼고, 필요에 따라 최적의 것들을 받아들였다. 메이지시대에 이루어진 첫 도시계획의 모델은 십구세기 중반 오스만G. E. Haussmann의 파리 개조 계획이었다.[13] 그것은 산업혁명에 의한 도시 인구의 팽창에 대응하는 서구 최초의 대규모 도시계획이었다.

오스만 계획의 주요 개념들이 시구 개정이라는 이름으로 일본에 도입된 시기는 1870년대로, 개항 이후 계속된 도쿄의 도시화가 그 배경이 되었다. 당시 도쿄의 인구는 100만 명에 육박했고 시 전체에 걸쳐 과밀화가 진행되고 있었다. 일부 구는 1헥타르 당 500명이 넘는 과밀 상태였다. 이에 따라 화재가 발생하면 도시 전체로 퍼져 나갔고 전염병도 창궐했다. 여기에 더해 승합마차와 마차 철도의 노선이 급속히 확대되면서 기존의 좁은 길들을 확장할 필요가 대두되었다. 다년간의 조사와 검토를 거친 후 「동경시구개정조례」가 1888년에 공포되었는데, 그때부터 1919년 「도시계획법」이 발포될 때까지 일본의 도시 지역에서 그 효력을 지속했다. 일단 도쿄를 대상으로 처음 시행되었던 시구개정사업은 타이완과 한국의 주요 도시에도 적용되었다.[14]

1928년에 조선총독부에서 발간된 『조선토목사업지』는 1910년 이후의 도로, 하천, 항만, 시가 정리, 상하수도망의 정비 내용과 예산 등을 연도별로 자세히 적어 놓고 있다. 여기서 시구개정사업이 국토 전체를 개조하려는 토목 사업의 일부로서 행해진 것임을 명확히 알 수 있다. 이 보고서에는 국비의 지원을 받아 시가지를 정비한 12개의 도시들이 등장한다. 시구개정사업은 서울을 기점으로, 대구, 부산, 평양, 진남포, 신의주의 5개 부와 전주, 진해, 해주, 송림, 함흥 등의 6개 면으로 확장되었다. 이는 근대 한국에 등장한 최초의 도시계획의 모델로서 1934년 「조선시가지계획령」이 발표될 때까지 도시계획을 지배했다. 특히 대구, 부산, 평양 3대 시가지의 중심부는 거의 이때 지금의 모습으로 정비되었다.[15] 이들 도시에서도 자연 발생적이었던 기

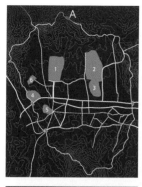

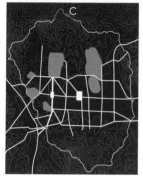
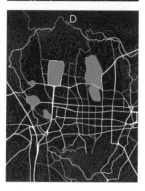

6 서울 도심의 시기별 변천 과정.
A. 한양의 도시구조, B. 1912년
「경성시구개수예정계획노선」에
따른 도시구조, C. 1919년
「시구개정사업노선」에 따른
도시구조, D. 현재의 도시구조.
1. 경복궁, 2. 창덕궁, 3. 종묘,
4. 경희궁, 5. 덕수궁, 6. 사직단,
7. 예장동 조선총독부 청사.

존의 도로를 직선화했으며, 교통량이 빈번한 구간을 포장했다. 그리고 보도와 차도를 분리하고 상하수도 시설을 설치하는 공사도 병행되었다.

일제강점기에 이루어진 시구개정사업은 도시계획적 측면과 정치적 측면을 동시에 가지고 있었다. 오스만의 계획안과 비교해 보면 중요한 차이점을 발견할 수 있다. 먼저 오스만이 파리 개조 작업을 수행할 당시, 파리의 인구는 막 100만 명을 넘었고 인구 밀도는 1헥타르당 340명[16]으로 파리 역사상 최대였다. 파리의 도시 문제는 이런 과밀에서 발생했고, 오스만 개조 계획은 이런 문제들을 근본적으로 해결하기 위해 시행되었다. 이런 상황은 도쿄도 마찬가지였다. 그렇지만 「경성시구개수예정계획노선」이 시행될 당시 경성의 인구는 대략 25만 명이었고, 인구 밀도는 1헥타르당 69명 정도였다. 인구 수는 파리의 사분의 일이고 인구 밀도는 오분의 일이었으며, 무엇보다 주거 부족율은 1926년까지 6퍼센트를 넘지 않았다. 이런 점에서 한국에서 시행된 시구개정사업의 성격은 오스만의 그것과 근본적으로 달랐다. 즉, 과밀에 따른 여러 가지 도시 문제들을 해결하기 위해서보다는 일본의 식민지배를 강화하려는 목적이었다. 그것은 토지조사사업과 함께 식민지 지배 공간에 규율 장치를 부과하는 과정이라고 볼 수 있다. "규율 장치는 밀집해서 엉켜 있는 다수를 해체해 작은 단위로 분할하려는 경향이 있다. 개개인을 고립시키되 그 위치를 일목요연하게 파악할 수 있도록 공간 속에 배치하는 것이다."[17] 일제가 한국을 식민지화한 후 처음 시행한 시구개정사업은, 자연 발생적인 도시공간을 식별 가능하도록 만들어 다양한 규율 장치들이 효과적으로 작동하도록 하는 것이 주된 목적이었다. 그리고 그런 생각은 당시 식민지 기술 관료들이 가졌던 도시적 담론을 지배했다.

시구개정사업이 갖고 있는 정치적 색채는 경성에서 가장 강하게 표출되었다. [도판 6] 총독부 고시를 통해 「경성시구개수예정계획노선」은 그 후 다섯 차례의 개정을 거쳐 모두 44개 노선으로 개수 대상이 확대되었지만, 해방 전까지 25개 노선만이 완성되었다. 시구 개정이 있기 전 서울의 도로망은 중세적인 틀을 벗어나지 못했다. 그 점은 간선도로들이 군사적, 풍수적 이유

2장. 식민지 도시공간의 형성

7 1935년 경성시구개정 이후의
시가지. 반듯하게 직선화된 도로의
모습이 나타난다.

에 따라 서로 직교하지 않고 T자형으로 어긋나게 만
나도록 짜여 있다는 점에서 잘 나타난다.[18](도판 6의
A) 1912년에 최초로 계획된 도면을 보면 일제는 이
런 폐쇄적 가로체계를 개방적 가로체계로 바꾸고자
했다. 이와 함께 시구개정계획은 식민지배를 위해 도
시구조 전체를 재편하려는 의도가 담겨 있었다. 도
시의 중심축을 대한제국 시기의 덕수궁을 대신해 당
시까지 조선총독부 청사가 위치했던 왜성대(현 예장
동, 회현동1가 일대) 쪽으로 이동시켜, 그곳을 권력
의 중심으로 부각시키려고 했다.(도판 6의 B) 이를
위해 총독부를 중심으로 방사선의 도로체계가 형성
되도록 했다.

그러나 실행 도중 계획안 전체를 뒤흔드는 변화
가 일어났다. 총독부 건물이 경복궁 앞으로 옮겨 가
고, 경성부청사가 현재의 서울시청사 자리에 자리잡
게 된 것이다. 이같은 변화로 가로체계가 많이 바뀌
게 되는데, 1919년에 새롭게 작성된 계획안에는 그
런 점들이 잘 나타난다. 방사형의 도로가 경복궁 앞
으로 오면서 기존 총독부 건물 앞에 계획된 방사선 도로들과 광장들은 모두
사라진다. 그리고 계획한 대로 격자형 도로망을 유지하려 하지만, 공사 경비
를 절약하기 위해 세부 노선은 기존의 도로 선형에 최대한 맞춘다.[19](도판 6
의 C) 이같은 시구개정사업의 변화 과정에서 식민도시를 지배하는 권력의
작동 방식을 살펴볼 수 있다. 도시공간은 식민지 지배 권력이 행사되는 곳이
었으며, 시구개정사업을 통해 그것이 가시화되었다.[도판7]

시구개정사업은 일본인들이 한국인 거주 지역으로 침투하기 위한 방편
으로 활용되기도 했다. 평양은 그 대표적인 예다. 평양은 고구려시대 이후
형성된 고도로, 평양성을 중심으로 구시가지가 형성되어 있었다. 그렇지만
1910년대 초반 평양역 주변에 정착한 일본인의 수가 급증하면서, 그들의 거
주 공간을 확보하기 위해 새로운 시가지계획이 수립되었다. 그 설계 방식은
남만주철도주식회사가 만주의 도시들에서 수립했던 것과 닮았다. 즉 철도역
을 중심으로 방사형 도로를 설치한 다음, 나머지 도시공간을 격자형으로 구
획한 것이다. 흥미로운 사실은 이 과정에서 기자정전箕子井田으로 알려졌던 전
통적인 공간 분할 방식이 시가지계획에 참고되었다는 것이다. 옛 문헌에 따
르면 기자는 중국의 은나라가 멸망한 뒤 한반도로 와서 평양에 정전을 설치

8 평양시구개정계획. 13개 노선의 시구개정사업이 실시되었다. 1915년경 작성된 지도 위에 필자가 재작성.

했는데, 그 위치가 평양 외성의 남쪽에서 대동강변에 이르는 지역이었다. 우연히 평양역과 일본인 거류지가 설치된 곳이 바로 그곳으로, 시가지계획은 기자정전에서 구획했던 도시 블록의 크기, 즉 84×84미터로 이루어졌다. 이에 비해 한국인이 살았던, 평양 내성 지역에 위치한 구도심은 자연 발생적인 가로체계로 형성되었다. 이 대조적인 2개 도시공간을 연결하기 위해, 시 정부는 1922년 최초의 시구개정사업 5개년 계획을 수립했다.[도판 8] 이 계획은 평양역에서 출발하는 가로 전차가 조선인 거주 지역까지 다다를 수 있도록 기존 도로를 확장하고 곧게 만드는 것이었다.[도판 9] 이로써 일본인 거주 지역은 평양의 구도심과 직접 연결될 수 있었다.

일제강점기 한국에서 이루어진 시구개정은 도시의 토지 이용 전체를 다루는 종합적인 도시계획이기보다는, 가로망을 중심으로 한 도시 기능의 개선에 그친다. 오스만 계획에는 관통 도로의 건설 이외에 대규모 도시공원의 설치와 상하수도망의 정비, 공공시설의 합리적인 배치가 뒤따랐다. 도쿄의 시구개정에서도 재원 부족으로 나중에는 도로 개선에만 집중되었지만 초반에는 오스만의 계획과 비슷한 양상을 띠었다. 그렇지만 한국 도시들의 시구개정에서는 이런 사업들이 거의 없었으며, 상수도사업의 경우도 대단히 제한적으로 이루어졌다. 1925년에 조사된 자료를 보면, 서울에 거주하는 한국인 가구의 상수도 보급률이 대략 28퍼센트에 머문 반면, 일본인 가구는 대략 85퍼센트에 이르렀다.[20] 이같은 차이는 1920년대 이후 조선인 거주 지역을 중심으로 심각한 도시 위생 문제를 유발하는 원인이 되었다.

9 평양의 7번 시구개정계획. 신창리 전차 종점에서 보통문까지 관통도로를 보여준다.

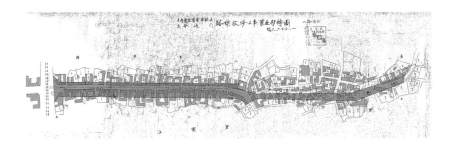

2장. 식민지 도시공간의 형성

1920년대의 도시 담론

1920년대에는 시구개정사업이 활발히 진행되는 한편, 새로운 도시 담론도 등장했다. 거기에는 여러 요인들이 작용했다. 첫번째로, 한일합병 이후 십 년 동안 이어진 무단 통치가 삼일운동으로 실패가 명확해지자, 일제는 한국에 대한 통치 스타일을 바꾸기 시작했다. 소위 문화통치로 불리는 방식은 도시 정책의 변화로 이어지게 된다. 그중에서 가장 눈에 띄는 것은 도시계획의 권한이 총독부에서 지방정부로 많은 부분 이양된 것이다. 한일합병 초기에는 전 국토를 개조하기 위해 조선총독부가 각종 토목 사업을 직접 운영해야만 했다. 그렇지만 식민 도시의 사회적 구조가 안정됨에 따라, 각종 도시적 시설 경영의 주체를 부 및 지정 면 위주로 하고 개발 사업에 일본의 민간 자본이 참여할 수 있도록 했다.[21] 이 과정에서 주민들의 의사가 도시계획에 좀더 반영되기 시작했다.

두번째로, 식민지 기술 관료들 사이에서 새로운 도시계획 방법론이 연구되기 시작했다. 그들의 눈에는 시구개정사업이 주로 기존의 낙후된 도심을 개선하는 데 중점을 두기 때문에, 도시의 확장에 효과적으로 대응하지 못하는 것처럼 보였다. 따라서 도시의 현실에 적합한 도시이론의 수립이 필요했다. 이를 위해 외국으로부터 다양한 이론들이 수용되었다. 1920년대 초반 에비니저 하워드Ebenezer Howard의 전원도시와 르 코르뷔지에Le Corbusier의 도시 이론이 조선건축회 기관지인 『조선과 건축朝鮮と建築』에 소개되었다. 특히 경성부 토목과장이었던 고노 마고토河野誠는 전원도시에 관한 글들을 게재하면서 영국의 전원도시를 소개하고, 도쿄, 오사카, 가나자와 등의 교외 주택지를 전원도시의 한 예로 소개했다. 더불어 미국의 도시계획도 중요한 모델로 수용되었다. 이와 함께 식민지 기술 관료들에게 가장 중요한 영향을 미쳤던 것은 일본에서의 동향이었다. 특히 총독 사이토 마코토와 함께 부임한 정무 총감 미즈노 렌타로水野錬太郎는 조선에 부임하기 전 내무대신으로 「도시계획법」 제정을 주도한 인물이었다.[22] 따라서 그의 부임으로 일본에서 일어난 다양한 도시계획의 변화들이 식민지 조선에 전해졌다.

1918년 5월 일본에서는 도시계획을 전담하는 행정기구가 처음으로 생겨났다. 내무성에 도시계획과가 설치되었고, 동시에 「도시계획법」 제도의 조사에 관한 사무를 담당하는 사무국이 마련되었다. 그때까지 도쿄 시구개정의 사무를 담당했던 곳은 관방지리과였지만, 도시계획과는 도쿄, 교토, 오사카의 시구개정에 관한 일도 물려받아 도시계획의 관료 조직으로서 자리잡았다.[23] 내무성의 혁신적인 젊은 관료들은 강한 사회의식을 가지고 그들과 생각을 같이하는 도시행정가들과 학자들을 모아 1917년 도시연구회를 결성했다. 이 연구회는 한편으로 법의 제정을 위한 기초 연구를 시작해 그 성과를 학회지『도시공론都市公論』에 발표했고, 다른 한편으로 지방을 순회하며 다양한 간담회를 개최해 도시계획에 관한 사회계몽에 힘썼다. 이후 법의 제정에 착수해 이케다 히로시池田宏가 「도시계획법」을, 사노 토시가타佐野利器와 우치다 요시카즈内田祥三, 가사하라 도시로笠原敏郎가 「시가지건축물법」의 초안을 작성했다. 정부의 조정 과정에서 「시가지건축물법」은 그대로 인정되지만, 정작 「도시계획법」은 재원을 놓고 대장성의 반대로 초안 그대로 수용되지 못했다. 재원 이외에는 거의 초안대로 받아들여져 1919년 「도시계획법」과 「시가지건축물법」으로 공포되었다. 이 두 가지 법이 제정되면서, 새롭게 제도화된 도시계획의 신기술에는 토지구획정리, 건축선 제도, 지역지구제(용도지역제)가 포함되었다. 모두 도시 확장에 대처하는 도시계획의 기술로서, 서구에서는 십구세기 중반부터 발달해 온 기술 방법이었다.[24]

1919년 일본에서 「도시계획법」의 제정은 획기적이었으나, 도입 초기에는 구체적인 사업으로 거의 실행되지 못했다. 특히 토지구획정리사업의 경우, 도시 주변의 농지에서는 「경지정리법」과 시행 절차가 매우 유사했기 때문에 대체로 이루어지지 않았다. 그렇지만 1923년 관동대지진이 일어나면서 상황이 바뀌었다. 원래 교외의 땅을 정비하는 기법으로 도입되었던 토지구획정리를 기성의 시가지에도 적용할 수 있도록 고쳐서 소실지에 전면적으로 적용했다. 그 결과 에도시대 이후 지속되어 온 불규칙한 도시구조가 격자형 가로망으로 일신하게 되었다.[25] 1920년대의 서울을 대상으로 한 도시계획에는 일본에서의 이같은 상황 전개가 깊게 작용했다.

1920년대 식민지 조선에서 도시계획에 대한 높은 관심은 다양한 시도로 이어졌다. 조선총독부에서 한국 4대 도시(경성, 평양, 부산, 대구)의 도시계획에 대한 연구가 시작된 때는 1921년이었다. 일본에서 「도시계획법」이 6대 도시에서 최초로 시행되었던 것처럼, 처음 이들 도시에 시행했다가 전국으로 확대 시행해 나가려는 의도였다.[26] 도시계획상 필요한 자료를 확보하기 위해 1921년부터 이 도시들에 대한 조사에 착수해 진행해 왔으나, 1924년 발생한 화재로 자료들이 소실되어 복구가 도저히 불가능해졌다.[27] 그래서 조선총독부에서는 그 개요만을 정리해 1925년 『조선사대도시(경성, 평양, 부산, 대구) 도시계획현상조사서총람』으로 발표했다. 여기에서는 도시 경계를 결정하는 방법에서부터, 지구 지역의 결정, 가로체계, 공원, 상하수도망, 다양한 공공시설의 위치에 이르는 계획 방법이 체계적으로 제시되어 있다. 이런 연구는 「조선시가지계획령」의 제정 이후 수립될 시가지계획에 커다란 영향을 미쳤다.

2장. 식민지 도시공간의 형성

경성의 경우, 이 시기 수차례에 걸쳐 자체적인 도시계획안이 수립되었다. 임시도시계획계가 신설되어, 유럽 도시계획을 시찰하고 돌아온 혼마 다카요시本間孝義에 의해 1926년 1차 계획안이 작성되었다. 그렇지만 서울과 인천을 포함하는 지나치게 포괄적인 계획이어서 비현실적이라는 비판을 받게 된다. 그래서 1928년 보다 축소된 규모의 계획안이 제시되었다. 일본의 구획정리 수법을 빌려 서울에서 한국인들이 밀집해 살고 있는 약 48만 평의 구시가지를 기존의 도시 면적보다 2.8배 정도 늘려 재개발하겠다는 내용이었다.[28] 이런 생각은 관동대지진 이후 실시된 제도부흥사업으로부터 유래된 것임이 틀림없다.

1920년대에 다양한 도시계획의 담론들이 출현했지만, 구체적으로 법제화되기까지는 시간이 필요했다. 1930년대 식민지 조선의 도시들은 시구개정만으로는 더 이상 해결할 수 없는 도시 문제에 직면했다. 이 시기에 최초로 교외화suburbanization가 일어났던 것이다. 한국의 도시에서 그것이 본격적으로 진행된 시기는 1930년대로, 일본보다는 대략 십 년에서 이십 년 늦게 진행되었다. 당시 한국의 도시 인구는 이전과는 비교할 수 없을 정도로 증가해, 1930년부터 십 년 동안 전국 20개 부에 거주하는 도시 인구는 거의 2.5배나 증가했다. 이는 대략 두 가지 요인에 의해 촉발되었다. 먼저 산미증식계획에 따른 농업 공황으로 농촌이 황폐화되면서 많은 농촌 인구가 도시로 전출할 수밖에 없었다. 이와 함께 1930년대 이후 일제가 만주 침략을 본격화하면서 일본 군국주의자들이 한반도의 지정학적 중요성을 인식하기 시작했다. 이때부터 한국의 도시 근교에는 대규모 공장 시설들이 건설되기 시작했다. 이에 따라 궁핍한 농민들이 대거 도시로 몰려 나와 공장 노동자로 전락한 것이 그 두번째 이유다. 그들은 이미 도시화가 진행 중이던 대도시 근교에 생활 터전을 잡았고, 도시 외곽이 무질서하게 확장되기 시작했다.

그때까지 대규모 도시계획이 진행되지 않았던 각 도시들은 갖가지 위생 문제와 주거난을 경험해야만 했고, 도로망, 상하수도, 주거단지의 건설이 매우 시급한 현안으로 떠올랐다. 조선총독부는 두 가지 대응책을 내놓는데, "하나는 부의 행정구역 확장이었고 다음은 그때까지 읍이었던 지역을 부로 승격하는 것이었다."[29] 1936년 당시 경성부京城府(일제강점기 서울의 옛 이름)의 경계가 영등포에서 청량리에 이르기까지 약 3.5배 확장된 것도 바로 그 일환이었다. 두번째로「조선시가지계획령」을 발표해 새롭게 늘어난 교외 지역을 개발할 수 있는 법적 제도를 마련했다.「조선시가지계획령」은 1919년 제정된 일본의「도시계획법」과 흡사했다.「조선시가지계획령」에서 제시된 용도지역제도와 토지구획정리는 토지 이용을 규제하는 최초의 법적 근거로, 1930년대의 대부분의 도시계획은 이를 바탕으로 이루어졌다.

조선시가지계획령

1934년 제정된 「조선시가지계획령」은 1962년 「도시계획법」이 제정될 때까지 한국에서 도시계획에 관한 유일한 제도적인 장치이자 법적 근거로서 작용했다. 일제가 이 법을 제정한 이면에는 만주 침략이라는 보다 큰 그림이 깔려 있었다. 1919년 일본에서 「도시계획법」이 제정된 이후 식민지 조선에서도 비슷한 법제의 제정이 검토되고 있었다. 조선총독부는 1922년 「조선도시계획령」의 초안을 작성했지만, 이에 관한 논의는 식민지 조선의 도시계획에 부정적이었던 아리요시 주이치有吉忠一가 정무총감으로 부임하면서 한동안 사라졌다.[30] 그러다가 일본의 만주 침략을 뒷받침하기 위해 함경북도 나진의 개발이 시급해지면서 이 법을 서둘러 공포했다. 당시 나진은 만주의 신징新京과 일본의 쓰루가敦賀를 연결하는 한반도의 거점으로 개발될 예정이어서 부동산 투기가 일어나고 있었다. 이 법에 포함된 토지구획정리사업은 커다란 예산의 투입 없이 시가지를 개발할 수 있는 제도였다. 실제로 법이 제정되자마자, 나진은 최초의 토지구획정리사업지로 지정되었다.

이같은 의도 외에도, 「조선시가지계획령」은 한국의 도시계획사에서 큰 의미를 가진다. 우선 「시구개정령」이 각 도시별로 제정되어 전국적인 통일이 어려웠던 데 비해 전국 단위로 시행되었고, 그 결과 도시계획의 수립 과정에 큰 변화를 가져왔다. 법안의 제2조는 총독부가 해당 지구와 관련된 지방정부의 의견을 청취하고 모든 도시계획을 결정하도록 규정했다. 이는 도시계획의 계획과 실행이 지방정부에서 중앙정부로 옮겨 갔음을 의미했다. 이전까지는 도시계획이 실현되기 위해 지자체가 먼저 초안을 작성해 중앙정부에 보내는 등 일련의 절차가 필요했다. 그렇지만 이제는 총독부에서 우선적으로 계획안을 수립한 후 부회, 읍회, 면협의회의 의견을 듣고 재정과 시행 순서를 조율했다. 이 과정에서 그간 총독부의 건설 프로젝트들을 심의하던 토목회의가 시가지계획위원회로 바뀌었다.

또한 「조선시가지계획령」에는 「시가지건축취체규칙」도 포함되어, 건축과 도시계획을 하나로 포괄하는 법이라 할 수 있었다. 그렇게 한 이유는 지구지역제의 실시와 깊은 연관을 가졌다. 「조선시가지계획령」에는 주거, 상업, 공업의 3개 지역과 풍치, 미관, 방화, 풍기의 4개 지구가 규정되어 있는데, 각 지구마다 건물의 건폐율과 용적률을 달리했다. 이 제도가 처음 법제화된 곳은 1902년 '아디케스Adickes 법'[31]이 제정된 독일이었다. 프랑크푸르트는 산업화로 인한 도심의 인구 증가 문제 해결을 위해 지역제를 도입하고, 이를 이

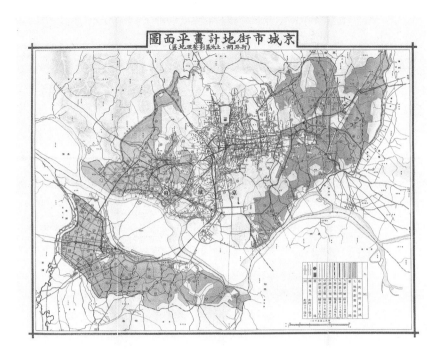

10 「조선시가지계획령」에
의해 수립된 경성도시계획도.
1937년. 진하게 칠한 부분이
토지구획정리사업지임.

용해 토지 이용 규제와 개발 이익의 국가 환수를 제도화했다. 이어 이 제도는
미국으로 건너가, 1916년 뉴욕시는 용도, 면적, 높이를 하나의 시스템에서
규제하는 방식의 지역지구제를 만들었고, 이는 도시계획의 역사에서 중대한
사건으로 기록된다. 일본에서는 1919년 「도시계획법」의 제정 당시 포함되었
고, 「조선시가지계획령」까지 흘러들었다. 이 제도가 시행되면서 경성은 처
음 3개 지역으로 구분되었다. 도심과 주요 도로의 간선도로변이 상업지구로
지정되었고, 영등포와 성수 등 도심 주변이 공업 지역으로, 나머지는 주거 지
역으로 지정되었다. 이같은 지역지구제의 실시는 그 후로 많은 변화를 겪었
지만, 그 골격은 유지되고 있다. [도판 10, 11]

마지막으로, 「조선시가지계획령」은 "기성 시가지의 개량보다는 오히려
그 확장이나 새로운 시가지의 창설에 중점을 두고 있다."[32] 그래서 이 법령
의 적용을 받은 시가지들은 확장된 부분들을 포함해 새로운 시가지계획을
수립해야만 했고, 이 과정에서 현대적 도시계획의 제도화가 이루어졌다.[33]
1934년 나진을 시작으로 1944년까지 모두 41개 도시에 적용되었고, 2개 도
시에서 준용되었다.[34] 조선총독부는 「조선시가지계획령」이 제정된 이듬해
인 1935년, 식민지 조선의 17개 도시[35]에 시가지계획의 입안을 위한 조사를
진행했다. 이때 조사된 내용은 도시조사, 주민증가율, 물산의 생산 및 집산
사항, 상하수도 시설, 상공 지구, 주택 지구의 구별, 지형 상황, 풍광 및 기상

등이었다. 이러한 조사를 위해 조선총독부 내무국에서 기사, 기수 등 각 한 명을 배치했다.[36] 이처럼 철저한 현지 조사를 거친 후 각 도시에 대한 시가 지계획이 수립되었고, 이와 함께 '시가지계획결정이유서'가 도시별로 발간 되었다.

　　현재까지 수집된 보고서를 분석했을 때, 이 시기에 이루어진 시가지계 획은 대부분 동일한 방법을 따른 것으로 보인다. 먼저, 각 도시별로 당시의 인구 동향을 통계적으로 분석한 다음 이를 바탕으로 삼십 년 후의 인구를 추 정했다. 산출 방식은 각 도시마다 조금씩 다른데, 서울의 경우 1916년부터 1933년까지 인구 추이를 분석해 이를 바탕으로 인구 증가 방정식을 만들었 다($N=18,500T+401,486$로, 'T'는 일본의 쇼와년, 'N'은 장래의 인구를 뜻한 다[37]). 이를 따를 경우 1965년의 서울 인구는 114만 1,486명으로 추산되었다. 이어 이상적인 시가지 인구 밀도를 1인당 100제곱미터(1헥타르당 100인)로 설정했다. 이 수치의 근거는 정확하지 않지만, 1928년에 발행된 『경성도시 계획조사서』에서도 비슷한 수치가 발견된다. 도시 1인당 평수는 내외 도시 를 막론하고 평균 30-50평을 이상적 밀도로 보고, 10평 전후를 포화 밀도로 간주하고 있는 상황이다. 경성부의 정町, 동洞은 평균 12.7평의 인구 밀도를 보였다[38]고 기록되어 있다. 참고로 한국보다 일찍 시가지계획이 진행된 일본 도시들의 계획 후 평균 밀도가 1인당 181.9제곱미터였다.[39] 이처럼 목표 밀도 를 설정한 후 지형과 행정구역에 맞춰 시가지계획 구역을 확정해 나갔다. 시 가지 경계는 가급적 걸어서 한 시간 안에 도달할 수 있게 도심에서 5킬로미 터 이내에 위치하도록 했다. 이렇게 시가지계획 구역을 확장한 후 주요 거주 가능 지역[40]에서의 인구 밀도의 변화를 산출했다.

이런 과학적 접근 방법은 간선도로망을 계획하는 데도 적용되었다. 각 도시의 지형과 교통 현황을 상세히 분석한 다음 이를 바탕으로 주요 도로망을 계획했다. 도시와 도시를 연결하는 도로를 주간선도로로 설정하고, 이것이 도시 내부 도로망과 쉽게 연결되도록 했다. 그리고 도시 내부 도로망의 설치는, 인구와 자연조건을 바탕으로 도시를 구區로 세분한 다음, 이 구들의 중심과 도심, 각 구의 중심을 연결하는 도로들을 설치한 뒤 준간선도로로 규정했다. 서울의 경우 "도로망을 짜기 위해 도시 전체를 구도심부, 용산구, 청량리구, 왕십리구, 한강리구, 마포구, 영등포구의 7개 교통 구역으로 나누었다. 그런 다음 시청 앞을 도심의 중심으로 지정하고, 나머지 6개 지역을 부심으로 지정해 이들을 기준으로 도로를 설치했다. 도로는 그 기능에 따라 중심과 부심을 연결하는 주간선도로, 부심 상호간 및 부심 내부의 주요 지점을 연결하는 준간선도로, 기타 지선도로로 나누었다."[41]

시가지계획에서 또 눈에 띄는 것은 처음으로 주요 도로망 계획에서 자동차가 중요하게 고려된 것이다. 일제강점기 조선에서 자동차 대수가 가장 많았을 때가 8,000대에서 1만 대 정도였지만,[42] 삼십 년 후에는 더욱 늘어날 것으로 예견하고 이를 가로계획에 반영하고자 했다. 당시 예상한 자동차 대수는 선진 도시의 실상에 맞춰 인구 1,000명당 2.5대로 잡았다.[43] 지금 관점에서 보면 이 예상은 터무니없지만 당시 기준으로 자동차 보유 대수를 산정한 것이다. 이를 바탕으로 각 도시마다 자동차 통행을 위한 주요 간선도로가 개설되었다. 그다음, 지선도로들은 간선도로를 중심으로 평행하게 나도록 해 가급적 격자형 도시구조를 유지하게 했다. 각 지역의 세부도로망은 토지구획정리사업과 긴밀하게 연계되도록 했다.

근대 도시계획에서 공원과 녹지 계획은 핵심적인 위치를 차지한다. 도시의 과밀을 해소하고 환경 오염을 완화하기 위해, 근대적인 보건 위생의 한 방편으로 도시 속에 등장했다. 1930년대 이후 일제가 행한 시가지계획에서 공원은 중요한 요소로 고려되었지만, 동아시아의 다른 도시들처럼 핵심적으로 부각되지는 않았다. 이 시기의 공원계획은 시구개정 때보다 그 분류, 배치, 규모에서 훨씬 체계적으로 이루어졌다.[도판12] 먼저 공원을 면적에 따라 대공원과 소공원으로 구분했고, 또한 용도에 따라서 대공원을 보통공원, 운동공원, 자연공원으로 세분했으며, 소공원을 근린공원과 아동공원으로 세분했다. 실제로 서울의 대현 지구나

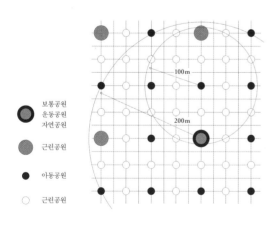

12　1930년대 시가지계획에서
공원계획을 위한 다이어그램.

보통공원
운동공원
자연공원

근린공원

아동공원

근린공원

100m

200m

돈암 지구를 보면, 일정 간격으로 다양한 종류의 공원들이 배치된 것을 알 수 있다. 그러나 미국의 도시 미화 운동에서 볼 수 있는 것처럼 공원과 공원도로, 간선도로가 하나의 녹지 시스템을 이루며, 전체 도시의 골격을 형성하는 데까지 나아가지는 못했다.

이런 방식으로 수립된 전체 시가지의 계획은 한국의 도시공간 형성에 중요한 역할을 했다. 이 시기의 시가지계획은 기존 시가지와의 관계에 따라 구시가지 확장형(서울, 평양, 대구), 신구 시가지의 분리 입지형(부산, 목포), 신도시형(신의주)으로 이루어졌다.[44] 그렇지만 문제는 이 엄청난 도시 개발사업을 추진할 만한 재원을 확보하지 못했다는 것이었다. 처음부터 민간의 참여를 배제했을 뿐만 아니라 국고 보조도 기대할 수 없었기 때문에 당시 계획안 가운데 제대로 실현된 것은 거의 없었다. 다만 지금까지 유일하게 영향을 미치게 된 것은 해방 전까지 대도시 지역에서 실시된 토지구획정리사업이었다. 그것은 자금 없이도 개발이 가능한 방법이었기 때문이다.

토지구획정리사업

「조선시가지계획령」에 따라 시가지계획이 수립된 후 조선총독부는 전국적으로 61개 지구를 설정해 토지구획정리사업을 시행하게 된다. 토지구획정리사업은 1930년대 후반 이후 한국의 도시공간을 계획하는 데 매우 중요한 수단으로 사용되었는데, 그 계획 방식이 갖는 독특한 특징 때문이었다. 토지구획정리는 기존의 시가지를 개량하려는 시구개정사업과 본질적으로 달랐다. 즉 시구개정사업이 도로 중심의 선적線的인 도시설계라면, 토지구획정리는 도시를 면적面的으로 개발하겠다는 것이다. 이에 따라 기존의 도심 지역보다는 교외 지역을 새롭게 하는 데 매우 유리한 제도였다.

사실 토지구획정리는 일본에서 일찍부터 발전시켜 온 제도를 근대화한 것이라고 볼 수 있다. 일본의 경우, 이미 에도시대부터 농지 정리를 위해 이와 유사한 방법이 사용되었고, 1860년경에는 그 방법이 널리 퍼져 있었다.[45] 그러다가 '경지개량에 관한 건'이라는 이름으로 최초로 법제화된 때는 1897년이고, 토지구획정리사업으로 명문화된 것은 「도시계획법」에서였다. 법제화 과정에서 독일의 토지구획정리사업인 '아디케스 법'을 중요한 모델로 삼았다. 이 제도가 당시 각광받았던 이유는 1910년대 후반부터 등장한 교외화 문제를 해결하기 위해서였다. 1918년에 결성된 도시연구회는 이런 시대의 흐름을 주도하면서 토론과 연구를 거쳐 정부 내 도시정책을 수립했다. 이들의 공헌 가운데 중요한 것은 1919년 「도시계획법」에 교외 주택 개발을 위한 토지구획정리 항목을 포함한 것이다. 몇몇의 토지 소유자를 모아 구획정리사업의 조합을 결성하고, 도시계획 기준에 따라 교외를 개발하자는 취지였다.

조선총독부는 일본의 「도시계획법」에서 미비한 부분을 보완하고, 토지구획정리 집행에 관한 규정들을 보다 상세히 규정해 「조선시가지계획령」에 집어넣었다. 하지만 일본의 법령이 한반도 도시에 적용되자 몇 가지 주요 차이점들이 발생했다. 우선, 식민지 조선의 경우 일본 본토에 비해 시행 면적이 광범위해 사업 초기 막대한 사업비를 충당하는 데 어려움이 있었다. 이 때문에 토지구획정리사업을 시행하며 택지를 조성하려는 본래의 목적보다는 공공용지, 특히 간선도로 및 기타 시설 용지 확보에 중점을 두었다.[46] 두번째로, 토지구획정리의 시행 주체에 대한 문제로서, 일본의 경우에는 토지 소유자 가운데 반수 이상이 합의가 되면 민간 조합을 결성해 사업 신청을 할 수 있었다. 반면 「조선시가지계획령」에서는 민간 조합을 통한 사업 시행을 원천적으로 봉쇄해 버렸다. 그래서 한반도에서는 조선총독부만이 사업 주체가 될 수 있었고, 이 때문에 토지구획사업은 도시 근교의 개발과 더불어 식민지배를 공고히 하는 수단으로 활용되었다. 미리 개발 정보를 알아내 부동산 투기로 막대한 개발 이익을 남기기도 했다.

이런 사실은 평양 제1토지구획정리사업에서 잘 드러난다. 이 사업의 시행은 1937년 평양 「시가지계획령」의 제정과 동시에 결정되었다. 그것은 대동강 동쪽에 펼쳐진 평탄한 지대에 계획된 것으로, 현재의 대동강 구역 및 동대원 구역 일부에 해당하는 지역이다. 계획 당시 현황 조사에 따르면, 이 지구의 중앙부에는 서평양과 사동 지역을 연결하는 시내 전차가 관통하고 있었으며, 북쪽에는 육군 항공대 비행장이 위치하고, 동쪽은 평양 탄광선 철도를 경계로 하며, 남쪽은 기존에 있던 선교리 시가지가 연결되어 있었다. 계획 초기 총 계획 면적은 약 170정보町步(약 51만 평)로, 전국 61개 토지구획정리사업지들의 평균 면적 29.4만 평보다 큰 규모였다. 당시 사동선 도로 양측 지대에는, 일정 규모의 주거지와 상점으로 구성된 선교리 시가지가 이미 형성되어 있었다. 1930년대 평양은 인구가 계속 증가해 어떤 방식으로든 도시계획이 필요한 시점이었다. 더불어 대동강 제2인도교의 공사가 완료되면 교통 및 상업상 건축물이 현저히 증가할 것이라 예상되어 신속한 진행의 필요성이 제기되었다.

평양 제1토지구획정리사업에서 나타난 환지換地 방식과 과정을 분석해 보면, 이 사업의 성격이 보다 명확해진다. [도판13] 사업 구역 내에 환지 소유 면적 상위 15위에 해당하는 사람 중 7명은 한국인이었지만, 다른 4개는 가타쿠라식산주식회사나 동양척식주식회사[47], 조선식산은행과 같은 토지 수탈을

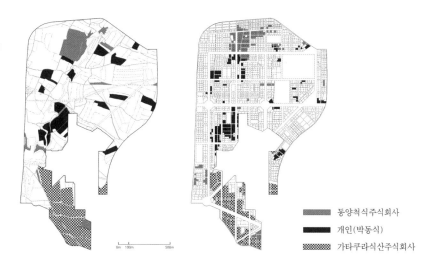

13 1937년 평양
제1토지구획정리사업 시행 전(왼쪽)과
시행 후(오른쪽). 주요 토지 소유자들의
토지 변경 내용을 알 수 있다.

동양척식주식회사
개인(박동식)
가타쿠라식산주식회사

위한 국책회사였으며 또 다른 4명은 일본인이었다. 일본인이나 일본계 회사
가 차지한 총 환지 면적은 17만 8,063.1평으로 무려 전체의 57.43퍼센트에 이
른다. 이들은 새롭게 개발된 면적의 반 이상을 차지하면서 토지 매수를 통한
식민지배를 공고히 했다. 이같은 상황은 당시 식민지라는 특수한 상황에서
토지구획정리사업에 일본의 부동산 회사들을 개입시켜 이들이 사업 후의 개
발 이익을 취하도록 했음을 보여준다.

　토지구획정리사업의 특징은 필요한 재원을 지가 상승으로 보존해 주는
데 있다. 정부로서도 비교적 적은 예산으로도 도시 근교가 난개발되는 것을
막으면서, 동시에 근교 땅의 이용 가치를 높일 수 있다는 장점이 있었다. 이
때문에 한국에서는 이 방식이 1960년대 중반까지 지속적으로 사용되었다.
그렇지만 몇 가지 한계 또한 가지고 있다. 우선, 토지구획정리는 대지의 효
율을 증진하는 데 목적을 두고 있으므로 대지 조성에만 국한되었다. 개발 후
에 대해서는 아무런 계획을 제시하지 않아 토지 이용도를 오히려 낮추는 부
작용을 가져왔다.[48] 이와 함께 도시의 밀도가 높아지면서 일어나게 될 수직
적인 변화에 제대로 대응하지 못했다. 오늘날 한국에서 많은 도시 문제들이
1930년대 후반에 개발된 지역에서 일어나고 있는데, 주로 토지구획정리사업
의 한계에서 비롯된다고 볼 수 있다. 마지막으로, 토지구획정리사업은 근본
적으로 교외의 주거지 개발과 도로 개설이 주된 목표였기 때문에 주거지 내
의 각종 시설들에 대한 종합적인 고려가 충분하지 못했다.

　이같은 한계에도 불구하고 식민지 조선의 수많은 도시공간이 다양한 토
지구획사업으로 개발되었다. 전국적으로 설정된 61개 지구 중 37개 지구를
완성했다. 서울에서는 1937년부터 1940년까지 영등포를 시작으로 돈암, 대

　　　　　　　　　　　　　　2장. 식민지 도시공간의 형성

현, 신대방, 사근, 한남, 신당, 공덕, 용두, 청량리 10개 지구가 계획되었다. 이 가운데 영등포, 돈암, 대현 지구는 해방 전까지 마무리되었고, 나머지는 전후 복구와 함께 진행되었다. 현재 정확한 계획도면을 구할 수 있는 돈암, 대현, 영등포 지구의 계획안을 살펴보면 이들 지역의 계획 방식을 알 수 있다. 먼저, 이들은 확장된 교외 지역에 위치하며, 비교적 평평한 곳들이 대지로 선정되었다. 사업 대지의 크기는 각 지구마다 많이 다른데, 서울의 경우 한남 지구가 36헥타르로 가장 작았고, 영등포 지구는 322헥타르로 한남 지구보다 약 열 배나 크다. 이처럼 크기에 따라 계획 방법 역시 달라졌던 것으로 보인다. 사업지의 경계는 대부분 자연적인 지형에 의해 결정되었다. 주로 산지 때문에 더 이상 주거용 대지를 낼 수 없는 곳이 경계선이 되었다. 영등포 지구의 경우, 강, 하천, 철도가 그 역할을 한다.

사업의 진척이 빠른 지구에서는 1941년에 사업을 종료한 경우도 있었지만, 대부분의 지구가 계획만 세워 놓고 실행을 하지 못했다. 이는 무엇보다 그해 태평양전쟁이 발발하면서 갖가지 통제령이 발령되었기 때문이다. 게다가 1940년에 발표된「택지건물등가격통제령」은 토지구획정리사업의 시행에 결정적인 타격을 입혔다.[49] 더욱이 1945년 해방이 된 후, 계획을 수립했던 모든 일본인들이 철수해 공백이 발생했다. 해방과 전쟁, 사회적 혼란을 틈타 초기의 계획이 상당히 뒤바뀐 채 시행되었다.[50]

시가할표준도

토지구획정리사업의 경계가 결정된 후에 도시공간은 필지 단위로 분할되어 갔는데, 이때 중요한 역할을 했던 것이 바로 시가할표준도이다.[도판 14] 각 도시들의 '시가지계획결정이유서'에 시가지 분할에 대한 항목은 대동소이하게 씌어져 있다. 즉, "주요 간선도로의 배치는 교통의 편리를 제일 우선으로 고려되어야 하고, 보조도로의 설정에서는 시내 건축물의 소요 부지를 고려해 토지이용계획에 맞는 적절한 배치를 해야 한다. 시내 건축물은 그 규모가 시대의 흐름에 따라 변화하기 때문에 그 부지를 획일적으로 결정하기 어렵다. 따라서 본 안에서는 주요 도로들만을 배치하고, 그 외 다른 도로는 실행할 때의 상황에 따른다. 단, 이러한 구획 분할은 별지 시가할표준도의 기준에 의해 이루어져야 한다."[51]

이런 설명과 함께 등장하는 시가할표준도에는 세 가지 사항이 기입되어 있다. 첫번째는 여덟 가지로 나뉘는 가곽의 크기이다. 가곽들은 모두 직사각형으로, 장변은 100미터로 고정되어 있는 반면, 단변은 15미터, 19미터, 23미터, 30미터, 37미터, 44미터, 52미터, 66미터 크기로 바뀐다. 두번째는 가

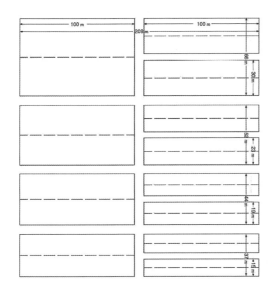

14   1937년 토지구획정리사업에
사용된 시가할표준도.

곽과 가곽 사이에 5미터, 6미터와 8미터 폭의 세 가지 도로가 계획되어 있다. 마지막으로 여덟 가지 가곽의 택지 면적과 가로 면적이 전체 면적에서 차지하는 비율을 표로 만들어 놓았다. 이는 토지구획정리사업에서의 감보율減步率과 직접적으로 관련이 있어 보인다. 이런 기준들은 어떤 근거를 가지고 만들어진 것인가. 현재까지의 연구에 따르면, 시가지계획과 토지구획정리사업을 위해 총독부 기술 관료들이 사용했을 8개의 주요 기준 지침들이 발견된다.[52]

이들을 살펴보면, 시가할표준도의 성립 과정을 추론해 볼 수 있는데, 지속적인 개선 과정을 거쳐 그 크기가 발전되었음을 확인할 수 있다. 이들 가운데 시가지계획이 수립되기 이전에 만들어진 내무성 자료[53]에서 시가할표준도의 중요한 근거가 발견된다. 『조선과 건축』에 실린 「조선에서 소주택의 기술적 연구」에도 표준적인 가곽의 크기가 제시되어 있다.[54] 여기서 가곽이란 하나의 도시 블록 내에서 가로와 가로 사이를 차지하는 한 구역으로 정의된다. 하나의 가곽에는 필지들이 두 줄로 구획되어 모두 12가구를 위한 필지가 구획되어 있고, 하나의 필지 크기는 100×25미터에서 100×35미터 정도로 정해졌다. 이는 개항기부터 일본이 도시공간을 계획할 때 매우 특징적으로 등장하는 크기로, 이를 바탕으로 토지 구획의 시가할표준도에서 기초 단위가 결정된 것으로 보인다.

시가할표준도에서 가곽의 크기는 중요한 의미를 가지기 때문에, 그것이 실제 대지에 어떻게 적용되는지를 규명하는 것이 매우 중요하다. 그렇지만 분석 대상지 가운데 돈암, 대현, 상도, 청진 지구는 불규칙한 가곽들이 너무 많아 그 크기를 계산하기가 매우 어렵고, 계산해내더라도 적용 여부를 규명하는 데 큰 의미가 없다. 그래서 시가지의 많은 부분이 규칙적인 가곽들로 구성된 영등포와 나진 지구만을 대상으로, 도면과 실제를 비교해 가면서 가곽들의 크기를 구해 보았다. 규칙적인 가곽들의 평균 크기는 영등포 지구의 경우 약 100×40미터, 나진 지구의 경우 약 104.7×41.6미터로, 시가할표준도에서 제시했던 크기에 거의 수렴한다.

이를 가장 잘 반영한 곳은 영등포 지구로, 1937년 3월에 토지구획정리사업이 시작되어 1940년 3월에 종료되었다. 당시 계획도를 보면 다양한 크기의 필지들이 구획되어 있다.[도판 15] 영등포역과 가까운 곳은 필지 규모

2장. 식민지 도시공간의 형성

15 1937년 영등포 지구의
토지구획정리사업 계획도.(왼쪽)
16 2010년 영등포 지구의 항공
사진.(오른쪽)

가 크게 구획되었는데, 거기에는 대규모 공장들이 들어섰다. 그곳은 「조선시
가지계획령」에서 이미 공업 지역으로 지정된 바 있었고, 나머지는 표준도를
따라 비교적 규칙적으로 구획되었다. 간선도로에 의해 둘러싸인 하나의 도
시 블록은 대략 400×240미터 정도의 크기로, 격자형으로 구획되었다. 이러
한 도시 블록 내부에는 대략 24개 정도의 단위 가곽들이 배치되어 있다. 그
각각은 모두 시가할표준도에 등장하는 100×30미터에서 100×40미터의 크
기를 가진다. 영등포 지구의 도로망은 앞서 언급했던 서울 전체의 도로망과
깊은 연관을 맺는다. 즉 서울 도심과 연결되는 도로, 마포와 연결되는 도로,
지구 내부를 직선으로 횡단하는 간선도로들을 대로로 계획하고, 지선도로들
과 지구 내 도로들이 덧붙여졌다. 영등포의 도시공간은 이렇게 만들어졌고,
1941년 조선주택영단(대한주택공사의 전신)은 지구 내의 일부 대지를 구입
해 거기에 553호의 영단주택을 건설했다. 현재 문래동 일대에 남아 있어 이
시기의 흔적들을 볼 수 있다.[도판16]

　　돈암 지구는 영등포 지구와 같은 시기에 토지구획정리가 되었지만, 명
료한 격자형 구조는 찾아볼 수 없다. 그 대신 최대한 지형적 조건에 맞춰 진
행되었던 것으로 보인다. 돈암 지구는 다른 지구들과는 달리 빠른 기간에 개
발이 완료되는데, 서울 성곽의 북동쪽 바로 바깥에 위치해 도심에 쉽게 접근

할 수 있었기 때문이다. 전체 면적이 236헥타르 정도로, 영등포 지구에 이어 서울에서는 두번째로 규모가 컸다. 그렇지만 높고 낮은 산으로 둘러싸여 있고, 중간에 안암천이 흐르고 있어 전체 도시구조는 상당히 불규칙했다. 당시 도시설계에서 가장 중심에 놓인 것이 바로 안암천이었다. 이와 평행하게 T 자형 간선도로가 지구 중심을 관통하도록 했다. 당시 다른 지구들에서도 간선도로를 대지 중심에 놓이게 했는데, 다양한 상업 활동이 그것을 중심으로 일어날 확률이 가장 높으므로 지구 내에서 가장 넓어야 했다. 다양한 크기의 블록들이 이처럼 중심이 되는 간선도로와 평행하게 배치되어 있고 이들의 크기는 대략적으로 시가할표준도를 따른다. 그리고 초등학교와 공원을 간간이 배치했는데, 전체 비율에 맞춰 일정 면적을 확보했다. 이렇게 구획된 대지에는 도시형 한옥과 문화주택들이 대량으로 지어졌다.

조선주택영단이 주거지로 계획한 상도 지구는 토지구획정리사업으로 계획된 대현 지구와 비교해 규모는 삼분의 일에 불과하지만, 계획 방식은 대단히 유사해 보인다. 둘 다 주변의 높은 지형이 지구의 경계선을 만들고, 도심과 연결되는 간선도로가 중심을 관통하면서 도시구조를 결정하고 있다. 토지 구획은 지형적 조건에 의해 많이 좌우되었다. 그래서 시가할표준도에 등장하는 표준 가곽들이 지형에 맞춰 일률적으로 구획된 것으로 보인다. 상도 지구의 경우, 대지의 용도별 비율은 주택지가 70.7퍼센트, 학교 용지가 1.7퍼센트, 공원 용지가 3.7퍼센트, 도로가 23.9퍼센트로 구성되어 있었다. 가곽의 평균 크기는 84.3×31.5미터이고, 필지들의 평균 크기는 193.7제곱미터였다.[55] 시가할표준도에서 가정했던 표준 가곽과 필지 규모에 비해 다소 작은 규모이다.

토지구획정리사업 대상지를 통해 시가할표준도는 세 가지 유형으로 나뉘어져 적용되었음을 알 수 있다. 바로 격자형, 간선도로변형, 혼합형이다. 이런 구분은 사업지의 규모에 많이 좌우되어, 가장 많이 등장하는 격자형 유형의 경우 규모가 큰 지구에서 흔히 나타났다. 거기서 도시블록 자체가 격자형으로 계획되어 있을 경우, 시가지 분할도 매우 규칙적으로 이루어졌다. 서울의 영등포 지구와 신의주의 신시가지는 그 대표적인 예이다.

이에 비해 간선도로변형은 중간 규모의 사업지에서 자주 등장하는데, 가곽들은 대부분 간선도로를 중심으로 구획되었다. 이 유형은, 토지구획정리사업지구 중심으로 간선도로가 관통할 경우 나타난다. 서울의 돈암, 대현, 상도 지구, 청진 지구 등이 해당한다. 간선도로변 시가지 분할에서 어려운 점은 간선도로가 남북 방향으로 놓여 있을 때다. 이 경우, 가곽의 방향을 동서 방향으로 할 것과 간선도로와 평행하게 할 것이라는 두 가지 조항이 서로 상

2장. 식민지 도시공간의 형성

충되기 때문이다. 돈암 지구에서 시가지 분할은 이에 대한 절충안을 선보여 주목할 만하다. 즉 간선도로변의 가곽들은 도로와 평행하게 두되, 나머지 가곽들은 동서 방향으로 배치한 것이다.

마지막으로 혼합형은, 나진에서 볼 수 있는 것처럼 격자형과 간선도로 변형이 결합되어 있는 유형이다. 대지 규모는 약 300헥타르로 영등포와 비슷했지만, 시내를 가르는 하천이 있어 완전한 격자형으로 계획되지는 못했다. 그래서 가곽들은 간선도로를 따라 형성되면서도 부분적으로 동일한 크기를 가지면서 격자형으로 반복되었다.

3장. 근대 도시주거의 출현

일제강점기 도시와 건축 분야는 모두 조선총독부 기술 관료들에 의해 주도되었으며, 식민지배를 위한 물리적 수단으로 활용되었다. 그러나 주거 분야만은 달랐다. 거기에는 일제가 지배 장치를 통해 통제할 수 없는 자율적인 영역이 존재했다. 이 때문에 주거 분야는 당시 한국 건축가들이 독자적인 근대성을 표현할 수 있는 유일한 장이 되었다. 물론 식민지배를 위해 한반도로 건너온 일본인들을 위해 다량의 관사와 사택이 건설되었지만, 전체 주거 물량에 비하면 그다지 큰 비중이 아니었다. 대다수의 한국인들은 일식 주택과는 완전히 다른 방식의 도시주거를 만들어냈다. 그리고 다양한 주거 유형들이 혼재되면서 한국인의 주거성에 대한 근본적인 고찰이 이루어졌다. 따라서 이 시기의 주거 문제는 단순히 식민주의와 제국주의라는 이분법적 접근으로는 이해하기 힘들다. 한국인들은 처음으로 주거의 근대성을 경험했고, 거기에 대응하는 방식은 다양했다. 식민지 건축가들과 지식인들, 부동산 개발업자들, 총독부 관료들이 주거 개량에 관한 담론에 참여했고, 그 과정에서 여러 관점들이 생겨났다. 박길룡朴吉龍, 박동진朴東鎭, 김윤기金允基, 김종량金宗亮과 같은 건축가들도 유수의 언론 매체를 통해 그들의 생각을 개진해 나갔다.

일제강점기에 등장한 주거에 대한 논의들은, 한국인 스스로 근대성을 탐구하고 정착시켰다는 측면에서 건축사적으로 중요하게 평가될 필요가 있다. 대부분의 역사 서적들이 일제의 문화통치를 부정적으로 평가한다. 본질적인 식민지배의 틀을 바꾸지 않으면서 문화정책으로 친일파를 양성했으며, 결과적으로 민족의 분열을 심화시켰기 때문이다. 그렇지만 문화운동의 일환으로 전개된 주거개량운동은 단순히 지식인들의 차원에서 끝난 것이 아니라 실제로 대다수 한국인들의 삶에 영향을 미쳤기 때문에 다르게 평가되어야 한다고 생각한다. 이 시기 주거는 정치적 이념보다 근대화를 향한 한국인의 아래로부터의 열망을 담고 있다. 이는 한국인 스스로 자신의 주거공간을 만들어 간다는 면에서 주체적 의미를 가진다. 1929년에 개최된 「조선박람회」에 실물 주택 모형이 전시되고 70만 명의 관람객이 방문한 것은 그런 열망을 보여주는 대목이다.

한국 근대건축과 관련해 크게 세 가지 주제에 초점을 맞춰 살펴보고자 한다. 첫번째는 한국 주거의 근대성에 관한 것이다. 이를 이해하기 위해서는 전통적인 도시주거에 대한 이해가 우선 필요하고, 근대 이후 어떤 방식으로 바뀌어 갔는지를 검토해야 한다. 두번째는 1920년대부터 정착되기 시작한 도시주거에 대한 유형학적 접근이다. 사실 도시주거는 그 종류가 너무나 다양해 정확한 흐름을 포착하기 어려운 점이 있다. 이 책에서는 일제강점기 중산층의 도시주거를 기준으로 세 가지 주거 유형, 즉 문화주택, 일식 주택, 도시형 한옥에 대한 탐구에 집중하고자 한다. 물론 유형학적 접근도 여러 한계를 가진다. 실제 도시주거들은 고정된 것이 아니고, 서로 혼합되면서 계속해서 진화해 나가기 때문이다. 이런 변화를 포착하려면 보다 다이내믹한 관점이 요구된다. 이 점이 곧 세번째 주제로, 주거 외적인 요인들의 변화를 통해 세 가지 유형이 어떻게 변형되어 나가는가를 이야기하고자 한다. 또한 이 유형들을 넘어서는 건축가들의 새로운 시도 또한 주목할 필요가 있다.

선교사 주택

한국 도시주거의 근대성을 추적하기 위해서는 선교사 주택을 먼저 살펴볼 필요가 있다. 개항 이후 한국에 들어온 최초의 서양식 주택은 1883년경 제물포에 세워진 세창양행 사택으로 알려져 있다. 그 후 개항장을 중심으로 상인이나 외교관을 위한 서양식 주택이 여럿 지어졌지만, 조선이 식민지화되면서 더 이상 건설되지 않았다. 다만 선교사를 위한 주택은 꾸준히 세워졌다. 독신으로 한국에 부임했던 가톨릭 신부들과는 달리 개신교 선교사들은 가족과 함께 건너왔다. 그들은 선교 거점을 정하고 거기에 자신들이 떠나온 고향 마을과 유사한 환경을 만들고자 했다. 현재 남아 있는 선교사 주택들은 매우 다양한 형태로 지어져 있다. 한식 기와지붕을 부분적으로 사용한 절충식

1 로버트 윌슨 주택(우일선 선교사 사택). 1909년.

주거도 있고, 싱글 지붕과 비늘판만을 사용한 순수한 미국식 주거도 있다. 그렇지만 공통적으로 실들의 배치는 철저하게 미국에서의 방식을 따랐다. 이 점은 광주의 로버트 윌슨Robert M. Wilson 주택(우일선 선교사 사택)[도판 1, 2]과 대구의 선교사 스윗즈 주택에서 잘 확인된다. [도판 3] 이들은 모두 2층 규모로, 1층에는 부엌과 식당, 거실과 같은 가족들의 공용 공간이 있고, 2층은 가족의 개인 방으로 사용되었다. 그리고 대부분의 부엌 시설과 위생 시설에 사용된 자재들이 미국에서 수입되어 설치되었다.

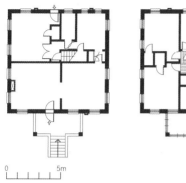

2 로버트 윌슨 주택 1층과 2층 평면.

선교 거점에는 여러 서양식 주택들이 들어섰지만, 설계자에 대해서는 잘 알려져 있지 않다. 건설 과정을 적어 놓은 자료들을 검토해 보면, 몇몇 선교사 주택들은 일본, 중국, 필리핀 등지에서 활동하던 건축사 겸 선교사들의 도움을 받은 것으로 생각된다. 특히 일본에서 활동했던 윌리엄 보리스는 그 대표적인 인물이다. 그는 한국에 15개의 주택 스케치와 40개의 실시설계도면을 남겼는데, 그중 상당수는 선교사 주택으로 보인다. 이 외에도 1927년 연세대학교 신촌 캠퍼스 서쪽에 지어진 언더우드 주택은, 선교사 언더우드 H. G. Underwood 가 미국에서 휴가를 보내면서 그레이라는 이름의 건축가에게 설계를 맡기고 그와 함께 주택의 세부 계획을 세웠다고 한다. 그러나 모든 선교사 주택이 건축가에 의해 설계된 것은 아니었고, 선교사들의 계획을 바탕으로 현지 기술자들이 시공을 담당한 경우도 많았다. 이는 대구 선교 거점의 건설 과정에 대해 쓴 글을 읽어 보면 알 수 있다. 1899년에 시작된 이 공사에서 "건축에 사용될 목재는 25마일[40킬로미터] 바깥에서 잘라서 날랐는데, 우기에 강을 이용해 운반했다. 중국인 벽돌공들은 서울에서 불러 모았고, 일본인 목수는 부산에서 불러왔다. 문들은 시카고에서 왔고, 철물류들은 샌프란시스코에서 왔다. 모든 이삿짐들은 강을 통해 날랐고, 피아노를 강에서 집으로 옮길 때 20명의 노동자들이 이틀에 걸쳐 날랐다."[1]

3 선교사 스윗즈 주택 1층과 2층 평면. 1906-1910년.

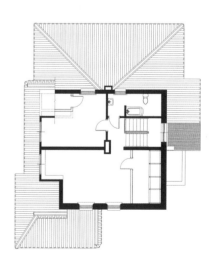

3장. 근대 도시주거의 출현

그렇다면 선교사 주택과 같은 주거 유형은 어디서 유래했는가. 이들의 기원을 찾아 올라가 보면, 영국인들이 본국에서의 주거 유형을 식민지에 적용했다는 것을 알 수 있다. 미국 뉴잉글랜드 지방에 정착한 영국인들은, 그들의 주거를 미국의 기후와 자연에 맞춰 발전시켰다. 그 과정에서 영국식 요소들은 보다 엄격하게 시스템화되었다. 영국식 지붕들이 싱글 지붕으로 바뀌었고, 건물 외관은 비늘판으로 마감되었다.[2] 또 극단적인 기후에 대응하기 위해 건물 형태가 폐쇄적으로 바뀌었고, 창틀이 벽체 끝에 설치되어 평평한 외부 벽면을 만들어냈다. 더불어 1830년대부터 제재소들이 목재를 대량 생산하면서 벌룬 프레임[3]이 도입되었고, 이에 따라 목재가 표준화되었으며, 전통적인 목구조보다 훨씬 얇아지고 가벼워졌다. 이런 과정을 거치면서 미국의 주거들은 단순하고 명료해졌고, 보다 가볍고 단정한 외관을 갖게 되었다. 미국의 동부 지역에서 발전한 주거 유형들은 곧 미국 전역으로 확산되어 나갔고, 1920년대 이후 대규모로 건설되었던 대도시 근교에 대량 공급되었다. 나아가 선교사들을 통해 식민지 조선에 선교사 주택으로 전달되었다.

미국에서 이같은 주거 양식은 방갈로 주택[4]이라고 불린다. 미국에는 십팔세기 후반에 대서양 연안 지역을 중심으로 생겨나 전국적으로 확산되어 나갔고, 1920년대에는 시골의 작은 주택 형태인 코티지cottage 양식을 밀어내고 가장 중요한 모델로서 정착되었다.[5] 여기에는 미국의 중산계급이 하녀를 부리지 않고 주부가 직접 가사를 돌보는 가족 본위의 소박한 생활이 담겨 있다. 이같은 선교사 주택들은 그다지 많이 지어지지 않았지만, 외국인과 근대 문명을 경험하지 못했던 한국 사람들에게는 경외의 대상으로 인식되었다. 특히 기독교 신자가 해방 전까지 50만 명에 육박하면서, 한국 기독교인들의 삶의 방식에 미친 영향은 지대했을 것이다. 그런 점에서 선교 본부는 일본에 의해 굴절되지 않고, 서구를 향해 곧바로 열린 창으로서 역할했다. 1930년대 중반 이후 기독교 선교사들이 세운 미션스쿨들이 신사참배를 거부하면서, 일제에 의해 본국으로 쫓겨날 때까지 한국인들은 그를 통해 주거의 근대성을 깨닫게 된다.

문화주택
선교사 주택은 한반도에 등장한 최초의 서양식 주거였지만 그 수가 적었다. 그 대신 문화주택이라고 불리는, 서양식 주거에서 영향받은 일본식 주거 유형이 다수 건설되었다. 이는 원래 일본인 기술자들이 미국의 방갈로 주택을 수입해 만든 주거 유형을 지칭했다. 그런 점에서 문화주택과 선교사 주택은 똑같은 기원을 가진다. 일본에서 서양식 주택에 '문화'라는 이름이 붙게 된

1부. 개항과 식민 시대: 서구 근대건축의 수용

이유는 당시 시류가 긴밀하게 연관된다. 이 말은 유교의
이상이었던 문치교화 文治教化에서 유래되었는데, 1910년대
부터 일본에서 쓰이기 시작해 1920년대에 한반도에서도
하나의 유행어처럼 사용되고 있었다. 이것은 다른 말들과
결합하며 독특한 의미를 생산해냈다. 문화국가, 문화정
치, 문화운동, 문화생활, 문화촌, 문화주택 등이 대표적인
예다. 처음에는 근대화의 척도를 상징하는 말로 통용되다
가, 나중에는 새롭고 더 나은 어떤 것을 표현하는 하나의
수식어처럼 사용되었다.[6]

　　문화주택은 일본 주거의 근대화 과정에서 출현한 유
형이다. 메이지 시대 일본의 근대화는 다방면에 걸쳐 활
발하게 일어났지만, 유독 주택에서의 변화는 더뎠다. 무
엇보다 주택은 생활을 담고 있었기 때문에, 서양식 생활
방식이 중산층으로 확산되는 데는 시간이 걸렸다. 십구세
기 말인 1897년메이지 30년을 전후로 주거의 근대화에 대한
다양한 주장들이 분출했다. 소설가나 신문 기자와 같은
지식인들이 제기한 이런 주장들은, 주로 일본의 전통 가
옥에 대한 비판과 근대식 주생활의 도입을 역설했다. 그
들에 눈에 비친 재래식 일본 주거의 문제는, 접객 공간이 중시되고 개인의 사
생활이 무시되며, 각 방의 기능이 불명확하다는 것이었다. 그리고 좌식 생활
도 불편했다. 일본의 지식인들은 서구를 따라잡기 위해서는 이런 문제점들
을 해결해야 한다고 주장했다.[도판 4] 그런 점에서 이 시기의 주거개량운동
은 근대적 '개인'과, 그 개인의 몸과 마음이 머무르는 장소로서 '생활'의 발견
을 의미했다. 그것은 관념적으로는 전통적인 '이에〔家〕'에서 근대적인 '가정'으
로의 이행을 의미했다. 이제 개인이 영위하는 가족의 생활은 '가정'이라고 불
렸고, 그것을 수용하는 용기容器로서 처음으로 중류 주택이 주목받았다.[7] 그
렇지만 이 시기에는 실제적인 변화는 거의 이루어지지 않은 채 담론의 수준
에 머물렀고, 일본식 주거에 서양식 응접실을 덧붙이는 절충주의적 접근이
유행했다.

　　근대 일본 주거에서 질적인 도약은 1920년대에 이루어지는데, 이 시기
에 두 가지 새로운 주거 양식이 확립되었다. 하나는 중복도형中廊下型 혹은 속
복도형 주택이고, 또 다른 하나는 거실 중심형 문화주택이다. 일본에서 문화
주택은 1920년대 교외화가 본격적으로 진행되는 과정에서 등장했다. 미국
시애틀로 이민 갔던 하시구치 신스케橋口信助가 일본인 배척 운동으로 귀국하

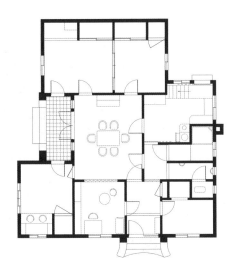

5 조선건축회 개선주택
설계도안 현상설계에서 일등한
미쿠니 토시미치의 당선안 평면.

면서, 여섯 가지의 부품으로 조립하는 방갈로 주택을 들여와 일본에서 다양한 미국식 건축을 선보였다.[8] 이 과정에서 재래식 일식 주택의 문제점들이 더욱 명확해졌다. 하시구치는 재료와 공법 일체를 미국식으로 규격화해 시가의 약 30퍼센트로 집을 지을 수 있도록 했다. 외관은 서양식으로 하고, 내부는 입식을 기본으로 하되 건축주가 희망하면 다다미방을 더할 수 있었다.[9] 이렇게 설계된 집들은 그때까지 가장 중시되었던 접객 공간을 포기하고, 거실을 중심으로 하는 평면계획이 주된 특징이다.[10] 이 유형에서는 가족 본위의 생활 양식을 반영하는 거실이 중심에 있고, 그 주위로 가족실, 주부실, 어린이방 등의 공간이 등장한다.

식민지 조선에서도 문화주택은 1920년대 초반부터 중요한 주거 유형으로 자리잡는다. 1922년 일본인 건축가들에 의해 창립된 조선건축회도 문화주택에 많은 관심을 가졌고, 그 기관지인 『조선과 건축』을 통해 그것을 소개했다. 1922년 6월 창간호에는 「문화생활과 방갈로」라는 글과 함께, 서양식 방갈로 주택의 평면과 투시도를 게재했다. 또한 조선건축회는 개선주택 설계도안 현상설계[11]를 시행했는데, 그 주제는 '조선 중류 가정에 적합한 문화주택'을 찾는 것이었다. 이를 위해 건평 30평 이내에 5인 가족을 위한 주택의 설계를 요구했다. 이 현상설계에는 70여 점의 작품들이 응모되었고, 21점이 입선되었다. 일등으로 당선된 미쿠니 토시미치三国利道의 안은, 일본의 생활개선동맹회가 도쿄 전람회에 출품했던 주택 작품과 거의 흡사한 거실 중심형 주택이었다.[도판5] 조선건축회는 이 입선안들을 가지고, 경성과 인천을 오가며 전시회를 개최했다.

「조선박람회」는 1929년 조선 식민통치 이십주년을 기념해 개최된 것으로, 그동안의 통치 성과를 내외에 알리기 위한 성격이 있었다. 여기에 조선건축회가 실물 문화주택 3채를 전시해 많은 관심을 받았다. 그렇지만 전시된 문화주택들은 서구의 거실 중심형 평면 구조와는 달랐다. 일본식과 서양식을 절충한 중복도형을 기본으로 하고, 한반도의 기후적 특징을 반영해서 온돌 난방 방식을 채택했다. 초기의 의도와는 달리, 실제 식민지 조선에 보급된 문화주택은 대개 이런 혼합형이었다. 경성 신당리(현 신당동 일대)의 사쿠라가오카桜ヶ丘 문화주택 단지를 위해 제시된 북쪽 진입형과 남쪽 진입형 2개의 견본 주택도 비슷한 평면 구조를 보여준다.[도판6] 북쪽 진입형 주택에는 중복도를 중심으로 남쪽에 2개의 다다미방과 하나의 온돌방이 배치되어 있

　　　　　　　　　　　1부. 개항과 식민 시대: 서구 근대건축의 수용

6 1932년 분양된 신당리 사쿠라가오카 문화주택 단지 견본 주택의 남쪽 진입형 평면(왼쪽)과 입면(오른쪽).

고, 응접실과 현관은 북쪽에 위치한다. 남쪽 진입형 주택은 북쪽 진입형과 온돌방의 위치만 바뀌어 복도에 면하게 되어 있다. 이를 통해 문화주택은 초기에 거실 중심의 서양식 주택으로 수용되었지만, 점차 한일 절충식 주택으로 바뀌어 나갔음을 알 수 있다.

일제강점기 문화주택은 주로 주거난이 심각했던 대도시에 집단적으로 지어졌다. 경성부에 문화주택 단지가 건설된 것은 1925년의 신당리에 생긴 경성문화촌이 처음이었다. 이후로 문화주택지는 주로 남산을 비롯한 낙산, 금화산, 대현산 등 경성 주변부에 있는 산자락에 위치했고, 전차를 통해 도심으로 쉽게 접근할 수 있는 곳이 선택되었다.[도판7] 기존 시가지 외에도 상왕십리와 흑석동 등 교통이 편리한 교외 지역에서도 개발되었다.[12] 단지 계획은 별다른 특징 없이 지형에 따라 필지가 구획되거나, 평지의 경우 자동차로 접근이 용이하도록 격자형 도로로 개설되었다. 개발 주체는 대부분이 민영 개발업자들이었고, 1931년 설립된 조선도시경영주식회사처럼 국책 기관으로 국유지를 불하받거나 개인 소유의 땅을 위임받아 개발하는 경우도 있었다. 조선도시경영주식회사는 동양척식주식회사에서 획득한 토지를 개발해 경영하는 것이 주된 업무였으며, 실제로 전국에 방대한 주택지를 경영했다.

광희문 밖 신당리 일대에 사쿠라가오카 문화주택 단지를 처음 조성했던 것도 조선도시경영주식회사였다. 장충단 동쪽의 3만여 평 대지에 벚나무 수천 그루를 심어 놓고, 도쿄 우에노 공원의 사쿠라가오카 주택 단지와 동일한 이름을 붙였다. 그리고 신당리 일대 13만 평에 대시가지 경영의 제1기 계획을 세우고, 폭 3-4칸 너비의 도로를 종횡으로 만들어 하수와 수도 등 제반 시설을 본사에서 정비한 후 일반 희망자에게 매각했다.[13] 신문 보도에 따르면, 한 필지당 100평씩 총 203개 필지를 분양한다는 계획이었다.[14] 이렇게 문화주택지가 조성된 후 1934년 9월

7 서울 종로 홍파동에 위치한 홍난파 가옥. 당시 문화주택의 외관을 대변하고 있다. 1930년대 준공.

3장. 근대 도시주거의 출현

8 사쿠라가오카 문화주택 단지
내에 지어진 것으로 추정되는 박정희
가옥. 1930년대.

에는 모델하우스를 완성해 주택 전람회를 개최했는
데 2,000명이 넘는 사람들이 다녀가며 성황을 이루
었다. 조선도시경영주식회사는 이 지역에 모두 세 차
례에 걸쳐 문화주택 단지를 건설했다. 1기는 1932년,
2기는 1934년, 3기는 1938년에 이루어졌다. 이와 함
께 다양한 편의 시설도 들어섰으며, 근처에 초등학
교가 설립되고, 또한 시내를 오갈 수 있는 버스 노선
이 신설되었다. 구획된 필지에 건설된 문화주택에는
대부분 일본인들이 살았고, 간혹 외국 유학을 마치고 돌아온 한국 사람들도
있었다.[15] 이 시기에 건설된 문화주택 가운데 아직 원형을 부분적으로 보존하
고 있는 것으로는 신당동의 박정희 가옥을 들 수 있다. [도판 8]

일식 주택

문화주택과 함께 식민지 조선에 등장한 또 다른 주거 유형은 일식 주택으로,
1876년 개항 이후 해방 때까지 일본인들에 의해 건설되었다. 1910년 조선이
일본의 식민지가 되었을 때 체류 중인 일본인 수는 2만 명을 넘지 못했으나
1945년에는 80만 명을 넘어섰다. 이들은 주로 도시 지역에 모여서 살았고,
이들의 수요에 부응해 많은 일식 주택들이 지어졌다. 일제강점기 동안 한반
도에는 막대한 물량의 일식 주택이 건설되었는데, 1933년 신문 기사에 의하
면, 경성 전체 주택의 33.6퍼센트를 차지했다고 한다. 그중 상당수는 관사로
공급된 것이었는데, 이는 다양한 식민지배층을 위해 지어진 주택으로서 선
망과 모방의 대상일 뿐 아니라, 주택 변화의 근대적인 흐름을 주도할 만한 것
이기도 했다.[16]

　　1990년부터 1992년까지 실시된 일식 주택에 관한 실태 조사에서, 평면
구성상 네 가지 종류가 발견된다고 보고되었다. 연속형, 현관형, 통로형, 중
복도형으로, 당시 일본에서도 그대로 발견되는 평면 구성이었다.[17] [도판 9]
이 중 식민지 조선에서 가장 많이 지어졌던 것은 통로형과 중복도형이다. 특
히 통로형 일식 주택은 가로에 적게는 2채, 많게는 4채 이상씩 연속으로 면
하는 마치야라 불리는 고밀도 집합주거를 가리킨다. 일제강점기 군산, 진해,
목포, 대전, 통영 등 일본인들이 몰려 살았던 도시에서 이십세기 초부터 집
단적으로 건설되었다. 특히 통영에는 1908년 일본의 오카야마현과 야마구치
현으로부터 집단 이주해서 만든 촌락이 오늘날까지 남아 있다. 여기에 건립
된 건물 1동은 4-7호의 연속된 마치야로 구성되었다. 단위 주거는 평균 폭
과 깊이가 3.9×12.5미터에서 3.9×16.2미터 내외의 세로 장방형 필지에 세워

졌다. 전면 2칸에 측면 4칸이 주류를 이루며, 이러한 규모는 일제강점기 다른 도시에 지어진 마치야에서도 볼 수 있다.[18] 마치야는 대단히 촘촘하게 결합되어 높은 인구 밀도를 수용할 수 있기 때문에, 좁은 공간에 많은 사람들을 거두어야 했던 대도시에서도 많이 지어졌다. 또한, 건축가의 설계에 의해 건설되기보다는 건축 장인들에 의해 지어져 집단성을 가진다.

이에 비해 중복도형은 식민지 지배 계급을 위해 비교적 넓은 대지 내에 지어졌고, 주로 관사와 사택의 형태를 띠었다.[19] 일제는 1905년부터 식민통치를 위해 견고한 통치 시스템을 만들었고, 한국을 강제 병합하자마자 관리자들을 본토에서 파견했다. 이들이 머물 곳을 위해 총독부 내에 설계 조직을 두고 관사를 설계해 나갔다. 총독부 영선계 이외에도 전매국, 체신국, 철도국 등은 자체적으로 관사를 짓는 조직을 갖추고 있었다. 그렇다면 여기서 설계한 관사들은 어떤 평면 유형으로 지어졌는가. 우선, 매우 다양한 크기를 가진다. 보통 관사의 크기는 직급에 따라 결정되었는데, 판임관의 경우 20평대, 주임관의 경우 30평대, 칙임관의 경우 50평대 이상이었다.[20] 집의 규모에 맞춰 다양한 평면 유형들이 제시되었고, 경우에 따라 매우 표준화된 유형이 반복되기도 했지만, 소위 중복도형 주택이 관사 건축의 주류를 이룬다는 특징이 있다. 이는 일제강점기 관사와 사택들을 조사한 몇몇 논문에서 공통적으로 지적되어 온 사실들이다.[21] 『조선과 건축』에는 총독부 관방회계과에서 설계한 다양한 관사들의 평면이 게재되어 있는데, 이들을 분류해 보면 대부분 일본의 전형적인 중복도형 주택을 변형한 것이라는 사실을 알 수 있다.[22] 중복도형은 관사 이외에 사택에서도 가장 흔하게 나타난다.

이 주택 유형의 원류는 메이지시대 이전의 하급 무가武家 주택이라고 말할 수 있다.[도판 10] 앞서 이야기한 마치야와 근본적으로 다른 점은 독립된 대지를 가진다는 것이다. "엄격한 신분제적 사회에서, 특히 대도시에서는 주택 부지를 가진 저택은 일부 하급 무가나 소수의 부유 직인의 거처에 한정되어 있었다."[23] 하급

0   5m

11 근대 일본에서 등장한 전형적인
중복도식 주택의 평면.

무가 주택의 평면 구성은 두 영역으로 이루어져
있다. 하나는 현관 홀을 통해서 응접실인 차노마
茶の間와 손님방인 자시키座敷로 이어지는 접객 영역
이고, 다른 하나는 별도의 입구를 가진 가족의 식
사나 단란을 위한 거실, 침실, 부엌을 포함한 생활
영역이다. 이 두 영역은 각각의 영역 내에서 완결
되고, 서로 침범하지 않는 것을 원칙으로 하고 있
었다.[24] 이와 함께, 무가 주택의 가장 큰 특징은 쓰
즈키마続き間라고 불리는, 실들의 연속된 배치 방식이다. 이 방식은 각 실들이
후스마襖라는 독특한 미닫이문으로 분리되어 있다가, 필요시 하나의 통합된
공간을 만들 수 있게 한다.

그렇지만 일본에 근대적 생활 방식이 도입되면서 이같은 주거 방식에
많은 비판이 제기되었다. 그것은 크게 두 가지로 요약된다. 내부 공간을 이동
하기 위해서는 다른 방을 통과해야 한다는 점과, 각 실들이 미닫이문에 의해
구분되어 프라이버시를 확보할 수 없다는 점이었다.[25] 이와 함께 무가 주택
에서 가장 중요한 접객 공간인 자시키에 근대적 기능을 부여하는 것도 중요
한 문제로 대두되었다. 이 공간은 접객 의식의 형식성을 중시하는 무사 계급
의 전통 때문에 생겨났지만, 근대 이후 주거가 가족 본위로 바뀌면서 그 본래
기능이 없어졌다.[26]

이같은 문제점들을 극복하기 위해 등장한 중복도형 주택의 전형적인 특
징은 세 가지로 요약될 수 있다.[도판11] 우선, 평면 전체는 동서로 긴 직사
각형으로, 중복도가 동서로 관통하며 중복도의 한쪽 끝은 독립된 현관 홀로
이어진다. 두번째로, 중복도의 남쪽은 거주부로, 현관 홀과 접한 응접실이
있고, 그다음에 연속되는 일식 방이 있다. 그 남쪽에는 정원으로 향하는 툇마
루가 있다. 현관 주변의 응접실은 손님을 접대하는 공간으로, 대개 주인의 서
재도 겸한다. 마지막으로 중복도의 북쪽에는 변소, 하인실, 부엌, 목욕 가마,
창고 등의 부대시설이 설치된다.[27] 이처럼 메이지 말과 다이쇼 초기에 걸쳐
출현한 중복도형 주택으로 일본에서 가족 본위의 주거 방식이 최초로 성립
되었다고 볼 수 있다. 이는 그 후 한국으로 전파되어 일식 주택의 주된 경향
을 형성하게 된다. 1934년에 지어진 서울세무국 주임 관사와 1939년에 지어
진 대구덕산공립심상소학교(현 대구삼덕초등학교) 교장 관사는 그 대표적
인 예이다.

한국에서 중복도형 주택이 중요한 의미를 가지는 것은, 1940년대 이후
건설된 영단주택의 주거 유닛unit으로 채택되었다는 데 있다. 조선총독부는

1부. 개항과 식민 시대: 서구 근대건축의 수용

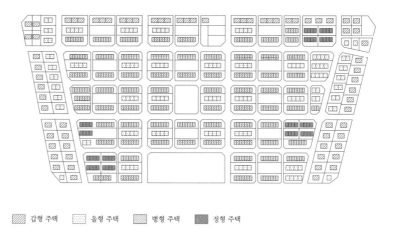

갑형 주택   을형 주택   병형 주택   정형 주택

한국 대도시들의 극심한 주거난을 해소하기 위해 1941년 조선주택영단을 설립했다. 1931년 만주사변이 발발하면서 한반도는 일제의 대륙 침략을 위한 병참 기지가 되었고, 이로 인해 그 전까지 억제되었던 각종 군수 관련 산업들이 발전하게 되었다. 공업 발전은 도시 인구를 지속적으로 증가시켰지만, 자재난, 건축비 앙등昻騰, 건축 자금의 부족으로 공급되는 주택 수는 오히려 감소했다.[28] 주거난을 완화하고자 총독부는 1939년부터 임대료를 통제하는 정책을 실시했지만 실효성이 없었고, 조선주택영단을 통해 주택 건설에 참여하게 된 것이다. 이때에 이르러 최초의 공공주택 단지가 출현하게 되었다.

영단주택은 도시형 한옥과 더불어 일제강점기 후반을 대표하는 도시주거이기 때문에 좀더 중요하게 언급될 필요가 있다. 조선주택영단은 자본금 200만 엔으로 설립된 후 1945년까지 10회에 걸쳐 총 5,530만 엔의 주택 채권을 발행해 사업비로 충당했고, 나중에 분양이나 임대를 통해 비용을 회수하는 방식을 택했다. 이렇게 해서 1941년부터 1945년까지 오 년간 건설된 주택 수는 모두 합쳐 1만 2,064호에 이른다. 주로 서울(4,472호), 부산(1,010호), 인천(1,302호), 평양(1,087호)처럼 기존의 대도시, 혹은 청진(1,688호)처럼 새로운 공업 도시를 중심으로 집중적으로 건설되었다.[29] 주택 건설에 필요한 대지를 비교적 싼 가격에 확보하기 위해 토지구획정리사업과 일단의 주택지 경영사업이라는 두 가지 방법에 의존했다. 그중 가장 흔히 사용된 방법은, 토지구획정리사업이 행해진 토지를 영단에서 적극적으로 매수해 거기에 주택을 공급하는 것이었다. 1937년의 계획을 통해 이미 도로망이 건설되고 있었기 때문에 주거단지를 조성하기가 용이했다. 서울의 경우 영등포, 신촌, 한남 등이 이런 방식에 의해 개발되었다.[도판 12] 또 다른 방법은 일단의 주택지 경영을 통한 것으로, 택지를 전면 매수해 주거단지를 개발하는 방식이다.

13 영단주택의 다섯 가지 평면
유형. 왼쪽 위부터 시계 방향으로
갑형(20평), 을형(15평), 병형(10평),
정형(8평), 무형(6평).

초기 자금의 투여가 상당히 커 평양과 청진 등의 이북 지역과 서울의 상도, 신촌, 금호 지역만이 이 방식으로 건설되었고, 이 외에는 모두 토지구획정리 사업으로 이루어졌다.

영단주택은 기본적으로 소규모 연립주택의 주거단지 형태를 띤다. 단위 주거나 단지와 관련된 계획 사항들은 대부분 일본에서 만든 기준을 그대로 따랐던 것으로 보인다. 당시 일본에서는 건축학회 주도로 서민 주택에 대한 다양한 연구가 이루어졌다.[30] 이를 바탕으로 한국에서는 조선건축회 내에 소주택조사위원회가 결성되어 연구를 진행했고, 여기에는 영단주택의 규모, 평면계획, 구조 재료 시공계획, 대지계획 등이 포함되어 있었다. 이것을 일본 건축학회의 보고서와 비교해 보면 기상 조건과 설비계획 항목만 다를 뿐 큰 차이는 없었다.[31] 여기서 단위 주거는 그 면적에 따라 6평에서 20평까지 모두 5종이 제시되었다.[도판13] 이들 가운데 갑형과 을형은 중류층 시민들을 위한 단독주택이고, 나머지는 노동자들을 위한 연립주택으로 계획되었다.

이들은 앞서 언급했던 중복도형 주택을 표준화한 것이라고 볼 수 있다. 다만 일본과의 차이점이라면 방들 가운데 하나를 온돌로 만들었다. 단지 계획은 일본의 표준 방식을 그대로 사용했다. 즉, 단위 주거들을 12채 정도 모아 하나의 주거 블록을 형성하고, 이들 주거 블록은 다시 2열로 형성되어 대략 100×25미터에서 100×35미터 크기의 가구를 만들어냈다. 실제로 일제강점기에 지어진 영단주택 단지들을 조사해 보면, 가구의 크기 분포가 단변의 경우 30-45미터 사이에 그리고 장변은 70-110미터 사이에 집중적으로 분포해,

평균 94.4×35.6미터의 크기를 가지고 있다.[32] 그리고 이런 주거 블록들이 4개 정도 모여 하나의 공용 공간을 공유하도록 하면서 전체 단지 계획을 짰다.

도시형 한옥

문화주택과 일식 주택 외에 일제강점기에 등장한 중요한 주거 유형은 도시형 한옥이다. 이는 한국 전통주거로부터 발전한 최초의 근대식 도시주거라고 생각된다. 처음 등장한 때는 주거난이 심각해진 1920년대 말로, 그 후 1950년대 말까지 대도시를 중심으로 건설되었다. 도시형 한옥이 전통적인 한옥과 다른 점은, 처음부터 판매 목적으로 지어졌고 이에 따라 상품의 성격이 강하게 나타난다는 점이다. 특히 주택 건설업자들은 1930년대 중반 전쟁 특수로 인한 호경기로 주택 가격이 폭등한 것을 보고,[33] 주택이 상품적 가치가 있다고 판단해 토지구획정리사업으로 구획된 대지에 규격화된 도시형 한옥을 대량 보급했다.[34] 이와 함께, 부재들의 규격화도 이루어져 건설 생산성을 높였다. 주로 장인들에 의해 현장에서 건립되었던 이전의 한옥들과는 명백하게 다른 점이다. 그리고 좁은 대지에 지어졌기 때문에 단순한 평면이 요구되었고, 다양한 외부 마당이 사라지고 오직 가운데 중정만 살아남게 된다. 간결해진 건물에는 전통적인 공간 외에도 다양한 위생 시설이 덧붙여져 도시 안에서 하나의 단위체로서 존속할 수 있게 되었다.

도시형 한옥은 주로 한국인 주택 건설업자들에 의해 지어졌다. 그들은 초기에 경제력을 갖춘 대목들에 의한 소규모 조직에서 출발했다. 그러나 1930년대부터 주거난이 심화되면서 중소 자본가들이 주택 경영회사를 설립했고, 재래 장인 조직을 흡수, 주택 공급을 본격화했다.[35] 건양사(정세권), 공영사(김동수), 마공무소(마종유), 오공무소(오영섭), 조선공영주식회사(이매구), 동경건물회사(박원용) 등은 그 대표적인 회사들이다. 그들은 제대로 건축 교육을 받지는 않았지만 일반 대중의 필요에 따라 도시형 한옥을 만들어냈고, 이후 그것은 이 시기 건축지형도를 형성한 주요 요소로 등장했다. 특히 건양사建陽社는 도시형 한옥의 보급에 중요한 역할을 했다. 정세권鄭世權은 서울 북촌을 중심으로 한 해 한옥 300채를 공급하기도 해 '건축왕'으로 불렸다. 일제 당국의 관급 공사를 맡지 못하는 등 불리한 여건에서도 기존 한옥을 개량하고, 할부 판매, 주택 임대, 협동조합식 운영 등 당시로서는 획기적인 사업 방식을 도입해 건양사를 키워 나갔고, 도시개발 방향을 내다보며 한옥을 지을 땅을 미리 확보했다.

이처럼 한국인 주택 건설업자들이 도시형 한옥의 건설에 뛰어든 것은 여러 상황이 복합적으로 작용했기 때문이다. 즉, "그들은 공공기관에서 발

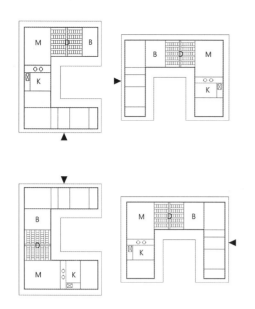

14 대문의 위치에 따른 도시형 한옥의 네 가지 실 배치. B. 건넌방, D. 대청, K. 부엌, M. 안방.

주하는 공사가 거의 봉쇄된 상태에서 시장성이 있으면서도 일본인들이 손대기 어려운 분야를 찾아 나섰다. 당시 도시의 인구 집중으로 주택 문제가 심각했고, 집 없는 서민들은 여전히 전통적인 조선집을 선호했다."[36] 도시형 한옥은 전통적인 한옥의 공간 구조를 받아들이면서도 새로운 재료들을 사용해 전통 한옥의 여러 문제점들을 해결했다. 건설업자들의 생산 기술력과도 잘 맞았고, 무엇보다 건설 비용이 저렴했다. 당시 벽돌로 지은 주택에 비해 같은 면적이라면 반값에 시공이 가능했다.[37] 이에 따라 처음에는 도심 내에 남아 있는 대형 필지들을 분할해 도시형 한옥을 지어 가다가, 차츰 수요가 많아지자 새롭게 확장된 교외 지역에 대량으로 공급했다. 1930년대 신시가지로 개발된 서울 돈암동에는 도시형 한옥들이 대량으로 보급되어 현재까지 다수 남아 있다.

도시형 한옥의 기본 형태는, 서울의 경우 중부지방의 민가에서 특징적으로 나타나는 ㄱ자형 건물에서 시작된다. 여기에는 부엌, 안방, 대청, 건넌방과 같은 4개의 실이 ㄱ자형으로 배치되어 있다. 대지 형태에 따라 매우 다양한 방식을 갖지만 이 실들은 공통적으로 포함된다. 여기에 一자형의 문간방들이 포함되는데, 이는 주거난이 심화되면서 주로 임대용으로 만들어진 공간이다. 여기에는 부엌이 딸린 방과 보통방, 대문이 딸려 있다. ㄱ자형 건물과 一자형 건물이 결합하는 방법은 주로 대지의 향과 대문의 위치에 따라 네 가지가 있다. 즉, 대문의 위치가 동서남북 어느 방향인지에 따라 주거의 배치가 달라졌다.[도판14] 그렇지만 어떤 경우든 대청을 남북 방향으로 두고, 안방의 위치를 대문에서 가장 먼 곳에 둔다는 원칙은 항상 적용되었다. 그것은 각 세대가 일종의 프라이버시를 보호받을 필요가 있었기 때문이다. 그리고 여성 공간을 가장 깊숙한 곳에 두려는 유교적 적통이 남아 있었다. 변소와 창고는 이 두 건물이 결합되는 과정에서 생겨나는 사이 공간에 집어넣었다. 이렇게 해서 ㄷ자형 평면이 만들어지는데, 대부분의 도시형 한옥이 이런 기본형을 따른다.[도판15] 그렇지만 도시형 한옥은 면적이 매우 좁아 시간이 흐르며 계속해서 변형되었다. 그 예로 마당 한쪽에 창고나 화장실이 설치되고, 그 위에 장독대를 올리는 것이 자주 목격되었다. 그리고 건물의 외벽을 처마 끝까지 확장시키기도 했다.

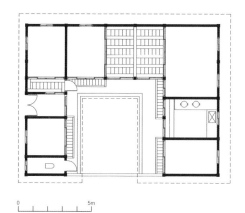

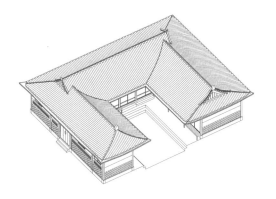

15 전형적인 도시형 한옥의
평면(위)과 엑소노메트릭(아래).

도시형 한옥의 크기는 일정하지 않다. 대규모로 동시에 건설되기보다는 소규모의 필지에 나눠서 산발적으로 지어졌기 때문이다. 통계에 의하면 대지 면적은 대개 25평에서 35평 사이에 분포한다. 서울 보문동에 집단적으로 건설된 도시형 한옥은 25평의 대지 면적에 15평 내외의 건물 면적을 가지고 있다. 물론 이보다 넓은 경우도 있어서 같은 지역이라도 모두 동일한 규모로 건설되었다고 보기 어렵다. 이런 점에서 동일한 평형이 적용된 영단주택에 비해 표준화가 비교적 더디게 진행되었다고 볼 수 있다. 또한 이웃한 집들과 지붕이나 벽체를 공유하는 경우도 드물었기 때문에, 엄격하게 이야기하자면 도시형 한옥을 타운 하우스라 부르기는 힘들다. 도시형 한옥의 구조는 전통적인 목가구 방식으로, 4개의 나무 기둥 위로 독특한 지붕을 얹는다. 이 때문에 기둥 간격이 넓지 않고, 실들의 크기가 그다지 크지 않다. 대략 0.9미터를 모듈로 해서 안방과 대청은 2.7×3.6미터, 다른 실들은 2.7×2.7미터의 크기를 가진다. 대청의 경우 대개 지붕의 내부 구조를 그대로 노출시켜 장식적인 효과를 준다. 목구조 사이로 외벽이 채워지는데, 석재나 벽돌을 쌓아 일정 높이로 올린 다음 창이 있는 부분은 외반죽으로 마무리한다.

도시형 한옥은 중부지방의 민가를 바탕으로 만들어졌기 때문에 서울 이외의 도시에도 등장하는지, 혹은 전국적으로 분포하는지 여부는 확실치 않다. 현재까지 이루어진 조사들을 보면, 대구나 전주에서는 남부지방 특유의 ㅡ자형과 ㄱ자형 민가가 도시형 한옥의 대부분을 차지한다.[38] 이 경우 외부 공간과 내부 공간을 구획하는 방식도 달라진다. 서울 지역의 경우, 건물 벽체가 담장을 겸하도록 매우 간결하게 지은 반면, 대전이나 대구, 전주 등에서 발견되는 도시형 한옥은 건물 주위로 별도의 담을 쌓고 그 안에 건물을 배치했다. 그렇지만 1950년에 항공 촬영된 평양 시가지를 보면, 서울과 유사한 도시형 한옥들이 빼곡히 들어차 있어, 서울에만 국한되지는 않았다고 볼 수 있다. 그런 점에서 일제강점기 출현한 도시주거로서 가장 중요하게 언급해야 할 유형은 서울 지방에서 지어진 ㄷ자형 도시형 한옥일 것이다.

도시형 한옥은 1960년대 이후 더 이상 지어지지 않았지만 지금까지 많은 건축가들에게 영감을 주고 있다는 점에서 이십세기 한국 건축의 주요 다

16 황두진 설계의 가회동 무무헌.
대청에서 바라본 도시형 한옥의 마당.

이어그램으로 불릴 만하다. 그렇다면 그것이 구체적으로 생성해내는 의미는 무엇인가. 첫번째로, 가장 중요하게 다가오는 것은 마당의 존재이다.[도판16] 도시형 한옥의 배치 방식은 마당을 중심으로 다양한 실들이 일렬로 둘러싸는 것이다.[39] 넓지 않은 마당 면적으로 동선 이동, 세면, 목욕, 세탁, 저장과 같은 기능들을 동시에 수행할 수 있었던 것은 바로 이런 배치 방식 덕분이다. 그런 점에서 마당은 단순한 정원과는 다른데, 여러 실들과 긴밀한 관계를 맺고 또 그 사이의 동선을 연결시켜 준다. 또한 마당은 다양한 사건들이 일어날 수 있도록, 미분화하고 잠재적인 장소를 제공한다. 그리고 마당으로 인해 비움과 채움, 내부와 외부, 내향성과 외향성이라는 상보적인 이원성이 하나의 주거 단위 속에 공존하게 된다. 이는 한국인들이 오랫동안 발전시켜 온 공간 개념을 매우 함축적으로 드러낸다. 또한 마당의 면적이 전체 대지 면적에서 20-30퍼센트를 차지해,[40] 그 공간적 느낌은 상하이의 리롱里弄 주택과는 완전히 구분된다. 중국 강남江南 지역의 민가를 바탕으로 탄생한 리롱주택은 보통 2층 높이지만, 도시형 한옥은 모두 단층으로 되어 있다. 그래서 도시형 한옥의 마당은 리롱에서 등장하는 광정光井과 같이 좁고 깊은 공간을 가지지 않는다.

두번째로, 도시형 한옥의 필지가 구획되는 방식에 의해 만들어진 독특한 가로의 패턴이다. 당시 서울에는 크게 두 가지의 가로체계가 발생했다. 서울

17 서울 정릉3동에 자리한
도시형 한옥마을.

북촌의 경우, 자연 발생적인 길을 따라 건물들이 배치되었기 때문에 불규칙한 가지형 패턴을 가진다. 이에 비해 토지구획정리사업으로 계획된 지역들은 매우 규칙적인 격자형 패턴을 가진다. 이 둘 가운데 오늘날의 한국 건축가들에게 많은 영감을 준 것은 북촌의 가로체계이다. 거기서는 대로변에서 멀어질수록 점차 경사진 곳으로 올라가게 되고, 다양한 계단과 막다른 골목이 자주 등장하게 된다. 사람들은 이런 골목길을 단순히 통과 목적으로 들어오지 않고, 대신 각자 집을 찾아가기 위해 지나다닌다. 이 때문에 골목들은 각자의 마당으로 진입하기 이전에 반사적半私的 공간이 되어 일종의 커뮤니티 공간으로서 역할을 하게 된다. 한국의 현대 건축가들은 이런 의미를 이어받아서 그들의 계획 안에 비슷한 공간을 집어넣고자 했다.[도판17]

경쟁과 진화

이처럼 식민지 도시공간에 공존한 문화주택, 일식 주택, 도시형 한옥은 서로 영향을 주고받으면서 치열하게 경쟁하게 된다. 그 과정에서 한국의 주거 문화가 가지는 본질적인 측면이 명확하게 드러났고, 해방 이후 주거 발전에 커다란 영향을 미쳤다. 일제강점기에 일어난 주거 변화는 대단히 역동적이었다. 그것은 새로운 환경에 처한 유기체가 생존하기 위해 진화하는 과정과도 유사하다. 그렇지만 유형론적인 접근으로는 이같은 변화를 포착하기 힘들다. 유형은 주로 하나의 이상화된 형태를 가정하고, 다양한 변화들을 그에 수렴시키기 때문이다. 따라서 주거 유형의 경쟁과 진화를 설명하기 위해서는 각 유형 사이의 영향 관계를 중심으로, 변형 과정들에 초점을 맞출 필요가 있다.

먼저, 도시형 한옥과 서양식 주거 사이에 일어나는 충돌이다. 두 유형은 그 배치 방식에서 본질적으로 달랐다. 서양식 주거는 대지의 한복판에 위치한 건물 안에 모든 실들을 배치했다. 이에 비해 도시형 한옥은 가운데를 마당으로 비우고, 대지 주변에 실들을 배치했다. 이런 차이점을 예리하게 인식했

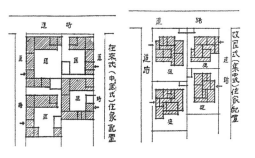

18 박길룡이 비교한 중정식 주택(왼쪽)과 집중식 주택(오른쪽)의 실 배치.

던 건축가가 박길룡이었다. 그가 중정식 주택과 집중식 주택을 비교했던 것은 이를 명확하게 부각하기 위해서였다.[도판18] 서양식 주택으로 대변되는 집중식 주택에서 모든 실들은 건물 내부에 있었다. 반면 중정식 주택에서는 외부 마당을 통해 주택의 각 부분으로 연결되었다. 박길룡은 서구의 주거와 한국의 전통주거 사이에 존재하는 근본적인 차이점이 실들의 배치 방식에서 발생했다고 보고, 중정식 주거 대신에 집중식 주거를 받아들이기를 주장했다.

3장. 근대 도시주거의 출현

다음으로, 서양식 주택과 도시형 한옥이 충돌하면서 부각된 실이 바로 가족 본위의 거실이었다. 전통주거에서는 존재하지 않던 실이기 때문에, 거실을 어떤 방식으로 한국의 주거 양식에 수용할 것인가가 한국 건축가들에게 중요하게 제기되었다. 여기서 건축가마다 다른 관점이 등장하는데, 첫번째는 기존 한옥의 대청을 거실처럼 만들자는 것이다. 김종량의 H자형 한옥에서 이 점은 잘 나타난다. 그는 안방과 건넌방 사이에 대청을 집어넣고, 그것이 거실 역할을 하도록 했다. 겨울철에는 외부 미닫이문을 모두 닫으면 거실과 같이 내부화되는데, 유리창이 보급되면서 이같은 평면 구조가 가능해졌다.

비슷한 생각이 1929년에 조선일보사와 건양사에서 함께 주최한 조선주택설계도안 현상에서 목격되었다. 여기에서 주최 측이 요구했던 것은, 한국인의 생활에 적합하면서도 현대 문화 생활을 영위할 수 있는 6인 가족의 중류 주택을 제안하는 것이었다.[41] 심사위원은 건축가 박길룡, 김종량, 김윤기를 포함해 4인이었다. 약 600명의 응모자 가운데 일, 이, 삼등 안과 2개의 가작이 선정되었다. 그들의 평면을 살펴보면 일식 주택이나 서양식 주택이 아닌, 한국 전통 주택과 서양식 주택이 결합된 새로운 주거 평면이 등장한다. 특히 삼등안과 가작안은 명백히 해방 이후 전개될 도시주거의 변화를 암시하고 있었다. 즉, 이 두 안에서 마당과 대청이 결합해 홀의 기능을 하는 거실이 등장하고, 주택의 주요 기능들이 그를 중심으로 배치되는 중요한 변화가 목격된 것이다.[42]

한편, 기존의 한옥에서 안방이 거실과 같은 역할을 수행해 왔으므로, 안방을 거실로 대체하자는 주장도 존재했다. 건축가 박길룡과 김윤기가 제안했던 주거개량안은 그 대표적인 예이다. 특히 박길룡의 H자형 한옥에서 안방은 주거 공간 한복판에 위치하며, 서양의 거실과 같은 역할을 수행한다. 이 때문에 안방의 위치도 남쪽으로 이동해, 정원이 바라다보이는 가장 좋은 자리에 놓이게 되었다. 이 경우 안방은 더 이상 전통주거에서처럼 여성만을 위한 공간이 아니었다. 그 대신 부부가 기거하면서 가족실과 같은 역할을 떠맡았다. 박길룡은 대청의 의미를 축소하고, 안방 앞에 놓인 툇마루로 대체될 수 있다고 믿었다.

김윤기 역시 『동아일보』에 연재한 글을 통해 4개의 주거계획안을 제안했다. 그는 와세다대학의 졸업논문으로 「조선의 주택에 대해」를 쓰면서, 방학 기간에 귀국해 민가 조사를 진행했다.[43] 이를 바탕으로 그는 지역별로 주거 유형을 구분하고, 한국 주택의 장단점과 그 개선 방안을 제안했다. 『동아일보』에 게재된 4개의 주거계획안은 이같은 연구를 바탕으로 한 것으로 보인다. 첫번째 안은 일본의 중복도형 주거와 유사하지만, 집의 한가운데 내당 內堂이라고 불리는 안방 역할의 공간이 위치한다. 거기에는 대청이 존재하지 않고 툇마루가 내당 앞에 놓인다.[44] 나머지 안에서는 내당이 가족실로 변해 집의 중심에 위치한다. 그런 점에서 김윤기도 안방 중심이 되어 서양식 거실을 흡수하려는 생각을 가졌던 것으로 보인다.

그렇지만 서양식 주택과 도시 한옥을 융합하려는 시도는 몇몇 건축가들의 작품을 제외하고는 식민 시기에는 거의 실현되지 못했다. 새로운 평면 유형의 도입은 사실 단순한 문제가 아니었다. 한국인들이 오랫동안 유지해 온 가족 제도, 공간 구분, 난방 문제, 재료와 시공 방식 등이 동시에 맞물려 있었기 때문이다. 그 모든 것이 본질적으로 바뀌지 않는 한, 주택에서 마당을 제거하는 것은 불가능했다. 그래서 주거 건설이 본격화된 1930년대부터는 박길룡이 주장했던 집중식 주택은 더 이상 일반적인 주거 방식으로 채택되지 않았고, 도시형 한옥이 그런 역할을 담당했다. 그렇지만 1960년대 이후 상황은 다시 역전되어, 도시형 한옥 대신 집중식 주거가 한국의 주거 문화를 지배하게 되었다. 여기서도 주목할 점은 마당이 완전히 사라지지 않고 거실의 형태로 바뀌어 건물 내부에 삽입되었다는 점이다. 마당에 대한 한국인들의 집념은 중정식 주택에서 집중식 주택으로 완전히 전환된 이후에도 계속 이어졌다.

일식 주택과 한옥과의 충돌 역시 한국 도시들에서 광범위하게 목격되었다. 일식 주택과 비교해 한옥의 가장 두드러진 특징은 온돌과 마당이다. 이들은 한국과 일본의 주거를 오랫동안 비교해 온 학자들도 동감하는 바다. 온돌은 일본 주거의 다다미처럼 한국 주거에서 가장 기본적인 요소에 해당한다.[45] 이는 오래전부터 한반도에 존재해 온 고유한 난방 장치로, 현대화된 오늘날까지 여전히 사용되고 있다. 한국을 식민한 이후 건너온 일본인들이 일식 주거에 살면서 가장 참기 어려워한 부분은, 추운 겨울철을 다다미방에서 지내는 것이었다. 다다미방은 한국의 혹독한 겨울을 지내기에 적절하지 않았기 때문에 많은 일본인들이 온돌을 도입해 겨울을 지내게 되었다. 마당의 경우, 도시형 한옥에서 안마당은 다양한 동선을 배분하는 홀과 같은 기능을 담당했다. 반면 일식 주거는 비슷한 기능을 긴 복도가 담당했는데, 이는 마치야와 중복도형 주택에서 동시에 발견된다. 이러한 차이점에 대해 일본인들은 다르게 대응했다. 온돌은 한국인들이 오랜 시간에 걸쳐 독특한 기후에 맞춰 발전시켜 온 것이기 때문에 일본인들은 그것을 일식 주택에 집어넣으려 했다. 한일 절충식 주택은 바로 여기서 탄생했다. 그래서 많은 일식 주택에서 다다미방과 온돌방을 동시에 발견할 수 있는 것이다. 그렇지만 일본인

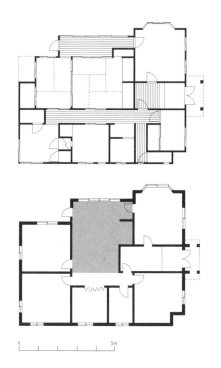

19 1938년에 신축된 의창군수 관사의 평면(위)과 1987년에 리모델링된 후의 평면(아래). 짙게 칠해진 부분이 거실로, 일식 주택의 중복도가 한옥의 마당 기능을 하는 거실로 변형되었다.

들은 한국식 안마당은 거부하고 복도식 주택을 계속 고집했다. 대다수의 문화주택이 이런 절충식 주택이었다.

이 두 가지 차이점은, 일제강점기에 건설된 일식 주택이 해방 이후 한국인들에 의해 개조되는 과정에서도 명확히 나타났다. 1942년에 분양된 상도동의 영단주택은 변형의 예를 잘 보여준다. 거기서 주로 지어진 주거 유형은 갑형과 을형으로, 모두 중복도식 주거를 바탕으로 계획된 것이다. 1990년의 조사에 따르면 이 영단주택이 해방 후 크게 두 부분에서 변형되어 있었는데, 하나는 모든 다다미방이 온돌로 바뀐 것이고, 다른 하나는 중복도가 홀의 기능을 하는 거실로 바뀐 것이었다.[46] 이런 변형은 다른 데서도 발견된다. 1938년 마산에 신축된 의창군수 관사는 전형적인 중복도형 일식 주택으로 지어졌다. 1980년대에 들어 완전히 개조되는데, 가장 두드러지는 변화는 중복도와 다다미방이 거실과 온돌방으로 대체된 것이다.[도판19] 여기서 거실은 도시형 한옥에서 등장하는 마당처럼 모든 실들의 동선을 연결하게 된다. 이런 변화를 통해 우리는 한국 주거의 본질이 온돌과 마당으로 대변된다는 사실을 명확히 알 수 있다.

한국인들에게 마당의 중요성은 조선주택영단에서 건설했던 두 주거단지에서도 나타난다. 서울 상도동에는 일본의 중복도형 주택을 변형한 주거 유형이, 부평 산곡동에는 마당이 있는 주거 유형이 건설되었다. 그렇지만 해방 후 상도동 주거의 70-80퍼센트가 중복도 대신 거실로 전환된 반면, 산곡동 주거의 대부분은 마당이 그대로 유지되었다.[47] 이런 변화를 통해 알 수 있듯 한국인들에게 마당은 대단히 중요한 의미를 내포하고 있다. 마당은 다양한 동선을 배분하면서 동시에 그 기능이 정확하게 정의되지 않고, 여러 가사 활동이 가능하도록 열려 있으며, 모든 구성원들이 공유하는 공간이다. 이런 특징은 시대가 지나면서도 변하지 않는 요소가 된다. 1990년 이후 많은 건축가들이 도시형 한옥을 다이어그램으로 다시 끄집어낸 것은 우연이 아니었다.

1부. 개항과 식민 시대: 서구 근대건축의 수용

4장. 근대적 재료와 구법의 도입

일제강점기 건축, 도시, 주거는 근대적 삶의 방식을 만들어낸 주요 물리적 요소였다. 그렇지만 다양한 형태로 변화를 시도했던 주거 분야와는 달리, 건축 분야는 의미있는 성과를 거두지 못한 것이 사실이다. 그것은 두 가지 이유 때문이었다. 첫번째는 이 시기에 건축적 담론을 생성시킬 자국의 건축가가 존재하지 않았고, 건축가들의 조직과 직능 역시 제대로 성립되지 않았다. 이에 따라 식민 시기 한국 건축은 기형적인 모습을 띠게 되었다. 당시 지어진 몇몇 주거 건물들을 제외하고는, 한국적 특성을 제대로 반영한 건물은 거의 없다. 건축을 교육할 수 있는 기관이 없었기 때문에, 한국적 취향이나 정서에 대해 논의조차 할 수 없었다. 1930년대 이후 전문 건축가들이 등장했지만, 그들 역시 한국의 오랜 건축적 전통은 거부한 채 근대화만이 유일한 해결책이라고 믿었다. 당시 한국의 지식인들은 서구 문명에 압도당하고 있었다.

이 시기 건축을 평가하기 어려운 두번째 이유는, 당시 대부분의 건축물들이 서구의 절충주의 양식으로 지어졌다는 데 있다. 이에 따라 이 시기 건축물들이 과연 얼마만 한 생성 잠재력을 가지는지에 대해 많은 논란이 있어 왔다. 서구의 경우 십구세기 절충주의 건축은 근대건축가들에 의해 집중적으로 공격을 받았지만, 1960년대 이후 포스트모던 건축의 등장으로 역사적 재평가 작업이 이루어지고 있다. 그 결과, 많은 건축이론가들이 절충주의 건축이 가지는 근대적 측면들을 새롭게 조명하고 있다. 이와 달리 1960년대 이후 한국 건축가들이 건축의 역사에 관심을 갖기 시작했을 때 재조명된 건축은 일제강점기 서양식 절충주의 건축이 아니라 오히려 근대 이전의 전통건축이었다. 일제강점기 절충주의 건축물은 미래를 향한 발전 가능성보다는 대부분 식민 시기를 증언하는 유물로만 그 가치를 인정받을 뿐이다.

일제강점기에 많은 건물들이 설계되었음에도 불구하고, 이들 가운데 현재까지 남아 있는 건물의 수는 손으로 꼽을 정도이다. 주로 전쟁과 급격한 도시화를 거치면서 상당수 소실되었기 때문이다. 대부분 목구조로 건설되어 내구성이 떨어졌고 화재에 취약했다. 거기에 더해 도시가 고밀화되는 과정에서 저층의 건물들이 대부분 파괴되었는데, 그중에는 조선총독부 청사처럼 식민지배의 상징성 때문에 철거된 건물도 있었다. 이 때문에 당시 건축적 상황을 재구성하는 데 어려움이 많아, 이 책에서는 현존하는 건물들을 중심으로 서구 근대 기술이 수용되는 과정에 초점을 맞추고자 한다. 서구 근대 기술의 수용은 전통적인 건축 형태로부터 큰 변화를 이끌어냈다. 지붕과 벽체의 구축 방식이 완전히 달라지면서 건물의 형식체계가 근본적으로 바뀌었고, 넓은 내부 공간이 확보되면서 새로운 기능들을 담는 것이 가능해졌다. 바로 이런 점에 주목해 식민 시기에 이루어진 건축 기술의 수용과 그에 따른 건축 형태와 공간의 변화를 집중적으로 다루고자 한다.

제도적 장치들

일제는 러일전쟁에서 승리한 후 을사늑약을 체결하며 조선을 식민지배하기 위한 제도적 장치를 확립해 나갔다. "이 시기 일본인으로 구성된 재정고문부와 일본인의 영향하에 놓여 있던 의정부에서는 정부의 각종 건축토목공사를 집행하기 위해 몇 개의 공사전문기구를 만드는데, 재정고문부가 관장한 세관공사부와 그 후신인 임시세관공사부, 의정부 산하에 탁지부가 관장하는 건축소가 바로 그들이다."[1] 1906년 9월에 창설된 탁지부 건축소는, "1910년 8월 한일합방과 더불어 그 업무를 조선총독부 회계국 영선과에 인계할 때까지 약 사 년간 존치하면서 식민지배에 필요한 엄청난 물량의 신축, 증축, 수선 공사를 집행했을 뿐 아니라, 1908년 8월에는 임시세관공사부를 흡수해 각지의 항만토목공사까지 관장한 구한국시대 최대의 정부공사기구가 되었다."[2]

한일합병 이후 식민지 조선의 최고 통치기구가 된 조선총독부는 탁지부 건축소를 해체하고 건축, 토목 관련 업무를 총무부 회계국 영선과, 내무부 지방국 토목과, 탁지부 세관공사과 등에 각각 분담시켰다. 이에 따라 총무부 회계국 영선과가 건축 업무를 담당하는 주된 부서가 되었다.[3] 그렇게 된 데는 조선총독부의 독특한 예산 집행 방식에 원인이 있었다. 총독부의 예산 가운데 일본 정부의 일반 회계 예산으로 잡히는 부분은 군사비와 행정비 항목으로 들어오는 경비성 자금뿐이었다. 그 외에 "총독부는 관치사업을 벌일 때 그것을 위한 소요 자금을 자체적으로 조달할 수 있는 제도적 장치가 마련되어 있지 않았다. 어쩔 수 없이 국채를 발행해 그것을 일본 정부가 인수하게 하는 방법을 취했는데, 총독부가 추진한 국책사업이란 철도, 도로, 전신전화, 세관설치, 교육시설 등 주로 공공사업을 포괄했다. 그리고 그런 시설의 신설은 대체로 총독부가 책임을 맡고 개보수는 지방관청 소관으로 그 역할이 나뉘어 있었다."[4]

이처럼 총독부가 모든 공공사업을 총괄하면서 초기에는 회계과가 건축 설계부터 시공까지 담당했다. 이후 이 조직은 십여 차례의 관제 변화를 거쳤고, 그 구성 인원은 조선총독부의 정책 방향에 따라 탄력적으로 조절되었다. 적게는 47명에서 많을 때는 112명에 이르렀다.[5] 1928년 조선총독부의 건축 부서 조직이 개편되어 총독관방이라는 조직 아래에 회계과가 설치되고, 영선계가 소속되었다. 1934년경 총독관방 영선계는 설계할 건물 유형에 따라 세분화되어, 1계와 2계로 구분되었고, 3계는 환경 설비 공사를 주로 담당했다.[6] 1939년에는 이 조직이 더욱 세분되어 모두 4계로 구성되었다. 초기에는 조직 내에서 건물의 시공까지 담당했지만, 점차 건물 규모가 커지면서 건설 업자들을 감독하는 역할로 바뀌었다.

식민통치에 필요한 물리적 장치들을 건설하기 위해서 다양한 법과 제도도 만들었다. 최초의 건축 관련 규정은, 개항장을 중심으로 여러 개의 가옥 건축 규칙들이 영사관령[7]으로 제정되었다. 이후 일제에 의해 제정된 건축 관련 규정들은 이를 바탕으로 발전된 것이었다. 개항장의 건축 가옥 규칙은 단순했다. 주로 "부지·우물·오수의 배수시설·거실에 관한 규정으로, 구체적으로는 부지 내의 배수시설 및 변소의 설치 의무, 변소와의 거리두기, 하수도를 불침투질 재료로 건조할 것, 또한 거실의 천장고, 마루 높이를 제한하고 있다. 보안, 설비, 구조에서는 방화 규정에 따라 굴뚝 및 지붕을 불연재료로 건조하도록 했다. 그밖에 건축선부터의 벽면 후퇴의 규정이 정해지고, 부지 내의 빈 땅은 건물의 간격에 따라 확보되도록 했다."[8] 이런 내용은 이후의 법령에서도 빠지지 않고 나타난다.

1910년부터는 경무부령[9]으로 이같은 내용들이 보강되었고, 이어서 각 지방마다 건축 규칙들을 발표했다. 그리고 1913년 경성부를 시작으로 「시가지건축취체규칙」이 제정되어 건축법처럼 적용되기 시작했다. 그것은 "영사관령의 여러 세부 용도와 재료의 건축 규정을 종합해 포괄적이고 체계적인 건축규정으로 제정한 것이다."[10] 특히 제5조에는 위생과 방화상 필요한 구조, 재료, 규모 등의 제한 사항을 담고 있다. 경성의 경우 80퍼센트 미만의 건폐율 제한, 다른 지방의 경우 방화벽과 절대높이의 제한이 새롭게 추가되었다. 이처럼 1913년부터 시행된 「시가지건축취체규칙」은 1934년 「조선시가지계획령」이 제정되면서 흡수되었다. 이 법령에는 "새롭게 용도지역제가 도입되어, 건폐율, 건축물의 절대높이, 방화규정은 용도지역에 따라 다르게 정해졌다. 특히 건폐율에서는 주거지역에서는 60퍼센트 미만, 상업지역에서는 80퍼센트 미만으로서, 그것 이외의 지역에서는 70퍼센트 미만으로 세분화되고 있다."[11]

법적인 규정 외에도 조선총독부는 1916년 11월 2일 훈령 제43호로「조선총독부건축표준」을 제정해 건물 설계에 적용했다. 여기에는 구조, 위생, 설비, 재료에 관한 다양한 계획 기준들이 포함되어 있었다. 흥미로운 사실은 식민지배를 위해 필요한 다양한 건축물 유형의 계획 기준을 제시하고 있다는 점이다. 청사, 학교, 병원, 감옥, 관사처럼 건물 유형에 대한 별도의 계획 방식이 수립되었다.[12] 조선총독부에서 생산된 도면들을 살펴보면, 이 건축표준은 주로 1910년대 식민지배를 위한 건물들을 대량으로 건설할 때 적용된 것으로 보인다. 이같은 건축 표준의 제정에 의해, 이 시기에 지어진 건물들은 일정한 유형을 가진다. 가령 학교시설과 의료시설의 배치계획에서는, 본관과 교사校舍, 본관과 병동이 일렬로 병립되어 있다. 그러나 건물 사이의 인동간격隣棟間隔은 달랐는데, 가령「조선총독부건축표준」에 따르면, 교사들을 병립할 경우 인동간격을 전방 건물 높이 이상으로 하고, 의료 시설에서는 병동과 병동 사이의 간격을 건물 높이의 1.5배로 넓히도록 하고 있다. 그리고 감옥 시설에서는 감방은 방사형으로 배치하고, 중앙에 간수실을 설치할 것을 제시하고 있으며, 실제 일제강점기의 감옥들이 이러한 방식으로 계획되었음을 확인할 수 있다.[13]

건축도면들

일제강점기에 생산된 건축 도면들은 주로 두 곳에 소장되어 있다. 첫째로, 국가기록원에 1900년대부터 1945년 사이에 생산된 건축설계원도 2만 6,000여 매와 건축 관련 문서철이 보관되어 있다. 이 도면들은 대부분 조선총독부와 유관 기관에서 생산된 것으로, 특히 식민지배 초기 한반도에서 이루어진 대부분의 공사를 포괄하고 있다. 이 자료들은 오랫동안 방치되어 있다가 1963년 문서 촬영실이 개설되면서 근대건축 도면에 대한 목록 관리와 보존 관리 차원에서 연구가 시작되었고, 2000년대에 본격적으로 건축도면에 대한 연구가 진행되었다.[14] 두번째는 철도 시설과 관련된 도면들로, 철도박물관에 별도로 소장되어 있다. 아직 완전히 도면 해제가 이루어지지 않았지만, 현재까지 공개된 자료에 의하면 철도 공장, 철도역사, 교량에 관한 도면들이 남아 있음을 확인할 수 있다.[15] 철도 시설 관련 도면들이 총독부의 도면과는 별도로 생산된 것은 철도 운영에 대한 일본 정부의 방침 때문이었다. "일본은 이른바 대륙경영이라는 원대한 정책 슬로건을 내걸고, 일본과 조선, 만주의 철도사업을 일원화했다. 그리고 철도회사를 국유화한 다음, 1909년 12월에는 철도운영의 합리화를 위해 일본철도원을 만들어 조선의 철도청을 이곳으로 이관시켰다."[16] 그 후 철도청의 조직체계는 계속 변경되었지만, 철도 관련 시

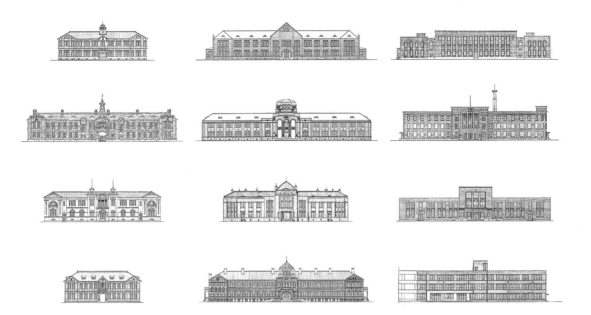

설들은 별도의 조직에서 설계되고 관리된 것으로 보인다.

국가기록원에서 소장하고 있는 도면들은 그 양이 풍부하여 일제강점기 건축물들의 현재 재료와 구법에 대한 변천 과정을 추적하는 데 매우 귀중한 자료다. 이를 위해 현재까지 해제된 도면들 가운데 재료와 구법을 명확하게 확인할 수 있는 348건을 추려냈다.[17] 통계적 방법을 통해 이를 확인할 수 있었는데, 도면에 빈번하게 등장하는 구법들은 대략 네 가지로 요약된다. 즉, 목조, 벽돌조에 목조 바닥, 벽돌조에 철근콘크리트 바닥, 철근콘크리트조이다. 물론 이같은 분류가 정확하게 적용되지 않는 건물들도 존재한다. 시공 방식에 따라 벽돌조 벽체에 철근콘크리트 바닥, 목조 트러스 truss 지붕으로 된 건물들(평안북도청, 광주세무감독국, 부산경찰서 등)이 여럿 발견되었다. 또한 기상을 관측하는 측후소測候所처럼 특수한 기능을 가진 건물을 위해, 목조와 벽돌조 그리고 철근콘크리트조가 함께 사용된 경우도 있고, 벽돌조가 아닌 석조 건물이나, 목조 트러스 대신에 철제 트러스를 사용한 건물들도 존재했다. 이런 예외에도 불구하고, 네 가지 구법을 중심으로 전반적인 추이를 살펴보았다.[도판1]

통계적으로는, 목조 건물이 가장 많았으며 그 수가 거의 60퍼센트에 육박했다. 목구조는 식민 시기 내내 꾸준히 사용되어 가장 흔한 구법으로 자리 잡았다. 물론 1920년대 이후 벽돌조나 철근콘크리트조에 밀려 그 사용 빈도가 줄어들지만, 1930년대 후반 전시 체제로 바뀌면서 물자가 줄어들었고, 그

4장. 근대적 재료와 구법의 도입

여파로 다시 늘어났다. 특히 식민 초기에 식민지배를 위한 수많은 종류의 공공건물들을 빠른 시간 내에 지어야만 했기 때문에 목구조가 가장 많이 채택되었다. 철근콘크리트조가 도입되기 이전까지 건물의 높이가 대부분 1-2층에 불과했기 때문에 가능한 일이었다.

일제강점기 건축 재료와 구법은 대체적으로 목조에서 벽돌조로, 최종적으로는 철근콘크리트조로 바뀌어 나간 것으로 보인다. 가령 조선총독부에서 설계된 교육 시설들은 시기에 따라 재료의 사용과 구법, 양식 등이 매우 유사해서 표준적인 설계 지침을 바탕으로 설계되었음을 쉽게 알 수 있다. 이 때문에 해제된 도면집에서 발견되는 설계 방식의 전형성에 주목할 필요가 있다. 1918년 경성고등보통학교의 도면들이 모두 목구조 유형을 보여준다면, 그로부터 사 년 후에 그려진 경성여자고등보통학교 도면들은 벽돌조로 된 건물 유형을 보여준다. 그리고 1931년 평양사범학교의 도면들은 철근콘크리트조에 벽돌 치장한 것으로 나타난다.[18] 이러한 경향은 지방청사, 병원, 법원, 세관, 형무소에서도 비슷하게 발견된다.

재료 사용에서 흥미로운 점은, 중요한 건물일 경우 내구성이 높은 재료를 선택하는 경향이 있다는 점이다. 가령 1910년 이전에 탁지부 건축소에서 설계한 의정부, 농상공부, 탁지부 청사는 벽돌조로 설계된 반면, 비슷한 시기에 건설된 각 지방의 이사청理事廳 건물들은 목조로 설계되었다. 이것은 재료와 구법을 통해 건물의 위계를 구분하려 한 예로서, 물론 여기에는 예산상의 고려도 포함되었을 것이다. 비슷한 예가 다른 건물 유형에서도 발견된다. 1920년대에 건설된 조선총독부 청사, 경성부청사, 경성재판소, 경성제국대학 건물들은 모두 철근콘크리트로 지어진 반면, 비슷한 시기에 지어진 지방 법원이나 학교 들은 모두 벽돌조나 목조로 건축되었다. 지방도청사에 철근콘크리트조가 도입되었던 시기는 1930년대이다. 그런 점에서 일제강점기에 재료와 구법은 건축적 위계를 규정하려는 식민지배의 일환으로 사용되었음을 알 수 있다.

건축가들

식민 시기에 주로 활동했던 건축가들은 누구인가. 가장 강력한 건축 활동을 펼친 건축가 집단은 조선총독부 소속의 기술 관료들이다. 특히 「회사령」[19]이 폐지된 1920년까지 대다수 신축 건물들의 설계는 이들이 담당했다. 그 이후의 상황에 대해서는 1922년부터 1945년까지 이십사 년간 일본어로 발행된 『조선과 건축』에서 확인할 수 있다. 이 잡지에는 일제강점기에 계획된 약 2,342개의 건물들이 소개되어 있는데, 건물 기능별로 분석해 보면 학교 시설이 가장 많고 공공건축과 교통 관련 시설들이 그 뒤를 잇는다.[20] 모두 일제가 식민지배를 공고히 하기 위해 필요한 시설이라는 사실을 알 수 있다. 그중 설계자가 명확한 건물은 224개로, 거기서 가장 큰 비율을 차지한 설계자가 총독부의 기술 관료들이었다.

식민통치 초기에 활동했던 총독부 기술 관료로는 구니에다 히로시國枝博와 이와이 조자부로岩井長三郎를 들 수 있다. 이 둘은 도쿄대학 건축과를 같은 해에 졸업했지만 한국에 건너온 시기는 달랐다. 구니에다는 1907년 탁지부 건축소 소속의 기사로 한국에 부임해 건축 관련 일을 담당했다. 1912년에 구미 각국에 출장을 다녀온 후, 총독부 관료로서 활발한 활동을 펼쳤지만, 1918년 조선총독부 기사직에서 퇴임하고 일본으로 돌아갔다. 이와이는 1910년 5월 한일합병 직전에 한국에서 근무를 시작했고, 1921년부터 건축과장을 맡으며 초기 건축 활동을 주도했다. 두 사람의 주요 임무는 조선총독부, 경성재판소와 같은 주요 공공건물의 건립이었다. 그렇지만 구니에다에 이어 이와이가 1929년 사임하면서 1930년대에 총독부 기술 관료의 세대교체가 일어났다. 이 과정에서 사사 게이이치笹慶一와 같은 새로운 인물이 등장하는데, 그는 1930년대 총독부 기술 관료들 가운데 가장 영향력있는 인물이었다.[21] 또한 총독부 관방회계과 영선 제1계 소속으로, 서울시청사를 비롯해 부산시청사의 설계도 담당했다. 그의 작품은 1926년 완공된 서울시청사에서는 절충주의 경향을 보이지만, 1936년 부산시청사의 설계에서는 근대건축의 특징을 뚜렷하게 보여준다.[22]

조선총독부의 기술 관료들은 다양한 건축 관련 기구와 제도를 만들었다. 그들은 1922년에 결성된 조선건축회의 주요 인물이었으며, 이 단체의 회지인 『조선과 건축』에 많은 글을 기고해 건축적 담론을 실질적으로 이끌어 나갔다. 일제강점기에 활동한 대부분의 한국 건축가들은 이들에게 실무를 배웠다. 식민지 기술 관료들은 건물 유형에 따라 몇 가지 설계 매뉴얼을 가지고 있었고, 그에 따라 비슷한 형태를 반복적으로 구현해냈다. 그래서 이들에 의해 지어진 건물들은 그다지 수준이 높지 않다. 그러나 건축적 상징성이 요구되는 주요 공공건축물의 경우, 이들은 직접 설계에 참여하지 않고 일본에서 활동 중인 최고의 건축가를 초빙했다. 조선은행 본점을 설계한 다쓰노 긴고, 용산 총독관저를 설계한 가타야마 도쿠마片山東熊, 조선총독부 청사를 설계한 노무라 이치로野村一郎, 구 서울역사(현 문화역서울284)를 설계한 쓰카모토 야스시塚本靖가 대표적인 건축가들이다.

기술 관료들 외에 다소 특이한 경력을 가진 건축가가 바로 나카무라 요시헤이中村與資平였다. 그는 1905년 도쿄대학 건축학과 졸업 후 다쓰노 긴고와

2 빈 분리파 양식의 천도교
중앙대교당. 1918-1921년.

가사이 만지葛西萬司가 함께 설립한 다쓰노가사이 건축사무소에서 실무를 보던 중, 때마침 조선은행 본점의 설계를 담당하면서 실무자로 임명되었다.[23] 이후 공사가 끝나고 나서도 일본으로 돌아가지 않고, 경성에 남아 설계사무소를 개설했다. 경성에서 외국인이 개설한 최초의 민간인 설계사무소였다. 나카무라가 설계한 건물들 가운데 천도교 중앙대교당은 동학교(천도교) 제3대 교주였던 손병희의 요청으로 설계된 것으로, 당시로서는 특이하게도 이십세기 초반에 펼쳐진 빈 분리파Wiener Secession 양식으로 지어졌다.[도판2] 한 일본학자의 연구에 의하면, 이런 양식이 사용된 것은 나카무라 사무소에 1919년부터 고용된 안톤 마르틴 펠러Anton Martin Feller 덕분이었다.[24] 그는 오스트리아에서 태어나 취리히 고등공업학교(현 취리히 연방공과대학)에서 건축을 공부했고, 제일차세계대전에 참전해 러시아군 포로가 되었다가 탈출한 뒤 식민지 조선으로 흘러들었다. 나카무라 사무소에서 펠러가 담당했던 건물들은 모두 분리파 양식으로 설계되었다.[25] 천도교 중앙대교당의 평면 형태는 T자형으로, 기독교 교회의 그것과는 전혀 다르다. 정면성을 강조하기 위해 장방형 매스를 좌우로 길게 배치하고 그 뒤로 강당을 붙였다. 강당은 3,000명을 수용할 수 있는 무주 공간으로 되어 있는데, 이같은 공간을 만들기 위해 미국제 철제 앵글을 사용해서 트러스 구조를 짰다.[26]

이들과 더불어 식민지 조선에서 중요하게 평가되는 건축가들이 있다. 미국의 건축가 헨리 머피Henry K. Murphy와 윌리엄 보리스로, 머피는 코네티컷에서 출생해 예일대학에서 건축을 전공했다. 졸업 후 1914년에 중국으로 건너가기 전까지 다양한 실무 경험을 쌓았다. 이 시기 보자르식 건축설계 방식에 경도되었던 그는 프랑스 에콜 데 보자르École des Beaux-Arts 출신의 건축가들 아래서 실무를 익힌 후 유럽 여행을 떠나 그곳의 주요 기념비들을 집중적으로 연구한 것으로 보인다.[27] 머피는 한국보다 중국에서 훨씬 많이 알려져 있다. 1914년에서 1923년 사이에 베이징대학과 칭화대학을 포함해 모두 7개 캠퍼스 플랜과 주요 건물들을 설계했고, 중국 국민당이 집권한 이후 수도였던 난징의 도시계획을 수립하는 데 중요한 역할을 했기 때문이다. 이 과정에서 그는 뤼옌지吕彦直, 판원자오范文照, 동다유董大酉 등과 같은 젊은 건축가들과 함께 작업하며 그들을 중국의 대표적인 건축가로 키워냈다.[28] 한국에서는 언더우드의 초청으로 조선기독대학(현 연세대학교) 캠퍼스를 설계하게 된다.[도판3]

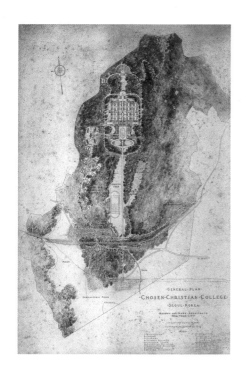

3 헨리 머피의 조선기독대학(현 연세대학교) 배치계획. 1917년 설계.

머피와 함께 식민 시기에 활동했던 윌리엄 보리스는 1905년 선교를 위해 일본에 건너가 독학으로 건축을 공부한 뒤 설계사무소를 개설했다. 1920년대 이후 일본과 한국에 선교학교들의 설립이 이어지면서 대부분의 건물을 설계했고, 1907년부터 1943년까지 모두 1,591개의 건축물을 설계했다. 그중 한국에 설계한 작품은 160여 개에 이른다.[29] 현재까지 한국에 남아 있는 대표작으로는 서울의 이화여대 파이퍼 홀[도판 4]과 대구 계성학교 핸더슨 관 등을 꼽을 수 있다. 그는 철저한 실용주의 건축가로서, "최소의 경비를 가지고 사람들에게 최대한의 만족을 제공하는 것"[30]을 설계 목표로 삼았다. 동시대 다른 건축가들처럼 외관적으로는 절충주의 양식을 구사했으나 전체적인 설계 방식에는 실용주의적 생각을 많이 담았다.

한국인의 경우 1930년 이전까지는 건축가로서 활동하는 사람이 없었다. 심의석과 같은 도목수 출신의 장인들이 존재했지만, 그들은 근대적 의미의 건축가가 아니었다. 한국에서 근대적인 건축 교육이 시작된 것은 1916년 경성공업전문학교의 설립 이후로 볼 수 있다. 물론 1907년에 개소된 공업전습소에서 건축을 부분적으로 가르쳤지만,[31] 근대적인 의미의 건축가를 양성하는 교육기관은 1916년에 처음 세워졌다. 이 학교의 설립 목적은 일제의 식민통치를 위한 관료 양성으로, 한국인 입학자 수가 매우 제한되어 한국인들은 건축 교육을 제대로 받기 힘들었다. 그럼에도 한국인 최초로 이 학교의 건축과를 졸업한 박길룡과 그다음 해 졸업한 박동진이 일제강점기의 건축가로 성장한 점은 역사적으로 매우 중요하다. 또한 이들보다 몇 년 후에 졸업한 시인 이상이 한국의 대표적인 아방가르드로 성장한 점 역시 주목할 만하다. 이들은 모두 학교

4 윌리엄 보리스의 이화여대 파이퍼 홀. 1933-1935년.

를 졸업하고 조선총독부 건축과에서 일정 기간 동안 일본인 기사 밑에서 실무를 배워 독립한 사람들이었다. 그래서 총독부 관료 건축가들의 설계수법을 그대로 답습하고 있다.

경성고등공업학교(경성고공) 출신 외에도 일본에서 유학한 건축가들이 식민지 공간에서 활동하고 있었다. 도쿄공업대학을 나온 김종량과 와세다대학을 나온 김윤기가 대표적인 인물이다. 김종량은 배재학당 대강당 등을 설계하기도 했지만, 주로 건재

4장. 근대적 재료와 구법의 도입

상을 운영하며 북촌 지역을 중심으로 많은 수의 도시형 한옥을 건설하는 데 힘을 쏟았다.[32] 김윤기는 조선총독부 철도국 기사로 근무하면서 한옥 개량에 꾸준히 관심을 가졌고, 한옥으로 된 수원역사를 설계했다.

목구조와 마감재들

서양식 목구조는 개항하자마자 도입되어 1930년대 이후까지도 학교, 주택, 공공건물 등에 널리 사용되었다. 그렇지만 식민지 조선에 건설된 수많은 목구조 건물들 가운데 대다수가 멸실되었다. 이는 재료가 지닌 한계 때문이었다. 해방 이전에 지어진 목조 건물 가운데 현재까지 남아 있는 대표적인 건물로는 조선총독부 중앙시험소 청사, 진해우체국, 옥천 죽향초등학교 구 교사, 구 양천수리조합 배수펌프장, 진천 덕산양조장 등이 있다. 이 외에도 목조로 된 작은 기차역들이 존재하지만, 그들의 건축적 가치는 그다지 크지 않아 보인다.

이들 건물에 사용된 목구조는 양풍洋風 목조 건축 혹은 양식 목조 건축으로 불리며, 근대 이전 동아시아의 전통적인 목구조와는 완전히 다른 모습을 보여주었다. 그것은 서양의 목구조 방식을 일본의 전통적 방식에 맞춰 변형시킨 것이었다. 개항 이후 개항장으로 몰려 나간 일본 장인들의 눈에는, 서양식과 일본식 목구조 간의 매우 큰 차이점이 보였다. 한국과 마찬가지로 일본의 전통 목구조는 기둥과 보, 대들보로 구성된 대량식大樑式 구조가 주조를 이루었다. 여기에서는 각각의 부재들을 그 힘의 작용 방식에 따라 각기 다른 형태로 가공해야 했다. 장인들은 각종 도구를 이용해서 나무를 일일이 깎아낸 다음 그것을 현장에서 조립했다. 이에 비해 서양식 목골 구조는 일정한 규격을 가진 수직 부재, 즉 스터드stud를 촘촘히 세워서 내력 벽체를 만들고, 거기

5 1830년대 미국에서 발전된 벌룬 프레이밍 구법의 도해도.(왼쪽)
6 일본의 전통 벽체 제작 방식으로, 축부 구조라고 불린다.(오른쪽)

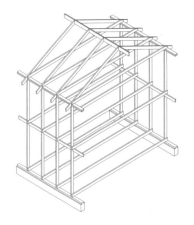

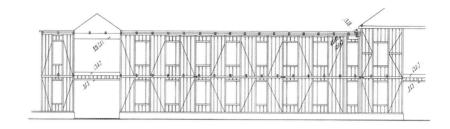

7 함경남도 원산중학교 본교사 축조도. 1923년 준공.

에 바닥판을 깔고 서까래를 올리는 방식으로 이루어졌다.[33] 1830년대 시카고에서 발전된 벌룬 프레이밍 구법 balloon framing construction [도판 5]을 개선한 것으로, 장점은 벽과 바닥, 창, 서까래 등에 모두 같은 규격의 부재를 사용하기에 목수들이 다루기가 용이하고 신속하게 조립할 수 있다는 것이다.[34]

1924년 일본에서 발간된 『양풍목조건축도해洋風木造建築圖解』[35]는 서양식 목골 구조가 일본에서 어떻게 변형되어 하나의 구축 방식으로 성립되었는지를 명확히 도해한다. 여기서는 기초부터 축부 구조, 바닥 구조, 지붕 트러스에 이르기까지 주요 부재들의 결구 방식, 천장, 창, 외벽 마감의 디테일들을 명료하게 제시하고 있다. 그중 흥미로운 부분은 축부 구조라고 불리는 목조 벽체로,[도판 6] 일본의 장인들이 서구의 목조를 받아들여서 발전시킨 것이다. 현재 국가기록원에 보관 중인 일제강점기 건축물의 도면에도 축건도軸建圖, 축조도軸組圖, 축할건도軸割建圖라는 이름으로 축부 구조가 그려져 있다.[도판 7] 여기서도 목재들은 일정한 규격을 갖고 있는데, 이는 미국식 투바이포 two-by-four 공법의 부재 크기(2×4인치)를 일본의 척尺 체계로 바꾼 것이다. 그리고 벽체의 뒤틀림을 방지하려는 목적으로 기둥과 샛기둥의 수직 부재를 비스듬히 연결한 가새를 사용했는데, 기둥이나 샛기둥보다 단면의 크기가 작았다.[36] 이처럼 기둥과 샛기둥 그리고 가새를 이용해 목조로 된 내력 벽체를 만들었는데, 이런 구조는 일본이 1891년 노비 지진, 1894년 사카타 지진을 겪으면서, 서양식 목구조를 내진식으로 변형시킨 것이다.[37] [도판 8]

8 일본의 근대식 목골 구조의 축부 구조.

벽체가 완성된 다음에는 다양한 벽체 마감이 덧붙여졌다. 보통 두 가지 방식이 이용되었다. 하나는 벽체 외부에 비늘판[38] 혹은 사이딩 siding 을 덧붙이는 것이고, 다른 하나는 벽체 외부에 회반죽이나 모르타르를 바르는 방식이다. 국가기록원에 수록된 도면들 가운데 외벽 마감을 정확하게 파악할 수 있는 건물을 분류해 보면 대략 200여 건에 이른다. 가장 많이 사용된 것은 회반죽 혹은 모르타르로 71건의 건물에 사용되었고, 누름대 비늘판 55건, 영국식 비늘판 22건, 독일식 비늘판 21건이다. 그 외에 벽돌이나 타일과 같은 마감재들이 존재했다. 시대별로 특정 마감이 유행하지는 않았지만 건물 크기나 유형에 따라 일관된 방식이 존재했다. 가령 누름대 비늘판은 규모가 작은 건

4장. 근대적 재료와 구법의 도입

9　벽체 외부가 비늘판으로
마감된 옥천 죽향초등학교 구 교사.
1923년 준공.(위)
10　건물 상부가 비늘판으로
마감된 구 양천수리조합 배수펌프장.
1928년 준공.(아래)

물에 많이 나타난 반면, 규모가 큰 건물에는 독일
식과 영국식을 많이 사용했다.

　　비늘판은 한편으로 벽체를 외부 습기로부터
보호하면서 다른 한편으로는 독특한 장식들을 덧
붙여서 아름다운 외관을 만들었다. 역사적으로 이
런 마감 방식은 멀리 미국의 뉴잉글랜드 지방에
정착했던 영국인들의 주거지에서 처음 발견된다.
그것은 톱과 망치로 간단하게 만들 수 있을 뿐더
러, 몇 년에 한 번 페인트를 칠해 주는 것으로 깨
끗하게 유지 가능해 계속해서 주요 마감 방식으
로 사용되었다. 십구세기 중반에는 골드러시로 사
람들이 몰려든 캘리포니아까지 퍼졌고, 그 이후
에 남쪽으로는 오스트레일리아, 서쪽으로는 메이
지시대 초기 일본에 상륙했다. 개항 직후 나가사
키, 요코하마, 고베 등의 외국인 거류지에는 하얗
게 페인트칠된 건물들이 처음 선보이며 일본인들
에게 강렬한 인상을 남겼다.[39] 일본에 상륙한 비늘
판 건축은 그 후로 다양한 건축적 요소들과 결합하며 주된 양식으로 자리잡
게 된다. 1880년을 전후로 비늘판 건축은 소위 의양풍擬洋風이라고 불리는 건
축 양식으로 발전했다. '의양풍'이라 이름 붙은 것은, 서양의 오래된 석조 건
물에서 양식적 모티프들을 추출해 목조로 모방해서 사용했기 때문이다. 이
러한 양식으로 지어진 건물에는 필요에 따라 서양의 다양한 절충주의 장식
들이 삽입되었다. 지붕에 돔을 올리거나, 입구 부분에 고전 양식의 기둥을 세
우거나, 입면에 르네상스식 페디먼트를 삽입하는 방식으로 의양풍의 스타일
을 만들어냈다.

　　1880년대 이후 한국의 개항 도시들에 세워진 일본의 주요 공공건물들은
대부분 이러한 방식으로 지어졌다.[도판 9, 10] 1883년 인천이 개항된 후 최
초로 등장한 일본영사관을 비롯해 경찰서, 병원, 상공회의소 등도 이 방식을
따랐다. 서울 예장동에 자리했던 일본공사관도 이런 방식으로 지어졌다. 현
존하는 건물 가운데 조선총독부 중앙시험소 청사는 2층 목조 건물로서 이전
의 공업전습소 부지에 세워졌고, 의양풍의 목구조로 축조되었다.[도판11] 외
벽은 독일식 비늘판으로 마감되었는데, 이는 판과 판 사이를 띄우고 그 아래
에 판을 하나 덧대는 방식이다. 또 다른 방식으로는 판과 판의 끝을 가볍게
겹쳐서 붙이는 영국식이 있는데, 옥천 죽향초등학교 구 교사를 비롯한 많은

　　　　　　　　　　　1부. 개항과 식민 시대: 서구 근대건축의 수용

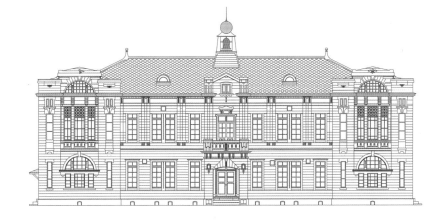

11　조선총독부 중앙시험소 청사 입면도. 의양풍 양식을 잘 보여주는 건물이다. 1912년 준공.

건물에 이 방식이 채택되었다. 독일식과 영국식 외에도, 메이지시대 일본의 기술자들이 영국식 비늘판을 수용해 일본식으로 변형시킨 누름대 비늘판이 있다. 그것은 비늘판의 폭이 좀더 넓고, 대신 일정한 간격으로 누름대가 설치되어 마감 설치 후 변형을 줄여 주었다. 부산 정란각, 진천 덕산양조장이 이 방식으로 마감되었다. 비늘판 마감 방식은 메이지시대에 널리 이용되어 일본의 마을이나 촌락에서 대량으로 퍼져 나갔고, 한국에서도 진해나 목포 등 일식 주택이 많은 지역에서 빈번하게 발견된다.[도판12]

　　비늘판 마감 외에, 미장재를 바르는 경우도 있었다. 이 경우 미장재는 보통 회반죽과 모르타르로 구분된다. 회반죽은 한국이나 일본에서 전통적으로 사용하던 미장 재료로, 석회에 모래 등을 섞어서 바른다. 시멘트에 모래를 섞어 물로 반죽한 모르타르는 석회를 원료로 하는 회반죽보다 내구성이 우수한 것이 장점이다. 회반죽을 바를 때는 벽체에 마감재의 부착력을 높이기 위해 대나무나 나무로 만든 졸대를 수직 부재들 사이에 대는데, 이는 강화도 구조양방직 공장의 경우에서 잘 드러난다. 이같은 방식으로 마감된 벽체는 시간이 흘러 회반죽이 벗겨지면 졸대가 바깥으로 노출되는 것을 볼 수 있다. 이 부분은 후에 메탈라스 metal lath라고 불리는 철망으로 대체된다. 1930년대에

12　세 가지 벽체 마감 방식. 왼쪽부터 영국식(옥천 죽향초등학교 구 교사), 독일식(조선총독부 중앙시험소 청사), 누름대식(부산 정란각).

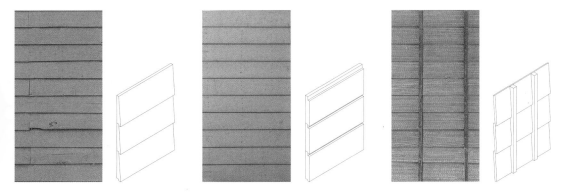

　　　　　　　　　　　　　　　　　4장. 근대적 재료와 구법의 도입

지어진 많은 문화주택들이 이를 사용해 지어졌고, 건축 잡지에는 관련 광고가 등장했다.

목조 트러스

개항 이후 한국에 수용된 건축 기술 가운데 전통적인 방식과 가장 두드러진 차이를 만들어낸 것은 다름 아닌 지붕에 설치된 목조 트러스였다. 한국의 전통건축으로부터 서양식 목조 건축으로의 이행은 지붕 구조의 구축 방식에서 현저하게 일어났다. 일본의 건축가들은 서구의 트러스 구조를 도입해 다양한 건물 유형에 적용했고, 이 과정에서 기술적 발전이 이루어졌다. 일본의 근대 목구조 체계와 미국식 벌룬 프레임을 비교했을 때 가장 차이 나는 부분이 바로 지붕 구조이다. 벌룬 프레임에서는 지붕도 벽체와 동일한 규격의 목재를 사용해 서까래rafter와 지붕 창까지 처리하므로, 지붕에도 나무 부재들이 촘촘하게 배치된다. 반면, 일본의 근대 목구조에서는 트러스를 짜서 축부 구조 위에 올려놓는 방법을 택했다.

『양풍목조건축도해』에는 세 종류의 서양식 트러스가 등장한다. 킹 포스트 트러스[도판13]와 퀸 포스트 트러스queen post truss(쌍대공 트러스)[도판14], 망사르드 트러스이다. 이 책에 따르면 이들은 각기 다른 스팬span에 사용되었다. 가령 킹 포스트 트러스는 6–8미터 폭에 적합하고, 퀸 포스트 트러스는 9–12미터 폭에 적합하다는 것이다.[40] 그렇지만 근대 목조 건물의 지붕 트러스를 연구한 논문에서, 실제 건물에 사용되는 트러스의 크기는 이러한 설명과 딱 들어맞지 않는다.[41]

일제강점기에 조선총독부에서 생산된 도면들을 검토해 보면, 벽체의 구조가 목조이든 조적조이든 상관없이 목조 트러스가 경사지붕에 광범위하게 사용된 것을 알 수 있다. 킹 포스트 트러스 46건, 퀸 포스트 트러스 24건, 일식 트러스 108건 세 가지 종류로 이루어져 있다. 그 가운데 자주 눈에 띄는

13 구 양천수리조합 배수펌프장에 적용된 킹 포스트 트러스. 1928년 준공.

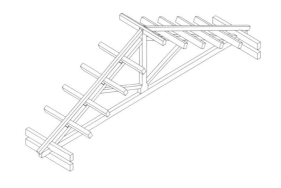

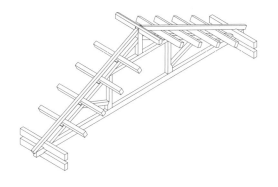

14 퀸 포스트 트러스의 한 예인
서울 서대문형무소. 1908년 준공.

것이 일식 트러스인데, 그것은 일본의 전통적인 지붕 구조인 고야구미小屋組
를 발전시킨 것이다.[도판15] 이는 건물을 가로지르는 대들보 위에 여러 개
의 작은 수직 부재들을 세워서 지붕을 지지하는 방식이다. 서양식 트러스보
다 비교적 규모가 작아서 일본에서 사적인 용도의 건물에 주로 사용되었다.
일식 트러스는 근대 이후 하나의 구조 방식으로 자리잡았고, 그 기술은 식민
지 조선에까지 흘러들어 마찬가지로 작은 규모의 건물에 대부분 사용되었다.

트러스 구조가 건물 지붕에 도입되면서 세 가지 명백한 변화가 일어난
다. 우선, 내부 공간이 확장되었다. 전통 목조 지붕은 기둥 간의 거리가 통상
6미터를 넘기 어려웠다. 이는 중국과 일본을 포함해 동아시아 건축에서 공
통적으로 나타나는 현상이다. 순수하게 재료와 구조의 문제에서 비롯된 것
으로, 전통건축에서는 기둥 간격이 넓어질수록 더 두꺼운 보를 필요로 했
다. 구축 방식에서 인위적인 결구를 하지 않는 대신, 오직 중력만으로 결구
되도록 했기 때문이다. 이에 비해 서양에서는 여러 개의 얇고 짧은 부재들을
삼각형 형태로 조립해 트러스 구조를 만들었다. 부재들은 힘의 작용 방식에
따라 인장재와 압축재, 휨재로 나뉘어 정확한 역학계산을 통해 결정되었으
며, 부분적으로 접합 부위를 철재로 보강해 긴 스팬을 지지하더라도 쉽게 변

15 강화도 구 조양방직 공장의
일식 트러스. 1940년대 준공.

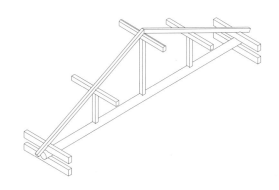

4장. 근대적 재료와 구법의 도입

형이 되지 않았다. 진해우체국에서 이같은 목조 트러스를 사용해 15미터 이
상의 공간을 만들어낸다. 강화도 구 조양방직 공장은 목조 트러스를 이용해
22.4×44미터의 대공간을 덮고 있다.[도판16] 조선은행 본점과 구 서울역사
에서 볼 수 있는 것처럼 철제 트러스를 사용할 경우 그 스팬은 더욱 늘어나
게 된다.

　　두번째로, 서양식 목조 트러스는 평면 형태에 따라 다양한 모습으로 변
형이 가능했다. 그 예로, 진해우체국의 지붕은 불규칙한 ㄷ자 모양의 평면을
덮고 있지만 통합된 구조체계로 해결된다. 전통적인 목구조는 불규칙한 평
면에 쉽게 대응하지 못했는데, 하나의 장방형 평면에서 완결되도록 구조체
계가 형성되었기 때문이다. 서양의 트러스 구조는 다양한 평면 형태를 만들
수 있었고, 건축설계에 선택의 폭을 넓히는 데 기여하게 된다.

　　세번째로, 지붕의 높낮이를 자유롭게 조절할 수 있게 되었다. 전통건축
은 구조 방식에 의해 필연적으로 높은 지붕 형태를 가질 수밖에 없었고, 이에
따라 지붕 높이가 건물 입면의 거의 절반을 차지한다. 그렇지만 트러스 구조
는 전체 건축에서 지붕이 차지하는 비례를 자유롭게 조절해 입면의 다양성
을 확보하는 데 결정적인 영향을 미쳤다. 일본 건축가들이 트러스를 주요 지
붕 구조로 채택하게 된 배경에는, 그것이 적절한 구배句配를 가지는 경사지붕
을 만드는 데 유리하다는 장점이 있었을 것이다.

조적조

일제강점기 목구조 건물과 함께 가장 흔하게 지어진 건물 중 하나가 조적조
건물이었다. 재료에 따라 석조와 벽돌조로 구분되는데, 일부 학교 건물을 제
외하고 석조는 거의 사용되지 않았다. 벽돌조는 목구조와 비슷한 시기에 도

입되었지만, 벽돌이 대량 생산되는 1910년대 후반에 일반화되었다. 당시 벽돌조는 목조보다 많은 장점을 가지고 있는 것으로 인식되었다. 탁지부 건축소에서 발행한 『건축소 사업개요 제1차』에서는 네 가지로 이를 설명하고 있다. 먼저, 한국의 동절기 추위가 심하고 낮밤의 온도차가 크기 때문에, 방한적 설비를 하고 개방식 목조 가옥보다 밀폐식 가옥으로 하는 것이 유리하다. 두번째로 목재의 공급과 가격이 안정적이지 못하기 때문에, 벽돌조의 가옥과 비교해서도 가격이 크게 차이 나지 않는다. 세번째로 벽돌가옥의 경우 외벽의 두께에 의해 실내 온도의 발산이 적어 목조 가옥보다 난방비가 적게 든다. 네번째로 목조가옥의 보존 연한은 벽돌조 가옥의 오분의 일에 지나지 않을 뿐 아니라 목조가옥은 유지 수선에 비교적 큰 비용이 요구된다. 그리고 마지막으로 화재 예방의 측면에서도 목조보다 안전하다.[42]

　　벽돌조가 갖는 방한 효과는 「조선총독부건축표준」에도 제시되어 있다. 여기서는 북부지방에 건물을 지을 경우 목조 대신 벽돌이나 돌을 사용하도록 규정하고 있다. 일본과는 달리 한국은 지진이 드물었고, 두꺼운 벽돌 벽을 이용하면 보다 넓은 내부 공간이 확보된다는 장점이 있었다. 실제로 대구복심법원은 1909년에 설계된 목조의 대구공소원 건물을 허물고 지어졌는데, 이 두 건물의 평면을 비교해 보면 벽돌조의 공간이 훨씬 넓다는 것을 알 수 있다. 그렇지만 벽돌조는 누수라는 치명적인 결함이 있었고, 특히 비가 많은 여름에 문제가 많았다. 이에 따라 벽돌조의 재료와 쌓기 방식은 이같은 문제를 해결하기 위해 다양하게 변천해 왔다. 한국에 도입된 조적조가 건축 형태와 공간에 미친 영향을 이해하기 위해 두 가지 사항을 염두에 둘 필요가 있다.

　　우선, 적당한 강도의 벽돌을 대량 생산할 수 있는 시설을 갖추게 되었다는 것이다. 벽돌을 자체 생산하기 전까지는 중국에서 수입해 사용했는데, 1894년 발발한 청일전쟁의 영향으로 중국으로부터 벽돌 수입이 끊기면서 수급에 문제가 생겼다. 이에 따라 어떤 방식으로든 벽돌을 자체 생산해야만 했다. 1905년 을사늑약을 체결한 후, 일제는 탁지부 건축소를 설치해 벽돌 공장과 토관 공장을 마포와 영등포에 각각 세우고, 건축에 필요한 자재들을 생산하도록 했다. 이후 공공건물 건축에 자체적으로 생산한 벽돌을 사용하기 시작하면서 구 대한의원 본관과 같은 탁지부 건축소에서 설계한 조적조 건물들이 생겨났다. 벽돌 생산은 1915년 이후 민간업자들이 참여하면서 늘어나기 시작했고, 1918년 이후에는 일반 상업 건물에도 흔히 사용되었다.[43]

　　두번째는 조적조의 구법 변화가 건축 형태와 공간에 영향을 미쳤다는 것이다. 조적조는 벽돌이나 돌을 일정한 두께로 쌓아서 내력벽을 만든 다음,

17 구 벨기에영사관 건물은
2004년 개관한 서울시립
남서울미술관으로 사용되고 있다.
1903-1905년.

그 위에 바닥판을 얹는 방식이다. 내력벽을 만드는 과정에서 벽체의 강도를 높이기 위해 돌과 벽돌을 섞거나, 콘크리트로 보강하기도 했다. 그렇게 해서 내력벽이 만들어지면 각 층마다 바닥판을 깔게 되는데, 이때 그 재료가 목재냐 콘크리트냐에 따라 건물의 형태와 공간이 달라졌다. 초기에는 주로 목재를 사용했지만 점차 콘크리트로 바뀌어 나갔고, 이 과정에서 건물 외관도 바뀌었다. 따라서 조적조 건물은 재료와 시공 방법에 따라 다양한 구축체계를 구분해서 검토할 필요가 있다. 1930년대 이후 철근콘크리트 구조가 도입되면서 벽돌은 단지 치장용으로 덧붙여졌고, 벽돌을 이용한 모든 디테일에 변화가 생겼다.

개항 초기에 지은 대부분의 서양 외교 공관들도 조적조를 사용한 것이다. 서울의 정동을 중심으로 자리한 외교 공관들은 대부분 2층 규모의 적벽돌 건물이었다. 현재까지 남아 있는 건물로는 영국공사관과 구 벨기에영사관(현 서울시립 남서울미술관)이 있다. 구 벨기에영사관은 원래 중구 회현동에 위치했지만, 1983년 현재의 관악구 남현동으로 완전히 이축해서 복원되었다.[도판17] 외관상의 특징은 건물 양측으로 난 베란다로, 벽돌 벽체와 대조를 이루면서 미묘한 변화를 만든다. 베란다는 1층은 도릭, 2층은 이오닉 오더의 기둥에 의해 지지된다. 건물의 바닥은 목재로 되어 있으며, 조적 벽이 내력벽의 기능을 하기 때문에 다양한 방식으로 보강되었다. 이같은 서양의 외교 공관과 비슷한 구조의 건물들이 1910년을 전후로 한국의 도시에 대거 등장했다. 구 대한의원 본관[도판18], 구 군산세관, 구 서북학회회관(현 건국대학교 상허기념관), 광통관 등을 들 수 있다.

이러한 구조 방식은 다음과 같은 형태적 공통점을 가지고 있다. 첫번째로, 벽체의 내구성을 높이기 위해 돌로 된 수평 띠들이 첨가된 것이다. 구 벨기에영사관의 경우, 1층 벽체에는 돌로 된 3개의 수평 띠가, 2층에는 2개의 수평 띠가 박혀 있다. 구 대한의원 본관 외벽에는 굵은 수평 띠가 돌출해 있다.[도판19] 이들은 구조적으로 벽체를 보강하면서 시각적으로도 건물의 수평성을 강화하는 역할을 했다. 두번째로, 조적조 건물에서 구조적으로나 방수에 가장 취약한 부분이 모서리인데, 여기 곳곳에 보강물들을 삽입해 독특한 외관을 만들어낸 것이다. 특히 구 서북학회회관에서는 모서리를 보강하기 위해 아예 그 부분을 모두 돌로 처리했다. 이런 점은 구 벨기에영사관에서 공통적으로 나타난다. 세번째로, 내력 벽체가 뚫리는 개구부가 구조적으

18 구 대한의원 본관의 외관.
1907년 준공.

로 취약하다는 것이다. 그래서 문이나 창의 경우, 상부를 평인방이나 아치를 이용해 보강하고 거기에 서구의 고전 양식을 모방한 방식들을 집중적으로 배치했다. 그들은 장식이면서 동시에 내력벽의 구조적인 취약점을 보완하는 역할을 담당했다. 따라서 이러한 건물의 벽체 장식은 구 서울역사처럼 철근콘크리트조로 지은 다음 벽돌로 치장한 건물의 그것과는 근본적으로 다르다.

공간적으로도 많은 공통점을 가지고 있었다. 우선 내력벽의 두께가 위로 올라가면서 축소되었다. 구 대한의원 본관의 경우 1층 외벽은 2.5B(582밀리미터)에서 3B(700밀리미터)의 두께를 가지고, 2층 외벽은 2B(464밀리미터), 내벽은 1.5B(345밀리미터)의 두께를 가지고 있다.[44] 하중이 바닥판을 지지하는 장선長線은 이렇게 줄어든 벽체에 걸리게 된다. 이런 구조 방식의 한계는 내부 벽체가 모두 내력벽이어야 하기 때문에 넓은 내부 공간을 확보할 수 없다는 것이다. 특히 목조 바닥인 경우 벽체 간격이 5미터를 넘지 못했고, 내부의 칸막이벽까지 모두 내력벽의 기능을 담당해야 했다. 이에 따라 내부 공간을 형성하는 데 중복도형을 활용하게 되며, 복도에 면한 벽체가 내력벽의 역할을 수행한다.

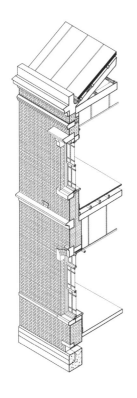

19 구 대한의원 본관의 단면도.

벽돌조 건물에 사용되는 바닥판의 재료가 목조에서 철근콘크리트로 전환된 것은 1920년대 들어서면서였다. 이 변화는 총독부에서 설계한 건물들을 비롯해 미국인 건축가들의 작품에서도 목격된다. 헨리 머피는 연세대학교의 스팀슨관, 아펜젤러관, 언더우드관을 설계하면서 국산 석재를 사용해 벽체를 완성하고, 건물 바닥에는 콘크리트를 타설했다. 이에 따라 교실로 사용할 만한 비교적 넓은 내부 공간을 만들어낼 수 있었다. 광주 구 수피아여학교에도 선교사들이 건립한 여러 채의 건물들이 남아 있는데, 1927년에 건립된 윈스브로우 홀은 벽돌 내력벽에 목조 바닥판으로 이루어져 있다. 그렇지만 칠 년 후에 건립된 별관의 바닥은 철근콘크리트이다. 그동안 바닥판의 구축 방식이 바뀐 것이다.

이 외에도 윌리엄 보리스에 의해 설계된 대구 계성학교 핸더슨관 역시 조적조 벽에 철근콘크리트 바닥을 사용한 건물이다.[도판 20] 헨리 머피와 마찬가지로 보리스는 이 건물에 영국식 네오고딕 양식을 사용했다. 이러한 경향은 이화여대 파이퍼 홀을 설계하면서 다소 바뀌는데, 여기서는 영국의 팔라디오 양식을 적용했다. 이에 따라 건물의 양 끝단이 돌출되도록 했으며, 경사지붕을 설치하고 그곳에 지붕창을 두었다. 미국 건축가의 영향으로

20 영국식 네오고딕 양식으로 지어진 대구 계성학교 핸더슨관. 조적조 벽에 철근콘크리트 바닥을 사용했다. 1931년 준공.(위)
21 박동진이 설계한 중앙고등학교 본관. 1935-1937년.(아래)

22 현재 시민들을 위한 문화 공간으로 이용되고 있는 구 서울역사. 일제강점기의 벽돌 건축물 중 가장 뛰어난 작품으로 꼽힌다. 1925년 준공.

1930년대 한국의 건축가들도 비슷한 시도를 했다. 박길룡이 설계한 것으로 알려진 보화각과 민병수 가옥은 벽돌조이지만 바닥은 철근콘크리트조로 되어 있고, 박동진이 설계한 중앙고등학교 본관 [도판 21]과 고려대학교 본관도 석조 벽체에 철근 콘크리트 바닥으로 되어 있다.

바닥판을 목조로 하느냐 혹은 콘크리트로 하 느냐에 따라 건축 형태와 공간이 많이 달라졌다. 후자의 경우, 목조 바닥판을 사용한 건물에서 자 주 등장하는 수평 띠들이 거의 사라졌다. 더 이상 그것으로 벽체를 보강할 필요가 없기 때문이다. 또한 이와 함께 벽체 모서리 부분도 더 이상 구조 적으로 보강할 필요가 없었으므로 동일한 재료로 처리되었다. 마지막으로, 창의 면적이 매우 넓어 졌다. 그리고 이전 방식의 건물에 창과 함께 등장 했던 견고한 인방引枋들이 단순화되거나 사라졌는데, 콘크리트판이 벽체의 하중을 상당 부분 받아주기 때문에 가능해진 것이었다. 이런 구조적 변화는 건축 형태에도 많은 영향을 미쳐 좀더 단순한 창과 벽체를 구현했다.

그러나 일제강점기 중반 이후 새로운 건물 유형들이 속속 등장하면서, 조적조는 더 이상 적합한 구조 방식이 아니게 되었다. 1925년에 세워진 구 서울역사는 일제강점기 벽돌로 지어진 건물 가운데 가장 뛰어난 작품으로, 조적조의 마지막 단계에 해당된다고 본다.[도판 22] 외관은 이전에 지어진 조적조 건물들과 매우 유사하다. 수평 띠들과 모서리 부분에 석재가 사용된 점, 창호의 인방이 강조된다는 점에서 그렇다. 그렇지만 실제 구조 방식은 철근콘크리트조와 철골조가 혼합되어 있다. 이렇게 된 이유는 조적조에서 는 해결할 수 없는, 대단히 넓고 높은 공간이 필요했기 때문이다. 중앙 홀의 경우 그 크기가 대략 13×29미터, 높이가 15미터 에 달해 이 공간을 지지하기 위해서는 새로운 구 조 방식이 필요했다. 이 외에도 대합실, 회의장 등 이 대규모 공간을 필요로 했다. 이같은 공간적 문 제를 해결하기 위해 건축가는 건물의 전체적인 뼈 대를 철근콘크리트조로 하되 2층의 지붕은 철골 트러스로 만들 수밖에 없었다.[45] 이 경우 벽돌이나 돌들은 마감재로만 사용되었다.

1920년대 총독부에서 지은 지방행정청사에서도 비슷한 경향이 나타난다. 1923년에 신축된 평안북도청사는 철근콘크리트 혼용 벽돌조 건물로 계획되었다. 하지만 철근콘크리트는 1층 중앙 돌출부 바닥의 일부와 2층 높이로 계획된 팔각형 중앙 홀의 보에만 사용되었으며, 그 외 대부분의 보 및 바닥판, 지붕의 트러스는 목조로 설계되었다. 이렇게 벽돌조 건물에서 구조 보강을 위해 철근콘크리트를 부분적으로 활용하는 현상은 1920년대 초반의 관립 시설 계획에서 나타나는데, 구조 재료로서의 활용을 본격화하기 이전의 과도기적 현상으로 볼 수 있다.[46] 구조와 마감이 분리됨에 따라, 조적조 벽체에 등장하는 다양한 구조적 요소들은 초기에 가졌던 힘을 잃어버리게 된다.

철근콘크리트조

조적조는 계속 사용되었지만 1930년대 이후에는 철근콘크리트조에 점차 자리를 내주게 된다. 여기에는 여러 가지 요인들이 작용했다. 우선, 1923년 일어난 관동대지진에서 철근콘크리트조의 내진 성능이 확인되면서 일본 대부분의 건물이 철근콘크리트 방식으로 지어졌고, 그 영향은 1920년대 후반부터 한국에서도 나타났다. 이후에 건설된 대부분의 주요 공공건축물들이 이 구조 방식을 도입하게 되고, 내부의 평면계획이 많이 바뀌게 된다. 두번째로, 도시가 확장되면서 조적조로는 해결할 수 없는 건물 유형들이 계속해서 등장했다. 철도역사나 고층 사무소, 대형 공공건물이 그 대표적인 예이다. 조적조 구조는 이러한 건물들의 기능이나 규모를 충족시키는 데 부적합했고, 건축가들은 그 대안으로 철근콘크리트조를 추구하게 되었다. 마지막으로, 철근콘크리트조의 도입은 재료 생산과도 깊게 연계되어 있다. 한국에서 시멘트가 대량 생산되기 시작한 때는 1919년으로, 일본 최대의 시멘트 회사였던 오노다 시멘트주식회사가 평양 근처에 대규모 공장을 세우면서였다. 철재류 역시 미쓰비시제철이 1918년 겸이포제철소의 조업을 시작하면서 생산량이 증가했다.[47] 이로써 수입에 의존하지 않고서도 자체적으로 철근콘크리트를 생산할 수 있게 되었다.

한국에서 철근콘크리트조는 1910년경부터 사용되기 시작했다. 탁지부 건축소가 설계를 담당한 구 부산세관 건물이 그해 준공되었는데, 1973년 12월 해체 당시 벽돌 내력벽의 기초 구조 부분이 철근콘크리트 기초판으로 축조되어 있음이 확인되었다.[48] 일본보다 대략 오 년쯤 늦게 나타난 것이다.[49] 일본 최초의 철근콘크리트조 건물은 1905년 사세보佐世保의 해군 기지 내에 건설된 2채의 건물이었고, 이때는 주로 엔비크Hennebique 공법을 사용했다. 이전에도 콘크리트가 부분적으로 도입되기는 했는데, 주로 넓은 스팬을 가진

방화상 구조에 사용되었다. 이것은 철제 보 위에 파형波形 철판을 대고 콘크리트를 부어 방화 구조를 만드는 방법이었다. 이것을 일본에 처음 도입한 사람은 당시 도쿄대학 교수였던 조사이아 콘더Josiah Conder였다. 그는 이 방법을 이용해 해군성을 설계했고, 이후로 그의 제자였던 다쓰노 긴고도 이를 따라 많은 건물을 설계했다.[50] 서구에서는 십구세기 말에 유행한 이 기술은 메이지시대 주요 벽돌과 석조 건축에서도 거의 예외 없이 이용되었다. 메이지시대 말부터 편찬이 시작되어 당대 공학 기술의 경험과 축적을 총결산한 『공업대사전工業大辭典』에는 내화耐火 건축의 항에 무려 40종 이상의 방화 바닥이 도해되어 있다.[51] 한국에서는 덕수궁 석조전에 최초로 이 방법이 사용되었다.[52] 다쓰노 긴고가 설계한 조선은행 본점도 비슷한 방법을 채택했다.[53]

　그렇지만 두 건물이 완성된 이후 한국에서는 이 방식이 더 이상 사용되지 않았다. 그 대신 보다 완전한 철근콘크리트조로 건물을 짓기 시작했다. 한국에서 철근콘크리트조가 완전한 형태로 적용된 주요 건물은 지금은 철거된 조선총독부 청사였다.[도판23] 일본에서 활동하던 독일 건축가 게오르크 데 라란데Georg De Lalande[54]가 설계를 맡았으나 1914년 그의 갑작스러운 사망으로, 최종 설계는 노무라 이치로가 그의 기본 설계를 바탕으로 완성했다. 이 건물의 경우, 디자인 초기 단계에서 벽체를 어떤 방식으로 구축할 것인가가 중요한 문제로 대두되면서, 다양한 구조 방식이 비교 연구되었다. 당시 벽돌조는 비교적 저렴했고 그 방식에 숙달된 시공자들이 많았다. 하지만 건물 높이를 5층으로 할 경우 최하층의 벽 두께가 90센티미터를 넘었고 이에 따라 벽 자체의 무게가 크게 늘어나게 되었다. 또한 지질 조사 결과 대지가 물줄기의 한가운데에 있었기 때문에 대단히 연약하다고 판정되었다. 그럼에도 조선왕조의 정궁인 경복궁을 완전히 가리고 일제의 지배를 영속화하기에는 이만한 위치가 없었다. 그래서 최종적으로 콘크리트로 말뚝 공사를 한 후 그 위에 철근콘크리트조를 올리는 것으로 결정되었다.[55]

조선총독부 청사의 준공 이후 대부분의 공공건물들은 대부분 철근콘크리트로 설계되었다. 총독부 건물을 포함해 1920년대 이후 건립된 도청사나 시청사는 현재까지 19개로 확인되고 있다. 이들 가운데 조선총독부 청사를 제외하고 1925년 이전에 지어진 4개의 도청사들이 모두 조적조로 된 2층 건물이었다. 그렇지만 1926년 준공된 서울시청사를 시작으로 대부분 철근콘크리트조를 도입하게 되었고, 형태와 공간에서 많은 변화가 일어난 것이 사실이다. 군산시청사, 신의주시청사, 인천시청사, 개성시청사에서 볼 수 있는 것처럼 벽면에서는 서양식 장식들이 모두 사라졌고, 건물 외관은 창과 벽체로 이루어진 기하학적 구성을 가지게 되었다. 경사지붕도 모두 사라지고 평지붕으로 대체되었다. 공공건물을 상징할 만한 것은 중앙에 튀어나온 포르티코의 캐노피 정도였고, 서울시청사의 경우 중앙의 작은 돔이 건물에 중심성을 부여했다. 건물 내부는 비교적 넓은 하나의 사무실 공간으로 통합되었는데, 철근콘크리트조가 도입되어 가능한 것이었다.

서울시청사는 당시에 일어난 기술적 변화들을 잘 보여준다. 이 건물은 총독부 건축과 소속의 기수였던 사사 게이이치에 의해 설계되었다. 건물 배치는 도로에 면하도록 했고, 건물은 4층 높이의 철근콘크리트조로 되어 있는데, 공사 중인 건물 사진을 보면 철근콘크리트의 뼈대가 명료하게 노출되어 있다. 이 건물에서 특이한 것은 기둥 사이에 벽돌로 된 커튼월을 설치하고, 거기에 리신lithin 도장을 입힌 것이다. 이것은 석질 도료를 뿜어서 칠하는 것으로 언뜻 보면 외관이 인조석처럼 보이게 된다. 이것은 건축가 사사 게이이치가 독일을 여행하면서 제조공장을 견학하고 선정한 방식으로,[56] 이후 한국에 지어진 다른 건물에도 적용되었다. 이런 변화는 근본적으로 구조체계가 바뀌었기 때문에 가능한 것이었다.

철근콘크리트조의 사용은 공공건축 외에도 사무소와 은행, 학교 건물에도 일반화되었다. 동아일보사 사옥, 한국전력공사 남대문로 사옥, 신세계백화점 본점, 한국산업은행 대구지점, 경성고등공업학교 본관 등이 철근콘크리트조로 지어졌다. 이 중에서도 구조 방식이 단순한 축조 기술에서 벗어나 미학적으로 승화되는 경우는 여전히 드물었다. 단지 이전 시기와의 차이점이라면, 건물 외부를 돌이나 벽돌로 치장하는 대신에 타일로 마감했다는 점이다. 이에 따라 벽면에 장식이 사라지고 대신 코니스나 개구부 주위에 주요

24 구 경성제국대학 의학부 본관. 현재는 서울대학교 의과대학이 자리한다. 1924-1927년.

25 경성고등공업학교 전경. 맨 왼쪽이 본관으로, 광복 후 서울대학교 공과 대학으로 이용되다가 현재는 서울과학기술대학교 건물로 사용되고 있다. 1941년 준공.

장식들이 배치되었다. 여기에서도 경사지붕은 사라지고 평지붕이 등장했다.

새로운 재료와 구법 덕분에, 건물들의 내부 평면에서 곡면의 벽체가 등장하는데, 이런 경향은 경성제국대학의 다양한 건물들에서도 그대로 이어진다. 사실 경성제국대학의 캠퍼스 조성은 식민 시기 후반의 최대 프로젝트로 손꼽힌다. 1923년에 발효된 「경성제국대학령」을 바탕으로 설립된 이 대학은, 일본 본토를 포함해 여섯번째 제국대학으로, 1924년부터 학생들의 입학이 허용되었다. 조선총독부는 서울 연건동과 동숭동 일대에 법문학부와 의학부를 위한 캠퍼스를 마련했고, 거기에 대학 본관, 도서관, 강의실, 학생회관 등을 포함하는 다양한 건물들을 두 단계에 걸쳐 건설했다.[도판 24] 제1단계는 1924년부터 1927년까지이고, 제2단계는 1928년부터 1933년까지 이어진다. 대학 캠퍼스는 청계천으로 흘러드는 개천을 사이에 두고 동쪽은 의학부, 서쪽은 법문학부로 나누어 배치되었다. 그 개천은 훗날 복개되어서 현재 대학로가 되었다.

조선총독부 영선계에 소속된 건축가들이 전체 디자인을 총괄했고, 그중 이와쓰키 요시유키岩槻善之[57]가 설계 팀을 이끌었다. 여기에는 한국인으로 박길룡이 소속되어 대학본관의 설계에 참여했다.[58] 건물 외관의 주된 모티프는 단순화된 로마네스크 양식으로 통일되었고, 엄격한 대칭 구성을 가지고 있었다. 철근콘크리트조는 일관되게 사용되었지만, 구축체계가 외부로 드러나지는 않았다. 그 대신 짙은 갈색 타일이 마감재로 사용되었다. 비슷한 재료와 양식이 경성대법원과 전남도청사 등의 건물에서도 등장한다는 점에서, 이들 건물을 설계했던 건축가 역시 비슷한 설계 메뉴얼을 따라 작업했다고 생각된다. 이런 점에서 경성제국대학 건물은 식민 시기 후반의 건축적 담론을 대변한다.

이 외에도 교육 시설 가운데 가장 특이한 형태를 보여주는 것이 경성고등공업학교 본관이다.[도판 25] 이 건물은 독일의 신고전주의 건축이 일본을 통해 한국으로 유입되었음을 명확히 보여준다. 1937년 중일전쟁을 계기로 일본이 독일, 이탈리아와의 관계를 강화함에 따라 이 국가들에 등장했던 신고전주의 건축이 일본 내로 많이 유입되었다. 나치 정권은 건축을 어떤 다른 예술 분야보

1부. 개항과 식민 시대: 서구 근대건축의 수용

다 중시했는데, 그것은 매우 유용한 정권의 프로파간다로 사용될 수 있었기 때문이다. 또한 건축은 대중들에게 정치적 이데올로기와 문화적 프로그램을 가장 잘 표현할 수 있는 수단이었다. 이런 목적을 위해 나치 정권에서는 근대 건축을 탄압하는 대신에 신고전주의 건축 양식을 강요했다. 역사의 정통성과 정권의 견고함을 반영하기에 그것이 보다 적합하다고 판단했던 것이다. 그 결과물인 건물들은 본관에서처럼 대단히 권위적이면서도 위압적인 느낌을 주게 된다.

철골 구조의 사용

일제강점기에 철골 구조로 건설된 건물은 매우 드물었고, 사용되더라도 주로 지붕 부분에 철제 트러스의 형태로 이용되었다. 여러 이유가 있었겠지만, 철재의 대량 생산이 이루어지지 않았던 시기라 건설 비용이 너무 많이 들었기 때문이었다. 게다가 철골 구조를 다룰 줄 아는 기술자도 드물었다. 일본 최초의 철골조 건물은 1861년에 세워진 나가사키제철소로 알려져 있다. 이 건물에는 주철이 주로 사용되었다. 강철로 된 최초의 건물은 1895년 도쿄 교바시에 3층 높이로 세워진 슈에이샤秀英舎의 인쇄 공장이었다. 1901년에는 야하타제철이 설립되면서 그 공장 건물이 독일 기업의 설계에 따라 세워졌다. 거기서 기술자들은 철제 트러스를 가지고 스팬 15미터, 층고 11.5미터, 길이 50미터의 공간을 만들어냈다. 이후 일본은 자체적으로 구조설계 기술을 발전시켰고, 1909년에는 일본 기술자가 이 공장에서 생산된 철강으로 강구조剛構造 공장 건물을 세웠다.[59] 그 후로 철골 구조가 확산되어, 1910년대 후반에 이르러 자체적인 기술이 어느 정도 성립된 것으로 보인다. 그러나 관동대지진 때 철골조로 된 오피스빌딩들이 다른 건물들과 마찬가지로 상당한 피해를 입으면서, 미국식 철골 구조가 지진에 완전하지 않다는 것을 감지하게 된다.

26　창경궁 대온실. 1909년 준공.

식민지 조선의 도심에 지어진 오피스빌딩들은 대부분 5층을 넘지 않아서 별도로 철골조를 사용할 필요가 없었다. 따라서 특수한 용도의 건물들에 적용되기 시작했다. 철골조와 관련해 주목할 초기의 건축물은, 바로 창경궁에 세워진 최초의 서양식 대온실이다.[도판26] 이 건물은 일제가 순종을 창덕궁에 강제로 유폐한 뒤, 창경궁의 왕실 정원을 대중에 개방할 때 지은 것이다. 일본 왕실 식물원 책임자였던 후쿠바 하야토福羽逸人가 1907년 설계하고 프랑스인 앙리 마르트네 Henri Martenet

가 시공을 담당했다. 이들은 이미 1896년 신주쿠 어원御苑에 서양식 온실을 설계한 바 있었다. 창경궁 대온실은 36×15미터의 정방형 단층 건물로, 최고 높이는 약 10.7미터이다. 외부에서 볼 때는 목구조 건물처럼 보이지만, 기둥과 트러스, 연결 접합물들이 모두 주철재로 구성되어 있고, 목재는 철제 부재를 이어 주거나 유리창을 고정하기 위한 프레임 역할을 한다.[60] 이런 구축 방식을 통해 상당히 넓은 내부 공간을 확보한 것으로 보인다. 철 부재들은 해외에서 생산되어 현장에서 조립하는 방식으로 시공되었고, 이를 위해 여러 개의 철 부재들이 리벳 이음rivet joint으로 연결되었다. 구조적인 측면 외에도 다양한 기계들에 의해 온실 창들이 개폐되는데, 당시 한국은 이런 구조 방식을 만들 수 있는 기술적 환경을 갖추지 못했기 때문에, 이 구조물은 매우 예외적이었다.

일제강점기가 시작되면서 강철로 된 철골조는 두 가지 건물 유형에 집중적으로 적용되었다. 하나는 공장 건물이고, 또 다른 하나는 대공간 구조물이었다. 공장 건물의 경우 가장 일찍 나타난 사례가 용산 철도 공장에 설치된 자가화력발전소로,[61] 1907년 공사에 착수해 1908년에 완공되었다. 이 외에도 1909년에 준공된 용산의 기관차 공장(조립·선반 직장)도 철골 구조로 세워졌다. 건물의 규모는 조립 직장이 21.3×124.6미터이고, 선반 직장은 24.4×115.8미터이다. 기둥은 철골조로, 래티스 구조와 I형강 구조를 혼용해 21.3×1, 12.2×2미터의 간격으로 배치했고 지붕 구조는 핑크 트러스Fink truss 형식의 철골조로 했다.[62] 이들은 일본과 비교해서도 상당히 빠른 시기에 세워진 철골조 건물들로서, 철재들은 미국에서 수입되었다. 이후 전국 각지에 건설된 철도 공장들 가운데 다수가 철골조로 건설되었다. 그중 용산 공장과 부산 공장(현 부산철도차량정비단)이 규모가 가장 컸다. 용산 공장에는 조립·선반 직장이 건설된 후, 동합금 주물자, 제관 직장, 주물 직장, 화차 직장 등이 모두 철골조로 지어졌다. 그렇지만 이 공장들은 용산역 재개발로 모두 철거되어 그 흔적을 찾을 수 없다.

이에 비해 부산 공장에는 일제강점기에 지어진 대부분의 건물들이 그대로 보존되어 있다. 부산 공장은 원래 초량동에 위치했다가 1930년에 범일동으로 이전했다. 이때부터 주요 건물들이 들어서기 시작했는데, 대부분 철골조로 지어졌다. 1930년에 완공된 화차 공장은 72×90미터의 규모로, 주요 구조가 철골조였고, 철골 부재는 경성 공장에서 가공 제작되었다. 공장 내부에는 크레인이 1톤 1대, 2톤 1대, 5톤 1대가 설치되었다.[63] 1939년에 완공된 화차 공장 제재부는 내부가 68×18미터, 22×9미터 2개 공간으로 구획되며, 천장에는 채광과 환기가 가능한 철골 트러스가 설치되었다. 이 외에도 1929년

27 구 종연방적 전남 공장의 철골
트러스. 1935년 준공.

28 현재 서울특별시의회
건물로 이용되고 있는 경성부민관.
1935년 준공.

완공된 기계 공장과 도장 공장, 1939년 완공된 전기 공장 등도 모두 철골조에 해당한다.

철도 공장 외의 사례로, 구 종연방적 전남 공장이 있다.[도판 27] 1931년 일본의 군부가 만주사변을 일으키며 중국 대륙을 침략하자, 일본의 주요 방적 업체들도 한반도로 진출하기 시작했다. 종연방적은 일본 굴지의 미쓰이재벌 계열 회사로, 1935년 면제품을 생산하기 위해서 광주 임동 근처에 공장을 설립했다. 현재까지 남아 있는 건물들에서 다양한 철골조 방식이 발견되는데, 발전소와 변전실의 규모가 가장 크다. 발전실의 경우, 면적은 20.3×24.7미터, 높이는 최고 21.5미터에 이른다. 지하실은 상층에 자리한 기계 설비의 무게를 지탱하기 위해 철근콘크리트조로, 지상층은 무주 공간을 만들기 위해 철골조로 건설되었다. 건물 내부에는 복잡한 형태의 높은 철골 기둥들이 3–4미터 간격으로 등장하는데, 모두 부재들을 리벳으로 접합해 만든 것이다. 기둥 사이에는 2개의 철골 트러스 보가 6.1미터, 12.4미터 높이에서 연결되어 있고, 그 위로 워런 트러스warren truss 형태의 지붕이 얹혀 있다.[64] 구조 부분 외에도 높이 매달린 창호 등에 기계식으로 개폐되는 회전문을 설치했다는 점이 특징이다. 지금은 시설이 노후화되어 철거 위기에 처해 있다.

지붕에 철제 트러스를 사용한 경우를 1920년대 이후 세워진 몇몇 대규모 건물들에서도 확인할 수 있다. 경성부청사는 철근콘크리트조 주량柱梁 구조를 바탕으로 기둥 사이에 벽돌을 채우는 방식으로 계획되었고, 청사 중앙의 옥탑과 후면의 회의실은 철골콘크리트조를 사용했다. 그중 특히 회의실은 무주 공간으로 실현하기 위해 그 상부를 다양한 형태의 철골 트러스를 중첩하는 방식으로 계획되었는데, 이는 국가기록원 도면을 통해 확인할 수 있다. 비슷한 예가 1935년 완공된 경성부민관(현 서울특별시의회)에서도 나타난다.[도판 28] 설계는 하기와라 코이치萩原孝一와 경성부 영선계의 쓰치야 츠모루土屋積가 담당했다. 당시 최고의 규모와 시설을 갖춘 근대적 다목적 홀로, 식민지 조선에서 벌어진 각종 공연과 행사의 개최 장소로 활용되었다. 부민관 내부에는 가장 중요한 시설인 대강당을 비롯해 다양한 공간들이 계획되었다. 대

4장. 근대적 재료와 구법의 도입

강당은 1,800명의 인원을 수용할 수 있는 지상 3층의 높이로 설계되었는데, 여기에도 넓은 무주 공간을 형성하기 위해 철제 트러스 지붕이 이용되었다.[65] 나머지 부분은 모두 철근콘크리트로, 건물 형태도 별다른 장식 없는 박스형으로 구축되었다.

5장. 박길룡: 주거 개선과 사회학적 건축론

박길룡朴吉龍, 1898-1943은 식민 시기에 가장 뛰어난 활동을 펼친 한국인 건축가로 손꼽힌다. 그래서 일제강점기에 등장했던 건축의 근대성을 파악하기 위해서는, 그의 생각과 작품을 정확히 이해할 필요가 있다. 박길룡은 경성공업전문학교(훗날의 경성고등공업학교)의 건축과를 졸업한 후 1921년 1월부터 조선총독부 토목부 영선과 기수로 일하기 시작해, 1932년 5월 관방회계과 기사로 사임하기까지 약 십일 년간 일했다. 사임한 그해 7월 건축사무소를 개설했고, 이때 '건축가'라는 직능이 한국에 본격적으로 도입되었다. 그 후로 그의 사무실에서는 210여 개에 이르는 작품이 설계되었다. 그는 근대건축의 주요 흐름을 자신의 작품에 반영하려 했고, 「사회학적 건축론」이라는 글을 통해 그런 생각을 이론적으로 정립해 나갔다.

　박길룡 건축이 역사적으로 주목받는 가장 큰 이유는, 그가 식민 시기 가장 중요한 건축적 주제였던 주거 문제를 가장 폭넓게 탐구했고, 또한 가장 의미있는 성과를 거두었다고 평가받기 때문이다. 그는 민가 조사와 주택 개량에 지대한 관심을 가졌고, 이에 관한 다양한 생각들을 신문과 잡지, 저서에 발표하며 주생활 계몽운동을 적극적으로 펼쳤다. 그의 주된 관심은, 근대적 삶의 방식에 적합하도록 한국의 전통적인 주거를 개량하는 데 있었다. 그렇지만 그는 이상주의자가 아니었고, 주어진 여건에서 합리적으로 이 문제에 접근해 나갔다. 주거 개량에 관한 그의 글들은 당시 재래식 주거가 가졌던 문제점들을 예민하게 건드렸으며, 그와 동시에 한국 주거가 나아가야 할 방향을 제시했다. 그의 생각은 전후 도시주거에 큰 영향을 미쳤다.

　박길룡은 초창기 한국인 건축가라는 점에서 역사적으로 중요한 의미를 갖지만, 그의 삶과 건축 활동은 전형적인 식민지 근대성의 한계를 보여준다. 그가 가진 식민지 근대성은 보통 두 가지로 특징지어진다. 우선, 박길룡의 건축과 삶은 다른 식민지 지식인들처럼 매우 모순적이고 혼란스럽다. 그는 일본이 만들어 놓은 제도와 규범에 따라 성장했고, 거기서 자신의 재능과 잠재성을 인정받았다. 그가 성장하면서 거쳐 온 학교와 직장, 건축 조직은 모두 일본인들이 만든 식민지배 장치였다. 따라서 자신이 하는 작업의 의미와 가치에 비판적 의문을 던졌을 것이고, 일제의 식민지배에 대해 이중적인 태도를 취하며 자신의 활동 범위를 결정해 나갔을 것이다. 이런 어려운 여건에도 불구하고, 그의 아들이 회고한 바에 따르면 그는 천성적으로 쾌활하고 활발하며 의지가 굳은 보스형의 인간이었다고 한다.[1] 1930년대 들어 발명학회에 헌신해 과학운동을 전개하면서[2] 동시에 주거개량운동을 집중적으로 펼쳐 나간 것은, 자신의 삶에 내재된 커다란 모순과 마주하며 최선의 선택을 찾아 나선 결과라고 생각한다. 이 때문에 그의 작품들에는 다양한 경험과 복합적인 태도가 뒤섞여 있다.

두번째 특징으로, 그의 건축은 후진성을 내포한다. 실제로 박길룡의 생각과 실천을 지배했던 모든 건축 이론은, 서구로부터 일본에 수입되어 일정 기간 논의를 거친 후 한국으로 수용된 것들이다. 그의 주거개량운동 역시 일본에서 먼저 시작되어 한국에 들어왔다. 그런 점에서 박길룡의 근대건축은 일본이라는 필터를 거치면서 형성되었다. 이같은 이식 과정을 거치는 동안 그의 의식과 최초의 원전 사이에는 일정한 시간적 격차가 발생했다. 그가 근대건축을 이해했던 통로는 분리파 멤버였던 구라다 지카타다藏田周忠였다. 그렇지만 박길룡과 구라다의 주거 작품에도 최소 십 년 이상의 시간적 격차가 존재했다.

민가 조사와 주거 개량

박길룡이 총독부에서 처음 했던 일은 민가를 조사하는 것이었다. 그는 이 시기의 경험을 통해 재래 주거의 실 배치에서 온돌이 차지하는 역할을 자각했다. 그 후 이러한 경험을 바탕으로 다양한 주거개량안을 발표했고, 그렇게 근대성과 운명적으로 조우했다고 볼 수 있다.

총독부는 효과적인 식민통치를 위해 민속학적인 조사를 진행했는데, 민가 조사도 그 일부였다. 1920년 이전에는 주로 문헌상으로 구관舊慣을 조사했지만, 1920년 이후에는 이를 벗어나 실태 조사에 나섰다.[3] 그래서 1920년대 초반 『조선과 건축』에는 민가 조사에 관한 여러 글들이 실렸다. 일본 민가 연구의 큰 획을 그은 곤 와지로今和次郎는 1922년 9월부터 약 한 달 동안 한국에 머물며 조사를 실시했다. 그는 배낭을 메고 전국을 돌며 전통 민가, 개량 주택, 일본 이주민 주택을 대상으로 전반적인 인상, 구조, 배치에 대한 관찰 기록과 스케치 및 사진을 남겼다. 그 성과는 1922년 11월 『조선과 건축』에 실렸고,[4] 이 년 후 조선총독부에서 『조선부락조사특별보고 제1책: 민가』라는 제목의 책으로 간행되었다.[5]

곤 와지로에 이어 박길룡의 총독부 상사였던 이와쓰키 요시유키도 1924년 『조선과 건축』에 한국의 민가에 대한 글 「조선 민가의 구조에 대하여」를

1 박길룡이 제안한 2개의
개성지방 주거개량안 중 I. 1. 마루,
2. 방, 3. 사랑방, 4. 대문, 5. 화장실.
1928년 설계.

발표했다. 이 글의 서론에는, "이 논문의 민가형 분류는 당시 조선총독부 건축과 기수였던 박길룡이 반도 각지에서 채록한 자료를 이용한 것으로, 게재된 실배치도 등의 도판도 박길룡이 작성한 것"[6]이라고 적혀 있다. 이 글에서 이와쓰키는 각 지방의 주거 유형을 설명하면서, 그 실의 배치 방식에 따라 북선형, 서선형, 중선형, 남선형, 경성형으로 분류했다.[7] 대청의 유무와 실 배치가 홑집인지 혹은 겹집인지에 따라 이루어진 구분이었다. 이처럼 주요 기준을 세워 한반도의 민가를 다섯 가지 유형으로 정리한 것은 이 글이 처음이다. 그리고 "그 배경으로서의 지역적인 제반 조건을 고찰하는 동시에, 각 민가형의 분포를 지도에 표시했다는 점에서 큰 의미를 가진다."[8] 그 후로도 한반도의 민가 분류는 계속 이어졌지만, 이같은 구분에서 크게 벗어나지 않았고, 단지 제주도형이 추가되었을 뿐이다.

조사가 끝난 후, 박길룡은 그 결과를 발전시키고자 했다. 중부지방의 주거 유형을 분석해, 1928년 'P生'이란 필명으로 『(조선문) 조선(朝鮮文) 朝鮮』에 민가 개량에 관한 글을 3회에 걸쳐 발표했다.[9] 이 시기의 견해는 박길룡의 주거론에서 매우 중요한데, 이후에 그가 전개한 주거개량론의 기초를 형성했기 때문이다. 여기서 박길룡이 시도했던 것은, "새로운 이상적인 주거를 신축하는 것은 경제적인 사정으로 허용되지 않으므로, 재래식 주거를 적당한 방법으로 응급 수술을 가해, 얼마쯤이라도 불합리한 점을 조절하는 것"[10]이었다. 이를 위해 박길룡은 경성과 그 부근에서 발견되는 민가 유형을 변형시켜 2개의 주거개량안을 제안했다.[도판1] 거기서 그는 안방과 대청을 가장 중요한 실로 보고, 그들을 서양식 주거의 리빙룸과 베란다, 일본식 주거의 이마居間와 엔가와緣側와 비슷하다고 비교했다.[11] 이러한 견해는 그의 개량안에 반영되어, 안방의 경우 가장 중요한 역할을 하기 때문에 채광 통풍에 가장 양호한 위치로 이동했고, 대청은 베란다나 엔가와처럼 외부를 조망하는 장소로 바뀌었다. 그리고 사람들이 출입하는 대문과 행랑방을 현관으로 대체하고, 그 옆에 화장실을 배치했다. 주방은 안방 자리로 이동해 면적을 넓히고 외부 장독대와 직접 연결시켰으며, 거기에 각 방의 온돌을 집중시켰다. 이와 함께 중요한 사실은, 집의 가운데를 마당이 아닌 정원으로 바꿔 화단을 조성한 것이다. 박길룡은 기존의 평면 배치를 바탕으로 근대적 삶을 견인할 수 없는 재래 주택의 결점들을 추출하고,

5장. 박길룡: 주거 개선과 사회학적 건축론

이를 개량하고자 했다. 박길룡의 주거개량운동에서 첫번째 시기로 꼽을 수 있는 이 시기에는, 구체적인 조사 내용을 바탕으로 개선안을 제시한다는 점이 눈에 띈다. 그렇지만 이 주거개량안은 박길룡의 말대로 임시적인 것이었다. 1928년 이후 그의 견해는 재래식 주거와는 완전히 다른 방향으로 향하고 있었다.

민가 조사를 통해 전체적인 공간 배치와 구조 외에도 온돌, 부엌, 화장실과 같은 별도의 시설 현황도 확인할 수 있었다. 특히 그의 관심을 끈 것은 각 지방마다 다른 온돌의 설치 방식이었다. 남부지방과 서부지방의 주거는 부엌에 온돌을 설치하고 난방을 했지만, 두 방 이상을 난방하기 곤란하므로 방마다 별도의 아궁이가 필요했다. 중부지방에서는 부엌을 한가운데 배치하고, 거기에 2개 이상의 아궁이를 설치해 여러 방을 동시에 덥히도록 해서, 남부지방과 같은 불편함을 덜고자 했다. 북부지방의 온돌은 또 달라서, 3개 이상의 방을 주방 한쪽으로 몰아 하나의 아궁이를 공유하는 형식이었다.[12] 아궁이 위로 열기가 지나가는 공간에 정주간[13]을 만들어 안방 대신에 접객이나 가족 공용 공간으로 활용되게 했다. 박길룡은 북부지방의 온돌 방식은 난방의 효율성 면에서는 좋지만, 정주간이 그다지 유쾌한 공간을 제공하지 못한다고 비판했다. 그러나 이런 비판적인 시각에도 불구하고, 이후 등장한 그의 주거개량안에서는 한 곳에서 여러 개의 방들을 난방하는 방식이 선호된다.

온돌 난방에 대해 그는 "지금으로부터 약 십 년 전 주택 관계에서 여러 가지로 개량 주택을 모색해 보던 당시, 문화식으로 할 것인가, 조선 재래식으로 할 것인가라고 하는 점이 문제가 되어 그 분기점에서 온돌을 없애 버리자고 했던 적이 있다. 온돌이 있으면 연료를 사용하게 되므로 안 된다고 했다. 그렇지만 결국 온돌을 쓰는 편이 낫다는 결론에 이르게 되었다. 오늘날에도 온돌은 사라지지 않았고 더욱 개량하는 방향으로 가자는 것이 대체적인 현재 방침이다. 온돌은 아무래도 구조가 간단하고 축조비가 싸다는 점에서 조선인의 생활에 적합한 듯하다"[14]라고 했다. 그렇지만 온돌의 한계에 대해서도 명확히 인식했다. "현재 온돌 개량에 대한 고민을 많이 한 사람도 있고, 여러 시도도 해 보았지만 여전히 좋은 방법을 찾지 못해 방황하고 있다. 그럼에도 온돌은 영원히 조선인의 생활에서 떼어 놓을 수 없는 것은 아닌가 생각되기도 한다. 물론 좋은 난방장치가 장래 개발된다면 상황이 달라질 것이다. 왜 그런가 하면 조선인의 생활상에서 경제적으로 싸게 난방을 하기 위해서 온돌을 사용하는 것이지 그 외에 반드시 사용해야 하는 다른 이유는 없다고 생각하기 때문이다."[15]

1부. 개항과 식민 시대: 서구 근대건축의 수용

기존 도시주거에 대한 비판

박길룡은 진화론적 관점에 따라 재래식 주거를 비판하고, 문제점들을 극복할 수 있는 새로운 주거계획안을 제시하고자 했다. 그가 보기에 재래식 주거는 더 이상 근대적 삶을 담을 적절한 그릇이 아니었다. 그는, "과거로부터 내려온 생활 형식이 외래 문화의 자극으로 인해 그 조화와 통일을 잃어버려서, 우리 생활 형식이 기형적이고, 병적이다"[16]라고 비판했다. 이어, "진화되지 못한 비현대적 가구의 주거로는 지금의 복잡한 현대 생활, 더구나 도시 생활을 받아들일 수 없다"[17]고 보았다. 그러면서 "한때의 기형적 형상은 장래의 이상, 다른 형식을 배태한다"[18]며, 새로운 주거 형식의 필요성을 주장했다. 그뿐 아니라 당시 대두되었던 도시주거 유형들도 비판했다. 그가 활동을 시작할 무렵 경성에는 대략 세 가지의 주거 유형이 공존했는데, 문화주택, 일식주택, 도시형 한옥이 그것이다.

박길룡은 『조선일보』에 세 번에 걸쳐 연재한 「유행성의 소위 문화주택」이라는 글을 통해 문화주택을 비판했다.[19] 이는 주택개량운동에 참여했던 지식인들에 의해 중요한 하나의 대안으로 상정된 주거 유형이었다. 주택개량운동은 전통적인 의식주를 개선해 사회 전체를 개조하려는 계몽주의적 성격과 깊은 연관이 있었으며, 내부로부터 힘을 길러 식민주의를 극복하려는 문화운동의 성격도 갖고 있었다. 그래서 이 시기 주택개량론은 주로 일본 유학에서 돌아온 식민지 지식인들이 주도했다. 이보다 앞선 시기에 일본에서도 주택개량운동이 폭넓게 논의되었고, 한국인 유학생들에게 영향을 미친 것이다. 그들은 서양식 주택을 선호했고, 1920년대 이후 출판이 허용된 신문이나 잡지를 중심으로 주거 개량을 부각시켰다.[20] 또한 전통주거에서 나타나는 비효율성과 비위생적 환경 등을 집중적으로 비판하며, 서구의 근대 주거를 모델로 설정했다. 특히 1920년대 초 『개벽』에는 문화운동의 일환으로 주택개량론에 관한 글들이 자주 연재되었다.

여기에 대해 박길룡은 생각이 달랐다. 「유행성의 소위 문화주택 1」에서 그는, 유럽에 있다가 1929년에 귀국한 친구가 만여 원쯤 되는 거금을 들여 신축한 주택을 둘러본 후 그 집에 대한 인상을 남겼다. 그 집은 "벽체는 붉은 벽돌조, 지붕은 인조 슬레이트이고, 외관은 독일 분리파에 가깝다." 그가 대략 그려 놓은 평면을 보면, 1층 내부 구조는 중앙 홀을 중심으로 여러 공용실들이 배치되고, 2층에 사적인 방들이 배치되어 전형적인 거실 중심형 실배치를 보여준다. 박길룡이 나중에 들은 바로는 주인은 별도의 조선식 주택을 지어 생활하고, 이 집은 별로 쓰이지 않은 채 간혹 손님 응접실로 사용될 뿐이었다. 안방 중심의 공간에서 생활하던 한국인에게 홀 중심의 공간은 기능적으로 잘 맞지 않았기 때문이다. 게다가 벽난로 중심의 난방 방식은 한국적 생활 양식을 담아낼 수 없었고, 장독대와 같이 가사 노동을 위한 공간이 전혀 없다는 점도 그랬다. 이같은 차이로 박길룡은 서양에서 수입된 문화주택이 한국에 적절치 않다고 보았다.

박길룡은 1920년대 말부터 심각한 주거난으로 인해 경성을 중심으로 생겨났던 도시형 한옥에 대해서도 비판적 태도를 견지하고 있었다. 도시형 한옥은 한국 전통주거로부터 발전한 최초의 근대식 도시주거였지만, 이러한 중정식 주거보다 집중식 주거가 더 많은 장점이 있다고 주장했다.(3장 도판 18 참고) 마당을 가진 중정식 주거는 한편이 도로에 면해 채광창을 낼 수 없고, 마당이 통로로 사용되어 정원을 둘 수 없으며, 실들을 옮겨 다닐 때 신발을 벗어야 하는 불편함을 가지고 있다. 이에 비해 집중식 주거는 공지의 여유가 있고, 건물의 채광, 통풍이 자유롭고, 정원의 효과를 낼 수 있다는 장점이 있다.[21] 박길룡이 특히 예민하게 생각했던 사항은 바로 현관의 설치였다. 과거 봉건 제도하에서는 재래식의 큰 가옥에서 대개 노비를 여럿 거느렸기 때문에 행랑과 대문을 연결해 출입구로 삼았으나, 4−5명의 식구가 거주하는 현대의 중류 주택에서는 그 같은 구조가 불필요하다고 보았다.[22] 그리고 재래식 주거에는 현관이 없어 다른 실로 가기 위해서 외부 공간을 거쳐야만 한다고 보고, 이에 대한 대안으로 일식 주거에 등장하는 한 칸 정도 크기의 현관을 설치하자고 주장했다.[23] 이와 함께 중정식 주택은 집중식 주택보다 외벽율이 높아서 건축비가 올라가고, 택지 이용이 불편하다는 결함에 대해서도 지적했다.[24] 또한 집중식이 부엌과 변소와 같은 위생 시설들을 실내로 끌어들이는 데 유리하다고 보았다. 마지막으로 강조한 대목은, 중정식이 온돌설치와 유지에서 대단히 불편하다는 점이었다. 실제로 도시형 한옥을 실측한 도면을 보면, 바깥에 방의 수 만큼의 온돌 아궁이가 존재한다. 안방을 제외한 방들의 아궁이는 주로 툇마루 아래에 위치해 있는데, 집중식 주택의 경우 복도 아래에 지하실을 만들어 거기에 한꺼번에 모을 수 있는 것이었다. 이런 이유로 박길룡은 마당이 있는 도시형 한옥이 새로운 주거 유형으로 맞지 않다고 판단했다.

기존 주거에 대한 비판은 당시 식민지 조선에 수용되었던 일식 주택에도 이어졌다. 박길룡은 그 역시 한국적 상황에 잘 맞지 않는다는 점을 명확히 인식했다. "대체로 일식 주택은 그 지리 관계로 개방적으로 된 벽이 얇고, 창호가 넓고 많은 경쾌한 건물이 조선의 온돌과 같은 난방법이 없다."[25] 이 때문에, "조선에 와서 거주하는 일본사람들도 차차 조선식의 온돌 장치를 설치하고, 벽을 두껍게 하며, 창호의 면적을 작게 해, 재래식 일식 주택과는 매우 차이가 있는 주거 양상으로 변한다."[26] 이런 사실은 『조선과 건축』에서 주최한 온돌에 관한 좌담회에서 일본인 전문가들이 제기했던 의견을 종합해도 마찬가지다.[27] 그들은 대부분 한국 온돌의 효용성을 인정했다. 그래서 박길룡은 새로운 주택계획안으로 일식 주거를 그대로 모방하는 것은 안 된다고 주장했다. 일식 주택과 한옥 사이에는 기후와 지리적 여건, 생활 양식에 따른 차이가 명백했기 때문이다.

그렇다면 박길룡이 지향하는 바람직한 주거 유형은 어떤 것인가. 그에 따르면, "장구한 생활이 낳은 재래 형식을 토대로 과학적인 양식의 구축법을 구성 수단으로 하고, 우리의 취미로 장식해 현대 우리 생활의 용기가 될 가구가 우리 생활의 표현이다."[28] 그러면서 그 방법으로, 조선식 주택의 개선은 재래식을 개선해서 행하기보다 재래식을 포기해 버리고, 일식 주택의 양식에 조선인의 생활 양식으로부터 도출해낸 수법을 조금 도입하는 것이 빠른 길이고 또 당연하다고 주장했다.[29] 여기서 일식 주택을 바탕으로 조선인의 생활 양식을 가미하는 절충적 방식을 취하고자 한 건축가의 의도가 잘 드러난다. 이 점은 그가 제시했던 다양한 주거계획안에서 두드러진다. 식민지 조선에 존재하는 일식 주택의 평면 형태 가운데, 박길룡은 현관형, 중복도형을 도시 중류 주택으로 발전시켰다. 그리고 이 주거 유형에 다양한 온돌방과 난방에 필요한 두꺼운 외벽을 설치하고, 문화주택의 외관을 제안했다.

그렇지만 이런 입장은 1930년대 중반을 지나면서 바뀌는 것을 확인할 수 있다. 1941년에 쓴 글에서는, "조선 주택 개선의 근본이념은, 역사적 전형적인 재래 양식을 깨끗이 버리고, 서양풍 또는 일본풍에도 의지하지 않고, 기성관념에 사로잡히지 않고, 생활 자체에서 도출한 새로운 방향에서 재출범해야 한다. (…) 그 주거는 절충형이 아닌 하나의 융합형에 도달해, 단지 기후환경에 따른 지방적 구별이 남아 있지 않을까 생각한다"[30]고 말했다. 이러한 견해는 그의 계획안에도 반영되어 이전과는 다른 주거 유형이 등장하는데, 절충형 주택이 아닌 H자형 한옥이었다. 그것은 박길룡이 이야기한 대로 기형적인 생활 형식에서 벗어나 한국인의 생활을 바탕으로 이끌어낸 새로운 주거 유형이었다.

온돌과 주거 개량

박길룡의 주거계획에서 온돌은 매우 중요한 의미가 있다. 온돌은 단순한 난방 장치가 아니라 실 배치에 결정적인 역할을 하는 요소였기 때문이다. 즉, 부엌과 안방, 주인실, 사랑, 하인방, 욕실은 온돌과의 관계에 따라 배치되었다. 여기서 박길룡이 왜 그렇게 온돌에 집착했는지가 분명해진다. 온돌은 한

2 유형 A의 기본 도면.

편으로 페치카pechka나 스토브와 같은 다른 난방 방식에 비해 가장 경제적이었다. 이와 동시에 오랜 시간을 거치며 진화해 온 한국인의 생활방식을 함축적으로 담고 있었다. 이런 생각은 그의 주거개량안에 잘 반영되어 있다. 여기서는 박길룡이 제안한 주거개량안을 온돌과 각종 실 사이의 관계에 따라 네 가지 평면 유형으로 분류했다.

네 가지 유형 중 유형 A는 부엌 하나에 방 2개가 연결된 가장 단순한 실 배치이다.[도판 2] 부엌에 설치된 아궁이를 통해 2개 방을 모두 온돌로 난방하는 방식으로, 1926년 11월 9일자 『조선일보』에 실린 스케치를 통해서 처음 등장했다. 거칠게 그려진 원본 스케치를 보면, 부엌 하나에 안방과 사랑방이 인접해 있다. 그렇지만 이 안은 현관과 다른 실을 연결하기 위해 비교적 긴 복도를 사용해야 한다는 결함이 있었다. 이는 1928년 10월 『(조선문) 조선』에 발표된 「개량소주택 1안」에서 보완되면서 하나의 주거 유형으로 자리잡았다. 박길룡은 이 안을 제안하면서, 부엌을 남쪽으로 옮기고 "각 방의 배치는 사랑과 안방의 2개의 온돌방을 한 부엌에서 취사하게 했다."[31] 그러면서 "온돌방은 될 수 있는 대로 여러 방을 같은 부엌에서 때이게 하는 것이 편리하다"[32]고 주장했다.

유형 B는 일식 주택의 현관형을 변형시킨 것으로 보인다.[도판 3] 최초의 계획안은 1926년 11월 10일자 『조선일보』에 실린 평면을 통해서 나타났다. 그 후 미세한 수정을 거쳐 1932년 8월 『실생활』에 다시 게재되었다. 유형 B는 유형 A의 한계를 극복하려는 시도로 보이는데, 부엌의 온돌 주변으로 모든 실을 모은 유형 A는 실의 개수가 늘어나면 실현할 수 없기 때문이다. 박길룡은 이 점을 명확히 파악하고 있었고, 이런 문제점을 다양한 방식으로 해결해 나갔다. 그 첫번째 시도는 "사랑과 안방이 통하게 해 7평이 되는 하나의 방이 되고, 식모방, 안방, 욕간의 불을 한데 모아 부엌에서 때우는"[33] 방식이었다. 사랑방은 안방과 미닫이문으로 연결했고, 항상 개폐가 가능하도록 했다. 그래서 사랑방에는 온돌을 설치하지 않고 필요한 경우에만 별도의 난방 장치를 두도록 했다. 이렇게 해서 부엌 하나와 방 3개, 즉 안방, 사랑방, 식모방 혹은 아동방이 배치될 수 있었다.

그렇지만 주택의 면적이 늘어나 방의 개수가 많아질수록, 부엌에서 아궁이를 때는 온돌방을 만드는 것이 어려워졌다. 그 점은 1932년 12월 『실생활』에 실린 계획안에서도 잘 나타난다. 따라서 부엌에서 멀리 떨어진 객실에는 별도

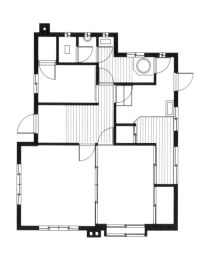

3 유형 B의 기본 도면.

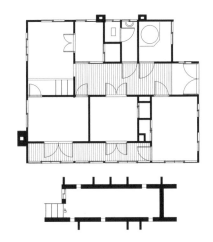

4 유형 C의 기본 도면.

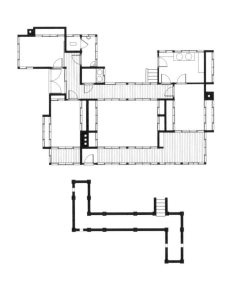

5 유형 D의 기본 도면.

의 아궁이를 설치하거나 벽난로와 같은 다른 난방 장치를 설치할 필요가 있었던 것이다. 박길룡은 이러한 문제를 해결하기 위해 지하를 파서 그곳에 각 방의 아궁이를 한데 모으는 방법을 고안했다. 처음에는 "세면소 마루 밑을 지하실로 만들어 식료품 저장소로 주방에서 사용하게 했다."[34] 그러다가 점차 지하실에 아궁이를 설치하는 방향으로 나아갔다. 1933년 1월 『실생활』에서 발표한 계획안은 분명 유형 B를 변형한 것이지만, "지하실에 사랑과 아동실의 아궁이를 설치했다"[35]고 밝혀, 지하에 온돌이 설치되었다는 사실이 처음으로 확인된다.

유형 C는 일식 주택의 중복도형과 유사하다.[도판 4] 이는 주택의 규모가 커져 하나의 부엌에 안방, 건넌방, 사랑방, 식모방 4개의 실이 함께 배치된 경우로, 주택 가운데에 복도가 나 있는 것이 특징이다. 복도는 실의 개수가 늘어나면서 도입된 것으로 보이며, 이를 중심으로 남쪽에는 안방, 건넌방, 사랑방 등의 주요 실이, 북쪽에는 부엌, 식모방, 욕실, 변소와 같은 종속 실이 배치되어 두 공간이 명확히 구분되었다. 그리고 그 복도 밑에 지하실을 두어 여러 실들의 온돌 아궁이를 모았다. 이는 온돌방을 유지하면서도 주택 면적을 확장할 수 있는 창의적인 발상이었다. 박길룡은 그의 『재래식 주가개선에 대하야』 제2편에서 이 유형의 가장 완벽한 예를 제시하고 지하실의 구조와 크기, 아궁이의 위치까지 자세히 설명했다.[36]

이 유형에 속하는 다른 예로는, 1932년 11월, 1933년 3월 『실생활』에 실린 계획안, 1939년 3월 『조선과 건축』에 실린 윤씨 주택, 1940년 2월에 실린 이씨 주택 등이 있다. 또한 1934년 2월과 3월 『신여성』에 실린 양식 외관의 주택, 1936년 6월 『신동아』에 실린 주택 개량안처럼 접객 공간을 양실洋室로 한 경우 온돌을 설치하지 않기도 했다. 그리고 박길룡이 설계했다는 사실이 확인되지는 않지만, 현재 남아 있는 박노수 주택도 이 유형에 포함된다. 이 주택을 방문해 보면, 지하실 중복도를 따라 온돌 아궁이가 설치된 것을 확인할 수 있다.

유형 D는 이전 유형들과 비교해 획기적인 변화를 보여준다.[도판 5] 일식 주택 평면을 차용하던 기존의 유형에서 벗어나 독자적인 H자형 한옥으로 발전된 것이다. 외관도 서양식 문화주택에서 전통적인 기와지붕 건물로 바뀌었다. 박길룡이 이런 유형을 발전시킨 이유로는, 첫번째로 지하실에

5장. 박길룡: 주거 개선과 사회학적 건축론

아궁이를 설치함으로써 난방 문제에서 자유로워졌다는 점을 들 수 있다. 이를 바탕으로 독창적인 주거계획을 추구할 수 있었을 것이다. 두번째로, 주거계획상 공적 영역(서재와 손님방)과 내밀한 사적 영역(부엌과 식당)을 구분한 다음, 사적 영역에 한옥의 마당을 재도입하려는 의도를 들 수 있다. 마지막으로 건축가 김종량의 영향을 들 수 있다. 박길룡은 1941년 4월 『조선과 건축』에서 H자형 평면을 두고 다음과 같이 이야기했다. "이것은 칠팔 년 전에 어느 주택 경영업자가 주택 개선을 솔선수범할 목적으로 2-3채 지은 것이다. 그 배치는 중정을 북쪽으로 두고, 안방·대청·건넌방을 남면으로 해 채광과 통풍을 개선하고, 남측 정원은 수목을 심을 수 있도록 했다. 또한 대문이 현관 역할을 하도록 한 것 같다. 재래식 방 배치를 좀 바꿔서 방향을 반대로 한 것이다."[37] 여기서 언급된 주택 경영업자가 김종량이었을 것이다. 박길룡과 김종량은 1927년부터 1931년까지 약 오 년간 조선총독부에서 함께 근무했고, 1929년 창립된 조선공학회에서도 정세권 등과 함께 활동했다.[38]

김종량은 1934년 혜화동 22-24번지와 22-27번지에 한옥 2채를 설계했는데, 실측한 도면을 보면, 박길룡이 1933년 2월 『실생활』에서 예시한 H자형 주거계획안과 매우 유사해 보인다. 이러한 평면은 안방, 건넌방, 대청과 같은 주요 실을 남쪽에 배치하고 그 앞에 정원을 두어 자연을 감상할 수 있다는 장점이 있다. 한편 북쪽에는 전통적인 마당을 두어 가사와 관련된 다양한 작업이 이루어지도록 했다. 박길룡은 여기에서도 지하실을 활용해 아궁이를 설치했다.

그렇지만 박길룡이 이후에 발전시킨 H자형 한옥의 평면은, 김종량의 그것과는 많이 다르다는 사실을 확인할 수 있다. 가장 큰 차이점은 중심에 자리잡았던 대청이 사라지고, 그 자리를 안방 혹은 건넌방이 차지하게 되었다는 것이다. 박길룡은 대청의 가치를 그다지 높게 평가하지 않고, 툇마루로 충분하다고 보았다. 그래서 대청에 대해 묻는 질문에 이렇게 답했다. "대청은 조선 북쪽 주택에는 추운 관계로 없어요. 평양에는 좀 있지만요. 지금의 온돌은 (불을 때면) 더워서 여름에는 아무래도 대청은 필요합니다. 그렇지만 온돌이 여름에도 시원하게 되면, 대청은 그다지 필요가 없습니다. 결국 툇마루가 되는 거예요. 개량식 주택에

6 민병옥 가옥(각심재) 전경. H자형 한옥의 평면을 가진다. 1938년 준공. 2016년 월계동으로 옮겨 해체 보수됨.(위)
7 민병옥 가옥 내부.(아래)

서 대청은 점점 없어지고 있어요."[39] 그래서 1936년 1월 『신가정』의 계획안, 1937년 「재래식 주가개선에 대하야」에 등장하는 계획안, 1938년 7월 『계명시보』의 계획안은 모두 H자형 한옥이지만 대청이 없고 그 자리에 안방이 자리한다. 그리고 안방 앞에 비교적 큰 면적의 툇마루를 놓고, 거기에 유리로 된 미닫이문을 설치해 겨울에는 내부 공간이 보온되도록 했다.

최근에 복원된 민병옥 가옥(각심재)[도판 6, 7]과 정준수 가옥은 똑같은 평면으로 설계된 것으로 알려졌는데, 이 두 가옥도 유형 D에 속한다. 다만 이 유형의 다른 주택들과 다소 다른 점은, 평면 구조상 대청이 작은 크기로 안방 또는 건넌방 옆에 위치했다는 것이다. 또한 흥미로운 점은 2016년 민병옥 가옥이 해체, 보수되면서 지하에 아궁이의 존재가 확인되었다는 것이다. 지하실의 "출입구는 부엌에서 시작되어, 계단 다섯 단을 내려가면 도달한다. 콘크리트 옹벽으로 된 폭 1.2미터, 높이 1.8미터의 지하 복도가 있고"[40] 거기에는 "시멘트 모르타르의 마감 아래 오랫동안 가려진 아궁이의 흔적이 존재한다."[41]

박길룡 주거계획의 영향

박길룡은 당시 많은 언론 매체를 활용해서 자신의 생각을 개진했고, 그의 주거계획안은 동시대 건축가들에게 많은 영향을 미쳤다.

첫번째로 건축가 이윤순李允淳의 주거개량안을 들 수 있다. 그는 와세다대학을 졸업한 이후, 건축 활동을 활발하게 펼치지 않았기 때문에 자료가 많이 남아 있지는 않다. 그에 대한 언급은 2개의 자료에서 짤막하게 등장하는데, 우선 김정동의 연구를 참고하면, "이윤순은 평안북도 정주 출신이다. 그는 1932년 와세다대학을 졸업 후 귀국, 한성서적회사 건축장을 맡았다. 1931년에서 1935년 사이 경성부에 살았는데 이후 그에 대해서는 알 수 없다."[42]

이 자료를 통해 박길룡과 이윤순이 1930년대 경성에서 함께 활동했으리라 짐작할 수 있다. 그러나 두 사람의 직접적인 접촉이나 관계 여부는 확인할 수 없다. 박길룡은 이윤순의 와세다대학 오 년 선배인 김윤기와는 활발하게 교류했다. 이 점은 김윤기가 쓴 「30년 회고담: 남기고 싶은 이야기」에서 확인된다.[43] 김윤기는 1927년 박길룡이 김세연과 함께 도쿄를 방문했을 때, 그들이 자신과 함께 긴자 거리를 산책했다고 서술했다. 또한 그는 1928년 와세다대학 졸업 후, 박길룡과 함께 조선일보사와 건양사가 주최한 조선주택설계도안 심사위원을 맡기도 했다. 이런 점에서 김윤기를 매개로 박길룡과 이윤순 사이에 간접적인 교류가 있었을 것으로 추측된다. 또 이윤순이 경성부에 살던 기간은 박길룡이 잡지 혹은 신문 등을 통해 그의 주택개선안과 글을

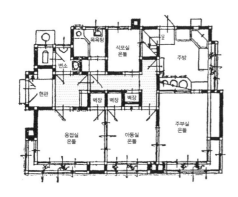

8 이윤순의 주거개량안 제3호의
갑호. 1937년 설계.

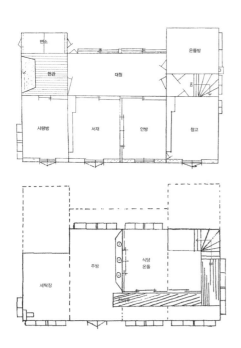

9 정세권의 건양주택 1층
평면 실 배치. 1936년 설계.(위)
10 건양주택 지하층 평면과
온돌.(아래)

활발히 발표하던 시기로, 이윤순이 건축계 선배인 그의 영향을 받았으리라 짐작된다.

이윤순은 1938년 1월 4일자 『조선일보』에 문화적 주택 설계를 위해 크기에 따른 네 가지 주택 유형을 제시했다. 그중 제1호와 제2호 계획안은 박길룡의 그것과 많이 다르지만, 제3호의 갑호와 을호는 매우 유사하다.[도판 8] 예를 들면 이 두 계획안은 공통적으로, 복도를 경계로 식모실, 부엌, 욕실, 변소 등이 북쪽에 위치하고, 주요실인 응접실, 아동실, 주부실 등이 남쪽에 위치한다. 더욱 유사한 점은 2개 이상의 방을 난방하기 위해 "지하실을 설치했다. 그리고 여기에 각 방의 온돌 아궁이를 만들었다"는 점이다.[44] 이는 박길룡의 주거계획안에서 유형 C와 매우 흡사하다.

두번째는 도시형 한옥을 전문적으로 지어서 거래했던 경성의 '건축왕' 정세권의 관계에 미친 영향이다. 박길룡과 정세권의 관계는 일방적이기보다는 쌍방적이었다고 짐작된다. 정세권이 주로 주택 건설에서 나타나는 실제적인 문제들을 제기했다면, 박길룡은 주로 기술적 차원에서 그것을 해결했다. 정세권이 1936년 4월 『실생활』에 기고한 글을 보면, "대정大正 14년1925부터 결점 개선을 실행하는 데 부분 개선을 쉬지 않고 했으나, 완전한 주택은 발견할 수 없고 도리어 난관이 중중重重했다. 그래서 근본적 개선을 하지 않으면 안될 것을 각오하고 입체온돌[45]을 연구 실험한 후 쇼와 9년1934에 이르러 건양주택을 성안成案하고 (…) 그 성안에 있어서는 현재 문화시대에 처한 조선인의 관습상, 경제상, 가장 좋은 주택으로 인認하야 최근에 건축한 건양식 주택 1동의 도안을 참고로 소개하는 바이다"[46]라고 밝혔다.

여기에서도 알 수 있듯이, 정세권은 1925년부터 주택 개선에 대한 필요성을 인식하고 노력했지만 건축 전문가가 아니라는 점에서 한계를 느끼고 있었다. 그래서 1932년 3월에 당시 건축가로 활동하던 박길룡을 건양사 기술부 책임자로 영입했다.[47] 그 후 함께 주거 개선에 나섰으며, 1934년 이후 건양주택 성안을 완성했다고 생각된다. 이 기간 동안 그들은 건양주택과 관련된 여러 의견을 공유했다고 볼 수 있는데, 그중 가장 중요한 점은 바로 지하실 온돌 방식 및 입체온돌의 채택이었다.[도판 9, 10]

1부. 개항과 식민 시대: 서구 근대건축의 수용

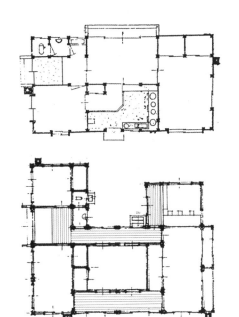

11 『조선과 건축』
1941년 4월호 특집 기사에
수록된 조선주택개량시안.

이 시기 건양주택은 두 가지 측면에서 박길룡의 주거
계획안에 영향을 주었다. 하나는 1933년부터 지하에 온
돌을 설치하기 시작했다는 점이고, 다른 하나는 정세권의
입체온돌처럼 굴뚝을 내부화하기 시작했다는 점이다. 예
를 들어 『실생활』 1932년 11월과 12월호에 실린 박길룡
안을 보면, 각 굴뚝의 위치가 건물 외부에 있었으나, 1933
년 3월의 개량주택안에서는 그 위치가 내부로 이동했다.
이후 『실생활』 1933년 3월호, 『신여성』 1934년 2-3월호
에 발표된 조선식 주택과 『신동아』 1936년 6월호, 『계명
시보』 1938년 7월호에 발표된 평면에서도 모두 굴뚝이
건물 내부로 들어온 것을 확인할 수 있다. 박길룡은 온돌
연구를 계속 진행해 1937년에 『재래식 주가개선에 대하
야』 제2편을 발표했다. 그때까지 그의 주거계획이 가지
고 있던 가장 큰 문제점은 2층 난방 문제였다. 온돌이 2층
까지 미칠 수 없었기 때문이다. 정세권은 굴뚝의 내부화
를 통해 이런 문제점을 해결하려 했던 것으로 보인다. 이는 박길룡에게도 영
향을 미쳐, 박길룡은 온돌의 굴뚝을 건물 내부에 집어넣게 된 것이다.

박길룡이 미친 세번째 영향은, 『조선과 건축』 1941년 4월호에서 특집으
로 기획한 조선주택개량시안에 관한 기사에서 확인해 볼 수 있다.[도판 11]
이 주거계획안은 조선건축회의 제3부 위원회에서 주도적으로 만든 것으로,
이 위원회는 주로 주택 연구를 담당했던 곳이다. 이 위원회는 모두 7개의 주
거개량안을 제시했는데, 그중 제2안에서는 부엌을 남쪽에 두고, 부엌을 중심
으로 온돌방을 배치했다. 이는 명백하게 박길룡의 유형 A를 변형한 것으로
보인다. 제4안은 박길룡의 H자형 한옥과 매우 흡사하다. 이런 점으로 미루
어 볼 때 박길룡의 주거 개량에 관한 담론은 1930-1940년대에 지속적으로
등장했음을 알 수 있다.

사회학적 건축론

박길룡의 주거개량론은 한국 건축사에서 중요한 의미가 있기 때문에, 지금
까지 대부분의 박길룡 연구들이 주택 개량에 초점을 맞추어 진행되었다. 이
에 따라 그가 설계한 건축 작품에 대한 이해나 평가는 비교적 소홀히 다루어
졌다. 이같은 경향에는 자료의 한계도 일부 원인이 되었을 것이다. 주택 개량
에 관한 논의들은 대중매체에 자주 노출되어 자료가 다수 남아 있는 반면, 주
거 이외의 작품에 대해서는 박길룡이 자신의 견해나 설계 방식을 밝힌 사료

5장. 박길룡: 주거 개선과 사회학적 건축론

가 거의 없고, 도면과 사진 또한 부족하다. 이런 한계를 극복하기 위해 박길룡이 1936년 『동아일보』에 연재했던 근대건축에 관한 논고를 바탕으로, 그가 제시했던 사회학적 건축론이라는 개념을 심층적으로 탐구하고, 실제 설계한 건물들에 과연 어떻게 특수하게 적용되었는지를 살펴보고자 한다.

박길룡은 1936년 7월 29일부터 8월 1일까지 네 번에 걸쳐, '현대와 건축'이라는 주제로 『동아일보』에 글을 연재했다.[48] 각기 다른 주제에 따라 별도로 씌어진 글이라기보다, 건축가가 오랫동안 발전시켜 온 하나의 생각을 나눠서 게재한 것으로 보인다. 그동안 주택에 관한 글들이 그의 서지 목록 대부분을 차지한다는 점을 고려할 때, 이 글은 건축가로서 근대건축에 대한 견해를 밝힌 매우 드문 자료라고 생각한다. 여기서 박길룡은 스스로 건축이 무엇인지 질문하고, 객관적인 방식으로 추론해 나간다. 그리고 자신의 이론을 바탕으로 마지막 부분에는 당시 경성에 세워진 다양한 근대건축물들을 비평한다. 따라서 이 글은 근대성의 관점에서 박길룡 건축을 이해하고 평가하는 데매우 중요하게 활용될 수 있다.

「전문화하는 건축과학」이라는 제목이 달려 있는 첫번째 글은 박길룡의 건축론 가운데 도입부에 해당한다. 여기서 그는, 건축론은 건축의 세계관으로 말하는 것이고, 가치의 표준을 결정하는 것으로 이해되고, 현대의 건축론이 선험적인 법칙을 견지하는 연역적인 접근이 아니라, 개개의 작품들을 중심으로 거기에 담겨 있는 본질과 미를 추구하는 귀납적이고 경험적인 접근이어야 한다고 주장했다. 즉, "일정 시기에, 사상이나 정서, 사회 여건 등을 모두 고려한 후에, 그 시대에 탄생하는 건축은 어떻게 볼 것인가 하는 고찰의 방향을 결정해야 한다"고 보았다. 그런 관점에서 그는 현대 건축은 과거와는 명백히 다르다고 생각했다. 즉, 과거의 건축이 조형미술의 영역에서 취급되었으나, 현대에는 건축을 공학적 산물로서 의의가 깊다고 보았다. 이어 구라다 지카타다의 건축론으로부터 영향을 받았음을 암시하며, 구라다의 건축론은 자신이 생각하는 바와 다소 거리는 있으나 현대건축 사조의 주류라고 이야기한다.

여기에 등장하는 구라다 지카타다의 삶과 건축적 사고는 박길룡의 그것과 유사해서 좀더 자세히 살펴볼 필요가 있다. 박길룡과 마찬가지로 구라다 역시 민가 연구와 과학적인 건축론을 동시에 추구했다. 그의 민가 연구는 1920년 와세다대학의 선과생選科生으로 입학한 후 곧 곤 와지로에게 사사하면서 시작되었다. 구라다가 재학할 당시 곤 와지로는 정력적으로 민가 조사를 벌이고 있었고, 구라다도 항상 그의 곁을 따라다녔다.[49] 민가 연구는 대학 졸업 후에도 이어져서 구라다는 1933년 출범한 민가연구회에도 주요 멤버로 참여

1부. 개항과 식민 시대: 서구 근대건축의 수용

했다.[50] 박길룡이 구라다를 알게 된 것도 1921-1923년에 조선총독부 건축과 기수 자격으로 전국을 돌며 민가를 조사한 경험이 있었기 때문인 것으로 보인다. 또한 그는 1922년 「평화기념동경박람회」에 분리파 건축회의 멤버로 작품을 발표했고, 1928년에는 도쿄고등공예학교 학생들과 게이지고보型而工房를 결성해 새로운 공예운동을 펼쳤다. 이 그룹은 "초창기에는 종합 건축에 대한 지향을 갖고 실내 전반을 대상으로 디자인 활동을 실시했으나, 구라다가 1930년부터 1931년까지 유럽에 건너가서 바우하우스의 창립자인 그로피우스W. Gropius로부터 근대건축을 배우고 귀국한 후에는 생산성, 경제성 등의 합리화를 강하게 의식하고 실내공예의 표준화와 대량 생산의 구현을 목표로 삼게 된다."[51] 이는 구라다가 1930년대에 설계한 주택에서 잘 나타난다. 여기서 독일 바우하우스의 이념이 구라다와 게이지고보에 주요 가이드라인으로 작용했음을 알 수 있는데, 박길룡이 구라다의 건축론을 현대건축 사조의 주류라고 했던 것도 바로 이 때문이었다. 그가 주장한 건축과학의 의미 역시 바우하우스 건축가들이 추구했던 기능주의적이고 합리적인 설계 방식과 같았다.

그럼에도 불구하고 박길룡은 구라다의 생각에 거리감을 느낀 부분이 있었다. 정확히 밝히지는 않았지만, 비슷한 시기 구라다가 설계한 주택의 부엌과 박길룡이 개량 주택에서 제안했던 부엌을 비교해 보면 추론할 수 있다. 박길룡은 서양식 주거를 비판적으로 수용해 한국의 주거 양식에 적합한 부엌을 제안하고자 했고, 기존 부엌의 불편함을 해소하고자, 부엌의 위치, 방향, 면적, 출입구와 창호, 재료, 구법, 설비를 면밀히 검토한 후 대안을 제시했다. 반면 구라다의 저서에 등장하는 부엌들은 주거 개량 단계를 넘어서 대량 생산을 위한 표준화가 이루어졌다.[52] 당시 한국과 일본의 전반적인 산업 격차로 이처럼 건축론의 전개에서 차이가 발생했고, 박길룡은 이를 인식하고 있었다.

7월 30일에는 「건축의 삼요건」이라는 제목의 두번째 글에서 건축을 관통하는 세 가지 요건에 대해 썼다. 첫번째를 구조역학, 두번째를 통계학과 경제학, 생리학, 사회학을 포괄하는 건축 기능에 대한 과학적이고 객관적인 이해, 세번째를 건축미학으로 들고 있다. 이런 구분은 일본의 건축학자인 사노 토시가타의 주장과 매우 흡사하다. 사노에 따르면, "건축은 하나의 학문이지만 학습의 편의상 이를 세 가지로 나눌 수 있는데, 건축 계획, 건축 의장, 건축 구조가 바로 그것이다."[53]

그중 건축미학에 대해 박길룡은 보다 자세히 서술한다. 건축미학은 건축 형태를 분석해 거기서 미를 발견하는 학문으로, 구조, 기능, 형태를 소재로 한 건축미를 객관적으로 탐구하는 학문이다. 그리고 건축의 세 가지 요건

가운데 두 가지는 건축을 객관적으로, 과학적으로 취급하면서 성립했다면, 최후에 남는 것은 형태학적 내지 미학적 문제라고 했다.

7월 31일자 글에는 「건축예술론시비」라는 제목이 붙었는데, 여기서 박길룡은 이십여 년 전 일본에서 일어났던 '건축 비예술론' 논쟁을 거론한다. 현대건축에 대한 자신의 견해를 명확히 하기 위해 논의의 맥락을 밝힌 것이라고 볼 수 있다. 다이쇼 후반과 쇼와 초기 연도에 일본 건축계에는 앞서 언급한 사노를 비롯해 우치다 요시카즈內田祥三, 나이토 타츄內藤多仲 등으로 대변되는 새로운 부류의 건축가들이 등장했다. 일본의 건축사가 후지모리 테루노부가 '사회정책파'라고 불렀던 이들은, 양식과 장식 대신 역학적 합리성에 근거한 새로운 미학을 추구했다. 그들의 입장은 1915년 4월, 노다 도시히코野田俊彦가 『겐치쿠잣시建築雜誌』에 발표한 '건축 비예술론'으로 잘 대변되는데, 이것은 "콘도르 이후, 일본 건축계에 뿌리 깊게 박혀 있었던, 건축이 예술이라는 인식에 충격을 주었다."[54] 박길룡은 이들의 주장을 받아들이지만, 그들과 결정적으로 달랐던 점은 정부의 사회정책에 적극적으로 참여할 수 없었다는 것이다. 그것은 식민지 지식인으로서 갖는 결정적인 한계였다.

박길룡은 이 논쟁을 언급하면서, 건축이 예술인지 혹은 비예술인지의 판단은 건축가의 입각지立脚地에 따라 달라진다는 상대적인 입장을 견지했다. 그러면서 역사적으로 "건축론의 입각지가 세 단계를 밟아 왔다고 했다. 즉 고고학적, 공예학적, 사회학적이다"라고 했다. 이 가운데 고고학 건축관이 건축의 원시 상태를 고찰해 건축의 본래 면목을 밝히는 것이라면, 공예학적 건축관은 역사적인 양식을 기반으로 구조와 장식을 결합한 십구세기 말의 복고주의를 가리키는 것이었다. 사회학적 건축관은 "건축을 사회생활의 한 기관으로 보고, 통계학, 경제학, 물리학, 생물학 등의 이론의 근거로 과학적 연구의 실증을 드러내는 것"이었다. 이를 통해 박길룡이 가졌던 사회학적 건축관이 어떤 맥락에서 도출되었는지 잘 이해할 수 있는데, 일본 사회정책파 건축가들의 주장에 커다란 영향을 받았고 그것이 그가 생각했던 근대성의 본질이었다.

마지막으로 8월 1일에는 「경성저명건축비평」이라는 제목으로 사회학적 건축관의 근본 관념을 네 가지로 정리한다. 첫째, 건축 형태는 기능이 가장 필연적으로 표현된 것이다. 둘째, 허위가 없는 간명한 형식이 가장 아름다운 것이다. 셋째, 현대의 강건한 미는 가장 재료적인 측면에서 찾아볼 수 있다. 넷째, 동적 표현이야말로 가장 특이한 현대 경향의 하나이다.

박길룡이 주장한 네 가지 근본 관념은 그의 사회학적 건축론과 관련해 실천적 특성을 드러낸다. 즉 복잡한 건물 기능들의 효과적인 배치를 위해 통계학적 방법을 바탕으로 삼았고, 간명한 형식을 위해 가장 경제적인 표현을 원했다. 현대의 강건한 미를 위해서는 물리적인 역학을 중시했으며, 건물의 동적 표현을 위해 유기체가 갖는 생물학적인 구성 원리를 수용했다.

박길룡은 이를 바탕으로 당시 경성에 세워진 주요 건물들을 네 가지로 분류해 비평했다. "총독부 청사, 경성역, 저축 은행, 야스다 은행 등은 콘크리트 구조 위에 역사주의적 장식으로 마감되어 비과학적 건축이다." 그리고 "조선은행, 총독관저, 석조전과 같이 철근콘크리트와 같은 구조법이 없는 시대에 지어진 건물들은 지금의 건축론으로 논할 여지조차 없다"고 했다. "에이호 회사, 지요다 생명, 예수교서회 등은 구태에서 벗어났지만 아직 기성 양식을 배회하고 있다"고 평가했으며, 마지막으로 "중앙전화국, 간이보험과, 미동보통학교는 완전하게 역사주의 양식의 구태를 벗은 경쾌한 형태"라고 했다. 이같은 비평을 통해, 박길룡의 사회학적 건축론이 지향하는 바가 명확히 드러난다. 그것은 근대적 구조체계를 가지며, 역사주의 양식과 결별한 근대건축의 새로운 가능성을 확인하는 것이었다.

건축 작품과 그 한계

박길룡이 밝힌 사회학적 건축관은 명백히 서구의 근대건축과 맥을 같이하고 있다. 그렇지만 낙후된 식민지의 수도에서 활동했던 건축가에게, 그런 생각들은 현실화 과정에서 당연히 많은 한계에 부딪칠 수밖에 없었다. 따라서 그가 제안했던 사회학적 건축관의 네 가지 근본 관념을 중심으로 박길룡의 건축 작품들을 분석하면서, 설계방법론으로서 그들의 적용 가능성과 한계를 포착할 수 있다. 물론 이런 시도는 박길룡 건축을 둘러싼 구조적 장을 정확하게 짚어내고, 그 과정에서 건축가가 어떤 선택을 했는지 드러내려는 것이다.

우선, 건축 형태와 기능과의 관계이다. 건축에 대한 기능주의적 접근은 근대건축을 관통하는 매우 중요한 원칙 가운데 하나였고, 박길룡 역시 이를 자신이 설계한 건물에 반영하고자 했다. 그렇지만 그를 둘러싼 사회 여건과 당시의 기술 수준 등에서 한계가 많았던 것도 사실이다. 경성제국대학 본관(현 한국문화예술위원회 예술가의 집)은 그런 점을 잘 드러낸다. 이 건물은 캠퍼스에 세워진 다른 건물들과 유사한 형태로 계획되었다. 조선총독부는 서울에 짓는 최초의 대학 건물을 위해 동숭동과 연건동 인근을 캠퍼스 부지로 잡고 본관을 비롯한 다양한 건물들을 세워 나갔다. 이는 두 단계를 거치게 되는데, 첫번째는 1924년부터 1927년까지, 두번째는 1928년에서 1930년까지이다.[55] 마스터플랜에서 각 건물들의 설계에 이르기까지 전체적인 작업을 총독부 영선계에서 진행했기 때문에 주요 건물들의 형태와 재료는 통

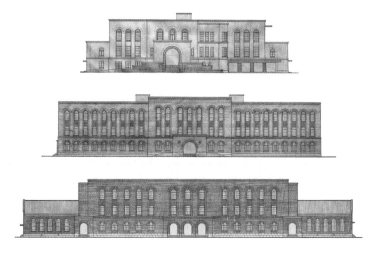

12 위부터 경성제국대학 본관, 의학부, 법문학부 건물의 입면 비교. 박길룡이 설계한 본관은 비대칭적 구성을 보여준다.

일되었다. 건물들은 로마네스크의 반원형 아치와 스크래치 타일, 그리고 정면의 경우 엄격한 축에 의한 대칭형으로 특징지어진다. 이 점은 의학부와 법문학부 건물에 잘 나타난다. 그러나 엄격한 대칭으로 디자인된 이 두 건물과는 달리, 본관 건물은 주요 건물들 중에서 유일하게 비대칭적 구성을 하고 있다.[도판12] 이는 건물의 기능을 반영하면서 만들어진 것으로, 그런 점에서 박길룡은 자신의 원칙을 따라서 설계한 것으로 보인다.

두번째로 현대의 강건한 미와 물성에 관한 것이다. 『동아일보』에 연재한 '현대와 건축' 중 「경성저명건축비평」에서 "현대의 강건의 미는 가장 재료적인 점에서 볼 수가 있다. 콘크리트나 화강석 그대로의 형태를 미라 하는 것이다"[56]라고 썼다. 이는 그가 설계한 조선생명보험 사옥, 동일은행 남대문지점, 동아백화점, 한청빌딩, 화신백화점과 같은 건물에 잘 반영되어 있다. 대부분 철근콘크리트조로 시공되었으며, 그런 구조적 특징을 형태적으로 표현하고자 했다.

그렇지만 박길룡이 설계한 오피스빌딩의 구조는 다소 불규칙한 간격으로 되어 있다. 주요 실들과 비교해 계단실 부분이 좁거나 넓게 설계되어, 동아백화점은 가로 18.5-24.5척(5.55-7.35미터), 세로 12.9-15.3척(3.87-4.59미터), 한청빌딩은 가로 14.9-17.5척(4.47-5.25미터), 세로 15.3척(4.59미터), 화신백화점은 가로 15.3-16척(4.59-4.8미터)과 세로 17-22척(5.1-6.6미터) 사이에서 불규칙적인 그리드 체계로 결정되었다.[57] 대단히 좁으면서 불규칙한 구조체계가 등장하게 된 것은, 구조기술의 한계와 더불어 기능에 따른 평면 구성이 먼저 이루어지고 난 뒤 거기에 맞춰 구조체계가 짜였기 때문이다. 건축물들이 상업적인 기능을 띠고 있기 때문에, 출입이 잦은 가로변이 공간의 위계를 정하고 평면을 구성하는 데 가장 큰 영향을 미쳤다.

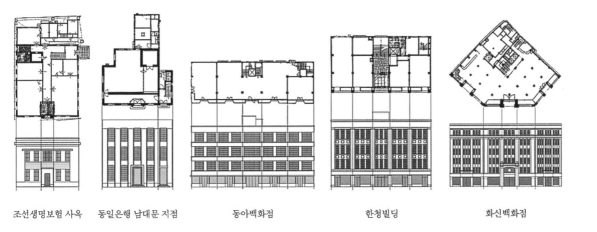

| 조선생명보험 사옥 | 동일은행 남대문 지점 | 동아백화점 | 한청빌딩 | 화신백화점 |

13 박길룡 건축의 간명한 형식을
볼 수 있는 평면과 입면. 『조선과
건축』에 실린 자료를 토대로 재작성.

따라서 대지의 향과 관계없이 전면도로에 면한 곳이 건축물의 정면이 되며 주요 실들은 건축물의 정면, 즉 가로변에, 부속 공간은 건축물의 후면에 구성되는 모습을 보인다.

세번째는 허위가 없는 간명한 형식에 관한 것이다. 박길룡이 설계한 주요 상업 시설과 문화 시설 등은 대부분 '허위 없는 간명한 형식'을 취하고 있다.[도판13] 이런 특징은 김천고등보통학교(현 김천고등학교) 본관에서도 명확하게 나타난다.[58] [도판14] 이는 붉은 벽돌로 된 2층 높이의 박스형 건물로, 비슷한 시기 다른 학교 건물과는 달리 평지붕으로 되어 있다. 중앙의 주 출입구를 중심으로, 교실들이 편복도로 연결되어 매우 간명한 평면을 가진다. 이 건물에서 특이한 점은 모서리 부분이다. 건축가는 이를 곡면으로 처리했는데, 너무 긴 건물 폭 때문에 생겨난 단조로움을 피하기 위해, 입면상의 변화를 주려 했음이 틀림없다. 건물 구조는 조적 벽체에 콘크리트 바닥을 깐 것으로, 이런 구조적 특징이 입면의 캐노피 부분에 그대로 반영되어 있다.

14 김천고등학교 본관.
1932년 설계.

그렇지만 박길룡의 대표작이라고 할 수 있는 화신백화점은 비록 구조체는 철근콘크리트 라멘 Rahmen 구조였지만, 외관에는 그가 비판했던 역사주의 양식의 흔적들이 곳곳에 있다. 건물 상부에는 수평성을 강조하는 코니스가 돌출해 있고, 수직적인 기둥과 주두柱頭들이 벽면을 장식하고 있다. 이런 형태 구성은 '허위 없는 간명한 형식'을 주장한 건축가의 생각과는 다른 태도를 보여준다. 이같은 불일치의 원인은 여럿이지만, 건축주였던 사업가 박흥식과의 관계가 중요한 원인이 되었다고 본다. 화신백화점이 들어서기 전, 그 자리에는 화신상회가 있어서 여러 잡화를 팔고 있었다. 1931년 박흥식은 그 운영권을 넘겨받아 경영 전면에 나서게 되었다. 그리고 화신상회 동쪽에는 박길룡이 설계한 근대식 건물인 동아백화점이 세워지게 된다.[59] 1932년 1월에 개점한 이 건물은 화신상회와 치열하게 경쟁했지만 육 개월 만에 파산하고, 그해 7월 화신상회에 합병되어 두 건축물을 연결하는 통로가 마련되었다.[60]

박길룡은 동아백화점을 설계하며 '허위 없는 간명한 형식'을 집어넣었다. 박스형의 건물 전면에 수평 창을 낸 것으로, 전형적인 근대건축의 형태를 실현했다. 그러나 1935년 화재로 반소되었고, 그해에 5층으로 증축해 이듬해에 다시 개점했다. 이때 건물 형태는 절충주의적 모티프로 바뀐다. 이는 건축가의 생각보다는 새로운 건축주인 박흥식의 의지가 반영된 것이라고 볼 수 있다. 이후 박흥식은 인접 대지를 구입, 박길룡의 설계로 건평 2,000평이 넘는, 지하 1층 지상 6층의 화신백화점을 준공하면서도 마찬가지로 절충주의적 입면 구성으로 시각적인 연속성을 만들었다. 그리고 쇼윈도 상부의 수평 부재는 2개의 건물을 같은 라인에 위치하도록 만들어 가로변을 지나는 행인들이 연속적인 상업 공간임을 인지하게 했다.

이러한 맥락에서, 화신백화점의 절충주의적 형태 구성은 건축가의 의지라기보다는 박흥식의 요청 때문이라고 볼 수 있다. 박흥식은 근대건축에 대한 큰 지식 없이 경성에서 영업했던 일본계 백화점, 즉 미쓰코시, 히라타, 미나카이 백화점들에 영향을 받아 그 형태를 따랐을 가능성이 높다. 특히 미나카이 백화점의 입면 구성은 증축된 동아백화점의 그것과 유사하다.

마지막으로 동적 표현에 관한 것이다. 이같은 특징은 보화각(현 간송미술관)과 민병수 가옥을 통해 확인할 수 있다. 이 가운데 보화각은 경성제국대학 본관보다 십여 년 후인 1938년에 건설되었다.[도판 15] 대지는 서울 북동부의 정릉 부근으로, 당시로서는 건물이 거의 없는 매우 한적한 곳이었

15 한국 최초의 사립미술관인 서울 보화각. 1938년 준공.

다. 이에 따라 건물의 배치와 평면 구성은 주변의 자연환경을 최대한 반영하도록 설계되었다. 이곳은 작은 규모의 미술관으로, 기능에 따라 건축물의 전체 형태가 형성되었다. 그런 점에서 박길룡이 이야기한 '기능의 필연적인 표현으로서 형태'를 따른 것이라고 여겨진다. 보화각은 간송 전형필이 수집한 문화재를 보관, 전시하고 연구하는 건물로, 기능에 따라 전시실, 홀, 사무실, 곡면 매스가 긴밀하게 연결되어 있다. 건축물로의 접근은 건물

16 최근 들어 박길룡의
작품으로 알려진 민병수 가옥.
1936년 준공.

뒤쪽과 북동쪽에서 이루어지지만, 향을 고려해 현관을 남향으로 위치시켰고 계단실과 화장실을 북쪽에 두었다. 보화각에서는 현관의 캐노피 역할을 겸하는 반원형의 돌출된 캔틸레버 cantilever 가 매우 특징적으로 나타난다. 캔틸레버 구조는 한편으로 투명성을 극대화해 외관상 강조점을 만들어낸다. 이 건물 형태는 전체적으로 비대칭의 균형을 잡게 되며, 또한 연속되는 공간적 흐름을 유발하는 장치로도 역할한다.

박길룡은 사회학적 건축론에서 동적 표현을 제시했는데, 이는 두 가지 측면에서 이야기할 수 있다. 하나는 그로피우스가 설계한 바우하우스 교사처럼 조형 면에서 역동적인 균형을 취하는 것이고, 또 다른 하나는 자유로운 평면을 바탕으로 생물학적 순환을 드러내는 측면이다. 경성제국대학 본관과 비교해서 보화각은 더욱 비대칭적이며 동적인 매스 구성을 가지고 있으며, 복잡한 마감이나 장식이 없는 백색의 추상적이고 간결한 형태를 보여준다. 또한 공간적으로 보자면 긴 연속적인 동선의 흐름을 담아냈다. 이런 점에서 보화각은 박길룡이 주장한 동적 표현을 가장 잘 구현한 건물로 평가받을 만하다.

보화각과 비슷한 평면 구성을 가지는 것이 민병수 가옥이다.[도판16] 이 가옥은 그동안 박길룡의 작품으로 잘 알려지지 않았는데, 최근에 시미즈구미清水組가 1937년쇼와 12년에 발행한 『공사연감工事年鑑』61에 실려 있는 것이 확인되었다. 1936년 12월 서울 청운동에 세워진 이 건물은 보화각보다 약 이 년 전에 지어졌다. 보화각과 민병수 가옥은 기능상의 차이에도 불구하고, 우선 그 평면 방식에서 유사성을 찾아 볼 수 있다. 특징적인 것은 반원형의 공간이 평면 왼쪽에 치우쳐서 돌출한 것이다. 물론 보화각은 그것이 2층에서 캔틸레버로 돌출해 있는 반면, 민병수 가옥에서는 1층은 응접실로 2층은 테라스로 사용된 점이 다르다. 이런 차이에도 불구하고, 이 두 작품은 공통적으로 건물 형태가 기능을 잘 표현하고, 간명한 형식으로 되어 있으며, 동적으로 표현되어 있어, 박길룡의 생각을 가장 잘 담고 있는 작품이라 할 수 있다.

6장. 이상: 도시적 변모와 아방가르드의 탄생

이상 李箱 (본명 김해경 金海卿) 1910-1937 은 1926년 경성고등공업학교(경성고공) 건축학과에 입학해 삼 년 동안 건축을 익혔다. 졸업 후에는 조선총독부 내무국 건축과 기수로 취직해 1933년 각혈로 사직할 때까지 사 년간 건축 실무를 담당했다. 그 후 그는 건축계를 떠나 문학가의 길을 걷게 된다. 1937년 도쿄에서 '불량한 조선인'이라는 뜻의 불령선인 不逞鮮人으로 체포되어 스물여덟의 나이로 요절할 때까지 수많은 기행 奇行과 여성 편력, 난해한 문학 작품으로 한국 근대문학사에 뚜렷한 족적을 남긴 존재로 평가받는다. 높은 문학적 성과 때문에 이상에 대한 연구는 주로 문학 쪽에서 활발하게 이루어졌고, 그가 남긴 시나 소설은 그 난해성으로 오늘날까지 수많은 평전이나 논문의 연구 대상이 되었다. 한국의 대표적인 문학평론가들 대부분 그의 문학을 다루었고, 그들은 그것을 통해 한국 근대문학의 독특한 단면, 즉 '모더니즘'이라고 부를 수 있는 새로운 단층을 파악하려 했다.

그럼에도 불구하고 문화사적인 관점에서 본다면, 그에 대한 연구에는 많은 한계가 있어 앞으로 문학 이외의 분야에서 더욱 많은 연구가 필요하다. 이상이라는 존재는 문학평론가 김윤식의 이야기대로 근대라는 이름의 모더니즘과 관련되는 까닭에 보다 넓은 지평에서 연구될 필요가 있다.[1] 그것은 또한 그의 의식에 대한 정확한 이해와도 직결된다. 이상은 1920년대와 1930년대 식민지 지식인들이 가졌던 의식의 한 유형을 대변하며, 서구 아방가르드들의 그것과 비교할 만하다. 따라서 일제에 의해 근대다운 근대를 경험해 보지 못했던 다양한 문화 영역들, 그중 특히 건축 분야에서 이상을 근대성에 대한 하나의 전범으로 가정할 수 있다.

이상의 시와 소설을 분석하면서 두 가지 사실을 규명하고자 한다. 먼저, 그의 문학 작품들은 건축적 도시적 생각들을 깊게 반영하고 있으므로 한국 근대건축사의 주요 연구 대상으로 포함되어야 한다는 사실이다. 지금까지 건축계에서 이상의 작품이 언급된 경우는 있었으나 진지한 연구의 대상이 된 적은 없었다.[2] 두번째는 이렇게 이상의 문학 작품들을 한국 건축사 연구에 포함할 경우, 기존의 한국 근대건축사 접근 방식을 대폭 수정해야 한다는 사실이다. 즉, 기존의 주요 연구들이 주로 근대건축의 양식적 수용에 초점을 맞춘 반면, 이상의 문학 작품들은 대도시를 중심으로 펼쳐지는 건축가의 감수성과 인식상의 변화들을 표출한다. 그의 시는 근대건축을 스타일이나 형태, 도구적 기술의 관점이 아닌, 근대적 자아를 통한 도시공간의 해체와 재구성이라는 관점으로 바라보아야 한다는 사실을 일깨워 준다. 그리고 그의 시는 빠르게 변모해 가는 대도시에 대해, 생활 속으로 침투해 들어가던 근대적인 기계문명에 대해 서구의 아방가르드들이 드러냈던 것과 유사한 반응을 우리에게 보여준다.

문학과 건축적 담론

이상의 시와 소설을 근대건축사에 포함하려는 이 시도는 여러 특이점들을 내포하게 된다. 무엇보다 지어진 건물을 대상으로 하기보다는, 시나 소설과 같은 텍스트에 초점을 맞추고 있다. 또한 당시 한국의 도시계획을 담당했던 식민지 기술 관료의 도시정책이나 실천을 탐구하기보다는, 그들이 만들어낸 도시공간이 도시 거주자에게 미친 심리적인 영향을 다룬다. 이 경우 인간의 의식과 물적 환경 사이에 성립되는 담론의 구조가 매우 중요한 의미를 가지게 된다. 이 점이 기존의 이상에 관한 연구와 다르고, 또 다른 근대건축 관련 연구와도 다르다. 여기서 담론은 다양한 의미를 발생시키는 말이나 텍스트를 가리키며, 물론 거기에는 소통을 위한 잠재적인 구조가 선행해서 존재한다.

담론의 개념을 끄집어낸 이유는, 이상의 문학 작품을 건축 영역으로 끌어들여 해석하기 위해서이다. 이같은 담론적인 접근은 건축과 문학이라는 전혀 이질적인 분야를 소통시키면서, 각 분야가 가지는 근대성의 의미를 분명히 드러낼 수 있게 해 준다. 이상이 총독부 관방회계과 영선계에 건축 기수로 재직하면서 발표한 초기 시들은[3] 건축 잡지에 기고한 것이기 때문에 건축에 관한 생각들이 담길 수밖에 없고, 총독부 관료건축가들의 생각을 관통하는 주류적인 담론은 아니었지만, 그 어떤 건축 작품보다 근대성의 문제를 예민하게 포착하고 있다.

이런 접근은 기존의 연구와 어떻게 구별되고, 또 이상 문학의 지평을 어떻게 확장할 수 있을까. 본격적인 논의에 앞서 크게 세 가지 점을 분명히 해두는 것이 좋겠다. 첫번째로, 이상 문학을 서구 아방가르드들의 시각과 비교해 그 연관성을 규명함으로써 그의 시가 가지는 의미를 명확히 하고자 한다. 이같은 비교는 그의 의식의 기원을 밝혀 줄 수 있다는 측면에서 이상의 난해한 시를 이해하는 데 도움이 될 것이다. 물론 그동안 그의 문학과 서구 아방가르드를 연결 짓는 연구는 적잖게 이루어졌다. 그렇지만 주로 조형 분야보다는 문학 분야와 연관 지어, 그 의미를 보다 엄밀하게 밝혀내지 못했다고 생각한다. 그러나 브르통, 엘뤼아르, 아라공 등에게서 볼 수 있는 것처럼 시각예술과 문학은 많은 점을 공유하며 겹쳐져 있다.[4]

이상과 서구의 아방가르드, 그중에서 특히 다다 Dada 와의 연관성은 확실해 보인다. 구인회 九人會 동인이었던 조용만은, 이상이 다카하시 신키치 高橋新吉,[5] 하루야마 유키오 春山行夫 등의 시를 애독했으며, 하루야마는 당시 『세르팡 セルパン』의 주간이었던바, 이상은 항상 잡지 『세르팡』을 가지고 다녔다고 회상했다.[6] 다다이즘이 일본을 통해 한국에 소개된 때는 1920년대 초였고 1920년대 중반부터는 하나의 뚜렷한 유형 또는 유파적 이즘 ism 으로 소개되었다. 이상이 구인회 멤버로 활동한 시기쯤이면 벌써 십 년 정도의 시간이 경과했고, 따라서 이상은 어떤 식으로든 다다이즘의 경향을 파악하고 있었을 것이다. 그렇지만 이같은 문학 잡지 외에도, 그 자신이 계속해서 시를 발표했던 『조선과 건축』[7] 등 건축 관련 서적을 통해 서구 아방가르드들의 사상을 흡수했을 가능성이 높다. 이 잡지에는 모더니즘에 관한 여러 기사가 실려 있고, 이들은 거의 일이 년의 시차로 서구의 건축과 예술계의 활동을 전하고 있다.

두번째는 가장 중요하게 다룰 부분으로, 이상의 감수성과 의식의 흐름에 큰 영향을 미친 서울 도시공간의 변화와 이상의 텍스트와의 관계를 규명하는 것이다. 그에 관한 기존의 비평서들은 대부분 심리적 상태와 텍스트의 관계를 해석하고 있다. 이것은 이상 문학에서 나타나는 중층적 의미와 해독이 거의 불가능한 표현들을 이해하는 데 중요한 역할을 담당하게 되었다. 이런 경향은 최근에 더욱 두드러져서, 이상 문학을 오로지 정신분석의 대상으로만 삼은 논문과 책도 많이 등장하고 있다. 미적 자의식을 유난히 강조하는 그의 문학성을 고려할 때 이런 태도는 당연할지 모른다. 그렇지만 문제는 그의 의식세계를 어떻게 이해하느냐이다. 대부분의 연구에서 보여주는 심리적 분석은 프로이트의 이론을 응용하는 수준에서 머물고 있어 편협한 시각이 드러난다. 이런 정신분석학적 분석이 기초하고 있는 가정들은, 작가가 성장기에 받은 정신적 외상들이 심리 상태를 왜곡하고, 이것이 문학 작품에 그대로 반영된다는 것이다. 그러면서 이상심리의 가장 큰 요인으로 비정상적인 성장 환경을 꼽는다. 즉 태어나자마자 혈통을 잇기 위해 백부의 집에 양자로 입적되었다는 사실이 정신 외상과 직접적인 관련을 지닌다는 것이다. 그렇지만 이런 유년기의 비정상적 경험만으로 그 문학세계를 충분히 설명할 수는 없을 것이다. 작가 의식에는 이런 정신 외상을 포함해 수많은 외부와의 관계가 축적되어 있고, 그것들도 글쓰기 행위에 많은 영향을 미쳤으며 이상의 텍스트는 바로 이런 총체성을 표상하기 때문이다.

성장기에 받은 정신적 외상 외에도, 작가로서의 독특한 심리 구조를 결정지은 다양한 요소들 중 가장 중요하게 취급해야 할 것은, 그가 건축 실무자로서 체험한 1920년대 경성의 변모, 그것이 가져다준 충격일 것이다. 1912년부터 시작된 경성시구개정사업은 1920년대에도 계속 이어져, 경성의 전통적인 폐쇄형 가로체계를 개방적으로 바꿔 놓았다. 이상이 총독부 기수로 활동했던 1920년대 말에 이르러서는 대략 200-300미터 간격의 격자식 도로체계가 자리잡았다.[8] 이에 따라 1930년대 경성은 과거의 한양이 아니었다. 식민 도시 경성은, 반세기 이후 전개될 메가시티 서울의 맹아를 품고 있었다. 경성의 인구는 계속 증가해 35만 명에 이르렀고, 도시면적은 대략 세 배 정도 확장되었으며, 도시구조는 과거의 성곽 도시에서 벗어나 근대 도시로 변모했다. 1392년 조선의 수도로 정해진 후, 왕과 그 친척들, 관료들이 오랫동안 터를 잡고 살아왔던 그런 공간이 아니게 된 것이다. 그 대신 식민지 근대화를 겪으며 주체성을 획득한 개별적인 인간들이, 뿌리 뽑힌 유목민처럼 익명적인 생활을 영위하는 곳으로 뒤바뀌었다. 이상은 식민지 지배하에서 탈바꿈해 가는 1930년대의 경성과 그곳에서 활보하는 군중들, 근대 문명이 가져다준 아찔한 현실에 많은 충격을 받았음이 틀림없다. 그러므로 그의 시와 소설에 이런 충격이 매우 생생하게 담겨 있는 것은 당연하다. 보들레르가 파리라는 대도시에서 경험한 '무감각함 blasé'[9]과 '산책자 flaneur'의 의미는 이상 시에서도 마찬가지로 발견된다. 따라서 이상 시에 대한 건축적 연구는 바로 이 부분에 집중하고자 한다. 식민지 경성의 근대적 도시성에 대한 인식, 공간 변화에 따른 심리적 갈등과 불안, 서구 근대건축의 이식과 도시 풍경의 변화, 이에 대한 수용과 반발 등의 연구를 포함하는 작업이 될 것이다.

마지막으로 구인회 멤버였던 박태원이나 이태준, 채만식과 같은 동시대 문인들이 보여준 근대 도시의 담론 가운데서, 이상 문학이 어떤 위치를 점하는지를 확인하려고 한다. 이는 상당히 흥미로운 작업이다. 왜냐하면 1930년대 한국 도시의 근대성이 이들 작가의 의식 속에서 어떻게 발현되는지를 이해하는 데 도움이 되기 때문이다. 이 시기에 활약했던 소설가 박태원과 시인 이상은 경성이 변모해 가는 모습을 예리하게 간파하고 작품을 통해 그것을 묘사한다. 이 두 문학가는 경성의 도시화에 매우 예민하게 반응했다는 점에서 공통점을 지닌다. 그렇지만 그들의 문학 작품에서 읽어낼 수 있는 것처럼, 그 반응은 상반되었다.

박태원의 「소설가 구보씨의 일일」과 이상의 「날개」에는 흥미로운 두 가지 종류의 공간이 등장한다. 그 공간은 과거 전통 마을에서는 볼 수 없었던 낯선 풍경이다. 두 소설의 주인공은 모두 현실에 적응하지 못하는 지식인들

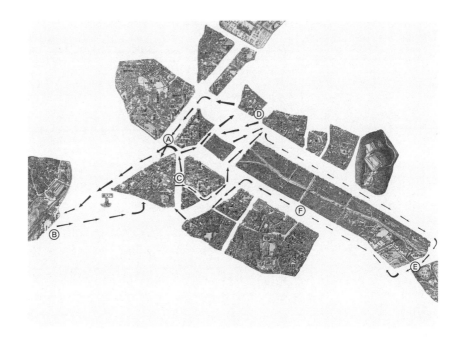

1 「소설가 구보씨의 일일」에
나타난 박태원의 경성 심리
지도(psychogeography).
1936년 조선신문사에서
제작한 조감도 형식의 지도
대경성부대관(大京城府大觀)에
필자가 재작성. A. 시청 앞,
B. 경성역, C. 소공동 제비다방,
D. 화신상회, E. 동대문, F. 천변길.

로, 일인칭 주인공 시점에서 내면의 의식을 형상화한다. 이들 소설의 주무대
는 경성이라는 대도시지만, 도시화에 대한 반응은 달랐다. 박태원의 소설에
서는 주로 도보나 전차로 이동하면서 경성의 주요 지점들을 방문한다.[도판
1] 그 과정에서 주인공의 의식 흐름은 현재와 과거가 뒤섞인다. 그는 도시의
풍경을 자신의 시각으로 관찰하고, 그런 관찰을 통해 도시공간을 묘사한다.
그에게 도시라는 바깥세상은 새로움으로 가득 찬 경이로운 장소이지만, 되
돌아갈 집은 어머니가 사는 전근대적인 공간이다. 이런 대비는 전체적으로
모더니스트 박태원이 바깥을 배회하게 만든다. 어쩌면 그에게 도시는 확장
된 거주 공간일지도 모른다. 길은 복도였고, 다방과 카페는 거실이었다. 그리
고 백화점을 둘러보면서 문명의 이기에 감탄했다.

　　이에 비해 이상의 「날개」에서 주인공이 머무는 공간은, "한 번지에 18가
구가 들어서 있는" 유곽과 같은 곳에 위치한 작은 방이다. 대문에서 일곱번
째 칸이 그의 방으로, 그는 그곳을 가장 쾌적한 공간으로 생각한다. 아내가
외출하면 아내 방에 놓여 있는 물건들을 가지고 놀면서 무료한 시간을 보낸
다. 그러다 아내의 외출을 틈타 도시로 외출을 꾀하는데, 그곳에서 목적 없이
방황하다 극도의 흥분과 피로를 느끼고, 급기야는 병에 걸리고 만다. 사실 이
상이 묘사한 그 내밀한 방은 근대에 출현한 새로운 내부성interiority을 대변한
다. 번잡한 대로에서 무방비로 노출된 개인들을 보호하면서, 그 개인들에 의
해 완벽하게 통제 가능한 공간이다. 이에 비해 방 바깥의 도시는 알 수 없는

공간이다. 그 때문에 이상은 그곳이 매우 두려웠다. 오래된 마을에서 그곳은 공동체에 의해 통제되는 친숙한 공간이었지만, 이제 빠르게 달리는 차량들과 정체를 모르는 사람들이 활보하는 냉혹한 공간으로 뒤바뀐 것이다.

박태원의 「소설가 구보씨의 일일」에서 등장하는 공간 의식은, 사실 서구 지식인들로부터 지속적으로 탐구되어 온 주제이기도 했다. 보들레르는 1860년에 발표했던 「파리인의 꿈 Rêve parisien」이란 시에서, 오스만에 의해 개조되어 근대화된 파리를 배회하면서 받은 흥분과 경이로움을 노래했다. 비슷한 시도가 발터 벤야민이 쓴 『아케이드 프로젝트 Das Passagen-Werk』에서도 등장한다. 여기서 근대 도시 파리는 아케이드와 거실이라는 두 가지 공간으로 묘사된다. 이들은 박태원과 이상이 그리는 경성의 공간과 정확하게 대응된다. 마찬가지로 제임스 조이스도 소설 『율리시스 Ulysses』를 통해 더블린 시내를 배경으로 하루 동안 벌이는 평범한 사건들을 묘사한다. 박태원은 자신의 소설에서 『율리시스』를 언급함으로써, 그에 영감을 받았다는 사실을 암시한다.

아방가르드의 역사적 의미

이상 시가 서구 아방가르드들의 미의식과 매우 깊이 관련되어 있다는 사실은 확실해 보인다. 따라서 그의 시에 대한 본격적인 이해에 앞서 서구 아방가르드의 역사적 의미에 대해 탐구할 필요가 있다. 역사적으로 볼 때 예술가들에게 막중한 사회적 임무가 부여된 시기는, 메트로폴리스의 발생으로 인간환경이 급속도로 변화하던 때였다. 혼란스럽고 무질서한 현실에 예술가들이 개입해 새로운 방식으로 질서를 부여했던 것이다. 제일차세계대전 이후에 나타난 서구의 아방가르드 운동과 근대건축은 이런 점에서 도시화에 따른 다양한 변화에 대응하려는 예술가와 건축가의 태도를 전형적으로 보여준다. 인류 역사상, 산업혁명이 불러일으킨 도시화만큼 인간의 거주 환경을 변모시킨 경우는 없었다. 그만큼 그 변화의 과정은 격렬했고, 따라서 예술가나 건축가의 활동 또한 파격적이고 치열했다.

십구세기 중반부터 등장한 메트로폴리스는 예술가와 건축가, 학자들의 탐구 대상이 되었다. 독일의 사회학자 게오르크 짐멜 Georg Simmel 은 『대도시와 정신적 삶 Die Großstadte und das Geistesleben』이라는 에세이를 통해, 근대 도시에서 사람들이 경험하는 인식론적 단절을 예리하게 분석하고 있다. 그에 따르면, 대도시는 화폐 경제의 본거지로, 화폐는 모든 현상들을 수량적인 문제로 평준화하는 경향을 가진다. 따라서, 과거 전통 사회를 지배했던 인간적 관계 대신 이성적 계산이 사회를 지배하며, 이에 따라 대도시에 사는 사람들은 형식적 인간관계 속에 매몰된다.[10] 이성적 계산에 입각해 몰인정한 객관성을 띠게 되는 것이다. 이처럼 다양한 삶의 경험들을 돈으로 환원할 경우, 사물의 다양성과 질적 차이는 끊임없이 양적으로 표현된다. 거기서 근대 이후 도시인들은 과거의 공동체와는 전혀 다른 환경을 인식하게 된다.

보를레르는 오스만의 파리 개조 계획에 따른 도시의 변화를 시로 잘 묘사했다. 그가 보기에 메트로폴리스는 끊임없이 빠르고 자극적인 변화를 불러일으키고, 그에 따라 사람들의 신경은 둔감해져 버린다. 도시적 변화와 자극이 발생시키는 엄청난 스트레스로부터 스스로를 방어하기 위한 기제라고 여겨진다. 또한 무절제한 향락이 끊임없이 지속되면 무감각해지듯, 계속해서 자극받을 경우 둔감해지는 경향도 있다. 이런 심리적 현상은 대도시에서 자란 사람들에게 뚜렷이 나타난다. 대도시는 소소한 일들과 편견, 유대관계에 얽매인 소도시보다 개인의 자유를 보장하지만, 그런 자유가 반드시 개인의 정서적 안정으로 연결되지는 않는다.

『아케이드 프로젝트』에서는 메트로폴리스에 등장한 새로운 공간들을 탐구한다. 이 책에서 벤야민은 "유리와 철제 골조들에 대항해서, 직물로 된 덮개가 저항한다"[11]고 썼다. 여기서 "2개의 공간이 함께 등장하는데, 유리와 철제 골조들은 아케이드를 가리키며, 직물로 된 덮개는 거주하는 내부domestic interior를 가리키고 있다."[12] 이는 근대 부르주아들이 만들어낸 새로운 공간이다. 두 공간 중 아케이드는 기술적 진보와 상업이 결합된 곳으로 근대화된 도시를 상징한다. 이에 비해 '거주하는 내부'는 도시로부터, 소외받는 경험으로부터의 피난처를 의미한다. 이 둘은 서로에게 저항하지만, 벤야민은 이 두 공간이 얽혀 있다고 보았다. 그래서 "거주하는 내부는 밖으로 움직인다. 가로는 방이 되고, 방은 가로가 된다." 또한 "아케이드는 외부를 가지지 못한 주택이고 통로들이다. 마치 꿈과 같이"[13]라고 쓰고 있다. 이상과 박태원이 그들의 문학 작품에서 날카롭게 포착한 공간도 벤야민의 공간과 유사하다.

만프레도 타푸리는 서구 아방가르드에게 부여된 사회적 임무를 규정하면서 새롭게 변모된 세계, 즉 자본주의의 생산체계에 맞추어진 도시 환경을 대중들이 지극히 '자연스러운' 것으로 받아들이도록 하는 것이라고 했다. 이를 위해 "절대적인 소외의 장소인 메트로폴리스에 관심을 집중시킨 다음", 거기서 부르주아들이 계속 받게 되는 쇼크를 예술 활동을 통해 완화시키려고 했다.[14] 근대 도시의 출현과 함께 일어난 이같은 인식의 단절을 메우기 위해, 서구의 아방가르드들은 여러 가지 방법을 시도했다. 그중 가장 최초는, 과거와의 완전한 단절을 주장하며 현실에는 존재하지 않는 유토피아를 그리는 것이었다. 이같은 공상적 사회주의utopian socialism는 십구세기 초반부터, 로버트 오언Robert Owen, 생시몽, 샤를 푸리에 등에게서 집중적으로 나타났다.[15] 그리고 이십세기 초의 이탈리아 미래파는 이들의 이념을 그대로 계승하면서 새로운 기계 문명을 찬양하게 된다. 이런 시도는 새로운 도시 현실이 가져다주는 고통을 일시적으로 가리는 역할을 했다. 그렇지만 그들이 제안했던 유토피아는, 대도시의 현실에서 발생하는 심각한 모순과 불균형을 제거할 수 없었다. 서구의 아방가르드들은 이런 문제를 해결하기 위해 다양한 시도를 하게 된다.

아방가르드들이 새로운 현실에 접근하는 방식을 타푸리는 크게 두 가지 경향으로 구분했다. 첫번째는 다다이스트들에게 단적으로 나타나는 것인데, "그들은 메트로폴리스에서의 질서보다는 혼란스러움을 택해, 그것을 토대로 드러내 보임으로써 사람들이 경험하는 혼란스러운 현실이 매우 자연스러운 것임을 보이고자 했다."[16] 그들은 그 혼란을 풍자하고 야유하면서, 도시의 비합리적이고 무질서한 현실을 확인한다. 그것을 표상하면서 현실이 만족시킬 수 없는 요구를 암암리에 제기한다.[17] 이상은 자신의 난해한 시를 통해 근대 이전부터 내려오는 전통 사회를 해체하고자 했다. 그 방식은 의미 없는 시어들을 나열해 극단적인 혼란을 부추기는 것이었다. 이는 도시의 근대화로 발생된 전례 없는 생경함에 부딪쳤을 때 나타나는 분열적인 주체를 대변한다. 그런 점에서 이상이 사용한 난해한 시어들은 현실의 혼란스러움을, 비유나 상징 없이 그대로 드러내려는 시도라고 할 수 있다.

두번째는 프랑스의 큐비즘, 네덜란드의 데 스테일 그룹, 독일의 바우하우스, 러시아 구성주의에서 대표적으로 나타나는 경향으로, 독창적인 조형 언어를 통해 근대적 질서를 구축하는 시도이다. "근대 서구의 메트로폴리스에서 일어나는 아주 특이한 현상들을 보편적이고 자연적인 현상들로 인식시키기 위해, 그들은 기계 문명이 해방시켜 놓은 새로운 힘을 어떤 형식으로든 조절해 일관된 질서를 부여하려는 것이다."[18] 그렇게 함으로써 인식과 시각적 변화로 계속해서 충격과 공포를 경험하는 사람들에게, 인식의 단절이 가져다주는 간격을 메우려는 것이다. 그것은 다양한 방식으로 진행되었다. 가령, 큐비즘은 시간의 동시성을 표현하기 위해 다양한 각도에서 본 이미지를 조합했다. 큐비즘의 영향 아래 진행된 데 스테일 운동은, 근대 문명이 변모시킨 공간과 형태를 해석하고 재조직해 거기에 순수한 질서를 창조해냈다. 몬드리안 P. Mondrian 과 테오 반 두스뷔르흐 Theo van Doesburg 에 의해 주도된 이 운동은, 형태의 세계에 일반 법칙이라고 할 만한 보편성이 존재한다고 보았다.[19] 눈에 보이는 다양한 구체적인 형태들을 가장 기본적인 선, 평면, 공간, 색으로 환원해 이들의 관계를 새롭게 구성하고자 했다. 이를 위해 현실은 고립된 채 추상화된다. 즉 다양한 선들은 수직과 수평의 곧은 선으로, 다양한 자연색들은 삼원색과 검은색, 흰색의 한정된 색으로 환원되며, 배경적이고 투시도

1부. 개항과 식민 시대: 서구 근대건축의 수용

적인 공간은 '결정되지 않는' 면으로 환원된다. 이렇게 기본적인 요소들로 단순화된 형태들은 예술가의 의지에 따라 다시 구성된다. 이 재구성된 세계는 이전과는 완전히 다른 조형 세계로, 건축가들은 새로운 조형언어를 가지고 현실 세계를 완전히 새롭게 변모시키고 있다. 또한 공장제 대량 생산 시스템과 맞물려 전 세계 도시로 확산된다.

메트로폴리스의 해체와 재구성

이상 시에서도 서구 아방가르드의 작품에 등장하는 메트로폴리스의 해체와 재구성의 현상이 비슷하게 나타난다. 그렇지만 그것은 식민지의 특수한 상황 때문에 특이한 양상을 띠게 된다. 먼저 시기적인 문제인데, 이상의 시도는 서구 아방가르드들에 비해 거의 십오 년쯤 후에 나타났다. 이때 서구에서는 이미 아방가르드들의 사상이 더 이상 특이한 것이 아니라 거스를 수 없는 대세가 되어 건축과 도시, 여러 응용예술에 접목되고 있었다.[20] 뒤늦게 다른 문화를 수용하는 경우 늘 나타나는 현상이지만, 원전에서는 다양한 측면에서 이루어진 시도들이 (전체 맥락을 이해하지 못하기 때문에) 단편적으로, 그리고 (그 정신적 뿌리를 가지지 못하기 때문에) 피상적으로 나타난다. 이상 문학도 마찬가지이다. 그의 시가 난해해 보이는 것은, 서구 아방가르드의 경우 그 정신세계에 내적 일관성이 있으며, 그들을 둘러싼 현실로부터 필연성을 가지면서 도출된 반면, 이상의 경우 근대 문명에 대한 단편적이고 피상적인 이해에서 비롯되었기 때문일 것이다. 그로서는 수백 년간 축적되어 온 거대한 프로젝트를 단기간에 파악하기 어려웠을 것이다. 또 당시 한국 사회의 현실상 그런 작업을 끝까지 밀고 나가기에 많은 어려움이 따랐을 것이다. 그렇지만 그가 총독부 기수직을 물러날 때까지 『조선과 건축』에 발표한 일문시에서는, 피상적이기는 하지만 비교적 일관성을 가지고 근대성을 탐구하고 있어 주목할 만하다.

이상의 초기 일문시에서 가장 먼저 전해지는 느낌은, 그 전까지는 너무나도 자연스러워서 전혀 사유의 대상이 될 수 없었던 부분들이 갑자기 의심의 대상이 되었을 때의 당혹감과 두려움이다. 그것은 서양의 근대 문명이 가져다준 충격에서 비롯되었다. 이상이 서양의 물리학을 접하기 전에 하늘은 그야말로 자연의 하늘이었고, 밤하늘에 빛나는 별빛은 의심의 여지가 없는 그대로의 빛이었다. 또 태양과 광선은 너무나도 자연스럽게 주어진 여건이었다. 인간이 늙어 감에 따라 시간의 흐름은 과거에서 현재로, 다시 미래로 당연히 나아가는 것이었다. 그런데 물리학에서 광선은 이렇듯 당연한 것이 아닌 일정한 속도와 양을 가진 대상으로 이야기된다. 또 별빛은 얼마만큼 떨어져 있는지는 모르지만 머나먼 우주에서 날아오는 빛이다. 따라서 인간의 운동은 중력과 관련되어 설명되고, 세상의 모든 물질이 원자라는 단위로 설명된다. 시간도 빛의 속도와 공간과 관계되어 과거는 미래가, 미래는 과거가 될 수 있다. 이것을 처음 받아들였을 때, 비록 물리학에 대해서 거의 문외한이었지만, 그에게 세계는 참으로 '이상한 가역반응'으로 가득 찼을 것이다. 이 세계를 하나의 대상으로 지각한다는 것, 그것에 대해 나와는 분리된 시각을 가진다는 것, 그리고 그것이 이름과 질량, 속도 등에 의해 정의된다는 것은 경이로움 그 자체였다. 그것은 과거의 주술적 세계로부터 탈신비화된 세계로의 변화를 압축적으로 담고 있다. 이런 세계관을 바탕으로 한 근대 문명이 속속 현실에 모습을 드러냈다. 전차, 전등, 전화, 자동차, 근대식 건축물 등이 대표적인 예이다. 여기서 그가 받은 쇼크는 참으로 거대했고, 그것을 어떤 방법으로든 설명하고 이해하고 싶었을 것이다. 계속되는 충격으로 발생하는 고뇌를 줄이기 위해 어떤 식으로든 새로운 현실에 질서를 부여하고자 했던 것이다. 이 일련의 과정은 그의 초기 일문시에 잘 나타난다.

이는 이상과 동시대의 모든 지식인들에게 공통적으로 나타나는 현상이다. 그가 당연하게 생각했던 세계가 물리적으로, 수학적으로 재구성될 수 있다는 가능성에 전율하고, 익숙한 기존의 것들을 해체해 시인 특유의 방식으로 새롭게 조합했다. 그래서 그의 초기 시에는 "일정한 의미가 사상死狀된 순수 기호로써의 기본 단어가 비정합적으로 그리고 고도로 추상화되어 운영되고 있는 것이다."[21] 다음은 이상의 초기 일문시에서 이러한 특성을 잘 보여주는 구절들이다.[22]

1) 숫자의COMINATION을이것저것망각하였던약간소량의뇌수에는
('조감도鳥瞰圖'「LE URINE」 중에서)

2) 속도etc의통제예컨대빛을매초당300,000킬로미터달아나는것이확실하다면사람의발명은매초당600,000킬로미터달아날수없다는법은물론없다.
('삼차각설계도三次角設計圖'「선線에관關한각서覺書 1」 중에서)

3) 미래로달아나서과거를본다, 과거로달아나서미래를보는가, 미래로 달아나는것은과거로달아나는것과같은것이아니고미래로달아나는것이과거로달아나는것이다.
('삼차각설계도'「선에관한각서 5」 중에서)

4) 원자구조로서의모든운산의연구.//방위와구조식과질량으로서의
숫자와성상성질에의한해답과해답의분류.
('삼차각설계도'「선에관한각서 6」중에서)

5) 공기구조의속도—음파에의한—속도처럼330미터를모방한다
(광선에비할때참너무도열등하구나)
('삼차각설계도'「선에관한각서 7」중에서)

6) 평행사변형대각선방향을추진하는막대한중량.//(…)//시계문자
반에XII에내리워진두개의젖은황혼.
('건축무한육면각체建築無限六面角體'「AU MAGASIN DE NOUVEAUTES」
중에서)

7) 원자는원자이고원자이고원자이다,
('삼차각설계도'「선에관한각서 1」중에서)

8) 자꾸만반복되는과거, 무수한과거를경청하는무수한과거,
('삼차각설계도'「선에관한각서 5」중에서)

9) 조상의조상의조상의성운의성운의성운의태초를
('삼차각설계도'「선에관한각서 5」중에서)

10) 숫자를대수적인것으로하는것에서숫자를숫자적인것으로하는것
에서숫자를숫자인것으로하는것에서숫자를숫자인것으로하는것에
('삼차각설계도'「선에관한각서 6」중에서)

11) 사각형의내부의사각형의내부의사각형의내부의사각형 의내부
의사각형.
('건축무한육면각체'「AU MAGASIN DE NOUVEAUTES」중에서)

12) 시각의이름을가지는것은계획의효시이다. 시각의이름을발표하
라.//□나의이름//△나의아내의이름(이미오래된과거에있어서나의
AMOUREUSE는이와같이도총명하니라)//(…)//시각의이름은사람
과같이영원히살아야하는숫자적인어떤일점이다, 시각의이름은운동

하지아니하면서운동의코오스를가질뿐이다.
('삼차각설계도'「선에관한각서 7」중에서)

이 과정에서 당연하다고 생각했던 그 어떤 것에 대해서도 절대적인 가치를 부여하지 못하고 계속해서 회의하게 되었다. 여기서 서구의 근대성이 기초하고 있는 주체와 객체의 분열, 자연적인 현상의 탈신비화, 객체에 대한 절대적 믿음의 해체와 재구성 등이 동시에 발생했다고 여겨진다. 이와 함께 사물의 의미와 기호의 구분, 실재와 표상의 분화가 이루어진다. 그리고 문자와 숫자의 시각적 구성, 언어의 자동화에서 벗어나려는 데페이즈망dépaysement과 같은 서구 아방가르드들의 시도가 그의 초기 일문시 곳곳에서 나타난다.[23] 가령,「파편의경치─△은나의 AMOUREUSE이다」에서 남자의 모습을 '▽'로 여자의 모습을 '△'로 표현하고 있다. 이것은 성적으로, 외형적으로, 본성적으로 구분되는 남자와 여자의 실재를 최소한의 기호로 환원한 것이다. 그밖에도 남녀의 성적 결합을 '33' 혹은 '69'라는 숫자 기호로 환원한 것도 마찬가지의 경우이고, 공간의 방향을 '4'로 표현한 것은 건축적인 도면 기호에 따온 것이다. 또한 이상은 연작시 '삼차각설계도三次角設計圖'[도판 2]에 나오는 「선線에관關한각서覺書 1」과 「선에관한각서 3」에서 공간을 좌표와 수와 점으로 환원하고 있고, 「진단診斷 0:1」에서는 인간의 몸과 질병을 비슷한 방법으로 숫자화하고 있다. 이것은 언어학자 퍼스C. S. Peirce가 이야기한 순수한 사인sign pur[24]의 탐구라고 볼 수 있다. 푸코가 근대문학의 출현을 이야기하면서, 문학이 자신의 실재를 긍정하는 이외의 어떤 법칙도 소유하지 않은 순수한 언어를 드러내는 것이 되었다고 주장한 것과도 일치한다.[25] 이상은 자신의 시를 통해, 어떤 개념도 내포하지 않은 문자와 숫자들이 어떻게 조작될 수 있는가를 살폈다.

이 외에도 신비화되고 모호한 현상들을 분해하고 고립화해, 그 근원으로 환원하는 표현이 초기 시에 자주 등장한다. 이상은 같은 말을 계속 반복함으로써 이에 도달하려 했다. 마치 테오 반 두스뷔르흐가 구체적인 현실에서부터 그 형태를 환원해 가장 일반적인 요소들을 이끌어내듯이, 그 역시 언어의 반복을 통해 비슷한 기능을 수행해 나갔다. '원자'를 반복시켰을 때 그것은 물질의 근본을 이야기하고, '과거'는 시간의 기원, '성운'은 우주의 근

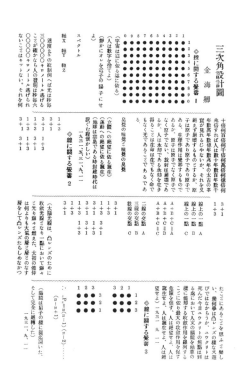

2 『조선과 건축』 1931년 10월호에 소개된 이상의 연작시 「선에관한각서」 1-3.

3 모홀리 나기의 『회화, 사진, 영화(Malerei, Photographie, Film)』(1925) 중에서.

원, '사각형'은 공간 구조의 근원으로 되돌아가려는 의도를 가진다.(p.155의 7, 8, 9, 11번 참조)

세계를 계속해서 분절한 다음 재구성하면서, 이상은 새로운 코드체계를 구축하려 했다. 이 경우 이상에게 지각되는 현실은 과거의 것과는 달리 기호로 환원된 것이다. 그것은 현실과 의미적으로 관계되면서도 일정한 거리를 가진다. 이상은 이런 기호에 새로운 이름을 부여하고자 했다. 비슷한 방식이 모홀리 나기의 책에서도 등장한다. 거기서도 건축가는 순수한 기호로 대도시의 공간을 표현하고 있다.[도판3]

이처럼 이상의 초기 일문시는 서구의 근대 문명을 접했을 때 가졌을 경이로움, 두려움, 전율, 분노가 생생히 나타나 있고, 또 서구의 아방가르드들이 했던 작업과 같이 세계를 끊임없이 순수한 기호로 환원해 새로운 질서를 부여하려는 의지를 담고 있다. 따라서 그의 시는 한국 모더니즘의 전형으로 평가받을 만하다.

'오감도'에 담긴 공간 개념

메트로폴리스에 대한 아방가르드적인 경향은 1934년 발표한 국문 시 '오감도烏瞰圖' 「시 제1호」에서 고도로 정제된 형태로 다시 등장한다. 거기에는 근대적인 공간 구조의 변화가 불러일으킨 다양한 반응들, 즉 전통적인 공간 의식과의 마찰, 새로운 공간 구조에 질서를 부여하려는 의지, 대도시에서의 공허감과 무력감 등이 잘 드러나 있다. 그래서 그의 시 가운데 건축적인 의미가 가장 많이 내포된 것으로 인식된다.

먼저, '오감도'라는 제목 자체가 매우 건축적인 의미를 담고 있다. 투시도의 일종인 조감도鳥瞰圖에서 파생된 말로서, 이어령에 따르면, "이 말은 새 조鳥 자에서 눈알에 해당하는 획 하나를 빼낸 데페이즈망의 일종으로"[26] 해석된다. 이승훈은 "이 시의 표제가 조감도가 아니라 오감도로 된 것은, 이유야 무엇이든 나타난 현상만 놓고 볼 때 풍경을 교감하는 시의 화자가 자신을 새가 아니라 까마귀와 동일시함을 시사한다"[27]고 이야기한다. 그리고 이상이 조감의 위치를 취함으로써 "이 시에서 화자는 시가 보여주는 경험적인 세계에는 참여하지 않는다. 참여하지 않을 뿐만 아니라, 시적 상황에 대해 어떤 행동이나 반응도 나타내지 않는다. 그는 오직 시적 경험의 세계에 대해서 자신의 의견을 진술하고 있을 뿐이다"[28]라고 했다. 그렇지만 이런 설명만으로는 왜 그

같이 자세를 취했는지 명료하게 밝혀지지 않는데, 그가 현실을 어떻게 보았고 또 그것을 어떻게 표상했느냐가 생생하게 드러나지 않기 때문이다.

'오감도'라는 제목 자체에서 이상이 세계를 바라보는 두 가지 태도를 유추할 수 있다. 하나는 이상이 이 세계를 투시도적으로 보았다는 사실과 두번째는 투시도 가운데 특별히 조감의 방법을 택했다는 것이다. 이는 이상의 공간 의식과 관련해 매우 중요한 의미를 갖는다. 조감도는 시점이 높은 곳에서 내려다보는 것이다. 투시도는 파노프스키^{E. Panofsky}의 이야기대로, 인간의 정신생리학적인 공간을 수학적인 공간으로 전환시킨 것이다.[29] 현실적으로 인간의 눈은 결코 투시도적인 장면과 똑같이 지각할 수 없다. 왜냐하면 투시도는 우리가 일상적으로 경험하는 앞뒤, 위아래, 좌우와 같은 방향성이 없다. 공간의 모든 부분과 그 내용들은 단일한 연속체^{quantum continuum}로 흡수되는 것이다. 그리고 연속된 공간 내에 들어 있는 사물들의 거리와 깊이는 기하학적인 법칙에 따라 정확하게 측정이 가능하다. 투시도가 현실을 표상하는 데 매우 강력한 수단이 될 수 있었던 것은 바로 이 때문이다. 이상이 투시도적으로 현실을 재단하는 것은, 앞에서 언급한 대로 세계를 기하학적인 혹은 기계적인 세계로 환원하려는 의도로 보인다. 이런 의미에서 '오감도'는 그의 초기 일문시에서 나타난 정신과 그대로 연결된다.

투시도적으로 현실을 바라보기 위해서는, 그 장면을 구성하고 있는 중요한 요소들을 떼어내 엄격한 수학적 법칙에 따라 재배치해야 한다. 이를 위해 소실점과 시점을 결정해야 하는데, 이 과정에 그것을 그린 사람의 공간 의식이 투영된다. 그렇다면 '오감도'에 투영된 공간 의식은 무엇인가. 많은 사람들이 그의 문학에서 공간 의식이 매우 중요한 의미를 가진다고 보았다. "그것은 주체의 존재론적인 위기상황을 제시하기 위한 것이지만, 문학적 기법 면에서 이미지의 확산을 위해, 어떤 경우에는 상징적 의미의 대립적 관계를 구체화하기 위해 동원되었다."[30]

이상이 남긴 시와 소설에서 공간 의식은 현실 속의 자신을 중심으로 구성되는 실존적 공간과 높은 곳에서 내려다보는 조감도적 공간으로 구분된다. 첫번째는 자폐적인 현실의 공간이고, 두번째는 열린 가상의 공간이다. 그의 소설 「날개」에서는 첫번째 공간 의식에서 시작해, 점차 두번째 공간 의식으로 이행해 나간 반면, '오감도'에서는 두번째 시점이 유지된다. [도판 4]

이 시에서 조감의 시점을 잡은 것은, 대상들을 고립화시켜서 거기에 명징한 질서를 부여하려 했기 때문이라고 생각된다. 투시도의 화면 구성은 시점과 소실점으로 구성된다. 이 둘을 바꾸면서 사물 혹은 공간은 각기 다르게 배치된다. 시점을 눈높이로 잡을 경우, 거기서 그려지는 투시도는 우리가 실

4 1930년대 말에서 1940년대
초 미쓰코시백화점 옥상에서 찍은
전경. 「날개」에서 주인공이
미쓰코시백화점으로 올라가는
대목이 등장하는데, 이상은
실제 이곳 옥상에서 경성 시내를
조감했으리라 추측된다.

제로 볼 수 있는 장면과 가장 유사하다. 그렇지만 시점이 높아지면 높아질수
록 전체가 명료해지는 반면 점점 더 현실은 왜곡되고, 드디어 새가 나는 높이
까지 올라갔을 때는 현실은 매우 추상적인 형태로 환원되어 버린다. 마치 몬
드리안이 뉴욕시를 바라보며 그렸던 그림과 유사한 것이다. 거기서 모든 도
시의 현실은 사라지고 마치 지도와 같이 그 공간을 지배하는 질서만이 남게
된다. 이것은 구체적인 현실을 개념화하는 좋은 방법이다. 이런 조감의 정신
의식은 이상에게 두 가지 의미가 있는데, 하나는 서양의 근대 문명이 던져 준
쇼크와 혼란에서 탈피해 그것에 고도의 질서를 부여하려는 의식의 발로이
며, 또 다른 하나는 이상이 현실의 질곡으로부터 이탈하고자 하는 욕망의 표
현이라고 볼 수 있다. 이상의 시와 소설에는 옥상으로 올라가 시가지를 내려
다보는 장면이 자주 등장하는데, 이런 욕망과 무관하지 않을 것이다.[31]

5 창덕궁 돈화문에서 경성제국대학
부속병원으로 향하는 길. 현재의
종로구 율곡로 신축 개통 당시의
사진으로, 이상의 시에 등장하는 '뚫린
골목'과 '막다른 골목'을 잘 보여준다.

'오감도' 「시 제1호」에서는 공간성을 암시하는
표현으로 '뚫린 골목'과 '막다른 골목'이라는 요소가
등장한다. 이 외의 나머지 요소들은 공간성이 모두
배제되어 있다. 대부분의 해석에서 이것의 의미가
소홀히 취급되는 경향이 있지만, 이들은 이상의 정
신 공간을 극명하게 표출하고 있어서 주목할 필요
가 있다. 이들은 다음과 같은 의미로 이해된다. 우
선 이상이 처한 현실과 관련해 즉각적으로 이해되
는 것은, '뚫린 골목'은 근대적인 도시공간을 상징

6장. 이상: 도시적 변모와 아방가르드의 탄생

하고, '막다른 골목'은 전통적인 가로체계를 상징한다는 것이다. [도판 5] 두 번째로, 이들은 사방이 꽉 막힌 현실과 가상의 열린 공간을 각각 상징한다고 볼 수도 있다. 이 두 가지가 양가적으로 동시에 사용된 것은, 현실과 가상을 오가는 그의 의식의 흐름이 반영된 것으로 보인다. 이런 의미가 결합되면서 이상의 현실적이고 관념적인 공간 구조가 형성되었다. 그가 느끼는 공포는 이것들이 격렬한 마찰을 일으키거나 모순에 빠지면서 발생했으리라 여겨진다. 이렇게 '오감도'의 공간을 설정할 경우 '13인의 아해'의 의미도 명확해진다. 그것은 골목길과 마찬가지의 의미를 가진다. "이들은 어떤 특수성, 그러니까 비유해서 말하자면 고유명사가 아니라 보통명사에 해당하고, 그런 점에서 그것은 어떤 특수한 삶의 속성들이 추상화된 사물이라고 할 수 있다."[32]

이에 따라 '오감도'에 등장하는 공간과 등장인물은 철저하게 의도에 따라 구성된 하나의 무대 세트와 배우처럼 보인다. 그들은 마치 연극「고도를 기다리며 En attendant Gaudot」의 무대처럼 절제되고 추상화되어 있으면서도 현실과 이상의 공간 의식을 밀도있게 그려내고 있는 듯하다.

「시 제1호」에는 '무섭다'는 말이 가장 많이 등장하고, 많은 문학평론가들도 전반적으로 깔린 불안과 공포에 대해 이야기한다. 그렇지만 그 정체가 무엇인지에 대해서는 입장이 엇갈린다.[33] 이상에게 무서움을 일으킨 원인은 다양했겠지만, 그 가운데 동시대 공간 구조와 인식 환경의 변화가 불러일으킨 충격이 중요한 요인이었던 것으로 보인다. 앞에서도 언급했지만, 그의 불안과 공포에는 의식 내부의 원인과 함께 외적인 원인도 크게 작용하고 있었다. 그것은 다른 서구의 근대 시인과 아방가르드 들에게서도 공통적으로 나타난다. 벤야민은 보들레르의 시를 분석하면서 거기서 드러나는 충격적 경험과 그 감정을 구타를 당하기 전에 공포에 떨며 비명을 지르는 예술가의 결투라고 비유하며, 이 결투는 그 자체가 창조적인 과정이라고 이야기했다.[34] 여기서 벤야민이 이야기하는 보들레르의 충격적 경험이란, 주로 낯설게 인식되는 도시의 현실과 그것의 인상에서 주로 기인한다. 그것은 오스만에 의한 파리의 도시형태 변화, 만국박람회에서 전시된 기계 문명의 산물들, 자본주의에 맞게 변형되는 도시구조, 그리고 그 속을 배회하는 군중들이다.

십구세기 중반에 일어난 오스만의 파리 개조 계획은 서구에서 산업혁명에 의한 도시 인구의 팽창에 대응하는 최초의 대규모 도시계획이었다. 그것은 새로운 상황에 대처할 수 없었던 기존 도시구조에 대해 대대적인 '외과 수술'을 벌인 사건이었다. 그는 전체 가로망을 건설하기 위해, 과거 유물의 존재 여부와 관계없이 파리의 중심을 가르는 관통로 percées를 뚫었다. 오스만의 도시계획에서 가장 중요한 원칙은 바로 이렇게 정의된 도시 선 alignement 이 다른 모든 부분을 지배한다는 것이었다.[35] 그렇지만 문제는 이렇게 계획된 기계적인 도시계획이 인간의 감수성과는 전혀 관계없이 이루어진 데서 발생했다. 그것은 일체의 관습이나 성향, 전통을 무시하고 오직 중성적이고 무감각한 이차원의 도면 위에서 도로 선들을 그었다. 도시공간이 객관적이고 명료한 기하학적인 체계로 재구성되면서, 자본주의 시스템이 요구하는 효율성을 충족시키는 하나의 도구로 전락한 것이다. 커다랗게 뚫린 도로는 이제 더이상 마을 차원의 만남의 장소가 아니라 물품과 사람들이 드나드는 곳이 되고, 스피드와 유혹으로 충만해진 소비의 장소가 된다. 큰 도로에 의해 만들어진 블록은 더 이상 자연적인 의미를 가지지 않고, 하나의 상품처럼 자유롭게 사고팔 수 있도록 분할된다. 땅이 이렇게 거래되는 상품이 된 이상, 그곳은 과거처럼 장소의 수호신 genius loci이 머무는 곳이 아니라 물신이 지배하는 곳이 된다. 건물들도 도시를 구성하는 유기적인 요소가 아니라, 상품처럼 기계처럼 단절되고 유동하는 대상이 된다. 바로 이렇게 변모하는 파리에서 보들레르가 겪었던 인식의 단절은 격심했다. 전통적인 길은 분명한 정향성, 즉 앞과 뒤, 오른쪽과 왼쪽, 위와 아래가 인식되었지만 새로 난 신작로는 그 시작과 끝이 없이 흘러간다. 그리고 그곳에 전혀 생면부지의 군중들이 활보하게 된다. 보들레르가 체험했을 상황을 엥겔스는 그의 『영국 노동계급의 상황 Die Lage der arbeitenden Klasse in England』에서 탁월하게 묘사하고 있다. "좁은 공간 속에 밀집해 있는 사람들의 수가 많으면 많을수록 잔혹한 냉담과 개인의 사적 일로의 무감각한 집중현상은 점점 더 냉혹하고 가혹해진다."[36]

보들레르가 파리를 그리고 엥겔스가 런던을 거닐면서 느꼈던 그 충격의 경험을 이상도 경성의 길을 방황하면서 느꼈던 것으로 보인다. 물론 인구가 350만 명에 육박하던 런던이나 파리에 비해 인구 50만 명에 불과하던 경성에서의 체험이 불안함과 공포의 강도 면에서는 덜했겠지만 말이다. 이상이 활보할 당시 경성도 오스만의 파리 개조 계획과 유사한 도시개조가 진행되고 있었다. 조선총독부가 1912년 총독부 고시 78호로 발표한 31개의 「경성시구개수예정계획노선」은,[37] 조선의 식민지 통치를 원활하게 하기 위해 시행된 사업이었다. 기본 구상은 도시구조를 도로와 그에 둘러싸인 블록으로 재편하는 것으로, 오스만의 계획을 그대로 답습한 것이었다. 이 계획안을 바탕으로 일제는 조선시대부터 생겨난 기존의 도로를 직선화하고, 주요 도로에 보행로와 차로를 구별했으며, 교통량이 빈번한 구간에는 도로포장을 했다. 이어 1926년부터 조선총독부는 경성 도심의 재개발 사업을 추진하는데, 종로를 중심으로 한 구획정리였다. 그것은 자생적으로 형성된 좁은 소로와 막힌 골목길로 구성된 시가지를 격자형의 구조로 바꾸는 것이었다.[도판 6] 이런

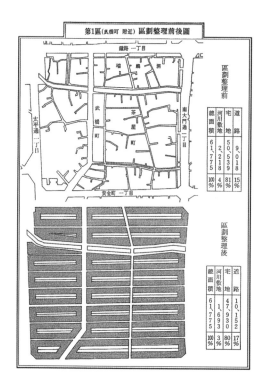

第1區(武橋町 附近) 區劃整理前後圖

區劃整理前

區劃整理後

6 1928년 제2차 경성도시계획,
제1지구(무교동). 정리 전(위)과
후(아래)의 차이에서 도심의 자연
발생적인 공간을 격자형 도시구조로
개조하려는 일제의 의지가 드러난다.

일제의 도시계획에는 이상의 삶의 무대가 전부 포함되어 있어서,[38] 그의 유년 시기에 많은 영향을 미쳤던 것으로 보인다. 더욱이 이렇게 확장된 도로 주변으로 4-5층의 양식 건물들이 들어섰고, 그 아래층에는 신기한 물건들을 전시한 쇼윈도가 설치되었다. 확장된 도로에는 전신주가 솟아 있고, 전차가 오갔으며, 일자리를 찾아 상경한 사람들로 붐볐다. 이상이 활동한 1930년대에는 인구가 거의 두 배로 늘어났기 때문에,[39] 그 밀도감은 더 심했을 것이다. 어지럽게 나붙은 간판과 포스터, 질주하는 자동차의 소음, 한복을 입은 사람들과 양복을 차려입은 사람들이 뒤섞인 복잡한 거리는 그의 의식을 지배한 중요한 이미지일 것이다. 변모된 도시의 분위기에서 이상은 낯섦과 생경함, 그리고 절대적인 소외감을 느꼈고, 더욱이 건축을 전공하는 그에게 이런 혼란스러움은 의식 깊숙이 각인되는 것이었다. '오감도'에 나타나는 공포와 불안의 정체도 주로 이런 현실 때문에 발생했을 것이다. 그렇다면 그동안 많은 논란이 되었던 '13인의 아해'도 그 의미가 보다 명료해진다. 그것은 동시대 군중의 모습, 엥겔스가 이야기한 냉혹하고도 무관심한 도시의 군중을 상징적으로 그려낸 것으로 보인다. 그들은 새로이 난 도로를 빠른 걸음으로 활보하고("13인의아해가도로로질주하오"), 거의 충격에 가까운 변화를 무서워하거나 혹은 무서워하는 사람들의 모습을 보며("13인의아해는무서운아해와무서워하는아해와그렇게뿐이모였소"), 서로의 사정을 모르기 때문에 그들 가운데 누가 무서워하는지도 모른다("그중에2인의아해가무서워하는아해라도좋소").

이상과 한국의 근대건축

이상의 문학 작품에서 등장하는 건축적 담론은 한국 건축사에서 어떻게 평가될 수 있을 것인가. 사실 그는 문학가 이전에 건축가로서 평가받을 만하다. 오늘날의 관점에서 보자면 그는 건축가로 입문하는 과정에서 건축을 그만두었지만, 제대로 된 근대식 건축 교육을 받은 건축가가 드물었던 당시로서는 상대적으로 근대건축에 대한 폭넓은 식견을 가진 인물이라 할 수 있다. 그 성장 과정을 살펴보면 알 수 있듯이, 이상은 죽기 전 몇 년을 제외하고는 성년기의 대부분을 건축과 함께 보냈다. 그가 수학한 경성고공은 한국에서 건축가를 양성하는 유일한 교육기관이었다. 물론 일제의 식민지정책을 뒷받침하는 건축기술자의 양성이 이 기관의 목적이었지만, 일제강점기 활동한 한국의 대표적인 건축가들, 즉 박길룡, 박동진, 김세연 등은 이상과 똑같은 성장 과정을 거쳤다. 대부분의 이상 평전을 보면 그의 건축적 삶이 백부에 의해 강제로 시작되었고, 내내 그 생활에 회의와 권태를 느끼며, 그래서 경성고공과 총독부 기수 생활이 문학의 길로 나아가는 예비적인 과정으로 인식된다. 그러나 그가 그렇게 흠모해 마지않았던 근대적 이성, 혹은 그것의 물리적 도구로서 건축을 상정했던 것은 명확해 보인다. 가정이지만 만일 그가 각혈을 하지 않고 정상적인 건강을 가지고 있었다면, 과연 총독부 기수직을 사임했을까 하는 의문도 든다.

이상을 건축적 시각에서 바라보아야 하는 이런 명백한 이유에도 불구하고, 여러 건축사가들이 한국의 근대건축사를 서술하면서 그를 근대건축의 중요한 전범으로 삼지 않은 데는 이유가 있을 것이다. 세 가지 정도로 생각해 볼 수 있는데, 먼저, 이상 자신의 조형 의지나 공간 개념을 구체화한 건축물이 전혀 남아 있지 않다는 사실이다. 그의 평전에 따르면, 의주로義州路에 있는 전매청사의 설계와 준공을 맡았다고는 하지만, 총독부 영선계의 조직 운영상 독자적인 설계는 거의 불가능했을 것이다. 그는 막 건축 관련 일을 시작한 신참이었고, 총독부 조직상 설계에 관여할 정도라면 십 년 이상의 실무 경험이 있어야 했다.[40] 만일 그가 근대적 의미의 건축 활동을 했다면, 즉 다른 영선계 기수들처럼 퇴근 후 독자적으로 설계를 의뢰받아 작업했다면, 사 년 여의 기사 생활 동안 경험했던 그 단조로움과 권태가 있었을지 의문이다. 이처럼 자신의 생각을 담은 건축이 없기 때문에 건축사에서 이상이라는 존재는 단순한 호기심의 대상으로만 각인되었을 뿐, 그에 관한 본격적인 건축론이나 작가론이 존재하지 않았다.

이상이 건축사에서 배제된 두번째 이유는 경성고공을 졸업한 이후 건축가들과의 교류가 거의 끊겼다는 데 있다. 총독부 시절부터 그는 주로 문인들과 어울렸고, 여기에 구본웅이라는 화가가 끼여 있을 뿐이었다. 이상이 총독부 관방회계과 영선계에 다닐 당시 박길룡, 박동진, 김세연과 같은 한국인 건축가들이 같은 사무실에 근무하고 있었다. 그렇지만 이상의 시나 소설에서 이들에 대한 언급은 없다. 또 건축에 대해서도 초기의 시를 제외하고는 거의 나타나지 않는다.

세번째로 서구 아방가르드들의 경우, 그들이 발전시킨 새로운 조형세계는 대부분 건축가들에 의해 수용되어 근대건축의 독특한 형태와 공간으로 자리잡는다. 큐비즘과 데 스테일, 구성주의가 근대건축사에서 중요한 의미를 지니는 것도 바로 이 때문이다. 그렇지만 이상 시에서 나타난 근대성은 건축가들에 의해 수용되지 않았다. 박길룡과 박동진에 이어서 해방 이후 한국의 건축계를 이끈 사람은 김수근과 김중업인데, 이들은 한국에서 자생적으로 건축을 익히지 않고, 일본과 프랑스에서 건축을 배웠다. 그들이 이야기하는 근대성 혹은 근대건축은 서구에서 새롭게 익힌 것이지, 결코 이상과 같은 한국의 아방가르드들이 배태한 것이 아니었다. 역사 서술에서 인과성은 매우 중요한데, 이상의 시와 한국 근대건축과는 이런 연결고리가 없다. 그래서 그는 한국 건축사에서 하나의 고립된 섬이었던 것이다. 그렇지만 이제 시간이 어느 정도 흘러 이상이 살았던 시대를 비판적으로 검토하면서, 식민지 근대성에 대한 총체적인 시각을 가지게 되었다. 이는 이상을 다시 건축계에서 바라볼 수 있는 가능성을 열어 놓았고, 건축계에서도 다양한 방식으로 그의 문학 작품을 인용하고 있다.

이상 문학은 한국 건축의 근대성에 대한 논의에서 마치 진공 상태처럼 비어 있는 한 부분을 채워 줄 수 있을 것이다. 바로 이것이 그의 문학이 한국 건축사에서 중요하게 취급되어야 할 중요한 이유이다. 우리가 한국 건축의 근대성을 논할 때마다, 두 가지 이유 때문에 심한 뒤틀림 현상이 발생했다. 먼저, 한국 건축의 근대성을 일제강점기 최초의 한국 건축가인 박길룡과 박동진에게서 구할 경우, 그들의 작품과 활동에서는 서구 아방가르드에게서 확인되는 첨예한 근대의식을 찾아볼 수 없다. 이들이 취한 태도는 메이지유신 이후 일본 건축가들의 태도를 그대로 답습하는 것이었다. 즉 "당시 일본의 건축가들은 유럽의 압도적으로 우월한 문화에 직면해서는, 재빨리 이것을 '정신문명'과 '물질문명'으로 구분한 다음, 이 가운데 '물질문명'만을 흡수했던 것이다."[41] 박길룡의 글과 박동진의 글에서 이런 점은 명확히 나타난다. 당시 최고 건축가였던 박길룡의 관심은 주택의 근대화와 온돌의 성능 향상과 같은 주택 개량에 관한 것이었다. 이것은 주택의 기능과 설비에 관한 매우 기술적인 문제였다. 또 그는 설계에서도 부분적으로 근대건축의 형태를 취하고 있지만, 그것이 어떤 생각에 근거하고 있는지를 이야기하지 않았다. 물론 『동아일보』에 '현대와 건축'이란 주제로 기고한 글을 통해 근대건축의 다양한 특성을 논하고 있지만, 서구 아방가르드에서 나타나는 정신의 폭과 깊이를 가지지 못했다.

두번째로, 한국 건축의 근대성을 김수근과 김중업 같은 1960년대 이후의 건축가들이 다시 탐구하게 되지만, 이들은 시기적으로 근대건축과 너무나 떨어져 있다. 서구에서는 이미 이 시기에 포스트모던이 등장해, 근대건축이 발생시킨 많은 문제들을 공격하고 그 대안을 진지하게 모색하기 시작했다. 근대건축이 발생한 후 이미 한 세대가 흘러 버린 것이다. 이런 점들은 건축사가들을 곤궁에 빠트리고 있다. 한국 건축에서 근대성 modernity이 존재하지 않는다면, 자생적인 탈근대성 post-modernity 역시 존재할 수 없다. 새로움을 배태할 기반이 없는 것이다.

　이상의 문학 작품들은 이런 한계를 어느 정도 해결해 준다. 그의 작품들은 근대적 아방가르드가 가졌던 첨예한 근대 의식과 정신세계를 담고 있다. 또한 구체적인 현실을 순수한 시각적 기호로 해체해 그것을 특유의 자의식으로 재조합하려 했다. 이는 건축과 연관된 서구 아방가르드에서 가장 특징적인 현상이다. 그는 자본주의적 대도시의 탄생, 거기서 발생하는 충격과 소외감, 무기력함을 시로써 승화했다. 그래서 이상의 초기 시들은 한국 근대건축에서 공백처럼 비어 있는 '근대성'을 조망하는 데 중요한 의미를 가진다. 우리가 건축사적으로 이상을 주목해야 하는 이유가 바로 여기에 있다.

2부. 개발 시대: 한국 건축의 정체성 탐구

7장. 도시의 확장과 건설 붐

1945년 해방과 함께 한국 사회는 격랑 속에 휩싸이게 된다. 미국과 소련이 삼팔선을 경계로 각각 남한과 북한으로 분할 통치하면서 격심한 이데올로기 대립을 촉발했고, 그 결과 민족의 분단으로 이어졌다. 그리고 1950년 전쟁이 발발하면서 한국은 최악의 상황에 빠져들게 된다. 그 후로 약 삼 년 동안 육이오전쟁은 미국과 중국이 개입하는 국제전으로 확장되었지만 결국 승자가 결정되지 않은 채 분단이 고착되었다. 이때부터 남북한은 치열한 체제 경쟁을 돌입하게 된다. 1950년대 한국 정부는 전쟁의 후유증을 치유하기 위해 많은 복구 노력을 기울였지만 별다른 성과를 거두지 못했다. 전쟁을 겪으면서 경제 기반이 거의 붕괴되었기 때문이다. 가시적인 경제 성장을 이룩하게 된 것은 1961년 군사정부가 들어서면서였다. 군사 쿠데타를 통해 집권한 군인들은 국가 주도의 산업화를 강력히 추구해 나갔고, 이는 1970년대 이후 고도성장으로 이어졌다. 이로써 과거에는 상상도 할 수 없었던 도시 인구의 증가가 이루어졌다. 도시 경계는 계속해서 확장되었고, 확장된 도시공간은 식민 시기와는 많이 다른 방식으로 계획되었다. 마치 십구세기 중반의 파리, 이십세기 초반의 뉴욕처럼 한국의 주요 도시공간들은 이때에 이르러 그 공간적 한계와 특징들이 대부분 결정되었다.

1960년대 초반부터 1990년대 초반까지 이루어진 대규모 도시개발은 과거와는 완전히 다른 도시공간을 만들어냈는데, 이것을 '개발 시대의 도시공간'으로 부르고자 한다. 군사정부 집권자들은 엄청난 도시 인구의 팽창을 억제하기 위해, 한편으로 강력한 인구 분산 정책을 펼치면서 다른 한편으로 대규모 도시공간을 개발해 택지를 공급했다. 1950년대 말부터 도시의 행정구역이 대폭 확장된 것은 바로 이런 상황이 반영된 것이다. 특히 서울시의 면적은 1963년에 거의 두 배나 확대되었다. 이 과정에서 강남 지역이 편입되었고, 이를 개발하기 위해 새로운 방법이 강구되기 시작했다. 1960년대 이후 만들어진 도시공간은 일제강점기의 그것과는 완전히 달랐다. 우선, 그 개발 규모가 500헥타르 이상으로 커졌다. 당시 대도시의 인구 증가 속도는 상상할 수 없을 정도여서 특단의 대책이 필요했다. 도시개발이 단독주택 중심의 저밀도 개발에서 고층아파트 중심의 고밀도 개발로 바뀌었다. 두번째로, 자동차의 사용이 일상화되면서 이에 적합한 새로운 도로체계가 필요했다. 일제강점기에 만들어진 도로체계로는 차량 대수의 증가에 대처하질 못했다. 간선도로의 폭이 엄청나게 확대되었고, 격자형 도로망이 지배적으로 도시공간을 차지했다. 마지막으로, 서울이 인구 1,000만 명에 육박하는 메가시티로 출현하면서 도시계획의 범위가 하나의 주거단지나 지구 차원에서 나아가 지역 차원으로 확대되었다. 이런 점들이 일제강점기와는 본질적으로 다른 도시계획을 요구했다. 그것은 과거의 방법과는 비교할 수 없을 정도로 효율적이고 강력해야만 했다. 물론 그것은 한순간에 이루어지지는 않았다. 1960년대가 식민 시기의 영향이 여전히 잔존하면서 새로운 방식을 탐색한 시기라면, 1970년대는 새로운 도시설계 방식들이 도입되면서 그들이 법과 제도로서 정착한 시기였고, 1980년대는 그렇게 제정된 법과 제도로 대규모 도시공간이 생산된 시기였다. 주택 200만 호 건설을 위해 수도권에 들어선 신도시들은 개발 시대 도시건설이 최고조에 달했음을 보여준다.

육이오전쟁의 영향

육이오전쟁은 한국의 도시들에 막대한 피해를 가져다주었다. 인명 피해의 경우, 한국군과 유엔군의 피해가 77만 6,360명에 달했고, 전재민의 수가 1,000만 명을 넘어섰다. 당시 전체 인구의 절반 이상이 전화戰禍로 피해를 입었다. 물적 피해도 인명 피해 못지않게 컸다. 부산을 제외한 전 국토가 전쟁터가 되었을 뿐만 아니라, 위도 37-38도선 사이의 지역에서는 세 차례의 피탈과 탈환이 반복되었다. 남한의 제조업은 1949년 대비 42퍼센트가 파괴되었고, 북한은 1949년 대비 공업의 60퍼센트가 파괴되었다. 이런 가운데 개인의 가옥과 재산도 많은 피해를 입었으며, 군사 작전에 이용될 수 있는 도로, 철도, 교량, 항만 및 산업 시설이 크게 파손되었다. 군사 시설로 전용된 학교 및 공공시설도 파괴되어 국민 생활의 터전과 사회, 경제체제의 기반이 황폐화되었다.[1]

그렇지만 이런 직접적인 피해보다 심각한 후유증은 도시적 무질서와 혼란이 초래되었다는 사실이다. 휴전 이후 탈북민들이 대거 도시로 몰려들면서 불법 무허가 건물들이 양산되었는데, 이것이 도시가 파괴된 것보다 도시 발전에 더욱 부정적인 영향을 미쳤다. 일제강점기 시가지계획에서는 경사도가 30퍼센트 이상 되는 곳에 시가지를 계획하지 않았다. 따라서 경사가 급한 구릉 지역은 개발이 제한되었다. 그렇지만 전후 월남인들이 대도시로 몰리면서 주거난이 심화되었고, 이에 따라 사람들이 구릉 지대에 임시 가설 건물을 짓고 정착하기 시작했다. 도시계획과는 상관없이 이들 지역이 무단으로 점유되면서 행정당국은 통제권을 상실했다. 여기에다 1960년대 이후 농촌에서 몰려든 노동자들이 합류하면서 어려움을 가중시켰다. 이에 따라 도시 주변의 구릉지대에는 도시계획과는 상관없이 자연적인 지형에 따라 가설 건물들이 급속도로 확산되었고, 그들은 전후 많은 도시 문제를 불러일으켰다.

서울의 돈암 지구는 1930년대 후반에 토지구획정리사업으로 개발된 시가지였다. 서울 도심의 동북 쪽에 위치한 이곳은 원래 낙산과 개운산, 백운산에 의해 둘러싸인 골짜기였다. 그래서 일제강점기에 개발된 시가지는 주로 안암천 주변의 평지에 건설되었다. 1947년의 항공 사진을 보면 주변 산지는 나무들이 모두 베여 민둥산이었지만, 거기에는 어떤 건축물도 지어지지 않았다. 그렇지만 1960년대 항공 사진을 보면 주변 산지가 무허가 판자촌으로 뒤덮여 있는 것을 확인할 수 있다. 심지어 공원에도 무허가 집들이 빼곡이 들어차 있다. 정부가 전쟁 중에 부산으로 피난 내려가고, 환도 이후에도 이곳으로 밀려든 사람들을 통제하지 못해 이같은 난개발이 일어난 것으로 보인다. 여기에다 경제성장과 함께 농촌에서 온 노동자들이 계속해서 유입되면서 난개발 지역은 확장되어 갔다. 서울의 해방촌 역시 비슷한 경로로 개발되었다. 월남인들이 남산 기슭에 정착한 것은 1946년경으로, 농촌에서 올라온 사람들이 합류하면서 1960년대에는 해방촌의 인구가 급속도로 증가했다. 1970년에는 2만 8,650명에 이르러 최고조에 달했고, 그 이후로는 서서히 줄어들게 되었다. 이들 지역은 경사가 심해 접근이 열악했고, 위생 시설도 제대로 갖추지 못했다.

비슷한 현상이 부산에서도 등장했다. 전쟁을 피해 사람들은 임시 수도였던 부산으로 몰려들었다. 부산의 인구는 1946년부터 1955년까지 십 년 동안 47만 명에서 약 100만 명으로 거의 두 배나 증가했다. 전시 정부는 부산의 기존 극장, 공장, 창고 등을 리모델링해 수용소를 만들고 난민들을 수용하기 위해 고군분투했다. 그러나 이 시설물들은 겨우 7만 명만 수용할 수 있었고, 수용소에 들어가지 못한 난민들은 각자 알아서 생활 공간을 확보해야만 했다. 육이오전쟁이 끝난 이후 부산시는 난민촌을 도심에서 외곽으로 강제 이전했다. 이에 따라 도심 주변의 구릉 지대는 난민들의 판자촌으로 성장하기 시작했다. 그 정착지 중 하나가 오늘날 부산의 마추픽추라고 불리는 감천마을이다.[도

1 부산의 감천마을.

판1] 이 마을은 특이한 기원을 가졌는데, 육이오전쟁 당시 태극도 신도들이 부산 보수동으로 피신했다가, 1955년부터 1960년 사이에 이곳으로 집단 이주했다는 것이다. 초기 정착지는 고도 300미터의 구릉 지대에 1,000가구를 수용하는 것이었다. 마을은 9개 섹터로 나뉘는데, 각 섹터는 같은 고향 출신을 수용했다. 그렇지만 1960년대 이후 부산의 급속한 도시화 과정에서 감천 마을은 격한 변화를 겪었다. 마을의 인구가 네 배 증가했고, 초기의 가설 재료는 1970년대에는 슬레이트 지붕으로, 1980년대에는 콘크리트 패널 벽으로 대체되었다. 주민들은 필요에 따라 최소한으로 주어진 생활공간을 변형시켰다. 이 과정에서 다양한 유형의 주거들이 등장했다.[2] 그러나 이러한 모든 변화에도 불구하고 골목길의 독특한 네트워크와 최초로 구획된 섹터들이 그대로 남아 있다.

인구 성장과 도시 문제

전후 복구가 끝나고 본격적인 개발 시대가 시작되면서 한국의 도시들은 엄청난 변화에 휩싸였다. 이 시기의 도시정책은 1960년대 이후의 급격한 도시화로부터 추동되었고, 그 힘을 제어하는 과정에서 군사정권의 이데올로기와 경제 성장으로 축적된 자본이 동원되었다. 1960년대 후반 강남 개발과 여의도 개발을 시작으로 1980년대 말 수도권 5대 신도시의 건설에 이르기까지, 삼십 년간 한국인들은 강렬한 도시개발을 경험하게 된다. 그것은 마치 거대한 기계처럼 작동하며 도시 지형을 바꿔 놓았다. 그 기계는 세 가지 요소로 구성되어 있었다. 동심원적인 도시 확장, 근린주구론近隣住區論에 근거한 도시공간의 구획, 대규모 아파트 단지의 건설이 그것으로, 이들은 각기 다른 차원에서 도시공간의 생성에 개입했다. 물론 단기간에 효율적 기계로 조립된 것은 아니었다. 1960년대 서울에서 행해진 다양한 도시계획들은 그 작동 방식을 실험한다. 이 과정에서 몇 개의 이상적인 제안들이 나왔지만 그들이 한국적 현실과 맞부딪치면서 철저하게 무산되고 만다. 이런 실험을 통해 다양한 도시계획적 아이디어 가운데 어떤 것이 현실적인지가 판명되었고, 이렇게 만들어진 개발 시스템은 강남 개발을 통해 처음으로 그 효율성을 증명하게 된다. 이후 그 방식은 지방 도시로 그대로 퍼져 나가 유사한 공간을 반복적으로 생성하게 된다.[3]

사실 한국의 도시사에서 1960년 초부터 1970년대 중반까지는 가장 역동적인 시기로 불릴 만하다. 역사적으로 도시의 인구 증가율이 가장 높았기 때문이다. 1960년 224만이었던 서울의 인구는 1975년에 이르러 688만 명이 되었다. 십오 년 사이에 대략 세 배가 증가한 것이다. 이런 현상은 다른 도시

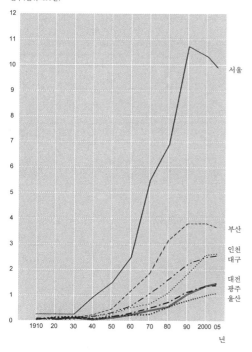

인구(단위: 100만)

서울
부산
인천
대구
대전
광주
울산

1910 20 30 40 50 60 70 80 90 2000 05
년

2 한국 7대 도시의 인구 증가
추이를 나타내는 그래프.

에서도 나타났다. 부산은 116만 명에서 245만 명으로, 대구는 67만 명에서 160만 명으로 늘어났다.[도판 2] 이같은 인구 증가는 군사정권의 경제정책에서 촉발되었다. 1960년대 군사정권은 경제성장을 위해 수출 지향적 정책을 전개했다. 즉, 외국으로부터 차관借款을 들여와 자본을 조성한 후, 해외에서 수입한 원자재와 부품을 국내의 저렴한 노동력으로 가공, 조립해 수출하는 구조를 채택했다. 이런 수출 지향 정책은 근본적으로 값싼 임금에 기초한 가격 경쟁을 주요한 전략으로 삼는 것이어서, 값싼 임금을 지속하려면 정부는 저렴한 농수산물 가격의 유지를 정책적으로 추진해야만 했다.[4] 이에 농촌은 상대적으로 빈곤해졌고, 농촌 사람들은 보다 많은 돈을 벌기 위해 살던 곳을 떠나 대도시로 몰려들었다. 그렇지만 도시는 전혀 이들을 받아들일 준비가 되어 있지 않았다.

인구가 급증하자 도시 문제들이 쏟아져 나왔다. 구조적 불균형에서 비롯되는 실업, 빈곤, 질병 등과 함께 주택난, 교통난, 각종 공해와 사고, 공공시설 부족으로 생활 환경이 급속도로 악화된 것이다. 현재 구로공단 주변에 들어서 있는 쪽방들이 당시의 주거난을 생생하게 증언하고 있다. 이같은 주택난은 매우 심각한 도시 문제를 불러일으켰다. 특히 개발이 본격적으로 이루어지지 않은 상황에서, 도심의 빈 공간들은 무허가 판자촌으로 가득 차 도시 기능을 현저하게 약화시켰다. 서울의 경우, 전차와 일부 노선의 버스를 제외하고는 변변한 교통수단이 없었기 때문에 사람들은 걸어서 다닐 수 있는 도심에 집중적으로 몰려들었다. 이는 근본적으로 수요에 대한 공급의 부족으로 발생한 문제였지만, 시간이 지나면서 슬럼화된 지역은 도시 주변으로 확산되어 나갔다. 1960년대 주거 문제는 언제 폭발할지 모르는 시한폭탄과도 같았다. 당시 군사정권도 이를 심각하게 인식하고 있었다. '건축 아니면 혁명'이라는 르 코르뷔지에의 구호가 절감되던 시기였다.

1971년 지금의 경기도 성남에서 일어난 광주대단지사건은 당시 상황을 대변해 준다. 광주대단지는 한국 현실의 어두운 그림자들이 총체적으로 배어 있던 곳이었고, 이것이 곪으면서 폭동이 되었다. 정부는 격심한 주거난과 도시문제를 해결할 장기적인 전망은 가지지 못한 채 단기적인 처방에만 골몰했다. 광주대단지는 서울 시내 무허가 판잣집 정리 사업의 일환으로 만들

7장. 도시의 확장과 건설 붐

어진 도시였다. 서울 시내 13만 6,650채의 무허가 건물 가운데 4만 4,650채는 양성화하고, 나머지 9만여 채는 시민아파트를 건설해 이주시키거나, 아니면 수도 근교에 새로운 위성도시를 세워 이주시키겠다는 구상에서 비롯된 것이었다. 1969년 서울시는 이런 구상을 실행에 옮기면서 건설 회사들에게 택지를 조성하도록 하고 철거민들에게 66제곱미터의 땅을 불하했다. 그렇지만 도시를 어떻게 건설할 것인지에 대해서는 아무런 대책이 없었고, 오직 빈 땅에 땅고르기 작업을 하고 도로 건설만 했다. 처음에 이런 이주 계획은 비교적 순조롭게 진행되었다. 서울에서 움집을 짓고 하루 벌이로 생계를 이어 가던 빈민들은 내 집을 갖겠다는 희망에 부풀어 광주대단지에 몰려들었다. 광막한 황무지에 주택이 하나둘 들어섰고, 건설 붐이 일자 토지 가격은 상승하기 시작했다. 어느덧 인구는 14만 명이 넘었고, 1971년에 행해진 국회의원과 대통령 선거는 사람들에게 헛된 환상을 심어 주었다. 그러나 선거가 끝나고 부동산 열기가 식자 문제가 발생했다.[5] 지역 내 일자리가 없어서 사람들은 서울로 찾아나섰는데, 교통수단이 거의 없고 그나마도 요금이 너무 비싸 이용하기가 힘들었다. 그래서 주민들은 극도의 빈곤 생활을 영위할 수밖에 없었고, 설상가상으로 서울시가 철거민들이 점유한 토지를 평당 8,000원에서 1만 6,000원에 불하하겠다고 나서자 불만이 폭발하게 된 것이다. 광주대단지 사건은 한국 사회에 내재된 도시 및 주거 문제를 그대로 드러낸 사건으로, 군사정부의 개발정책을 추동하는 중요한 계기가 되었다.

도시계획가들

1970년대 한국의 도시들은 폭발 직전이었다. 군사 쿠데타로 집권한 군부 세력은 이것을 해결하기 위해 장기적인 전망이나 전문적인 지식 없이 강력한 추진력으로 엄청난 도시개발 사업을 밀어붙였다. 당시 군부 세력의 정점에는 박정희가 있었다. 그는 경제 성장을 통해 지배의 정당성을 확보하고자 했고, 이를 뒷받침하기 위해 국토의 효율적인 이용을 최우선 과제로 상정했다. 그는 개발 시대에 이루어진 주요 도시계획들을 스스로 결정하고 실무자들에게 그 실행 방안을 지시했다. 경부고속도로, 여의도광장, 서울어린이대공원, 그린벨트, 과천 신도시, 행정수도 건설 등은 그의 독자적인 발상이었다.[6]

개발 독재 시기 도시정책의 기조는 수도권 인구 증가를 억제하고 인구를 분산하는 데 초점이 맞춰졌다. 그렇지만 지방자치제도가 제대로 시행되지 않는 상황에서 인구 분산이 중앙정부의 노력만으로는 실현될 수 없었다. 그 대신 정책의 시행 과정에서 도심 개발이 제한되고, 대도시 주변에 그린벨트가 지정되어 개발이 엄격히 금지되었다. 그렇지만 이런 제한적인 조치로

2부. 개발 시대: 한국 건축의 정체성 탐구

는 늘어나는 인구를 수용할 수 없었고, 대도시 주변에는 다양한 신시가지들이 새롭게 개발되었다. 이와 함께 국가 주도의 공업화정책을 뒷받침하는 다양한 공업도시들이 건설되었다. 울산을 비롯해 반월, 구미, 창원, 여천 등의 신도시들이 세워진 것은 이런 이유 때문이다. 이런 군사정권의 개발 의지를 기술적으로 뒷받침한 사람들이 기술 관료와 도시계획가, 건축가였다. 그렇지만 이들은 도시를 바라보는 입장이 각기 달랐다. 이 시기 한국의 도시정책을 이끌어 간 그룹은 대략 네 가지 정도로 구분된다.

첫번째는 주원, 김의원, 윤정섭, 한정섭, 황용주 등으로 대변되는 도시계획가 그룹이다. 이들은 행정 관청, 연구소, 대학에 포진하면서 도시계획 프로젝트에 주도적으로 관여했다. 1959년 대한국토계획학회(현 대한국토도시계획학회)를 조직하고, 학회지 『국토계획』과 『도시정보』라는 전문 잡지를 발간해 한국 도시계획의 담론을 주도해 나가게 된다. 이 그룹에서 가장 중심 인물은 주원朱源으로, 해방 이후 일본인 도시계획가들이 모두 다 빠져나간후, 그는 도시 문제에 대한 거의 유일한 전문가였다. 그는 1928년부터 1937년까지 일본의 오하라 사회경제연구소 연구원으로 재직하면서 도시계획을 집중적으로 연구했다. 그를 가르쳤던 이는 전후 일본 도시계획계의 권위자였던 이시카와 히데아키石川栄耀였다. 훗날 주원은 "내가 도시계획에 전념해 도시계획 해석의 중추처럼 된 것은 이시카와 씨 덕분이고, 수박 겉핥기이기는 하나 계량분석을 이해할 수 있게 된 것도 그의 덕택이다"[7]라고 술회했다. 해방 이후 그는 부산으로 피난 온 서울대 건축학과에서 도시계획을 가르쳤는데, 강의를 들었던 윤정섭, 한정섭, 이성옥 등이 나중에 도시계획가로 성장했다. 주원은 또한 건설부 장관으로 재직할 때 서울대학교에 환경대학원을 설치하도록 힘썼고, 국토연구원의 설립에도 크게 관여했다. 이에 따라 한국 국토 및 도시계획학의 초석을 세운 인물로 평가받는다. 그는 서울시 도시계획 상임위원으로 있으면서 서울도시기본계획의 수립을 위한 기본자료를 조사했던 것으로 알려져 있다. 도시계획에 대한 그의 접근 방식은 계량적이었고 분석적이었다.

두번째 그룹은 한국산업은행의 국제협조처International Cooperation Administration, 이하 ICA 주택자금 기술실 출신의 도시계획가들이다. 가장 대표적인 인물이 박병주朴炳柱와 주종원朱鍾元이었다. 박병주는 1940년대 고베공업전문학교의 야간부 3년제 토목공학과에서 도시계획을 배웠는데, 도시계획 강좌의 교재는 이시카와 교수의 저서였다고 한다. 주원과 마찬가지로 박병주도 이시카와를 통해 도시계획 이론에 접했던 것이다. 박병주가 도시계획을 하기로 결심한 것은 부산 시절에 절친했던 김중업을 통해서였다. 파리에서 돌아온 김중업이 르 코르뷔지에의 저서와 도시계획 작품을 보여주었는데, 거기서 깊은 감명을 받았다고 한다.[8] 그는 1958년 서울에 올라와서 건축가 엄덕문嚴德紋의 추천으로 ICA 주택자금 기술실에 들어가 단지 계획을 주로 담당했다. 이 기술실이 훗날 대한주택공사 연구소로 들어가면서, 박병주는 주택공사 단지연구실장으로 자리를 옮겨 서울의 수유리, 화공동, 이촌동, 구로동 등의 단지계획을 담당했다. 한국의 도시계획이 주로 대단위 주거단지 개발과 항상 맞물려 이루어졌기 때문에, 주택공사는 그가 도시계획가로 성장하는 데 좋은 기회를 제공해 주었다. 주종원 역시 나중에 서울대 교수가 되어 과천신도시와 행정도시계획을 주도적으로 이끌었다.

세번째 그룹은 건축가 김수근이 이끄는 한국종합기술개발공사였다. 이회사는 김수근과 김종필의 개인적인 관계를 바탕으로 만들어진 후 많은 국가 프로젝트를 용역받았다. 도시계획에는 김수근 사무실의 건축가들이 참여했는데, 그들은 도시계획에 대한 교육을 제대로 받지 못해서 도시적 현실에 제대로 대응하질 못했다. 그들은 일본의 단게 겐조丹下健三와 메타볼리즘metabolism으로부터 많이 영향받아 다소 관념적이었기 때문에 그들의 제안은 실현되는 경우가 많지 않았다. 1966년부터 1969년 김수근이 사장 자리를 물러날 당시까지 담당했던 프로젝트는 여의도 종합개발계획, 남대문시장 도시계획, 세운상가 개발, 한국과학기술연구소 본관 설계에 이른다.

네번째는 오즈월드 내글러Oswald Nagler를 단장으로 1966년 창설된 한 주택·도시 및 지역계획연구소Housing, Urban and Regional Planning Institute, 이하 HURPI가 있었다. 창설 계기는, "1964년 미국의 아시아재단The Asia Foundation이 내글러를 초청해 우리나라 도시계획 실태 보고서를 의뢰했고, 이를 접수한 아시아재단은 도시 문제를 대처하기 위한 전문 연구기관이 필요하다고 판단했다. HURPI는 이렇게 해서 만들어졌다."[9] 이 연구소는 건설부 소속임에도 사실상 아시아재단의 재정적 지원을 받아, 운영상의 자율성을 가졌다. 내글러는 하버드 디자인대학원 원장이었던 주제프 류이스 세르트Josep Lluís Sert의 제자로, 최소주택, 선형도시이론, 근린주구론과 같은 서구의 최신 도시설계이론을 한국에 소개했다. 또한 한국의 젊은 건축가와 도시계획가를 체계적으로 훈련시켰고, 서구의 도시이론들을 한국 실정에 맞게 발전시켜 나간 점에서 중요한 공헌을 했다. 이 연구소에서 수

3 1960년대 HURPI의 남서울개발계획안. 한가운데에 도로를 중심으로 선형 축이 세워진 것이 명확히 보인다.

2부. 개발 시대: 한국 건축의 정체성 탐구

행했던 프로젝트는 동대문 지구 설계, 수원과 울산 도시계획, 남서울계획 [도판 3], 금화공원 지구 재개발이 포함되어 있었다. 이들 가운데 남서울계획은 현재의 강남 지역을 선형 축을 따라 개발하자는 것으로, 이런 생각은 훗날 목동계획에서 다시 등장하게 될 것이다. 금화공원 지구 재개발은 서울 도심의 무허가 판자촌 지역을 중층 고밀의 아파트로 건설하자는 생각을 담고 있었다. 서울 도심의 무허가 판자촌 지역을 중층 고밀의 아파트로 건설하자는 생각을 담고 있었다. 이는 몇 년 뒤 시민아파트의 건설로 이어지게 된다.[10]

그렇지만 1980년대 이후 도시계획가 그룹에는 전반적인 세대교체가 이루어진다. 미국에서 도시계획을 공부한 이들이 귀국하면서 국내 대학과 연구소에 대거 포진하게 되었다. 이런 변화에 큰 계기가 되었던 사건이 1977년 박정희의 지시로 시작된 신행정수도계획의 수립이었다. 이를 위해 한국과학기술연구소 Korea Institute of Science and Technology, 이하 KIST 에 지역개발연구소가 설립되었고, 당시 세계은행 World Bank 에서 근무했던 황용주가 소장으로 임명되었다. 그때 KIST 지역개발연구소에 참여하게 된 사람들이 황기원, 임창복, 강홍빈, 안건혁, 온영태, 양윤재 등이다. 이들의 등장은 일종의 세대교체를 의미했다. 그들은 1980년대에 한국의 주요 도시계획, 특히 수도권 5대 신도시의 설계를 주도했는데, 도시계획에 대한 체계적인 교육을 받아 이전 세대의 계획가들보다 경관, 녹지체계 그리고 역사성을 중요시했다. 이런 태도는 전후 세계적인 도시계획의 흐름을 반영한 것이었다.

두 가지 도시 확장 방식

1960년대 도시계획 담론은 두 가지 논쟁점을 중심으로 이루어졌다. 첫번째는 도시의 확장 방식에 관한 것이고, 두번째는 도시공간의 구획 방식에 관한 것이다. 이런 논쟁들은 인구 집중이 가장 심한 도시였던 서울에서 가장 두드러졌고, 그런 점에서 서울은 개발 시대 도시계획의 테스트베드였다. 이곳에서 다양한 도시계획적 방법들이 그 타당성을 검증받은 후에 전국으로 퍼져 나간 것이다. 서울의 도시계획은 여러 가지 방식으로 진행되었던 것이 사실이다. 우선, 서울시 주관으로 계속해서 도시기본계획들이 수립되었다. 1952년 육이오전쟁이 진행 중인 상황에서 도시재건계획이 수립되었고, 이후 현재까지 십여 차례의 도시기본계획이 수립되었다. 그들은 서울의 도시개발에 기본 바탕으로 작용했다. 이 외에도 대규모 신시가지가 조성되면서 서울 전체와는 별도의 도시계획이 함께 병행되기도 했다. 서울의 도시공간은 바로 이런 다양한 계획들이 중첩되면서 만들어진 것이라고 볼 수 있다.

1966년 8월 15일 시청 앞 광장에서 개최된 서울도시기본계획 전시회는

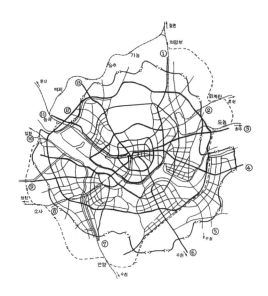

4 1966년에 발표된
서울도시기본계획은 동심원적
도시구조를 바탕으로 순환-방사식
교통체계를 제안하고 있다.

도시계획사에서 의미가 크다. 1960년대 도시계획에 관한 담론들을 집약하면서도, 개발 시대 도시 담론의 미래를 펼쳐 보이고 있기 때문이다. 이 전시에서 중요했던 내용은 당시 대한국토계획학회에서 수립 중이던 서울도시기본계획을 모형으로 제작해서 전시한 것이었다. 사실, 1966년에 발표된 서울도시기본계획은 한국의 도시 발전에 중요한 분기점을 이룬다. 서울시가 대한국토계획학회에 의뢰해 작성된 이 보고서는 오늘날 서울의 도시공간을 결정짓는 중요한 계기가 되었으며, 그 후 수차례 수정 및 보완에도 불구하고, 현재의 가로망계획과 토지 이용 계획의 모체가 되었기 때문이다.[11] 더욱 중요한 것은 그 주요 방법이 다른 지방 도시들이 도시계획을 수립하는 데도 커다란 영향을 미쳤다는 사실이다.[12]

이 계획안은 도시구조와 관련해 크게 세 가지 내용을 포함하고 있다.[도판 4] 첫번째는 서울의 도시 성격을 동심원적 도시 Concentric Zone City 로 파악하고, 이를 바탕으로 토지 이용 계획을 수립하고 있다. 이에 따르면, 서울의 도시구조는 기본적으로 1930년대에는 동심원적 단핵 도시였으나 점차 도시공간이 확대되면서 여러 시설들이 외곽으로 분산되어 부도심을 형성했다는 것이다.[13] 그래서 5킬로미터 반경의 일일 생활권, 15킬로미터 반경의 주말 생활권, 45킬로미터 반경의 월말 생활권 등 세 가지 생활권으로 나누어 도시계획을 수립했다.[14]

이를 바탕으로 교통계획을 수립할 경우, 도로체계는 순환-방사선체계로 이루어지게 된다. 그래서 이 보고서의 가로망계획에는 4개의 순환선과 13개의 방사선이 제시되어 있다. 또한 특기할 점은 경부고속도로의 위치를 정하고 이에 맞춰 강남 지역의 도시계획을 처음으로 제시했다는 데 있다. 실제로 강남 개발은 이 계획을 근거로 이루어졌다.

세번째로 서울의 공간 구조를 재편하고 있다. 이를 위해 1963년에 새롭게 편입된 지역을 구획정리사업을 통해 신시가지로 개발한다는 구상을 담고 있다. 서울을 균형있게 개발하기 위해서는 구시가지에 집중되어 있는 기능을 분산해야 하며, 이를 위해 대통령 관저는 현재 위치에 두고, 행정부는 용산에, 사법부는 영등포에, 입법부는 강남에 두어야 한다고 주장했다. 비록 나중에 입법부와 사법부의 위치가 바뀌었지만, 현재 이런 기능의 분산은 비교적 비슷하게 실현되었다.

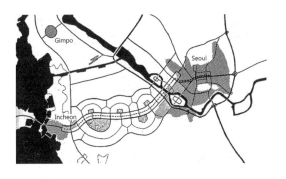

5　1969년 김태수가 수립한 서울시
마스터플랜의 세포조성식 선형도시안.

서울시장을 통해 이런 계획이 발표되자 많은 논의들이 오가게 된다. 먼저 주한 미국경제협조처 United States Operations Mission, USOM 의 자금으로 한국에 초빙되어 온 애런 홀위츠 Aaron B. Horwitz 교수는, 1966년 7월부터 팔 개월간 머물면서 서울도시기본계획에 대한 조언을 했다. 여기서 그는 전형적인 방사순환식으로 되어 있는 도로체계를 비난했다. 즉 그런 방식은 자동차 보유율이 낮은 도시의 경우는 비교적 합리적이라 보겠으나, 한국은 이제 보유율이 급격히 상승할 여건에 놓여 있는 나라로서 이같은 가로망이 과연 장래의 교통량 증가에 대처할 수 있겠느냐는 것이다.[15] 그리고 인간 정주의 기본 패턴을 무시한 채 지나친 계획적 요소를 가미한 데 불만을 표시하면서, 서울의 발전모델을 선형線形으로 바꿀 것을 주장했다. 당시 HURPI를 책임지고 있었던 오즈월드 내글러 역시 비슷한 주장을 했다. 그에 따르면, 한국과 같이 경제 개발의 초기 단계에 있는 국가들은 급격한 경제 성장에 따라 사회적 변동을 경험하게 되고, 도시의 정확한 경제 활동과 미래 인구를 측정하는 것이 매우 어렵게 된다. 그는 이같은 사회적 변동에 쉽게 대응하면서 과거의 전통적 질서를 해치지 않기 위해서는 세포조성적細胞組成的 선형도시체계를 도입할 필요가 있다고 생각했고, 이는 그의 강남 개발 계획에서 잘 드러난다. 이러한 생각은 당시 건축가들에게도 영향을 미쳤는데, 예를 들어 건축가 김태수金泰修가 1969년 미국으로 떠나기 전 수립했던 서울시 마스터플랜에도 내글러의 세포조성식 선형도시안이 잘 반영되어 있다.[도판5]

　　새서울백지계획

서울도시기본계획 전시장에서 특이한 점은, 새서울백지계획이라는 도시계획안이 전시장 한쪽 모서리를 차지한 것이다.[도판6] 당시에는 이 계획안의 작가가 알려지지 않았지만, 1997년 『국토』에 게재된 손정목의 글을 통해 박병주라는 점이 밝혀졌다.[16] 주지하다시피, 박병주는 개발 시대 최고의 도시계획가였다. 새서울백지계획은 1960년대 동심원적인 도시 확장의 방식을 가장 명료하게 시각화하고 있고, 실제로 이 계획안은 박병주가 나중에 실현시킬 도시계획을 예견한다. 그리고 그 영향이 1970년대 말 '행정수도 건설을 위한 백지계획'에까지 미치면서, 개발 시대의 도시계획의 방향을 선도한 중요한 계획안으로 인정받을 만하다.

　　1966년 11월 『공간』에는 서울도시기본계획과 박병주의 도시계획 전시

6 서울도시기본계획 전시장에서
공개된 새서울백지계획안. 1966년
박병주 설계.

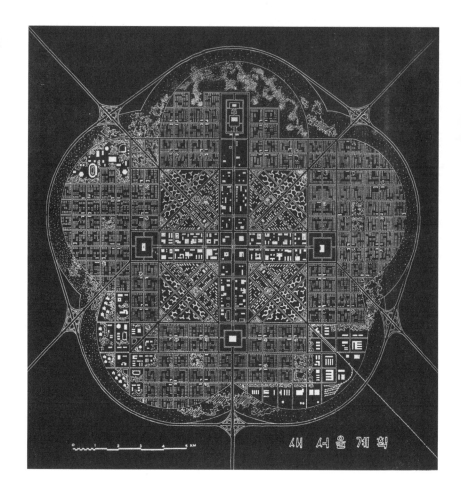

에 대한 소감이 실렸다.[17] 여기서 그는 계획안의 구체적인 내용을 언급하지 않는 대신, 수도의 기능 문제, 기존 서울과의 분리 계획에 대한 검토가 필요함을 강조했다. 또한 이 계획안은 입지 선정 기준, 공간계획, 토지 이용, 재원 확보 등 계획의 방향을 제시하고 있어서 단순한 전시용 그림이나 모형을 넘어서는 것이었다. 여기서 '새서울'은 서울의 확장으로서 이해될 수도 있으나, 그보다는 새로운 수도로서의 역할을 수행하는 계획을 의미한다. 1950년대 중반, 전후 재건 과정에서 기존 도심을 그대로 두고 새로운 수도를 건설하자는 운동이 일어났는데, 그때부터 지속적으로 신수도에 대한 요청이 있어 왔다. 새서울백지계획의 경우에는 대통령 시설과 입법부, 사법부, 행정부 그리고 시청의 기능을 중심으로 132제곱킬로미터에 인구 100만 명에서 150만 명을 고려한 신도시로 계획되었다. 백지白紙, 즉 구체적인 대지를 정하지 않은 상태의 이 계획은, 대지 조건의 구속과 제약이 없는 최초의 이상적인 계획안이라고 평가할 수 있다.

7 새서울백지계획 중심 지구의
투시도. 1966년 설계.

새서울백지계획의 중심 지구는 6킬로미터의 정사각형 내에 배치되어 있다. [도판 7] 그리고 그 정사각형 내에 각 변의 중심을 잇는 4.242킬로미터의 작은 정사각형이 내접해 있다. 중심 지구의 전체 틀은 이 2개의 정사각형이 겹쳐지면서 결정되었다. 이같은 계획은 손정목이 지적한 대로 명백히 르 코르뷔지에의 '300만 명을 위한 현대 도시 La ville contemporaine de 3 millions d'habitants'를 모방한 것이다. 그렇지만 그 정사각형 내부를 계획하는 방식이 달랐다. 르 코르뷔지에의 계획안에서 마름모꼴 사각형의 모서리에는 녹지가 딸린 광장이 조성되었지만, 새서울백지계획의 경우 정사각형의 모서리에 북쪽부터 시계 방향으로 대통령 관저, 행정부, 입법부, 사법부가 위치하게 된다. 이런 배치 방식은 르 코르뷔지에의 계획안이 아닌, 워싱턴 디시의 공간 구조와 유사하다.

이 계획안의 교외 지구는 전원적인 저층의 단독주택 주거지로 계획되었다. 이것은 당시 한국의 계획가들이 가졌던 생각이 그대로 반영된 결과이다. 1960년대 초반에 화곡, 개봉 지구 등은 모두 단독주택 주거지로 계획되었다. 그리고 1960년대 중반 강남을 대상으로 한 계획안들도 모두 저층 주거지를 바탕으로 했다. 한국의 계획가들은 이들 지역을 설계하면서 미국 도시의 교외suburb를 이상적인 모델로 그리고 있었던 것이다. 새서울백지계획의 교외 지구는 1×1킬로미터(100헥타르) 크기의 기본 단위로 구성된다. 이것은 저밀도로서(100명/헥타르) 단독주택의 개발을 뜻한다. 박병주는 미국의 근린주구이론을 도입해 이같은 크기와 밀도를 산정했다.

여의도 계획

당시 한국종합기술개발공사를 맡고 있었던 김수근은 1966년 서울도시기본계획에서 등장하는 동심원적인 확장 방식에 반대했다. 비슷한 시기에 그의 팀에 의해 제안되었던 여의도 계획 [도판 8]은 그와는 정면으로 배치되는 내용을 담고 있다. 여의도 계획이 완성되는 순간까지 여러 사람들이 개입하는데, 이 가운데 김수근의 초기 안들은 세 가지의 개념을 제안하고 있다.

첫번째는 도시 성장 모델에 관한 것으로, 단게 겐조의 '도쿄 계획 1960'으로부터 강한 영향을 받은 것이다. 단게는 도시의 성장을 적극적으로 수용하면서, 이에 적절한 새로운 도시 성장 모델을 제시하기 위해 선형확장론을 주장했다.[18] 단게에 따르면, 전통적인 동심원적 도시구조는 더 이상 미래 도

7장. 도시의 확장과 건설 붐

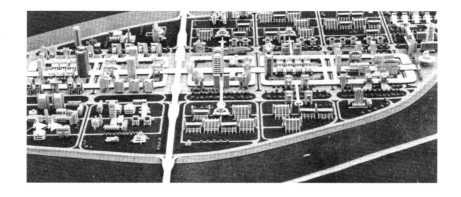

시와는 어울리지 않기 때문에 개방적 선형 구조로 바꾸어야 했다. 서울의 도시기본계획도 일본의 도쿄와 같이 단일 핵을 중심으로 한 동심원적인 확장 계획을 채택했는데, 김수근도 이 점을 명확하게 반대하고 나섰다. 김수근 팀은 여의도를 새로운 도심으로 개발해 서울이라는 도시가 선형 축을 형성케 하는 계기를 만들고자 했다.

두번째로, 여의도를 계획하면서 김수근은 도시기능의 한 단위체로서 중심 도시Center City를 가정했다. 그 내부는 기능의 위계에 따라 계층 조직을 이루며,[19] 중심 도시들끼리는 대중교통망을 이용한 선형체계를 이루도록 했다. 각 중심 도시들의 규모는 야간 인구 3만 명, 주간 인구 18만 명으로 가정되었고, 이 경우 여의도 전체가 해당된다고 볼 수 있다. 이런 생각은 명백하게 오즈월드 내글러가 주장한 세포조성식 선형도시이론을 바탕으로 한 것이었다. 내글러는 동심원적 구성에 바탕을 두고 도시 규모에 따라 단핵 또는 다핵으로 구성된 기존의 도시계획 개념은 대단히 정적이라고 보았다. 이에 반해 선형도시는 도시의 성격, 기능 및 규모의 변동에 쉽게 적응할 수 있는 동적 도시라는 것이다.[20] 그리고 이것은 한국의 산악지형에도 쉽게 적응될 수 있다고 보았다. 김수근은 이런 생각을 받아들여 여의도를 하나의 성장 가능한 도시 단위로 상정하게 된다.

마지막으로 여의도 계획에 담겨 있는 중요한 생각은 도시가로의 입체화였다. 보행자와 차량을 분리하고, 또 도로를 기능과 속도에 따라 구분하려는 생각이 가장 중심 개념으로 채택되었던 것이다. 김수근은 일찍부터 서울의 도시 문제를 평면적인 체계가 아닌 입체적인 체계로 풀어야 된다고 생각했다. 그리고 이는 이미 부분적으로 실현되기도 했다. 1960년대 후반부터 육교와 지하도, 고가도로 등이 서울에 집중적으로 건설된 데에는 그런 생각이 크게 작용했다. 비슷한 시기 서울 도심에 낙원상가와 세운상가와 같은 메가 스트럭처를 건설하면서 인공 데크를 중요한 요소로 설치한 것도 이런 의도에서 비롯되었다. 여의도를 계획할 당시 김수근은 이런 시도를 도시 전체 차원으로 확장하고자 했다.

그렇지만 김수근 팀이 제안한 여의도 계획안은 실현되지 못했다. 다음 두 가지 요인이 작용했기 때문이다. 첫번째는 계획 초기에 전혀 고려되지 않았던 대규모 광장이 섬 한가운데에 조성되었다. 1970년 10월경 박정희 대통령의 직접 지시로 계획된 12만 평의 이 광장은 1971년 실제로 건설되었다. 아무것도 없이 포장만 된 이 광장은 김수근 팀의 계획안을 근본부터 흔들었다. 여기에 도시기반 시설을 갖추고도 여의도의 땅들이 팔리지 않으면서 문제가 발생했다. 여의도 중심에 루프 형태의 고가도로가 설치될 예정이었기 때문에 구매자가 선뜻 나서지 않았던 것이다. 이같은 문제는 근본적으로 도시개발 방식 때문에 발생했다. 재정난에 시달렸던 서울시로서는 여의도를 그냥 방치할 수 없었고, 1971년 박병주에게 새로운 도시계획안을 의뢰하게 된다. 김수근의 계획안은 당시 국민 1인당 소득이 278달러에 불과했던 한국 상황에서는 실현될 수 없는 유토피아였다. 이에 비해 박병주가 만들어낸 계획안은 대단히 현실적인 안이었다. 김수근 안에서 등장하는 입체화된 가로들은 모두 제거되었고, 블록 구획은 최소한의 수정을 가한 채 쉽게 매각될 수 있도록 격자형으로 계획되었다. 이후 여의도 개발은 이런 박병주의 안을 중심으로 이루어지게 된다.[도판9]

여의도의 도시구조가 결정되어 가는 과정에서 우리는 1960년대 한국 사회를 지배했던 도시 담론의 형성 과정을 확인할 수 있다. 건축가들은 여의도에서 새로운 유토피아를 제안했지만, 군사정권의 냉전 이데올로기와 자본의 논리에 의해 철저하게 거부되었다. 거기서 가장 중요했던 것은 도시공간이 인간의 삶의 터전이 아닌 자본의 논리에 따라 형성되었다는 것이다. 데이비드 하비 David Harvey가 주장했던 것처럼, 개발 시대의 한국의 도시화 과정은 본질적으로 자본 축적과 긴밀하게 연관되었다. 그리고 도시 성장 모델에서도 여러 건축가들의 반대에도 불구하고, 선형적 확장보다는 동심원적 확장이 주된 방식으로 채택되었다. 선형적 확장은 이론적으로는 가능했으나 엄청난 인구 성장에 직면했던 도시 현실을 제대로 반영하지 못했다. 이로 인해 한국의 도시공간이 결정적으로 변모했다. 그리고 그 후 한국에서 이루어진 도시개발은 철저하게 생산, 교환, 소비를 위한 물리적 하부시설의 창출이었고, 거기서 인간 삶의 질은 부차적인 것이었다.

9 오늘날의 여의도.

7장. 도시의 확장과 건설 붐

세운상가와 메가스트럭처

여의도 계획을 진행하면서 김수근 팀은 서울 도심을 새롭게 개발하려는 다양한 프로젝트에 참여했다. 청계고가도로를 비롯해서, 세운상가, 낙원상가 등 도심의 구조를 바꿀 만한 거대 스케일의 구조물들을 실현했다. 김수근 팀의 설계 외에도, 1969년 창신동 동대문상가아파트가 완공되면서 서울 도심의 곳곳에는 소위 메가 빌딩들이 유행처럼 세워지게 되었다. 특히 이 가운데 세운상가는 종로3가에서 시작하여 충무로3가에 이르기까지, 남북 방향으로 네 블록에 걸쳐서 거대한 도시구조물을 형성하며, 개발 시대의 건축 의지를 장중하게 드러낸다.[도판10] 그렇지만 이 건물 역시 여의도 계획과 마찬가지로 실패로 점철되어 있다.

세운상가가 들어설 지역은 제이차세계대전 막바지인 1944년 전화 예방을 위한 소방도로로서 소개疏開된 지역이었다. 여기서 '소개'란 공습이나 화재에 대비해 한곳에 집중되어 있는 사람 또는 시설물을 분산시키는 것을 뜻한다. 1945년 3월 10일 미국의 도쿄대공습 이후 불안을 느낀 조선총독부는 같은 해 3월 31일 '도시소개대강'을 발표하고 그해 4월부터 6월까지 경성, 부산, 평양, 대전, 대구, 원산, 청진 등 주요 도시 내에 소개공지대疏開空地帶를 만들 계획을 수립했으며, 경성에는 19개의 '소개공지대'가 있었다.[21] 세운상가가 지어질 지역도 그중 하나로, 경성가로정비계획 제3호 노선으로 고시된 바에 따르면 폭 50미터 연장 1,180미터의 띠 모양으로 되어 있고, 면적은 약 1만 3,000평에 달한다. 국비 보상 원칙에 따라 철거를 시작하여 약 80퍼센트의 진보를 보이던 중 제이차세계대전의 종식과 더불어 사업은 중단되었고, 패전한 일본은 무방비 상태의 도시를 두고 물러갔다. 그러나 해방과 더불어 행정력의 이완을 틈타 무허가 건물이 들어서기 시작했고, 육이오전쟁 이후 북한에서 월남한 사람들이 몰려들면서 슬럼화는 더욱 가속되었다. 서울시로서는 도심 기능을 회복시키기 위해서 이 지역을 재개발해야만 했다.

종로3가의 소개 지역을 본격적으로 재개발하게 된 때는 김현옥이 서울시장에 부임하면서였다. 그는 도시계획국과 중구청에 도시계획을 지시하고 1966년 6월 20일 그 대체적인 내용을 당시 박정희 대통령

10 세운상가의 전체 배치. 종로3가에서 충무로3가까지 네 블록에 걸쳐 있다.

2부. 개발 시대: 한국 건축의 정체성 탐구

에게 브리핑하여 이 지역의 도시개발에 대한 내락을 얻는다. 이후 계획이 진행되면서 2개의 안이 제시되는데, 하나는 중구청이 제안한 것이고, 또 다른 하나는 HUPRI의 도시계획가 오즈월드 내글러가 제안한 것이다. 중구청의 안은 계획도로 50미터 도로 양측에 15미터 폭의 건물을 짓고, 중간 20미터는 도로로서 확보하자는 것이었다. 내글러의 안은 중구청의 안과는 완전히 다른 것으로, 단일한 건물 8개를 대지 내에 분산시켜 배치하는 것이었다.

이들 안을 검토한 끝에 많은 문제점이 있다고 판단한 서울시는 세운상가의 실제 설계를 김수근의 한국종합기술개발공사에 넘긴다. 이때 이미 청계천 구역은 건물 철거가 완료된 상태였다. 김수근 팀의 설계를 통해 완성된 안은 1960년대 건축계에 유행했던 다양한 생각들이 포함되어 있었다. 우선, 거기에는 르 코르뷔지에의 유니테 다비타시옹에서 나타난 새로운 집합 주거의 개념이 담겨 있다. 그는 이 건물을 도시의 단위로 상정하고, 생활에 필요한 다양한 시설들을 집어넣었다. 또한 영국의 건축가 스미슨 부부Alison Smithson and Peter Smithson의 공중 가로street in the air의 개념, 메타볼리스트들에 의해 제안된 인공 대지, 보행자 데크 등 당대의 건축 개념과 어휘들을 녹여내 기본 계획을 세웠다. 특히 건물 형태와 관련해서는 단게 겐조가 매사추세츠 공과대학MIT 학생들과 함께 공동으로 작업한 계획안으로부터 많은 영감을 받았다. 그 주제는 '2만 5,000명을 위한 커뮤니티 계획'으로, 작은 시만큼의 인구를 한 건물에 살게 하는 고밀도 거주 계획이었다. 장소는 보스턴 근교의 해상 인공 섬으로, 육지로부터 고속도로를 통해서만 접근된다. 거대 구조물의 토목적 스케일에 밀리지 않도록 건축은 도로와 일체화되어, 도로를 삼킬 정도로 커진다.[22] 전체적으로 단면이 ㅅ자형으로 꼭대기에는 천창이 설치되어 있는데 이와 유사한 단면 형태가 세운상가에서도 발견된다.

김수근 팀은 건물을 도로 중앙에 배치하고, 남북 1킬로미터가 넘게 줄지은 건물들을 3층 레벨에 있는 인공 데크를 통해 연결시키고자 했다.[도판 11] 그리고 인공 데크를 따라 여러 상점들을 배치하여 스미슨 부부의 공중 가로 개념이 이루어지도록 했다. 지상은 자동차 전용로와 주차 공간으로 이용하도록 하여, 자연스럽게 보차분리가 되도록 했다. 1층부터 4층까지 상가 프로그램을, 6층부터는 주거 프로그램을 넣었으며, 상가와 주거의 완충 영역으로 5층을 인공 대지로 설정해 공원과 놀이터, 시장 등을 배치했다. 접근성이 높은 1층과 3층엔 지역 상권과 연계되는 상가 및 백화점 기능을 넣고, 접근성이 보다 낮은 2층과 4층에는 레스토랑, 병원, 미용실, 카페와 같은 서비스 기능을 위치시켰다. 주거를 위한 아파트 영역에는 옥상정원을 두고, 적극적인 채광과 환기를 위해 천창을 설치해 건물 가운데의 아트리움 공간에 적

극적인 채광이 이루어지도록 했다. 주상복합건물군 자체가 주거와 상업 영역을 아우르며 하나의 도시처럼 기능할 수 있도록 4개의 지구마다 동사무소와 우체국, 은행 등을 배치했다.[23] 그렇게 해서 대지 내에는 13층 건물(1개), 12층 건물(2개), 10층(2개), 22층(1개), 8층(2개)의 건물이 총 8개 세워졌고, 그들의 총 건평이 6만 4,000평에 이르렀다. 상가 200-300개가 들어서고, 아파트 915채와 200개 이상의 객실을 가지고 있는 호텔이 포함되도록 계획되었다. 시공도 빠르게 진행되어 1968년에 대부분의 공사가 완료되었다.

초기의 설계 의도로 본다면 이들은 하나의 공동체를 형성하여, 도시의 단위로 작용하도록 설계되었다. 그렇지만 4개의 블록을 인공 데크를 통해 하나로 통합하려는 계획은 무산되었다. 인공 데크가 수직으로 관통하는 대로들에 의해 잘려서 블록별로 단절되었고, 이에 따라 전체를 하나의 통합된 도시 단위로 만들려던 초기 의도는 크게 후퇴하고 만다. 이 결과 인공 데크 역시 기능이 축소되어 전체 단지를 연결시키는 대신, 2층 상가의 서비스 용도로만 쓰이게 된다. 물론 초기 의도대로 인공 데크가 완전히 연결되었다고 해도, 하나의 통합된 공통체를 만들었을지는 의문이다. 비슷한 개념으로 지어진 낙원상가에서도 인공 데크는 건축가의 의도대로 사용되지 않기 때문이다. 보행자들은 특별한 일이 없는 인공 데크로 올라가지 않고, 이에 따라 그것은 버려진 공간이 된다. 스미슨 부부가 설계한 로빈 후드 가든스 Robin Hood Gardens 주거단지에서도 비슷한 현상이 나타나 결국은 허물리게 되었다. 1960년대 도시에 세워진 많은 메가스트럭처들이 철거 위기에 내몰린 것은 우연이 아니다. 이상적인 모델만을 염두에 두고 도시계획적인 접근을 한 결과, 주거단지의 공동체 설정과 동선 계획에서 현실과는 동떨어진 잘못된 해석을 낳은 것이다. 그 점이 세운상가가 계속해서 철거 위기에 내몰리며 몰락

2부. 개발 시대: 한국 건축의 정체성 탐구

해 간 주요 이유일 것이다.

김수근 팀은 1960년대 여의도 계획과 세운상가, 그리고 낙원상가와 같은 프로젝트를 통해 서구에서는 이론적으로만 제안된 실험들을 실현해 나갔다. 거기에는 공통적으로 인공 대지의 개념이 포함되어 있다. 김수근은 이것의 의미를 명확하게 설명하고 있다. "될 수 있는 데까지 지표를 아끼자는 것이 인공 대지계획의 의도하는 바인데 거대한 인공 대지의 덩어리를 만들어 이것들을 입체적인 교통로로 연결시킨다면 서울의 소위 문화적이라고 일컫는 자하문 밖 일대의 볼품없이 들어찬 주택들을 철거해버리고 옛날의 앵두밭, 능금밭 같은 자연의 풍치를 되찾게 할 수 있을 것이다."[24] 서구에서 인공 대지 개념은 근대건축가들, 특히 그중에서도 르 코르뷔지에의 1920년대 도시계획안으로부터 제시되어 전후 서구의 중요한 도시계획 개념으로 자리잡았다. 1960년대에 기본 계획이 이루어진 파리의 신도시 라 데팡스 La Défense 는 그 대표적인 예이다. 모든 차량은 지하나 주위의 순환도로에서 처리되고, 도시 내부는 보행로만으로 이루어졌을 뿐이다. 그렇지만 인공 대지를 만들어 보차분리를 완전히 하려는 시도는 1970년대 이후 복잡한 도심을 제외하고는 완전히 폐지된다. 왜냐하면 인공 대지를 만드는 데 너무 많은 돈이 들었고, 또한 이것이 보행자나 운전자에게 도시의 일관되고 방향성있는 이미지를 인지시켜 줄 수 없었기 때문이었다. 세운상가와 낙원상가에서 한국에서는 최초로 인공 대지 개념이 적용되나 그 결과는 썩 만족할 만한 수준이 아니었다.

강남 개발과 슈퍼 블록

여의도 계획 이후 더 이상의 유토피아는 없었다. 당시 시대적 상황이 그것을 허용할 만큼 여유롭지 않았다. 1960년대가 다양한 탐색의 시기였다면 1970년대는 다양한 도시설계 방식들이 제도화되는 시기였다. 이때부터는 여러 가지 도시개발 방식을 두고 더 이상 고민하지 않았다. 이미 성과가 입증된 설계 방식을 법과 제도로 전환시킨 후, 급속한 도시의 팽창을 효과적으로 해결해 나가는 것이 무엇보다 중요했다. 이 과정에서 중요한 모델 역할을 수행했던 것이 서울의 강남 개발이었다. 개발 시대에 이루어진 최대의 도시계획이라는 점에서, 그리고 이를 통해 새로운 도시성을 만들어냈다는 점에서 중요하게 언급될 필요가 있다. 영동 지구에서 시작해 잠실과 고덕, 천호에 이르는 강남 지역[25]의 개발은 1960년대 이후 한국에서 이루어진 도시개발의 특징들을 압축하고 있다. 그러면서 동시에 그것이 갖는 한계를 명확히 드러낸다. 강남 개발은 인구 200만 명을 수용하는 엄청난 도시개발 사업이었지만, 신도시 건설에 대한 노하우가 전혀 없는 상태에서 계획이 시작되었고, 또 개발 과

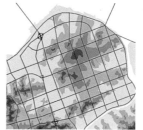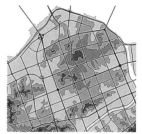

12 강남 지역 형성 과정에서 교통망의 네 단계 변천. 왼쪽부터 1966년 서울도시기본계획, 1966년 영동 제1지구 토지구획정리사업안, 1970년 영동 제2지구 토지구획정리사업안, 현재 강남의 도로망.

정에서 여러 정치적 상황들이 도시계획에 반영되면서 도시공간은 전혀 예측하지 못한 방향으로 흘러갔다.

서울시는 1966년 8월 15일 서울시청 앞에 마련될 서울도시기본계획 전시를 앞두고 강남 지역의 계획에 최초로 착수했다. 당시 군사정권은 서울 도심에 집중된 인구를 도시 외곽으로 분산시키고 경부고속도로의 건설을 위해 강남 개발을 서둘렀다. 특히 불도저와 같은 추진력을 자랑하던 김현옥이 1966년 초 서울시장에 부임하면서 개발은 더욱 가속도가 붙었다. 이런 상황에서 서울시는 강남 지역의 도시계획을 위해 서울도시기본계획을 의뢰했고, 그 결과를 전시장에서 처음 선보이게 되었다. 현재 강남 지역의 주요 간선도로망과 세부 도로체계가 이때 처음으로 공개되었다.

그렇지만 강남 개발이 본격화된 데는 경부고속도로의 건설이 있었다. 즉, 서울도시기본계획에서 강남 지역을 관통해 양재를 거쳐 신갈 쪽으로 향하도록 계획된 간선도로가 고속도로로 변경된 것이다. 그렇지만 이때까지만 해도 그것이 어떻게 실현될지에 대해서는 명확하지 않았다. 그렇지만 1967년 4월 박정희 대통령이 제6대 대통령 선거를 앞둔 유세에서 경부고속도로 건설을 공약으로 내세우면서 상황이 달라졌다.[26] 당선 이후 경부고속도로의 건설이 공식적으로 결정되었고, 그해 11월이 지나고 서울-수원 간 노선이 확정되었다. 이때 서울도시기본계획에서 제시되었던 위치가 비슷하게 유지되었다. 그 후 정부는 고속도로에 편입되는 용지 매수비를 최대한으로 줄이는 방안을 강구했고, 그래서 영동 제1지구 토지구획정리사업을 통해 고속도로 용지를 무상으로 확보하고자 했다. 강남 지역이 도시계획과 거의 동시에, 빠른 속도로 개발된 것은 이런 맥락에서 이해되어야 한다.[도판12]

영동 제1지구의 개발 사업은 경부고속도로의 건설과 맞물리며 빠르게 진행되었다. 서울시의 입장에서는 고속도로 용지 확보가 선결 과제였기 때문에, 고속도로를 포함하는 지역만을 구획정리사업 범위로 정했다. 그래서 처음에는 서초동, 반포동 서쪽에 인접한 동작동, 방배동 일부도 포함되었으나 고속도로 용지를 확보하기에는 작은 면적이었다. 양재동 분기점까지의

2부. 개발 시대: 한국 건축의 정체성 탐구

연장이 7.6킬로미터나 되어서 토지구획정리사업 대상지를 넓히지 않으면 예상하는 용지 면적을 전량 확보 못하게 되었다. 이에 따라 치밀한 사전 계획 없이 이 지구의 사업 규모가 1,273헥타르로 대폭 확대되었고, 대단히 기형적인 도시공간을 만들어냈다.

이런 이유로 제1지구에 대한 계획안은 도시 전문가들에게 좋은 평가를 받지 못했다. 도로 중심의 구획정리사업 외에는 특별한 것이 없었기 때문이다. 그것은 고속도로 용지를 확보하기 위해 무리하게 계획한 결과였다. 그래서 곧이어 시행된 1,307헥타르 규모의 제2지구 도시계획에서는 이에 대한 반성으로 새로운 시도들을 선보이게 된다. 새로운 계획안은 대한국토계획학회의 계획안을 바탕으로 수립된 제1지구 계획안과는 달리, 서울시 도시계획과의 주도로 만들어졌다. 그래서 완전히 다른 방식을 택하게 되는데, 가장 눈에 띄는 특징은 강변도로에 의해 둘러싸인 철저한 격자형 가로망이었다. 김현옥 시장이 뉴욕 맨해튼을 방문하면서 도시공간에 깊은 인상을 받은 결과였다.

김현옥이 가졌던 생각은 1970년 10월에 발표된 영동 제2지구 기본계획안에서 그대로 나타난다. 거기에는 격자 모양의 도시구조와 50미터 폭의 대로들이 특징적으로 등장하기 때문이다. 각 블록은 모두 대략 600미터 정도의 크기로 일률적으로 분할되고, 이는 영동 제1지구에서 이미 계획된 간선도로망을 바탕으로 결정되었다. 그들은 제2지구의 자연 지형을 바탕으로 분할되었기 때문에 별다른 문제 없이 그대로 받아들여졌다. 그렇지만 이런 초기 의도는 이 지구에 대한 토지구획정리사업이 본격적으로 시행되면서 다시 한번 바뀌게 된다. 이때도 변형은 주로 자연 지형 때문에 일어났다. 현재 논현동 쪽에 위치한 약 100미터 높이의 구릉지를 피해 가기 위해 언주로와 선릉로가 곡선으로 휘게 된다. 그리고 매봉산 때문에 남부순환도로 북쪽으로 휘게 된다. 현재의 강남 간선도로망은 이렇게 형성되었다. 그러고 나서 블록 내부는 다시 토지구획에 의해 블록 내 이면도로로 만들어졌다. [도판13]

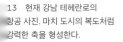

13 현재 강남 테헤란로의 항공 사진. 마치 도시의 복도처럼 강력한 축을 형성한다.

7장. 도시의 확장과 건설 붐

14 강남 지역의 도시 블록과
내부 풍경.

이렇게 계획된 도시공간에는 개발 시대를 관통하는 두 가지의 도시성이 출현하게 된다. 첫번째는 슈퍼 블록의 등장이다. 강남의 도시공간을 결정했던 가장 중요한 요인은 바로 단위 블록들의 구획 방식이다. 서구의 도시처럼 그리드 형태로 분할된 강남의 각 블록들은 정사각형이나 직사각형 모양을 갖는다. 그렇지만 각 블록의 크기가 대단히 크다. 즉, 맨해튼의 표준 블록이 대략 80×271미터의 크기를 가지고, 다른 미국 도시들의 표준 블록이 대략 200미터의 크기를 가지는 반면, 강남은 대략 500-600미터 정도의 슈퍼 블록이다. 이런 차이는 강남의 도시 경관의 형성에 결정적인 영향을 미쳤다. 즉, 그리드 모양의 간선도로 주변에 세워진 높은 건물들은 도로의 폭과 건물 높이에 의해 시각적 일관성을 부여한다. 특히 그것이 가져다주는 투시도적인 효과는 도시 경관의 방향성을 갖게 된다. 반면, 작은 주택들과 근린 생활 시설들이 들어선 블록 내부의 경관은 대단히 무질서하게 바뀌어 버린 것이다.[도판14]

두번째는 고밀도 아파트 단지의 등장이다. 1976년 서울시는 당시 개발 중이었던 영동 지구의 69개 블록들 가운데 16개 블록을 아파트 지구로 지정했다. 그것은 총면적 3,179.5헥타르 가운데 약 17퍼센트인 536.7헥타르의 면적을 가지며 약 26만 명의 인구를 수용할 예정이었다.[27] 이렇게 건설된 아파트 단지들은 강남의 도시 풍경을 완전히 바꿔 놓았다. 이를 통해 한강변과 고속도로를 끼고 있는 강남의 많은 지역들이 아파트 지구로 지정되면서, 강남의 도시적 성격이 크게 변모한다. 초기에는 강남을 교외의 전원주택지로 개발하려는 생각이 바탕에 깔려 있었지만, 이처럼 대규모 아파트 단지들이 부

15 근대기 한국 도시에 출현한 블록 크기의 비교. 강남 슈퍼 블록의 크기를 확인할 수 있다.

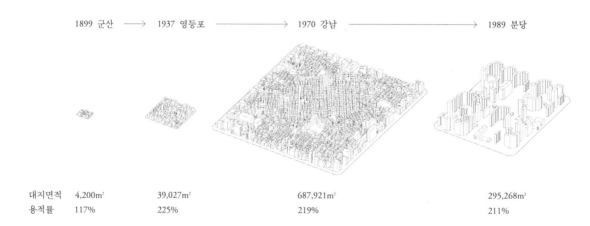

	1899 군산 →	1937 영등포 →	1970 강남 →	1989 분당
대지면적	4,200m²	39,027m²	687,921m²	295,268m²
용적률	117%	225%	219%	211%

2부. 개발 시대: 한국 건축의 정체성 탐구

분적으로 삽입되면서 도시공간은 다양한 도시기능으로 무질서해졌고 밀도
는 계속해서 높아졌다. 시간이 지나면서 강남 지역은 기존의 서울 도심을 대
체하면서 서울에서 가장 번화한 지역으로 탈바꿈된다. 미국 근교 지역에서
경험할 수 있는 평화롭고 조용한 주거지가 아니라, 고층건물들과 각종 상업
시설들, 아파트 단지가 뒤섞인 번화한 도심 지역으로 바뀐 것이다.[도판15]

잠실 개발과 근린주구이론

영동 지구의 성공적인 개발에 힘입어 서울시는 1974년부터 강남과 인접한
잠실 지구를 개발하기 시작했다. 그렇지만 잠실은 강남과는 다른 도시성을
만들어냈다. 거기에는 여러 가지 요인들이 작용했다. 우선 잠실 지구가 한강
속의 섬과 공유수면을 매립한 곳에 세워지면서, 많은 면적을 공공용지로 확
보할 수 있었다. 그리고 강남과는 달리 한 명의 계획가가 전체 계획을 수립하
면서 일관성을 가질 수 있었다. 그렇지만 보다 근본적인 차이는 계획 방법에
서 나타났다. 즉, 잠실의 도시공간은 근린단위이론을 바탕으로 계획되어 강
남하고는 큰 차이를 불러일으켰다.[도판16] 잠실 지구는 모두 20개의 근린주
구와 중심업무 지구, 호수공원 및 운동장 지구로 구분되었다. 각 근린지구의
반경은 약 500–800미터 정도이며, 이들은 각기 독립된 생활권을 형성한다.
이를 위해 상점, 초등학교, 동사무소, 근린공원, 어린이 놀이터 등이 각각의
주구住區 즉, 주택 밀집 구역 중심에 설치되었다.[28] 그리고 단지 내 도로가 통
과동선이 되지 않도록 미로화했고, 막다른 골목을 설치했다.[29] 이런 방법은
전형적인 근린주구이론에서 등장하는 것들이다.

그렇다면 이같은 근린주구이론의 도입이 한국 도시의 공간 형성에 어떤
의미를 가지는가. 강남 개발을 하면서 한국의 도시계획가들에게 가장 절실
했던 문제는, 도시공간을 적절하게 구획할 수 있
는 도시계획적 방법을 찾는 것이었다. 무엇보다
개발 시기의 도시계획이 일제강점기와는 완전히
다른 차원에서 이루어졌기 때문이었다. 개발 면적
이 크게 늘어났고, 거기에 들어갈 시설들이 상당
수 달라졌다. 자동차 대수가 엄청나게 증가하면서
교통체계가 보다 중요해졌고, 쾌적하면서도 자족
적인 주거 환경을 만들어내기 위해 체계적인 공간
이용이 필요했다. 그렇다면 새로이 조성된 땅들을
어떻게 분할하고 연결할 것인가. 이를 위해 근린
단위이론이 주요 방법으로 받아들여졌고, 이 이론

16 잠실 지구 마스터플랜.
근린단위이론을 바탕으로
계획되어 강남과는 다른 도시성을
만들어냈다. 중심업무지구(Central
business district, CBD), 고밀도,
중밀도, 저밀도 주거 지역으로
나뉘어 계획되었다. 1974년.

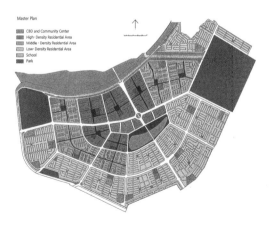

Master Plan
CBD and Community Center
High - Density Residential Area
Middle - Density Residential Area
Low - Density Residential Area
School
Park

7장. 도시의 확장과 건설 붐

의 도입에 잠실 지구를 설계했던 박병주는 주요한 역할을 하게 된다.

　이 이론은 미국의 도시계획가 클래런스 페리 Clarence A. Perry에 의해 처음 제안되었다. 그는 전원도시의 아이디어를 주거지 개발에 적용하기 위해 근린단위이론을 발전시켰다. 미국 근교를 계획하고자 생겨난 이 이론이 전후 전 세계로 확장된 것은, 사회적 측면과 기술적 측면을 동시에 포괄하고 있기 때문이다. 즉, 사회적 측면에서 볼 때 근린주구이론은 이웃 간의 교류를 유도하고, 공동체 의식을 증진시키며, 다양한 연령과 계급의 주민들을 균형있게 구성해 도시 단위로서 주민들의 사회 활동을 활성화시키려는 목적이 있다.[30] 이에 비해 기술적 측면은 도시계획의 실천적 방법을 제안한다. 즉, 이웃을 형성하는 데 필요한 크기와 가로체계, 시설들을 포함하고 있어서 계획가들에게 계획의 단위를 제공하는 것이다. 이 두 가지 측면은 도시가 처한 상황에 따라 각기 다르게 받아들여지는데, 한국의 경우 이 이론의 사회적 측면이 철저히 배체된 채, 오직 유용한 도시계획의 수법으로만 도입되었다. 한국의 도시들이 너무 빨리 변해서 공동체 의식이 큰 의미가 없어져 버렸기 때문이다. 물론 1960년대 중반부터 오즈월드 내글러가 단장으로 있던 HURPI에서도 한국적 상황에 맞는 근린단위이론을 발전시키고 있었다. 페리의 이론은 초등학교를 중심으로 근린주구를 구성하고 있지만, 내글러는 과연 이것만으로 한국에서 이웃이라는 개념을 정립할 수 있는지가 의심스러웠다. 특히 한국처럼 오랜 역사를 가진 나라에서 근린의 개념은 다르게 정의될 수 있다고 보았다. 이런 문제에 대해서 내글러는 주민들이 자주 접촉할 수 있는 매개물을 시간성, 동시성, 빈도, 환경의 질 등 여러 요인별로 체크해 커뮤니티 계획에 반영하고자 했다.[31] 그렇지만 이런 시도가 한국의 도시계획에 직접적인 영향을 미치지는 못했다.

　한국에서 이 이론에 대한 논의가 본격화된 때는 1960년대 초반이고, 박병주는 안영배安瑛培와 함께 울산 도시계획을 하면서 처음으로 현실에 적용하게 된다. 1961년부터 일 년간 미국 대학에서 수학한 안영배가 이에 관한 책자를 가져왔고, 박병주는 책을 탐독하며 울산 도시계획을 수립했다. 그리고 1967년에는 동부이촌동에 주거단지를 설계하면서 이 이론을 적용했다.[32] 잠실 지구 도시계획에서 박병주가 이 이론을 도입하게 된 데는 영동 지구의 개발에서 등장했던 문제점들을 개선하려는 의도도 담겨 있었다. 그가 보기에 강남 개발에서 가장 심각한 문제점이 상업 시설과 주거 지역이 무질서하게 뒤섞이는 것이었다. 그것은 한편으로는 도시공간을 활성화했지만, 다른 한편으로는 주거 환경을 악화시켜 놓았다. 이를 방지하기 위해 잠실 지구에서는 주구 단위의 성격을 저밀도, 중밀도, 고밀도로 명확히 구분한 다음 그 안에 단독주거, 저층아파트, 고층아파트 등을 집어넣었으며 대규모 업무 시설을 주거 지역과 명확히 구분했다.

법과 제도의 정비

1970년대 중반 이후 한국의 계획가들은 강남 개발을 통해 여러 가지 교훈을 얻었고, 그것은 크게 세 가지로 요약된다. 우선, 토지구획정리가 많은 한계를 가지고 있고, 그래서 새로운 상황에 적합한 종합적인 도시계획이 필요하다는 인식을 갖게 되었다. 두번째로, 단독주택 중심의 도시계획으로는 현재의 주거난을 극복할 수 없기 때문에, 아파트를 일반적인 주거방식으로 건설해야 한다는 것을 깨달았다. 세번째로, 도시 밀도가 점차 높아지면서 도시설계를 입체적으로 관리하는 체계의 필요성을 인식했다. 기술 관료들과 도시계획가들은 이런 생각을 법제화하는 데 많은 노력을 기울였고, 이렇게 제정된 법과 제도들은 주로 서울의 대규모 주거단지를 개발하면서 처음으로 적용되어 그 과정에서 현실적인 타당성을 검증받게 된다.

개발 시대의 도시 건설에 최초로 적용된 법은 1962년에 제정된 「건축법」과 「도시계획법」이었다. 그 전까지 한국은 일제강점기에 제정된 「조선시가지계획령」을 그대로 사용하고 있었다. 그때부터 대규모 도시계획에 필요한 다양한 법적 근거가 마련되기 시작했다. 1966년에는 토지구획사업 부분을 「도시계획법」으로부터 분리해 「토지구획정리사업법」을 제정했다. 그것은 도시 외곽의 개발을 촉진하려는 의도였다.

그렇지만 강남 개발에서 볼 수 있는 것처럼 이같은 법으로는 대규모 주거단지의 건설이 매우 힘들었다. 이런 문제점을 해결하기 위해 1976년 「도시계획법」에 아파트 지구의 지정이 추가된 것이었다. 이 법의 취지는 일단 아파트 지구로 지정되면 의무적으로 아파트를 짓도록 하는 데 있었다. 아파트 지구 지정의 취지는, 단독주거지 위주의 개발 방식에서 벗어나 도시 지역에 고층아파트를 집중적으로 건설해 토지 이용의 효율을 높이고,[33] 충분한 오픈 스페이스를 확보해 주거공간의 질을 높이겠다는 것이었다.

아파트 지구의 지정은 1976년 1월부터 「도시계획법」의 일부로 시행되다가 1977년부터 「주택건설촉진법」 내로 편입되었다. 주택건설 10개년 계획의 일환으로 1972년 12월에 제정된 「주택건설촉진법」은 주택 공급을 위한 자금의 조달·운용 및 건축자재의 생산·공급에 관한 필요 사항들을 법으로 규정하고 있다. 1979년 이 법의 시행령이 개정되면서 '아파트지구개발기본계획에 관한 규정'이 삽입되었고, 이는 1980년대 도시설계에 큰 영향을 미쳤다. 이에 따르면 근린주구 단위를 바탕으로 아파트 단지를 개발해야 한다.

여기서 "근린주구는 반경이 400미터 이내이고 공동주택의 계획건설 세대수는 1,000세대 내지 3,000세대를 기준으로 구획되어야 한다"고 제시하고 있다. 그리고 "간선도로가 근린주구 내를 관통하지 않도록 계획해야 하고, 근린공원은 주구당 1개소 이상을 계획해야 하며 그 면적은 1만 제곱미터 이상이어야 한다"[34]고 규정되어 있다. 그리고 좀더 위계가 큰 도시적 단위로 근린주구 2-3개 정도를 합친 근린지구를 설정하고 있다.

1979년 5월에 제정된 「도시계획법」상의 '도시계획 시설 기준에 관한 규칙'에서도 근린주구이론은 매우 중요하게 채택되었다. 이 규정은 도시설계를 둘러싼 도로의 폭, 기능별 구분, 배치거리, 다양한 공공시설들의 설치 기준을 담고 있다. 여기서 초등학교는 근린주구 단위로 설치하되, 주구의 중심시설이 되도록 했다. 그리고 초등학교의 통학거리는 1,000미터 이내로 하고, 중학교는 2개 내지 3개의 근린주구 단위에 1개소, 고등학교는 3개 내지 4개의 근린주구 단위에 1개소의 비율로 배치되도록 했다. 그리고 근린주구의 규모를 2,500세대로 명확하게 규정하고 있다.[35] 여기서 우리는 근린주구이론이 법적 기준으로 작용하고 있음을 알 수 있다. 이 외에도 1980년 10월에 제정된 「도시공원법」의 '도시공원법시행규칙'에서 근린 생활권 내에 근린공원을 500미터 간격으로 설치하고, 그 규모를 1만 제곱미터 이상으로 하도록 규정했다.[36]

1979년을 전후로 이런 세 가지 규정이 제정되면서 근린단위이론은 도시설계를 위한 중요한 법적 기준으로 작용하기 시작했고, 이 시기에 건설된 많은 도시들에서 매우 유사한 도시공간을 만들어냈다. 이 외에도 도시계획을 삼차원적으로 규제하려는 여러 법들이 수립되기 시작했다. 1980년 「건축법」 제8조의2 '도심부내의 건축물에 관한 특례'를 통해 도시설계조항을 법제화했다. 주요 취지는 간선도로변의 미관 개관을 위해 건축물의 시각적 질서와 관련되는 건축선과 대지 내 공지, 건물 높이를 규제하겠다는 것이었다.[37] 특히 강남의 중심을 관통하는 테헤란로는 1984년 처음 도시설계가 이루어졌고, 이를 바탕으로 일정한 높이의 오피스빌딩들이 세워지게 된다. 그 전까지 길가에 세워진 건물들의 높이는 「건축법」의 사선제한斜線制限과 용적률에 의해 규제되었고, 이에 따라 건물들은 통일성을 갖지 못했다. 그렇지만 1980년대 이후 이곳에서 건축물의 입체적인 규제가 시작되면서 지금은 전국으로 파급되었다. 이 경험을 통해 도시설계의 중요성이 부각되었고, 관련 법적 장치들이 마련되었다. 1991년 「도시계획법」의 개정으로 상세계획제도가 도입되었고, 2000년에는 「건축법」의 도시설계와 「도시계획법」의 상세계획이 합쳐져 「도시계획법」상의 지구단위계획으로 통합되었다.

2부. 개발 시대: 한국 건축의 정체성 탐구

생활권이론의 적용

영동 지구와 잠실 지구를 통해 근린단위이론은 명백하게 도시공간을 형성하는 가장 중요한 이론체계로 자리잡았다. 그렇지만 이 이론은 팽창 중이던 1930년대 미국의 도시 근교를 위해 만들어졌기 때문에, 한국의 도시에 적용되면서 수정될 수밖에 없었다. 1970년대 후반 근린단위이론은 생활권이론으로 발전되었다.[도판17] 그때까지 근린단위이론은 도시 블록의 크기와 가로망을 표준화하는 데 매우 중요한 역할을 했지만, 복잡한 도시공간의 계획에는 많은 한계가 있었던 것이 사실이다. 특히 근린단위가 폐쇄적이고 도시성이 결여되어 있다는 비판이 제기되었고, 한국의 경우 마을의 공동체 의식을 고취시키려는 그 초기 의도는 모두 사라지고 오직 도시 블록의 크기를 결정하는 데 이용될 뿐이었다. 생활권이론에서는 근린주구이론을 바탕으로 근린단위들을 단계적인 방식으로 확장시키고자 했고, 이에 따라 단계구성론으로 불리기도 한다.

근린단위이론과 이 이론은 명백한 두 가지 차이점을 가지고 있다. 먼저 근린단위이론이 도시 근교의 병렬적인 구조를 가정하고 있다면, 생활권이론은 최소한의 마을에서 시작해 거대한 도시공간에 이르기까지 위계적인 공간을 구성한다는 것이다. 이것은 크리스토퍼 알렉산더 Christopher Alexander 가 제안한 나무형 구조와 정확하게 일치하며,[38] 그런 점에서 명백하게 근대의 도시이론을 대변하고 있다. 이런 성격 때문에 생활권이론을 바탕으로 만들어진 신도시들이 오래된 도시들에서 등장하는 유기적인 관계를 제공하지 못하고, 또 도시의 변화와 성장에 적절하게 대응하지 못한다고 비판받았다. 개발 시대 생활권이론으로 빠르게 건설된 신도시들이 계속해서 부딪친 한계가 바로 여기에 있었다. 두번째로 근린단위이론이 커뮤니티의 회복이라는 목표를 가지고 있다면, 생활권이론은 시설 이용의 편리성에 주목한다. "이 이론은 주거지 내 각 거주자들이 생활 편의 시설을 이용하는 데 불편함이 없도록 일정한 공간적 범위를 시설을 중심으로 설정하고 이를 주거지의 계획단위로 설정하는 방법이다. 그런데 생활 편의 시설은 종류에 따라 빈번하게 이용하는 시설도 있고 가끔 이용하는 시설도 있다. 이는 다양한 생활행위들이 발생빈도에서 시설별 차이를 갖고 있다는 것을 의미한다. 따라서 시설의 이용을 중심으로 공간구성의 근간을 설정

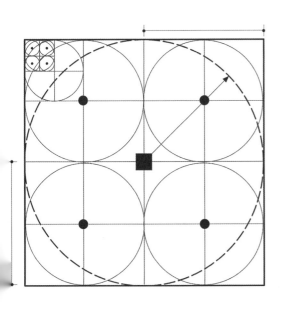

17 생활권이론의 다이어그램. 작은 근린에서부터 대생활권에 이르기까지 위계적으로 도시공간이 구성되어 있음을 보여준다.

195   7장. 도시의 확장과 건설 붐

하기 위해서는 이들 생활행위와 그에 대응하는 시설의 관계, 발생의 정도를 파악하고 이를 공간구성의 기본원리로 사용할 필요가 있다."[39] 생활권이론은 근린주구를 바탕으로 한다는 점에서 페리의 생각을 이어받지만, 그것의 한계를 비판적으로 바라보면서 그 적용 범위를 도시까지 위계적으로 확장시킨다는 점에서 새로운 도시설계의 개념을 포함하게 된다.

한국의 도시계획에서 널리 활용되고 있는 생활권은 소생활권, 중생활권, 대생활권, 이 세 가지다. 소생활권에는 "인간이 갖는 기본적인 권리를 보장하고 최소한의 경제활동을 충족시키는 기본시설들이 배치된다. 이것의 규모를 결정하는 것은 바로 보행권으로, 보통 지하철역이나 버스정류장을 공유하게 된다." 인구 규모는 개발 밀도에 따라 달라지지만, 대체로 초등학교 및 중등학교 하나가 유지되는 정도이다. 소생활권 자체가 근린주구가 될 수도 있고, 혹은 밀도에 따라 2-3개의 근린주구를 포함할 수도 있다. 중생활권은 "간단한 대중교통을 이용해 큰 부담없이 이동할 수 있는 범위를 가리킨다. 보통 중고등학교 통학권 정도의 크기를 말하며 지방 소도시 규모이다. 여기에는 큰 슈퍼마켓을 비롯해 경제성이 허락하는 한 백화점까지 들어설 수 있고, 공공시설 또한 지역의 실정에 맞게 제공된다." 대생활권은 "대도시 크기의 생활권으로 하나의 완결된 공간적 체계이며, 따라서 생산부터 소비에 이르기까지 모든 시민활동을 적절하게 수용할 수 있어야 한다."[40]

생활권이론은 1977년부터 시작된 '행정수도 건설을 위한 백지계획'에서 정교한 형태로 발전했고,[41] 1978년 과천 신도시 계획부터 본격적으로 적용되기 시작했다.[도판 18, 19] 과천 신도시의 도시계획은, 당시 군사정부가 서울 인구를 분산시키려는 정책의 일환으로 서울 도심에 있는 여러 행정부처들을 이전시켜 행정타운을 조성하기로 결정하면서 본격적으로 수립되었다. 230헥타르의 면적에 인구 3만 명을 수용할 예정이었다. 토지 확보를 위해 토지구획정리사업에 더 이상 의존하지 않고, 대신 시행 주체가 대상지의 토지를 완전히 수매하는 방식을 택했다. 여기서 도시계획가는 "근린주구론을 계획원칙으로 설정하면서도 근린주구 간의 연계 노력이 필요하다는 인식하에 도시적

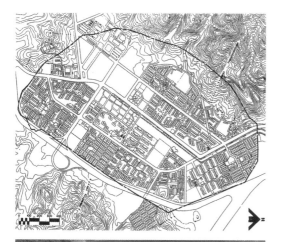

18 과천 신도시 마스터플랜.
1980년.(위)
19 개발이 완료된 초기 과천
신도시 항공 사진.(아래)

　　　　　　　　　　2부. 개발 시대: 한국 건축의 정체성 탐구

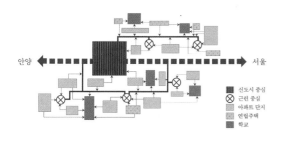

안양 ← · → 서울

▦ 신도시 중심
⊗ 근린 중심
▨ 아파트 단지
▩ 연립주택
■ 학교

20 과천 신도시 계획에서 적용된
공간 구성의 원리.

21 선형 축을 따라 생활권이론이
적용된 목동 신시가지의 마스터플랜.
1986년.

차원에서 생활권 계획을 적용했다."[42] 이런 시도는 이전에 건설된 잠실 지구에서 나타난 문제점을 해결하기 위해서였다. 과천의 공간 구성 다이어그램을 살펴보면, 도시공간들이 근린주구에서 시작해 단계적으로 확대되는 것을 확인할 수 있다. 전형적인 나무형 구조이며, 위계적인 공간 구성을 갖는다.[도판 20] 계획가들은 근린주구론이 가지는 문제점을 파악하고서, 각각의 근린주구가 격리되지 않고 효과적으로 연계되도록 했다. 그래서 각 근린주구 사이에 긴밀한 동선체계를 이용하여 도시 전체가 유기적인 면모를 갖추도록 했다. 근린주구를 연결하는 다양한 보행자 동선이 만들어진 것은 바로 이 때문이다.[43]

과천 신도시 이후 생활권 계획은 한국의 도시설계에 매우 중요한 기준으로 도입되었지만, 방법론적으로 보자면 여전히 미흡했다. 각 생활권에 따라 필요한 도시 시설들이 보다 엄밀하게 정의될 필요가 있었고, 또한 도시 시설과 주거단지 사이의 보다 긴밀한 관계가 요청되었다. 1980년대 중반부터 개발되기 시작한 목동 신시가지 개발은 생활권이론이 정교한 모습으로 발전되고 있는 모습을 보여준다. 사실 목동 신시가지는 이전과는 많이 다른 방식으로 설계되었다.[도판 21] 서울의 남서부를 개발하려는 의도에서 계획된 신시가지로, 계획 초기에 2만 5,000세대의 주택과 12만 명의 수용 인구를 목표로 했기 때문에 중생활권에 속한다. 그리고 설계 단계에서 시가지 전체를 3개의 지구, 6개의 주구, 20개의 분구로 세분해 나갔으며, 각각의 단계에 맞춰 다양한 시설들을 설치했다.[44] 여기까지는 도시설계가 철저히 생활권 계획에 의존하고 있음을 알 수 있다. 그렇지만 이렇게 분할된 공간들을 통합하기 위해 새로이 개발될 지역의 중심에 선형적인 축을 설정했다. 여기에는 보행로를 비롯한 중심 시설과 근린상가들이 집중적으로 배치되었다. 그리고 이 선형 축을 중심으로 여러 개의 생활권들이 중첩되도록 해 지역 전체가 유기적으로 맞물리도록 했다. 이런 점 때문에 오늘날 목동은 비교적 통합된 시가지의 면모를 가지고 있다.

목동 신시가지에 이어, 상계동 지역은 서울

의 북동부 지역을 새롭게 개발하기 위해 건설되었다. 1984년 8월 최초의 구상안에서는 3만 세대의 주거와 1만 3천 명의 인구 수용을 목표로 하고 있었다. 계획 당시 주안점은 둔 것은 바로 도시 블록의 개방성을 높이기 위해 블록 분할에 2단계의 위계를 부여한 것이다. 첫번째 단계의 블록은 지역 간 간선도로에 의해 구획되었으며, 600×900미터의 규모로 통상적인 블록보다 훨씬 크다. 초등학교 2개, 중고등학교 각각 1개씩 들어가는 규모로서 대략 3,000-4,000세대를 수용하도록 계획되었다. 둘째 이 대형 블록을 다시 격자형 가로망에 의해 3개의 소블록으로 분할해, 그 크기를 대략 600×300미터로 계획했다. 또한 상업 시설 및 학교는 소블록이 중첩되어 공유되도록 배치해 블록의 개방성을 높이고 시설 성격에 따른 적정 이용권을 형성될 수 있게 했다.[45] 이를 통해 거주자들은 단지 내 상가뿐 아니라 단지 주변의 중심 상업 지역과 가로변 상가 등을 모두 이용할 수 있게 되었다.

수도권 5대 신도시

1989년에 수립된 수도권 5대 신도시에서는 새로운 설계 방법을 탐구하는 대신, 이전에 사용했던 방법들을 대부분 그대로 활용했다. 유일하게 이때 처음 적용되었던 것이 바로 도시설계라는 제도였다. 이 외에는 생활권이론이 토지 이용 계획과 도로망 계획에 가장 중요한 바탕을 제공했다. 이렇게 된 것은 신도시 건설의 시급성 때문이었다. 1980년대 후반 주택 부족은 대단히 심각한 사회문제가 되고 있었다. 특히 1988년 도시 인구가 1,000만 명을 넘어섰던 서울은 주택난이 가장 심각했다. 1987년 12월 당시 주택 보급률이 전국적으로 69.2퍼센트인 반면 서울은 50.6퍼센트에 불과했다. 이런 문제를 해결하기 위해 1980년대 목동과 상계동 등에 대규모 택지 개발이 이루어졌지만 주택에 대한 엄청난 수요를 따라갈 수 없었다. 여기에다 1980년대 한국 경제가 유례없는 호황을 맞이하면서 주식과 부동산에 거품이 끼기 시작했고, 이로 인해 부동산 투기가 전국을 휩쓸었다. 주택 가격과 전세 가격이 비정상적으로 폭등하자 무주택 서민들의 상대적 박탈감이 더욱 깊어 갔고, 그동안 잠복해 있던 주택문제가 다시 사회문제로 번져 갔다. 정부는 이같은 문제에 대응하기 위해 1988년부터 오 년 동안 주택 200만 호를 건설하겠다고 발표했다. 서울 주변의 분당, 일산, 평촌, 중동, 산본과 같은 신도시들과 부산의 해운대 신시가지, 대구의 수성 지구, 대전의 유성 지구, 인천의 연수 지구 등이 이 시기에 개발되었다.[도판 22] 이처럼 대규모 택지 개발과 고층아파트의 건설이 이루어지자 도시의 모습이 완전히 달라졌다.

　수도권 5대 신도시는 이런 상황에서 계획되었기 때문에 주거 중심의 배

22 서울의 확장. 위에서부터
조선시대 한양, 1910년대
경성(시구개정사업 시기),
1930년대 경성(토지구획정리사업
시기), 1970년대 서울(개발 시대),
1990년대 수도권 5대 신도시.

드타운이라는 특징을 가지게 된다. 모두 서울에서 한 시간 통근 거리에 위치한 것도 부동산 가격의 폭등으로 고통받았던 서울의 무주택자들을 흡수할 수 있다고 판단했기 때문이다. 또한 매우 단기간에 건설되어야 했기 때문에 지금까지 검증된 도시계획을 필요로 했다. 그래서 미래도시를 위한 새로운 도전보다는 기존의 법과 제도, 설계 관행을 최대한 충족하는 방향으로 이루어졌다. 이 신도시들의 설계는 국토개발연구원과 주택도시연구원에서 담당했는데, 도시계획가 안건혁과 김진애가 주도적인 역할을 했다. 5개 신도시는 비슷한 시기에 계획되어 그 설계방식이 매우 유사하다. 우선 생활권이론은 토지이용 계획을 수립하는 데 매우 중요한 도구로 사용되었다. 이에 따라 이들 신도시의 공간은 근린주구에서부터 전체 도시공간으로 위계적인 구성을 보여준다. 이들 신도시에서 나타나는 여러 가지 시설들은 모두 생활권이론을 바탕으로 수립되었다.

이처럼 수도권 신도시들은 명확히 생활권이론에 의해 그 주요 공간이 분할되었지만, 각각의 근린 생활권에서 나타나는 인구 밀도와 블록의 크기는 이전과는 많이 달랐다. 과천 신도시를 건설할 때만 해도 5층 규모의 중층 아파트가 주를 이루었다. 그래서 인구 밀도가 149.9명/헥타르에 불과했지만, 십 년이 지난 후 건설된 5대 신도시에서는 480.46명/헥타르(분당), 312명/헥타르(일산)로 증가했다. 이는 많은 주택을 건설하려는 정부의 의지와 한국인들의 아파트 선호에 기인한 것으로, 전체 주택 용지 가운데 공동주택 용지가 차지하는 비율이 평촌의 경우 92퍼센트, 산본 87.4퍼센트, 분당 76퍼센트[도판 23], 일산이 63.6퍼센트에 달했다.[46] 이것은 12층 이상의 고층아파트들이 중심이 된 신도시의 탄생을 의미했다. 사실 고층아파트들은 신도시의 도시적 풍경을 형성하는 데 결정적인 영향을 미쳤다. 이처럼 인구 밀도가 증가하면서 근린 생활권을 구성하는 단위 블록의 크기가 줄어들었다. 잠실 지구의 경우 한 블록의 크기가 평균적으로 대략 33.2헥타르에 이르렀지만, 분당과 일산에서는 각 19.4헥타르, 19.7헥타르에 달했다. 이것은 보다 많은 주택을 건설하려는 정부의 취지가 신도시계획에 반영된 결과라고 생각한다.[47] 이에 따라 수도권 신도시들은 고층아파트로 구성된 도시공간을 만들어냈고, 이전까지 이런 형태의 신도시는 출현한 적이 없었다.

이외에도 이들 신도시에서는 이전 계획들과 비교해서 녹지와 공원의 비율이 매우 높게 책정되었다. 목동과 상계동의 경우, 전체 토지 가운데 그 비율이 각각 6.8퍼센트, 6.9퍼센트였지만, 수도권 신도시의 경우 분당 14.6퍼

　　　　　　　　　　　　　　　　　　　7장. 도시의 확장과 건설 붐

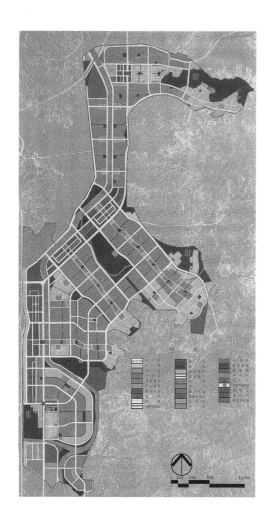

23 분당 신도시의 마스터플랜.
근린주구이론에 따라 블록들이
명확하게 분할되어 있다. 1989년.

센트, 일산 22.5퍼센트, 평촌 12.7퍼센트, 산본 14.1퍼센트로 높아졌다. 무엇보다 신도시는 전원도시가 되어야 한다는 계획가들의 초기 생각이 반영된 것이다. 녹지와 공원 시설의 확충에서 눈에 띄는 대목은, 신도시 중심에 대규모 공원이나 호수를 설치해 다양한 녹지 축의 중심 역할을 하게 한 것이다. 강남 개발에서 가장 많은 비판을 받은 부분이 바로 대규모 녹지 공간의 결여인데, 신도시에서는 이런 점들을 해결하고 있다. 더불어 공원 주변에 공공건물들을 배치해 도시의 랜드마크 역할을 동시에 하도록 했다.

교통망을 결정하면서는 우선적으로 수도권 광역교통망체계와 연계되는 주간선도로를 정하고, 그것이 40미터 이상의 도로 폭을 가지도록 계획했다. 그리고 지구 내 중심도로로서 생활권 간의 통합, 분리를 담당하는 보조 간선도로가 350-450미터 간격으로 설정되었고, 이들은 25-30미터 도로폭을 가지도록 했다. 보통 이들 간선도로변에는 녹지 공간을 위한 공공용지들이 함께 설정되도록 해, 차를 타고 도로를 지나다 보면 아파트 단지들이 숲으로 둘러싸인 듯한 느낌을 준다. 주거지 내 발생 교통량을 간선도로로 유도하거나, 주거지 내의 진입 교통량을 담당하는 국지도로는 그 폭이 15-20미터가 되도록 했다. 이 외에도 보행자 전용도로들이 각 블록을 연결하도록 계획했다.

마지막으로 수도권 신도시 계획에서 눈에 띄는 것은 건축법상의 도시설계 제도가 적용되었다는 점이다. 원래 간선도로변의 미관을 증진시킬 목적으로 도입된 제도인데, 수도권 신도시에서는 이를 전체 계획 대상지에 적용했다. 주된 이유는 도시계획의 기본 목표를 집행 과정까지 일관되게 유지하며, 효율적인 도시개발과 관리가 이루어지도록 민간과 공공 부문의 개발 방식을 제시하고, 건축물과 주요 공공시설물에 대한 세부적인 지침을 마련하기 위해서였다.[48] 분당의 경우 도시의 조화로운 스카이라인을 만들고 지구별로 고유한 경관을 강조하기 위해 건물의 층수와 전면 폭, 배치 방식, 외벽 색채를 미리 정해 놓았고, 생활 상가의 위치와 규모, 담장과 식재, 바닥 포장 등도 미리 결정했다.[49] 그렇게 해서 차후 시공 과정에서 원래 의도가 훼손되지 않도록 했다.

2부. 개발 시대: 한국 건축의 정체성 탐구

8장. 도시 주거의 고밀화

개발 시대로 접어들면서, 도시주거에 대한 논의는 일제강점기와 전혀 다른 차원에서 이루어졌다. 일제강점기 가장 중요한 강조점은 근대적 생활 방식에 맞춘 주거 개량이었다. 박길룡, 김윤기를 포함한 많은 건축가들이 이에 관한 논의에 참여해 한국인 삶의 방식에 적합한 근대적 주거 유형을 제시했다. 이런 주거개량운동과 함께 다양한 도시주거 유형들이 등장해 경쟁했다. 크게 보자면, 도시형 한옥, 일식 주택, 문화주택이 두드러졌는데, 이 가운데 일식 주택은 전후에 거의 지어지지 않았다. 한국인들의 생활 방식과 한국 기후에 적합하지 않았다. 그 대신 도시형 한옥이 가장 중요한 주거방식으로 자리잡으면서, 전국적으로 확산되어 나갔다. 그렇지만 시간이 지나면서 도시형 한옥은 새로운 도시 환경에 잘 적응하지 못하고 도태되었고, 1960년대 이후 이를 대체하는 새로운 단독주택 유형이 등장하게 된다. 그것은 '집장사집'으로 불리는 일종의 스펙 하우스spec house였다. 여기에는 마당이 없고, 건물이 대지 중심에 위치하며, 실내 공간의 중심에 거실이 홀처럼 존재한다. 입면상으로 독특한 경사지붕을 가진다는 점에서 문화주택과도 흡사하다. 그렇지만 거실의 기능이 도시형 한옥의 마당과 유사한 점에서, 도시형 한옥이 진화한 것이 아닌가 생각된다.

전후 한국의 도시에는 새로운 주거 유형이 등장해 경쟁을 하게 되는데, 집장사집을 비롯해 아파트, 다세대주거, 주상복합이 그들이다. 이들은 모두 각기 다른 경제적 사회적 법적 맥락에서 탄생했다. 그렇지만 이들 주거 유형에 공통적으로 나타난 주요 키워드는 고밀화였다. 1960년대 경제 성장과 맞물려 엄청나게 증가하는 도시 인구를 수용하기 위해, 한국의 도시주거는 고밀화될 필요가 있었다. 기존의 주거 유형에선 커다란 도전이었다. 이십세기 말에 이르러 한국에서 고층아파트들은 가장 중요한 도시주거로 자리잡게 되었다. 현재 전국의 주택 수에서 아파트가 차지하는 비율이 60퍼센트 이상이다. 서구의 도시에서도 아파트는 대규모로 공급되었지만, 대부분 이민자나 저소득층을 위한 주거로 전락해 부정적인 이미지가 형성되어 있다. 이에 비해 한국에서 아파트는 고급주택이라는 상반된 이미지를 가진다. 이같은 차이에 대해 『아파트 공화국 Séoul, ville géante, cités radieuses』을 쓴 프랑스의 지리학자 발레리 줄레조 Valérie Gelézeau는 두 가지 이유로 설명했다. "우선, [한국에서] 주거의 대량건설 정책은 비록 공공기관을 통해 계획되었음에도 사회주거로 구상된 것이 아니라 주택의 소유를 지향하고 있었다. 아파트 추첨 시스템을 통해 아파트를 구입하는 것이 가능해지면서, 아파트에 대한 중상층의 욕구를 만드는 데 기여했고, 심지어 부르주아 가족조차도 아파트 생활을 추구하게 되면서 국내 자본을 크게 늘릴 수 있었다. 두번째 요인은 도시 성장의 상태였다. 1974년에야 도시 인구가 농촌 인구를 넘어선 한국에서는 도시 성장이 본격화되던 시기의 초기 아파트 단지들이 도시 중심부에 건설되면서 도시를 만드는 역할을 했으며, 따라서 아파트 단지는 도시 교통망과 설비에 완전히 통합되었다."[1] 이처럼 도시가 막 성장하는 시점에 가장 편리한 곳에 건설되면서, 아파트는 끊임없이 상품으로서 그 가치가 상승했고, 이로 인해 한국의 도시공간을 지배하는 도시주거로 성장했다.

재건주택과 도시형 한옥

1945년 8월 15일 광복과 함께 한국 사회는 엄청난 혼란에 직면하게 되었다. 한국에 거주하던 88만 명의 일본인들이 빠져나가고, 일본, 만주, 러시아 등지를 떠돌며 살던 우리 동포들이 귀국했다. 또한 1953년 휴전 이후에는 북한의 공산체제를 피해 남하한 사람들이 가세하면서 도시 인구가 급격하게 증가했다. 이에 서울과 같은 대도시에서 주거난이 심각했다. 일본인들이 남기고 간 적산가옥이 5만 채 정도 되었지만 이들만으로는 주택 수요를 감당하기가 어려웠다. 게다가 육이오전쟁으로 약 7만 9,000채의 주택이 파괴되었기 때문에, 전후 주거정책은 난민의 수용과 도시재건을 주요 목표로 최소한의 주거 수준을 확보하는 데 그쳤다.

1953년 환도 이후 이승만 대통령은 담화를 통해 100만 호 주택 건설을 주장했지만, 건설 자금 조달의 어려움 때문에 실현되지는 못했다. 그래서 휴전 초기에는 주로 원조에 의존해서 주택 건설이 이루어졌다. 육이오전쟁 발발 이듬해인 1951년 7월 1일 유엔한국재건단 United Nations Korean Reconstruction Agency, 이하 UNKRA이 발족되었다. 유엔의 결의로 전쟁의 참화를 겪고 있는 대한민국의 경제 부흥과 재건을 돕기 위해서였다. 이 기관에서 집중했던 것은 "산업의 재건"이었다. 자족적인 경제를 만들기 위해 산업시설과 더불어 학교, 병원, 주거, 교통시설 등의 건설도 지원되었다."[2] 특히 UNKRA는 주거단지 개발을 위해 대한주택공사를 활용하고자 했다. 『대한주택공사 20년사』에 의하면, 육이오전쟁 중에 임시수도인 부산에서 피난민을 위한 주택 일부를 대한주택공사에 맡겨 500호를 범일동 등에 지었는데 여기에 UNKRA가 지원한 자재 일부를 사용했다. 서울에서도 신당동, 월곡동, 청량리 등에 2층짜리 주거 1,000여 채를 건설했다.[3] 또 한국 건축가들에게 몇 가지 저비용 표준주택시안의 설계를 맡기는데, 미국 국립문서기록관리청 National Archives and Record Administration, NARA 에 보관 중인 자료에 의하면, 평면은 전통적인 실 배치를 반영하면서 최소한의 면적을 가지도록 했다. 대략 건평 9평의 규모이고, 방 두 칸, 마루와 부엌이 각각 한 칸으로 이루어졌다. 그러나 1955년부터 UNKRA의 지원은 대폭 삭감되었고 1958년 7월 1일부로 구호사업은 목적을 달성하고 종료되었다.

　　1957년 이후 한국 정부의 주택정책은 임시 주거의 건설보다 내구성이 강한 주택사업의 시행으로 전환되었다. 정부는 이같은 정책을 진전시키기 위해 일본 자산과 국채의 공매로 축적한 자금에 근거해 지원을 허가하고, 한국주택공사에 주택 수천 채의 공급을 위탁했다. 1953년부터 1961년까지 서울에 세워진 총 1만 8,189채의 주택 중 1,812채가 이 기금으로 지어졌다. 또 국책은행인 한국산업은행도 ICA의 자금으로 주택 건설을 지원했다. 같은 기간 서울시내 전체 1만 8,189가구 중 6,487가구가 이 자금으로 지어졌다. ICA와 한국 정부 사이에 체결된 협정에 의해 한국에 들어온 원조자금이 주택 공급에 활용된 것이다. 개인이나 주택조합에서 대출을 받아 지은 주택들을 ICA주택이라고 부르는데, 당시 한국산업은행에는 ICA 주택자금기술실을 별도로 운영해 주택 건설을 도왔다. 이 연구실에는 여러 건축가들이 일했는데, 1958년 당시 엄덕문이 실장이었고, 박병주, 안영배, 김정철, 주종원 등이 함께 일하며 성장해 나갔다. 주로 개인이나 주택조합에서 융자를 신청하면, 이곳에서는 진입도로 개설이나 대지 조성에 대한 기술 검토를 했다. 이 과정에서 미국의 주택단지 개발 사례들을 많이 참고했다.[4] 당시 한국 실정에 맞춰 표준주택의 평면을 설계할 수 있는 기관은 이곳이 유일했다.

1　1972년 청량리 홍릉 부흥주택단지 항공 사진. 점선으로 표시된 구역이다.

　　한국산업은행에서 조성한 자금으로 지어진 대표적인 주거단지로 서울 청량리 홍릉 부흥주택단지를 들 수 있다.[도판1] 1955년 서울시에서 지은 204호의 시영주택과 1957년 조선주택영단에서 지은 283호의 영단주택 두 가지가 공존하는 주택지이다.[5] 단지 계획은 단조로웠다. 2층으로 된 단위 주거 4개가 일렬로 연결되어 하나의 일자형 건물을 형성했고, 이런 건물들이 평행으로 반복되면서 전체 단지를 구성했다. 모두 세 가지 유형의 단위평면이 존재하는데, 시영주택의 크기는 15평,

　　　　　　　　　　　　　　　　8장. 도시 주거의 고밀화

영단주택은 16.5평과 17.5평이었다. 각 단위세대는 모두 2층으로 이루어져 있고, 1층은 부엌과 온돌방, 2층에는 마루방 2개가 배치되어 당시로서는 표준주택으로 설계되었다고 생각한다. 실 배치는 일제강점기의 영단주택과는 완전히 달랐고, 미국식 주택을 최소 규모로 축소해 놓은 듯하다. 그렇지만 여기서도 여전히 온돌과 관련된 난방 시설이 어려운 과제로 등장했다.

후생주택이라고도 불리는 재건주택은 주로 1950년대 후반까지 해외 원조에 의해 지어졌는데, 그것이 끝나면서 더 이상 지어지지 않았다. 그 대신 일제강점기에 개발된 도시형 한옥이 계속해서 세워지며 도시의 빈 공간을 채워 나갔다. 그 점은 당시 항공 사진에서 명확히 알 수 있다. 그렇지만 1970년대 중반에 이르러 도시형 한옥은 새로운 주거 유형인 집장사집에 의해 대체되었다. 여기에는 몇 가지 요인이 작용했다. 우선, 좁은 골목길, 작은 부지, 마당이 있는 한옥의 공간 구성은 더 이상 차량의 편리한 접근, 근대적 위생 기준, 방들의 콤팩트한 연결, 가족 구성원들의 프라이버시를 필요로 하는 현대의 생활방식과 맞지 않았다. 한국의 젊은 세대들은 좀더 서구화된 형태의 주택을 열망했다. 둘째로, 도시형 한옥이 대도시 중심가에 밀집해 있어서, 증가하는 고밀도 개발의 압력으로부터 편안한 환경을 유지하기가 어려웠다. 시간이 지나면서 도심의 한옥은 재건축 대상이 되었다. 강남 지역에 새 아파트가 대량 공급되던 시기부터 옛 동네 주민들은 대부분 좀더 편리한 생활을 찾아 새로운 세계로 몰려들었다. 이런 부동산 시장의 변동으로 인해, 많은 한옥 장인들은 줄어드는 건축량에 타격을 입으면서 점차 사라졌다.

도시형 한옥의 쇠퇴와 함께 개발 시기 지배적인 주거 유형을 둘러싸고, 집장사집, 다세대주거, 아파트와 같은 여러 형태의 도시 주택들이 경쟁했다. 그것은 주거의 고밀화를 의미했다. 인구 밀도(476명/제곱킬로미터)에서 세계 3위인 한국은 단독주택 중심의 택지를 개발하기에 충분한 토지를 감당할 수 없었다. 이런 상황에서 주거의 고밀화는 피할 수 없는 현실이었다.

집장사집의 등장

1960년대 초부터 1980년대 말까지 등장한 새로운 유형의 도시주거 집장사집은 1960년대 이후 새로이 조성된 대지에 공급된 단독주택을 가리킨다. 그것을 지은 이들은 '집장사'라고 불리는 영세한 건설업체였다. 개발업과 동시에 시공을 수행했던 소규모 민간주택 건설업자로서, 그들이 공급했던 주거는 어떤 디자인 의도를 가지고 계획된 것이기보다는 하나의 상품으로서 시장에서 가장 잘 팔릴 수 있도록 계획된 하나의 상품이었다. 그런 점에서 당시 주요 건축가들이 설계한 주거 건물과는 매우 달랐다. 김중업이 1960년대 설

2부. 개발 시대: 한국 건축의 정체성 탐구

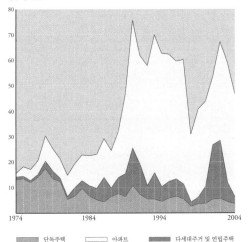

단위: 만 세대

1974   1984   1994   2004

■ 단독주택   □ 아파트   ■ 다세대주거 및 연립주택

2   전국의 주택 종류별 건설 허가 건수.

계했던 작품들과 집장사집을 비교해 보면 커다란 차이를 느낄 수 있다.[6] 이 때문에 집장사집은 상류층을 위한 주거가 아닌 일반 사람들의 요구들을 가장 잘 반영하는 주거였다.

많은 집장사들이 단독주거의 건설에 참여할 수 있었던 것은, 대형 건설업체들이 주로 대규모 아파트 단지만을 담당했기 때문이다. 단독주택은 일종의 틈새시장을 형성했던 것이다. 이런 형태의 주거가 대량으로 건설되기 시작한 때는 1960년대 이후였다. 서울시의 경우, 1960년대에 2만 2,000여 채가 건설되었고, 1970-1975년 사이에는 3만 6,000여 채가 지어졌다.[7] 그렇지만 1970년대 중반 이후 집장사집을 포함한 단독주거의 건설이 급감하는데, 정부 주거정책의 초점이 단독주택에서 아파트로 이동했기 때문이다.[도판 2] 도시형 한옥에서 집장사집으로의 이행은 몇 가지 단계를 거치면서 서서히 이루어졌다. 전통적 삶의 방식과 행동 패턴이 바뀌기까지 많은 시간이 필요했던 것이다. 최초의 이행은 1950년 외국의 원조 자금을 가지고 지은 건물들이다. 이때 건물의 외벽 재료는 시멘트 블록이나 벽돌로 바뀌었지만, 평면 형태는 기존 도시형 한옥의 그것을 유지하고 있다. 두번째 단계는 1960년대부터 1970년대 초반에 걸쳐 일어난 변화로서, 중심 마당과 대청이 서구식 거실로 대체되었다. 화장실은 여전히 외부에 존재하고 안방은 여전히 건물 가장 깊숙한 곳에 자리잡고 있었지만, 이 역시 1970년대 중반부터 커다란 변화를 수반하게 된다.

임창복 교수는 1964년부터 1985년까지 서울시 구청에 허가를 위해 접수된 511개의 집장사집들을 대상으로 시설과 면적, 구조, 형태, 평면의 변화를 추적해 나갔다. 이 연구는 도시형 한옥이 새로운 주거 유형으로 발전되어 가면서 근대적인 주거 유형으로 자리잡는 과정을 매우 예리하게 포착하고 있다. 거기서 등장하는 예들은 주거의 지속성과 변화를 동시에 보여주며, 일제 강점기 이후 시도되어 온 한옥의 근대화 과정을 잘 드러낸다. 그의 연구에 따르면, 주거와 관련한 가장 큰 변화는 1970년대 중반에 일어났다. 이 시기에 수세식 변소, 싱크대, 난방용 보일러 등이 동시에 전국적으로 보급되면서 주거공간에 커다란 변화를 불러일으켰고, 이것이 새로운 주거공간의 형성에 결정적인 영향을 미쳤다. 특히 난방 방식의 변화는 현저했다. 1972년 이전까지만 해도 조사 대상 주택의 90퍼센트 이상이 장작이나 숯, 연탄을 이용한 재래식 온돌방식으로 계획되었지만, 1973년에는 60퍼센트의 주택들이 보일러 난

           8장. 도시 주거의 고밀화

3 1950-1970년대 단독주택의 공간 변화. 왼쪽 위부터 시계 방향으로 도시형 한옥(1950년대)과, 관악구(1970), 동작구(1969), 강남구(1978)의 집장사집 평면.

방 방식을 채택했고, 1977년에는 70퍼센트 이상이 보일러 난방 방식으로 계획되었다.[8] 이 보급은 당시 막 시작된 아파트의 건설과 무관하지 않다. 1970년대 초반부터 건설된 아파트에 새로운 난방 방식이 설치되기 시작하면서 단독주택의 설계에도 상당한 영향을 끼쳤던 것으로 보인다. 화장실의 경우에도, 집 안에 수세식 변소를 두는 경우가 1973년부터 갑자기 늘어나면서 1978년부터는 모든 집들이 이 방식으로 계획되었다. 그리고 1970년대 중반에 이르러 건물 규모도 단층에서 2층으로 높아지게 된다.

집장사집은 매우 독특한 진화 과정을 거치면서 형성되었다.[도판 3] 도시형 한옥과 집장사집을 비교해 보면 네 가지 명확한 차이점이 있다. 첫번째는 마당의 존재 유무이다. 앞서 언급했듯이 도시형 한옥의 두드러진 특징은 주택 한가운데 외부 마당을 포함하고 있다는 것이다. 그렇지만 시간이 지나면서 점차 내부화되어 대청과 결합하게 된다. 도시형 한옥에서 이들은 서로 역할을 나눠 가지면서 공용 공간의 역할을 담당했다. 그렇지만 점차 이 둘은 통합되어 실내로 들어왔고, 집장사집에서는 거실이라는 형태로 새롭게 탄생하게 된다. 1960년대에서 1980년대에 지어진 집장사집들을 분석해 보면 그 내부화 과정을 잘 알 수 있다. 도시형 한옥에서 출발해 최초의 변화가 나타난 것은 1960년대 초반으로, 평면 형태가 권총 모양을 가지고 있는 과도기적 시기이다. L자형의 평면에 거실이 덧붙여 있는데, 여기서 거실은 마당과 대청을 대신해서 집 내부의 동선을 전체적으로 처리한다. 그리고 1970년대 중반 이후에는 거실이 집의 중심에 위치하게 된다. 이같은 진화 과정 때문에 한국 주거에서 등장하는 거실은 서구의 그것과는 다르다. 별도의 독립된 공간으로 존재하는 서양식 거실과는 달리 한국의 거실은 홀과 같은 역할을 자주 수행하게 되었다. 과거 마당의 역할이 현대적인 주거에서도 여전히 필요했기 때문이다. 집장사집에서 거실은 집 한가운데의 남향에 위치하며 가장 중심적인 역할을 담당했다.

두번째로, 도시형 한옥은 홑집의 형태로 주요 공간의 배치는 하나의 베이bay로 구성되어 있다. 이는 주로 구조체계와 깊은 연관을 가지는데, 전통적인 목구조는 4개의 기둥이 하나의 칸을 형성하며 모든 공간의 단위를 구성하기 때문이다. 이같은 목구조 방식이 더 이상 사용되지 않으면서 공간체계가 달라진다. 1960년대의 단독주택들은 비록 재료는 콘크리트 블록의 벽체와 슬레이트 지붕으로 바뀌었지만, 구조체계는 여전히 목구조였다. 그래서 전체적인 평면 형태는 도시형 한옥과 비슷한 모습을 가지고 있다. 그렇지만 점차 철근콘크리트가 사용되면서 이런 평면 형태를 유지할 수 없었다. 더 넓은 내부 공간이 가능해졌고, 이제 평면은 이에 맞춰 바뀔 필요가 있었다. 여기에 앞서 언급했던 거실이 집 한가운데로 들어오면서 이제 평면은 겹집 형태의 두 베이를 가지게 되었다. 이에 따라 실내 공간의 크기가 늘어났고, 다양한 기능들이 내부화되었다. 철근콘크리트조의 보급은 평면뿐 아니라 지붕 형태에도 큰 영향을 미쳤다. 집장사집에서 특징적으로 나타나는 것이 바로 전면 박공식 지붕이다. 그 형태는 일제강점기에 등장했던 방갈로식 주택으로부터 많은 영향을 받은 것으로 보인다. 거기서도 가파른 경사지붕이 두드러지기 때문이다. 그렇지만 집장사집에서는 지붕을 짓기 위해 더 이상 목조 트러스를 만들지 않고, 철근콘크리트로 경사지붕을 만든 후 기와로 그 위를 마감했다.[도판4]

세번째로, 마당이 실내로 들어오면서 안방의 위치도 바뀌었다. 도시형 한옥에서 안방은 현관에서 가장 먼 곳에 위치했다. 그렇지만 집장사집에서 안방은 점차 일조와 조망이 가장 양호한 곳으로 이동하게 된다. 무엇보다 보일러 난방 방식이 도입되면서 취사와 난방이 분리되었기 때문이다. 그럼에도 전통적인 안방의 기능이 집장사집에서도 여전히 유지되었다. 전통적으로 안방은 식사, 취침, 가족의 단란이 동시에 이루어지는 다목적 공간이었다. 이런 기능이 그대로 유지되어 거실과 함께 가장 중요한 공용 공간을 형성했다. 이런 이유로 2층으로 된 집장사집에서도 안방은 여전히 1층에 위치한다. 서구에서 대부분의 안방이 2층에 위치하는 것과 대조된다.

이처럼 안방의 위치가 바뀌면서 부엌과의 관계가 복잡해졌다. 대략 1970년대 중반쯤 보일러와 가스레인지가 전국적으로 보급되면서 그 기능은 완전히 분리되었다. 이처럼 부엌이 안방과 분리되면서 거실과의 결합이 보다 중요해졌다. 또한 식당이 부엌으로부터 분리되어 별도의 공간을 가지게 되었고, 거실과 식당이 결합된 LD형 혹은 거실, 식당, 부엌이 결합된 LDK형이

4 집장사집의 입면. 왼쪽부터 관악구(1975), 영등포구(1976), 강남구(1978).

8장. 도시 주거의 고밀화

집장사집의 주된 공간을 형성하게 된다. 이렇게 만들어진 하나의 주거단위 유형은 1970년대 이후부터 아파트와 다세대주거의 단위세대로서 채택된다.

집장사집은 한국의 주거사에서 매우 뚜렷한 흔적을 남겼다. 근대 이후 최초의 도시주거가 도시형 한옥이라면, 집장사집은 이를 새롭게 발전시켰다. 그 과정에서 하나의 고유한 도시주거 유형이 만들어졌고, 1980년대 대도시에 대량으로 보급되었다. 그렇지만 이는 그렇게 오랜 기간 동안 지속되지 못했다. 급변하는 주거환경에 제대로 대응하지 못했기 때문이다. 우선 도시의 밀도가 높아지면서 더 이상 아파트와 경쟁이 되지 못했다. 여기에다 1984년부터 다세대주택의 건설이 법적으로 허용되면서, 집장사집은 다세대주택에 그 자리를 내주고 대부분 사라지게 된다. 삼십여 년이라는 짧은 기간에 존재하다 사라졌지만 그것은 역사적으로 매우 중요한 의미를 갖는다. 무엇보다 근대적인 도시공간에 적합한 주거 단위가 집장사집을 통해 탄생했다는 사실 때문이다. 여기서 도출된 단위평면은 아파트를 비롯한 대부분의 공동주거에서 별다른 수정 없이 채택되었다. 그런 점에서 집장사집은 이십세기 후반의 주거에 중요한 바탕을 제공했다고 여겨진다.

아파트의 등장과 온돌

한국에서 아파트[9]는 일제강점기에 처음으로 등장하여, 1960년대 대량으로 건설되면서 진화를 거듭해 왔다. 오늘날 아파트는 전 지구적 차원에서 보편적인 주거방식으로 보급되고 있지만, 한국의 아파트는 다른 나라에서는 찾아볼 수 없는 매우 독자적인 방식으로 발전해 나간다. 따라서 한국의 아파트를 이해하기 위해서는 그것이 갖고 있는 보편성과 특수성을 동시에 이해해 나가야 한다. 한국에서 건설되는 아파트의 기본 축조 원리는 1920년대 근대건축가들에 의해 완성되었다. 특히 1920년대 독일에서 등장했던 차일렌바우Zeilen-bau 방식의 아파트는 한국 아파트의 원형이라고 할 수 있다. 한국에서는 소위 판상형板狀形 아파트로 불리는 이 방식의 아파트는, 거리 패턴을 따라 배치되기보다는, 태양을 향해 일렬로 정렬된 아파트 건물들로 정의된다. 원칙적으로 모든 거주자가 태양, 인동간격, 파사드, 바닥 면적에서 똑같은 혜택을 받을 수 있도록 계획되었다. 당시의 독일 건축가들은 독일의 전후 주택 위기에 대처하기 위해 가능한 한 저렴하면서도 효율적인 주택을 건설하고자 했다.

해방 이후에는 전쟁과 사회적 혼란으로 대규모 주거 건설이 거의 이루어지지 않았다가 1958년 종암아파트가 건설되면서 아파트라는 주거 양식이 한국에 다시 도입되기 시작했다. 종암아파트는 중앙산업이 종암동에 건설한 것으로, 4–5층 높이의 긴 건물 3개가 경사진 대지를 따라 세워졌다. 건물 형

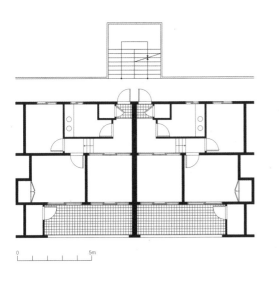

5   종암아파트의 두 세대
단위평면. 온돌로 인해 내부
바닥에 높이 차가 난다.

6   용산구 군인아파트의 단위평면.
온돌의 설치로 단 차이가 난다.

태는 대단히 현대적이었다. 지붕은 평지붕이었고, 벽면은 수평적인 창들과 수직적인 요소들이 기하학적으로 반복되었다. 여기서 각 단위세대들은 북쪽의 계단에서 접근할 수 있는 편복도를 통해 연결되어 있는데, 2채가 한 쌍이 되어 서로 대칭이 되도록 배치되었다.[10] [도판 5] 단위세대의 크기는 56제곱미터였고, 152호가 모두 같은 크기로 반복되었다. 아파트에서 중요한 표준화와 대량 생산의 원칙이 여기서도 적용되고 있음을 알 수 있다. 그렇지만 한국 전통식 주거를 집합주거로 만들기 어려웠던 점은 난방 시설에 있었다. 당시 주 연료가 나무나 연탄이었기 때문에 건물 내부에 온돌이 설치되어야만 했고, 이 경우 온돌이 딸린 부엌과 방들은 바닥의 높이 차가 나야만 했다. 종암아파트는 이런 문제점을 매우 독창적으로 해결했다. 즉, 부엌과 방들 사이에 약 1미터 정도의 높이 차를 두어 온돌을 각 단위세대에 집어넣었던 것이다.

비슷한 방식의 온돌 처리가 김중업에 의해 1964년 건설된 용산구 해방동의 군인아파트에도 등장한다. [도판 6] 4층 규모의 건물 9채로 구성된 이 아파트 단지는 각 동마다 모두 48세대를 수용한다. 각 단위세대의 면적은 35제곱미터 정도로, 온돌방 2개에 부엌과 변소가 딸려 있는 최소주택이다. 단위세대로의 접근은 편복도식으로 되어 있고, 각 층마다 계단실 하나가 딸려 있다.[11] 건물들의 배치 방식은 남쪽을 향해 모든 동이 일렬로 위치해, 전형적인 차일렌바우 스타일을 보여준다. 저소득자를 위한 사회주거였기 때문에, 비교적 절제된 형태를 선보이고 있다. 이 주택에서 특이한 점은 온돌의 배치에 있는데, 방 2개를 위해 연탄을 사용하는 별도의 온돌 아궁이가 설치되었고, 온수는 자가급수하도록 했다. 이에 따라 현관과 온돌방 사이의 바닥 높이에 차이가 있었다.

종암아파트를 시작으로 1970년대 초반까지 중정형, 중복도형 등 다양한 유형의 아파트들이 지어졌다. 주거단위, 건물 배치, 난방 방식에서 아파트 유형은 모두 달랐다. 이 과정을 통해 한국인에게 가장

8장. 도시 주거의 고밀화

7 1962년 세워진 마포아파트. 건물들이 주변의 도시형 한옥과 분명한 대조를 이루고 있다.

적합한 방식이 실험되었던 것으로 보인다. 1962년에 건설된 마포아파트는 국가가 개입해 지은 최초의 대규모 아파트 단지이다.[도판7] 그해에 발족된 대한주택공사는 의욕적으로 건설을 추진했고, 당시로서는 가장 진보한 아파트 형태를 만들어냈다. 대지는 옛 형무소에서 농장으로 사용하던 빈 땅이었다. 처음에는 중산층의 입주를 염두에 두고 10층 이상의 고층건물로 1,158세대를 건설하고, 엘리베이터와 중앙집중식 난방, 수세식 변소 등을 설치할 계획이었다.

그렇지만 이 아파트 단지를 경제적으로 지원했던 USOM에서 난민구호주택을 우선적으로 지을 것을 원했고, 당시 여론도 이런 고급 아파트를 원치 않았다. 그래서 최종적으로 6층 규모의 10개동 642가구를 지으면서 엘리베이터도 없애고 중앙집중식 난방도 개별 연탄 보일러로 바꾸었다.[12] 건물 배치는 단지 주위를 따라 차일렌바우식 블록을 4동 짓고, 나머지 6동은 Y자형으로 했다. 단위세대는 9평형, 12평형, 15평형, 16평형으로 구성되어 있는데 소형 평형은 편복도를 통해, 16평형은 계단실을 통해 접근되도록 계획되었다. 종암아파트와는 달리 여기서 단위세대는 하나의 공간으로 통합되지만, 건물 배치가 체계적이지 않고 또 도시형 한옥이 둘러싸고 있는 주변 환경과 관계가 완전히 단절되어 있다는 것이 큰 문제점으로 지적되었다. 당시 이 아파트 단지를 찍은 사진을 보면, 주변에 무질서하게 널려 있는 한옥과 매우 강렬한 대조를 이루며 건물들이 서 있다. 이는 새로운 도시주거의 등장을 알리는 강렬한 신호였다.

아파트 단위 주거 계획

마포아파트 이후 중요한 진전이 이루어진 곳이 이촌동 한강 아파트 단지였다.[도판8] 한국에 지어질 아파트 단지의 전형을 만들어냈고, 1970년대 중반까지 지어지게 될 반포, 영동, 잠실 아파트와 같은 저층아파트 단지에 중요한 모델로 작용했다. 한강의 백사장을 매립해서 만들어진 택지에 1966년부터 많은 아파트들이 지어졌다. 1966년 공무원연금기금이 이 택지를 매입한 후 주택공사에 의뢰해 34개동 1,313가구분의 공무원 아파트를 건설했고, 1970년에는 주택공사가 한강맨션아파트 23개동 700가구를 건립했으며, 같은 해 그 서쪽 지역에 외국인 아파트 18개동 500가구를 지었다. 그리고 1971년부터는 다양한 건설회사들이 참여해 2,500여 가구의 아파트를 공급했다. 이렇게 해서 하나의 자족적인 주거단지가 완성되는데, 이 아파트 단지들은 이전

2부. 개발 시대: 한국 건축의 정체성 탐구

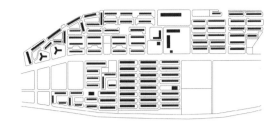

8　이촌동 아파트 단지 배치도.(위)
9　여러 시기에 걸쳐 형성된 이촌동
아파트들. 1960년대 5층 아파트부터
2000년대 주상복합 아파트까지
시간의 켜를 보여준다.(아래)

의 마포아파트와 비교해서 많은 차이점을 드러냈다.[도판9]

　　우선, 가장 눈에 띄는 차이는 주거동의 배치로, 차일렌바우식 아파트가 가장 전형적으로 실현되었다. 5층의 블록형 건물들이 남쪽을 향해 반복적으로 건설되어 있는데, 다양한 아파트 유형 가운데 이런 유형이 점차 승리해 가고 있었음을 보여준다. 두번째는 대규모 아파트 단지로 건설되면서 학교, 상가, 종교 시설 등이 종합적으로 계획되었다는 점이다. 이를 위해 근린주구 개념이 주요 원칙으로 도입되었음을 알 수 있다. 특히 중심 도로변에 면해 2층 높이로 구성된 상가들은 생활 가로를 형성하면서 매우 독특한 경관을 만들어냈다.[도판10] 세번째로, 단위세대의 면적이 27평부터 55평까지 커지면서 아파트가 더 이상 노동자를 위한 최소 주택이기보다는 도시 중산층을 위한 주거라는 인식이 생겨나게 되었다. 이처럼 단위세대의 면적이 확장되면서 계획이 중요해졌는데, 특히 이촌동의 한강맨션 아파트에서는 연탄 온돌 대신에 중앙공급식 온수 난방 시설이 설치되면서 내부 실들이 서양식으로 배치될 수 있었다. 그래서 침실 공간과 공용 공간이 이분화되는 현상이 특징적으로 나타났다. 마지막으로 모든 단위세대가 계단실을 통해 접근되었다. 미스 반 데어 로에 L. Mies van der Rohe 가 슈투트가르트에서 시도했던 것과 똑같은 접근 방식이었다.[도판11]

　　1970년에 건설된 여의도 시범아파트도 판상형으로 계획되었지만, 이전과 달리 한국에서는 아파트가 최초로 고층화되는 과정을 보여준다. 서울시는 여의도 개발을 촉진하기 위해 대규모 아파트 단지를 건설하기로 하고, 시범적으로 24개동 1,584가구의 아파트를 건설하게 된다. 이를 위해 12층과 13층으로 된 건물에 15.2평, 19.9평, 30.2평, 40.8평의 단위세대를 집어넣었다. 마포아파트에서는 계획만 되었던 엘리베이터도 실제로 적용하게 된다. 한강 아파트 단지와 다른 점은 단위세대의 평면이 많이 바뀌었다는 것이다. 집장사집에서 발전시킨 평면을 아파트에 최초로 적용한 것이다. 이는 1980년대까지 다른 아파트에도 계속해서 채택된다. 이들 단위세대에 접근하기 위해 중층 아파트에서 사용했던 계단실 대신에 층별로 4개 가구씩 서비스할 수 있는 편복도 개념을 도입했으며, 사생활을 보장하기 위해 진입하는 현관 앞에 계단을 설치했다.[13] 여기서 점차 단위세대로의 접근 방식이 편복도형과

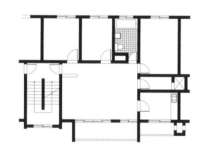

10 이촌동 아파트의 생활가로.(위)
11 이촌동 아파트의 단위평면.(아래)

계단실이라는 두 가지 방식으로 집중되고 있음을 알 수 있다. [도판 12, 13]

아파트가 중산층의 주요 주거 유형으로 확산된 것은 강남 지역의 일부가 아파트 지구로 결정되고 대규모 단지들이 세워지면서였다. 특히 현대건설이 1979년과 1982년에 완공한 압구정동의 대규모 단지는 국내 고급 아파트의 대명사로 불리며 사람들의 관심을 불러 모았다. 이를 전후로 민간 건설업체들이 대거 아파트 건설에 뛰어들었다. 일 년에 수십만 채의 아파트들이 전국에 걸쳐 지어졌고, 그것은 마치 기계처럼 전 국토를 아파트로 바꿔 놓았다. 무엇보다 이것이 중산층 주거로 인기가 높아지면서 수익성 높은 투기 대상으로 인식되었다. 당시 아파트 추첨장에는 사람들이 구름처럼 몰려들었고, 어렵게 구입한 아파트는 곧바로 프리미엄을 받고서 다른 사람에게 되팔았다. 당시 한국의 대도시들은 지방에서 일거리를 찾아 몰려든 사람들로 주거난이 심각했다. 그들에게 아파트가 주는 편리함과 위생적인 삶, 쾌적한 외부 공간은 획일적인 아파트에 대한 서구 건축가들의 비판을 상쇄하고도 남았다. 정부는 한편으로 부동산 투기를 억제하면서도 다른 한편으로 주택 보급률을 높이기 위해 다양한 방식으로 민간 건설업체들을 지원했다.

이때부터 아파트는 가장 값비싼 상품으로 간주되었고, 단위세대의 면적, 단위세대로의 접근 방식, 주거동의 배치 등이 모두 부동산 시장의 요구에 맞춰 계획되었다. 시장에서 팔리지 않는 방식들은 더 이상 사용되지 않고 도태되었다. 규모에서도 가급적 하나의 단지에서 자족적인 공동체 시설을 확보하기 위해 1,000세대 이상의 대규모 단지를 선호하게 되었다. 이 때문에 점차 건설회사의 이름이 붙은 거대 아파트 단지들이 브랜드화해 도시 내에 들어섰고, 그곳에서 고립된 섬으로 바뀌어 갔다. 압구정동 아파트 단지가 특히 한국의 상류층이 거주하는 대표적인 주거지로 발돋움하면서 이런 추세는 전국적으로 확산되었다. 이런 가운데 건축가들의 역할은 대단히 축소되었다. 아시아선수촌아파트나 올림픽선수촌아파트와 같이 특별한 경우를 제외하고는 아파트 단지가 주요 건축가에 의해 디자인된 적은 없었다. 따라서 그들에 의해 새로운 주거 개념이 제시된 적도 없었다.

개발 시대 아파트의 특징

이 시기 한국의 아파트들은 시장의 요구에 맞춰 다양한 방식으로 진화해 나갔다, 아파트 단지는 도시공간 속에 독특한 방식으로 커뮤니티를 형성했는데, 주요 특징은 그 배치와 규모에서 나타난다. 보통 한국에서 하나의 '단지'를 규정하는 기준은 동일한 관리사무소에서 관리되느냐이다. 동일한 이름을 가진 아파트 단지라도 관리사무소가 다를 경우 별개의 단지로 본다. 의무적 관리 대상은 주로 법적으로 규정된다. 2000년대 초 서울에서 조사된 823개의 아파트 단지 가운데 651개 단지가 1,000세대 이하이고, 그중 400개 단지 이상이 500세대 이하였다. 그리고 823개 단지 중 70퍼센트 이상이 10개 동 이하로 구성되어 있고, 100개 동이 넘는 단지는 서울시 전역에서 12개 단지에 불과했다.[14] 이렇게 다양한 크기의 아파트 단지들은 계획 방식 또한 다르다.

　　가장 특징적인 현상 두번째는, 계속해서 밀도가 높아지면서 이에 맞춰 아파트들의 높이가 높아졌다는 점이다. 1970년대 이전에 지어진 5층 아파트들은 현재 대부분 허물리고 20층 내외의 고층아파트로 재건축되었다. 이십년이 지난 아파트에 재건축을 허용하는 제도는, 거주자들에게는 넓은 새 아파트로 이사 갈 수 있는 기회를 주었고, 정부에게는 새 아파트를 대량 공급할 수 있어서 선호되었다. 재건축을 가능하게 만들기 위해서는 계속해서 용적률, 층고, 인동간격이 상향 조정되어야만 했다. 1977년에 서울시가 제정한 아파트 지구 건축 조례부터 최근의 아파트지구개발기본계획 수립에 관한 조례에 이르기까지 다양한 법적 장치들은 단지의 최소 대지 면적, 건폐율, 용적률, 인동간격에 대한 규정을 담고 있는데, 이 변천 과정을 살펴보면 명확해진다. 1977년 서울시는 층수 제한을 12층에서 15층으로 높였다가 결국에는 철폐했고, 고층아파트를 건설할 경우 적용되던 용적률도 1977년에 200퍼센트, 1980년에 180퍼센트로 줄었으며, 1985년에 250퍼센트로 늘렸다가 지금은 아예 삭제되었다.[15] 인동간격은 1977년에 건물 높이의 1.25배였다가 1993년에 한 배 이상으로 바뀌었다. 이렇게 밀도가 높아짐에 따라 건물 높이도 높아졌다. 1970년대 초반은 5층 내외였다가, 1970년대 중반부터 계속해서 10층 이상으로 많이 지어졌고, 1990년대 들어서는 20층 이상의 고층아파트들이 세워졌다. 이런 높이에 대한 도전은 2000년대 이후 50층 이상의 주상복합 건물의 건설로 이어졌다.[도판14]

세번째 현상은, 주거동 배치에서 향이 가장 중시되는 것이다. 1990년대까지 건물의 배치는 대부분 판상형으로 설계되었고, 남쪽을 향해 일렬로 배치되었다. 최근 들어 초고층아파트들이 등장하면서 점차 향보다 조망이 중시되는 추세지만, 여전히 향은 배치계획에서 중요한 기준으로 작용하고 있다. 이런 선호도는 한국의 독특한 기후와 깊은 관련을 지닐 것이다. 난방 문제가 대부분 해결된 오늘날에도 추운 겨울이면 햇빛은 여전히 중요하다. 오늘날 한강변 남쪽의 올림픽대로를 지나쳐 보면, 1980년대 건설된 많은 아파트들이 한강의 아름다운 조망보다는 향 위주로 배치되어 있는 것을 확인할 수 있다. 이렇게 건물들이 배치된 후 나머지 외부 공간은 주차장으로 채워졌다. 아파트가 값비싼 상품으로 전락하면서 건설회사들은 최대한의 이익을 위해 이같은 배치계획을 했다.

네번째는, 단위세대들을 연결하는 방법에 있다. 한국인들은 중복도형이나 타워형보다는 편복도형을, 편복도형보다는 계단실형을 선호했다. 2003년까지 한국에 지어진 아파트 가운데 70퍼센트 이상이 계단실형이었다. 초기에는 계단실형은 주로 대형 평형의 아파트에서만 적용되었지만 점차 소형 아파트에도 확대되기 시작했다. 그것은 거주자들의 요구를 반영한 결과

14 한국 아파트의 진화 과정.
왼쪽부터 5층 아파트(1970년대),
16층 아파트(1980년대),
23층 아파트(1990년대),
50층 주상복합 건물(2000년대).

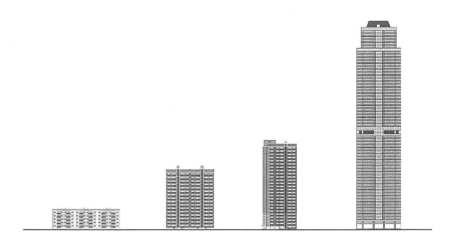

2부. 개발 시대: 한국 건축의 정체성 탐구

였다. 이런 사실에서 아파트 거주자들의 주거의식을 잘 읽어낼 수 있는데, 그들이 아파트를 선호한 주요 이유가 공동체 의식보다는 프라이버시의 확보에 있기 때문이다. 아파트 단지에서 과거 전통 마을에 나타나는 유대감과 결속력은 존재하지 않는다. 이웃이 해체되면서 단위세대가 모든 생활의 중심이 되었다. 이처럼 계단실형이 주류를 이루면서 한국의 아파트들은 독특한 형태를 이루었다. 즉 계단실이 각 단위세대 중간에 설치되고, 계단실의 최상부에 수조가 놓이면서 특이한 아파트 형태를 만들어냈다.

다섯번째로, 아파트 단위평면 역시 서구는 물론 일본과 중국의 아파트와도 확연히 달랐다. 서구의 아파트에는 방들이 한쪽에 몰려 있고 거실과 부엌은 별도로 나 있다. 이와 유사한 평면 형태를 한국에서도 1960년대 후반에 볼 수 있었다. 그렇지만 이런 평면 유형은 더 이상 사용되지 않고, 그 대신 집장사집에서 발전시킨 평면들이 사용되었다. 다양한 면적들이 제시되었지만, 점차적으로 방 2개 화장실 하나의 66제곱미터대, 방 3개 화장실 2개의 85제곱미터대, 방 4개 화장실 2개의 102제곱미터대로 수렴되었다. 이 가운데 85제곱미터는 가장 일반적인 면적으로, 정부에서 제정한 주택청약제도에서도 국민주택의 기준 면적으로 작용했다. 이들은 각기 다른 방식의 평면체계를 가지고 있지만 공통적으로 거실 중심의 매우 콤팩트한 내부 평면을 갖는다. 이와 함께 한국의 아파트에서는 앞뒤로 넓은 발코니의 설치가 선호된 점도 살펴볼 만하다. 이는 발코니가 법적 면적에 포함되지 않았기 때문이다. 이에 따라 발코니를 개조해 내부 면적을 확장하려는 시도들이 많았고, 그래서 발코니 면적은 넓을수록 좋다고 생각했다. 전통 주택에서 다양한 성격을 가지는 외부 공간이 존재했는데, 발코니는 현대적으로 이런 기능을 대신했다. 이처럼 건물 앞뒤로 넓은 발코니가 설치되면서 아파트 입면은 많은 영향을 받게 된다.

마지막으로 아파트 평면에서의 또 다른 특징은, 내부 구조가 대부분 일체형 철근콘크리트조로 시공되어 내부의 변경이 불가능하다는 것이다. 기둥이나 보가 없이 칸막이벽이 곧 수직 하중을 담당하고, 바닥 슬래브가 보를 대신하게 된다. 소위 벽식 가구라고 불리는 구조 방식이 가장 보편적으로 사용되었다. 1960년대 후반에 프리캐스트 콘크리트precast concrete, 이하 PC 패널로 된 조립식 아파트가 등장했지만 현장에서의 조립이 정교하지 못했고, 입주 후 많은 문제점을 불러일으켜 곧 사라졌다. 이같은 벽식 구조는 경제적으로나 공간적으로나 많은 장점을 가지고 있지만, 내부 구조를 변경하기 힘들다는 것이 가장 큰 단점으로 꼽혔다. 이 때문에 가족 수의 변화에 따라 내부를 변경할 여지가 전혀 없어졌고, 거주자들은 이사를 가거나 혹은 철거 후 재건축을 해야만 했다.

아파트 배치의 다양화와 고밀화

개발 시대에 한국의 도시주거를 지배했던 판상형 아파트는 1990년대 들어서 점차 사라진다. 여기에는 여러 요인들이 작용했다. 우선, 저층아파트들의 재건축을 들 수 있다. 한국에 지어진 아파트들은 대부분 벽식 구조로, 내부를 리모델링하기가 매우 어려웠다. 그래서 생존 주기가 대략 삼십 년을 넘지 못하고 허물렸다. 1960년대 말부터 동부이촌동과 반포, 잠실, 강남에서 지어진 저층아파트들은 울창한 녹지와 편리한 교통 시설 등 좋은 주거 여건을 가지고 있었지만 1990년대에 들어 재건축 대상이 되었다. 이때 재건축된 아파트들은 두 배 이상의 용적률을 확보할 수 있었기 때문에 엄청난 시세 차익이 보장되었다. 그래서 건축물이 아무리 낡고 허름해도 부동산 가격이 천정부지로 솟았다. 이때부터 도시주거는 건축가들의 손을 떠나 도시 행정가와 개발업자, 시공 회사에게 넘어갔다. 그들이 부동산 시장에 이끌려 새로운 변화를 추동해 나간 것이다.

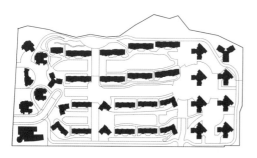

15 도곡동 렉슬아파트 단지의 배치도.(위)

16 렉슬아파트 단지의 외부 공간. 건물들 사이로 통경축이 만들어져 있다.(아래)

재건축 과정에서 밀도가 높아지면서 초기의 토지 이용 계획은 더 이상 커다란 의미를 갖지 못하게 되었다. 정부는 용적률을 높여 주는 대신 여러 디자인 가이드라인을 제시했다. 그 가운데 하나가 무미건조한 판상형 아파트 대신에 탑상형 아파트로의 전환이다. 서울시의 경우, 성냥갑을 방불케 하는 획일적인 아파트 배치를 탈피하기 위해 2006년 조례를 재정했다. 즉, 1,000세대 또는 10개동 이상의 동일 공동주택 단지 내에서 주거동별 30퍼센트 이상은 독창적인 디자인으로 차별화하도록 한 것이다. 이에 따라 새롭게 지어진 대규모 아파트 단지들은 과거와는 다른 설계 기법이 적용되었다. 그것은 한국에서 판상형 아파트의 종언을 의미했다. 그 대신 1960년대 서구 건축가들이 주창했던 주거 배치의 다양성이 뒤늦게 실현되었던 것이다. [도판 15, 16]

이 조례의 제정은 곧 다른 지방 도시로 확산되었고, 여러 가지 변화가 뒤따랐다. 가장 눈에 띄는 변화는, 탑상형 아파트들이 건물 배치에 추가되면서 도시의 경관이 다양해진 것이다. 또한 아파트 단위평면에서도 일률적이기보다는 불규칙한 공간들이 출현했다. 이와 함께 주차장이 지하에 위치하게 되고,

2부. 개발 시대: 한국 건축의 정체성 탐구

17 반포동 래미안
퍼스티지아파트의 외부 공간. 주차장
대신 녹지가 자리잡고 있다.

지상은 녹지 공간으로 공원화되었다. 사실 도시의 지상 공간에서 차량을 없애고 녹지 공간으로 바꾸는 시도는 르 코르뷔지에가 1920년대에 꿈꾸었던 것이다. 그런 이상이 한국에서는 건축가가 아닌 부동산 시장에 의해 실현되었다. 또한 건물들의 불규칙한 배치와 고밀화로 도시 경관이 가려지는 현상을 막기 위해 통경축通經軸이 도입되었다. 그 공간은 일정한 시점에서 새로운 도시 경관을 창조했다. 마지막으로, 새로 지은 아파트 단지 내 공용 시설들이 업그레이드되면서 그를 중심으로 일정한 가로가 형성되었다. 이런 점들이 2000년대 주거단지 설계에서 새롭게 추가되었다. [도판 17]

지난 오십 년 동안 아파트를 만들어낸 기계는 경이로운 것이었다. 건축가의 특별한 개입 없이, 건물이 들어설 만한 곳에는 어김없이 아파트가 건설되었다. 강남 지역부터 시작해 많은 신도시들, 기존의 주택지까지 아파트는 편재해 있다. 한국의 도시 경관은 이에 따라 결정된다. 그렇지만 문제는 부동산 시장에 의해 결정된 이 아파트들이 주변 경관과의 조화를 무시한 채 대단히 볼품없이 지어진다는 것이다. 무엇보다 대지를 최대한 활용해서 최대한의 밀도로 만들어지기 때문이다. 그 결과 한국의 도시공간은 많은 아파트 단지들에 경관을 지배당하면서 조화로움을 상실했다.

다세대주거

1980년대 중반 이후 다세대주거가 등장하면서 집장사집은 대부분 사라지게 된다. 다세대주거는 한국 주거사에서 매우 독특한 위치를 차지한다. 다른 주거 유형들이 비교적 오랜 시간 형성되어 온 반면, 이는 건축법의 개정에 따라 갑자기 등장했다. 그 후 1990년대부터는 아파트 다음으로 많이 지어지는 주거 유형이 된다. 다세대주거의 개념이 처음 제기된 때는, 한국과학기술원 부설지역개발연구소에서 1981년 여러 세대가 거주하는 단독주택의 활용 방안에 관한 연구를 처음 발표하면서였다. 이 연구의 핵심 내용은 도시의 주거 난이 일시적인 현상이 아니고 지속적인 것이어서, 그동안 관행처럼 유지되어 온 다세대 동거 주택을 새로운 주거 유형으로 정립할 필요가 있다는 것이었다. 이를 바탕으로 다세대주거가 법적인 형태를 갖춘 것은 1984년 12월 정부가 「건축법」을 개정하면서였다. 그리고 1985년 8월에 발표된 시행령에서는 다세대주택을 공공주택으로 규정하고 대신 대지 내의 통로폭, 일조권 확

8장. 도시 주거의 고밀화

보를 위한 건축물의 높이 제한, 인동간격, 건축 면적의 산정 등을 부분적으로 완화했다. 그러나 단독주택의 불법적인 임대가 멈추지 않자 1990년에는 다가구주택의 건설까지 법적으로 허용했다. 다세대주택과 다가구주택은 외형적으로는 그다지 큰 차이를 보이지 않는다. 다만 법적으로는 임대를 목적으로 지어진 건축물은 다가구주택이고, 분양을 목적으로 지어진 건축물이 다세대주택이다. 정부가 「건축법」을 개정하면서 다세대주거의 건설을 허용해 준 데는 여러 가지 점들이 고려되었다. 우선, 1970년대부터 대규모 아파트 단지가 건설되었음에도 주거난이 획기적으로 개선되지 않았다. 그래서 기존의 단독주택을 활용하고자 했다. 당시 단독주택들은 일부 방을 월세나 전세를 주어서 실질적으로 다세대가 동거하고 있었다. 이를 양성화해 거주자들의 생활 환경을 향상시키면서, 도시의 자투리땅을 활용한 소형 집합주택을 건설해, 단독주택과 아파트의 장점을 살린 새로운 주거 유형으로 서민의 주택 문제를 해결하고자 했다. 이 제도의 시행 이후 많은 단독주택의 소유자들은 법적 기준을 맞추면서 최대한의 면적을 확보하기 위해 기존의 주택들을 철거하고 다세대주택을 건설하게 된다.[도판18]

십구세기 영국의 조례주택 by-law housing 이나 1930년대 뉴욕의 가든아파트먼트처럼, 한국의 다세대주택은 「건축법」의 개정으로 탄생했다. 이 때문에 계속해서 관련 법이 바뀌면서 그 형태나 배치가 달라졌다. 정부 역시 다세대주택이 불러일으킨 문제점들을 해결하기 위해 법의 개정에 의존했다. 처음 이 제도가 생겨났을 때 연면적 330제곱미터 이하, 2층 이하, 2-19가구를 수용할 수 있는 공동주택으로 정의되었다. 그러나 시간이 지나면서 면적이 다소 늘어나 현재는 연면적이 660제곱미터 이하이고 층수가 4층 이하로 그 기준이 대폭 완화되었다. 용적률은 여러 번의 개정 과정에서 300퍼센트와 400퍼센트 사이로 변화했으며, 2000년 이에 대한 규정이 「도시계획법」으로 이관되면서 그 기준이 강화되었다.[16] 이 주거 유형은 거의 획일적인 형태와 평면구성을 가지고 있다. 단위세대의 평면은 대부분 아파트에서 빌려 온 것이었다. 각 세대는 중앙의 계단실을 통해 접근되도록 했다.

박스형의 매스에 가운데 계단실을 집어넣는 형태를 취하고 있는데, 주어진 대지 내에서 최대한의 공간을 확보하기 위해서였다. 물론 건축법이 개정되는 과정에서 몇 가지 요소들이 나타났다 사라졌다. 세 가지 주된 요소로 외부 계단, 반지하, 1층 필로티가 등장한다. 우선 1985년부터 외부 계단이 건축 면적에 산정되지 않으면서, 많은 다세대주거에 외부 계단이 설치되었지만 1993년부터 포함시키면서 사라지게 된다. 이때부터 모든 계단은 건물 내부로 들어오게 된다.[17] 두번째로, 지표면 아래의 높이가 전체 방 높이의 삼분

18 서울 아현동의
다세대주택들.(왼쪽)
19 오늘날의 서울 정릉3동.
도시형 한옥, 집장사집, 다세대주택,
아파트 등, 오랜 시간에 걸쳐
출현한 다양한 도시주거 유형들이
뒤섞여 있다.(오른쪽)

의 이 이하인 경우 지하층으로 보고 면적 산정에 포함시키지 않았다. 이 때문에 대부분의 다세대주택에 이런 지하층을 만들게 된다. 그렇지만 채광과 통풍이 주거 용도로는 문제가 많다고 판단하고, 1981년부터 지표면 아래의 높이를 전체 방 높이의 이분의 일 이하로 규정하면서 소위 반지하 공간이 생겨났다. 많은 소설에서 등장하는 궁핍한 생활이 여기서 출현하게 된다. 그리고 다세대주택의 건설과 함께 주차 문제가 심각한 문제로 대두되면서, 1990년부터는 지상층의 주차장이 연면적에 포함되지 않아 많은 다세대주택에서 1층의 필로티 공간이 채택되었다.[18] [도판19]

이처럼 다세대주택 건설의 활성화를 위해 법적 기준을 완화한 결과 많은 문제점이 나타났다. 다세대주거는 건축법상의 제약에서 벗어나 인접지와 50센티미터만 간격을 두면 되고 주차장 기준도 상대적으로 낮았다. 이 때문에 많은 사람들이 기존의 단독주택을 허물고 다량의 다세대주거를 짓게 되었고, 전반적으로 주거 밀도가 높아졌다. 그리고 심각한 문제는 단독주택이 다세대주거로 대체되면서, 기존의 동네 분위기가 거의 파괴되는 결과를 초래했다는 것이다. 또한 자동차 소유가 늘어나 주거지 내 이면도로의 주차 문제도 최악의 상황으로 치닫고 있다. 불법 주차 때문에 소방차, 청소차 등 긴급차량의 운영에 차질이 초래되고 어린이 안전에도 크게 위험이 뒤따랐다. 더 심각한 것은 주차 문제를 둘러싸고 주민들과 방문자들 사이에 다툼이 발생해 관계가 험악해졌다. 이 외에도 다양한 문제들이 발생했다. 특히 일조권을 위한 높이 제한의 완화를 적용해 건축된 다세대주택에서는 영구 음영지가 상당 부분 생기게 되고, 주택 동과의 거리가 가깝게 됨으로써 주민 상호 간 프라이버시 침해와 주차 공간의 미확보로 인한 마찰 등이 빈번해졌다.

이처럼 다세대주택은 개발 시대 주거의 고밀화가 진행되면서 어쩔 수 없이 나타났던 주거 유형이지만, 한국의 도시공간에 많은 문제들을 발생시키게 되었다. 2000년대 이후 도시화 과정이 거의 끝나가면서 더 이상 급격한 인구 증가가 예상되지 않기 때문에, 이 주거 유형의 근본적인 해결책은 개별 건물 차원이 아니라 전체 커뮤니티 차원에서 찾을 필요가 있다고 본다.

9장. 전통 논쟁과 건축의 기념성

개발 시대 한국 사회는 엄청난 건설 붐에 직면했고, 이에 따라 건축가들 역시 다량의 건축물을 생산해야만 했다. 이 시기 주요 건축가들의 주요 작품들을 살펴보면, 도시, 주거, 전통, 기술이라는 네 가지 담론 위에 걸쳐 있음을 알 수 있다. 이 가운데 공공시설들을 설계할 때 건축가들은 전통적인 건축언어와 권위적인 기념성을 표현하도록 요청받았다. 당시는 기술적 진보가 계속해서 이루어졌던 상황으로, 건축디자인의 경향은 매우 보수적이었고 퇴행적이었다. 이로 인해 건축계 내부에서 기술과 문화 사이에 일종의 불균형이 발생했다. 이같은 사실은 근대건축이 대두되었던 십구세기 말 유럽의 상황과도 유사하다. 그때에도 주철과 유리 같은 새로운 재료들이 출현했지만, 미적 규범은 여전히 과거의 절충주의적 양식에 매달려 있었다. 공업화와 더불어 건축의 생산 방식은 엄청나게 바뀌었지만 건물 형태는 관례들을 관성처럼 따르고 있었던 것이다. 문화적 맥락과 기술적 진보 사이의 유사한 분열 현상이 한국에서는 개발 시대에도 나타났다. 이에 따라 공공건축의 설계를 둘러싸고 자주 격렬한 논쟁이 촉발되었다.

그렇지만 격렬한 논쟁에도 불구하고 애초부터 전통은 명확하게 정의될 수 없는 성격을 가진다. 그것은 시대적 요청에 따라 계속해서 새롭게 만들어지기 때문이다. 따라서 이 장에서 전통에 대한 논의는, 왜 그것이 개발 시대에 두드러지게 나타났는지, 또한 어떤 지적 체계 속에서 논의되었는지, 이 두 가지 질문을 중심으로 추적해 보는 것이 보다 생산적이라고 생각한다. 한국 건축에서 전통이 중요한 의미를 내포하게 된 것은 개발 시대의 특수한 상황과 깊게 연관되어 있다. 개항 이후 서양의 근대 문물이 밀려들면서 전통적인 삶의 방식이 붕괴되었고, 한국인들의 정신과 물질 세계는 새롭게 조직되기 시작했다. 이 과정에서 새로운 문명과 과거 전통 사이의 충돌은 불가피했다. 그렇지만 개항과 대한제국 시기를 거치며 건축적 전통을 논의할 건축가 집단이 배출되지 못했고, 1930년대까지 이 문제를 제대로 제기할 만한 사회적 여건이 형성되지 못했다. 전통의 문제는 민족주의와 결부되어 있어서, 그 표현에는 일제의 견제와 감시가 뒤따랐다. 해방 이후에도 좌우 대립과 육이오전쟁을 치르면서 이 문제를 제대로 다룰 수 없었다. 1960년대 이후 사회가 안정되고 경제 성장이 이루어져 국가적인 시설들이 지어지기 시작했고, 이에 따라 전통 논쟁이 분출되기에 이르렀다. 특히 1966년 국립중앙박물관 현상 설계를 계기로 그것은 첨예한 논쟁거리가 되었다. 그 후로 세계화 시대가 시작되는 1990년대까지, 비슷한 성격의 논의가 '한국성'이란 이름으로 계속해서 진행되었다. 이는 건축가 개인이 피해갈 수 없었던 구조적 현상으로, '문화예술의 창달을 통한 민족문화의 중흥'을 목표로 하는 군사정권의 문화정책이 그 직접적인 원인이었다. 이 때문에 대규모 공공프로젝트의 현상공모가 진행될 때마다 전통적인 형태가 명시적으로 혹은 암묵적으로 요구되었다.

개발 시대에 이르러 전통 논쟁이 격화된 데에는 냉전체제라는 국내외 정치적 환경도 크게 작용했다. 분단 초기에는 이같은 대치가 지속되리라고 보지 않았다. 그렇지만 시간이 흐르고 남한과 북한 사이에 체제 경쟁이 본격화되면서, 독특한 문화적 지형이 형성되었다. 두 체제가 민족적 정통성을 경쟁적으로 추구하는 방향으로 나아가게 된 것이다. 특히 박정희와 김일성 사이의 경쟁의식은 대단했다. 개발 시대에 전통건축의 형식을 모방한 건물들이 국가적인 공공건축에서 특히 두드러지게 나타났던 것은 바로 이 때문이다. 건축적 정체성의 문제가 개발 시대 내내 주된 담론으로 자리잡은 것은 남북한 사이 체제 경쟁의 영향이 컸다.

모더니티와 전통

1960년대 이후 한국 건축에서 '전통' 개념은 매우 다채로운 모습을 띠고 있어서 그 정확한 의미를 포착하기 어렵게 만든다. 더욱이 그것은 근대성, 국가주의, 기념성, 지역성 등과 결합하며 그 의미를 확장해 나갔다. 따라서 이들 각각의 의미를 떼어내서 섬세하게 재구성하지 않으면 개발 시대 전통의 의미를 정확하게 이해할 수 없다.

우선 모더니티modernity와 전통과의 관계를 살펴볼 필요가 있다. 전통 논쟁은 근대화를 겪었던 대부분의 국가에서 일어난 현상이기 때문에, 그것을 본질적으로 이해하기 위해서는 모더니티에 내재된 독특한 미학과의 관계로부터 시작해야 한다. 오늘날 동아시아에서는 모더니티와 전통을 서로 대립되는 개념으로 보는 경향이 있는데, 그것은 잘못된 생각이다. 그 같은 오해가 발생한 데는 근대가 서구로부터 수입된 것으로 보는 관점이 강하게 반영되어 있다. 물론 서구 문명과 모더니티를 분리해서 생각할 수는 없지만, 그렇다고 완전하게 동일하다고 볼 수도 없다. 모더니티는 지리적인 문제에 국한되기보다는 보편적인 인류 역사의 한 부분이기 때문이다.

모더니티의 미적 태도와 관련해 가장 먼저 언급할 사건이 십칠세기 말부터 십팔세기 초까지 프랑스에서 일어났던 신구논쟁 La Querelle des Anciens et des Modernes 이다. 이 논쟁은 작가 샤를 페로 Charles Perrault 가 근대인이 고대에 대해 가지고 있던 새로운 우월감을 공개적으로 선언함으로써 촉발되었다. 근대 과학에 자극을 받은 프랑스 지식인들은, 데카르트의 학문이 고대 과학을 능가한다면, 마찬가지로 고대 예술도 능가할 수 있다고 보았다. 이런 주장이 받아들여질 경우, 더 이상 고대의 규범을 모방하는 것은 별다른 의미가 없다. 오히려 미의 기준은 새롭게 정의되었다. 그때까지 건축을 포함한 모든 예술 분야에서 고대의 규범은 절대적인 기준으로 작용했기 때문에, 이 논쟁은 건축가들에게 근본적인 인식 전환을 가져다주었다. 과거 규범들이 상대적인 것으로 해체되기 시작했고, 결국은 근대건축가들에 이르러 부정되기에 이른다. 더 나아가 신구논쟁은 역사가 진보한다는 역사주의를 가져다주었다. 근대인은 비록 난쟁이처럼 작지만 거인의 어깨 위에 있다는 뉴턴의 말은 그런 생각을 잘 반영한다.

　　신구논쟁을 통해 유럽의 근대인들은 근대를 과거가 아닌 현재와 연동시켰다. 이 경우 현대라는 시간 개념은 매우 짧고 일시적인 것으로 이해되었다. 현재는 눈앞에서 흐르는 강물처럼 계속해서 새롭게 솟아나기 때문이다. 따라서 모더니티의 미적 태도는 파괴와 창조를 반복한다. 과거를 흘려 보내며 계속해서 새로움을 배태시키는 게 현대인 것이다. 보들레르는 "모더니티는 덧없는 것, 사라지는 것, 우연적인 것이다. 이것이 예술의 반을 차지하며, 다른 반쪽은 영원한 것, 변화하지 않는 것이다"[1]라고 했다. 이처럼 현재를 기준으로 과거를 바라볼 경우, 과거는 더 이상 현재성을 가지지 않는 흔적들의 집합체가 된다. 그것은 현재의 필요에 의해 불려 올 수도 있지만, 그렇지 않으면 영원히 망각의 어둠에 묻혀 있게 된다. 전통 역시 현재로 소환되는 경우에 한해, 현재의 맥락과 구조에 의해 계속해서 새롭게 재구성된다.

　　이 경우 전통 개념은 현대의 미적 태도와 연관지어 정의되어야 한다. 현대는 현재적이고, 일시적이며, 가장 최신의 것으로 정의된다.[2] 독일의 철학자 하버마스는 자신의 책 『현대성의 철학적 담론 Der philosophische Diskurs der Moderne』에서 이 점을 명확히 밝히고 있다. 이 책에서 그는, "현대의 역사적 의식에는 근대와 '가장 새로운 시대'를 경계 지으려는 경향이 있다. 현재는 근대의 지평 안에서 시대사에서 아주 중요한 지위를 향유하고 있다"[3]고 말했다. 하버마스는 철학자들과 예술가들의 근대성에 관한 다양한 언술을 분석하면서, '지금 현재'라는 시간 관념이 모든 사유의 가장 중요한 근거로 작용했음을 지적했다. 그의 이야기대로, 현대를 가장 최신의 시간으로 간주하게 될 경우 매우 독특한 미적 의식이 생겨난다. 즉, "현재의 자아의식을 과거의 어떤 형태와의 대립을 통해 얻지 못하는 것이다."[4] 이때 과거에 대한 무조건적인 존중이나 모방은 의미가 없어진다. 그 대신 현재를 기준으로 끊임없이 과거와 미래를 재해석해야만 하고, 이에 따라 과거와는 상관없는 새로운 문화 현상이 발생한다. 그에 따르면, "현대는 방향을 설정하는 자신의 척도를 더 이상 다른 시대의 모범으로부터 차용할 수 없으며, 또 그렇게 하려고 하지 않는다. 현대는 자신의 규범성을 자신으로부터 스스로 창조해야만 한다. 현대는 어떤 도주의 가능성도 없이 자기 자신에 의존해 있다고 스스로를 파악한다."[5] 이처럼 현재의 관점에서 새로운 미적 규범을 만들어야 할 경우, 예술가들은 끊임없이 그들이 발 딛고 있는 현실에서 창조의 실마리를 찾아야 한다. 하이데거는 『횔덜린 시의 해명 Erläuterungen zu Hölderlins Dichtung』을 통해 이를 지적하고 있다. 현재는 지나가 버린 과거와 아직 오지 않은 미래 사이에서, 밤처럼 어둡고 궁핍한 시간 속에서, 과거의 경험에 의해서 뒷받침되지 않고, 미래에도 보장되지 않은 채, 정말로 새로운 표현의 싹을 틔워야 한다는 것이다.[6]

이같은 딜레마에서 빠져나오기 위해, 근대건축가들은 과거를 새롭게 정의한다. 그들에 따르면, 전통마저도 단순한 과거 건축의 모방이 아닌, 현재의 관점에서 계속해서 새롭게 창조되어야 한다. 동아시아에서 다양한 전통 논쟁이 발생한 것은, 이같은 모더니티의 미학에 대한 정확한 이해가 결여되었기 때문이다. 1960년대 한국의 전통 논쟁도 마찬가지였다. 그렇지만 개발 시기 김중업, 김수근, 이희태와 같은 건축가들은 이 점을 명확하게 인식하고 있었으며 이들은 전통을 모더니티의 관점에서 창조적으로 해석한 대표적인 건축가들로 손꼽힌다.

전통 논쟁

1960년대 한국의 전통 논쟁에서 가장 논란이 된 부분은 바로 모방과 창조 사이의 구분에 있었다. 이 둘 사이의 경계는 모호하다. 한국에서 이에 대한 논쟁이 처음 발생한 때는 1966년 국립종합박물관(현 국립민속박물관) 현상설계에서였다. 이전까지 한국에서는 근대 기능주의가 주된 흐름으로 정착했고, 따라서 공공건축의 설계에서 전통에 대한 논의는 거의 없었다. 1959년 남산 국회의사당 현상설계는 그 대표적인 예인데, 심사위원회의 심사평을 보면 건물의 배치, 평면의 기능, 음향 시설에 대한 언급이 있었지만 전통의 문제는 거의 거론되지 않았다. 이런 상황은 1961년 군사정권이 들어서면서도 크게 바뀌지 않았다. 집권 초반 최대의 사업이었던 워커힐과 자유센터 건립에서도 조형성과 배치 축 등이 강조될 뿐이었다. 그렇지만 1960년 중반

1 강봉진 설계의 국립종합박물관(현 국립민속박물관)은 속리산 법주사의 팔상전을 비롯한 9개의 한국 전통건축물을 모방하면서 많은 논란을 불러일으켰다. 1966-1975년.

을 기점으로 이런 상황은 많이 바뀐다. 1963년 박정희는 대통령 선거에서 민족예술의 진흥을 공약으로 내세웠고, 이는 당선 후 종합민족문화센터의 건립으로 이어졌다. 먼저 1964년 그는 공보부에 연구를 지시했고, 1966년에 추진위원회가 결성되었다.[7] 박정희는 이들 건물을 지으며 계속해서 전통건축의 형태를 그대로 모방하기를 요구했고, 그 규모에서 북한의 유사한 건물들과 비교했다. 이런 경향은 1972년 「문화예술진흥법」의 제정으로 이어지며, 군사정권 내내 지속되었다.

당시 국립종합박물관의 건립은 매우 시급했다. 변변한 건물 없이 여러 군데 전전하던 차에, 경복궁 내에 새 건물을 짓겠다는 계획이 수립되었다. 그리고 현상설계가 시행되었는데, 그 공모 요강에 문제가 있었다. 우선, 현상설계 당선자에게 설계권을 주지 않는다는 조항이 건축가들에게 논란이 되었다. 이는 이후에 벌어지게 될 국회의사당, 세종문화회관 현상설계에서도 계속되었다. 이보다 큰 거부감을 유발했던 것은, 건물 그 자체가 어떤 문화재의 외형을 그대로 나타나게 할 것이고, 여러 동의 조화된 문화재 건축을 모방해도 좋다는 설계 조건이었다. 여기에 많은 건축가들이 반발해 현상설계 참여를 보이콧하기도 했다. 그럼에도 불구하고 현상설계는 그대로 진행되었고, 속리산 법주사의 팔상전을 비롯해 9개의 전통건축을 충실히 디테일까지 모사해서 콘크리트로 재현한 강봉진羮奉辰의 안이 당선작으로 발표되었다.[도판 1] 이에 건축계는 더 큰 논란에 휩싸였고, 김수근과 김중업을 포함한 대다수의 건축가들은 이 계획안에 반대 입장을 분명히 했다.[8] 이 계획안은 전통건축을 직설적으로 모방했을 뿐 새롭게 창조하지 못했기 때문이다.

전통 논쟁에서 가장 중심적인 역할을 했던 매체는, 1966년 김수근이 창간한 『공간』이었다. 현상설계가 있고 나서, 1967년 1월호에 「건축, 전통을 계승하는 길은?」이라는 좌담을 게재했다. 여기에는 윤승중의 사회로 김중업, 김수근, 이구가 참여해 전통에 관한 각자의 소신을 밝히고 있다. 김중업은 "전통이란 역사상의 어떤 시기에 형성된 하나의 문화를 나중에 되돌아 보았을 때, 그 문화를 일컬어 전통이라고 정의한다. 그 지나간 문화의 형태를 그대로 모방하는 것은 전통을 계승하는 것이 아니라 오히려 그것을 파괴하는 게 된다고 생각한다. (…) 그보다는 앞선 전통에 반발해 하나의 안티테제로서 재래의 것에 대한 저항이 되어 왔으며, 그러한 것이 시간이 지나 제대로 전통을 계승한 예가 허다하다"[9]라고 했다. 평론가 이경성은 그다음 호에 비평을 게재해 전통의 의미를 명확히 밝히고 있다. "전통의 문제를 어디까지나 현대라는 정신풍토 속에서 포착하자는 것이다. 그것은 전통의 의미가 스스로 존재하고 있는 데 의미가 있는 것이 아니고, 전통이 현대 인간생활에 미치는 가치여하에 따라 결정된다는 것이다. 따라서 전통이란 그것이 과거의 어느 형식을 완성했던가 가치를 설정했다는 데 의미가 있는 것이 아니고, 그것을 완성 및 설정한 그 시대의 인간정신이 오늘의 인간생활을 위해 무슨 의미를 갖고 있는가라는 데 있다. 말하자면, 현대의 눈으로 모든 과거의 문화유산을 보자는 것이다."[10]

개발 시대에 모방과 창조의 문제는 전통 문제가 대두될 때마다 논란거리로 등장했는데, 모방의 대상이 서구건축이거나 근대건축이었을 때는 이야기가 달라진다. 유영근이 설계를 주도한 조흥은행 본점(현 신한은행 광교 빌딩)은 미국의 에스오엠SOM이 설계한 레버하우스Lever House를, 김중업이 설계한 삼일빌딩은 미스 반 데어 로에의 시그램빌딩Seagram Building을 그대로 모방했지만 대다수의 비평가들은 모방을 문제 삼지 않았다. 오히려 첨단 기술을 적용한 오피스빌딩을 만들었다는 점에 찬사를 보냈고, 삼일빌딩은 오랫동안 경제 성장의 상징물로 간주되기도 했다. 김수근이 르 코르뷔지에의 건물을 모방해 자유센터를 지었을 때도 마찬가지였다. 여기서 개발 시대의 이중 잣대를 발견할 수 있다. 근대건축이 한국 현실 속에서 자생적으로 만들어진 것이 아니라, 서구에서 이미 성립된 개념과 방법을 수입했기 때문에 일어난 현상이었다. 그렇지만 한국 건축가들은 전통과 테크놀로지를 별개의 가치로 구분해서 바라보았고, 이것들의 모방에 대해 각기 다른 잣대를 가지고 있었다.

전통 논쟁은 김수근이 설계한 부여박물관이 왜색 시비에 휘말리면서 새로운 차원으로 전개되었다. [도판 2] 국립종합박물관에 관한 논쟁이 '전통의 모방과 창조'에 초점을 맞추고 있다면, 부여박물관 논쟁은 모방의 대상에 대해 문제 삼고 있다. 특히 논의가 건축계를 넘어 다른 분야로 확산된 것은, 이 건물의 형태가 일본의 신사 양식을 모방했기 때문이다. 전통 문제는 민족주의와 긴밀하게 결부되어 있어서 매우 격렬한 반응을 불러일으켰다. 이것이 처음 문제화된 것은 1967년 8월 19일자 『동아일보』에 「부여박물관 건축양식에 말썽」이라는 제목으로 기사화되면서였다. 이후 건물의 양식을 둘러싸고 많은 언론 매체에서 열띤 논쟁이 벌어졌고, 국립박물관(현 국립중앙박물관)에서도 부여박물관 건축심의위원회를 구성해 조사에 나섰으며, 건축가협회와 건축사협회에서도 좌담회를 개최해 이 문제를 다뤘다.

당시 건축가들이 특히 문제를 제기했던 것은, 바로 일본 신사 입구에 세워진 기둥문인 도리鳥居와 지붕 위에 X자로 교차된 치기千木를 연상시키는

2 김수근이 설계한 부여박물관.
1965-1971년.

형태였다. 김중업은 이 점을 명확히 했다. "부여
박물관은 비건축가에게도 뚜렷이 일본식임이 짐
작 가듯 일본식 건축임이 틀림없다. 정문은 순수
한 도리의 형상을 본 딴 것이며, 본관은 신사의 신
전을 데포르메한 것에 불과하다."[11] 김정수金正秀 역
시 김수근의 디자인 의도를 매우 정확하게 지적하
고 있다. "단게 겐조가 르 코르뷔지에 건축을 받아
들여 일본의 신사 건축을 현대화시킨 것을 그대로
수용한 것"[12]이라는 것이다. 따라서 이 건물의 원전은 일본 신사였고, 논쟁에
참여한 대다수의 지식인들과 건축가들은 이에 심한 거부감을 드러냈다. 만
일 르네상스나 바로크 시대의 건축양식을 모방했다면, 이 정도로 격렬한 반
응이 나오지 않았을 것이다. 반일 의식은 개발 시대 한국 사회의 다양한 주체
들이 가졌던 공통분모이기도 했다.

여기에 대해 김수근은 1967년 9월 5일자 『동아일보』에서, "현대 감각을
가진 건축가라면 무엇보다 기존 양식을 모방한다는 것을 피해야 한다"[13]고
주장하고, 이 건물에서 자신은 기능의 근원적 모티프와 구조의 표현을 통해
현대건축에 도달하려 했다고 강변했다. 심지어 외부에 돌출된 구조물이 한
국의 소반 다리에서 영감을 얻었다고 했다. 그해 9월 16일, 부여박물관 건축
심의위원회는 최종적인 회의를 갖고, 다음과 같은 결론을 내린다. "부여박물
관이 일본적인 감각을 풍기는 인상이 있음은 부인할 수 없으나 전형적인 일
본의 신사 양식은 아니다." 따라서 이 건물이 앞으로 보다 나은 건축으로서
유종의 미를 거두도록 작가로 하여금 그 창의에 맡겨 개선하도록 권유했다.[14]
한 달간에 걸친 치열한 논쟁에도 명확한 결론에 도달하지는 못한 채 어정쩡
하게 봉합되었고, 김수근의 안대로 건물이 세워졌다.

기념성의 탐구

개발 시대의 전통 개념은 명백히 국가주의와 깊게 연관되어 있고, 이 때문
에 기념성으로 연결될 수밖에 없다. 역사적으로 전통 개념의 추구는 무엇보
다 근대적 민족주의와 긴밀하게 연결되어 있는데, 근대로 이행되는 과정에
서 민족 국가가 성립되었고, 이 과정에서 건축이 국가적인 이념을 시각화하
는 데 매우 중요한 역할을 했다. 한국과 일본, 중국에서 전통 논쟁이 두드러
진 때는 국가주의를 내세우며 그 정체성을 확립할 때였다. 오늘날 민족주의
를 연구하는 많은 학자들은 '민족'이라는 개념은 '피와 땅'에 의해 만들어진
공동체가 아니라 오히려 구축되고 발명되었으며,[15] 또한 상상된 것으로 간주

하고 있다.[16] 그렇지만 건축은 여전히 전통 개념을 통해 민족주의라는 허구적인 이념을 구체화시키는 역할을 담당했고, 그 과정에서 사실 자체를 왜곡시키는 부정적인 결과를 초래했다.

이처럼 전통을 바탕으로 국가주의 건축의 추구는 필연적으로 기념성의 표현으로 이어진다. 그것은 건축의 독특한 속성 때문이다. 건축은 과거의 흔적들을 기념비에 새겨 넣고, 그것을 매개로 문명을 과거로부터 미래로 지속시키게 만들어 준다. 그렇지만 근대건축가들이 기념성에 많은 의문을 제기했던 것은 바로 현대가 갖는 일시적인 특성 때문이다. 기념성은 과거의 기억을 고정시켜 영원히 보존하려는 시도이지만, 현대의 시간 관념은 끊임없이 새롭게 솟아나는 현재에 맞춰 있다. 이같은 보수적인 특징 때문에 근대건축은 모순된 상황에 빠져들게 된다.

근대건축사에서 이런 갈등은 분명해 보인다. 근대 아방가르드들은 역사주의 양식과의 단절을 주장했다. 그러면서 그들은 눈앞에 펼쳐진 새로운 현실을 주목했다. 산업혁명 이후 새로운 재료와 구법이 발견되었고, 도시 인구의 팽창으로 대도시가 출현했다. 아방가르드들은 이런 새로운 현실에 맞춰 자의적인 미적 규범을 만들어야 했다. 데 스테일과 퓨리즘, 바우하우스의 건축가들이 그 역할을 담당했고, 그들은 근대건축의 탄생과 확산에 큰 영향을 미쳤다. 그렇지만 그 확산 과정에서 너무나 느리게 변하는 제도와 관습, 기억이 관성이 전면적인 변화를 가로막고 있었다. 1920년대 르 코르뷔지에는 국제연맹 현상설계와 소비에트 궁전 현상설계에 연달아 참여했지만 고배를 마셔야 했는데, 그의 계획안에는 기존의 제도와 관습을 담보할 만한 기념성이 결여되었기 때문이었다.

이 때문에 근대 이후 기념성을 담아내는 것이 대단히 어려운 과제로 다가온다. 1937년 미국의 철학자이자 건축·문명 비평가인 루이스 멈퍼드Lewis Mumford는 '기념비의 죽음'을 주장했다. 그에 따르면, "현대적 기념비의 개념은 그 용어 자체적으로 모순이다. 만약 그것이 기념비라면, 그것은 현대적이지 않고, 만약 그것이 현대적이라면 그것은 기념비가 될 수 없다."[17] 이처럼 기념성은 인간의 영원성에 대한 욕구에서 비롯된 것이기 때문에, 더 이상 근대건축과는 적합하지 않은 개념으로 여겨졌다.

물론 이에 대한 반론도 제기되었다. 현대건축에서 기념성의 회복을 주장한 대표적인 인물은 건축역사가 지그프리드 기디온Sigfried Giedion이다. 그는 근대건축이 주로 저비용 주거나 도시계획에 집중하면서 새로운 문제에 직면했다고 경고했다. 그것은 기념성의 복원에 대한 문제로, 근대건축가들이 놓쳐 버린 주제였다. 그에 따르면 "건축은 인간에게 친근한 환경을 제공하는 역할을 한다. (···) 그리고 인간은 그들의 사회적 의례적 공동체의 삶을 대변할 만한 건물들을 원한다. 그들은 건축물로부터 단순한 기능적인 성취 이상의 것을 원한다. 그들은 즐거움과 환희를 위해 기념성으로 향하는 그들의 열망이 표현되길 원한다."[18] 물론 그는 과거 양식을 아무런 독창성 없이 모방한 십구세기 이후 절충주의 양식 건물들을 '가짜 기념성'이라고 불렀다. 그리고 현대의 기념성은 우리 시대의 건축언어에서 시작되어야 한다고 보았다. 비슷한 시각이 건축역사가 윌리엄 커티스^{William J. R. Curtis}로부터 나타난다. 그가 지적한 대로 "비록 근대화가 이 세계를 급격하게 변모시켰음에도 불구하고, 사회적 신화를 찬양하는 기념비를 건설하려는 요구는 완전히 사라지지 않았다."[19] 사람들이 여전히 집단적 정체성과 내적 응집력을 필요로 하고, 그들을 상징화하기를 원하기 때문이다. 건축은 집단적 정체성을 표현하는 데 매우 유용한 도구가 될 수 있다.[20]

개발 시대 공공건물을 지으면서 한국의 건축가들은 기념성을 표현하도록 요청받았다. 그렇지만 초기에는 전통 양식에서 형태적 모티프를 따오지 않고, 대신 외국의 사례에서 기념성을 빌려 왔다. 기념성과 관련해 1960년대 한국 건축가들에게 가장 큰 영향을 미쳤던 인물은 르 코르뷔지에였다. 그는 1930년대부터 지역성과 대면했고, 전후에는 이것을 바탕으로 찬디가르에서 기념성을 가진 공공건축물들을 설계해 나갔다. [도판 3]

이 과정에서 근대건축이 가지는 기계적인 형태 대신에, 거친 재료들과 지역성이 반영된 형태들이 주된 모티프로 등장했다. 이런 시도는 1960년대 젊은 건축가들에게 많은 영향을 끼쳤는데, 특히 동아시아 건축가들이 전통 건축을 새로운 시각으로 바라보는 계기를 만들었다. 르 코르뷔지에 건축이 동아시아 건축에 깊은 영향을 미치게 된 이유는, 근대건축의 이념과 지역적 현실을 결합할 수 있는 방법을 제시했기 때문이다. 사실 제이차세계대전 이

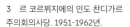
3 르 코르뷔지에의 인도 찬디가르 주의회의사당. 1951-1962년.

9장. 전통 논쟁과 건축의 기념성

후 근대건축이 서구 이외의 지역으로 확산되면서 가장 어려웠던 문제는 지역적 특수성과의 충돌이었다. 추상적이고 보편적인 삶의 방식만이 강요될 뿐 각 지역에서 오랫동안 발전시켜 온 건축적 전통은 무시되었다. 르 코르뷔지에는 1930년대 알제리와 브라질 도시계획에 참여하면서 근대건축의 한계를 명확하게 인식했고, 1950년대 인도 찬디가르에 주요 공공건물들을 계획하면서 근대건축의 이념과 지역적 전통을 결합하려 했다. 이들의 다양한 형태들은 본질적으로 지역적 특수성을 반영하면서 르 코르뷔지에가 개인적으로 갖고 있었던 여러 이미지들을 함축했다. 특히 파라솔과 같은 지붕, 독특한 형태의 차양들은 인도의 기후에 대응하는 건축적 장치였다. 그리고 그것은 젊은 건축가들에게 다양한 영감을 제공했다.

1960년대의 남산 국회의사당, 자유센터, 여의도 국회의사당 설계에서 그 영향은 두드러지게 나타난다. 그중 1959년 남산 국회의사당 현상설계 당선안은 르 코르뷔지에의 건축을 일본식 번안한 것이다. 이 계획안의 설계자는 김수근을 포함해 5명으로 구성되었는데, 현상설계의 참여를 처음 제안했던 사람은 박춘명朴春明으로 알려져 있다. 당시 단게 겐조의 연구실을 나와 따로 건축 활동을 하고 있었던 그는 같은 연구실 후배인 강병기에게 이야기했고 여기에 김수근을 끌어들였다. 3명의 디자이너 외에 당시 일본에서 구조를 전공한 정경鄭坰과 정종태가 합류했고, 설계 기간은 약 육 개월 정도 걸렸다. [도판 4]

김수근 팀의 설계 기본 개념은 그들이 제출한 보고서의 제목에 잘 나타나 있다. 즉 제목의 '기능', '존엄', '애정'을 국회의사당이 가져야 할 기본적인 덕목으로 이해한 것이다. "국회의사당 계획안은 의사당 본관과 사무동, 관리동으로 복잡하게 구성되어 그들의 기능적인 연결과 배치가 필수적으로 이루어져야 하고, 여기에 국가적 건물로서의 상징성과 기념성이 확보되어야 하며, 마지막으로 이 건물이 민중의 의견을 수렴하는 곳이기 때문에 그들에 대한 애정이 건축적으로 표현되어야 한다는 것이다."[21] 이를 위해 각 건물에는 엄격한 질서를 부여해 건물의 상징성을 높이되, 그 배치의 묘妙를 살려서 접근하는 사람들에게 위압적이지 않도록 조절했다. 지금까지 남아 있는 김수근의 스케치는 이런 배치의 아이디어를 가지고 고민했던 흔적을 보여주고 있다.

이후 김수근 팀의 초기 안은 기본계획 단계에서 몇 가지 수정된다. 주된 변화는 건물 배치에서 나타난다. 당시의 스케치를 살펴보면, 건물에 진입할 때 일어나는 건물과 대지 사이의 시지각적인 측면을 많이 고려했음을 알 수 있다. 그렇지만 심사 강평에서 지적했듯이, 주 건물 주위가 옹색해 새로운 건물 배치가 불가피해 보인다. 또한 대지가 갖는 속성을 충분히 고려해 여기에

4 김수근 팀의 남산 국회의사당
초기 모형. 1959년 설계.

어울릴 수 있는 건물 배치가 고안되었다. 이에 따라, 국회 본회의장 건물이 광장 쪽으로 후퇴하는 것이 남산과 전체적인 스카이라인에 어울린다고 생각하고, 광장을 건물 전면에 내세우게 된다. 광장은 좌우 대칭의 기하학적인 패턴을 구사하도록 해서 기념성을 높였다. 건축에서도 몇 가지 변화를 감지할 수 있는데, 초기 안에는 지붕이 돌출하고 열주들이 건물을 둘러싼 반면, 나중 안에는 이 열주들이 건물 내로 삽입된다.

그렇지만 1961년 오일륙군사정변이 일어나고, 국회가 양원제에서 단원제로 바뀌면서 김수근 팀의 계획안은 폐기되었다. 그 대신 김수근은 자유센터의 설계로 그 실패를 보상받았다. 자유센터는 반공 이데올로기를 주제로 기념성을 실현할 최초의 건물이었다. 김수근이 이 건물을 수주한 것은 김종필의 후원 덕분이었다. 그는 워커힐을 지으면서 김수근의 재능을 알아보았고, 자유센터의 설계에 참여시켰다. 김종필의 주문은 간단 명쾌하다. "자유 냄새가 물씬나도록 설계를 해 달라"는 것이었다. 이에 대해 김수근은 "태평양을 향해 자유롭고 힘차게 나가는 배(국가)를 형상화했다"고 응답했다.[22]

자유센터는 한국에서 전후 최초로 지어진 국가 차원의 기념 건축물이었다.[도판 5] 김수근도 이 점을 분명히 인식하고 자유센터를 지었다. 그렇다면 자유센터가 표출하려고 했던 지배 이념은 무엇일까. 이 건물은 반공 이데올로기에 바쳐진 일종의 신전으로, 분단체제하의 이념 경쟁과 국가주의를 상

5 김수근이 설계한 자유센터 본관.
1962-1964년.

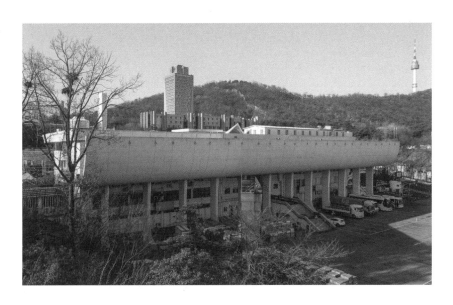

9장. 전통 논쟁과 건축의 기념성

징한다.[23] 오늘날 국가 이념을 표상하는 건축이 비판의 대상이 되는 것은, 건축이 헤게모니를 쥐고 있는 측의 이익을 위해서, 주어진 이념을 지속시키며, 현재의 의미들을 자연스럽게 만드는 역할을 수행하기 때문이다. 그런 관점에서라면 자유센터의 주요 개념은 당시 군사정권의 지배 이데올로기에 대한 형상화라고 볼 수 있다. 이데올로기로서의 건축은 하나의 사회적인 기능으로 건축 문화의 주요 동인動因들을 지배 권력을 지탱해 주는 미적 혹은 실제적 활동으로 전환시키는 역할을 한다. 따라서 이데올로기로서의 건축은 단지 건물에 관한 부분적인 지식이 아니라 상징화, 신비화, 취향, 양식, 유행 등을 총괄하는 과정인 것이다.

자유센터의 경우, 이같은 이념성을 시각화하기 위해 대칭이나 축과 같은 전통적인 구성 방식을 배치에 집어넣었다.[도판6] 그렇지만 대지 여건이 남산 기슭이었던 관계로 이런 의도는 완전히 실현되지 않았고, 본관과 숙소(구 타워호텔)만 지어졌다. 초기의 건물 배치를 보면, 이 프로젝트는 회의장, 본관, 숙소 3개의 건물로 구성되어 있고 건물 사이에 넓은 공지가 삽입되어 있다. 그중 회의장과 본관은 정확하게 축선상에 놓여 있지만, 그중 숙소는 대지 경사 때문에 한쪽으로 치우쳐 있다. 이런 대지 여건과 함께 진입 문제도 축적인 구성을 방해했다. 즉, 차량을 통한 출입이 남산순환도로를 따라 자유센터의 측면에서 이루어지게 되어, 건축가가 의도한 축을 보기 위해서는 메인 게이트를 거쳐 건물 전면 방향으로 내려가야 한다. 건물의 축과 진입 방향이 달라서 생긴 어려움이었다. 그런 점에서 초기 배치는 기념성을 부각시키기 위해 과도하게 축을 강조하면서, 기능이나 공간적인 측면에서 상당한 문제점을 노출시켰다.

6 김수근의 자유센터 초기 배치도.

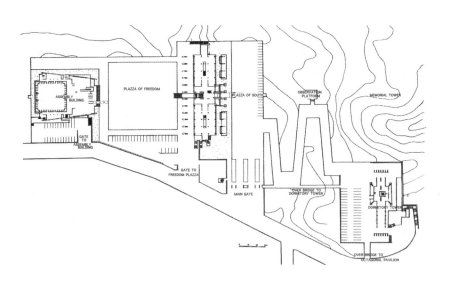

자유센터에서 기념성은 중요한 주제로 탐구되었지만, 그 의미는 여전히 정립되지 못한 채 남아 있었다. 이같은 혼란은 1968년에 실시된 여의도 국회의사당 현상설계에서도 그대로 이어진다. 국회의사당은 국가 정체성을 표현하는 가장 중요한 건물이기 때문에 매우 복잡한 과정을 거쳐 건설되었다. 원래 남산에 건립되는 것으로 계획되었다가 취소된 후, 일정 기간 공백기를 거쳐 1966년부터 국회의사당 건립위원회가 새롭게 발족되었고, 새로운 부지를 찾아 나섰다. 다양한 후보지들이 거론되었으나 최종적으로는 새롭게 조성된 여의도로 결정되었고, 거기에 들어갈 건물을 위해 새로운 현상설계를 실시하게 되었다. 현상설계 제도가 제대로 정착되지 못해 그 과정은 여러 단계에 걸쳐 대단히 복잡한 방식으로 진행되었다. 우선 아이디어 모집이 있었고, 이후 계획설계, 기본설계, 본설계로 이어졌는데, 이 과정에서 참여하는 건축가들이 바뀌었다. 작품 성향이 다른 건축가들이 팀을 만들어서 공동작업을 하면서 불협화음이 터져 나왔다.

흥미로운 사실은 국회의사당 현상설계가 진행되기 이전에 국회사무처에서 장기인張起仁을 포함한 5명의 건축학자들에게 의뢰해 「한국건축양식연구보고서」를 작성케 한 것이다. 이 보고서는 국가적인 차원에서 한국 전통건축의 양식적 특징을 연구한 최초의 시도였을 것이다. 이를 작성한 목표는 다음과 같았다. "한국에 현존하는 고건축물에 대한 조사연구를 통해 민주적인 건축문화의 전통을 살릴 수 있는 한국 고유의 건축미를 발굴하고, 이를 분석해 국회의사당 건립계획 및 설계에 긴요한 참고자료를 얻고자 하는 것이다."[24] 이를 위해 "현존하는 고건축물 가운데 29개를 선정해 그 배치계획, 공간구성 및 세부의장수법의 특징 등을 조사 연구했다."[25] 연구자들은 다양한 관점에서 전통건축의 양식을 제시했다.

1968년에 실시된 현상설계는 일반 공개 모집과 지명현상공모라는 투 트랙으로 진행되었고, 총 6개 작품이 선정되었다. 일반 공개 모집에서 우수작으로 꼽힌 안영배, 조창한의 계획안은 그 건물 전면이 찬디가르의 주지사관저를 연상시킨다. 나머지 2개 작품은 간결한 수평지붕에 열주들을 반복시킨 단순한 형태였다. 지명현상공모에서 선발된 김중업, 김정수, 이광노의 계획안은 다양한 레퍼런스를 보여준다. 거기서 김중업의 안은 찬디가르의 고등법원청사에서, 김정수의 안은 미스 반 데어 로에의 건축에서 영향을 받았고, 이광노의 안은 폴 루돌프Paul M. Rudolph의 보스턴 시청사를 연상시킨다. 이를 바탕으로 1968년 계획설계위원회를 구성해 6인의 건축가들이 하나의 기본설계안을 만들게 된다. 거기서 만들어진 계획안은 이광노의 안을 보다 한국적 형태로 변형시킨 것이었다. 지붕의 형태는 전통적으로 바뀌었고, 서까래

처럼 보이는 보들이 노출되었다. 그렇지만 1969년에 본설계가 두 차례에 걸쳐 진행되면서, 이 안은 다시 뒤집혔다. 1차 본설계에서는 기존 안을 변형시켜 강한 조형성이 두드러지도록 했다. 여기에는 김중업의 의견이 강하게 작용했던 것으로 보인다. 하지만 정치권에서 의사당 건물에 돔을 얹는 의견이 대두되면서, 이 계획안 역시 거부되었다. 최종 단계에서 중요하게 부각되었던 것이 김정수의 안이었고, 거기에 돔을 씌운 것이 현재의 건물이다. [도판7]

국회의사당은 국가적인 정체성을 표출할 만한 가장 중요한 건물이었음에도, 민족 건축 양식을 확립하지 못한 상태에서 계속해서 표류되었다. 전통 건축에 대한 이해 역시 건축가들에 의해 공유되지 못했다. 이런 문제를 해결하기 위해 건축가들은 외국의 예를 계속해서 받아들였던 것으로 보인다. 그 과정에서 다양한 의견들이 제시되었지만, 결과는 좋은 방향으로 수렴되지 못했고, 건축가들은 충분히 설득력있는 대안을 제시하지 못했다. 그래서 집단적인 여론이 그 자리를 차지했고, 결과적으로 전혀 정체를 알 수 없는 건물이 탄생해, 그 후 오랫동안 서울에서 가장 흉측한 건물로 남아 있었다. 자유센터와 국회의사당에서 볼 수 있는 것처럼 개발 시대 한국의 건축가들은 기념성을 도입하면서 여러 부정적인 측면을 드러냈다. 이 과정에서 계속 논란이 되었던 것은 형태적 모방과 과장된 스케일, 창의력의 빈곤 등이었다.

전통과 기념성의 결합

국회의사당을 끝으로 주요 공공건축의 설계에서는 더 이상 서구적인 모델에 의존하지 않게 된다. 그 대신 전통건축에서 등장하는 주요 모티프들을 직접적으로 차용해 기념성을 표현하게 된다. 이런 역사주의로의 회귀는 1970년

8 이희태가 설계한 국립극장. 한국
전통 지붕을 추상적으로 형상화했다.
1966-1973년.

대 초 박정희 정권의 장기 집권 및 철권 통치와 직접적인 관련을 맺는다. 이 시기에 지어진 다양한 공공건물들의 현상설계에서 당선을 결정지은 근거는 전통건축에서 추출된 형식체계였다. 공간적인 탐구는 그다지 의미를 갖지 못했다. 또한 건물 형태를 결정하기 위해 철저한 기능주의적 태도를 취하지 않았고, 건물 기능에 따라 유형을 만드는 작업도 수행하지 않았다. 그 대신 건물의 설계에 앞서 과거의 건물들을 모델로 설정하고, 그를 정치적 목적에 맞게 변용해 기념성을 강조하는 방향으로 나아갔다. 전통건축의 형식체계와 관련해 건축가의 창조적 에너지가 발휘된 경우는 드물었다. 다만 계속해서 전통건축의 형식체계가 소비되고 그 스케일이 과장되었다. 1970년대 이후에 세워진 국립극장, 세종문화회관, 독립기념관, 예술의전당, 올림픽 세계평화의문 등이 이런 사실을 일관되게 보여준다.

이희태가 설계한 국립극장은 전통 양식을 기념성으로 통합한 최초의 사례라고 여겨진다.[도판 8] 국립극장은 장충단공원을 끼고 남산 쪽으로 올라가면, 산 중턱 못 미친 곳에 자리잡고 있다. 비슷한 시기에 건설된 김수근의 자유센터와 구 타워호텔이 맞은편에 있어서 개발 연대의 시대상을 매우 장중하게 드러내고 있다. 이곳이 부지로 결정된 것은 여러 이유가 복합적으로 작용된 것으로 보인다. 먼저 서울 도심에는 그만한 공간이 없었고, 도심과 가까운 거리에다 환경도 매우 쾌적해 정책 결정자들에게는 별다른 무리 없이 받아들여졌을 것이다. 그러나 문화를 생산하는 주체들은 이런 결정이 상당히 불만스러웠던 것으로 보인다. 문화란, 사람과 사람이 서로 만나고 이야기하고 슬픔과 즐거움을 공유할 때 자연스럽게 생산되는 것이지, 위에서 결정되어 수동적으로 따라간다면 결국 그것은 박제되고 경직된 틀을 벗어나지 못한다고 보았기 때문이다. 그런 의미에서 도심으로부터 격리된 곳에 위치한 국립극장은 처음부터 문화에 대한 권위적인 인식을 기반으로 만들어졌다. 그래서 지금까지도 그런 문제들이 제기되고 있는 실정이다.

이희태는 정부에서 요구한 기념성을 잘 이해하고, 이를 건물 배치에 반영했다. 건물이 위치할 대지는 매우 넓었고, 건물의 기능이 복잡했기 때문에 처음 배치하기가 어려웠을 것으로 보인다. 이를 위해 건축가는 사람들의 진입 방향과 전면 파사드와의 관계, 대극장과 소극장과의 관계를 우선적으로 결정해야 했다. 건물의 주요 파사드의 위치는 남산의 경사와는 상관없이 순전히 진입 축과 전면 광장에 의해 결정된 것으로 보인다. 장충단공원을 거쳐

9장. 전통 논쟁과 건축의 기념성

남산순환도로를 타고 올라가면 국립극장으로 분기되는 진입로가 나오는데, 이때까지 사람들은 국립극장의 존재를 전혀 인식할 수 없다. 그러나 진입로를 들어서는 순간 대극장의 전면이 그야말로 시야에 꽂히게 된다. 매우 단순한 형태의 전면 파사드는 건물로 접근하는 모든 이들의 시선을 집중시키면서 전면 광장을 압도하는 것이다. 건물의 기념성을 확보하기 위해 건축가는 소극장과 기타 부속 시설들을 대극장 후면으로 후퇴시켜서, 대극장으로 접근하는 과정에서는 이들이 전혀 지각되지 않게 했다.

이렇게 배치를 한 다음, 건물 형태를 위해 전통적인 모티프를 계속해서 빌려오게 된다. 여기에 대해서는 이희태도 인정하고 있다. 그는 "국립극장이 한국 민족문화의 전당이 된다는 점에서 볼 때, 이 극장이 지니는 양식 문제의 비중은 매우 크다. (…) 우리나라도 근대화됨에 따라 많은 현대건축들이 계속 서 나가고 있으나, 본인은 건축가의 한 사람으로서 이 국립극장의 준공과 함께 한국의 현대건축이 우리의 것으로 토착화해야겠다는 강한 집념으로 이 국립극장의 설계에 임해 왔다"[26]라고 했다. 그렇다면 어떤 방식으로 표출되는가. 먼저 국립극장의 외부 형태는 건물을 감싸고 있는 열주들과 로지아 loggia 로 특징지어진다. 한편으로는 전통적인 목조 건물, 특히 경복궁 경회루의 골조체계를 연상시킨다. 지붕은 두께가 2.5미터로 다소 두껍고 그 모서리 끝부분은 날카롭게 각져 있으며, 기둥 간격에 맞춰 일정한 요철 리듬을 가진다. 우리의 전통적인 지붕 형태를 직설적으로 모방한 것은 아니지만, 그 형태적 이미지를 다소 추상적인 방식으로 형상화한 것이라고 볼 수 있다.

국립극장이 남산에 지어져 도시적 맥락을 갖지 못한 반면, 세종문화회관은 광화문광장과 바로 면한 부지에 위치하고 있어서, 도시성과 기념성을 동시에 담아내야 했다. 당시 심사위원이었던 박윤성도 이 점을 지적하고 있다. "건물이 서울의 중심에 위치하기 때문에, 기념비적인 성격을 가지면서 한국적인 모티프를 가졌으면 한다."[27] 건물이 들어설 대지에는 원래 종합건축연구소가 1956년에 설계해 1961년 완공된 시민회관이 존재했다. 신고전주의 느낌을 주는 열주를 제외하고는 대체로 합리주의 양식으로 지어진 건물이었다. 그렇지만 1972년에 발생한 대화재로 폐허가 된 후 철거되었고, 이듬해 새로운 건물을 위한 현상설계를 실시했다. 여기서 요구된 주요 프로그램은 5,000석의 대강당, 600석의 음악당, 500석의 회의실, 전시 시설을 포함하는 다목적 문화 시설이었다.[28] 공고 후 두 달여의 기간이 주어졌는데, 건축가들은 이 시간에 복잡한 프로그램을 작품 속에 담아내기도 벅찰 정도였다. 14개 팀이 출품한 가운데 엄덕문의 안이 당선되었다.[도판 9] 다른 입선작들과 비교했을 때, 그의 안은 전체적으로 깊은 추녀와 난간과 같은 전통적인 형

9 엄덕문이 설계한 세종문화회관. 전통적인 건축 형태가 돋보인다. 1974-1978년.

태를 연상시키고 있었다. 이에 비해 다른 안들은 대부분 프로그램들을 기능적으로 해석해서 조형적으로 표현했다.

당선자인 엄덕문은 이 작품에 등장하는 전통에 대해 다음과 같이 언급하고 있다. "우리의 건축이란 반드시 고전건축을 의미하는 것은 아니다. 종래의 고전 양식과 수법이, 소재를 달리한 현대 재료와 재료가 가지고 있는 성격 및 오늘이라는 현 사회 및 환경생활 양식 그리고 우리의 사상이 종합되어, 용도를 충족시키는 조형이면, 이것이 곧 우리 것이며, 따라서 한국적 현대건축이라고 보여진다. 다만, 오늘날의 요리가 구미 각식으로 허다하지만, 우리의 미각이 있듯이, 조형 역시 우리의 시각에 맞는 우리의 형태, 이것이 표현되었을 때, 전통이 아니겠는가 믿어진다." 그러면서 이 작품에서 전통을 구체화한 것에 대해, "배치에 있어 안채와 안뜰, 사랑채가 있듯이, 중앙부에 중정을 두어 한국적 정서와 기능을 충족시키는 배열을 했으며, 우량에 대비한 고건축의 추녀의 크기를 비례있게 멋과 기상으로 상징했다. 외벽의 문양과 처리를 고건축에서 풍기는 인상을 현대적 감각으로 조화케 해 우리의 정서를 발휘케 하는 동시에, 시각적으로나 조형적으로도 하등의 손색없는 우리의 것으로 표현했다고 자부한다"[29]라고 밝혔다. 이같은 한국적 특징은 계획안이 실현되는 과정에서 더욱 강조되었다. 1978년 완공된 건물을 보면, 지붕 서까래가 이중으로 만들어지고, 그 아래에 보들이 돌출되어 전통적인 지붕 형태 구성과 매우 흡사하다. 또한 모서리 벽을 견고한 돌로 마감한 다음 전통 문양을 새겨 놓았다.

『공간』 1973년 5월호에는 당선자 외에 입상자들의 목소리도 실려 있는데, 장려상을 받은 고주석 역시 전통 계승에 대해 이야기하고 있다. "전통의 계승은 우리 전통의 본질과 사회기술 배경을 오늘의 시공간에 입각한 해석을 내린 위에 우리의 삶이 지향해야 할 방향의 필연성이 잉태하는 것이 아닐까? (…) 그것은 혼돈과 오염된 가치관 속에서 몸부림치는 세계를 보고, 국민을 보고, 당당히 우리가 지켜야 할 본래적인 삶의 질, 환경의 질을 제창하고 나서, 그것의 건축적 해석에서 이루어져야 하는 것으로 본다."[30] 그러면서 한국 건축의 중요한 특질로 인간 척도의 공간, 내외부 공간의 연결, 구조체의 명확한 표현, 정연한 기단의 설정에 의한 명확한 대지와의 관계를 꼽았다. 그렇지만 이런 생각은 그의 계획안에 제대로 반영되어 있지 않다. 거기서 건물은 매우 현대적인 외관을 가지고 있고, 스케일도 매우 컸다. 다만, 상부가 트

9장. 전통 논쟁과 건축의 기념성

러스로 된 커다란 내부 중정을 만들어서 내외부 공간을 연결시킨 점은 인상적이다. 고주석은 전통에 대해 이야기했지만, 그의 안은 입선한 안들 가운데 가장 혁신적이었다.

한국성의 탐구

전통 양식을 통해 기념성을 표현하려는 경향은 1979년 박정희 체제의 붕괴와 1980년대 신군부의 집권 이후에도 지속되었다. 그렇지만 전통을 바라보는 시선은 박정희 시대와는 달랐다. 신군부는 박정희의 암살로 일어난 광범위한 민주화 요구를 군사력으로 진압하고 정권을 장악했기 때문에, 북한과의 체제 경쟁보다는 주로 정권의 정당성을 선전하는 차원에서 건축을 이용했다. 이에 따라 담론의 강조점이 '전통'에서 '한국성'으로 옮겨 가는 경향을 보여준다. 1983년에 시행된 독립기념관 현상설계는 그런 성격을 잘 나타낸다. 여기서도 전통 양식은 중요한 선정 기준으로 작용했다. 이 현상설계의 취지는 "독립운동에 관한 유물과 자료를 보관하고, 나라를 위해 헌신한 애국자를 현양하며, 불멸의 민족적 영광을 빛내고자"[31] 독립기념관을 건립하는 것이었다. 이를 위해 민족 정신을 건축적으로 구현할 수 있는 상징성이 요구되었다. 장소는 서울에서 남쪽으로 200여 킬로미터 떨어진 천안 흑성산 일대로, 산자락에서 뻗어 나온 얕은 계곡과 평지로 구성되어 있었다. 워낙 넓은 대지였기 때문에 현상공모안에 건물들의 배치를 대략적으로 예시하는 기본 계획도가 제시되었다. 거기에는 진입 광장에서부터 시작해, 대문, 상징 조형물, 메모리얼 홀, 추모 홀에 이르는 강한 축이 제시되었다. 드넓은 대지를 통합하기 위해서는 이 방식이 가장 유용하다고 판단한 것이다. 그리고 이 축을 중심으로 다양한 동선체계들도 윤곽을 드러냈다. 이제 건축가들에게 요구되는 것은 건물 프로그램에 맞춰 바로 각각의 건축물들을 설계하는 것이었다. 그를 통해 건물의 기념성을 제시해야 했다.

심사 개요는 1983년 12월호 『건축문화』에 상세히 실려 있다. 심사위원장이었던 김희춘이 밝힌 바로는, "주로 동선 계획, 건축 조형 계획, 외부 공간 및 조경 계획 등에 초점을 두고 심사에 임했다."[32] 특히 논란이었던 것이 바로 건축 조형 계획이었다. 흥미로운 사실은 당선작인 김기웅의 계획안은 유일하게 과거의 전통적인 형태를 사용한 반면, 나머지 지원작은 모두 현대적인 조형언어를 구사했다는 점이다. 이들 작품은 중심 광장을 건물로 에워싸서 전통적인 외부 공간을 만들고, 그 중심에 현대적인 기념관을 집어넣는 방식으로 전통적인 공간 개념을 해석했다. 이런 접근에 대해, 심사위원들은 가작인 정길협의 안과 입선작인 황일인의 안을 두고, 한국적 전통성이 결여되

10 전통적인 지붕을 사용한
김기웅의 독립기념관. 1983-1987

어 있다는 점을 명시적으로 지적했다. 여기서 한국적 전통에 대한 해석이 외부 공간이 아닌 조형적인 측면에 맞춰졌음을 알 수 있다.[도판10]

심사위원들은 독립기념관 건립추진위로부터 설계 지침을 받았는데, 거기에는 한국적 전통성에 관한 구체적인 특징들이 명시되어 있다. 첫째, 경사로와 계단 옹벽, 수구 및 테라스 등 강한 옥외 공간 요소들. 둘째, 건물군에 의한 옥외 공간 형식과 건물 간의 겹침 등에서 보이는 내재된 형식. 셋째, 시각적 지평으로서의 기단. 넷째, 거친 화강석의 단계적 연마와 벽돌, 목조들의 색채와 관련된 수평적 연적 및 반복 사용. 다섯째, 무거운 기와에 의해 강조된 부유하며 자연스러운 곡선의 지붕 선. 여섯째, 구조체의 자연스러운 노출과 상세. 일곱째, 건물군 각 부분 간의 비례와 공간의 휴먼 스케일. 여덟째, 건물군 집합의 암시적 질서 등이다. 이대로라면 전통건축을 다양하게 해석할 여지가 열려 있지만, 심사위원들은 조형적인 측면에만 초점을 맞추고 심사를 했다.[33]

『건축문화』에는 심사위원들 개별의 심사 결과도 공표되어 있다. 흥미로운 점은 심사위원에 김수근과 김중업도 포함되어, 그들의 판단을 유추해 볼 수 있다는 것이다. 심사는 두 단계로 진행되었다. 1차 심사에서는 15명의 심사위원이 참여해, 전체 49개 출품작 가운데 심사위원으로부터 가장 많은 표를 받은 8개 작품을 최종심 후보로 선정했다. 여기서 김수근과 김중업이 투표한 내용을 보면, 공통적으로 당선작인 김기웅의 안을 꼽지 않았으며, 그의 안은 최저점으로 1차 심사를 통과했다. 최고점은 정인국의 안이었다. 그렇지만 최종심에서는 1차 심사 때와 달리 안 좋은 작품부터 떨어트리는 방식을 택했는데, 김수근은 시종일관 당선안을 거부했지만 김중업이 경우에 따라 의견을 바꾸었다. 전통적인 지붕의 사용을 경우에 따라 허용한 것인데, 김수근은 그것을 철저하게 배격했다. 여기서 전통건축에 접근하는 방식의 차이를 읽을 수 있다. 김수근은 국립진주박물관과 국립청주박물관 설계에서 전통건축의 지붕을 사용하도록 요청받았지만 거부했고, 그것을 현대적인 방식으로 변형시켰다.

독립기념관에 이어 1984년에 실시된 예술의전당 현상설계 역시 비슷한 시대적 조류를 반영하지만, 건축물과 외부 공간을 연결하는 과제가 새롭게 주어졌다. 사실 예술의전당은 제5공화국이 추진한 가장 야심찬 문화 시설

9장. 전통 논쟁과 건축의 기념성

이었다. 그래서 현상설계 초반부터 정치권의 계속된 간섭을 받았고, 또한 그 결정 과정이 투명하지 않았기 때문에 완공되기까지 내내 논란을 불러일으켰다. 처음 주최측에서 요구한 프로그램은 대극장과 음악당, 국악당을 포함해 전시관과 자료관 등이 복합적으로 수용될 수 있는 시설이었다. 이와 함께 주최측에서는 문화예술공원이라는 개념을 제안하면서, 이 시설들을 통합할 수 있는 외부 공간을 요구했다. 또한 국가적 차원의 문화 시설이었기 때문에 전통성에 대한 상징적 표현도 요구했다. 진행은 국제지명현상설계로 이루어졌으며, 여기에 모두 5개 팀의 국내외 건축 집단이 지명되었다. 국내에는 김중업을 비롯해 김수근, 김석철金錫澈이 참여하고 국외에서는 미국의 더 아키텍츠 컬래버레이티브 The Architects Collaborative 와 영국의 체임벌린, 파월 앤드 본 Chamberlin, Powell and Bon 이 참가했다. 참가 작품들을 살펴보면 현상설계에서 풀어야 할 가장 핵심적인 과제가 무엇이었는지를 명확히 알 수 있다. 다양한 기능을 가진 건물들을 기능적으로 통합하고, 반포로에서 우면산으로 향하는 시선을 적절히 처리하며, 마지막으로 대지 여건을 적절히 활용해 건물들 사이에 독특한 외부 공간을 만드는 것이 관건이었다.

11 김중업의 예술의전당 계획안. 1984년 설계.(위)
12 김수근의 예술의전당 계획안. 1984년 설계.(아래)

대지는 우면산 기슭에 위치하며 완만한 경사를 이루고 있었고, 대지 앞쪽으로는 한강 이남 지역을 연결하는 남부순환도로가 지나고 있었다. 또한 경기도 과천과 서울의 서초 지역을 연결하는 터널이 우면산 밑을 관통해 설치될 예정이었다. 이 때문에 대지는 많은 문화 시설을 담기에는 폭이 협소해 보였다. 건축가들은 건물들을 대지에 배치하는 데 많은 어려움을 느꼈다. 제출된 안 가운데, 건물의 조형성에서 보자면 김중업의 안이 가장 두드러진다.[도판11] 김중업은 2개의 건물을 마주 보게 하고, 각 건물에는 곡선으로 상승하는 지붕과 이들을 지지하는 열주로 된 형태를 제시했다. 이는 매우 뚜렷한 축을 유발해, 기념비적인 성격이 강하게 표출되었다. 또 곡선 지붕은 한옥의 지붕에서 나타나는 투박하면서도 기운찬 상승감을 보여주어 사람들에게 전통건축과의 연계성을 인식시켜 주었다. 이에 비해 김수근의 안은 훨씬 더 분절되고 정제되어 있다.[도판12] 김수근이 이 프로젝트를 위해 그린 스케치를 살펴보면, 한국의

2부. 개발 시대: 한국 건축의 정체성 탐구

촌락에서 볼 수 있는 군집미를 추상화한 것으로 보인다. 그의 스케치에는 여러 채의 한옥들이 중첩되면서 특이한 건축미를 드러내는데, 여기서 모든 불필요한 요소들이 제거되고 중첩될 매스mass들이 추상적인 박스로 변하면서 계획안의 형태가 태어난 것이다. 이는 그의 후기 작품 경향을 생생하게 담는 것으로, 이 현상설계에서 낙선한 김수근은 비슷한 형태를 구미문화예술회관에서 이미 사용한 바 있다.

여기서 개발 시대 한국 건축의 두 거장 사이에 존재하는 전통 해석의 차이점을 발견할 수 있다. 먼저, 김수근은 한국의 전통건축에서 보여주는 군집미에 주목했다. 한옥의 경우, 여러 건물과 담으로 이루어지기 때문에 외부에서는 지붕과 지붕, 담과 지붕이 중첩되어 보인다. 그리고 이들 각각의 매스들은 분절되어서 넉넉한 정감을 불러일으킨다. 김수근은 이런 점을 한국 전통건축의 미라고 여겨 국립청주박물관과 국립진주박물관에서 이를 실험했다. 또 한국 전통건축이 가지는 독특한 '점지의 묘'를 그는 매우 중시했다. 결코 인공적인 건축물이 자연적 환경을 파괴하거나 뭉개 버려서는 안 되고, 주변 대지와 조화롭게 공존하는 것이다. 이것이 그가 주장한 네거티비즘negativism의 핵심이다. 그리고 한국 전통건축에 내재된 과정적인 공간을 중시했다. 마당의 형태로 혹은 길의 형태로 나타나는 것인데, 이런 개념을 그는 외부 공간에 적용했다.

이에 비해 김중업은 한옥의 지붕이 가지는 곡선에 주목했다. 그것은 경직된 선이 아니라 살아 꿈틀거리는 선으로, 그는 자신의 강렬한 조형의지를

13 김석철이 설계한 예술의전당.
1984-1988년.

9장. 전통 논쟁과 건축의 기념성

분출하려고 했다. 또한 한옥 목구조의 구축성에 매우 예민하게 반응했다. 실제로 한옥은 목조 부재들이 결구되어 있기 때문에 그 구축 방법이 외부에 매우 명료하게 드러난다. 김중업은 공간이 바로 이 구축된 건축체계에서 자유롭게 형성될 수 있다고 보았다.

결과적으로 김수근과 김중업의 안은 모두 당선되지 못했고, 김석철의 안이 당선되었다.[도판13] 그의 안은 별다른 전통 양식을 보여주지 않았다. 그렇지만 실행되는 과정에서 초기 당선안은 많은 변화를 겪게 된다. 현재의 모습과 비교해 보면, 대강당의 지붕이 크게 바뀌었다. 현재의 건물은 마치 전통적인 삿갓을 연상시키는 형태가 올라가 있다. 이 역시 건축가의 의지라기보다는 외부적인 요청에 의한 것이라고 이야기되고 있다. 이에 따라 국적 불명의 형태언어가 탄생했다. 전통적 형태의 사용은 여기서도 여전히 건축가를 둘러싼 환경으로 작용하고 있음을 알 수 있다.

개발 시대 최후의 기념비

비록 예술의전당 현상설계에서 실패했지만, 김중업과 김수근은 다른 문화시설을 통해 전통과 기념성에 관한 그들의 생각을 실현할 기회를 갖는다. 김수근은 구미문화예술회관[도판14]을 비슷한 방식으로 설계했고, 김중업은 서울올림픽 상징조형물 현상설계에 당선되어 그의 독특한 조형을 기념비로 남기고 있다.[도판15] 사실 서울올림픽은 개발 시대에서 세계화 시대로 이행되는 중요한 전환점을 상징하기 때문에, 김중업의 조형물은 개발 시대 기념성 탐구의 마지막을 장엄하게 증언한다. 설립 취지는 올림픽 정신을 표현하고, 그 개최의 역사적 사실을 기념하기 위한 것이었다. 위치는 올림픽 경기장이 모여 있는 송파구 올림픽공원의 중심부였고, 기념비 주위로 광장이 설치될 예정이었다. 이 현상설계는 김중업에게는 최악의 시기에 행해졌다. 그

14 김수근의 구미문화예술회관.
1985-1989년.

의 건강은 예술의전당 이후 몸을 가눌 수 없을 만큼 쇠약해져 있었다. 그래서 설계는 당시 사무실의 실장이었던 곽재환이 주로 맡아 진행했다.

처음 그 형태를 추출하면서 그가 생각했던 구성 원리는 세 가지였다. 첫번째는 올림픽공원과 올림픽로가 만나는 공간적 결절점에 새로운 시대로의 진입을 의미하는 문ᵐ의 존재를 두는 것이다. 이는 김중업이 기념비 건축에서 가정했던 개념과 동일한 것이었다. 두번째는 이상을 향해 비상하고픈 인간의 의지를 하나의 상징으로 부여하고자 한

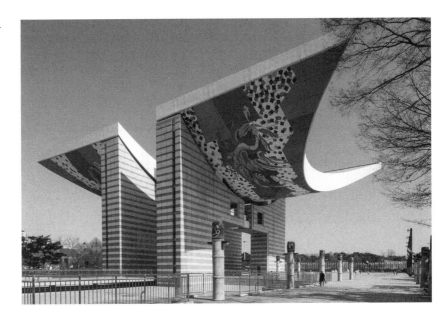

15 김중업의 올림픽 세계평화의문.
1985-1988년.

것이다. 곡선으로 감겨져 올라가는 지붕선을 공중에 매다는 것으로 구체화
되었다. 이를 위해 곡선의 지붕이 벽체 위에 캔틸레버로 매달리도록 하고, 지
붕 아래에는 세라믹 타일로 전통 문양과 상징 동물을 집어넣어 생명과 정신
의 자유를 상징하려고 했다. 이는 '건전한 신체에 건전한 정신'이라는 올림픽
정신에 부합되는 것이었다. 마지막으로, 굵은 곡선과 날카로운 예각을 대비
시켜 대범하고도 영민한 민족성을 표출하고자 했다. 1980년대 김중업이 건
축을 통해 표출하려던 바로 그 이미지였다. 그의 가장 중요한 조형적 특징인
'살아 움직이는 선'과 '날카로운 예각'의 대비가 여기서도 눈에 띄게 나타나
는 것이다. 이런 점에서, 비록 다른 실무자에 의해 설계되었지만 이 기념물에
는 김중업이 평생 동안 발전시켜 온 핵심적인 생각들이 명확하게 반영되어
있다.

9장. 전통 논쟁과 건축의 기념성

10장. 이희태: 비례와 형식 체계

이희태李喜泰, 1925-1981 건축의 역사적 의미는, 식민 시대에서 개발 연대로 이행되는 과정을 잘 드러내고 있다는 데 있다. 그가 1945년 국민주택 현상공모전에 출품했던 계획안에는 식민 시대의 주거 담론이 그대로 연결되어 있다.[1] 이후 그의 건축은 계속 발전해 나가지만, 식민 시기와 개발 시기의 문화가 어색하게 섞여 있다는 느낌을 지울 수 없다. 그런 점에서 그의 건축은 식민 시기에서 개발 시기로 넘어오는 과도기적 성격을 가지고 있다. 또한 다른 동시대 건축가들과 비교해서 참신성과 논리가 결여되어 있긴 하지만, 외부로부터 영향을 거의 받지 않고 자생적으로 발전해 나간 점은 독특하다. 이 때문에 그의 건축에는 이론적으로는 잘 설명되지 않는 무언가 독특한 정감이 담겨 있다. 여기에는 다양한 이유가 있는데, 우선 그는 설계 과정에서 김중업, 김수근, 김종성 같은 동시대 건축가들처럼 서구 건축을 선험적인 모델로 설정하지 않았다. 그가 설계한 종교 건축과 문화 시설은, 그 건축적 가치와는 상관없이 건축가 자신의 내면의 언어를 그대로 풀어낸 것이다.

이처럼 건축가가 외부 모델을 설정하지 않았기 때문에, 설계의 발생과 전개 과정은 건축 자체로 향하게 된다. 이희태 건축의 작동 메커니즘에서 가장 중요한 의미를 가지는 것이 자율적인 형식미이다. 형식미의 탐구는 두 가지 형태로 나타난다. 하나는 전통건축을 연상시키는 외부 열주와 지붕 형태를 통한 한국적인 형식언어이고, 또 다른 하나는 매우 정교한 비례를 통해 획득한 명료한 건축 형태이다. 그의 건축에서 가장 빈번하게 등장하는 기하학적 요소가 정사각형이다. 국립극장, 국립공주박물관(현 충청남도역사박물관), 국립경주박물관, 부산시립박물관과 같은 대부분의 문화 시설에서 평면은 정사각형으로 구성되어 있다. 또 그의 종교 건축에서 입면은 대개 정사각형 2개 내지 3개로 분할되고, 창호와 기둥의 배치도 같은 비례를 따른다. 즉, 1:2 내지 1:3의 비율이 주요 입면의 비례를 구성하는 것이다. 이희태는 시각적으로 명료한 형태 구성이 어떤 것인가를 계속해서 실험한 것으로 보이고, 이렇게 정사각형이 전체 형태를 결정하면서 매우 명료한 형식미를 획득할 수 있었다. 이를 위해 이희태의 건축은 외부 입면과 내부 구조가 분리되는 경향을 보여준다.

종교 건축에서 나타난 비례 개념

대표작들은 크게 종교 건축과 문화 시설로 구분된다. 물론 이외에도 주거 작품이나 사무 시설, 교육 시설 등이 있지만, 그중 이희태 건축의 특징을 잘 드러내는 작품은 드물다. 이희태는 서울미대 학장이던 장발과의 인연으로 1955년 명수대성당을 설계한 이후, 혜화동성당, 진해성당, 경주성당, 인천 송림동성당, 아현동성당, 서강대학교 예수회관, 절두산순교기념관, 청파동 성당 등을 설계했다. 국립극장, 국립공주박물관, 국립경주박물관, 부산시립 박물관과 같은 주요 문화 시설도 있지만 수적으로는 종교 건축이 월등히 많다. 그리고 문화 시설의 경우 국립극장을 제외하고는 대부분 1970년대 이후 지어지면서 다소 매너리즘적인 경향을 띠고 있다. 이희태 건축이 절정에 이른 시기는 국립극장과 절두산순교기념관이 지어진 1960년대 후반이었다. 건축가는 그 전에 다수의 종교 건축을 통해 자신의 건축언어를 실험하고 발전해 나갔을 가능성이 높다. 그의 종교 건축은 건축적 언어가 발전되는 과정을 가장 두드러지게 표출했고, 따라서 그의 건축적 특징들을 가장 명료하게 담고 있다.

특히 눈에 띄는 초기 건축으로는 혜화동성당을 꼽을 수 있다.[도판1] 여기에 나타난 비례 개념을 살펴보기에 앞서 한 가지 고려할 사항이 있다. 현재 분석 대상으로 다룰 만한 입면은 두 종류이다. 하나는 이희태 건축을 특집으로 다룬 1971년 6월호 『공간』에 실린 입면이고,[2] [도판2] 또 다른 하나는 엄덕문과 이희태가 1977년 창립한 건축사무소인 엄이건축이 훗날 기존 도면을 바탕으로 실측해 복원한 것으로 현재 혜화동성당에서 보관 중인 입면이다. 이 두 입면을 비교해 보면 다소 차이가 난다. 건물 층고가 다르고, 전체적인 비례체계도 다르다. 전자가 비례적으로 훨씬 명료한 반면, 후자는 훨씬 투박해 보인다. 그렇다면 이런 차이점은 무엇을 의미하는가. 『공간』에는 입면과 함께 평면도 실려 있는데, 이것은 변경되기 전에 이희태가 제안한 원래 안이었다. 시공 과정에서 사라져 버린 원형 계단이 여기에는 그려져 있기 때문에 그렇게 추측할 수 있다. 따라서 원래 안을 가지고 비례체계를 분석해 보면 다음과 같다.

이희태가 정교한 비례체계를 고안하기 위한 출발점으로 삼은 것은 성당의 본체이다. 이를 중

1 이희태의 초기 건축물인 혜화동성당. 1958-1960년.

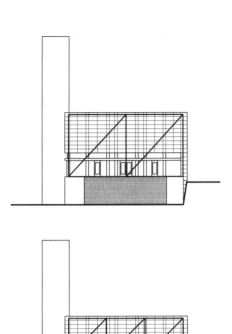

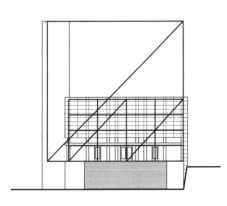

2 1971년 6월호 『공간』에 실린
혜화동성당 입면 비례.

심으로 종탑의 높이, 창문의 위치, 수평 부재들의 위치가 결정된 것으로 보인다. 이 과정에서 진입 계단은 고려 대상이 아니었다. 혜화동성당에서 중요한 것은 바로 계단 위 건물부터 지붕과 종탑까지의 비례체계이다. 다른 프로젝트와 마찬가지로 혜화동성당의 본체도 정사각형 2개를 가지고 시작되는데, 전면 파사드는 정확하게 9×9미터의 정사각형 2개로 이분된다. 이들이 만나는 곳에 성당의 현관이 위치한다. 그러고 나서 다시 이 정사각형을 이등분하는데, 거기에 보조 문이 위치한다. 여기까지의 면 분할은 명확해 보인다. 건물의 구조체계는 이런 입면의 분할에 맞춰 조정되었을 것이다.

그렇다면 혜화동성당의 파사드에 나타나는 수평적인 분할은 어떻게 이루어지는가. 필로티 위에 얹혀 있는 전면 벽체의 높이와 폭은 1:3의 비례를 갖는다. 매우 조화로운 비례를 가진 이 벽체에는 김세중의 부조 〈최후의 심판도〉가 새겨져 있고, 이 성당에서 매우 강한 상징성을 획득하게 된다. 이런 비례체계는 보다 세부적인 데까지 확장되는데, 1층 상부를 가로지르는 가는 수평 부재는 성당 높이의 사분의 일에 해당되는 위치에 있다. 일종의 수평 루버와 같은 기능을 담당하는 것으로, 시각적으로는 전면의 기둥들과 그 상부에 얹힌 벽체 사이에 나타나는 마찰을 완충하는 역할을 담당한다. 이렇게 성당 파사드의 주요 부분을 규정한 다음, 이희태는 성당 본체의 비례를 종탑과 관계 지으려고 했다.

종탑의 높이는 건물의 전체 폭과 거의 정사각형을 구성한다. 즉, 혜화동성당의 비례체계는 커다란 정사각형 구도 속에 자리잡고 있으며, 이것이 바로 이희태가 설계 초반에 가졌던 비례체계이다. 이런 점에서 성당 전면의 모든 요소들은 일정한 면분할의 원칙에 따라 위치가 결정되어 있음을 알 수 있다. 그러나 현재의 도면을 분석해 보면 초기의 계획안에서 다소 변화가 있었다. 특히 1층 부분의 기둥 두께와 기둥을 가로지르는 수평 부재의 위치가 달라졌다. 기둥 두께도 두꺼워졌는데, 초기 계획안과는 달리, 기둥 주위를 석재로 마감했기 때문이다. 수평 부재의 위치가 조금 어긋난 것도 마찬가지의 이유라고 생각한다.

서강대 예수회관은 엄격하게 이야기하자면 종교 건축물이 아니라 주

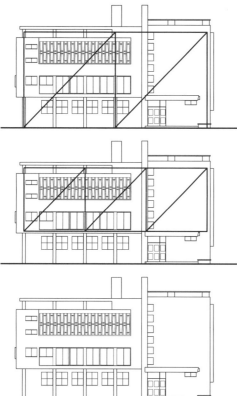

로 예수회 신부들이 머무는 숙소로 사용되는 건물이다.[도판 3] 그렇지만 입면 비례를 결정하는 방식은 종교 건축과 매우 흡사하다. 그렇다면 이희태는 어떤 비례체계로 디자인했는가. 먼저, 입면을 도해한 그림에서 볼 수 있는 것처럼 전면은 정확하게 12×12미터 크기의 정사각형 2개를 합쳐 놓은 비례를 가진다.[3] [도판 4] 이같은 방식은 이희태가 설계한 주요 건축에서 특징적으로 나타나는 것이다. 그런 점에서 1:2의 비례는 입면 디자인의 출발점을 형성한다. 처음 대지와 프로그램을 받았을 때, 건축가는 이같은 비례관계를 구성하기 위해 고심했을 것이다. 즉, 정사각형을 이루기 위해서는 건물의 층고와 전면 파사드의 폭이 정확한 비례관계를 가져야 하기 때문에, 전체 기능의 배치와 구조체계가 이런 배치에 맞춰 조정되어야 했다. 다소 이상한 형태의 평면이 나오게 된 것도 건축가가 건물 정면의 비례체계에 집착했기 때문일 것이다.

이렇게 전체 건물의 높이와 폭을 결정한 다음, 이를 바탕으로 입면 요소들의 위치들을 정해 나가게 된다. 이희태가 입면의 비례를 결정하는 다음 단계는 1층 기둥 위와 상층부의 비례를 결정하는 것이었다. 이를 위해 건물 전면을 각기 삼등분해, 그 하나의 폭에 해당하는 부분을 상층부의 높이로 결정했다. 그리고 오른쪽에서 삼분의 일에 해당되는 부분을 약간 후퇴시켰다. 이는 건물 내부의 기능을 반영한 것이라고 볼 수 있다. 일반적으로 종교 건축의 경우 삼등분해 그 중심에 입구를 위치시켰다. 그러

3 서강대학교 예수회관.
1960-1962년.(위)
4 서강대 예수회관의 입면. 정교한 비례체계에 의해 결정되었다.(아래)

나 이 건물은 기숙사 시설이기 때문에 중심이 아닌 오른쪽에 현관과 계단실을 두게 된다. 그리고 뒤쪽으로 후퇴시킨 벽체에 십자가를 걸어 놓아 건물의 입구를 잘 식별할 수 있도록 했다. 왼쪽에서 삼분의 이에 해당하는 부분에는 식당과 응접실, 휴게실 등의 공용 공간이 포함되어 있는데, 수평 방향으로 띠창을 두어 입면적으로 변화를 주었다. 그리고 이 부분을 4미터 간격으로 세분해 기둥을 배치했다. 건물 전면에 나타나는 조화로운 비례체계는 이렇게 형성된다.

2부. 개발 시대: 한국 건축의 정체성 탐구

절두산순교기념관

절두산순교기념관은 이희태의 대표작으로 손꼽힌다.[도판 5] 그는 이 건물을 설계하면서 그동안 축적했던 경험과 지식들을 총동원해, 한국의 대표적인 성소가 되도록 최대한의 노력을 기울였다. 그래서 건물을 짓고 나서도 자부할 만큼 그 건축적 성과에 대해 만족했다. 오늘날 이곳을 지나는 많은 사람들도 가파른 바위 절벽 위로 솟아오른 둥근 지붕을 바라보며, 참으로 잘 지은 건물이구나 하는 감탄사를 절로 내뱉게 된다. 시간이 흘렀어도 이 건물의 가치는 변하지 않았으며, 한국 현대건축의 고전이라고 인정해도 무방할 만큼 높은 건축적 수준을 획득하고 있다.

절두산은 양화나루 근처에 우뚝 솟아 있는 작은 산봉우리로, 현재는 강변북로와 서울 지하철 2호선이 교차하며 옛 모습을 많이 잃어 버렸지만, 겸재謙齋 정선鄭敾이 그린 〈양화진〉을 보면, 한강변에 솟아 오른 이 산봉우리는 아름다운 풍광으로 주변을 압도한다. 하지만 1866년 대원군의 병인박해 때 많은 천주교인들이 여기에서 처형당하면서, 그 장소적 의미가 달라졌다. 개항 이후 이곳은 한국 천주교회에 중요한 순교성지가 되었고, 신자들의 발길이 몰려들었다. 해방 후 신자들은 한국천주교순교자현양회를 중심으로 성지순례를 꾸준히 전개해 1956년부터 이곳 일대의 대지를 매입하는 운동을 전국적으로 펼쳐 나갔고, 그해 산봉우리의 땅을 교회에서 매입하며 결실을 맺게 된다. 이렇게 확보된 대지에 1962년 순교기념탑이 건립되었다. 그 앞에는 노천 제대가 마련되어 야외 미사를 볼 수 있도록 했다. 그러나 1965년 번개가 치면서 탑에서 십자가가 떨어져 나갔고, 이에 교회는 이 탑을 철거하고 이

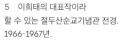

5 이희태의 대표작이라
할 수 있는 절두산순교기념관 전경.
1966-1967년.

10장. 이희태: 비례와 형식 체계

듬해부터 병인순교 백주년을 기념하는 순례성당(현 병인순교 백주년 기념성당)과 박물관(현 한국천주교순교자박물관)을 짓기로 결정했다. 당시 교회 측에서는 산의 모양을 조금도 변형시키지 않는다는 조건하에 설계를 공모했는데, 이희태의 설계안이 채택되었다.[4] 천주교회 관련 일을 계속해 오고 있었기 때문에, 그런 여건도 감안된 것으로 보인다.

이희태는 처음 이곳을 방문했을 때부터 적절한 건물 배치를 두고 많이 고민했던 것으로 보인다. 이를 뒷받침할 만한 자료는 없지만, 현재 건물 배치를 통해 추론해 볼 수 있다. 건축가는 서로 다른 기능의 두 건물을 배치시키면서 순례성당의 위치를 가장 먼저 정했을 것이다. 이 장소에 성당을 짓는 취지를 생각하면 당연해 보인다. 이 경우 순교자들의 유해를 모시는 성해실의 위치를 결정하는 것이 무엇보다 중요했고, 그것은 이 대지에서 가장 상징적인 지점과 일치되어야만 했다. 건축가가 성해실 위치로 정한 곳은 순교자들이 참수되었던 것으로 추정되는 장소 중 하나인 산의 정상부였다. 이희태가 건물을 설계하기에 앞서 기존의 순교기념탑이 세워졌던 곳으로, 야외 미사를 위한 제대가 들어서 있었다. 이렇게 성해실의 위치가 정해지면 나머지 기능들은 자동적으로 결정되게 된다. 왜냐하면 성해실 위에 제대가 설치되는 것이 천주교회의 오랜 전통이기 때문이다.

순례성당의 위치가 결정된 후, 남은 문제는 박물관의 위치였다. 이 과정에서 건축가에게 두 가지 판단 기준이 작용했던 것으로 보인다. 하나는 대지가 갖고 있는 물리적 여건이었다. 협소한 대지에 2개의 건물 프로그램을 동시에 집어넣기 위해, 가급적 경사가 완만한 동쪽에 박물관을 배치해야만 공사 비용을 아끼고 대지의 변형을 최소화할 것으로 보았다. 이와 함께 높은 곳에 위치한 성당으로 올라가려면 긴 접근로가 필요한데, 이를 어떤 방식으로 조직할 것인가도 건물 배치에 매우 중요하게 작용했다. 이희태는 성당의 주 진입로가 마포 쪽에서 나는 것이 좋겠다고 판단했다. 당시 양화대교 방면으로는 개발이 이루어지지 않았기 때문이다. 그 결과 마포 쪽에서 대지 내로 들어오는 자리에 넓고 평평한 진입 마당을 만들고, 성당으로 올라가는 입구를 냈다. 입구로 들어서면 ㄴ자 형태의 접근로가 출현하는데, 이를 따라 올라가면 건물로 진입할 수 있는 작은 마당이 등장한다. 규모가 크지 않지만 순례성당과 박물관으로의 동선을 조절해 주는 역할을 한다. 이같은 외부 동선의 처리를 통해, 건축가는 독특한 형상의 대지를 합리적으로 조직할 수 있었다. 그리고 접근로의 긴 시퀀스 속에서 박물관이 마치 랜드마크처럼 의미있는 장면을 연출하도록 했다. 지금과 같은 두 건물의 엇갈린 배치는 이런 과정을 통해 나타났다.

2부. 개발 시대: 한국 건축의 정체성 탐구

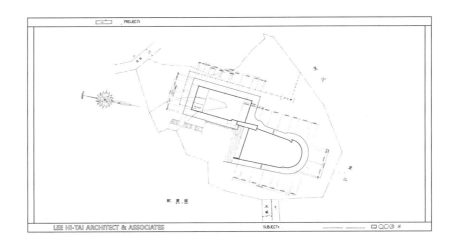

물론 이런 배치 방식이 대지 상황을 고려할 때 과연 최선이었느냐는 여전히 논란거리이다. 건축가 김억중은 절두산순교기념관의 배치 [도판6]를 비판하면서, 순교의 장소 위에 건물을 세우지 말고 그냥 외부 공간으로 비워 두었으면 좋았을 것이라고 지적했다.[5] 그러면서 마당에서 한강을 전혀 바라볼 수 없도록 만들었다고 비난했다. 이같은 결과가 발생된 것은 건물을 대지 중앙에 배치했기 때문이라는 것이었다. 한편으로는 상당히 설득력이 있는 지적이다. 그러나 이 역시 건축설계를 하면서 어떤 가치를 우선시하느냐에 따라 해석은 달라진다. 김억중은 건물보다는 장소를, 성당 본연의 전례보다는 한강으로의 조망을 우선시하는 입장이다. 그리고 그는 기념성은 건물 자체보다 역사적 사건이 일어난 장소로도 충분하다고 보았다. 이희태는 김억중과는 정반대로 생각했다. 그것은 건축주의 요구와도 일치했다. 이희태에게 한강에 대한 조망은 박물관과 순례성당을 휘감고 있는 발코니만으로 충분히 가능한 것이었다. 또한 순교지를 그냥 비워 두는 것보다는 거기에 지나간 사건을 상징하는 건물을 세우는 것이, 이 장소를 보다 의미있게 만들 것이라고 확신했다. 이런 핵심적인 개념을 바탕으로 건물 배치가 이루어졌다.

박물관과 순례성당에는 별개의 구축 방식이 구사되었다. 우선 박물관의 경우, 노출된 보와 기둥으로 구성된 전형적인 가구식 trabeated 구축 방식을 가지고 있다. 반면 순례성당은 그 지붕이 벽돌로 된 육중한 매스와 납작한 돔으로 되어 있어 아치식 arcuated 구조를 연상시킨다. 건축가는 건물 프로그램을 구분하기 위해, 구축체계를 아예 달리 구사하려고 했다. 그리고 이 대조적인 방식을 결합시키면 절두산순교기념관의 형태를 보다 역동적으로 구성할 수 있다고 믿었다. 오늘날 이 건물이 조형적으로 높은 평가를 받는 이유도, 건축가의 이런 의도가 성공적으로 실현되었기 때문이다.

7　절두산순교기념관 순례성당 내부.

니체는 그의 『비극의 탄생』에서, 고대 그리스 예술을 2개의 상반된 미학체계로 설명했다. 하나는 조형 예술에 등장하는 아폴론적인 것이고, 또 다른 하나는 연극에서의 디오니소스적인 것이다. 이런 분류에 따르면, 박물관의 이미지는 아폴론적이다. 마치 밝은 태양 아래 우뚝 서 있는 그리스 신전과 같은, 그런 조형적 순수함과 이상적인 비례를 담고 있다. 또 길게 돌출한 발코니에 강한 햇빛이 드리우면, 그림자와 함께 건물은 명료한 윤곽을 드러낸다. 반면 순례성당의 형태는 육중한 볼륨감이 강조되는 대신, 구조체는 건물 벽체에 가려져 있다. 그래서 전체적으로 둥근 콘크리트 지붕과 벽돌 벽이 건물 형태가 지배적이며, 형태적 특징들은 논리적인 냉철함보다는 인간 내면의 감성에 호소하고 있다. 그런 점에서는 대단히 디오니소스적인 이미지이다.[도판7]

박물관은 명료한 구축체계로 사람의 시선을 끌어들이는 구심적인 특징을 갖는다. 다양한 조각품들이 설치된 넓은 진입 마당이 건물 앞에 펼쳐져 있어서, 건축가가 의도적으로 이런 방식의 구축체계를 채택했을 수도 있다. 거기서 우리의 눈은 논리적인 기둥의 배열에 의해 지배된다. 이에 비해 순례성당의 형태는 대지의 기운을 밖으로 내뿜고 있다는 점에서 원심적인 특징을 보여준다. 오늘날 강변도로를 따라 차를 몰고 가다 보면, 이 건물의 매스는 쉽게 눈에 들어온다. 먼 거리에서 식별하기에 육중한 볼륨은 더욱 효과적일 수 있다. 그런 점에서 절두산순교기념관은 하나의 건물이지만 관점에 따라 서로 다른 건물 이미지를 보여준다. 이런 상이한 성격의 두 건물을 하나로 통합하면서, 절두산순교기념관은 하나의 관점으로는 잘 파악되지 않는 복합성을 획득할 수 있다.

물론 이렇게 대립된 형태를 통합하는 것이 결코 쉬운 일은 아니었다. 이희태는 여러 장치를 마련해 두 건물을 연결하려 했다. 두 건물 사이에 우뚝 솟은 종탑, 건물 외부를 휘감은 난간, 서로 비슷한 분위기의 지붕 형태 등이 통합적인 요소들이다. 특히 건축가는 성당 건축에서 자주 애용되었던 종탑을 이용했다. 이희태는 그 전에 명수대성당과 혜화동성당 등을 설계하며, 파사드의 한쪽 면에 우뚝 솟은 종탑을 집어넣었다. 절두산순교기념관에서도 그것을 활용했지만 의미는 다소 달랐다. 건축가 자신은 "이것의 형태를 두고, 절두산에서 죄수를 참수하면서 백정들이 높이 들어올렸던 칼을 유비類比했다"[6]고 했으나, 종탑의 가장 주된 기능은 순례성당과 박물관 사이에 나타나는 이질적인 구축체계를 하나로 만드는 것이었다. 이것은 두 건물 사이의 모서리에 높이 박히면서, 조형적으로 둘을 통합하고 있다.

그러나 이것만으로는 부족하다고 느꼈는지, 그밖의 몇 개 장치를 덧붙였다. 박물관의 2층에서 시작된 발코니와 난간이 순례성당의 외부로 확장되어 성당의 전체 둘레를 휘감도록 했다. 이것은 두 건물의 동선을 연결하지만, 한편으로는 전혀 다른 구축 방식과 조형 원리로 이루어진 두 건물을 합치는 요소로 사용되었다. 또한 한강을 향해 조망을 열어 놓는 역할도 했다. 이희태의 배치 방안을 둘러싸고, 비판자들은 건물이 한강 조망을 막아 선 데에 부정적인 견해를 표출하곤 했다. 이희태도 명확히 이 점을 인식하고 있었고, 난간을 통해 그런 비판을 희석시키고자 했다. 그래서 이곳에 올라서면, 국회의사당을 포함한 여의도 전체가 한눈에 담기는 전망을 즐길 수 있다.

이처럼, 절두산순교기념관은 대립된 구축체계가 복합적인 관계를 형성하고 있지만, 다양한 요소들에 의해 하나될 수 있었다. 건축가의 고도의 조형 감각 덕분에 가능한 일이었다. 이 건물에서 등장하는 미묘함과 복합성은 이런 대립과 통합을 통해 구현된다.

건물 배치와 구축체계를 결정한 다음, 건축가는 정교한 비례체계를 입면에 집어넣고자 했다. 이에 따라 절두산순교기념관은 형태적 완결성을 부여받게 된다. 이희태는 건물의 입면을 설계할 때, 층고와 기둥 간격 등이 구조적인 고려보다는 엄격한 비례 법칙을 따르도록 했다. 그는 이를 고수하기 위해 구조체계와 외부 파사드를 의도적으로 분리시켰다. 국립극장과 국악사양성소에서 볼 수 있는 것처럼 그의 건물에서 기둥은 항상 외부로 노출되어 있지만, 실질적인 구조체 역할을 담당하지 않는 경우가 많다. 주요 입면은 내부 기능과는 상관없이 나름의 자율성을 가지는 것으로 상정된다.

그렇다면 박물관은 구체적으로 어떤 비례체계를 갖는가. 박물관 건물은 전체 3층으로 구성되어 있다. 가장 아래쪽인 지하 2층에는 주춧돌 모양의 필로티가 외부로 노출되어 있고, 지하 1층과 1층은 캔틸레버로 된 보와 발코니, 쌍주 형식의 열주로 둘러싸여 있다. 구조적으로 이 건물은 이중 구조로 되어 있다. 건물의 하중을 실질적으로 지지하는 내력 기둥(직경 70센티미터)과는 별도로, 외부로 노출된 쌍주 형식의 발코니 기둥(직경 40센티미터)이 존재하기 때문이다.[도판8]

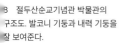

8 절두산순교기념관 박물관의 구조도. 발코니 기둥과 내력 기둥을 잘 보여준다.

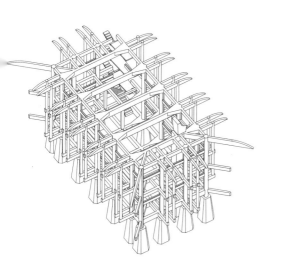

10장. 이희태: 비례와 형식 체계

건물 하중을 대부분 지지하는 내력 기둥은 2.4-4.8-4.8-4.8-4.8-2.4미터의 불규칙한 간격을 가진다. 이는 구조적인 이유가 아니라 발코니 기둥과의 관계 때문이었다. 건축가는 쌍주 형식의 발코니 기둥과 내력 기둥을 시각적으로 긴밀하게 연관짓고자 했다. 이를 위해 각 내력 기둥에서 2개의 보를 돌출시켜 쌍주 형식의 발코니 기둥과 연결되도록 했다. 쌍주 형식의 기원은 명확하지 않다. 다만 1950년대 이희태가 설계한 혜화동성당과 경주성당의 전면에서도 이런 형태가 반복해서 등장한다는 점에서, 그가 애초부터 이런 모티프를 활용했음을 알 수 있다. 쌍주는 건물 본체로부터 돌출한 보와 함께 벽체에서 5미터 이상 돌출한 지붕과 발코니의 하중을 부분적으로 지지하지만, 역시 구조적으로는 큰 의미가 없다. 이들이 지상까지 연결되지 않고, 2층 바닥에서 돌출한 보 위에 얹혀 있기 때문이다. 그 대신 이들은 지붕과 기둥, 필로티로 이어지는 엄정한 형식체계를 형성하며 일정한 리듬을 부여하게 된다.

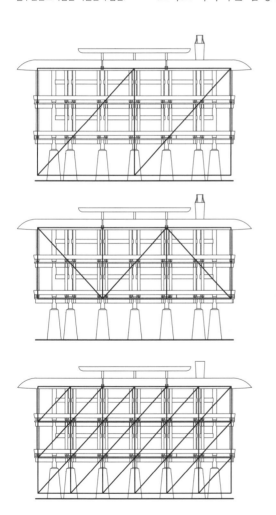

9   정교한 비례관계가 두드러지는
절두산순교기념관 박물관의 입면.

문제는 이런 쌍주 기둥으로 발코니의 모서리 부분을 처리하는 데서 발생했다. 모서리에 기둥 수가 많아지면서 시각적으로 너무 번잡스러워 보였기 때문이다. 팔라디오도 키에리카티 저택에서 비슷한 쌍주를 모서리에 사용했지만, 여기에는 명확한 정면성이 있다. 이희태 건축에서는 쌍주들이 건물 외부의 네 면을 둘러싸기 때문에 모서리 부분을 처리하기가 매우 힘들다. 여기서 건축가는 여러 가지 대안을 검토하다가, 모서리에 쌍주를 배치하지 않고 아예 비우게 된다. 그렇지만 모서리 부분을 4.8미터 간격으로 할 경우, 마치 모서리가 빈 것처럼 보여서 전체 구성이 엉성해 보일 것이었다. 이에 건축가는 일종의 절충안으로 동쪽 입면 부분에서 모서리로부터 2.4미터씩 띄워서 쌍주를 배치했고 내력 기둥 역시 이 방식을 따르도록 했다. 한편 이런 시지각적 고려가 그다지 필요 없는 남쪽과 북쪽의 짧은 입면에서는 기둥 간격이 3.6-4.2-3.6미터로 이루어졌다. 이것이 현재 내력 기둥의 간격이 불규칙하게 계획된 주된 이유이다.

모서리 부분을 비우면서 구조체와 장식 기둥 사이의 관계를 해결했지만, 입면 비례상에 또 다른 문제가 발생했다. 혜화동성당과 서강대 예수회관에서 볼 수 있는 것처럼, 건축가는 전체 입면의 폭과 넓이가 정확히 1:2의 비례이기를 선호했다. 르네상스 건축가들이 증명한 것처럼 시각적으로 가장 명료한 비례이기 때문이다. 그리고 필로티 위로 들어 올린 매스는 1:3의 비례를 갖도록 했다. 대지 여건에 따라 모든 건물에 똑같이 적용되지는 않았지만, 가급적 이런 비율을 유지하려고 노력했다. 그렇지만 박물관에서는 발코니가 건물 주변을 둘러싸면서 비례체계를 구성하는 데 어려움을 겪었다. 즉, 발코니는 비어 있는 부분으로, 매스처럼 채워진 부분과 똑같은 시각적 효과가 발생되지 않는다. 그래서 전체 입면 구성에 어떻게 반영하느냐가 관건이었다.

결론적으로는 발코니 부분을 입면체계에 집어넣고 설계를 진행했다.[도판 9] 그래서 박물관의 동쪽 입면은 쌍주 형식의 기둥과 발코니 부분을 포함해 대략 15×15미터의 정사각형 2개, 즉 1:2의 비례로 구성되었다(정확히는 14.4×15.1미터). 그리고 필로티 위에 얹힌 2층과 3층 건물은 그 높이와 폭이 1:3의 비례를 갖는다. 이같은 비례체계를 유지하기 위해 이희태는 층고를 기둥 간격과 비슷하게 조정했다. 그렇지만 문제는 모서리 부분에 기둥이 비게 되면서 발생했다. 이처럼 쌍주 형식의 발코니 기둥은 여러 가지로 건축가에게 고민을 안겨 주었다. 결과적으로 발코니 부분을 전체 입면에 포함시켜 전체 비례가 대략적으로 9.6:9.6:9.6미터로 삼등분되도록 했다. 여기서 발코니를 2.4미터 돌출시킨 것은 명백히 입면의 비례를 고려했기 때문이라고 본다. 그래서 2.4(발코니)-2.4-4.8-4.8-4.8-4.8-2.4-2.4(발코니)미터의 현재 리듬이 만들어졌다. 여기에는 정교한 비례관계를 오랫동안 고민했던 건축가의 세심한 노력이 함축적으로 담겨 있다.

문화 시설에 나타난 조형언어들

이희태 건축의 본질은 형식미이다. 따라서 그 형식을 구성하는 다양한 조형언어는 매우 중요한 의미를 가진다. 실제 작품을 통해 선보인 그 조형언어들은 엄격한 비례체계 속에 적절히 통합되어 있다. 이희태는 건물의 프로그램에 따라 각기 다른 조형언어와 문법체계를 구사했다. 종교 건축의 경우 기하학적이고 입방체적인 특징이 강조되었고, 여기서 사용되는 기둥과 창, 종탑은 엄격한 비례체계에 의해 그 위치와 크기가 결정되었다. 반면 문화 시설을 설계할 경우에는 상황이 달라졌는데, 입면은 공통적으로 지붕-기둥-기단이라는 삼분할 양식을 구사한다. 이런 사항들은 이희태가 건축물을 설계하면서 조형언어들을 구사한 일종의 문법체계라고 보아야 할 것이다. 그렇지만 이런 문법체계 내에서 각각의 조형언어들은 장소와 기능에 따라 매우 다양하게 변용되어, 그의 건축은 전체적인 일관성을 띠면서도 풍부한 면모를 가질 수 있었다.

문화 시설에서 두드러진 현상은 한국의 전통적인 목구조 형식을 빌려와서 독특한 방식으로 재창조한 데 있다. 이를 위해 건물 외관에서 기둥의 의미가 조형적으로 강조되었다. 그의 건축에서 외부로 노출된 장식용 기둥의 경우 주로 지붕의 캔틸레버 하중만을 지지해 구조적인 역할은 거의 담당하지 않지만, 대신 그 배열이 건축가의 조형 의지에 따라 각기 다른 리듬감을 가지도록 했다. 반면 구조용 내력 기둥은 벽체 뒤로 후퇴되어 외부로부터 거의 가려져 있고, 기능에 따라 다소 불규칙하게 배열된다. 국립극장은 이런 점을 잘 보여준다. 거기서 외부 열주는 내부 기둥과 관계없이 세워져 있다. 캔틸레버로 돌출한 지붕 부분만을 무량판 구조의 기둥들이 지지하는 것이다. 절두산 순교기념관의 박물관도 마찬가지이다. 국립공주박물관에서는 이런 사실이 보다 극적으로 나타난다. 거기서 기단부에 위치한 5개의 필로티 가운데 어떤 것은 실제로 하중을 전혀 지지하지 않는 가짜 기둥이다. 순전히 시지각적 질서만을 위해 고안된 것이다. 이희태는 한국 건축의 목구조 양식을 현대적으로 재현하기 위해 모순된 방식을 사용한 것으로 보이고, 바로 이런 점 때문에 그의 건축은 비판의 대상이 되기도 한다. 그에게 구조의 진실성이나 윤리적 문제는 별다른 의미가 없었다. 구조합리주의자들의 입장에서는 이같은 기둥의 사용 방식은 매우 불합리하게 보이겠지만, 이희태의 경우 기둥의 조형적 의미가 훨씬 중요했다.

이희태 건축에서의 미묘함은 기둥 배열의 간격과 건물 모서리 부분을 처리하는 데서 잘 나타난다.[도판10] 동시대 건축가들 가운데 이희태만큼 기둥을 조형적으로 잘 활용한 건축가도 드물었다. 기둥 배열에는 세 가지 방식이 사용되었다. 먼저, 국립극장 대극장, 국립경주박물관, 부산시립박물관과 같이 기념성이 강조되는 대형 건물의 경우, 외부에 열주들을 등간격으로 세웠다. 보통 기둥 간격은 4.5미터에서 5미터 사이에서 건물의 기능과 규모에 따라 변했다. 이같은 간격을 택한 것은 문화 시설의 경우 건물의 1층 높이가 대략 이 정도로, 기둥 간격과 층고의 비율이 입면적으로 정사각형을 형성할 수 있도록 하기 위해서였다. 다음으로, 보다 작은 규모의 건물에서는 쌍주 형식의 기둥이 사용되었다. 국립극장 소극장, 절두산순교기념관 박물관 등에서 잘 나타나는데, 이 경우 쌍주 자체의 기둥 간격은 2미터로 고정되어 있고, 쌍주와 쌍주 사이의 간격은 4미터에서 4.5미터 정도 되도록 했다. 이희태가 이런 형식의 기둥 배열에 많은 관심을 갖게 된 것은 쌍주 형식의 건물들은 기념성과 명료성이 떨어지는 대신 미묘한 리듬을 획득하기 때문이다. 세번째로, 등간격의 기둥과 쌍주 형식의 기둥이 섞여 사용되었다. 국악사양성소, 혜화동성당 등에서 특징적으로 나타난다. 특히 국악사양성소는, 너무 긴 건

2부. 개발 시대: 한국 건축의 정체성 탐구

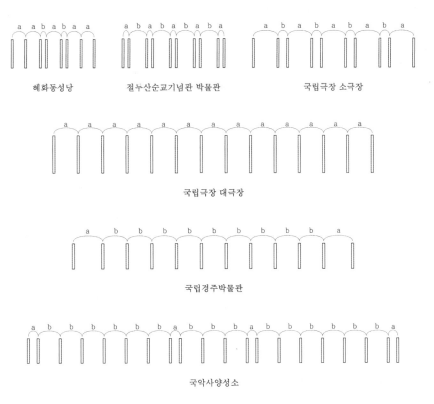

혜화동성당

절두산순교기념관 박물관

국립극장 소극장

국립극장 대극장

국립경주박물관

국악사양성소

물의 전면을 분절하기 위해 쌍주 형식의 기둥이 중간에 도입되었으며, 쌍주 형식의 기둥이 위치한 입구 부분이 보다 명확히 인식되도록 했다. 혜화동성 당도 마찬가지로 쌍주 형식의 기둥이 입구 부분을 강조하고 있다. 이처럼 이 희태는 건축 조형을 위해 기둥을 중요하게 활용했고, 그 배열을 미묘하게 변 형시키면서 다양함과 풍부함을 획득할 수 있었다.

이희태 건축에서 기둥들은 외부로 노출되는 경우가 많기 때문에 모서리 를 처리하는 문제는 항상 어렵고 미묘한 것이었다. 국립극장 대극장, 국립경 주박물관, 부산시립박물관처럼 등간격으로 된 원형 기둥이 외관을 둘러쌀 경우에 그다지 어렵지 않지만 애매한 것은 쌍주 형식의 기둥으로 된 건물이 다. 이런 형식의 기둥들이 건물 전면뿐만 아니라 측면이나 후면까지 돌아가 게 되면 복잡해진다. 이희태가 택한 방식은 모두 세 가지로, 건물에서 각기 다른 의미를 갖는다. 먼저, 국립극장 소극장에서 다른 곳은 모두 쌍주 형식 으로 되다가 모서리 부분에만 기둥 하나를 박는 것이다. 여기서 쌍주 형식의 기둥 배열이 모서리 부분에서 달라지기 때문에 시각적인 단절감이 있지만, 모서리 부분을 돌아섰을 때 이 모서리 기둥이 새로운 기둥 리듬을 만들어내 기 때문에 다른 면과의 연속성을 확보하는 데는 유리하다. 또한 건물의 윤곽 을 보다 확고히하는 경향도 있다. 또 다른 방식은 절두산순교기념관의 박물

257

11 이희태 건축에 등장하는 기둥과 지붕의 형태. 위 왼쪽부터 지그재그로 절두산순교기념관 박물관, 국립극장 소극장, 국립극장 대극장, 부산시립박물관, 국립공주박물관, 국악사양성소, 국립경주박물관.

관처럼 아예 모서리 부분에 기둥을 박지 않고 비워 두는 것이다. 이 경우 모서리 부분이 비어 있어 건물이 딱딱해 보이지 않고, 엄격한 비례로부터 미묘한 이탈을 느낄 수 있다. 또 기둥 부분과 함께 돌출된 발코니 부분이 보다 강조되는 현상도 나타난다. 마지막으로, 국악사양성소처럼 기둥들이 등간격으로 유지되다가 모서리 부분에서 쌍주 형식으로 바뀌는 것이다. 모서리에 3개의 기둥이 모이기 때문에 다소 복잡해 보이지만, 모서리가 보다 견고하게 강조되어 건물의 윤곽을 뚜렷이 드러내는 장점도 있다.

전통적인 목구조의 체계는 기둥 배열뿐 아니라 지붕 형태에서도 매우 특징적으로 나타난다. 전반적으로 그의 건축에서 지붕 형태는 다음과 같이 요약된다. 먼저, 종교 건축은 실제 경사지붕으로 되어 있지만, 외부 가벽으로 가려지도록 설계되었다. 그래서 외관상으로는 건물이 평지붕의 박스처럼 보인다. 이런 지붕 형태를 고집한 것은 입면에서 명료한 비례를 부여하려는 건축가의 의도와 연관된다. 이에 비해 문화 시설에서는 독특하면서도 다소 과장된 형태로 등장해 건물 외관을 전반적으로 특징짓도록 했다. 지붕의 형태는 건물마다 달랐고, 건축가는 디자인을 설계의 핵심적인 사항으로 상정했다. 절두산순교기념관의 곡선지붕, 국립극장의 특이한 요철 모양 지붕, 국악사양성소의 톱니 모양 지붕, 국립공주박물관의 미묘한 곡선 모서리 지붕, 국립경주박물관의 장중한 전통 형식 지붕 등이 그 좋은 예이다. [도판 11]

2부. 개발 시대: 한국 건축의 정체성 탐구

이런 다양한 지붕에는 몇 가지 공통점이 있다. 먼저, 지붕의 두께는 각 건물마다 다르지만, 전체 입면에서 차지하는 비례는 비슷하다는 점이다. 예를 들어 절두산순교기념관에서 지붕 두께는 1.5미터이고, 국립극장에서는 2.6미터, 국립공주박물관에서는 1.2미터이지만, 건물 규모와는 상관없이 대략 전체 높이에서 십분의 일에 해당되는 비율을 유지한다. 이처럼 각기 다른 지붕 형태에도 불구하고 지붕 두께와 건물 높이 사이에 일정한 비율이 유지되는 점은, 이성적인 판단 이전에 이희태가 갖는 본능적인 감각의 일부라고 생각된다. 그렇다면 이런 비율의 지붕으로 어떻게 전통적인 이미지를 획득할 수 있었을까. 전통건축의 지붕은 입면상에서 보면 전체 높이의 거의 이분의 일에 해당하는 비율인데, 목구조로 된 지붕의 구축 방식 때문에 어쩔 수 없다. 그러나 대부분 철근콘크리트조로 지어진 이희태의 건축에서는 지붕이 그다지 클 필요가 없다. 그래서 가능한 한 지붕 두께를 줄이되, 전통건축에서 매우 두드러지는 모티프를 집어넣어 유사한 이미지를 도출하고자 했다. 이희태가 이용하고자 한 것은 전통건축의 지붕 형태가 아니라, 사람들에게 각인된 스킴이었다. 그것은 지붕의 비율을 키우지 않고도 획득할 수 있는 것이었다.

이런 태도는 이희태 스스로도 밝혔듯이, 외형적인 모방이나 확대가 아닌 어디까지나 내재적인 전통을 추구한 것이었다. 가령, 절두산순교기념관박물관의 곡선지붕은 전체적으로 초가지붕을 연상시키지만, 재료나 형태 구성상 직접적인 연관은 없어 보인다. 다만 초가지붕의 조형적 특징들이 추상화되어 나타난다는 것을 알 수 있다. 그래서 엄격한 비례와 현대적인 재료로 지어졌음에도 매우 토착적으로 보인다. 마찬가지로 국립극장의 지붕도 정확하게 대응되는 전통건축의 모티프는 없지만, 매우 한국적으로 보인다. 많은 사람들이 한옥 지붕에서 서까래가 튀어나와 있는 이미지를 형상화한 것으로 느끼지만 직접적인 모방은 없다. 국악사양성소의 지붕도 비슷한 이미지인데, 국립극장과는 달리 상하 요철로 지붕이 표현되어 있다. 국립공주박물관의 지붕은 평지붕에 가깝지만, 건물의 코니스를 돌출시키고 그 끝부분에 약간의 곡선을 주면서 전통적인 이미지를 구현하려 했다. 국립경주박물관은 비교적 전통적인 형태가 직설적으로 표현되어 있다. 건축주의 요구와 경주라는 도시가 주는 중압감 때문에 생겨난 현상으로 보인다. 기와가 사용되고 완만한 곡선의 지붕 중앙에는 탑파의 상층부가 얹혀 있다. 이처럼 다양한 지붕 형태들이 등장하지만 모두 전통 지붕의 이미지를 중심으로 새롭게 창조된 점이 특이하다. 이 때문에 이희태 건축이 역사적 의미를 가질 수 있다고 본다. 1960년대 전통건축을 둘러싼 여러 가지 논쟁에 대해 그 나름대로 제시한 해결책이었기 때문이다. 그 지붕 형태가 높은 수준의 건축적 질을 획득하면서 이희태는 건축사의 발전에 공헌했다.

그의 건축에서 지붕은 주로 외부로 노출된 기둥들과 관계 맺기 때문에 만나는 곳의 처리가 중요해진다. 일반적으로 이 부분은 역학적으로 작용 방식이 다른 부재들이 결합되는 곳이기 때문에 그냥 둘 경우 매우 어색하다. 그래서 전통건축에서는 그 사이에 공포를 집어넣어 해소하고자 한다. 이희태는 지붕 형태를 더욱 효과적으로 구사하기 위해 지붕과 기둥이 만나는 부분에 많은 신경을 썼다. 첫번째 방식은 처마에 보를 돌출시키고, 이 보와 기둥을 결합시키는 것이다. 대표적인 경우가 절두산순교기념관 박물관과 국악사양성소이다. 절두산순교기념관 박물관은 곡선지붕의 볼륨이 강조되지만, 기둥과 만나는 부분은 돌출한 보와 결합되어 있다. 이렇게 해서 기둥과 지붕이 직접적으로 부딪치지 않도록 했다. 두번째 방식은 외부로 노출된 열주들이 무량판 구조를 지지하도록 하되, 기둥과 지붕 사이에 원형 받침판을 끼워넣는 것이다. 국립극장, 국립경주박물관, 부산시립박물관의 경우가 대표적이다. 여기서 기둥과 만나는 지붕 부분은 캔틸레버로 돌출해 있고, 이 부분에 보를 두는 대신에 원형 받침판이 구조적인 역할도 담당하도록 했다. 국립경주박물관에서는 원형 부분에 전통적인 문양이 새겨져 시지각적인 분절을 분명히 했다. 이 두 가지 방식 외에 국립공주박물관처럼 돌출한 지붕의 길이를 축소시키고, 처마 부분에 보를 형식적으로 돌출시키는 경우도 있다. 이런 방식들을 통해 건축가는 지붕과 기둥 사이의 관계를 분절하면서 시각적으로 통일된 조형을 제시했다.

마지막으로, 기단부는 이희태 건축의 형식미에서 시각적으로 매우 강조되었다. 그의 주요 건물에서는 독특하게도 전통적인 주춧돌 모양의 필로티가 건물을 들어 올리고, 그 위에 발코니나 테라스가 둘러졌다. 이 기단부의 형성은 무엇을 의미하는가. 르 코르뷔지에가 처음 필로티의 개념을 제안했을 때, 그것은 도시계획적인 의미를 가지고 있었다. 보행자들을 위해 지상층을 개방하자는 것이다. 그러나 이희태 건축에서 필로티는 도시적 기능과는 상관 없다. 더욱이 건축적 기능과도 그다지 관련이 없다. 그렇다면 왜 이희태는 대부분의 문화 시설에서 독특한 모양의 필로티를 설치해 건물 본체를 지상으로부터 들어 올리려 했을까? 여러 가지로 설명할 수 있지만, 주로 건물 비례와 형식체계와 깊게 관계된다.

이희태가 필로티의 독특한 이미지를 추출한 것은 경복궁 경회루였다. 화강석을 마름모로 깎아 점차 상부로 갈수록 끝이 좁아지도록 한 주초가 그의 마음에 계속해서 남아 있었던 것이다. 그는 그것을 목구조 형식과 연관시

2부. 개발 시대: 한국 건축의 정체성 탐구

키기 위해 가급적이면 지붕-기둥-기단의 삼분할된 입면으로 형성했다. 이런 입면의 분할은 경회루뿐 아니라 이탈리아 르네상스 시대의 팔라초palazzo에서도 영향을 받은 것으로 보인다. 팔라초의 경우, 건물은 기단부와 주요 본체부, 상단부라는 기능적인 분할을 형태적으로 연결시켰다. 여기서 주요 기능들은 주요 본체부에 수용되고, 기단부에는 서비스 시설, 상단부에는 주로 하인들의 침실이 마련된다. 이희태의 건축에서도 주요 기능은 기단부에서 들어 올려진 부분에 주로 배치되고, 지상층에는 주로 행정 시설과 서비스 시설들이 수용되었다. 그것은 국립공주박물관에서 가장 잘 드러난다.

이희태 건축에서 필로티가 상부 기둥이나 벽체와 관계 맺는 방식은 두 가지이다. 먼저, 2층의 발코니가 필로티와 상부 기둥 사이를 완전히 갈라 놓는 경우이다. 절두산순교기념관 박물관, 국립극장이 대표적이다. 여기서 하부 필로티는 상부의 기둥 형태와 전혀 상관이 없다. 기단은 전통건축에서 주춧돌을 연상시키는 투박한 화강석으로 되어 있다. 상부의 기둥은 2층 발코니에서 새롭게 시작되며, 이 경우 발코니의 수평성이 보다 강조된다. 두번째는, 필로티와 기둥이 일직선으로 지붕까지 연결되는 것이다. 부산시립박물관과 국립경주박물관이 대표적이다. 여기서는 기둥의 수직성이 발코니보다 더욱 강조된다. 국립공주박물관처럼 필로티 위에 벽체를 그대로 올려놓은 경우도 있다. 여기서는 필로티와 벽체 사이에 매우 특이한 주두가 설치되어 시각적인 분절을 꾀하고 있다. 기단부의 높이는 건물의 비례에 따라 달라졌다. 국립극장, 국립경주박물관, 부산시립박물관처럼 규모가 큰 건물인 경우 한 층 높이로 되었다. 그렇지만 각 건물의 높이가 다르기 때문에 이들의 비례는 일정하지 않다. 국악사양성소처럼 높이가 낮으면 반 층 높이로 들어 올리는 경우도 있었다. 이희태가 설계했던 문화 시설들은 필로티-기단-기둥-지붕이라는 네 가지 요소로 구성되고, 그들은 독특한 비례체계에 의해 그 위치와 크기가 결정되었다. 필로티는 매우 투박하게 건물 몸체를 지상으로부터 분리시키고, 기둥은 독특한 리듬으로 배열되어 건물에 활력을 불어넣었다. 그리고 지붕은 전통적인 형태를 추상화하여, 전체적으로 친근한 건물 형태를 갖도록 했다.

11장. 김중업: 시적 울림의 세계

김중업 金重業, 1922–1988은 한국 현대건축사에서 가장 독보적인 위치를 점하는 건축가이다. 그는 1952년부터 삼 년 이 개월 동안 파리의 르 코르뷔지에 사무실에서 일하면서 거장의 후기 작품들이 실현되는 과정을 지켜보았다. 1955년 한국에 귀국한 후에는 자신만의 독특한 경지를 개척해 나갔고, 그중 몇몇 작품들은 세계 건축계에 소개해도 손색이 없을 만큼 높은 수준을 성취했다. 특히 한국의 전통적인 조형미를 현대적인 재료와 구법으로 구현하면서, 개발 시대가 한국의 건축가에게 요구했던 한국적 정체성의 탐구를 가장 적절하게 수행했던 건축가로 인정받고 있다. 당시 군사정권과의 불화로 오랜 기간 작품 활동의 공백에도 불구하고, 그는 치열한 작가 의식으로 작품 제작에 몰입했으며, 그 과정에서 개발 시대의 건축적 담론을 뛰어넘어 건축이 갖는 본원적 가치에 다다를 수 있었다. 이것이 김중업 건축이 지금까지 많은 이들에게 영감을 주는 이유이다.

김중업은 그 본원적 가치를 담기 위해 전통건축의 형식체계를 시적으로 접근했다. 특히 한옥의 지붕 곡선에 주목하고, 그것을 현대적 재료로 변형시켰다. 르 코르뷔지에가 제안했던 돔이노 dom-ino 구조에서 한국 목구조와의 유사성을 발견하고, 그것을 건축디자인에 적극적으로 활용하고자 했다. 콘크리트 기둥 사이로 건물의 주요 기능들을 자유롭게 끼워 넣고 여기에 큰 스케일의 곡선 지붕을 올려놓았다. 이렇게 만들어진 조형언어는 대표작이라고 할 수 있는 주한프랑스대사관을 비롯해서 유엔기념묘지(현 유엔기념공원) 정문, 가회동 이경호 주택에서 각기 다른 모습으로 등장하며 강력한 다이어그램으로 작용한다. 그렇지만 제주대학교 본관을 시작으로 1960년대 중반 이후 새로운 변화를 모색하게 된다. 더 이상 전통적인 형식체계에 의존하지 않고, 이질적인 볼륨들을 병치시키는 방향으로 나아간 것이다. 김중업은 더욱 효과적인 성취를 위해 평면에 원형의 요소들을 도입하고, 이를 증식하는 방식을 즐겨 사용했다. 이에 따라 그의 후기작들은 매우 복잡하면서도 유기적인 형태들을 띠었는데, 이런 경향은 정치적 이유로 1971년 해외 추방되면서 더욱 심화되었다.

르 코르뷔지에와의 만남

김중업이 한국의 대표적인 건축가로서 성장하는 데 르 코르뷔지에와의 만남
은 결정적인 영향을 미쳤다. 일본의 요코하마 고등공업학교 건축과를 졸업
하고, 마쓰다 히라타松田平田 설계사무소에서 실무를 익혔지만, 그의 가슴속에
는 서구 문화에 대한 강렬한 동경이 자리잡고 있었다. 해방 후 일본에서 귀국
해 서울대학교 건축학과에서 교편을 잡고 있던 김중업에게 유럽으로 건너갈
기회가 찾아왔다. 1952년 9월 이탈리아 베네치아에서 개최된 유네스코 주최
제1회 국제예술가대회 International Conference of Artists 에 한국 대표로 참가하게 된
것이다. 베네치아 영화제, 베네치아 비엔날레와 함께 열렸던 이 대회에는 44
개국을 대표한 200여 대표자들과 11개 국제예술단체가 참가했고, 여기에는
음악, 연극, 영화, 문학, 조형예술과 같은 예술 분야가 망라되어 있었다. 한
국은 당시 전란戰亂 중이라 힘든 상황에도 불구하고, 김소운, 김말봉, 오영진,
윤효중이 예술계를 대표해 참가했다. 김중업이 이들과 함께 가게 된 데는 여
러 사연이 겹쳤지만, 무엇보다도 학창 시절부터 꼭 만나고 싶었던 르 코르뷔
지에를 만나려는 의지가 강하게 작용했을 것이다. 회의가 진행되는 동안 르
코르뷔지에와 대면하기를 갈망했던 그는 산마르코 광장 앞바다에서 페리로
승선하는 르 코르뷔지에를 보고 달려갔다. 이때 던진 질문은 좀 엉뚱하게도
르 코르뷔지에가 발전시킨 척도체계인 모뒬로르 Le Modulor 에 관한 것이었다.
그리고 서툰 영어로 자신을 소개하고, 그의 아틀리에에서 일하고 싶다는 의
견을 피력했다. 르 코르뷔지에의 반응에 대해 훗날 김중업은 이렇게 적고 있
다. "귀는 작은 편이었고, 코끼리 눈같이 작은 눈의 소유자는 검고 굵은 안경
을 쓰고 뚫어지듯이 응시하고 있지 않은가? 어이없다는 표정을 짓더니, 회의
가 끝나는 대로 파리의 아틀리에로 찾아와 보라는 대답이었고, 대안對岸의 회
의장에 닿는 대로 총총 걸음으로 사라져 버렸다. 몇 안 되는 대화였지만, 나
에게는 지나치게 벅찬 일이었고, 그와 가까이 할 수 있다는 희망에 가슴이 터
질 듯했다."[1]

베네치아에서 대회를 마친 후 김중업은 귀국하는 대신 파리의 르 코르
뷔지에 사무실로 발길을 돌렸다. 갑작스러운 출현에 당황한 르 코르뷔지에
는 이 주간의 시간을 주며 기량을 테스트했다. 현재 르 코르뷔지에 재단에는
김중업이 준비해 간 그의 명함이 남아 있는데, 르 코르뷔지에는 명함 뒷면에
이렇게 적었다. "김중업이 1952년 10월 17일에 찾아와서 한국에서 함께 일할
것을 제안했다."[2] 아마도 르 코르뷔지에의 사무실에 취업하기 위해, 자신의
지위를 과장하며 그의 주목을 끌만 한 말을 했을지도 모르겠다. 당시 찬디가
르 프로젝트에 경력 직원이 필요했던 르 코르뷔지에는 김중업이 그려 온 찬

2부. 개발 시대: 한국 건축의 정체성 탐구

디가르 행정청사의 옥상정원 계획안을 보고 입사를 허락했다.

이로써 김중업은 1952년 10월 25일부터 1955년 12월 25일까지 르 코르뷔지에 사무실에서 일하면서 현대건축사에서 가장 중요한 건축물들이 설계되는 과정을 지켜보게 된다. 이는 한국 현대건축사에서도 매우 중요하다. 그이전까지 식민지배와 전쟁으로 세계 근대건축의 흐름에 능동적으로 참여하지 못했던 한국 건축이 본격적으로 뛰어드는 출발점을 의미한다. 또한 그동안 일본이라는 필터를 통해 이식된 근대건축이 서구로부터 직접 수입될 가능성을 처음으로 열어놓았다. 이렇게 본다면, 그의 파리 체류는 한국 건축과 서구 건축을 직접 소통시키는 접점을 의미한다고 볼 수 있다.

김중업이 참여했던 프로젝트는 무엇일까. 르 코르뷔지에가 써 준 경력 증명서에는, 인도 찬디가르의 행정청사 Secrétariat, 고등법원 Haute Cour 의 태피스트리, 주지사관저 Village du gouverneur, 주의회의사당 Palais de l'Assemblée, 파리 대학촌의 브라질관 Maison du Brésil, cité internationale Universitaire, 낭트의 남부 레제에 있는 유니테 다비타시옹 Unité d'Habitation, Rezé 등 6개 작품이 명시되어 있다. 그렇지만 파리의 르 코르뷔지에 재단 자료보관소에서 보관 중인 도면들 가운데, 김중업의 이름이 적힌 것들을 추려 보면 이것과 좀 다르다.[3] 참여 프로젝트와 도면 개수는, 자울 주택 Maisons Jaoul (11점), 찬디가르 행정청사(115점), 고등법원(태피스트리 스케치 포함 139점), 주지사관저(16점), 주의회의사당(6점), 낭트 레제의 유니테 다비타시옹(6점), 파리 대학촌의 브라질관(3점), 로크와 로브 Roq et Rob 프로젝트(15점), 인도 아마다바드의 쇼단 저택 Villa Shodhan (6점), 사라바이 저택 Villa Sarabhai (4점), 밀오너스 빌딩 Mill Owners' Association Building (2점), 치만바이 저택 Villa Chimanbhai (1점)이다. 이 가운데 도면 개수에서 압도적인 것은 찬디가르 관련 프로젝트다.

찬디가르과 관련해 김중업이 처음 다룬 프로젝트는 행정청사였다.[도판1] 김중업이 사무실에서 가장 많은 시간을 투여한 건물로, 그가 남긴 도면 중 가장 많은 분량이 이 프로젝트와 관련되어 있다. 르 코르뷔지에는 처음 이것을 마천루로 계획하려고 했다. 그렇지만 이런 형태는 인도의 건축주들에게 받아들여지지 않았고, 그 대신 최종적으로 나온 안이 길이 254미터, 높이 42미터의 현재 건물이다. 옆으로 길게 늘어선 이 건물은 찬디가르 카피톨 단지의 한 면을 둘러싸는 거대한 벽체 역할을 담당하는데, 그 길이가 너무 길어서 6개의 블록으로 분리 시공되었다. 이들은 각각이 익

1 르 코르뷔지에의 인도 찬디가르
행정청사. 1953년 준공.

11장. 김중업: 시적 울림의 세계

스팬션 조인트 expansion joint 로 구분되고, 건축적으로 각기 다른 외양을 가진 블록으로 구성된다. 특히 장관들의 사무실을 포함하고 있는 네번째 블록은 2층 높이의 외부 차양으로 구성되어 다른 블록들과 조형적으로 명확하게 구분된다. 건물의 전체 입면은 모뒬로르에 의해 디자인되었다. 3.66미터의 층고, 파사드에서 나타나는 엄격한 면 분할, 베란다의 높이, 다양한 입면 구성에 나타난 치수들은 그것에 근거했다. 귀국 후 김중업은 다양한 작품에서 이런 모티프들을 인용하는데, 부산대학교 본관, 건국대학교 도서관, 인천해무청사 등이 그 대표적인 예이다.

김중업은 1953년 한 해 동안 찬디가르의 행정청사를 설계했는데, 그는 평균 삼 일에 한 장 꼴로 도면을 그렸다. 그리고 1954년에는 전해에 비해 한가로운 시간을 갖게 되면서 틈나는 대로 유럽 각국을 여행하게 된다. 이때 할당된 프로젝트는 다양했다. 1월과 2월에는 쇼단 저택 설계에 잠시 참여했다. 쇼단 저택은 아마다바드에 지어진 4개의 건물 중 하나로, 인도에 있는 르 코르뷔지에의 다른 건물처럼 파라솔과 같은 지붕, 콘크리트 피어 pier, 벽에 부착된 외부 차양, 테라스, 램프로 특징지어진다. 또한 내부 공간은 그가 1920년대에 지은 저택들처럼 다양한 높이의 공간으로 구성되어 매우 역동적이다. 이 주택처럼 커다란 지붕 아래 건물들을 자유롭게 집어넣는 방식은 이후 김중업의 이경호 주택에서도 발견된다.

1954년 중반부터는 찬디가르 주지사관저의 실시 설계에 참여하기 시작했다. 원래 이 프로젝트는 1953년부터 시작되었으나 그 진행이 더뎠다. 인도의 초대 총리였던 네루가 건물의 형태가 너무 권위적이어서 민주주의 시대에는 맞지 않다고 주장했기 때문이다. 그래서 이 건물은 결국 지어지지 않고 계획안으로 끝나고 말았다. 주지사관저에서 가장 두드러지는 요소는 초승달처럼 건물 위에 얹힌 지붕이다. 멀리서 볼 때 이것은 몽롱하게 보이는 언덕을 배경으로 대지를 지배한다. 지붕의 상부에는 야간 행사를 위한 극장 시설이 설치되어 있고, 하부에는 그늘진 리셉션 장소가 있다. 건물 내부는 十자형 기둥으로 구성된 그리드 구조 위에 5개 레벨로 구성된 복잡한 단면을 갖는다. 각 레벨은 중이층 中二層의 단면으로 되어 있고, 여기에는 구조체계와 상관없이 곡선의 칸막이벽이 배치되어 있어서, 르 코르뷔지에가 1920년대에 제안했던 돔이노 구조와 자유로운 평면의 원칙이 여기서 복잡하게 적용되었음을 알 수 있다. 주지사관저는 비록 건설되지는 못했지만, 김중업의 뇌리에 깊은 인상을 남겼다. 훗날 그의 대표작이라고 할 수 있는 주한프랑스대사관과 제주대학교 본관, 진해해군공관 등에서 그 지붕의 형태는 변형되어 핵심적인 건축 언어로 자리잡는다.

근대의 수용과 극복

김중업은 1955년 12월 르 코르뷔지에의 건강 때문에 그의 사무실을 그만두게 된다.[4] 그리고 서울에 도착해 시차에 적응하기도 전에 김중업건축연구소를 열었다. 1956년 3월 5일, 종로구 관훈동이었다. 이렇게 서두른 이유는 그만큼 자신의 작품을 창조해 보겠다는 열망이 강했기 때문이라고 볼 수 있다. 개업 후 김중업은 실무를 담당할 사람들을 불러 모았다. 그 후로 타의에 의해 1971년 한국을 떠날 때까지 건축가로서, 교수로서, 도시비평가로서 활발한 활동을 펼치게 된다.

그의 일생에 걸쳐 설계된 수많은 건축물들은 크게 두 가지 측면으로 구분해 볼 수 있다. 첫번째로, 서구 근대건축의 주요 원칙들에 충실해 그것을 적극적으로 수용하려 한 건축물이다. 대표적으로 명보극장, 부산대학교 본관(현 인문관), 건국대학교 도서관(현 언어교육원), 삼일빌딩, 도큐호텔(현 단암빌딩) 등이 있다. 주로 오피스빌딩과 교육 시설로, 복잡한 기능들을 합리적으로 해결하면서 커튼월 공법과 같은 새로운 테크놀로지를 도입해 외부에 투명성을 확보하려 했다. 이렇게 지어진 건물들은 단순하고 추상적인 형태를 구사하고 있다. 두번째는 지역적인 전통에 근거해, 독특한 시적 세계를 펼치려 한 작품들로, 주한프랑스대사관, 제주대학교 본관, 이경호 주택, 서병준산부인과의원(현 아리움 사옥), 유엔기념묘지 정문, 올림픽 세계평화의 문 등이 포함된다. 여기서는 한국의 전통적인 지붕, 기둥, 공포와 같은 모티프들이 현대적으로 변형되어 김중업 특유의 역동적인 조형 의지를 보여주고 있으며, 합리성보다는 인간 내면에 깊숙이 박혀 있는 원초적인 감성을 형태적으로 끌어낸다. 이처럼 두 가지 서로 다른 경향이 공존하는 이유는 근대의 수용과 극복이라는 이중적인 과제가 동시에 부과되었기 때문이다.

1960년대 근대건축의 수용은 역사적으로 커다란 의미를 가진다. 근대건축을 배태한 현실적 조건들을 갖추지 못한 채 건축 작업을 시작했던 김중업 세대의 건축가들은, 근대건축을 제대로 수용하면서 동시에 그 한계를 극복하려는 시도에 매달렸다. 그렇지만 김중업의 경우에서 알 수 있는 것처럼, 그것은 쉬운 일이 아니었다. 김중업은 1950년대 초반 르 코르뷔지에 사무실에 머물면서 근대건축의 본질을 찾아 헤맸지만, 명료한 인식에 도달하기에는 많은 한계가 있었다. 무엇보다 근대성은 너무나 광범위하게 펼쳐져 있어서, 짧은 시간에 그 본질을 포착하는 것은 불가능했다. 김중업은 자신의 경험을 바탕으로 매우 단편적인 수용을 할 수밖에 없었으며, 이로 인해 근대건축은 기술의 단순한 적용이나 특수한 형태를 가진 양식적인 것으로 혼동되었다.

이 점은 파리에서 귀국한 지 얼마 되지 않았던 때에 설계했던 대학교 건

2 부산대학교 본관. 김중업은
여기서 커튼월의 투명성을 실험했다.
1956-1959년.

물들 즉, 부산대학교 본관, 건국대학교 도서관, 서
강대학교 본관, 수도여자사범대학(현 세종대학
교)에서 명확히 나타난다. 이들의 설계는 기본적
으로 기능적으로 이루어졌고, 또 건물 프로그램을
적절하게 반영하고 있다. 또한 이 시기 다른 건물
들과 마찬가지로 르 코르뷔지에 건축에 대한 여러
가지 모방과 변용이 이루어지게 된다.

이 가운데, 부산대학교 본관은 찬디가르의 행
정청사를 모델로 삼고서 설계되었지만 투명성이
매우 강조된 점이 다르다.[도판2] 건물이 들어설 대지는 정문에서 들어오자
마자 보이는 우측의 모서리로, 르 코르뷔지에의 건물과 비교했을 때 매우 유
사한 접근 방식을 보여준다. 먼저 두 건물 다 긴 입면을 가지는데, 입면의 변
화를 이용해 긴 건물을 분절했다. 찬디가르 행정청사의 경우 단면의 높이가
두 배로 되는 장관 블록이 중앙에 위치해 입면을 분절하지만, 부산대 본관의
경우 가운데 투명한 계단실이 그 역할을 담당한다. 또한 찬디가르의 건물에
서 등장하는 발코니도 그 형태가 거의 비슷하게 재현되었다. 그렇지만 부산
대학교 본관은 노출콘크리트의 거친 물성이 없다. 그 대신 건물 외관이 비교
적 매끈하게 마감되어 상당히 경쾌하고 기계적으로 보인다.

부산대학교 본관에 비해 서강대학교 본관은 근대적 요소와 지역적 요소
가 다소 혼재되어 과도기적인 작품으로 평가할 만하다.[도판3] 김중업이 이
건물을 처음 설계하면서 설정했던 조형 개념은 서로 다른 기능과 조형을 가
진 2개의 매스를 하나의 건물로 통합하려는 것이었다. 그중 하나는 주로 강
당이나 회의실과 같이 큰 규모의 공간이 들어서고, 또 다른 하나는 일반 사무
실들이 마련될 예정이었다. 이러한 프로그램에 따라 건물은 2개의 매스로 분

3 서강대학교 본관. 1958-1960년.

2부. 개발 시대: 한국 건축의 정체성 탐구

리되어 독특한 조형 논리가 구사되었다. 즉, 매스 폭이 좁고 높아서 수직성을 갖는 부분에는 수평적인 발코니를 강하게 돌출시켰고, 매스 폭이 길고 낮아서 수평성을 갖는 부분에는 수직 기둥을 벽에서 돌출시켰다. 그렇게 함으로써 두 가지 매스를 균형있게 통합할 수 있었다. 두 매스를 하나의 편복도를 공유하게 하면서 서로 엇갈리게 배치했고, 그 사이에 계단실을 삽입하여 완충적인 역할을 담당하도록 했다. 생각이 여기까지 이르자 김중업은 아마도 업무동이 조형적으로 허전하다고 느꼈던 것 같다. 그래서 여기에 얇은 지붕을 씌웠다. 이 건물에서 가장 핵심이 되는 것은 바로 지붕층이다. 김중업 건축에서 지붕이 중요한 조형적 요소로 등장한 것은 바로 이때부터라고 볼 수 있다.

주한프랑스대사관

투명성과 구축성의 표현은 근대건축의 수용과 관련해 김중업 초기 작품의 주요 특징이었다. 그렇지만 전통건축을 현대적인 재료로 변형시키고 재해석하는 경향 또한 공존했다. 김중업은 당시 국가로부터 여러 프로젝트들을 의뢰받으면서 지역적 정체성을 직설적으로 표현하도록 요구받았다. 1956년부터 시작된 경주국립공원 계획안[도판 4], 1958년에 의뢰된 워싱턴 자유의 종각 Korean Bell Pavilion 계획안, 1962년에 시작된 석굴암 전실前室 계획이 그 대표적인 예이다. 이들 프로젝트들을 통해 김중업은 처음으로 한국 전통을 진지하게 접하는 기회를 갖게 된 것으로 보인다. 한국 전통건축의 본질이 목구조 체계와 독특한 지붕 형상에 있다는 사실을 깨닫게 된 건축가는 이를 주한프랑스대사관에서 하나의 형식체계로 승화시켰다.

주한프랑스대사관은 한국 현대건축사에서 매우 중요한 건물로 평가받는다. 많은 사람들이 한국 현대건축의 원점이라고 평가하고 있고, 건축가 자신도 "나의 작품세계에 하나의 길잡이가 되었고, 이것으로부터 비로소 건축가 김중업의 첫발을 굳건히 내딛게 되었다"[5]고 이야기했다. 증축 문제로 오랫동안 이 건물을 관찰해 온 건축가 정기용은, 보면 볼수록 싫증나지 않고 오히려 그 심원함에 더욱 깊이 빠져들게 하는 이 건물이야말로 우리 현대건축사에서 유일한 것이라고 이야기했다.

한국에서 최초로 프랑스 대사직을 수행했던 로제 샹바르 Roger Chambard 는 새로운 프랑스 대사관의 건설을 주도했다. 이와 관련해 그가 프랑스 외

4 경주국립공원 계획안.
1956년 설계.

11장. 김중업: 시적 울림의 세계

무성에 보낸 편지에는 기존 건물과 대지 상태, 신축의 필요성, 예산과 건물 설계에 관한 내용이 상세히 적혀 있다. 여기서 그는 기존 건물을 복구하는 대신에 새로운 건물을 짓자고 했다. 건물 대지를 정하는 데에서도, 전임자와는 반대로 기존의 대지를 유지하면서 거기에 프랑스 외교 공관 전체를 건설하는 것이 더 낫다고 판단했다. 그곳은 서울 도심의 언덕 위에 위치하고, 현재 공사가 진행 중인 대로와 통해 있기 때문이었다.

이렇게 해서 결정된 대지의 형태와 위치는 김중업의 설계에 큰 영향을 미쳤다. 그것은 서울에서 내사산(백악산, 낙산, 남산, 인왕산)의 흐름 속에 위치하는데, 그래서 대지 정상에서 보면 인왕산에서 남산으로 흘러가는 지맥을 확인할 수 있다. 김중업은 이런 장소의 상서로움을 건축으로 끌어들이는 데 주력했다. 따라서 대지의 장소성이 건물의 조형을 결정하는 데 중요한 역할을 했을 것이다. 입구에서 꼭대기까지 높이가 12미터 이상 차이나는 경사진 대지 여건에 따라 4개의 건물이 따로 배치되었다. 넓은 지붕과 열주들로 구성된 대사관저, 곡선의 지붕이 솟구치는 대사집무동, 평지붕과 테라스로 이루어진 직원업무동, 직원 숙소이다. 이처럼 전체 배치를 구상하면서 샹바르 대사의 요구사항을 중요하게 고려했다. 즉, "그는 건물들이 서로 분리되어 지어지고, 최소한의 경비로 전통건축을 반영한 단순한 건물을 짓기를 요구했다."[6] 그렇지만 이 가운데 직원 숙소만은 김중업의 안대로 실현되지 않았다.

주한프랑스대사관의 가장 뛰어난 성과는 바로 건물과 대지 사이의 관계를 절묘하게 풀어낸 것이다.[도판 5] 건물은 각기 독립적으로 세워져 있지만, 브리지나 통로를 통해 긴밀하게 연결된다. 특히 직원 숙소를 제외한 세 건물은 치밀한 배치계획으로 시지각적 균형을 획득하고 있음을 알 수 있다. 이 측면에서 분석해 보면 배치계획의 몇 가지 원칙들이 발견된다. 그중 가장 중요한 것이 건물을 이용하는 사람들의 시점을 조절하고 유도하는 고도의 질서를 구현한 점이다. 이런 생각은 당시 김중업과 함께 이 프로젝트에 참여했던 건축가 안병의의 증언에서도 잘 뒷받침된다. 그에 따르면, 김중업은 실시 설계가 끝나고 공사가 진행되는 중에도 계속 찾아와 지붕의 높이와 형태를 조정했다.[7]

이런 설계 과정을 고려할 때, 주한프랑스대사관에 등장하는 배치 개념을 다음과 같이 정리해

5　주한프랑스대사관의 배치 이미지.

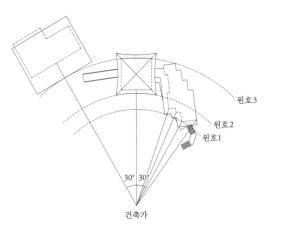

원호3
원호2
원호1

30° 30°

건축가

6　주한프랑스대사관의 배치 개념. 건축가의 위치를 중심으로 각 건물들이 가상의 원호를 만들며 놓여 있다.

7　주한프랑스대사관 대사관저. 1959-1962년.

볼 수 있다. 먼저, 각기 축을 달리하며 분리된 채 서 있는 3개의 건물은, 사람들이 대사관 입구에서 영사관을 거쳐 대사관저로 올라가는 동안 비교적 조화로운 장면을 볼 수 있도록 배치되어 있다. 이 점에서 건물의 배치는 제도대 위에서 직각 좌표체계에 의해서 설계된 것이 아니라, 주요 지점에 선 건축가의 시각을 중심으로 근접과 폐합, 분리와 연속의 관계에 기초해 이루어졌을 가능성이 높다.[도판6] 두번째는 김중업이 시점의 이동에 따라 다양한 건축적 장면이 연출되도록 했고, 이 장면들이 시지각적 측면에서 질서를 가질 수 있도록 건물과 대지가 교묘하게 결합된다. 대지와 건물이 한데 어울려 높은 미의식을 획득한 것이다. 이같은 계획 방식은 르 코르뷔지에의 건축적 산책로 Promenade Architecturale 로부터 많은 영향을 받은 것이다.

　　1960년대 이후 설계된 작품들에서 가장 두드러지는 모티프는 지붕으로, 김중업 건축에서 지붕이 갖는 의미는 매우 컸다. 주한프랑스대사관에서는 두 가지 종류의 지붕이 등장하는데, 이들의 원전은 르 코르뷔지에의 찬디가르 주지사관저와 행정청사라고 보는 것이 적절하다. 이 프로젝트를 수행하면서 르 코르뷔지에는 인도의 지역적 특성을 반영하고자 했다. 윌리엄 커티스에 따르면, "찬디가르의 카피톨 단지의 설계에서 가장 중심된 주제는, 아치나 피어, 혹은 필로티로 지지된 지붕을 설치함으로써, 일종의 파라솔 효과를 거두려고 한 것이다. 이런 장치들은 건물을 태양과 비로부터 보호하고, 또한 시원한 미풍과 시각적 다양성을 확보하기 위해 제시되었다."[8] 그렇지만 김중업은 이런 의도와는 상관없이 지붕이 가지는 동양에서의 상징적 의미를 강조했다. 그래서 다소 웅변조로, "땅과 하늘 사이에 이루어지는 새로운 자연인 건축은, 부드럽게 때로는 모질게 하늘과 부단한 접촉을 꾀한다. 예부터 동양에 있어서 스카이라인을 이룬 지붕들이 그 얼마나 유연했던가? 우리의 하늘은 실로 멋이 있기에 그에 바치는 뜨거운 찬가로서 이 지붕은 창조되리라"[9]라고 했다.[도판7]

　　사실, 한국 전통건축을 현대화하는 과정에서 가장 까다로운 부분이 바로 지붕이었다. 건물 구조가 목구조에서 철근콘크리트조로 바뀌면서, 입면의 반을 차지할 만큼 큰 지붕이 필요 없었기 때문이다. 바로 여기서 지붕의 형식과 기능 사이에 갈등이 발생했다. 김중업은 한국 전통건축에서 나타나는 고유한 지붕선에 초점을 맞추면서, 그것을 현대적 방식으로 표현하려고 했다. 동아시아의 전통건축은 비록 유사한 목구조로 지어졌지만, 각 나라별로 지붕 선은 달랐다. 한국 전통건축에서 지붕 곡률은 주로 역학적 원칙에 따라 실현되었지만, 시각적 인상은 구조적인 처짐을 해결하기 위해 사용된 귀솟음으로부터 많은 영향을 받았다. 이는 길게 뻗어 나온 처마의 처짐을 방지하기 위해 지붕 모서리 부분을 위로 들어 올리는 기법이었다. 대략 그 높이는 중앙부보다 1.414배 솟아 있다. 이로써 건축물 중앙 부분에서 바깥쪽 가장자리로 미끄러지는 삼차원의 곡면을 만들어낼 수 있었다. 김중업은 이같은 지붕선을 현대적으로 표현하기 위해 지붕의 상부를 모두 없애고, 그 대신 삼차원 곡면만을 콘크리트로 제작하는 방법을 택했다.[도판 8]

주한프랑스대사관에는 서로 다른 곡률을 가진 두 종류의 지붕 형태가 함께 사용되었다. 대사관저의 지붕은 수평적으로 대지에 장중하게 내려앉는 형태를 취하고 있는 반면, 대사집무동의 지붕은 하늘을 향해 가볍게 상승하는 형태를 취한다.[도판 9] 안병의는 이같은 대조적인 지붕 형태가 불국사의 조형 구성 방법으로부터 많은 영감을 받아서 나왔다고 주장했다. 즉, 불국사의 자하문과 범영루에서 보이는 이원적인 메타포를 내포한다는 것이다. 그래서 이 2개의 지붕은 각기 다른 형태를 가지지만, 보는 각도에 따라 중첩되면서 시각적 조화로움을 만들어낸다.

여기서 나타나는 또 다른 형태적 특징은, 전면의 콘크리트로 된 6개의 열주들이다. 그것은 외관상으로 서양의 고전건축을 연상시키기도 하지만, 건축가의 원래 의도는 돔이노 구조와 한국의 전통건축의 목구조 체계를 결합시키는 것이었다. 르 코르뷔지에가 제안한 돔이노 구조는 철근콘크리트의

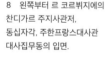

8 왼쪽부터 르 코르뷔지에의
찬디가르 주지사관저,
동십자각, 주한프랑스대사관
대사집무동의 입면.

2부. 개발 시대: 한국 건축의 정체성 탐구

구축 원리를 가장 단순한 형태로 담고 있는 것으로, 거기서 기둥이 모든 하중을 지지하면서 자유로운 평면과 입면의 가능성을 열어 놓았다. 김중업이 르 코르뷔지에 사무실에 머물며 눈 여겨 본 대목은 바로 이것이었다. 김중업은 한국에 귀국한 후 다양한 경험을 통해 목조 지붕과 기둥의 결구체계가 한국건축의 본질이라는 점을 파악했다. 주한프랑스대사관에서 나타난 구축체계는 형식적으로는 한국의 전통적인 목구조를 현대적인 재료로 구현한 것이지만, 그 작동 방식은 르 코르뷔지에의 돔이노 구조로부터 도출되었다.

형식체계의 두 가지 변용

이렇게 완성된 형식체계는 그 후 다양한 방식으로 변형되어 간다. 진해해군공관, 유엔기념묘지 정문, 이경호 주택, 그리고 진주문화예술회관(현 경상남도문화예술회관), 올림픽 세계평화의문 등은 그런 점을 잘 보여주는 작품들이다. 이들은 돔이노 구조를 바탕으로 규모가 큰 지붕이 추가되고, 구조 내부로 다양한 기능들이 자유롭게 삽입된다는 공통점을 가지는데, 동일한 형식체계가 적용되었음에도 불구하고 실제 여건에 따라 다양하게 변형되어 있다.

그런 변형을 잘 드러내는 첫번째 건물이 유엔기념묘지(현 유엔기념공원) 정문이다.[도판10] 김중업은 1963년부터 부산 대연동 당곡마을에 유엔기념묘지를 위한 4채의 건물과 입구 정문을 설계했다. 이 묘역의 면적은 14.39헥타르에 이르는데, 유엔군 사령부에 의해 1951년부터 개성, 인천, 대전, 대구, 밀양, 마산 등지에 흩어져 있던 유해가 모이면서 형성되기 시작했다. 1959년 한국 정부와 유엔 간에 협정이 체결되고, 이듬해부터 유엔이 이 묘지의 관리를 맡게 되었다. 한국 정부는 이곳 토지를 유엔에 영구히 기증했다. 이와 함께 유엔은 기금을 모아서 단계적으로 묘지를 관리할 건물들을 짓기 시작했다. 맨 처음 지어진 것은 예배당(현 추모관)으로, 1963년에 설계되어 이듬해 8월 완공되었다. 이후 김중업은 1966년 12월 부산시가 마련한 기금으로 유엔기념묘지 정문을 설계하고, 이 두 건물을 지은 다음 유엔의 자금으로 1968년 묘지 관리에 필요한 전시장과 사무실, 부속 건물을 완성하게 된다. 건축가가 이 건물을 처음 의뢰받았을 때 논밭이 일대를 둘러싸고 있었고, 이곳에서 아래를 내려다보면 수영만이 평화롭게 펼쳐져 있었다.

설계는 1963년부터 시작되었기 때문에 정문이 세워지기까지 건축가는 상당 기간 생각을 발전시킬 수 있었다. 이런 오랜 숙성 기간을 통해 유엔기념묘지 정문은 규모는 작지만 매우 정련된 조형을 갖추고, 담대하고 호방한 조형 의지가 담길 수 있었다. 김중업 스스로는 이 건물을 "한껏 부푼 선에 부드러움을 불어넣어 어린 시절의 향수를 기억하면서 잃어버린 고향을 되찾으려는 벅찬 작업의 소산"[10]이라고 평가했다. 이 건물은 기본적으로 사람들의 출입을 통제하는 문의 기능과 유엔군의 유해가 안장된 묘지 정문이라는 기념성을 동시에 추구하고 있다. 이를 위해 한국 전통건축에서 특징적으로 나타나는 원리를 현대적으로 은유하고자 했다. 여기서 그는 전통건축에서 보이는 목구조 체계를 부풀려서 볼륨으로 변형시켰다. 유엔기념묘지 정문과 같

10 유엔기념묘지(현 유엔기념공원) 정문. 1966년.

　　　　　　　　　　　　　　2부. 개발 시대: 한국 건축의 정체성 탐구

11 이경호 주택.
1966-1968년.

은 작은 조형물을 통해 김중업은 1950년대 중반부터 구상해 왔던 한국 건축의 현대화에 대한 나름대로의 성과를 구체화하고, 돔이노 구조에서 자유로운 볼륨으로의 이행을 실험하고 있다. 그런 점에서 이 건물은 김중업이 1960년대부터 탐구하기 시작한 조형언어를 가장 잘 반영하고 있다.

이경호 주택 역시 주한프랑스대사관에서 성립된 형식체계를 새로운 방식으로 변형한 작품이다.[도판11] 북악산 자락 끝에 위치한 대지는 심한 경사차 때문에 건물을 집어넣기가 매우 힘들었다. 동서 방향과 남북 방향 모두 경사가 급했는데, 특히 서쪽은 건물을 지을 수가 없어서 이런 대지의 특징이 설계에 반영되어야 했다. 또한 이 집보다 대지가 높은 뒤쪽에는 모 재벌 회장의 저택이 오래전부터 자리해 있었고, 건축주는 그 집에서 자기 집이 내려다보이지 않도록 건물 높이를 키워 줄 것을 요구했다고 한다.[11] 그래서 대지의 경사를 깎지 않고, 그 대신 성토盛土해 마당을 높게 만들고 여기에 건물의 규모를 한껏 키워 집어넣었다. 또 지상층의 바닥 높이를 지상으로부터 2.3미터 들어 올려, 테라스에서 서울 도심을 내려다볼 수 있게 했다. 대지를 통해 받은 시적 상상력이 담겨 있는 것이다.

이 건물은 르 코르뷔지에의 쇼단 저택에서 영향을 받았다. 두 건물을 비교해 보면 김중업과 르 코르뷔지에가 가지는 생각의 유사함과 차이점을 끄집어낼 수 있다. 먼저, 건물 본체와 분리된 평지붕과 이를 지지하는 기둥들이 건물의 기본 틀을 형성하고 있다는 점이다. 또한 건물의 각 기능을 담당하는 다양한 매스들이 이 틀에 삽입되면서 채워진 곳과 빈 곳 사이의 다양한 유희를 펼친다. 그렇지만 한편으로는 김중업이 르 코르뷔지에의 건축 언어를 한국식으로 해석하면서 커다란 변화가 일어났다. 그 점은 지붕 부분의 처리에서 잘 드러난다. 르 코르뷔지에는 의도적으로 보를 거꾸로 쳐서 아래쪽에서 노출되지 않도록 했는데, 이는 지붕과 기둥이 한 지점에서 만나는 것처럼 보이도록 만드는 시각적 장치였다. 반면 김중업은 지붕 아래에 있는 촘촘한 격자형 보를 의도적으로 노출시켜, 마치 한옥의 서까래처럼 돌출되어 있다. 이 같은 차이는 지붕 형태를 해석하는 방법에서 발생했다고 본다.

살아 움직이는 선

제주대학교 본관에서는 새로운 방향을 모색하게 된다. 기둥과 지붕의 구축체계보다 건물의 볼륨을 강조하는 것이다. 그런 점에서 이 건물은 김중업의

275

건축여정에서 중요한 이정표가 될 만하다. 그는 제주대학교와 관련해 많은 건물을 설계했다. 본관을 비롯해 수산학부, 법문학부, 교육학과의 강의실과 실험실이 그의 설계에 의해 지어진 것이다.[도판12] 이는 순전히 대학 학장으로 부임한 문종철 덕분이었다. 그는 김중업에게 아주 이상적인 건축주였고, 제주대학교 본관은 그의 적극적인 후원이 없었다면 아마 지어지지 않았을 것이다. 당시 한국의 경제여건상 이 정도의 건물을 지을 만한 예산을 책정받기 힘들었고, 또 김중업이 설계한 건물이 시공하기에 너무나 복잡했기 때문이다. 그래서 김중업은 베니어판에 직접 먹줄을 쳤고, 시공업자에게는 특수공법을 알기 쉽게 도해해 주었으며, 문교부에는 문종철이 매달려 양해를 얻어냈다. 이런 삼 년간의 과정을 거쳐 김중업이 이십일세기 건축이라고 불렀던 특이한 작품이 탄생하게 되었다.

대지는 제주시에서 약간 벗어난 해변에 위치했다. 용머리같이 생긴 바위가 해변을 배경으로 솟아 나와 유명한 용두암이 바로 근처에 있다. 제주도는 화산에서 분출한 용암이 쌓이며 형성된 섬으로, 세월의 흐름에 따라 파도에 마모되면서 해변은 상당히 수려한 풍광을 가지게 되었다. 대지는 비교적 평평한 편이었고, 남쪽을 향해 약간의 경사가 있었다. 김중업은 처음 방문하고서 이런 대지 여건에 상당한 시적 감흥을 느낀 듯하다. 그래서 이런 풍광에 어울리는 강한 조형성을 가진 건물이 설계되었다. 건물의 형태를 구상하면서 그의 머릿속에 떠오른 이미지는 바다를 향해 출항하는 배와 대지에 사뿐히 내려앉는 비행기였다. 그가 이런 이미지를 연상하게 된 데는 대지가 주는 상상력 외에도 르 코르뷔지에가 건물들을 설계하면서 참조했던 배에 대한 이미지가 영향을 미쳤을 것이다. 그 이미지는 건물의 3층에 있는 선실 모양의 발코니에 잘 표현되어 있다.

12 제주대학교 본관.
1964-1970년.

2부. 개발 시대: 한국 건축의 정체성 탐구

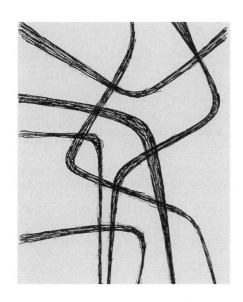

의뢰 당시 요구된 프로그램은 그다지 단순한 것이 아니었다. 한 건물 내에 전혀 연관성이 없는 다양한 기능들이 복합적으로 수용되어야 해서 해결하기가 힘들었다. 먼저 학장실을 비롯해 교수 연구실이 필요했고, 도서실, 직원용 식당, 학생용 식당, 학생회관, 박물관 시설이 포함되어야 했다. 이렇게 본관 건물에 많은 기능을 부여한 것은 설계 당시 다양한 학교 시설이 지어지지 않아서 이 건물이 대학의 주요 기능을 우선적으로 수용해야 했기 때문이다. 김중업은 이들의 기능을 각 층별로 분리했다. 맨 아래층은 대지의 레벨 차로 인해 반지하였는데, 여기에는 식당 시설과 휴게실, 학생회관이 위치하도록 했다. 2층에는 도서관이 한 층을 차지하도록 하고, 학장실과 교수 연구실은 3층에 위치하도록 했다. 그리고 맨 꼭대기 층에는 박물관을 배치해, 방문객들이 주위의 아름다운 풍광을 즐기도록 배려했다.

이때 김중업이 세운 원칙이 각각의 기능이 서로 독립적으로 유지되도록 동선을 따로 처리한다는 것이다. 그래서 이 건물에는 접근로가 많아졌다. 김중업은 이를 디자인하면서 머릿속에서 꿈틀거리는 환상적이고 시적인 조형 의지를 분출시켰다. 이렇게 '살아 움직이는 선'의 아름다움이 극적으로 구사되었다. 또한 대지와 건물과의 관계를 고려해 램프를 설치함으로써 대지의 레벨 차를 흡수하고 이들이 일체화되도록 했다.[도판13]

접근로는 크게 세 가지 형태로 설계되었다. 첫번째는 북쪽에 위치한 주출입구의 램프이다. 평면적으로 반원에 가까운 세련된 모습을 하고 있지만, 실제로는 상당히 거칠고 유기적으로 보인다. 그 형태는 가우디의 건축 모티프를 연상시킨다. 이 램프는 사람들이 지상에서 반 층쯤 올라와서 2층으로 직접 진입하도록 유도했다. 두번째 접근로는 유연한 곡선으로 구성된 남쪽 램프이다. 사람들은 이를 통해 남쪽에서 2층과 3층으로 바로 출입할 수 있었다. 이 접근로는 둥근 기둥들로 지지되어 있고, 상부로 올라가면서 마치 버섯 모양으로 퍼져 램프와 일체가 되었다. 역삼각형으로 된 지지물의 이미지는 1950년대 김중업의 스케치에서도 자주 등장하는 것으로, 후에 서병준산부인과의원과 태양의집에서 다시 보게 된다. 이런 지지물과 함께 지상에서 보이는 램프의 모양은 김중업이 상상한 '살아 움직이는 선'의 흐름을 잘 느끼게 해 준다. 무중력 상태에서 부유하면서 허공을 가로지르는 어떤 흐름을 순간적으로 포착해 응고시킨 듯하다. 세번째 접근로는 2개의 원통형 지지물에 매달린 나선형의 램프이다. 이는 교수들이 다른 기능들과 접촉하지 않고 직접 연구실로 드나들도록 설계된 것이다. 평면에서 보면 마치 돼지 꼬리처럼 생겼는데, 독특한 서정성을 간직하고 있다.

건물의 입면은 다양한 재료로 혼합되어 있다. 거친 콘크리트, 유리, 벽돌, 제주산 현무암이 각기 다른 부위에 사용되었다. 한 건물에 여러 기능을 동시에 수용시켜야 했기 때문에 재료의 변화를 통한 입면 구성이 외부로 드러나도록 했다. 즉 1층의 공용 공간과 2층의 도서실은 유리창이 주가 되도록 처리하고, 3층의 교수 연구실은 여객선의 선실을 연상시키는 곡선의 창과 두꺼운 노출콘크리트로 처리했다. 노출콘크리트의 강건함과 유리창의 투명성이 대조를 이루며 전체 입면을 특징짓도록 하는 것이 의도였다. 옥상의 박물관에는 외벽을 제주산 현무암으로 처리해 전혀 다른 분위기를 주었다.

증식하는 원들

1960년대 후반 이후 김중업 건축은 새롭게 변모해 나갔다. 특히 원형圓形의 모티프가 자주 사용되었고, 조형적으로는 볼륨이 강조되었다. 물론 원을 사용해서 만들어낸 형태는 매우 다양했다. 하나의 동심원이 건축물의 전체 형태를 결정하는 경우도 있고 아니면 여러 개의 원들이 병치되어 전체 매스를 구성하는 경우도 있다. 그리고 원형이 평면에 사용되는 경우, 입면이나 삼차원적 매스로 사용되는 경우 또한 있다.

원형이 평면의 주된 모티프로 등장한 최초의 건물은 서병준산부인과의원으로, 자궁처럼 생긴 타원형이 전체 평면을 특징짓는다.[도판 14, 15] 원형이 그의 건축에 본격적으로 도입된 시기는 1971년 프랑스로 추방당했을 때였다. 그때 설계한 대한성공회회관(현 세실극장) 계획안과, 한국외환은행 본점 계획안의 경우 1개 혹은 2개의 동심원이 전체 조형을 결정했다. 이런 경향은 1975년 미국으로 건너가서도 계속되는데, 바다호텔 계획안, 민족대성

14 서병준산부인과의원 모형.
1965-1966년.(왼쪽)
15 서병준산부인과의원 1층 평면.(오른쪽)

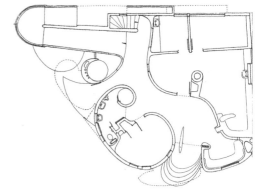

2부. 개발 시대: 한국 건축의 정체성 탐구

16 육군박물관. 1981-1983년.

17 김중업의 '증식하는 원'
스케치. 1959.

전, 이분 올루아 스포츠호텔에서도 확인된다. 원형은 1980년대 들어서서 더욱 뚜렷해진다. 1980년대 주택 스케치에서 그 생각의 흐름을 읽을 수 있는데, 처음 머릿속에 있는 이미지를 도면에 옮길 때 사용되는 매체가 바로 원형의 요소이다. 이들은 후에 기능에 따라, 건축주의 요구에 따라, 혹은 조형적인 문제에 따라 직선 또는 그 외의 모습으로 변용된다.

그의 조형세계에서 자주 나타나는 원은 다음 두 가지 의미를 내포하고 있다. 먼저, 원이 갖고 있는 기하학적 단순성으로, 김중업은 자신의 건축에 강력한 기념성을 부여하기 위해 이를 사용했다. 이런 생각이 잘 반영된 작품은 대한성공회회관 계획안과 육군박물관[도판16]이다. 여기서 하나의 동심원은 조형을 구성하는 가장 중요한 요소였다. 그렇지만 나머지 대부분의 작품에서는 병치된 원들로 나타난다. 그것은 김중업의 머릿속에 자리잡은 공간적 풍부함을 드러내기에 적합한 방법이었다. 연필로 계속해서 작은 원들을 증식해 나가는 그림이 스케치에 자주 등장하는데, 이는 김중업의 심리 구조를 아주 명료하게 드러낸다.

'증식하는 원'의 스킴은 건물의 기능을 분절하고 거기에 어떤 영역성을 불어넣을 때 가장 중요하게 작용한다.[도판17] 이것이 건축 형태에 작용될 때 건물은 볼륨감이 극대화되면서 유기적인 모습을 갖게 된다. 다양한 크기로 증식하는 원들이 구성하는 평면 형태는 르 코르뷔지에 건축에서는 잘 보이지 않는다. 그런 점에서 김중업 스스로가 고유한 조형세계를 추구하면서 새롭게 발견한 것이라고 볼 수 있다. 또한 '살아 움직이는 선'의 스킴과는 또 다른 의미로 작동하며, 따라서 김중업의 심리적 스킴을 형성하는 하나의 독립된 것으로 보아야 한다.

증식하는 원의 이미지들은 어떻게 적용되는가. 김중업의 스케치들을 살펴보면 우리는 증식하는 원이 주가 되는 작품의 두 가지 특징을 발견할 수 있다. 하나는 건축 조형의 표상 방법이 상당히 평면적 two-dimensional이라는 것이고, 또 다른 하나는 건물의 구성이 병치적 juxtapositional이라는 것이다. 전자의 스케치는 굵게 그려진 여러 개의 원들이 삼차원의 실린더 형태로 이어진다. 증식하는 원으로 구상된 대부분의 건물들은 대부분 전자에 속한다. 가장 좋은

11장. 김중업: 시적 울림의 세계

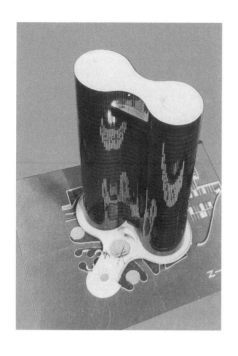

18 한국외환은행 본점 계획안 모형.
1973년 설계.

예로 서병준산부인과의원과 한국외환은행 본점 계획안 [도판18]이 있다. 특히 김중업이 프랑스에서 보낸 한국외환은행 본점 스케치에는 두 개의 원이 진하게 그려져 있다. 삼차원적인 모델과 이 평면 스케치를 비교해 보면, 평면 스케치가 수직적으로 확대된 것임이 확연히 보인다. 이같은 특징은 주로 증식하는 원의 평면을 가진 대부분의 작품에서 비슷한 방식으로 계속 반복된다.

　그렇지만 이런 태도에서 여러 가지 한계가 보이는 것도 사실이다. 먼저 그의 건축에는 르 코르뷔지에 건축에서 눈에 띄는 공간적 드라마가 거의 등장하지 않는데, 공간을 너무 평면적으로 생각한 결과라 짐작된다. 르 코르뷔지에에게 평면은 다양한 공간을 압축해서 담아 놓은 그릇이었지만 김중업에게는 공간을 발생시키는 틀이었다. 이런 차이점은 내부 공간의 성격을 완전히 다르게 만들었다. 르 코르뷔지에의 건축에는 단지 평면을 겹쳐 놓았을 때는 드러나지 않는 공간감이 존재한다. 그것은 그 공간 안에 서 있을 때 비로소 느낄 수 있다. 즉 이차원적이기보다는 삼차원적(기디온은 사차원적이라고 이야기했지만) 공간 체험인 것이다. 이에 비해 김중업의 건축은 내부 공간이 거의 평면에서 지각된다. 그만큼 공간을 다루는 방법이 밋밋하다는 이야기이다. 주택 작품을 보면 명확해지는데, 평면적으로는 여러 가지 도형들이 병치되어 매우 복잡해 보이지만 자세히 살펴보면 그 기능적 관계들이 비교적 명료하게 파악된다. 그리고 평면을 통해 곧바로 공간을 상상할 수 있다. 육군박물관과 한남동 이강홍 주택 [도판19]은 그같은 설계 프로세스를 보여주는 대표적인 예로, 원형이 주요 모티프로 작용하고 있다. 건물에 담겨 있는 각

19 한남동 이강홍 주택.
1979-1980년.

공간에 대한 삼차원적 탐구가 거의 이루어지지 않았다는 사실을 반증한다.

　증식하는 원의 스킴에서 나타나는 두번째 특징은 설계 과정에서 각각의 독립적인 아이덴티티를 갖는 요소와 이들을 연결하는 요소가 명확히 구분되어 발전해 나간다는 것이다. 이는 김중업이 건축 구성의 원리로 병치를 사용한 결과라고 생각된다. 사실 각 건축 요소들이 각자의 독립된 특징을 유지하면서 전체 조형을 만드는 방법은 르 코르뷔지에의 롱샹 성당 Chapelle Notre-Dame du Haut 에서 가장 특징적으로 나타난

다. 특히 이런 경향은 김중업의 후기 작품에서 명확하게 드러나는데, 거기서 원형과 직방체를 자유분방하게 병치하는 방법을 자주 볼 수 있다.

디자인 프로세스가 명확하게 나타나 있는 방배동 민영빈 주택의 스케치가 그 대표적인 예로, 스케치 초기에는 안방과 노모방, 부엌, 계단실이 하나의 독립된 요소로 등장하고 나머지는 이들을 연결해 준다. 이어 그려진 스케치에서 이들은 비슷한 형태를 유지하면서 그 내부에서 다시 각 기능들이 세분화된다. 이와 함께 계단실도 계란형에서 원형의 나선계단으로 바뀌고 현관에 다시 둥근 매스가 추가되지만 초기의 이미지를 바꿀 만한 것은 아니다. 여기서 중요하게 인식해야 할 점은 각각의 개별 요소들이 건물 전체에 대한 부분으로 인식되어 종속적인 위치를 차지하는 것이 아니라, 요소 하나하나가 독립적으로 발전된다는 사실이다.

그렇지만 건물을 구성하는 각각의 요소들이 고유한 아이덴티티를 가지면 가질수록 이들을 통합하기란 당연히 더욱 힘들어진다. 김중업이 스케치를 하면서 골똘히 상상하고 있었던 것은 개별적인 요소들을 융합해 전혀 새로운 하나의 전체를 만드는 것이 아니었을까. 즉, 서로 대립되는 요소들을 어떻게 통합된 이미지로 이끌어 갈지 많이 고민했던 것 같다. 만일 독립된 각 부분들이 하나의 완결된 작품으로 승화될 경우 역동적이면서도 풍부한 느낌의 작품으로 탄생하지만, 그렇지 못할 경우 산만해져서 별다른 감흥을 불러일으키지 않는다. 이는 김중업이 설계한 많은 건축물을 평가하는 중요한 기준이 될 수 있다.

자기 모방과 스케일의 확장

김중업은 살아생전에 건축설계에 열정적으로 몰두하면서, 수준 높은 작품들을 쏟아냈다. 그렇지만 말년에 이르러 기존에 확립되었던 조형언어를 프로그램에 맞게 변형시켜 내놓는 경우가 잦아졌다. 이런 과정에서 스케일이 무리하게 확대되었고, 이것은 조형상에 많은 문제점을 불러일으켰다. 이처럼 김중업의 후기 작품들에서는 스케일이 엄청나게 커지면서 점차 작품의 질이 떨어지기 시작했다. 그런 경향은 김중업이 미국에 체류할 당시 이미 나타나기 시작했다. 민족대성전이라고 불리는 거대한 기념 홀은 그 대표적인 예이다. 김중업이 상상한 이 건물의 규모는 엄청난 것이었다. 이 정도의 스케일은 아니지만, 김중업이 1980년대에 설계한 문화 시설들도 기존의 건축언어를 무리하게 확장하고 있다. 한국에 막 귀국하여 사무실을 재건해야 할 처지였던 김중업은 문화 시설의 현상설계에 필사적으로 매달렸고, 그중에서 진주문화예술회관과 군산시민문화회관에 당선되어 실제로 지어지게 된다. 그렇지만 이들 현상설계에서 제시된 계획안들은 별로 새로운 것이 없다. 주한프랑스대사관에서 시작하여 유엔기념묘지 정문과 설원식 주택 계획안 등을 통해 이미 완성된 조형 언어를 스케일을 확장시켜 적용한 것이다.

여기에는 여러 가지 요인이 작용하고 있다. 먼저 1980년대 초를 제외하고는 건강 문제로 설계에 전력으로 참여할 수 없었다. 따라서 새로운 건축언어들을 창조해내는 대신에, 기존 언어들을 다시 끄집어내서 틀을 짠 다음 여기에 새로운 요소들을 끼워 넣는 방법을 취했다. 거기서 가장 일반적으로 자기 모방한 것은 1960년대 그가 만들어 낸 지붕과 기둥으로 이루어진 구축체계였다. 또 다른 요인으로 현상 설계에 당선되기 위해 새로운 실험보다는 현실적으로 당선될 수 있도록 설계안을 제안했다. 현성설계에서 제출한 안들은 당선이 중요했기 때문에 지나친 작품 의지를 돌출시키려 하지 않았다. 이런 이유로 그의 후기 작품들은 그의 건축에서 나타나는 특유의 드높은 상상력과 솟구치는 생동감이 없다. 기둥과 곡선의 지붕이 결합된 기존의 조형언어를 확대 모방하여 기능에 맞게 설계한 것이다.

2부. 개발 시대: 한국 건축의 정체성 탐구

12장. 김수근: 휴먼 스케일의 공간 탐구

김수근金壽根, 1931-1986은 비록 길지 않은 삶을 살았지만, 그의 인생은 매우 다채로웠다. 1959년 남산 국회의사당 현상설계에 당선되면서 데뷔한 이래 개발 시대 주요 국가 프로젝트의 설계를 도맡았다. 그가 활동했던 시기는 한국 현대사 가운데 가장 역동적인 시기로 기록된다. 산업화가 가속되면서 엄청난 인구가 도시로 집중되었고, 이에 따라 대규모 도시개발과 주거 건설이 이루어졌다. 이와 함께 식민 시기에 억제되었던 민족주의적 욕망이 한꺼번에 분출되어 근대적 정체성의 추구가 중요한 화두로 등장했다. 김수근은 이런 흐름의 중심에 있었다. 그는 군사정권의 실세들과 친분을 유지하면서 다양한 공공건물들을 수주했다. 이 과정에서 그의 건축은 다양한 모습으로 변모해 나가지만, 본질적으로는 개발 시대가 요구했던 근대적 이념형을 탐구했다고 볼 수 있다. 오늘날 김수근 건축에 대한 평가가 엇갈리는 이유는, 당시 시대가 그의 건축에 빛과 그림자를 동시에 드리웠기 때문이다.

김수근 건축에서 흥미로운 점은 개발 시대 국가주의라는 거대 담론만 존재하는 게 아니라는 것이다. 그는 1960년대 말부터 한국 전통건축에 담겨 있는 공간 개념을 탐구하기 시작했고, 그때부터 일대 전환을 이루었다. 김수근은 한국 건축의 인본적이고 자연친화적인 측면에 주목했다. 즉, 한국 건축은 거주하는 사람들을 기준으로, 그들에게 친밀감을 주는 적정한 공간 크기로 구성된다. 단지 스케일 상의 문제만이 아니고, 건물 내를 이동하면서 신체로 경험하는 모든 체험을 총체적으로 포괄하는 것이다. 또한 의도치 않은 해프닝과 놀이가 일어나도록 해 창조적인 공간을 만들어 나간다. 김수근은 이를 '사이[間]', '멋'이라는 말로 표현했다. 그에게 멋이란 여유로움, 즉 넉넉함에서 찾을 수 있는 것으로, 대청이나 누마루, 문방文房의 공간적 특징에서 잘 나타난다. 이런 접근법은 조형언어에 집중했던 동시대 다른 건축가들과는 분명 다른 방식이었다.

서울의 북촌

김수근은 함경북도 청진 출신으로, 일곱 살 때 어머니의 손에 이끌려 서울로 내려왔다. 그 후로 육이오전쟁이 발발하기 전까지 종로구의 가회동, 삼청동,

1 김수근이 유년 시절을 보낸 서울의 북촌한옥마을.

원서동을 삼사 년 주기로 옮겨 다니며 살았다.[1] 유년 시절을 보낸 이 동네들은 오늘날 북촌이라고 불린다.[도판 1] 조선 왕조의 주요 궁궐이었던 경복궁과 창덕궁 사이에 위치해 상류계급의 주거지로 손꼽히던 곳이었으나, 김수근이 머무를 당시에는 도시화가 급속도로 진행되면서 필지 분할과 도시형 한옥의 건설이 일어난다. 김수근이 그린 스케치를 살펴보면, 그가 살았던 집들은 전통적인 상류 주택처럼 여러 채의 건물로 구성되지는 않았으나, 그렇다고 소필지로 분할된 도시형 한옥도 아니었다. 집안은 비교적 부유했고, 때로는 한옥과 양옥이 같이 있는 집에서 살기도 했다.

　서울 북촌에서의 삶이 건축가에게 끼친 영향은 세 가지로 요약해 볼 수 있다. 우선 건축물과 대지, 도시적 맥락과의 관계이다. 유년기를 보낸 북촌은 태조 이성계가 한양을 도읍으로 정한 이래로 풍수지리상 가장 길지로 여겨질 뿐 아니라 도성 내에서 최고의 택지로 오랫동안 자리매김해 왔다. 빛이 잘 들고 배수가 원활해 왕궁과 사직단, 종묘 등이 있고, 고급 관료들의 대저택이 밀집했다. 현대화로 상당한 변화를 겪은 지금도 시내 쪽에서 이곳을 바라보면, 겹겹이 쌓인 집들의 실루엣이 배경으로 있는 산들과 완벽한 조화를 이루고 있다. 지붕에 한식 기와를 얹은 나지막하고 아담한 건물들이 북악산 산자락에 자리잡고 있는데, 그 속에 창덕궁 돈화문이 우뚝 솟아 있어서 시선을 조화롭게 붙들어 맨다. 김수근은 이곳에서 건축을 도시적 맥락에 따라 자연스럽게 위치시키는 방법을 터득한 것으로 보인다. 즉, 건물이 주변 환경에 녹아들면서, 하나의 통일된 분위기를 형성하는 것이다.

　두번째는 조형 의식에 관한 것이다. 김중업이 전통건축에 등장하는 지붕의 곡면과 부재들을 단순화시켜 곡선과 볼륨으로 표현했다면, 김수근은 선적인 구성에 민감하게 반응했다. 특히 북촌의 한옥들에서 눈에 띄는 표면의 텍스처가 강렬하게 다가왔다. 그의 한옥 스케치에는, 지붕의 기왓골이라든가 기와가 겹치면서 만드는 가는 선들이 자주 등장한다.[도판 2, 3] 한옥 지붕의 비상하는 곡면을 주요 모티프로 활용했던 김중업과는 달리 김수근은 한옥 지붕을 비교적 평면적으로 처리하면서 기왓골이 만드는 지붕 선들을 부각시켰다. 이런 사실은 전통건축의 형태를 현대화한 국립청주박물관과 국립진주박물관에서도 확연히 드러난다. 전통건축의 형태를 선적인 텍스처로 파악하는 경향과 함께 군집적으로 파악하는 경향도 이때 생겨난 것으로 보인다. 북쪽에 병풍처럼 서 있는 북악산을 배경으로 완만하게 경사진

　　　　　　　　　　　　　　2부. 개발 시대: 한국 건축의 정체성 탐구

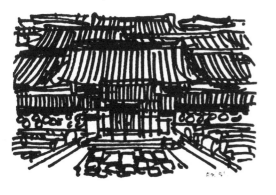

2 김수근의 한옥 스케치. 1981년.(왼쪽)
3 한옥 스케치를 바탕으로 한 선적 구성. 1981년.(오른쪽)

대지에 수천 채의 한옥이 겹을 이루는 북촌은 한국의 군집미를 대표적으로 보여준다. 이런 미적 체계는 한국 전통건축이 가진 조형의 본질을 관통하는 것이기도 하다. 건축사학자인 김봉렬은, "한국 건축은 자연 지형까지도 일체가 된 거대한 영역 속에서 서로가 집합되어 있어서"[2] 제대로 감상하기 위해서는 건물과 건물의 집합 방법을 이해해야 한다고 주장했다. 한국 건축의 조형미는 건물 개개에서 나오는 것이 아니라, 그 집합에서 찾아야 한다는 것이다.

마지막은 북촌을 구성하는 가로체계와 마당에서 비롯된 공간 의식이다. 북촌의 가로는 자연 발생적인 것으로 매우 독특한 성격을 지니고 있다. 즉, 서울 사대문 안의 지형은 산으로 둘러싸여 있어 주변으로 갈수록 경사가 급해진다. 북촌도 이런 지형적 특징 때문에 나뭇가지와 같은 가로체계를 갖게 되었다. 간선도로로부터 산 쪽으로 올라갈수록 점차 길이 좁아지다가 결국은 막다른 골목이 된다. 그것은 격자형 도로체계와는 완전히 달랐다. 이로 인해 미로처럼 복잡한 길 중간 중간 계단과 경사로가 나 있다. 사람들은 통과하기 위해서가 아니라 특정한 목적지를 찾아가기 위해 이 길을 이용한다. 따라서 이곳은 익명적인 공간이 아니라 거주하는 사람들만을 위한 반사적 공간이 된다. 지금도 여전히 길에 평상을 깔고 담소하는 주민들의 모습을 볼 수 있다. 생면부지의 사람들이 무심코 지나쳐 버리는 강남의 도로들과는 무척 대조적이다. 훗날 김수근이 주장한 해프닝이 있는 공간, 일과 놀이가 합일된 공간의 원형이 바로 이곳이 아닌가 생각된다. 또한 주목해야 할 점은 담장, 길, 대문, 마당 등이 하나의 연속된 공간을 형성한다는 점이다. 이는 서구의 건축처럼 독립된 오브제가 하나의 유기적 네트워크처럼 한정된 내부 공간을 외부까지 확장시키거나 외부 공간이 내부 공간까지 침투할 수 있는 공간의 신축성 또는 탄력성을 가지고 있다. 따라서 성격이 분명한 공간이 아니고, 경계가 불분명하고 애매한 '사이'의 성격을 지니고 있었던 것이다. 김수근은 이

12장. 김수근: 휴먼 스케일의 공간 탐구

것을 매우 예민하게 받아들여서 독특한 공간론으로 발전시킨다. '둘러싸여 있으되 결코 막히지 않는 공간 enclosed but endless space'이 바로 그것이다. 이러한 공간체계를 체험한 김수근은 다음과 같이 회고했다. "나는 어린 시절에 서울의 가회동과 낙원동과 제동과 인사동을 중심으로 해서 그 꼬불꼬불한 많은 길을 누비고 걸어 다녔고, 자전거도 타고, 제기도 차며 그 길 속에서 자랐다. 그때의 길들은 나에게는 마당이요, 놀이터요, 시쳇말로 거실이요, 휴식의 거소요, 나의 몸의 크기와 살갖에 알맞은 주위공간이었다."[3]

조형 다이어그램

김수근 건축은 다양한 각도에서 조명할 필요가 있는데, 우선적으로 그의 조형 의식을 파악해야 한다. 그것은 그의 의식 깊은 곳에 자리잡으면서, 독특한 형태로 구현되었다. 일반적으로 김수근의 조형세계는 1960년대 말을 경계로 이분화되는 경향이 있다. 그와 오랫동안 협동한 대부분의 건축가들은 이런 구분을 큰 문제없이 받아들인다. 여기서 조형 의식의 변화와 사용하는 재료의 변화, 사무실 조직과 구성원의 변화, 새로운 공간 개념의 대두[4]는 주요 기준으로 제시된다. 이와 관련해 이범재 교수는, "대체로 초기 작품에서 보이는 이미지는 매스가 하나의 덩어리로 이루어져 있고, 그 덩어리 자체의 형상과 의미가 전체로서 일시에 파악, 인식되도록 하고 있다. 그럼으로써 매스에서의 디테일이나 섬세함 그리고 스케일의 감각을 미처 느껴보지 못하도록 이의 강력함이 모든 것을 상쇄시키고 마는 것이다. 그러나 1970년대의 작품에서는 덩어리 전체를 보는 시각이 좀더 분할되어 가고, 작은 것들의 구성이 중요하게 보인다. 전체가 하나인 노출콘크리트의 표현 수법에서 조각조각들이 모여서 하나가 되는 방향으로 변하게 된다"[5]라고 했다. 승효상承孝相은 김수근의 건축 조형에서 분기점을 이루는 것이 1969년에 지어진 해피홀이라고 보고 그 이후의 변화를 다음과 같이 이야기했다. "그때까지의 정형적이고 도형적인 직사각형, 정사각형, 원, 삼각형 등에서 탈피해 가면서 비대칭적, 비정형적인 건축으로 옮아 간다."[6] 이런 언급에서 한 가지 공통적인 태도는, 그 조형 의식이 1960년대는 주로 노출콘크리트로 된 완결된 조형으로 특징지어지다가, 1970년대 들어 붉은 벽돌로 된 분절적 형태로 전환되었다는 것이다.

이런 논리는 부분적으로 설득력이 있어 보이지만, 그의 건축의 흐름을 깊이있게 통찰해 보면 몇 가지 의문이 드는 것도 사실이다. 먼저 이들이 말한 것처럼 조형 의식이 단선적으로 변화하느냐는 것이다. 작품 전체를 놓고 보면, 작은 덩어리로 분절되는 경향은 1970년을 전후로 갑작스럽게 돌출된 현상이 아니라는 것을 알 수 있다. 많은 사람들이 해피홀이나 1971년 퐁피두센

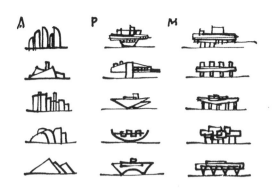

터 현상설계를 계기로 작은 덩어리로 분절되는 경향이 시작되었다고 보지만, 그 이전의 작품에도 이와 유사한 이미지를 가진 작품이나 스케치가 많이 있다. 대표적인 예가 원서동 구인회 주택과 남산맨션이다. 좀더 멀리 거슬러 올라가자면, 1959년 수도극장 개조를 위한 스케치에서도, 수직적인 띠를 이용해 매스를 분할하려는 태도는 분명히 나타난다. 그리고 완결적인 조형성을 추구했다고 보는 작품들에서조차도 자세히 살펴보면, 큰 매스를

4 여수 수족실험관을 설계하는 과정에서 김수근이 그린 다이어그램. 1966년.

수직적으로 분절하려는 노력을 곳곳에서 엿볼 수 있다. 마찬가지로 1970년 이후에도 비교적 완결된 형태를 강조하려는 작품들이 계속해서 나타났다. 즉 올림픽 주경기장, 올림픽 체조경기장, 치안본부청사, 서울법원청사, 광명 시청사에서도 1960년대 조형적 특징을 분명히 발견할 수 있다.

따라서 두 가지의 조형 원리가 시기에 따라 단선적으로 변화하는 것이 아니라, 전 생애를 거쳐 김수근의 의식에 함께 내재해 있었다고 보아야 할 것이다. 1960년대 말과 1970년대 초에 일어난 전회는 조형적인 차원이 아니라, 공간 개념을 통해 건축의 새로운 측면을 발견한 것이라고 볼 수 있다. 건축가의 시각이 건물 외부로부터 내부로 바뀐 것이다. 그럼에도 불구하고 내면에 가지고 있었던 조형 의식은 유지되었다고 보는 것이 타당하다.

이런 논의를 결정적으로 뒷받침하는 스케치가 있다. 1966년 여수 수족 실험관을 계획하는 과정에서 다양한 다이어그램을 그린 것으로, 그의 조형 의식을 극명하게 보여준다. 여기에는 세 가지 계열의 그림들이 마치 다이어 그램처럼 제시된다. [도판 4] 첫번째 계열(도판 4의 P)의 다이어그램들은 기하학적 완결성을 강조하고 있으며, 가소성이 강한 단일한 오브제로서 구성되어 있다. 그중 위에서 세번째 그림에 해당하는 워커힐 힐탑바[도판 5]는 이 계열의 건물들이 갖는 조형적 특징을 대변한다. 이처럼 조형성을 강하게 표출하기 위해서는 대담한 구조 공법이 채택되어야 하고, 재료도 이에 적합한 것을 사용해야 한다. 김수근이 1960년대 주로 사용했던 노출콘크리트는 이런 건물들을 짓는 데 잘 어울리는 재료였다. 이 계열의 조형 원리는 이후로 남산음악당 계획안, 부여호텔 계획안, 김포공항 계획안에 계속해서 적용되었다. 홍

5 워커힐 힐탑바. 기하학적 완결성을 강조하는 P계열 건축에 속한다. 1961-1964년.

12장. 김수근: 휴먼 스케일의 공간 탐구

6 해피홀. 작은 단위의 매스들이 중첩되어 조형의 군집미를 보여주는 A계열의 건축이다. 1969년 준공.

7 KIST 본관은 수직적이고 수평적인 요소가 결합된 M계열의 조형을 보여준다. 1967-1969년.

미로운 사실은 이 계열의 건물 형태가 1970년대 이후 김수근이 설계한 경기장 시설들의 형태를 예고한다는 점이다. 1970년대와 1980년대에 지어진 건축물 가운데, 대부분의 경기장 시설이 이 계열에 속한다.

두번째 계열의 그림들은(도판 4의 A) 작은 단위 매스들이 여러 겹으로 중첩되어 조형의 군집미를 보여준다. 건물 형태를 만들어내는 방식이 조소적이기보다 부가적이다. 이 계열에 속하는 다이어그램은 김수근의 작품에서 가장 중요한 조형적 모티프로 활용되었다. 시기에 따라 그것은 세 단계로 변화한다. 첫번째는 해피홀, 원서동 구인회 주택, 남산맨션과 같은 1960년대 말의 작품들이다. 해피홀의 경우 十자형 구조물을 돌출시켜 건물 매스를 선적으로 분절했다.[도판 6] 비슷한 방식이 원서동의 구인회 주택에서도 등장하는데, 메타볼리즘의 영향으로 보이는 수직 기둥들이 두드러지며 그 사이로 건물 매스들이 삽입되어 있다. 두번째로 1970년대 초부터 1970년대 중반까지의 건물들에서는, 질량감있는 매스들을 분절해 여러 선들의 군집으로 변환시켰다. 퐁피두센터 현상안, 공간 사옥, 서울대학교 예술관, 문예회관 공연장(현 아르코예술극장), 주인도한국대사관 등이 대표적인 경우이다. 마지막으로 1970년대 말에 나타난 경향으로, 단순히 작은 매스들을 모아 놓은 차원을 넘어 건축 조형을 통해 강한 상징성과 전통적 이미지들을 획득하려는 단계이다. 3개의 종교 건축물(마산 양덕성당, 경동교회, 불광동성당)과 2개의 박물관(국립청주박물관, 국립진주박물관) 프로젝트가 좋은 예이다. 종교 건축의 경우 절대적인 신을 향한 인간의 열망을 불규칙하게 상승하는 수직의 매스 덩어리로 표현하고, 박물관에서는 중첩된 한옥 지붕의 이미지를 표현했다.

그리고 마지막 계열(도판 4의 M)의 그림들은 A계열과 P계열의 혼합형으로 보인다. 이는 자유센터나 KIST 본관[도판 7], 공릉 사옥의 이미지를 연상시키는 것으로, 전체적으로 형태가 완결적이지만 수평적인 요소와 수직적인 요소가 결합되어 새로운 조형을 만들어낸다. KIST 본관은 르 코르뷔지에의 라 투레트 수도원 Couvent de La Tourette 으로부터 영향받았음이 틀림없다. 수직과 수평으로 결합된 매스가 네 방향으로 돌아가고 있는 점이 특이

2부. 개발 시대: 한국 건축의 정체성 탐구

8 3층부의 창이 돌출되어
수평성이 강조된 공릉 사옥.
M계열에 속한다. 1983-1985년.

하다. 1970년 오사카 만국박람회 한국관도 이 계열로 보이지만, 수평의 매스가 입체 트러스로 제작되어 시각적으로는 매우 약화되었다. 여기서 건축가는 메타볼리스트들이 주도했던 박람회의 전체 분위기와 맞춰 미래 지향적인 이미지를 제시하고자 했다. 이를 위해 전시장 주위에 3미터 간격으로 3.75미터 직경의 원형 기둥을 북측에 8개, 남측에 7개씩 일렬로 배치하고, 그 위를 높이 4.24미터, 폭 35미터의 스페이스 프레임으로 덮어 영역감을 부여했다.

　　　이 외에도 M계열을 대표하는 작품이 1980년대에 설계된 공릉 사옥이다.[도판8] 이 건물을 지으면서 김수근은 공간 사옥이 갖고 있는 여러 기능적 문제들을 해결하려고 했다. 공간 사옥은 다양한 공간적 의도들이 삽입되었기 때문에 작게 분절되어 있다. 그래서 대규모 프로젝트를 수행할 경우 여간 불편한 것이 아니었다. 그와 비교해 공릉 사옥은 공간의 분절이 별로 없이 하나의 공간으로 터져 있다. 4개의 층으로 명확히 수직 구분되었고, 특히 3층 부분의 창이 돌출되어 수평성이 강조되었다.

　　　이 세 가지 계열들은 김수근 생애 내내 그의 의식을 지배했던 원형적인 요소로서 작용했다. 그가 행한 다양한 스케치들을 분류해 보면 대부분 이 안에서 수렴된다. 따라서 1970년대에 들어 그의 조형 의식이 갑자기 변화했다는 견해는 생각해 볼 문제다. 그 대신 이 시기에 사고의 중심이 조형으로부터 공간으로 이동했다는 데 주목해야 한다.

휴먼 스케일의 공간 탐구

김수근이 공간 개념을 탐구하기 시작한 때는 한국종합기술개발공사 사장직을 사임한 1969년 전후로 알려져 있다. 그 후 1972년 공간건축을 열 때까지 삼 년 여의 기간은 김수근에게 새로운 건축 이념을 모색한 시기였으며, 건축 전반에 걸친 이론적인 축적을 활발히 한 시기였다. 이보다 미래지향적이고 실험적이었던 때는 없었을 것이다. 당시의 탐구 주제는 '인간'과 '환경'이라는 키워드로 요약된다. 그 스스로 밝혔듯이 이 두 가지는 한국 전통건축의 공간에서 가장 쉽게 찾을 수 있는 것이다. 최순우와 함께 떠난 답사 여행에서 그가 발견했던 것은 인간 척도를 가진 자연 친화적 공간이었다. 인간적인 척도의 공간 탐구는 매우 중요한 의미를 가지는데, 그의 건축적 전회轉回를 의미하기 때문이다.

9 퐁피두센터 현상설계 당시의 모형.
1971년 설계.

1971년에 설계된 퐁피두센터 계획안은, 이 시기 그가 무엇을 고민했는지를 잘 드러낸다. 최초의 스터디 모델을 살펴보면, 여러 개의 작은 상자들을 쌓아서 전체 건물을 만든 것을 볼 수 있다.[도판 9] 각각의 개별 상자들은 그가 주장하는 휴먼 스케일, 즉 크기가 5×5미터 정도로 되어 있다. 내부 공간은 닫힘과 열림을 통해 상호 관입되어 있다. 그리고 건물 중심에 야외 마당을 설치하여 다양한 형태의 테라스들이 그곳을 향하고 있다. 이 시기 김수근의 변화에는 프랭크 로이드 라이트 Frank Lloyd Wright 건축으로부터의 영향도 큰 몫을 했다. 실제로 김종성에 따르면, 김수근이 1970년대 초기 라이트 건축을 보기 위해 시카고를 방문했다고 한다. 이 점은 김수근 스스로 자신 건축의 계보가 라이트에서 시작해 안토닌 레이먼드 Antonin Raymond, 요시무라 준조 吉村順三로 이어진다고 밝힌 데서도 잘 드러난다.

이 계획안 이후 계속해서 인간 척도의 공간이 탐구되었고, 이로써 많은 건축적 변화가 생겨났다. 김수근은 이를 세계에 내놓아도 손색이 없는 한국 전통건축의 특징 중 하나라고 자부했다. 공간 사옥은 휴먼 스케일의 공간을 건축적으로 담아낸 최초의 건물이다.[도판 10] 사람의 움직임에 따라 다양한 성격의 공간들이 연이어 펼쳐지고, 신체를 기준으로 여러 스케일의 공간이 서로 중첩되고 대비되면서 다양한 공간적 체험을 불러일으킨다. 이같은 방법은 대학로의 4개 건물(문예회관 공연장과 미술관, 샘터 사옥, 한국해외개발공사 사옥)에도 적용된다. 그들은 공간 사옥과 유사한 휴먼 스케일의 공간에 의해 특징지어진다. 국립청주박물관에서는 여러 개의 건물들이 군집을 이루며 마당을 만들어내는데, 여기서도 휴먼 스케일의 공간이 등장한다. 독특한 형태의 종교 건축에서조차 내부 공간은 인간 척도에 맞추어졌다.

김수근의 설계 과정에서 드러나는 주요 특징은, 신체적으로 감각 가능한 공간을 출발점으로 삼아 다양한 공간 구성으로 확장해 나갔다는 점이다. 그런 방식은 오스트리아의 건축가 아돌프 로스 Adolf Loos가 공간을 계획하는 방식, 즉 라움플랜 raumplan과 유사하다.[7] 그렇지만 아돌프 로스는 경제성과 기능에 따라 공간의 크기를 결정한 반면, 김수근은 공간이 인간의 신체에 직접적으로 와 닿는 가촉성과 밀도감을 중시한 점이 다르다. 그 공간 속에 위치한 신체는 재료의 물성과 강도의 변화를 즉각적으로 알아채며, 그 신체가 움직일 때마다 그것을 둘러싼 공간 역시 함께 움직인다. 그런 점에서 김수근 건축에서 공간과 신체는 긴밀하게 얽혀 있다. 공간과 신체 사이의 얽힘은 평면 형

2부. 개발 시대: 한국 건축의 정체성 탐구

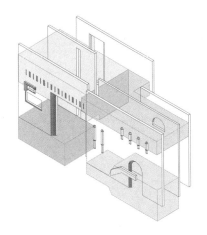

태에 영향을 미쳐서, 신체가 감각 가능한 경계에 맞춰 가장 편안한 크기의 공간을 탄생시켰다. 그런 공간을 거니는 사람들은 계속해서 이중적인 의식작용을 하게 되는데, 한편으로 공간을 하나의 배경처럼 지각하지만, 다른 한편으로 공간 속에 놓인 자신을 마치 대상처럼 인식한다.[도판11]

이 건축가는 신체적으로 감각 가능한 공간을 건물의 조건에 따라 다양하게 변화시켜 나갔다. 이를 위해 여러 방법들이 구사되었다. 먼저, 공간적 변화를 위해 밀도가 다른 공간을 대비시키는 방법을 즐겨 사용했다. 일반적으로 공간의 밀도는 공간의 크기와 재료의 강도, 개구부의 비율에 따라 차이난다. 공간 사옥을 비롯해 종교 건축에서는 밀도가 다른 공간들이 일련의 시퀀스를 형성하며 공존한다. 육중한 재료로 꽉 막힌 공간에서 높은 천창으로 상승하는 터진 공간까지, 걸어 다니면서 대조적인 공간들을 체험할 경우 전체적으로 매우 독특한 인상을 받게 된다. 심리학적 연구에 따르면, 인간의 기억은 시간적 흐름에 따라 그런 차이들을 중첩시켜 새로운 인상을 만들어내기 때문이다. 김수근 공간의 중요한 본질 가운데 하나가 바로 여기에 있는 것이다.

필요에 따라 내부 공간과 외부 공간의 경계를 애매하게 흐리는 방법도 활용했다. 이와 관련해 두 가지 종류의 공간이 등장하는데, 하나는 벽으로 둘러싸인 내부 공간이고, 또 다른 하나는 한옥의 마당처럼 건물로 둘러싸인 외부 공간이다. 이들 사이에 투명한 유리창이 설치되어, 그들 간에 상보적이면서 동시에 다양한 관계가 일어나도록 했다. 공간 사옥의 지하 1층 카페와 외부 마당과의 관계에서 볼 수 있는 것처럼, 하나의 건물에 빈 것과 채워진 것을 공존시키며 그들은 상호 관입되었다.[도판12] 이로써 공간은 열리고 닫히기를 반복한다. 공간 개념을 집중적으로 다루었던 서양의 근대건축물들, 가령 프랭크 로이드 라이트의 로비 하우스Robie House나, 미스 반 데어 로에의 바

바르셀로나 파빌리온Barcelona Pavilion, 르 코르뷔지에의 사보아 저택Villa Savoye 등과 비교해서, 김수근의 공간이 특별한 것은 이 때문이다. 공간이 별도로 독립된 오브제처럼 취급되지 않고, 비움과 채움의 상관적 관계 속에서 다루어지는 것이다.

종교 건축을 설계하면서 김수근은 빛과 공간과의 관계를 탐구했는데, 현재 남아 있는 마산 양덕성당의 스케치에 그런 의식의 흐름이 잘 나타난다.[도판13] 즉, 커다란 회중석은 유기적인 모양의 공간 단위로 잘게 분절된다. 거기서 공간의 크기를 결정하는 것은 인간 신체가 감각할 수 있는 경계이다. 분절된 공간들은 다양한 밀도로 공간의 변화를 일으킨다. 이 건물에 이어 지어진 경동교회도 비슷한 방식을 따르고 있는데, 단지 건물 형태에 강한 상징성을 주기 위해 입구 부분의 매스가 강조된 것이 차이점이다. 건축가는 교회가 경건한 공간이 아니라 인간적인 공간이 되도록 했다. 신자들을 보듬어 줄 안식처를 제공하고자 했던 것이다. 그래서 내부로 들어가면 공간은 동굴처럼 다소 어둡게 처리되어 있다. 여기에다 노출콘크리트 구조물들이 내부를 누르고 있어서, 다소 무겁게 느껴진다. 그런 분위기는 다분히 의도적인 측면이 있다. 즉, 제대 뒤편에서 천창으로 빛을 끌어들여, 그 빛을 통해 공간에 가촉적이고 우발적인 변화를 주고자 했다.[도판14]

김수근 건축에서 등장하는 공간 개념은 오랜 이론적 탐구를 바탕으로 한다. 그 개념이 처음으로 언명된 것은 1971년 미국 범태평양건축상 수상 연

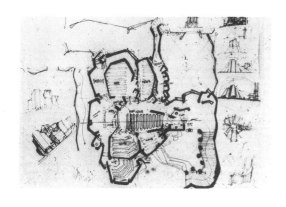

13 마산 양덕성당(1977-1979년) 스케치.

설 때로, 그는 '궁극 공간'을 제시하며 그것을 인간성을 함양하기 위한 놀이와 해프닝이 있는 공간이라고 정의했다. 즉 단순한 거주와 생산을 목적으로 한 공간을 뛰어넘은 창조와 사색의 공간인 것이다. 한국 전통주거에서는 문방이 이를 대변한다.[8] 이런 공간 개념이 형성되는 과정에서 김수근은 여러 방향에서 영향을 받았다. 최순우와 전국의 민가와 전통건축을 답사하면서 한국 건축의 이해를 높였고, 한편으로 이어령과의 교분으로 서구지식인 사회에서 대두되었던 해프닝과 유희에 대한 생각을 받아들였다. 또한 불교적 의미에서 '비움' 혹은 '공空'의 개념도 중요하게 인식했다. 이런 생각들을 통합해 기능적이고 물질적인 측면에 매몰되었던 근대건축을 뛰어넘어, 인본적이고 정신적인 차원을 향해 나아가고자 했다. 종교 건축을 포함해 1970년대에 설계된 주요 건물들이 이를 잘 반영하고 있다.

공간에 대한 탐구는 1970년대 내내 지속되었고, 건축적으로, 또 철학적으로 정립되어 나갔다. 1980년 세계건축가연맹UIA 도쿄회의 기조연설 때 '건축에 있어서의 네거티비즘'을 주제로 발표했는데,[9] 여기에는 철학을 전공한 소흥렬蘇興烈 교수의 도움이 컸다. 두 사람은 많은 여행과 대화를 하면서 서로의 견해를 발전시켜 나갔는데, 주로 생각을 제시하는 쪽은 김수근이었고 소흥렬은 여기에 체계와 논리를 세웠다. 즉, 김수근의 아이디어에 소흥렬이 논리적인 틀을 제공한 것이다. 한국의 전통 철학에 바탕을 둔 건축관을 통해 그의 공간 개념은 더욱 확장되었다.

김수근이 이야기하는 네거티비즘은 서구의 포지티비즘positivism과 대비된다. 그것은 현대 문명에서 서구의 문화가 해결할 수 없는 많은 문제들을 동양적인 사고방식으로 풀려는 것이다. 이런 사상의 근거로 우리 전통 사상 중에 있는 유가사상, 도가사상, 불가사상을 들면서, 김수근은 다섯 가지 공간 개념을 전개한다. 어떤 목적이든 필요 이상의 공간을 차지해서는 안 된다는 의미에서 '적정 공간', 태양의 열과 빛, 맑은 공기, 물, 흙과 같은 자연 자원에 의존하는 '자연 공간', 공간의 안과 밖이 똑같이 이용될 수 있는 '통합 공간', 기능적으로 애매하면서도 다양한 목적으로 사용될 수 있어 방문자들에게 다양한 체험을 제공하는 '기분 공간', 구

14 경동교회 내부. 1980-1981년.

12장. 김수근: 휴먼 스케일의 공간 탐구

조적인 가변성이 있는 '자궁 공간'이 그것이다. 이렇게 김수근은 오랫동안 탐구해 온 공간 개념을 간략하게 요약하면서도, 앞으로 한국의 건축가들이 계속해서 탐구해 나갈 핵심적인 공간 개념을 제시하고 있다.

건물 유형에 따른 접근

1970년대 공간건축은 한국에서 최고 잘 나가는 건축사무소가 되었다. 이에 따라 재능있는 젊은 세대 건축가들이 몰려들었고, 사무소 규모가 점차 확장되었다. 김수근은 실무자들의 작업을 지도하며 수준 높은 작품들을 쏟아내게 된다. 우리는 이 시기를 통상 '공간 시대'라고 부른다. 그 시기는 공간건축뿐 아니라 한국 건축 전체의 '빛나는 한때Belle Epoque'였다. 공간 시대의 작품들은 다양한 건축 주제와 프로그램으로 이루어져 있다. 1960년대에는 없었던 주제의 건물들로, 김수근의 독특한 조형의식을 바탕으로 유형학적 접근을 해 나갔다. 1970년대 김수근 건축은 비슷한 시기에 하나의 프로그램을 중심으로 몇 개의 작품들이 연이어 지어진 현상이 두드러졌다. 처음 맡은 프로젝트를 완벽하게 처리함으로써, 비슷한 유형의 건물을 지으려는 건축주들에게 큰 영감을 주었고 그들이 최초 작품을 참고해 건축가를 찾도록 만들었다.

최초의 유형은 공간 사옥에서 탄생했다. 김수근은 자신의 사무소 건물을 설계하면서 다양한 형태와 공간 개념을 실험했다. 1971년과 1976년 두 단계에 걸쳐 완성된 이 건물은, 오랜 고민의 산물로, 이후 샘터 사옥, 문예회관 미술관, 한국해외개발공사 사옥 등에 적용되었다. 이들 유형의 공통점은 두 가지로 요약된다. 하나는 독특한 공간 개념이 담겨 있다는 것이고, 또 다른 하나는 건물과 주변 도시적 맥락을 긴밀하게 연결시키는 것이다. 특히 공간 사옥에는 사무실, 갤러리, 소극장, 주거 시설 등이 각각 분리되어 있지만, 그들을 유기적으로 관계 짓는 다양한 장치들을 포함시켰다. 이를 위해 북촌의 골목길에서 볼 수 있는 것처럼 연속적인 동선체계가 고안되었고, 더불어 마당이나 대청과 같은 전이공간을 사이에 집어넣어 매우 흥미로운 공간 체험이 일어나게 했다. 건물 가운데 뚫린 마당은 한옥의 마당처럼 반외부 공간이면서, 동시에 반내부 공간의 성격을 가지며 이를 잘 드러낸다. 이곳은 또한 소극장과 카페, 뒷마당을 연결하는 매개 영역이기도 하다. 이로써 건물은 주위로부터 고립된 오브제가 되지 않고, 주변과 자연스럽게 연계되어 사람들의 발길이 이어질 수 있다.

1970년대 초반부터 공간건축은 서울대학교 예술관, 덕성여자대학교 약학관, 서울교육대학교 캠퍼스의 다양한 건물들을 연이어 설계했다. 대부분 5층 높이로, 공통적으로 여러 개의 건물들이 가운데 중정을 둘러싸도록 했다.

5 김수근 최초의 캠퍼스
계획이었던 서울대학교 예술관 모형.
1975년 준공.

6 올림픽 주경기장. 1977-1986년.

서울대 예술관은 김수근으로서는 최초의 캠퍼스 계획이었다.[도판 15] 여기에서도 주어진 대지를 어떻게 해석하느냐는 건물 배치에서 가장 중요한 기준이었다. 대지의 경사가 심했기 때문에, 대학 본부에서 파워플랜트 쪽으로 향하는 경사선을 기준으로 건물군이 2개로 나뉘는데, 위쪽은 음악대학을, 아래쪽은 미술대학과 환경대학원을 배치했다. 프로젝트 초기에는 서울대 캠퍼스 전체 마스터플랜과 같이 ㅁ자형과 ㄷ자형 클러스터로 배치되었다. 여기까지는 주어진 여건을 논리적으로 해석한 결과로 보인다. 이후 이런 배치를 바탕으로 김수근은 프로젝트에 자신의 독특한 디자인 감각과 개념을 불어넣게 된다. 이때 디자인은 두 가지 방향으로 계획되었다. 하나는 건물로 둘러싸인 외부 공간의 성격을 좀더 분절하여 명료하게 규정하는 것이었고, 또 다른 하나는 각 단과대학의 개성을 살리기 위해 주어진 기능을 해치지 않으면서 건물들의 배치를 자유롭게 구성하는 것이었다. 이에 따라 불규칙한 건물 배치가 등장했고, 그것은 시각적 다양함을 가져다주었다.

또한 1970년 중반 이후 서울아시안게임과 서울올림픽을 위한 경기장 시설(주경기장, 체조체육관, 자전거경기장, 수영장) 프로젝트가 계속해서 이루어졌다. 이들 건물을 설계하면서 중요한 기준으로 작용했던 것이 바로 구조체계였다. 최초로 설계된 체육시설은 올림픽 주경기장이었다.[도판 16] 그렇지만 이 건물이 처음 설계될 당시 한국이 올림픽 게임을 개최할지 아무도 몰랐다. 설계 초기에는 지붕이 없는 경기장으로 계획되었으나, 올림픽 개최가 확정되면서 지붕이 씌워졌다. 그렇지만 김수근은 올림픽 주경기장의 진부한 구조방식에 별로 만족하지 못했다. 이후 체조경기장을 설계하면서 처음부터 매우 혁신적인 구조 공법을 도입하려 하였다. 김수근이 데이비드 가이거 David Geiger의 구조 공법을 최초로 인식한 때는 1970년 오사카 만국박람회에서였다. 가이거는 여기서 미국관을 설계했는데, 굉장히 넓은 전시관에 지지물 하나없이 지붕을 덮은 구조 시스템을 선보이고 있다. 그렇지만 이때 가이거와의 직접적인 접촉은 없었다. 김수근이 그와 만나게 된 때는, 가이거가 도쿄돔을 설계하면서 그의 구조 공법을 경기장 시설에 도입하

12장. 김수근: 휴먼 스케일의 공간 탐구

17 강한 상징성을 드러내는
경동교회. 1980-1981년.

면서부터였다. 당시 체조경기장을 설계하면서 최
신의 구조 공법을 적용하기를 원했던 김수근은 뉴
욕에서 직접 그를 찾아가서 구조적인 자문을 청했
고, 여기서 가이거는 김수근에게 지금까지 한 번
도 사용된 적이 없는 케이블에 의한 막구조 지붕
을 소개하기에 이른다. 이런 구조시스템은 김수근
사후의 공간 출신 건축가들에게 이어져서, 장세양
이 부산아시안게임경기장, 류춘수가 서울월드컵
경기장을 유사한 방식으로 설계했다.

　　마산 양덕성당, 경동교회 [도판 17], 불광동성
당과 같은 종교 시설 역시 비슷한 유형으로 설계
되었다. 일관되는 특징은 휴먼 스케일로 분절된
매스 구성, 전이 공간의 역할을 하는 긴 접근로의
설치, 내부 공간의 빛 처리에 있다. 먼저 조형적으
로 보자면, 거친 벽돌로 마감된 유기적 형태들은
인간적인 스케일로 분절되었고, 그들 가운데 중심
부는 수직으로 상승하면서 종교적인 상징성을 표
현했다. 이어서, 입구에서부터 긴 접근로를 가지

고 있다. 이 개념의 초기 의도는 신성한 곳으로 진입하기 위해서는 전이 과정
이 필요하다는 것이었다. 일반적으로 종교 건축에서 전이의 문제는 오래전
부터 나타났다. 한국의 사찰에서도 마찬가지인데, 예를 들면 일주문과 금강
문, 천왕문과 같은 여러 산문을 통과하면서 체험하는 전이 공간이 이에 해당
될 것이다. 김수근은 종교 시설을 설계하면서 공통적으로 '성'과 '속'을 구분
하고, 긴 전이 공간을 통해 이 둘을 연결하려고 했다. 마지막으로, 노출콘크
리트로 된 건물 내부는 제대 주변의 천창에서 내려오는 신성한 빛이 가장 큰
특징이다. 서양의 중세 건축에서 느껴지는 공간의 밀도와 빛의 처리가 여기
서도 지배적으로 등장한다.

　　1970년대 말부터 설계된 국립청주박물관과 국립진주박물관 같은 전시
시설에서는 한국 전통건축의 지붕이 변형된 채 도입되었다. 김수근이 이 두
건물을 의뢰받았을 때, 정부 지침을 통해 기와지붕을 사용하라는 지시가 있
었다. [도판 18, 19] 그래서 그 지침을 충족하면서도 직설적으로 모방하지 않
는 지붕 형태를 찾기에 매우 고심했다고 한다. 여기에서 전통적인 지붕의 이
미지가 느껴지지 않는 것이 이런 이유 때문이다. 한편 두 건물은 한국 전통건
축의 군집미를 매우 잘 드러내고 있다. 김수근이 이러한 조형을 선호했던 이

18 한국 전통 기와지붕의 이미지를
현대적으로 재해석한 국립진주박물관.
1979-1985년.(위)
19 국립청주박물관.
1979-1989년.(아래)

유는, 건물을 인간 척도의 크기로 분절할 수 있었기 때문이다. 그밖에도 김수근의 공간 개념이 실제 대지에 적용되는 과정에서 상반된 접근 방식을 보여주고 있다. 국립청주박물관은 대지 내에 여러 개의 건물들이 평면적으로 펼쳐져 있고, 국립진주박물관은 모든 기능을 내부로 집약시키되, 주 공간과 부 공간으로 구분해 대비시키는 수법이 구사되었다.

이처럼 다양한 프로그램의 건물들에 대응하는 태도는 독특했다. 그는 하나의 프로그램이 의뢰되면, 이를 구현할 새로운 디자인 방법을 만들어내기 위해 분투했다. 필요한 기능과 형태, 건축사적인 맥락에 대한 분석적인 연구와 그 가능성을 모두 따져 본 다음 그를 자기 언어화하는 실험과 시도를 거듭했다. 그래서 새로운 프로그램을 취급하게 되면 설계 기간이 매우 길어졌고, 조형언어의 탐험은 전혀 예측되지 않는 결과로 끝맺는 경우가 허다했다. 이렇게 자신의 독특한 프로토타입을 만들어낸 후에 비슷한 프로그램의 건물이 수주되면, 기존의 프로토타입을 기준으로 미비한 점을 보완하고 새 대지에 변형시켰다. 그래서 김수근 건축은 각 주제별로 사용하는 건축 언어가 다르게 나타난다. 이같은 설계 방식은 1970년대 공간건축의 운영 방식과도 깊게 관련되어 있다. 그는 재능있는 젊은 건축가들을 참여시켜, 상당한 디자인 권한을 부여하되 서로 치열하게 경쟁하도록 했다. 그래서 각기 다른 건물 유형에는 그들 각자의 개성이 담겨 있다. 이런 점에서, 김수근은 당시 한국에서 각 프로그램에 대한 분명한 자기 언어를 탐구한 드문 건축가로 보인다. 그의 작품들은 많은 사람들에 의해 한국 현대건축의 중요한 성과물로 인식되었다.

도시 건축의 창조

김수근에게 도시는 1960년대부터 중요한 관심 대상이었다. 실제 서울의 도시계획에 참여해 세운상가, 여의도 계획과 같은 주요 성과를 올리기도 했다. 1970년대에도 그 관심은 지속되었지만, 개입 방식은 달랐다. 대학로 프로젝트에서 볼 수 있는 것처럼, 그는 건축을 통해 주변의 도시적 맥락을 새롭게 창조하고자 했다. 그 전까지 단일 오브제의 건물들이 주로 설계되었다면, 여기서는 건축을 통해 도시적 맥락을 새롭게 창조하려는 의지가 담겨 있다.

12장. 김수근: 휴먼 스케일의 공간 탐구

건물이 들어설 대학로는 종로5가 사거리에서 혜화동 로터리에 이르는 1.55킬로미터의 가로를 일컫지만, 보통은 이 길을 둘러싼 주변 지역들, 즉 대학로에서 낙산까지, 방송통신대에서 동성고등학교까지를 포괄하는 지역을 의미한다. 현재 이곳은 수많은 소극장들이 위치해 있어 연극 공연의 메카로 알려져 있다. 더불어 다양한 상업 시설들이 들어서서 강북의 대표적인 소비 문화 중심지로 손꼽힌다. 이 지역의 변모 과정에 가장 중요한

20 서울 동숭동 대학로 전경.

역할을 했던 것은 서울대학교가 관악산으로 옮기면서 그 자리에 들어선 김수근의 건물들이다. 기존의 도시공간이 해체되는 과정에서 그들을 중심으로 일관된 도시적 맥락이 만들어졌다.[도판20]

처음 진행된 건물은 문예회관 미술관(현 아르코미술관)이었다.[도판21] 이 건물의 공간 배치는 공간 사옥으로부터 출발했지만, 대지의 도시적인 맥락이 보다 강조되어 훨씬 풍부한 의미를 가지게 되었다. 건물 형태는 도시공간 속에서 연속된 흐름을 만들어 건물과 도시공간 사이의 상관성을 높이려는 시도의 결과였다. 이를 위해 건물 1층의 중심을 터서, 마로니에공원과 낙산 쪽의 작은 골목길들로 소통되도록 했다. 마로니에공원의 가장자리에 위치해 마치 담장과 같은 기능이 있지만,[10] 대학로에서 시작된 동선의 종착지가 아닌, 공간과 공간을 이어 주는 관문으로 역할하게 했다.

21 문예회관 미술관은 가운데를 뚫어서 공원과 뒷골목을 연결시킨다. 1977-1979년.

김수근은 이 건물이 도시 활동을 유발시키는 제너레이터generator가 되어야 한다고 믿었다. 이를 위해 건물의 한 가운데를 뚫어서 마로니에공원과 동숭동 뒷골목을 연결시켰다. 그렇게 함으로써 미술관을 대중들에게 열려 있는 공간으로 만들려 했다. 그렇지만 서울시의 심의 과정에서 여러 반대에 부딪히게 된다. 당시 공무원들에게는 대부분 문화 시설이 무언가 계몽적이고 권위적이어야 한다는 개념이 있었다. 이에 따르면, 미술관은 누군가에 의해서 항상 통제되고, 공간을 사용하기 위해서는 항상 허가를 받아야만 했다. 김수근은 초기의 계획안을 다소 변형해 절충안을 제시하게 된다. 기본적인 개념은 그대로 살리되, 가운데 터진 공간에 가벽을 설치해 부분적으로 1층의 통과 부분을 막아 주는 것이었다.(지금은 완전히 개방되어서 건축가의 초기 의도처럼 사람들의 통행이 자유롭다.)

2부. 개발 시대: 한국 건축의 정체성 탐구

문예회관 미술관을 설계하는 데 건축가가 중시했던 것은 건물 자체의 기능보다는 주변과의 관계였다. 건물의 천장과 벽은 예술작품을 보호하기 위해 단지 물리적인 차원에서 구획될 뿐이고, 관람객들이 동선에 따라서 실제 어떤 체험을 하게 되는지에 주목해야 했다. 그래서 그는 전시장으로 접근하는 동선체계에 강조점을 두게 된다. 전시장 통로를 옥외 계단으로 처리한 점도 건축과 도시의 상관성을 높이기 위한 선택으로 보인다. 방문객들은 관람을 마치고 들어왔던 길로 나오거나 또는 2층에 설치된 경사로를 통해 마로니에공원으로 내려올 수 있다. 건물 어느 곳에서든 외부와 직접 연결하려는 의도인 것이다. 이런 동선의 처리는 한국 전통 공간에서 보이는, 동선의 흐름을 통한 단위 공간의 연속된 전개를 연상시킨다. 가령 영주 부석사를 올라갈 때 동선 축을 따라서 다양한 공간 체험을 할 수 있는데, 이런 공간 개념이 전시장에서 드러난다. 공간 사옥에서 언급한 한국 전통건축의 외부 공간을 내화한 것이라고 볼 수 있다.

미술관 설계가 끝난 후 공연장(현 아르코예술극장)[도판 22] 설계가 곧바로 시작되었다. 이 건물의 형태는 내부 기능과 도시공간과의 관계에서 결정되었다. 이 건물은 마로니에공원이 한쪽 면을 차지하면서 새롭게 개발될 도시공간의 결절점에 위치했다. 그래서 공원으로 보행자를 유인해 그들의 움직임을 감싸 안으면서, 한편으로는 다른 공간으로 발길을 옮기게 하는 두 가지 기능을 동시에 수행해야 했다. 여러 개의 덩어리로 분절된 건물 형태는 이같은 역할을 하도록 계획되었다. 즉, 공원을 들어서면 여러 겹으로 꺾인 벽체가 보행자의 동선을 유도하고, 커다란 매스를 보다 인간적인 척도로 분절시킨다. 가까이 다가가면 내부 공간을 지나다니는 사람들을 보면서 문화적 활동에 대한 낭만적 감정을 갖게 된다.

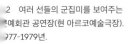

2 여러 선들의 군집미를 보여주는
문예회관 공연장(현 아르코예술극장).
1977-1979년.

12장. 김수근: 휴먼 스케일의 공간 탐구

23 한국해외개발공사 사옥(현
서울대학교병원의학연구혁신센터).
1977-1979년.

대학로에는 이렇게 마로니에공원을 중심으로
배치된 2개의 문화 시설과 함께, 붉은 벽돌의 건물들
이 계속해서 들어서게 된다. 그중에는 김수근이 설계
한 한국해외개발공사 사옥(현 서울대학교병원 의학
연구혁신센터)[도판 23]과 샘터 사옥이 포함된다. 한
국해외개발공사 사옥은 서울대학교 미술대학이 관
악캠퍼스로 이전하면서 그 자리에 지어졌다. 이 건물
의 계획도 문예회관 건물처럼 대학로라는 도시 맥락
에 따라 많은 부분이 결정되었다. 대지는 마로니에공
원의 건너편, 즉 서울의대 쪽에 자리하고 있었다. 대
지의 동측에는 수령이 오래된 가로수가 있었고, 서
측에는 초등학교, 남측에는 폭 10미터 도로, 북측에
는 서울대병원 부속 건물들과 주택들이 근접해 있었다. 대지가 길모퉁이에
위치했기 때문에, 건축가는 이전과는 다른 형태언어를 구사했다.

이 건물에서 가장 중요한 부분은 삼각형으로 구성된 전체 매스가 대각
선으로 어긋나게 처리되었다는 점이다. 그리고 2개의 어긋난 삼각형 매스 중
간에 띠 모양의 통로가 설치되었다. 기본적으로 도시적 맥락을 충분히 고려
한 결과이지만, 여러 가지 계획상의 문제 또한 해결해 준다. 먼저, 새로 지어
질 건물이 뒤쪽에 있는 기존 건물과 상호 관계를 가져야 한다는 설계 조건
을 적절히 충족시키고 있다. 처음 계획안을 마련하면서 고심한 부분이 적절
한 주차 공간을 확보하면서 기존의 건물과 연결시키는 것인데, 대지가 협소
해 여의치 않았다. 그래서 대학로 쪽에서 접근하는 주 출입구와, 기존 건물
및 후정의 주차장으로 통하는 부 출입구를 기능적으로 연결하는 중정 겸 통
로를 건물 중앙에 삽입해 해결하려 했다. 두번째는, 건물이 길모퉁이에 위치
해 출입구를 내기가 애매한데, 이 문제를 자연스럽게 해결하고 있다. 중간의
대각선에 의해 분리된 앞쪽의 삼각형 매스를 9미터 후퇴시켜서, 뒤쪽의 삼각
형 매스가 시선을 잡아 주는 벽체 역할을 하도록 한 것이다. 2개 삼각형 매스
사이에 튀어나온 탑 모양의 매스도 건물 입구를 분명히 인식시키면서 동시
에 조형적인 아름다움을 더해 준다. 마지막으로 대지 모서리에 있었던 노령
의 수목을 해치지 않으면서도 건물을 앉힐 수 있었다.

한 장소에 여러 건물을 세우면서 일관된 도시 분위기를 만들기 위해, 건
축가는 벽돌이라는 동일한 재료를 사용했다. 사실 외벽 재료는 1960년대와
1970년대의 김수근 건축을 구별하는 중요한 기준 가운데 하나이기도 하다.
1960년대의 주 재료가 노출콘크리트였다면, 1970년대는 벽돌이었다. 물론

2부. 개발 시대: 한국 건축의 정체성 탐구

24 문예회관 미술관의 벽돌 외벽 디테일.

1960년대 주거 건축의 경우 벽돌을 사용하기도 했다. 그렇지만 다양한 시도를 하지 않았을 뿐더러, 결과물도 그다지 높은 평가를 받지 못했다. 공공건물에 벽돌을 사용하기 시작한 것은 1960년대 말이다. KIST 본관에 붉은 벽돌을 부분적으로 사용한 이래 조적조를 가지고 다양한 형태를 실험했다. 최초의 벽돌 건물들은 전통 흑전돌조로 지어졌는데, 공간 사옥의 구관, 창암장, 세이장이 바로 그런 경우로, 노출 콘크리트 대신 전체적인 재료로서 벽돌을 채택했다. 이는 한국의 정체성을 표현할 수 있는 재료를 고심하고 있었던 김수근에게 한 전돌업자가 무료 제공을 제안하면서 이루어졌다고 한다. 그렇지만 김수근의 건축 철학을 고려할 때, 벽돌을 건축 외장재로 사용하려는 계획은 단순한 시공 이상의 의미를 지닌다고 볼 수 있다.

김수근은 벽돌을 통해서 다양한 의장 효과와 디테일을 만들었다. 처음 전돌을 사용한 건물들에서 가장 두드러지는 디테일은 전돌과 노란색 목재를 적절히 배합한 것으로, 매우 자연스러우면서도 화려한 느낌을 준다. 더불어 벽돌과 비슷한 넓이의 목재 널들을 수평으로 이어 두 재료의 조화로운 관계를 추구하고 있다. 문예회관 공연장과 미술관 건물에도 다양한 벽돌 디테일들을 선보인다.[도판 24] 평평한 벽면에 벽돌을 반 장 크기로 불규칙하게 돌출시켜 단조로움을 없애고 시각적인 즐거움을 제공한다. 햇볕에 노출된 이들을 바라보노라면, 화가 김창열의 그림들에 등장하는 물방울이 연상된다.

이후 김수근은 벽돌이 갖는 재료미는 강한 텍스처의 표현에 있다고 보고, 다양한 시도를 한다. 마산 양덕성당이나 경동교회에서는 벽돌을 반으로 자른 뒤, 단면이 그대로 드러나도록 쌓아 텍스처를 더욱 강조했다. 이처럼 벽돌을 다루는 다양한 방식은 이후 조성렬, 홍순인, 장세양과 같은 젊은 세대 건축가들에게 전달되어 그 영향력이 1980년대까지 지속되었다.

담쟁이넝쿨도 주된 외장 요소로, 1970년대 벽돌 건축에서 자주 나타난다. 공간 사옥과 샘터 사옥은 이 담쟁이넝쿨에 덮여 외벽이 아예 보이지 않을 정도이다. 김수근은 건축주에게 건물이 지어지고 나면 담쟁이넝쿨을 심어 달라고 요청했다. 그 이유는 확실치 않지만, 군이 의식의 기원을 밝히자면, 이 역시 유년 시절의 경험과 결부시킬 수밖에 없다. 과거 그가 살았던 원서동 135-2 주택의 벽돌 담에도 담쟁이넝쿨이 있었던 것으로 보아 아마도 그에게는 이 집이 하나의 좋은 건축이라는 인식이 자리했던 것이 아닐까. 또한 이런

301

외벽의 처리는 그의 자연주의적 건축관과도 일치했다. 잎이 나고 지며 건물 벽이 계절의 변화를 감지하도록 해 줌으로써, 인공적인 건축물을 자연의 일부분으로 환치하는 것이다. 물론 단열과 같은 기능적인 장점도 고려했을 것이다.

김수근 건축의 어두운 그림자

김수근은 1960년대부터 군사정권의 의뢰로 다양한 국가 프로젝트를 수행했다. 특히 김종필과의 막역한 관계를 바탕으로 젊은 나이에 자유센터, 부여박물관, 세운상가, 여의도 계획, 오사카 만국박람회 한국관과 같은 대규모 프로젝트를 맡을 수 있었고, 이후에도 서울올림픽과 대전세계박람회 관련 일을 다수 수행했다. 그런 점에서 일본의 단게 겐조처럼 국가 건축가로 불려도 무방할 정도로, 개발 시대를 주도했던 건축가로 평가받는다. 당시 라이벌이었던 김중업이 군사정권의 강권에 의해 프랑스로 쫓겨난 것과는 대조적이다. 그렇지만 이런 그의 활동이 그의 삶에 깊은 그림자를 드리웠던 것도 사실이다. 1976년 서울 남영동 치안본부 대공분실은 그의 건축 이력에서 가장 어두운 부분에 속할 것이다. 이 건물에서 1985년 김근태 당시 민주화운동청년연합 의장이 살인적 고문을 당했고, 1987년 1월 14일에는 서울대생 박종철이 물고문을 받다 숨졌다.[11] 물론 건축가가 처음부터 그런 의도까지 감안해서 설계를 하지는 않았겠지만, 적어도 건물의 프로그램을 인지했고 그에 적합한 공간을 만들어냈다는 점은 분명해 보인다. 2005년부터 경찰청 인권센터로 사용 중인 이 건물에는 1970년대 김수근 건축을 특징짓는 조형언어와 공간 개념이 또렷이 각인되어 있다. 특히 비슷한 시기에 지어진 공간 사옥과는 재료와 창호에서 많은 유사성을 보여주고 있다. 그런 점에서 김수근 건축의 주요 개념들이 과연 자율적인 미학체계인지, 아니면 군사정권이 구축한 거대 감시 장치에 대한 건축적 구현인지를 후대의 건축사가들은 평가해야 한다고 생각한다.

13장. 기술의 고도화와 의미론 탐구

개발 시대 한국 건축의 중요한 특징 가운데 하나는 기술의 의미론적 탐구에 있다. 주요 문화 시설에서 전통과 기념성이 강조되었다면, 오피스빌딩과 대공간 구조물에서는 물성과 구축성이 두드러졌다. 1960년대 이후 배기형裵基澄, 김정수, 김종성과 같은 일단의 건축가들은 기술이 주는 구축적 의미들을 탐구했고, 1980년대 들면서 그런 경향은 더욱 현저해졌다. 물론 이 건축가들이 탐구했던 기술은 건설 과정에서 흔히 접하는 그런 기술이 아니라 재료나 구법, 디테일을 통해 건축 기술을 미학적 단계로 승화시키는 기술을 말한다.

그전까지 기술은 건축가들의 생각을 실현시키는 단순한 도구로 인식되었다. 여기에는 여러 가지 요인들이 작용했다. 우선 한국의 공업 수준이 전반적으로 낮아서 기술을 주제로 삼을 여건이 형성되어 있지 않았다. 여기에다 한국 건축가들이 구사했던 대부분의 기술들이 서구에서 개발된 지 한참 지난 것이었기 때문에 구축성을 탐구한 작품들은 그 가치를 그다지 인정받지 못했다. 또한 처음 도입된 기술들을 제대로 다루지 못했던 건축가들은 수없이 많은 시행착오를 경험했다. 이런 상황에서 건축 기술을 표현하는 수준 높은 작품들이 등장하기란 불가능한 일이었다.

그렇지만 1970년대 들어 이런 상황은 점차 개선되었다. 건축가들과 엔지니어들은 한국적 상황에서 실현 가능한 기술에 주목하고, 건축 작품을 통해 이를 반영하려 했다. 그리고 일부 축적된 경험이 발판이 되어 점차 기술적 가치들이 중요하게 인정받기 시작했다. 여기에다 1988년 서울올림픽을 기점으로 2002년 한일월드컵에 이르기까지 주요 국제적인 이벤트들이 개최되면서, 기술력을 바탕으로 한 건물들이 세워질 수밖에 없는 여건이 만들어졌다. 이와 함께 군사정권의 퇴진으로 전통 논쟁은 그 잠재력을 소진해 버리면서, 더 이상 예민한 논쟁거리가 되지 못했다. 이처럼 담론을 추동시키는 힘이 빠지자 기술적 의미론이 그 자리를 채우기 시작했다. 개발 시대의 건축에서 테크놀로지는 전통 논의와는 다른 측면을 제시했고, 그것은 건축적 풍경을 더욱 풍부하게 만드는 데 기여했다.

기술을 중시한 건축가들

개발 시대 한국 건축에 나타난 기술적 담론을 살펴보기 위해, 우선 기술을 중시했던 건축가, 건축 집단, 구조기술자들의 초기 형성 과정을 살펴보고자 한다. 1960년대는 식민 시기와는 완전히 다른 건축가들에 의해 주도되었다. 그들은 해방 이후 본국으로 철수한 일본인들을 대체하며 새로운 건축 주체로 등장했다. 이 시기에 활동한 건축가들의 성장 과정은 크게 두 가지 부류로 구분할 수 있다.

첫번째는 식민 시기 말기에 경성고등공업학교를 졸업하고, 해방 후 막 사회에 진출해 건축 활동을 펼쳤던 그룹으로, 1960년대의 경제 발전은 그들에게 새로운 기회를 제공했다. 경성고공은 일제강점기에 한국에서 유일하게 건축가를 양성한 교육기관으로, 해방 이전에 배출된 대부분의 한국인 건축가들은 이 학교 출신이었다. 1930년대 말까지 한 해에 배출되는 한국인 졸업생 수가 극소수였으나, 1940년대 이후 3–4명으로 늘어났고, 어떤 때에는 7–8명으로 늘어나게 된다. 해방 후 이들은 별다른 경험 없이도 실무를 통해 배워나가며 일본인들의 공백을 메우게 되었고, 건축 분야에 주축을 형성했다.

이들이 현대건축에 새롭게 눈을 뜬 계기는 다양한 방식으로 이루어진 미국 유학이었다. 본래 의도는 한국의 유망한 젊은이들을 교육해 미국 쪽으로 끌어들이려는 것이었지만, 어쨌든 그들은 유학 후 세계 건축의 흐름을 어느 정도 파악할 수 있었고, 특히 새로운 건축 기술을 적극적으로 도입하려는 시도를 하게 되었다. 여기서 가장 주목할 만한 것은 미네소타 프로젝트였다. 이것은 서울대학교를 발전시키기 위해, 미국대외활동본부[FOA]와 원조계획을 체결하고 서울대학교를 나온 우수한 청년들을 미네소타대학으로 유학 보내는 프로그램이었다. 건축 분야에서는 김정수, 김희춘, 윤정섭 등이 교수 연수를 떠났다. 이 외에도 무애건축사무소를 이끈 이광노의 경우 한미재단[The American-Korean Foundation]의 도움을 받아 미국의 아이 엠 페이[I. M. Pei] 사무소로 갔고, 거기서 새로운 기술을 접하게 되었다.

이들이 미국에 머물면서 가장 많은 영향을 받은 부분은 무엇일까. 귀국 후 가장 적극적으로 활동했던 김정수를 중심으로 살펴보면, 그는 1941년 경성고공을 졸업하고 1947년 미군정청 총무처 설계과장, 1951년 UNKRA 주택국 기사로 재직했다. 그리고 미국으로 떠나기 전인 1953년에 이미 이천승과 함께 종합건축연구소를 개설해 시민회관, 신신백화점, 국제극장과 같은 주요 건물들을 설계했다. 그 후 1956년에 미국으로 떠나 미네소타대학에 일 년 정도 머물며 건축을 배웠다. 이때가 건축가로서 그의 삶에서 가장 중요한 시기로, 일제강점기의 경험을 뛰어넘는 시각과 비전을 갖게 했다.[1] 그리고 이때 특

2부. 개발 시대: 한국 건축의 정체성 탐구

1 국내 최초로 커튼월이 시도되었던 김종수 설계의 명동성모병원(현 가톨릭회관). 1958-1963년.

히 미스의 건축을 깊이있게 탐구했다고 한다. "당시 그는 완전함을 추구하는 미스 반 데어 로에의 작품에 심취해 있었고, 미국을 다녀온 후 우리나라에서는 아직 제조되지 않았던 커튼월을 대담하게 시도, 국내 최초로 성모병원에 사용했다."[2] [도판1]

귀국한 후에는 윤정섭, 지철근(전기), 최종환(구조) 등을 종합건축연구소에 합류시키며 최신 건축기술을 국내에 도입하는 데 몰두했으며 계속해서 알루미늄 커튼월과 콘크리트 셸 구조, 철골 트러스 돔 구조를 자신의 건축에 적용하게 된다.

두번째 그룹은 일제강점기에 일본에서 교육을 받은 건축가와 구조 전문가들이다. 그들은 해방 후에는 한국에 돌아와 일본인들이 떠나간 자리를 메우게 된다. 이 당시 한국은 이들이 활동하기에 좋은 여건을 가지고 있었다. 해방 이전까지 근대적 기술은 대부분 일본을 통해 유입되었고, 모든 건축 제도 역시 일본 것을 모방하고 있었다. 또한 일본은 서구 수준에 이르지는 못했지만 나름대로 건축 기술을 축적하고 있어 한국 상황에 매우 긴요했다.

1954년 6월 배기형, 정인국, 엄덕문, 김창집, 함성권, 김희춘 등은 신건축문화연구소를 설립했다. 대한중공업공사 인천 평로 공장을 설계하기 위해 공동 사무소를 개설한 것이다. 이들 가운데 김희춘을 제외하고는 모두 일본에서 유학한 건축가들이었지만 그 성향은 종합건축연구소처럼 일관되지 않

2 배기형이 설계한 유네스코회관. 1959-1966년.

았다. 일본 대학에서의 교육 방식이 각기 달랐기 때문이다. 여기에서 주도적인 역할을 수행한 인물은 배기형과 정인국으로 이 가운데 배기형은 건축 기술과 관련해 가장 높은 수준의 전문 지식을 가지고 있었다. 그는 1935년 부산 공립직업학교 건축과를 졸업하고 일본 규슈제국대학 부설 임시고등건축강습소에서 건축 수업을 받았다. 후쿠오카의 니시지마 건축설계사무소에서 근무했으며, 귀국해 1946년 건축연구소 구조사構造社를 설립했다. 그가 일본에서 주로 설계한 것은 철골 구조 건물이었다. 이 분야의 전문가가 희귀했던 상황에서 그는 한국에서 철골 설계의 일인자가 되었다. 대구 공군기지 격납고를 지으면서 48미터의 대형 아치를 철제 트러스로 건설했고, 일신제강 영등포 공장에는 파이프 구조를 적용했다. 고층 오피스빌딩에도 참여했는데, 서울 명동에 독특한 형태의 알루미늄 커튼월을 사

13장. 기술의 고도화와 의미론 탐구

용한 13층 높이의 유네스코회관이 그것이다.[도판 2] 구조적으로는 여전히 라멘 구조를 사용했지만, 당시로서는 가장 높은 오피스빌딩 중 하나였다.

건축 재료의 생산

개발 시대 한국 건축의 현실을 이해하기 위해서는 건축가들을 둘러싸고 있었던 건축 생산의 조건을 파악하는 것이 중요하다. 여기에는 재료의 생산을 포함해서 시공 수준, 경제력 등이 포함된다. 전쟁 직후 한국의 건축가들은 열악한 기술력으로 말미암아 아이디어를 구체화하기가 매우 어려웠다. 1960년대 대한건축학회에서 발행하던 『건축』에 실린 건물들을 분석해 보면, 이 시기에 지어진 대부분의 오피스빌딩에서 철근콘크리트조에 모르타르나 타일 마감이 가장 일반적이었음을 알 수 있다. 이런 상황은 건축디자인에도 그대로 반영되어 대부분의 건물 외관이 투박한 기둥과 보로 이루어져 있다. 철골조는 1960년대 후반에야 등장했고, 커튼월은 1980년대 이전까지 매우 예외적으로 사용되었다. 휴전 후 건축 재료의 생산 시설은 대부분 외국 원조에 의해 지어졌다. 한국 경제부흥계획과 관련해 UNKRA의 3대 핵심 건설 사업은 비료공장, 시멘트공장, 판유리공장의 사업이었다. 그 가운데 시멘트 생산은 건설과 관련해 가장 중요했다. 한국에 세워진 첫번째 시멘트 공장은 일제가 군수 산업의 육성을 위해 1919년 12월 평안남도 강동군 승호리에 세운 공장이었다. 이후 광복 전까지 일본 오노다 시멘트를 비롯한 3개 사의 공장 6개가 세워졌고, 연간 생산 능력이 180만 톤에 이르렀다. 그렇지만 광복과 육이오 전쟁을 거치면서 거의 모든 생산 시설이 파괴되었고, 1957년부터 UNKRA의 지원으로 문경 시멘트 공장이 다시 세워졌다. 당시 연간 20만 톤 규모의 시멘트 생산을 위해 덴마크의 시멘트 전문 기업 에프엘스미스FLSmith Co.와 건설 계약을 체결했다. 이때부터 1961년까지 동양시멘트와 대한시멘트 공장이 세워졌고, 1965년부터는 수출이 이루어질 정도로 생산량도 늘어나 1971년에 이르러서는 8개 회사로 확대되었다.

이런 점에서 시멘트는 1960년대 중반부터 별다른 부족함 없이 사용할 수 있는 건축 재료였다. 그렇지만 시멘트를 사용해 적정한 강도를 가진 구조물을 만드는 것은 또 다른 문제였다. 시멘트를 이용한 최초의 건축 재료는 보강 콘크리트 블록으로, 1950년대 많은 건물에 쓰였다. 그렇게 된 이유는 당시 미군 시설들이 대부분 보강 콘크리트 블록으로 지어져 있었고, 무엇보다 생산하기가 쉬웠다. 또 대부분 건물들의 높이가 2-3층에 불과해서 이것을 사용하더라도 구조적으로 아무런 문제가 없었다. 시멘트 블록은 "철근으로 적절하게 보강할 경우 4-5층 높이까지 시공이 가능했다. 당시 중앙산업은 한국 최고의 건설 회사로서 종암동에 블록 공장을 가지고 있어서 아파트를 블록으로 건설했다."[3]

그렇지만 1960년대 들어 콘크리트 블록은 칸막이벽 등 비구조재로만 사용되고, 대부분의 건물들이 철근콘크리트 라멘 구조로 바뀌게 된다. 이 시기에 지어진 건물들의 규모는 5-6층 정도로 한정되어 철근콘크리트를 사용하더라도 특별한 구조기술이 요구되지 않았다. 시멘트와 모래 골재의 배합은 현장에서 수작업으로 이루어졌다. 여기에는 두 가지 방법이 있었는데, 하나는 시멘트와 모래, 자갈을 1:2:4 비율로 배합해 대략 허용압축응력도 45킬로그램/제곱센티미터의 콘크리트를 만드는 것이었고, 두번째는 1:3:6 비율로 배합해 허용압축응력도 30킬로그램/제곱센티미터의 콘크리트를 만드는 것이었다. 가장 흔하게 사용된 방식은 첫번째였고, 이것은 최대압축강도가 135킬로그램포스/제곱센티미터에 이르는 콘크리트를 만들어냈다. 그렇지만 초기에 강도 측정은 정확하지 않았다. 철근콘크리트에 강도 개념이 도입된 때는 1960년대 중반으로, 처음 레미콘 공장이 생겨나면서였다.[4] 이때부터 콘크리트의 설계 기준 강도는 150에서 180킬로그램포스/제곱센티미터까지가 표준이 되었으며, 1960년대 말에는 강도 210킬로그램포스/제곱센티미터의 콘크리트가 도입되기 시작했다. 또한 철근콘크리트의 강도에 커다란 영향을 미치는 철근의 규격도 SD24가 주종을 이루었다가, 1960년대 말부터는 인천제철에서 SD40을 생산하기 시작했다. 이는 콘크리트의 강도를 높이는 데 결정적이었고, 이런 건축 재료의 발전은 1960년대 말 고층건물의 등장을 가능케 했다.

1960년대 철근콘크리트조와 관련해서는 노출콘크리트의 사용을 언급해야 한다. 르 코르뷔지에의 영향을 받은 것으로, 한국에서는 김중업과 김수근에 의해 알려졌다. 이것은 안전보다는 시각적인 미를 더욱 중시하므로 기술상의 강조점도 달라진다. 노출콘크리트는 거푸집을 설치할 때 주의를 기울여야 하고 또 콘크리트를 타설할 때에도 고려해야 할 점이 많다. 콘크리트 타설 후에 나타나는 하자에는 두 가지가 있다. 하나는 거푸집이 그 무게를 견디지 못해 형태가 변형되는 경우이고, 또 하나는 거푸집에 콘크리트가 조밀하게 채워지지 않는 경우이다. 이런 문제를 해결하기 위해 다양한 방법들이 동원되는데, 1950년대 말부터 한국에서는 "전기 바이브레이터가 보편화되어 주한프랑스대사관이나 워커힐 힐탑바에서 노출콘크리트를 타설하는 데 많은 도움을 주었다."[5]

철근콘크리트조에 비해 철골조는 그 발전이 다소 더딘 편이었다. 한국 철강 산업의 역사는 육십 년에 불과했다. 일제강점기 때 건설된 대부분의 철강 공장은 북한에 위치해 해방 후 남한에는 삼화제철과 조선이연 인천 공장 두 곳뿐이었다. 이마저도 육이오전쟁을 겪으면서 막대한 피해를 입었다. 1953년 휴전이 되자 철강 분야에서도 본격적인 복구가 이루어졌다. 제선 부문에서 삼화제철이 전쟁으로 파괴된 8기의 소형 용광로 중 3기를 보수해 1954년 6월 시험 생산을 시작했다. 이 외의 군소 철강 업체들도 전쟁 고철을 이용해 재생 선철(주물)을 생산했다. 제강 부문에서는 조선이연 인천 공장을 모체로 설립된 대한중공업공사가 1956년 강괴를 생산하기 시작했으며, 압연 부문에서는 1956년 삼강제강, 동국제강, 한국강업 등 8개 회사에서 연간 4만 4,000여 톤의 철강재를 생산했으나 규모는 크지 않았다. 또한 원재료인 선철의 공급에 한계가 있어서 못과 철선, 철망과 같은 간단한 건축 재료를 생산할 뿐이었다. 철근콘크리트조 구조물을 위한 기초 소재인 철근이 생산되기 시작한 것은 1961년부터이다.[6] 1963년부터는 앵글(ㄱ자 형강)과 채널(ㄷ자 형강)이 생산되기 시작했지만, 그 크기가 100×100밀리미터 정도여서 구조 재료로는 사용할 수 없었다. 철골 구조에 필요한 H형강이나 I형강은 1980년대 초반까지 생산되지 못하고 주로 일본에서 수입했다.

이 외에도 다양한 건축 자재들이 필요했다. 이 시기의 건물에서 창호는 주로 알루미늄과 철로 된 새시를 구조물 사이로 집어넣는 방법을 채택했다. 창호에 사용되는 판유리는 1954년 이전까지 전량 수입하고 있었다. 그렇지만 마찬가지로 UNKRA는 연산 12만 상자 규모의 판유리 공장을 인천에 건설하기로 하고 빈넬사Vinnel International Co.와 건설 계약을 체결했다.[7] 인천 판유리 공장이 1957년부터 유리 제품을 출하하게 되면 수급에는 문제가 없게 되었다. 여기서 생산된 창유리는 2, 3, 5, 6밀리미터 등 각종 두께를 망라했다. 이렇게 생산된 유리를 가지고 1960년대 중반부터 복층 유리가 도입되었다. 물론 김정수는 명동성모병원을 설계하며 알루미늄 멀리언mullion에 12밀리미터 복층 유리를 사용했지만 이것은 국내 기술이 아니었다. 순수한 국내 기술로는 대영유리가 시공했던 유네스코회관의 외벽 창호가 최초의 건물이었다.

알루미늄 창호의 경우 동양강철에서 1963년 독일로부터 유압식 압출기를 수입해 만들기 시작했다. 그전에 설계된 명동성모병원의 경우 1.125인치 알루미늄 바를 멀리언으로 사용한 커튼월을 시도했는데 모두 수입재였다. 당시 건물 전체를 커튼월로 처리하는 경우는 드물었다. 기술적 수준이 충분하지 않았기 때문이다. 조흥은행 본점에서 네 면에 커튼월을 사용한 것은 그런 점에서 대담한 시도였다. 건축가들은 동양강철에서 생산한 알루미늄 바를 커튼월로 사용해 건물 전체를 피복한 것이다. 그러나 두 가지 커다란 문제가 대두되는데, 하나는 알루미늄 재료의 도색 문제였고, 또 다른 하나는 단열 문제였다. 이것들은 단기간에는 해결될 수 없는 기술적인 과제였다.

초기 오피스빌딩의 출현

1950년대 후반 이후 고층건물의 출현은 한국 대도시들의 스카이라인을 완전히 바꿔 놓는다. 일제강점기에는 법적 규제로 인해 건물들은 31미터 높이, 8층을 넘을 수 없었다. 일본은 "1923년에 일어난 관동대지진의 경험에서 100척, 즉 31미터 이하의 건물이 안전하고 그 이상은 지진 시 붕괴 위험이 크다고 보았다."[8] 이런 생각은 「조선시가지계획령」에 적용되어, 건축물의 높이를 주거 지역은 20미터, 상업 지역은 31미터로 그 상한을 규정했다. 1938년에 완공된 반도호텔이 당시 가장 높은 건물이었음에도 지하 1층, 지상 8층으로 지어진 것도 이 때문이다. 그렇지만 전후 정부가 고층화를 권장하면서 고층건물이 지어지기 시작했고, 그 이후로 점차 높아졌다. 시카고에서 처음 등장했던 고층빌딩보다 약 칠십 년 이상 늦게 등장했지만 그 발전 속도는 매우 빨랐다. 한국의 초기 고층건물로는 조흥은행 남대문지점, 명동성모병원, 유네스코회관, 상업은행 본점(현 한국은행 소공별관) 등이 있는데 이들은 대략 7-12층 규모로 지어졌다. 이때부터 여러 가지 상황이 복합적으로 이루어지면서 다양한 방식의 기술적 진보가 이루어졌다.

그렇지만 이 시기 대부분의 건물에서 평면 형태는 여전히 체계화되지 못하고 대지의 형상에 따라 불규칙하게 설계되었다. 구조는 간단한 라멘 구조였고, 계단실과 엘리베이터실, 기계실이 구조적인 이유로 코어를 형성하는 경우는 거의 없었다. 건물 외장에서도 많은 한계가 나타났다. 건축가들은 커튼월을 적용하지만 기술적 한계 때문에 어려움이 많았다. 본질적으로 커튼월 기술은 단지 건물 벽체의 마감에 국한되는 것이 아니라, 건물 구조와 재료를 포함해 냉난방, 조명 시설 등이 동시에 충족되어야 가능하기 때문이다. 그렇지만 한국에 최초로 도입되었을 때 그것의 기술적 의미는 대단히 제한된 범위로 이해되었다.

이런 상황은 1960년대 중반을 지나면서 달라졌다. 평면은 사각형의 형태로 점차 수렴되었고, 전단벽 shear wall 구조 방식이 도입되어 엘리베이터 코어가 구조적으로 중요하게 채택되었다. 그리고 중앙에 코어가 형성됨에 따라 기둥의 간격도 계속해서 넓어져, 대략 7미터 내외가 되었다. 조흥은행 본점의 건설은 고층건물의 역사에서 중요한 계기가 되었다.[도판 3] 이 건물은 뉴욕의 레버하우스를 모방한 넓은 저층부 포디움과 고층 오피스빌딩으로 이루어진다. 설계를 주도한 유영근은 미국 내 잡지를 통해 레버하우스를

3　조흥은행 본점(현 신한은행 광교 빌딩). 지금은 알루미늄 스팬드럴이 모두 철거되고 새로운 커튼월로 교체되었다. 1966년 준공.

알게 되었고, 그때 커튼월에 매료되어 그대로 모방하고자 했다.[9] 그는 구조 전문가 김창집과 협동해 건물의 구조 방식을 결정했다. 엘리베이터 코어를 설치하고 기둥의 간격을 6×7.2미터로 넓혔다. 건물의 층수는 더 높이려 했으나 조흥은행 측에서 반대해 15층으로 결정되었다. 건물 외부는 사면 전체를 알루미늄 커튼월로 마감했는데, 한국에서는 최초의 시도였다.

그렇지만 문제는 재료의 내구성에서 나타났다. "당시 선진국처럼 완전한 알루미늄 커튼월을 구사하는 것이 불가능했지만, 건축가는 동양강철의 기술진과 합의해 우리나라 최초로 알루미늄 착색판 스팬드럴spandrel을 징두리부에 사용하게 되었다."[10] 알루미늄에 착색을 할 수가 없어 일본에서 직접 약품을 가져와 입혔으며, 시멘트가 없어 육 개월간 공사가 중단되기도 했다. 당시 한국의 기술적 수준은 레버하우스와 비교해 보면 명확히 나타난다. 레버하우스의 경우 외관에서 완벽한 유리 커튼월의 디테일을 구사하며, 이를 통해 근대 오피스빌딩의 본질이라고 할 수 있는 추상성과 순수함을 획득하고 있다. 이에 비해 조흥은행 본점은 십여 년 늦은 건물이지만 전혀 레버하우스가 가지는 기술적 성취를 보여주지 못했다. 어렵게 시공된 알루미늄 커튼월은 곧바로 부식되어 흉측하게 변했고, 곧 철거되어, 지금은 커튼월로 교체되었다.

한국에서 본격적인 고층건물의 등장은 1960년대 경제 발전과 베트남전쟁을 통한 자본 축적으로 가능했다. 여기에다 새로운 재료가 유입되었는데, 1960년대 말 일본에서 수입된 H형강으로, 이 덕분에 국내에도 고층 철골조 건물이 들어서기 시작했다. 1960년대 중반 베트남에 진출해 각종 군수용역 분야에서 대대적으로 활동하던 한진그룹이 남대문로 KAL빌딩 신축에 H형강을 사용한 초고층 철골조 시스템을 최초로 도입했다. H형강의 제작 및 가공에 대한 경험과 기술 능력이 없었기 때문에 강재의 전량을 일본에서 수입했고, 철골 조립 과정에서도 일본 기술자의 도움을 받았다. 1977년에 지어진 대우센터(현 서울스퀘어)의 경우 일제 H형강, 보의 강접합은 KAL빌딩과 마찬가지로 스플리트티split-T 방식을 채용했다.[11] 이후 이러한 구조 시스템이 고층빌딩에서 일반화되었으며, 철골조가 구조 방식으로 채택됨에 따라 기둥 간격은 9미터 내외로 확장되었다.

1960년대 말 김중업의 도큐호텔과 삼일빌딩[도판 4]은 한국 고층건물의 초기 발전 단계에서 하나의 정점을 보여준다. 모두 정경이 구조설계를 담당했는데, "정경은 일본의 도쿄대학에서 건축 구조의 대가 츠보이坪井慶介의 연구실 연구 경험을 토대로 국내 특수 건축 구조기술에 많은 공헌을 했다."[12] 김중업은 두 건물의 설계에서 각기 다른 방식을 취하는데, 우선 도큐호텔은 철근콘크리트조인 반면 삼일빌딩은 철골조이다. 도큐호텔은 전형적인 코어 방식으

　　　　　　　　2부. 개발 시대: 한국 건축의 정체성 탐구

4 김중업이 설계한 삼일빌딩.
1960년대 커튼월
시공으로는 완성도가 높은
건물이었다. 1969-1971년.

로 설계되어 코어 부분을 제외하고는 내부에 기둥이 없다. 그래서 8미터에 달하는 커다란 내부 공간을 확보할 수 있었다. 이는 당시 한국의 구조기술 수준을 고려해 볼 때 매우 대담한 시도였다. 내부 기둥을 없애는 대신 외부 기둥들을 강하게 집어넣어 기둥을 시각적으로 강조한 것도 특징이다. 이에 비해 삼일빌딩 역시 코어 방식을 취하고 있으나 코어가 건물 뒤쪽에 배치되어 있다. 이렇게 된 것은 부지 매입이 늦어져 본체 부분과 코어 부분이 별도로 시공되었기 때문이다. 이에 따라 코어 부분은 횡하중을 거의 담당하지 않고, 그래서 구조적으로 많은 문제점을 가지게 되었다.

미스 반 데어 로에와 김중업의 건물을 비교해 보면 여러 가지 공통점과 차이점이 함께 나타난다. 우선 그 평면의 형태에서 전면에 사무실을 내세우고 뒤쪽에 코어 부분을 배치한 것은 비슷하다. 그렇지만 건물 규모에서 김중업의 것은 정면 5베이, 측면 3베이의 간격을 갖는 데 비해, 미스의 건물은 정면 7베이, 측면 3베이의 기둥 배열을 가진다. 그만큼 미스의 건물이 전면의 폭이 넓고 측면의 폭은 상대적으로 좁다는 것을 의미한다. 이 밖에도 입면 디테일에서도 미묘한 차이를 감지할 수 있다. 입면의 1베이가 삼일빌딩은 9개, 시그램빌딩은 6개의 I빔 멀리언 I beam-mullion 으로 분할되어 시그램빌딩이 수직적인 구축성이 훨씬 강하게 나타난다. 커튼월의 비례도 달랐다. 삼일빌딩의 높이는 원래 140미터, 31층을 생각했으나, 건물 횡하중 때문에 31층은 유지한 채 건물 높이만 115미터로 낮추게 되었다. 이에 따라 김중업은 철골에 구멍을 뚫어 덕트 duct 시설들을 관통하는 방법으로 건물 층고를 3.3미터까지 줄였고, 이 과정에서 페이샤 facia 두께도 매우 얇게 처리되었다. 이런 디테일에 따라 미스와 김중업의 건물은 전체적으로 유사해 보이지만, 세부적으로는 매우 큰 차이가 났다. [도판5]

5 삼일빌딩(왼쪽)과
시그램빌딩(오른쪽)의 평면 비교.

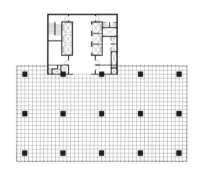
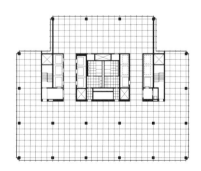

13장. 기술의 고도화와 의미론 탐구

6　김종성이 미스 반 데어
로에의 이념을 담아 설계한
효성빌딩. 1974-1977년.

삼일빌딩은 커튼월을 이용해 설계된 1960년대의 건물 가운데 가장 완성도가 높다. 그렇지만 외벽의 경우, 당시 한국에서는 생산되지 않았던 코르텐강 corten steel 을 일본에서 전량 수입해 마감되었다. 한국의 생산 방식에 의한 커튼월의 오피스빌딩이 탄생하기까지는 미스 반 데어 로에 사무실에서 오랫동안 일했던 김종성의 귀국을 기다려야만 했다.

김종성은 1975년 효성빌딩[도판 6]과 동성빌딩(현 프레이저플레이스 남대문서울호텔)을 통해 미스의 이념을 최초로 실현한다. 그는 자신이 오랜 기간 동안 준비해 온 생각들을 펼쳐 볼 기회를 잡았지만, 곧 한국의 건축적 현실에 부딪치면서 쓰라린 좌절을 맛보게 된다. 효성빌딩이 세워질 대지는 서울 도심 가운데 덕수궁에서 서소문으로 가는 길 모서리에 위치했다. 김종성은 여기에 전면 7베이, 측면 3베이로 12층 건물을 설계했다. 그리고 대지의 협소함 때문에 미스 건축에서는 나타나지 않는 편심 코어를 배치했다. 정면은 미스의 건물처럼 강철로 된 커튼월로 계획했으나 당시 한국에서는 이를 제작하기가 쉽지 않은 상황이었다. 그래서 김종성은 어렵게 건축주를 설득해 부산에 있는 한 조선소에서 그것을 제작하도록 했다. 그러나 그렇게 만들어진 철판은 평활도를 유지하는 것이 힘들었고, 대부분 복층 유리가 아닌 86밀리미터의 단층 유리로 시공되어 결로에 많은 문제를 가지고 있었다. 지금의 설계 기준으로 보면 아주 미달되는 커튼월이다. 여기에 측면의 마감도 어려움을 겪었다. 원래 건축가가 고른 것은 마천석이었지만 예산 관계로 벽돌 위에 타일 마감으로 결정되었다. 이 건물이 겪게 될 수난은 여기에 그치지 않았다. 옆 대지의 소유주가 김종성의 안이 대지경계선을 침범했다고 해서, 결국은 건물 뒤쪽의 일부를 잘라내는 것으로 결론이 났다. 그래서 완전한 박스 형태가 아닌, 어색한 상태로 시공에 들어가게 되었다.

미스 반 데어 로에가 미국에서 완성한 유리 마천루는 전 세계적으로 유행되었고, 유사한 건물들이 많은 도시에서 우후죽순처럼 생겨났다. 이에 따라 많은 부작용과 문제점들이 뒤따랐고, 비판들이 쏟아졌다. 건축비평가 레이너 번햄 Reyner Banham 은 유리 마천루의 인공 냉난방 시설이 각 지역의 독특한 기후와 건물을 단절시켜 너무나 많은 에너지를 소비하게 만든다고 공개적으로 비판했고, 이런 주장에 많은 건축 이론가들이 동조했다. 여기에다

　　　　　　　　　　　　　　　　　2부. 개발 시대: 한국 건축의 정체성 탐구

7 독특한 패턴의 PC커튼월이
적용된 김정수 설계의
연세대 학생회관. 1967년 준공.

8 사면 전체에 PC커튼월이
적용된 이광노 설계의
한국어린이회관. 1970년 준공.

1970년대 초반에 일어난 석유 파동으로 유리로 된 건물들에 대해 근본적으로 재검토하게 되었다. 특히 과도한 에너지 사용이 문제점으로 부각되면서 외관 전체를 유리로 뒤덮은 방식 대신에 건물의 일부를 유리로 처리하는 방식이 대두되었다. 공장에서 콘크리트 패널로 생산해내는 PC커튼월이 각광을 받게 된 데는 이런 시대적 상황이 작용했다. 서구 건축에서 PC커튼월의 주요 원리는 이미 1920년대에 근대건축가들에 의해 제시되었다. 그리고 최초로 고층건물에 적용되기 시작한 때는 1958년이었다. 이것의 특징으로는 금속제 커튼월보다 단열이 우수하고, 입면의 요철이 강하며, 제작이 간편한 점이 꼽힌다.[13] 그리고 습식 공법보다는 공사 기간이 짧고 경제적이었다. 이런 점 때문에 1960년대부터 미국을 중심으로 빠르게 확산되어 1970년대에는 전 세계적으로 유행하게 된다.

이런 경향은 한국에도 곧바로 전달되어 1964년 김정수는 자신의 3층짜리 동교동 빌딩을 지으면서 처음으로 시도했다. 미국 유학 시절에 이미 PC커튼월에 많은 관심을 가지고 연구했지만, 당시 한국에는 생산할 수 있는 회사가 없었기 때문에 직접 합판으로 주형을 짜서 콘크리트 패널을 만들어 시공했다. 이어 풍문여자고등학교 과학관에서 대규모로 PC커튼월을 사용했고, 연세대학교 학생회관에도 그대로 적용했다.[도판7]

그 노력 덕분에 다른 건축가들도 이 재료에 많은 관심을 가지게 되었고, 김수근은 문화방송 사옥(현 경향신문 사옥)에서 최초로 고층빌딩에 사용했고, 이광노가 설계한 한국어린이회관에서는 PC커튼월이 사면 전체에 사용되었다.[도판8] 그리고 1970년대 이후의 주요 고층건물에서 중심적인 외벽 마감 재료로 등장하게 된다. 1970년대 PC커튼월은 전 세계적으로 유행했기 때문에 한국의 고층건물에서도 많이 적용되었다. 한국의 대표적인 건물로 태평로 삼성 본관, 극동빌딩(현 남산스퀘어빌딩), 신라호텔, 과천정부종합청사 등이 있다. 이 가운데 태평로 삼성 본관은 건축가 박춘명이 일본의 기술을 도입해 설계한 것으로, 격자형 창틀이 반복되면서 질서있는 외관을 만

13장. 기술의 고도화와 의미론 탐구

들어냈지만 PC패널이 주는 투박함 또한 존재했다. 이를 극복하기 위해 이후 다양한 방식들이 등장했다. 극동빌딩과 신라호텔 등에서는 외피에 타일을 부착한 PC패널들이 주로 사용되어 삼성 본관과는 다른 외피 디자인이 가능해졌다. 원도시건축에서 설계한 대한화재해상보험 사옥(현 롯데손해보험빌딩)에서는 격자형 패널이 아닌 수직형 패널을 사용해 수직성을 강조했다.

셸 구조의 대공간 구조물

한국에서 대공간 구조물은 1960년대에 처음으로 등장하기 시작한다. 이는 건물 기능 때문에 내부 기둥 없이 넓은 공간을 확보해야 하는 건축물을 일컫는다. 일제강점기에는 강당이나 공장 등에 철근콘크리트조에 철골 트러스 지붕을 얹은 대공간 구조물이 지어져 왔으나 그 규모는 크지 않다. 1960년대 들어서야 규모가 커지고 공장, 체육관, 극장, 교통시설 등의 건물에서 다양한 구법들이 도입되었다.

공장 건축의 경우, 1950년대 이후 배기형에 의해 주도되었다. 그가 신건축문화연구소에서 처음 맡은 프로젝트가 대한중공업공사 인천 평로 공장이었다. 그 후 설계한 건물이 대구 삼성 제일모직 TOP공장이었다.[도판 9] 기존의 공장을 확장시키는 것이었는데, 이때 배기형은 공사비의 증가와 건설공법의 어려움에도 불구하고 국내 처음으로 너비가 16미터에 이르는 원통형 셸cylindrical shell 구조와 톱니형 셸folded shell 구조를 시도했다. 새로운 구조 방식을 실험해 보려는 건축가와 구조 전문가들의 열망 때문이었다. 건축주였던 이병철은 배기형의 제안을 선선히 받아들였다. 이것은 건축가에 대한 신뢰가 있었기 때문에 가능했다. 얇은 셸thin shell 구조는 당시 매우 유행했던 구조 방식으로, 그 형태 자체에 의한 구조적인 저항력을 갖는 것이다. 특히 원통형 셸 구조와 톱니형 셸 구조는 장방형 면적을 덮는 데 매우 유리한 구조체계로, 서구의 공장 건축에서도 자주 등장했다. 제일모직 TOP공장을 설계하면서 채택하게 된 것은 이 때문이다. 그들은 원통형 셸 구조에서 길이 50미터, 폭 16미터의 모듈을 반복적으로 사용했고, 50미터 중간에 기둥을 2개씩 박았다. 이 구조설계는 함성권이 담당했다. 톱니형 셸 구조는 30×8미터의 모듈이 반복되면서 대규모 공간을 형성하도록 했고, 최종완이 구조설계를 담당했다. 지붕은 10센티미터 두께의 철근콘크리트 위에 단열재를 대고 그 위에 아스팔트 방수를 했다. 셸 구조는 일정한 두께로 균일하게 콘크리트를 시공해야만 구조적으로 안정적인데, 당시 시공 기술로는 균질하게 타설하는 것이 힘들었다.[14] 더욱이 지붕이 완공된 후 "직사광선에 아스팔트가 녹아서 물 홈통으로 흘러내리는 일이 발생했고, 그래서 방수에 많은 결함이 드러났

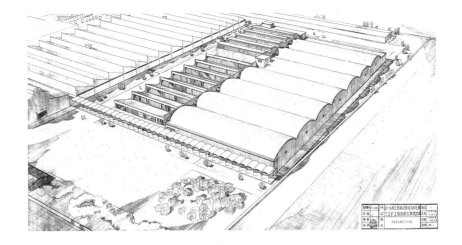

다."[15] 이에 따라 구조체 위에 재래식 경사지붕을 덧대어서 사용하는 일이 발생했다. 건축가와 구조 전문가의 의욕에도 불구하고 얇은 셸 구조의 사용은 실패로 끝나고 말았다. 이런 사실은 이후 배기형이 설계한 삼성 그룹 관련 공장 건물들, 즉 전주 새한제지 공장, 나주 호남비료 공장 등에서 더 이상 얇은 셸 구조를 사용하지 않은 데서 잘 나타난다. 이 공장들은 모두 철근콘크리트조에 철제 트러스 지붕으로 만들었다.

1950-1960년대 대공간 구조물 가운데 가장 대담한 구조 방식이 도입된 유형은 체육관 시설이었다. 장충체육관, 춘천실내체육관, 대전 충무체육관, 부산 구덕체육관, 대구실내체육관 등을 세우면서 건축가들은 새로운 구법을 시도했다. 이십세기 후반에 사용된 형식으로는 셸 구조, 절판 구조, 트러스 구조, 서스펜션 구조가 있었는데, 장충체육관은 철골 트러스 돔, 부산 구덕체육관은 셸 구조, 대구실내체육관은 서스펜션 구조로 설계되었다.

장충체육관은 1963년 김정수에 의해 설계된 국내 최초의 실내 체육관으로, 직경 80미터의 철골 트러스 돔으로 건설되었다. 건축가는 처음에는 철근콘크리트로 된 셸 구조를 제안했으나 국내 기술 여건상 실현하기 어려웠다. 이 건물의 구조설계는 미국에서 귀국한 최종완에 의해 완성될 수 있었다. 그의 박사 논문 주제이기도 했던 철골 트러스 돔 구조는 유선형의 안정된 형태를 보여주는데, 이 구조 방식은 기둥과 지붕이 맞닿는 부분이 인장링tension ring으로 되어 있고 지붕의 상부가 압축링으로 작용해 마치 도너츠 모양의 기하학적 형태를 가진다. 외부는 알루미늄 판과 고무 루핑으로 마감되었다. 이런 구법은 이후 지방의 경기장 건설에 하나의 프로토타입을 제공했다. 김정수는 이 작품에 이어 1961년 동대문 실내스케이트장과 1968년 국회의사당에도 비슷한 구조 방식을 사용했다.

13장. 기술의 고도화와 의미론 탐구

1969년 부산 구덕체육관에서는 쌍곡 포물선면 셸 hyperbolic paraboloid shell (혹은 하이파 셸 hypar shell) 구조를 도입했다. 1960년대 건축 분야에서 중요하게 등장했던 것이 철근콘크리트 셸 구조였다. 당시 펠릭스 칸델라 Félix Candela, 피에르 네르비 Pier L. Nervi, 에로 사리넨 Eero Saarinen 등의 건축가나 구조 전문가 들은 다양한 하이파 셸 구조를 채택한 건물들을 앞다퉈 선보였고, 하나의 열풍처럼 세계 건축계에 퍼져 나갔다.[16] 구덕체육관의 구조를 담당한 마춘경에 의하면, 당시 대학교 졸업 설계에서 학생들의 반 이상은 셸 구조를 이용한 건물을 제안했다고 한다. 그만큼 그것은 우리의 기술적 현실과는 관계없이 유행되었고, 이런 경향에 건축가와 구조 전문가 들도 관심을 기울이게 된 것이다. 그러나 한국에서 철근콘크리트 셸 구조는 시공상의 어려움 때문에 흔한 사례는 아니었다. 그 사용을 대공간 구조물로 확장시키기에는 어려움이 많았다. 그래서 구덕체육관에서는 철근콘크리트 대신에 철골 구조를 사용해 셸 구조를 완성하고 있다.

이 외에도 매우 의미있는 대공간 구조물은 대구실내체육관이다.[도판 10] 이 건물은 대담한 구조 방식과 유연한 곡선 지붕의 흐름 등으로 많은 사람들에게 깊은 인상을 남겼다. 설계를 맡은 김인호는 대구를 중심으로 활동한 건축가로, 서구에서 유행하던 서스펜션 구조로부터 많은 영향을 받았다. 그는 설계에 앞서 사리넨의 예일대학 잉골스 아이스하키링크 David S. Ingalls Rink 와 단게 겐조의 도쿄올림픽 요요기경기장 国立代々木競技場의 구조 방식에서 많은 영감을 받고 이를 적용하고자 했다. 그래서 건물의 전체 하중을 지지하는 커다란 아치 2개를 한 쌍으로 나란히 세워 지붕의 중심을 관통하고 있다. 이 아치들의 하중을 줄이기 위해, 건축가는 구조체의 내부를 비우는 방식을 채택

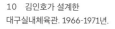

10 김인호가 설계한
대구실내체육관. 1966-1971년.

2부. 개발 시대: 한국 건축의 정체성 탐구

했고, 이것은 사리넨의 제퍼슨 메모리얼[17]의 아치에서 영감을 받은 발상으로 보인다.[18] 주요 구조체는 3힌지 hinge 아치를 중심으로 해서 건물 주변으로 3힌지의 서스펜디드 빔을 연결하고, 이 빔들을 건물 주위로 돌아가는 링에 걸어서 연결했다. 그리고 이들 각각의 빔 사이로 와이어 로프 wire rope와 턴 버클 turn buckle을 설치해 부재들의 움직임을 고정시켰다. 이런 구조를 통해 전체 직경 73미터에 이르는 원형 체육관의 대공간을 덮게 되었다. 김인호는 대구실내 체육관을 완성한 후, 그 성과를 인정받아 춘천실내체육관, 대전 충무체육관, 잠실 야구경기장 등의 체육관 건물을 설계하게 된다.

기술의 고도화

선진국들과 비교해 매우 낮았던 기술 수준은 1980년대 이후로 상황이 바뀌었다. 기술이 고도화되면서 주요 건축 담론으로 등장했는데, 그렇게 된 데는 여러 가지 이유가 복합적으로 작용했다.

우선, 거시적인 관점에서 볼 때 경제 성장에 따른 재료 생산 및 시공 기술의 발전과 깊게 맞물려 있다. 그 이전까지 한국 건축가들에게는 테크놀로지를 건축적으로 표현할 만한 여건이 마련되어 있지 못했다. 전후 국내의 산업 시설은 대부분 파괴되었고, 건축 재료의 생산 시설은 대부분 외국의 원조로 지어졌다. 1960년대에 이르러 시멘트, 유리, 철근 등은 어느 정도 생산되었지만, 가장 중요한 철강의 생산은 다소 더디게 이루어졌다. 하지만 1971년 「철강공업육성법」의 제정과 함께 포항제철이 설립되면서 생산 규모가 점차 증가하기 시작했다.[19] 그리고 1980년대부터는 여러 철강 회사들이 대규모의 용접 장비와 그에 필요한 기술들을 갖춤으로써 건축용 강재의 생산이 가능해졌다. 인천제철에서는 1982년에 H형강, I형강이 처음으로 생산되면서 철골 구조가 비교적 자유롭게 사용될 수 있었다.

두번째 이유는 서울올림픽을 비롯한 여러 국제대회들이 한국에서 개최되어, 경기장뿐 아니라 모든 공공시설에서 국제적인 수준이 요구되었기 때문이다. 한국 정부는 그동안의 경제 발전을 과시하기 위해 건축과 도시에 엄청난 투자를 하게 된다. 한국의 건축가들은 그때만큼 자유롭게 설계에 임한 적이 없었다. 그 과정에서 첨단 기술이 중요하게 다가왔다. 올림픽 주경기장을 비롯해 역도경기장(현 우리금융아트홀), 체조경기장 등에서 새로운 공법들이 속속 그 모습을 드러내기 시작했다. 여기에는 외국 구조 전문가들의 참여가 큰 도움이 되었다. 미국의 데이비드 가이거와 독일의 요르그 슈라이 Jörg Schlai가 대표적이다. 경기장 외에도 서울올림픽에 대비해 전시장, 공항, 컨벤션센터와 같은 다양한 시설이 건설되었는데, 이는 사회가 고도화되면서 필연적으로 수반되는 시설들이다. 그 후 1993년 대전세계박람회와 2002년 한일월드컵이 개최되면서 기술을 바탕으로 한 건축의 추구는 지속적인 경향으로 자리잡았다.

마지막으로, 외국 대형 건축사무소들이 국내 건설 시장에 대거 참여하면서였다. 1980년대 들어 일부 재벌 기업들이 외국으로 직접 설계를 의뢰하기 시작했고, 그들은 국내 건축가들이 사용하지 못했던 고도의 건축 기술들을 구사했다.[20] 그들이 1980년대 한국 건축계에 미친 영향은 대단히 크다. 그때까지 한국 건축가들은 한정된 여건 속에서 기술이 가져다주는 설계의 자유로움을 체험하지 못했다. 첨단 기술이 적용된 건물들이 주위에 지어지면서 그들은 상당한 충격을 받았고, 그때까지의 건축 담론을 새롭게 성찰해 보는 계기가 되었다. 한국의 좁은 테두리에서 벗어나서 세계 건축의 동시대적인 흐름과 호흡하려는 인식이 생겨났고, 당시 세계적 추세의 재료와 구법 등을 적용해 보려는 시도가 이어졌다.

이같은 변화에 대응하기 위해 한국의 건축가들은 사무실 조직을 바꾸게 된다. 1970년대까지 한국에는 100명 이상의 대형 설계사무소는 거의 존재하지 않았다. 프로젝트의 규모가 크지 않아서 많은 인원이 필요하지 않았기 때문이다. 그렇지만 프로젝트가 대형화되면서 기존의 아틀리에 사무소로서는 이에 대응할 수 없었다. 이에 따라 1980년대부터 대형 사무소들이 본격적으로 등장했는데, 활동이 가장 활발했던 김수근의 공간건축이 그 첫번째였다. 1970년대 초 20명 내외의 인원이 1970년대 말이 되면서 100명 이상으로 늘어났다. 이와 함께 정림건축, 서울건축, 원도시건축과 같은 설계사무소들이 활발한 활동을 펼치게 된다. 일건건축처럼 규모가 작은 사무실들은 서로 힘을 합쳐 공동 사무소를 만들어 개발 시대에 쏟아진 엄청난 건설 물량을 소화해 나갔다. 건축가의 개별적인 개성을 드러내기보다는 집단 작업에 의한, 보다 강한 익명성과 기술지향적인 특성을 가진 건축물들이었다.

11 국내 초고층건물의 시대를 열었던 63빌딩. 1980-1985년.

초고층건물의 등장

1980년대에는 30층 이상의 초고층건물들이 등장하기 시작했다. 1984년에 63빌딩이 63층, 249미터로 세워져 국내 최고 높이를 자랑했다.[도판 11] 이어 LG트윈타워, 한국종합무역센터 무역회관 등이 지어지며 한국에서도 초고층건물의 시대가 열리게 되었다. 그전까지 고층건물의

2부. 개발 시대: 한국 건축의 정체성 탐구

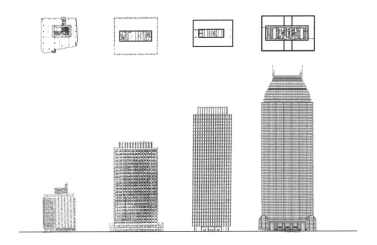

12 한국 오피스빌딩의 구조 방식 변천. 왼쪽부터 유네스코회관(라멘 구조), 태평로 삼성 본관(전단벽 코어 방식), SK 사옥(튜브 구조), 현대 강남 사옥(아우트리거 구조).

구조시스템은 주로 코어 부분에 횡력에 저항하는 전단벽을 설치하는 것이 일반적이었으나, 건물 높이가 30층을 넘으면서 새로운 구조 방식들이 채택되기 시작했다.[도판12]

먼저, LG트윈타워, 서린동 SK 사옥, 아셈타워 등에서 튜브 구조가 본격적으로 사용되었다. 이 방식은 구조 전문가 파즐루르 칸 Fazlur Khan에 의해 제안된 것으로, 기본 개념은 건물 외벽에 최소한의 개구부를 두고 구조적으로 강하게 접합해서, 건물의 횡하중에 대해 튜브와 같이 연동되어 작동하는 것이다. "이것은 경제성과 효율성뿐만 아니라 구조적으로도 장점을 가진다. 먼저, 건물 외벽 자체가 구조체로 작용하면서 건물 전체가 횡하중에 저항할 수 있고, 또한 건물 내부의 구조체는 수직하중만 지지하면 되므로 설계가 단순해지고 기둥이나 보의 배치가 자유롭다."[21] 그리고 튜브를 이루는 구조체를 전층 동일하게 적용하므로 시공성이 뛰어나다. 건물 높이에 따라 여러 방식으로 사용될 수 있는데, 국내에서 LG트윈타워에 처음 도입되어 이후 아셈타워와 SK 사옥도 같은 구조 방식을 취한다.[도판13]

13 김종성이 설계한 서린동 SK 사옥. 튜브 구조를 사용한 대표적인 건물이다. 1986-1999년.

튜브 구조 외에도 코어 구조와 아우트리거 구조 outrigger structure[22]도 사용되었다. 44층의 현대 강남 사옥(현 강남파이낸스센터)이 이런 방식에 의해 건설되었다. 이것은 건물의 높이에 비해 횡력을 지지하는 전단벽의 길이가 짧을 때 사용된다. 아우트리거는 코어로부터 캔틸레버 형태로 나와 외곽부의 기둥을 스트럿이나 타이처럼 걸리게 하면서 응력 및 하중을 재분배시키게 된다. 현대 강남 사

13장. 기술의 고도화와 의미론 탐구

옥의 경우 2개의 아우트리거가 중앙 코어에서 돌출해 있는데, 하나는 18층과 19층에, 또 다른 하나는 39층과 40층에 걸쳐 있다. 이들이 중심의 코어와 외부 기둥들을 연결시켜 횡력에 저항하도록 한다.

이 외에 횡력에 저항하는 방식으로 건물 외부에서 몇 개 층에 걸쳐 트러스를 거는 방식도 사용되었다. 간삼건축에서 설계한 과천 코오롱 사옥과 에스오엠에서 설계한 LG 강남 사옥(현 GS타워)이 여기에 해당한다. 이것은 중심에 코어를 설치하기 힘든 건물에서 건물의 기하학적 중심과 코어의 위치가 일치하지 않을 경우 횡력에 저항할 수 있는 방식으로 보인다. 코오롱 사옥과 LG 강남 사옥 모두 불규칙한 형태를 띠고 있어 여러 층에 걸친 입면에 브레이스를 설치했고, 코오롱 사옥의 경우 그것을 외부로 노출시켜 구조체를 시각적으로 강조하게 된다.

1980년대에는 오피스빌딩의 외벽 마감에 가장 큰 변화들이 일어났다. 첫번째로, 1970년대에 유행했던 PC커튼월 대신에 금속제 유리 커튼월이 재도입된 점을 들 수 있다. 이것은 몇 가지 기술적 진보에 의해 발생했다. 먼저, 초고층건물에 커튼월을 안전하게 사용하기 위해서는 이에 대한 풍동 시험과 목업mock-up 테스트를 실시해야 하는데, 이를 외국에 의뢰하는 길이 열리면서 제품의 신뢰성을 높이게 되었다. 이와 함께 알루미늄 커튼월을 생산하는 국내 업체들의 기술이 발전해 다양한 제품을 선보이게 된다. 그리고 건물의 높이가 1970년대와는 비교가 되지 않을 정도로 높아지면서 보다 시공이 간편하고 공장 생산이 용이한 알루미늄 커튼월이 요구된 것이다. 물론 시공에서 유니트unit 방식이 기존의 스틱stick 방식을 대체하며 일반화되었다.[23] 이런 방식이 최초로 적용된 건물은 미국의 에스오엠과 박춘명이 설계한 63빌딩이다. 이 건물의 외벽은 황금색 착색 유리의 커튼월로 마감되었는데, 풍동 시험은 미국 콜로라도대학에서 실시되었고, 목업 테스트는 마이애미에서 이루어졌다.[24] 여기서 사용된 유니트 방식은 층간 변위를 칠십오분의 일 이하로 흡수할 수 있어서 초고층건물에 적합했다. 또 공장에서 미리 글레이징glazing과 코킹caulking 작업이 이루어지기 때문에 현장 조립에서 벌어질 수 있는 오차나 실수를 최대한 줄이고, 온도 변화에 따라 유니트 자체에서 발생하는 소음이 없다는 장점을 가진다.[25] 이 때문에 국내에서 보편적인 커튼월 방식으로 받아들여지게 된다.

14 포스코센터. 국내산 철강재를 사용하고, 건물 하부에 스트럭처 글라스 월 시스템이 설치되었다. 1995년 준공.

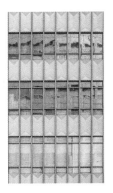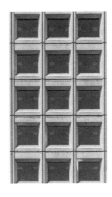

15 한국 오피스빌딩의 외벽 마감 변천. 왼쪽부터 유네스코회관(스틱 방식 커튼월), 삼일빌딩(스틱 방식 커튼월), 태평로 삼성 본관(PC 커튼월), 63빌딩(유니트 방식 커튼월), 포스코센터(스트럭처 글라스 월 시스템).

십 년 후 간삼건축에서 설계한 포스코센터는 커튼월 공법의 달라진 모습을 매우 단적으로 보여준다.[도판 14] 이 건물도 마찬가지로 유니트 방식의 커튼월을 사용했으며, 한 유니트의 크기는 63빌딩의 1.5×3.9미터와 유사한 1.5×4.2미터였다. 단지 차이점이 있다면 자연 환기용으로 사용되는 개폐창이 설치되었고, 또 설비가 설치되는 천장 부분의 창호에 음영을 가하되 나머지 부분은 반사율이 적은 투명한 복층 유리를 사용한 점이다. 63빌딩에서 사용했던 착색 유리가 한동안 유행하다가 다시 투명유리로 돌아온 것이다. 이것은 고층빌딩의 외관과 에너지 사용을 종합적으로 고려한 결과였다.

두번째로, 알루미늄 시트의 사용이다. 미국의 시알에스 CRS 건축사무소가 용산에 국제그룹 사옥(현 LS 용산타워)을 지으면서 국내에 본격적으로 도입되기 시작했다. 재질자체가 가지는 가소성과 내구성, 공장 생산에 따른 높은 시공성 때문에 1980년대 후반부터 유리와 함께 국내 오피스빌딩의 외벽 마감에 많이 사용되었다. 그리고 알루미늄 시트가 가지는 금속성 때문에 건축가들은 건물에 현대미를 부여하기 위해 사용하기도 했다.

마지막으로 외벽 마감과 관련된 중요한 변화는 1990년대 중반에 일어났다. 투명한 유리를 창호 새시 없이 사용해 건물의 투명성을 높이는 외벽 마감 방식으로, 포스코센터에서 도입된 이래 유행처럼 사용되기 시작했다. 스트럭처 글라스 월 시스템 structural glass wall system 으로 불리는 이것은 고층건물의 외관을 바꾸는 데 획기적인 역할을 담당했다. 풍하중 wind load 에 의한 수평력이 리브 글라스 rib glass 나 혹은 다양한 케이블 트러스에 의해 지지되도록 해 커튼월의 구조적 문제점을 해결하고, 시각적 투명성을 극대화시켰다.[도판 15]

1980년대 이후 대공간 구조물

고층건물뿐 아니라 대공간 구조물에서도 눈에 띄는 진전이 있었다. 1980년대 한국에는 입체 트러스 space truss, 스페이스 프레임 space frame, 막구조 membrane

　　　　　　　　　　　13장. 기술의 고도화와 의미론 탐구

structure와 같은 구조기술이 도입되었다. 1960년대를 지배했던 철제 트러스나 셸 구조를 이들이 대체하게 된 것이다. 이는 한국 현대건축의 기술 역사에서 매우 중요한 의미를 갖는다. 스페이스 프레임은 1950년대에 개발된 구조시스템으로, 선형의 부재들을 접합부에 결합시켜 힘의 흐름을 전달한다. 입체 트러스는 이와 유사한 방식이나, 선형 부재의 연결 방식에 따라 구분된다. 즉, 스페이스 프레임은 각 선형 부재들이 강접되어 있는 것이고, 입체 트러스는 각 선형 부재들이 핀으로 결합되어 있는 것이다. 입체 트러스는 다시 접합부의 형태와 디테일에 따라 몇 가지로 구분된다. 가장 흔한 것이 메로 시스템mero system으로, 원구 모양의 접합부에 구멍을 내고 부재들을 거기에 끼우는 것이다.

스페이스 프레임과 입체 트러스는 다른 구조시스템들보다 많은 장점을 가지고 있다. "먼저 가장 중요한 장점은 경량이라는 것이다. 대공간의 지붕에서는 전체 중량 가운데 구조체의 자중이 차지하는 비중이 크기 때문에 구성부재의 경량화는 매우 중요하다. 또 이렇게 경량임에도 불구하고 충분한 강성을 지닌다는 것이다. 이것은 이 구조의 구성부재가 하중에 대해 균등하게 저항하기 때문이다. 또한 스페이스 프레임은 공업화되어 있어 공장에서 제작이 용이하고, 현장에서의 접합도 비교적 간단하다. 미적인 관점에서도 매우 명쾌하고 규칙적인 패턴을 가져서 매력있는 조형을 만들어낸다."[26] 이 때문에 스페이스 프레임은 1980년대에 김종성이 설계했던 힐튼호텔의 중앙 로비를 건설하며 한국에 도입된 이래로 수많은 대공간 구조물에 사용되기 시작했다.[27]

스페이스 프레임은 김포공항 제2청사의 건설에서도 사용되었다. 서울올림픽의 개최로 공항 시설의 증축이 불가피해지면서 새로운 청사가 지어지게 되었다. 설계는 교우건축이, 구조 해석은 이병해가 담당했다. 처음 김포공항 제2청사가 설계되었을 때 지붕의 형태는 전통적인 한옥 지붕을 메타포한 것이었고, 그 지붕을 지지하는 구조시스템은 와플waffle 보로 구성되었다. 그러나 건설 과정에서 와플 보를 지지하기 위해 너무 촘촘히 박혀 있는 높은 기둥들이 전체 공간을 답답하게 만든다는 지적에 따라, 지붕을 스페이스 프레임으로 처리하고 모든 기둥을 제거하게 된다.[28] 그 결과 60×48미터의 면적에 높이 24미터의 대공간이 기둥을 사용하지 않은 무주 공간으로 탄생하게 된다. 이로써 공간적인 개방감과 더불어, 시공 과정을 단순화시켜 경제적으로도 상당한 효과를 거두었다고 한다. 새로운 기술이 건축에 도입되면서 경험하게 되는 긍정적인 측면이다. 이처럼 구조적인 안정성과 함께 경제성 또한 증명되면서 스페이스 프레임은 빠른 속도로 일반 건물에 확산되기 시작했다.

　　　　　　　　　　　　　　　2부. 개발 시대: 한국 건축의 정체성 탐구

16 김종성 설계의 올림픽 역도경기장. 천창을 통해 빛이 들어오도록 구조시스템을 설계했다. 1983-1986년.

올림픽 역도경기장은 입체 트러스가 사용된 대표적인 경우이다.[도판16] 이 건물은 대략 60×80미터의 크기를 가지며, 모듈은 수직기둥 하나가 9.9미터, 높이 역시 9.9미터, 경사면을 구성하는 부분이 7미터로 되어 있다. 다케나카 입체 트러스로 구성되어 있는 지붕은 김종성이 데이비드 가이거의 자문을 받은 결과였다. 김수근의 체조경기장을 위해 한국을 자주 드나들던 가이거에게 김종성은 역도경기장의 구조시스템을 보여주게 된다. 건축가는 처음에는 두 방향으로 된 트러스를 생각하고 있었다. 이것을 보고서 "가이거는 자신이 뉴욕의 자연사 박물관에서 사용한 바 있는 다케나카 방식을 추천했다."[29] 이 구조시스템의 이점은 다른 스페이스 프레임에 비해 단위면적당 구조재가 적게 들어 더욱 경제적이면서, 동시에 구조 방식이 매우 효율적으로 제작될 수 있다는 것이다. 또 "구조체의 하현 부분이 비교적 장애물 없이 구성될 수 있고, 상현은 지붕을 구성하는 부재가 지나가기 때문에 일방향성으로 보인다는 것이다."[30] 이를 통해 천창을 통해 들어온 빛이 실내에 보다 많이 유입된다.

스페이스 프레임의 등장과 함께 여러 가지 막구조 기술도 도입되었다. 처음에는 대공간 구조물에만 적용되다가 지금은 휴게소, 놀이터의 간이 구조물, 소규모 야외 음악당, 일반 주택에 이르기까지 폭넓게 사용되고 있다. 한국에 최초로 막구조를 제안한 사람은 데이비드 가이거이다. 그는 대공간을 덮을 수 있는 두 가지 구조시스템을 개발했는데, 하나는 막구조이고 또 다른 하나는 텐서그러티 구조tensegrity structure이다. 이것들은 구조기술의 역사에서 매우 중요한 의미를 갖는데, 1970년대 이후 세계에 세워진 거대 돔들이 거의 대부분 가이거의 생각에 기초하기 때문이다. 그가 구조적으로 두각을 나타낸 때는 1970년 오사카 만국박람회에서였다. 여기서 가이거는 약 30층 높이의 조형물을 공기막구조pneumatic structure로 해결했다. 그 후로 가이거는 이 방식을 다양한 경기장의 지붕을 덮는 데 응용하게 된다. 미국 미시간 주의 폰티액에 공기막구조로 된 스타디움을 최초로 건설했고, 1988년에는 일본 도쿄 돔을 건설하게 된다. 그러나 우리나라에서 공기막구조가 실현된 예는 없다.

17 올림픽 체조경기장 내부. 텐서그러티 구조가 최초로 실현된 건물이다. 1983-1986년.

13장. 기술의 고도화와 의미론 탐구

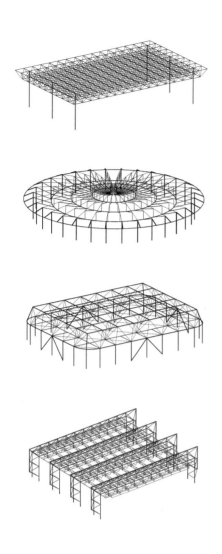

18　대공간 구조물의 다이어그램.
위부터 입체 트러스 구조의 힐튼호텔,
텐서그리티 구조의 올림픽
체조경기장, 다케나카 입체 트러스
시스템의 올림픽 역도경기장, 강철
파이프 트러스의 포항공대 체육관.

가이거의 공기막구조는 설치하는 데는 비용이 그다지 들지 않았고 방법도 간단했지만, 유지 관리하는 데 많은 어려움이 있었다. 그래서 가이거는 이런 문제점을 해결하면서도 값싼 구조를 개발하고자 고심했다. 이때 그는 벅민스터 풀러Buckminster Fuller의 작업을 주목했다. 풀러는 그의 유명한 지오데식 돔 외에도 텐서그러티 돔도 제안했는데, 이들은 서로 상이한 구조 방식이었다. 즉 지오데식 돔은 에스키모의 이글루처럼 모든 부재들에 압축력이 걸리는 반면, 텐서그러티 돔은 텐트 구조처럼 대부분의 부재가 인장력이 걸린다. 모든 케이블은 돔의 중심을 지나도록 하고, 돔의 가장자리에서는 이 케이블들을 잡아당기는 것이다. 그리고 돔의 중간 중간에 압축력에 저항하는 수직 부재를 집어넣어, 이에 의해 단면이 전체적으로 둥근 형태의 지붕이 만들어진다. 그 결과 수직 부재를 제외한 모든 부재들에 인장력이 걸리면서 지붕이 세워지게 되었다. 올림픽 체조경기장은 이런 텐서그러티 구조에 관한 가이거의 구상이 최초로 실현된 건축물이다.[도판 17] 이 건물은 구조적 혁신성 때문에 구조사를 다루는 다양한 책에서 언급되고 있다.[31] 직경 120미터가 넘는 공간을 가는 케이블 선과 유리섬유로 덮는 구조적인 대담성과 함께 합성유리를 통해 채광을 직접함으로써 많은 에너지 절약도 꾀하게 되었다. 그 후로 슈라이 버그만Schlaich Bergermann이 부산 아시아드주경기장과 인천 문학경기장 지붕에 이 방식을 적용했다.[도판 18]

　서울올림픽을 계기로 한국에 도입된 막구조 기술은 1993년 대전세계박람회를 시작으로 전시장 시설에 다양한 형태로 사용되었다. 대표적인 경우가 최관영이 설계한 국제관이다. 이 건물은 각 나라가 한국 정부로부터 임대받아 박람회 기간 동안 사용 후 철거한 임시관이었다. 여기에는 18×18미터 크기의 모듈 관이 내부 기능에 따라 다양한 방식으로 구성되었다. 스팬의 길이는 크지 않지만, 복잡한 기능을 가지는 평면에 막구조가 도입되어 조형적으로도 다양한 효과를 줄 수 있다는 가능성을 열어 놓았다. 이 외에도 류춘수는 막구조를 일반 사무실과 주택으로도 끌어들이면서 사용 가능성을 넓혀 놓았다. 그리고 이런 경험을 바탕으로 그는 2002년 서울월드컵경기장에도 이 방법을 적용했다.

19 제주월드컵경기장. 현수식으로
지지된 구조물 위에 막구조가 얹혀
있다. 1999-2002년.

2002년 한일월드컵 경기장은 이런 막구조의
가능성을 가장 잘 보여주고 있다. 전국 열 개 도시
에서 건설된 경기장들은 대전을 제외하고는 대부
분 지붕이 막으로 뒤덮여 있다. 그렇지만 막지붕
을 지지하는 구조 방식은 각기 달랐다.[32] 이를 네
가지로 분류해 보면 다음과 같다. 먼저 서울, 전
주, 제주 경기장처럼 철골 트러스를 짠 다음, 그것
을 몇 개의 마스트mast가 현수식으로 지지하고, 그
위에 막구조를 얹는 경우이다.[도판 19] 두번째로
수원과 울산 경기장에서 나타나는 방식으로, 철골
조를 캔틸레버로 설치하고 그 위에 막구조를 얹는 경우이다. 세번째는 커다
란 아치 트러스를 지붕 가장자리로 보내고, 그 사이를 철골 트러스나 입체 트
러스로 채운 다음 그 위에 막을 얹는 경우이다. 마지막으로 부산과 인천 경
기장에서처럼 케이블 트러스가 인장력을 가지도록 짜고, 이를 지붕 가장자
리에서 잡아당긴 다음 여기에 막을 얹는 경우이다. 이 중 가장 흥미로운 것은
네번째 방식이다. 특히 부산 경기장은 처음에는 가이거의 개폐 가능한 텐서
그러티 돔 retractable triangulated tensegrity dome 으로 설계되었으나, 현재는 180×152미
터의 타원형 개구부를 갖는 케이블 트러스 막구조로 되어 있다.

13장. 기술의 고도화와 의미론 탐구

14장. 김종성: 구축적 논리와 공간적 상상력

기술의 발전이 현대건축에서 주요 담론을 형성시키는 데 가장 중요한 추동체로 역할했음은 부인할 수 없다. 많은 건축가들이 이를 중심으로 자신의 건축세계를 전개했고 그 과정에서 다양한 건축 개념들이 탄생했다. 미스 반 데어 로에는 "기술은 방법 이상의 것이다. 그 자체로 하나의 세계이다"[1]라고 말했다. 이 말은 현대건축에서 기술이 차지하는 역할과 의미를 잘 드러낸다. 한국 현대건축에서도 마찬가지로 기술의 문제는 주된 건축적 과제로 등장했는데, 그럼에도 불구하고 논의의 틀이 주로 전통을 둘러싼 조형적인 측면에 집중되어서 기술의 개념에 대한 깊이있는 이해가 진전되지 못했다. 그 이유는 여러 가지로 설명되겠지만 근본적으로 한국 근대건축의 주요 흐름이 서구 문화의 수용과 적용이라는 관점에서 이루어졌기 때문이다.

김종성金鍾星은 한국에서 기술의 의미론을 탐구했던 드문 건축가이다. 그는 1956년 시카고의 일리노이공대Illinois Institute of Technology에 유학 가서 미스 반 데어 로에와 처음으로 조우했다. 그와의 만남은 건축가로서의 삶을 완전히 바꿔 놓았다. 미스에 이끌려 1964년까지 이곳에서 학사와 석사 과정을 마쳤으며, 1961년 미스 사무실에 취직해 1972년까지 학업과 일을 병행했다. 또한 1966년부터 십이 년간 이곳에서 학생들을 가르치며 미스의 건축 이념을 확산시키는 데 일조했다. 그런 점에서 김종성의 건축세계는 미스가 만들어 놓은 교육 과정을 통해, 미스 사무실에서 실무를 익히면서 형성되었다고 해도 과언이 아니다. 그렇지만 1970년대 포스트모던 건축이 등장하면서, 미스의 건축은 젊은 건축가들로부터 비판의 대상이 되었다. 김종성은 이런 비판을 통해 미스의 건축을 새롭게 해석하고, 자신의 건축을 정립하는 계기로 삼았다. 그는 과도한 기술결정주의나 장식적인 하이테크 건축에 함몰되지 않고 새로운 길로 나가고자 했다. 그 길은 주로 공간 탐구를 통해 이루어졌다. 김종성은 구축성과 공간 사이의 관계를 집요하게 탐구했고, 그런 노력은 구축적 공간이라는 새로운 건축 유형을 만들어냈다. 이는 건물 재료와 구조가 만들어내는 공간적 질서 속에서 빛의 흐름을 조절해 독특한 체험을 이끌어내는 것이다.

테크놀로지와 시대정신

김종성은 이십세기 초반에 형성된 근대건축이 여전히 잠재력이 있고, 그래서 그것을 어떤 방식으로든 새롭게 확장해야 한다고 보았다. 특히 근대 초기부터 이어 내려온 건축과 테크놀로지의 관계를 시대에 맞춰 이해했고, 거기서 얻어진 구축적 논리는 건물 설계를 일관되게 뒷받침했다. 그동안 각종 글이나 인터뷰에서 언급된 테크놀로지 개념을 분석해 보면, 그의 건축에서 네가지 차원으로 개입되어 있음을 알 수 있다.

우선 김종성은 미스와 마찬가지로 테크놀로지를 시대정신으로 받아들였다. 다양한 건축 경향의 부침에도 불구하고 일관된 태도를 견지할 수 있었던 것은 이런 역사의식을 가졌기 때문이다. 그리고 자신의 건축을 근대건축의 연장선상에 놓고, 그것이 가지는 한계를 새롭게 전환하고자 했던 것도 이런 생각에서 연유한다. 김종성은 우리 시대의 건축적 과제를 이야기하면서 다음과 같이 주장했다. "미스의 주장처럼 건축이 시대정신을 공간적으로 번역한 것이라면, 우리는 우리가 살고 있는 시대의 과학정신에 입각한 객관적인 접근 방법으로 우리 시대와 사회가 제공하는 테크놀로지로 건축을 창조하는 것이 순리라고 생각한다."[2]

그렇다면 테크놀로지와 시대정신, 건축을 연결하는 이같은 시각은 어디서 유래되었는가. 그것은 십구세기 중반 이후 건축을 새롭게 정의하려 했던 독일 건축 전통과 깊이 맞물려 있다. 독일의 건축가와 건축이론가들은 예술과 기술을 통합하고자 했다. 그리고 이는 미스 반 데어 로에를 통해 중요한 근대건축의 원칙으로 자리잡았다. 미스는 독일의 지적 전통을 흡수하면서 한편으로는 시대에 맞는 새로운 테크놀로지 개념을 추구했다. 이것은 그가 오랫동안 탐구한 축조예술 Baukunst의 본질과 깊은 관련이 있다.[3] 1910년경부터 건축예술의 본질을 스스로 정의하고자 했던 그는 제일차세계대전이 끝난 후 "테크놀로지의 발전이 삶의 모든 면에 작용하며, 그것이 문명의 힘이라는 사실을 깨닫기 시작했다."[4] 그것이 바로 그 시대를 대변하는 핵심적인 본성이라고 생각한 것이다. 그리고 이런 사유의 결과가 1922년과 1924년 사이에 발표된 일련의 글과 프로젝트에서 명확하게 나타난다.

1924년 독일의 예술 잡지 『데어 크베르슈니트 Der Querschnitt』에 기고한 「축조예술과 시대의지 Baukunst und Zeitwille」라는 제목의 글[5]에서 미스는 자신이 탐구해 온 생각을 종합해 축조예술의 본질을 제기하고 있다. 먼저 그는 "축조예술이란 공간적으로 파악되는 시대의지이다"라고 정의했다. 이어 "역사에 등장한 수많은 건축물이 시대의지의 도구가 되었을 때 축조예술로 성장할 수 있었다. 그들은 현실적 목적을 위해 봉사해 왔고 그 목적은 건축에 결정적

2부. 개발 시대: 한국 건축의 정체성 탐구

이었다"라고 했다. 오랜 성찰을 통해 이끌어낸 결론이었다. 이같은 축조예술에 대한 정의가 타당하다면, '과연 그가 몸담고 있는 바로 그 시대를 어떻게 정의할 수 있느냐'라는 질문이 제기된다. 이 점이 명확하게 정의해야만 비로소 그것을 공간적으로 표현할 수 있기 때문이다. 이것은 1924년의 글에서 세 가지로 요약된다. 미스는 당시 "시대가 세속적profan이고, 공업생산적이며, 익명적이라고 보았다." 이들은 근대건축과 기술 사이의 관계를 규정하는 매우 중요한 지점으로, 김종성을 포함한 미시안Miesian이 매우 중시하는 원칙이기도 했다. 1920년대 초반 미스의 활동은 이 세 가지 개념을 중심으로 이루어졌고, 특히 미국으로 이주하면서 공업화의 중요성이 매우 강조되었다. 그는 건축을 공업화의 한 과정으로 바라보았다.

1920년대 초반 독일에서 형성된 이런 생각은 시카고로 건너가서도 그대로 유지되었고, 오히려 미국의 고도화된 기술력으로 더욱 확고해졌다. 그는 기술이 시대정신이라는 사실이 보편적 진실이라고 확신했다. 그렇지만 시간이 지나면서 그의 생각은 경직되었고, 자신이 세워 놓은 원리를 융통성있게 발전시키는 데 장애가 되었다. 1970년대 등장한 포스트모던 건축가들이 미스에 격렬하게 반발했던 것도 이 때문이다. 그와 대척점에 있는 건축가들은 그에게 내포되어 있는 시대정신의 절대성을 부정했다. 그것은 미스 스스로 만들어낸 언설의 일부분이고 그 자체로 충족적이지만, 건축은 전혀 다른 가정으로도 정의될 수 있다고 주장했다. 이런 지적은 김종성을 포함한 미시안에게 중대한 도전이었다. 이같은 태도를 김종성은 비판했다. "포스트모더니즘의 근원은 납득할 만하다. 1970년대에 이르러 모더니즘이 너무 경직되고 추상적이어서 일반사람들에게 친근감을 주지 못했다. 그래서 이에 대한 비판으로 포스트모더니스트들은 환경, 콘텍스트, 장소성, 의미 전달의 문제 등을 제기했다. 이런 비판은 타당하나 그들은 우리 시대에 부합되는, 그러면서 모더니즘에 필적할 만한 건축적 가치를 만들어내지 못했다. 그렇다면 건축가들이 지금 해야 할 일은 순수한 건축적 가치관으로 돌아가서 모더니즘을 진화시키는 것이다."[6] 현대란 과

1 퐁피두센터 계획안. 현대의 시대정신에 따라 건축에서의 객관성과 익명성을 강조하고 있다. 1971년 설계.

학과 기술의 정신이 우리 생활의 모든 면을 지배하는 시대라는 것을 먼저 긍정하고, 과학, 기술 문명이 의미하는 객관성과 익명성anonymity을 이해하고 정신적으로 수긍해야만, 시대에 역행하지 않게 된다는 것이다. 이에 따라 김종성은 근대건축을 새로운 시대 상황에 맞게 진화시키는 것이야말로 자신의 역사적 임무임을 확신하면서 어떻게 그것을 이루어낼 것인가를 고민하게 된다. [도판1]

14장. 김종성: 구축적 논리와 공간적 상상력

테크놀로지와 건축미

김종성 건축에서 테크놀로지는 미적 측면과 긴밀하게 결합되어 있다. 즉, 테크놀로지는 물성, 비례, 스케일, 디테일 처리 같은 건축설계의 실제적인 차원과 결합하면서, 건축을 단순히 건물을 짓는 행위에서 예술적 차원으로 승화시키는 역할을 담당한다. 이와 관련해 김종성은 다음과 같이 주장했다. "미스 반 데어 로에는 구조라는 말을 일반적인 뜻과 다르게 사용했다. 즉, 그는 거기에 구축상의 단순한 비례, 스케일의 세련됨, 부분과 전체의 조화로운 결합을 통해 예술적 차원에 도달한 건물만을 말하는 철학적인 의미를 부여했다. 여기에서 우리는 미스의 '구조 건축 structural architecture'의 이념의 실마리를 찾을 수 있다."[7]

이는 건축과 예술을 통합하는 과정에서 출현한 텍토닉 tectonic 개념과 깊이 맞물려 있다. 십구세기 독일의 건축계는 두 가지 상반된 주제를 통합해야 하는 딜레마에 봉착해 있었다. 하나는 산업혁명 이후 등장한 새로운 재료와 구조 방식을 건축적으로 어떻게 수용하느냐는 것이었다. 또 다른 하나는 십구세기에 완성된 독일 관념론과 관계된다. 독일 관념론자들은 근대의 원리로 주체성 Subjektivität 을 발견한다. 이처럼 현실주의와 관념론 사이의 피할 수 없는 모순은 십구세기 독일 건축가와 건축이론가들에게 양립하기 힘든 두 가지 측면, 즉 주관성과 객관성, 인간의 정신과 사물성, 예술적 창의성과 산업사회의 기계적 질서를 통합해야 하는 과제를 안겨 주었다. 독일 건축가들은 이 모순된 측면들을 역사적 변화에 따른 변증법으로 통합하려 했다. 십구세기 독일에서 제기된 텍토닉은 이 과정에서 도출된 개념이다. 그것은 "건축이 가지는 현실적 문제를 정신적으로 고양해 새로운 미학으로 삼자는 것이었다."[8]

그렇다면 어떤 방식으로 물질적인 것을 예술적인 것으로 승화시킬 수 있는가. 주관성과 사물성을 연결하는 고리는 무엇인가. 이를 두고 싱켈 K. F. Schinkel 이후 많은 독일의 건축가가 나름대로 해답을 찾아 나서고 있다. 고트프리트 젬퍼 Gottfried Semper 는 그것을 피복 被覆 에서 찾았다. "그는 건축의 임무가 일상의 현실, 즉 덧없고 불안정한 현실을 예술의 영역으로 전환시키는 것이라고 보았다."[9] 그런 점에서 젬퍼의 피복론은 구축체계와 재료적인 속성을 그대로 드러내는 것이라기보다는 건물의 피복을 통해 실재나 물질성을 극복하고, 상징적인 가치를 추구한 것으로 볼 수 있다. 이런 생각은 미스와 김종성의 건축에서도 명확하게 나타난다. 근대적 재료와 구축 방식의 발견으로 구조와 벽체가 분리되기 시작하면서 건물 표면이 중요한 미학적 주제로 등장했다. 미스는 건물 표면을 순수한 피복으로 환원시키고, 피복되어 가려진 구축 방법을 외부로 드러내기 위해 I빔을 고의로 덧붙이는 방법을 사용하게

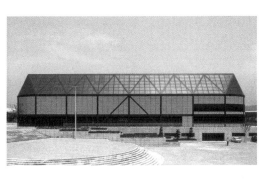

2 올림픽 역도경기장. 구조체가
건물 외관에 그대로 표현되며,
조형성을 획득한다. 1983-1986년.

된다. 김종성은 SK 사옥에서 튜브 구조로 효율적
인 구조시스템을 구축하면서, 동시에 그를 활용해
경쾌하고도 안정감있는 외관을 만들어내고자 했
다. 여기서 구축성은 실제 철골 구조가 그대로 노
출되는 것이 아니라 건축가의 의도에 따라 일정한
패턴으로 된 사출 알루미늄으로 건물의 피복을 만
들어내는 것이다. 따라서 단순한 피복물이 아니라
건축가가 최종적으로 드러내려는 건물의 '내적 진
실'을 전해 주면서, 물질 자체를 정신적 수준으로 끌어올리는 시도인 것이다.

젬퍼와 동시대 건축이론가인 카를 뵈티허 Karl Bötticher 는 다른 시각의 텍토
닉 개념을 제안했다. 피복의 상징적 의미를 주장한 젬퍼에 비해 뵈티허는 구
조체와 재료의 물성을 최대한 시각적으로 노출시키고자 했다. 그에게 건축
가의 가장 중요한 임무가 바로 예술적 형태를 통해 건물의 구조체계를 최대
한 명료하게 외부로 전달하는 것이었다. 이를 위해 건축을 핵심형태 Kernform
와 예술형태 Kunstform 로 구분해 그 관계를 규명하려 했다. 뵈티허는 이들이 통
합되어 있으며, 동시에 발생된다고 보았다. 그리고 너무나 밀접한 관계이기
때문에 장식은 구조와 상관없이 임의적으로 사용되는 것이 불가능하다고 보
았다.[10] 김종성의 올림픽 역도경기장에서 외부로 노출된 입체 트러스도 뵈티
허가 주장하는 텍토닉 개념에 부합하는 것으로 볼 수 있다. [도판 2] 건축가
는 이 건물에서 다케나카 입체 트러스 시스템을 도입해 내부를 무주 공간으
로 만들어 주면서도 독특한 외관을 만들어냈다. 이런 구조시스템을 미적으
로 승화시키기 위해 구조 부재를 철판으로 피복해 외부로 노출시켰다. 이와
같은 일관된 태도는 건물 곳곳에서 확인된다. 가령 풍하중에 저항하기 위한
브레이싱 bracing 은 벽체 여러 곳에 설치가 가능했으나 건축가는 중앙에만 집
중시키는데, 조형적인 목적과 구조적인 목적을 동시에 결합시키려는 의도였
다. 마찬가지로 지붕의 구조도 밖으로 노출되어 있는데, 이렇게 노출된 구조
체 사이로 건축가는 밝은 색의 알루미늄 패널과 색유리를 집어넣어 짙은 색
의 철골 프레임과 대조시켰다. 이렇게 전체적으로 구조체가 어떻게 작동되
는지를 시각화했다. 그 결과 이 건물은 미스가 시카고 컨벤션 홀 계획안에서
시도했던 많은 부분을 실현하게 된다.

최적의 해결책으로서의 테크놀로지

미스가 1937년 독일에서 미국으로 망명하면서 그의 건축은 많은 변화를 겪
는다. 독일 시절에 아방가르드로서 근대건축의 최첨단을 걸었다면, 미국에

14장. 김종성: 구축적 논리와 공간적 상상력

서는 연이어 대규모 건물들을 쏟아냈다. 이 시기 미스에게 테크놀로지는 최선의 해결책을 도출하기 위한 중요한 수단으로 작용했는데, 김종성도 마찬가지로 테크놀로지라는 수단을 통해 기능, 공간, 경제성, 사용자의 만족, 도시적 맥락, 조형성 등을 가로지르는 최적의 해결책을 추구하려 했다. 이것은 미스의 건축철학을 계승한 시카고의 미시안에게서 공통적으로 나타나는 현상으로, 그들은 독일적인 전통과는 다소 다르게 테크놀로지 개념을 받아들였다. 미국의 건축적 현실이 독일과 다르다는 사실을 깨달은 미스는 독일에서 품었던 생각을 미국적 현실에 맞추게 되었는데, 이는 미국 건축이 지니는 고도로 공업화된 생산체계와 미국 특유의 실용주의적 사고에 맞춰 건축철학을 어느 정도 수정했음을 의미한다.

이런 생각은 미스가 1950년에 쓴 글 「건축과 테크놀로지Architecture and Technology」에 잘 반영되어 있다.[11] 거기서 미스의 테크놀로지 개념은 중대한 변화를 보여준다. 즉, 테크놀로지가 새로운 질서를 발생시키는 하나의 자율적인 세계로 등장하게 된다. 그 이면에는 미국의 고도화된 공업 생산력을 자신의 건축에 효과적으로 담으려는 의도가 깔려 있었고, 김종성을 포함한 시카고의 미시안들은 이것을 중요하게 받아들였다. 이와 관련해 김종성은 다음과 같이 이야기했다. "마이런 골드스미스Myron Goldsmith나 자크 브라운슨Jacques Brownson 같은 미스의 성공적인 제자들의 예를 보면, 그들의 작품과 미스의 작품이 유사하기보다 '새로운 경지'를 개척하고 있음을 볼 수 있다. 이것은 의식적으로 미스와 달라져야겠다고 해서 나타난 것이 아니고, 미스의 유산에 철학적으로 접근해 어떤 선입관도 없이 최선의 방안을 모색하는 데서 나타난 결과로 여겨진다. 미스의 작품이 그대로 옮겨진다고 해서 타당한 것이 아니다. 문제는 '미스와 같으냐, 다르냐'가 아니라 '주어진 여건에서 최선을 다하는 것이' 더욱 중요하다."[12]

그러나 '최적의 해결책'이라는 개념은 상당히 모호한 측면이 있기 때문에 자칫하면 기술결정주의나 획일적인 기능주의에 빠질 가능성이 많고, 건축가들의 의도를 합리화하는 하나의 방편으로 사용될 개연성이 있다. 미스처럼 고도의 정신세계가 뒷받침되지 않을 경우 그럴 가능성은 훨씬 높아진다. 사실 시카고의 미시안에게 가해진 주요 비판은 기술적인 성취 여부보다는 그것이 가지는 획일적인 기술결정주의에 대한 것이었다. 새로운 테크놀로지를 이용해 엄청난 높이의 건축물을 만들어냈지만 그들은 미스 건축이 지닌 고도의 정신세계를 담지 못했다는 것이 일반적인 평가이다. 그들은 미스가 독일 시절에 가졌던 대립항의 변증법적 관계를 적절하게 이해하지 못했고, 미스의 작품을 하나의 결과물로서 받아들이고 단지 기술적으로 발전

3   대우증권 빌딩. 1981-1984년.

시켰다는 것이다. 일부 건물의 경우 오히려 과장된 스케일로 건축적 질을 떨어뜨리는 결과도 초래했다. 미스가 강조한 테크놀로지와 미적 아름다움 사이에 존재하는 결합된 이원성이 더는 유지되지 못했던 것이다.

김종성은 석사학위 논문을 통해 기술결정주의가 가지는 문제점을 분명히 비판했다. 그는 시카고 미시안의 영향을 인정했지만, 경직된 기술결정주의는 거부했다. 미국적인 토양에서만 가능하며 한국에서 실현하기에는 불가능하다고 판단했던 것이다. 이런 태도는 그가 한국에서 설계한 오피스빌딩에서 잘 드러난다. 거기서 시카고의 미시안과 다른 태도를 취한 데는 너무나도 다른 현실적 조건이 크게 작용했다. 예를 들어 그는 오피스빌딩을 설계하면서 실내에서 자연 환기가 이루어지도록 꼭 창을 두려고 했다. 일 년에 육 개월 이상은 자연 환기만으로도 생활이 가능한 한국의 독특한 기후 상황을 반영한 것이다. 그 때문에 김종성 오피스의 입면은 미국의 미스 건물과 비교해 다소 복잡한 느낌을 준다. SK 사옥을 지으면서도 초기에는 자연 환기를 고려했는데, 이는 초기에 그린 조감도에서 명확히 나타난다. 그러나 건설이 진행되면서 이런 의도는 SK그룹 측의 반대로 무산되었고, 결국은 사무실 전체가 인공 환기 시설에 의존하게 되었다. 그리고 그는 오피스빌딩의 정면과 측면을 다르게 설계했는데, 특히 네 면을 동일하게 처리하려 했던 미스와 달리 정면을 더욱 강조했다. 이같은 위계는 한국의 도시적 맥락을 고려한 결과였다. 한국에서 오피스빌딩은 오브제로 작용하기보다는 연속된 도시 블록의 일부로 작용할 것이었기 때문이다. 여의도 대우증권 빌딩[도판3]과 대우문화재단 빌딩이 대표적인 경우이다.

재료의 물성을 이해하는 방식이나 각기 다른 재료가 만나는 위치에 일정한 홈을 판 리빌reveal을 사용한다는 점에서는 미스의 경향을 그대로 이어받는다. 그렇지만 한국에서 사용하는 주요 재료가 달라지면서 상당히 다른 느낌을 주는 것도 사실이다. 미스는 건물의 외벽 재료로 공장에서 생산된 철과 유리를 주로 사용했고, 이에 비해 알루미늄이나 브론즈 같은 재료는 예외적이었다. 그렇지만 김종성은 초기 효성빌딩을 제외하고는 주로 알루미늄을 사용했다. 이처럼 사용하는 재료에 따라 근본적으로 건물의 형태와 디테일도 달라진다. 알루미늄은 근본적으로 물성이 철에 비해 가볍고 얇아서 작은 디테일까지도 표현이 가능하다. 그래서 시공 정밀도가 높고 필요에 따라서는 다양한 색깔을 선택할 수 있다. 이런 장점에 반해 부재의 크기가 철보다 작기 때문에 그만큼 강력한 구축성을 표출하지 못한다는 단점이 있다. 김종성도 이를 잘 알고 있었음에도 불구하고 알루미늄을 고집한 데는 한국적 현실이 반영된 것으로 보인다. 한국의 생산 현실이 철로 된 커튼월보다는 알루미늄 커튼월에서 좀더 확실한 기술력을 지녔던 것이다. 또 그가 설계한 건물의 규모가 그다지 크지 않아서 알루미늄으로도 그 구축성이 충분히 표현된다고 보았다. 또한 철을 사용한 미스의 건물이 너무 어두워서 마음에 걸렸던 김종성은 브론즈색 알루미늄을 자주 사용하게 된다. 그가 1980년대 설계한 힐튼호텔, 대우증권 빌딩, 대우문화재단 빌딩 등에서 공통적으로 나타난다. 자연 그대로의 은색 알루미늄을 사용하지 않은 것은 발색 알루미늄이 오염에 쉽게 부식되지 않았기 때문이다.

건축의 내적 진실

김종성의 테크놀로지 개념은 도덕적이고 윤리적인 의미를 지닌다. 건축에서의 아름다움은 미스의 표현대로 '내적 진실'을 그대로 드러내는 것이다. 김종성 역시 이런 신념을 이어받아, 외적인 표현을 위해 내적 진실을 왜곡해서는 안 된다고 생각했다. 1990년대 후반 동시에 들어선 2개의 고층빌딩을 비교해 보면 좀더 명확히 이해된다. 이들 중 하나는 김종성의 서린동 SK 사옥이고, 다른 하나는 라파엘 비뇰리Rafael Viñoly가 설계한 종로타워이다.[도판 4] 지금까지 서울 도심에 많은 고층건물이 건축되었지만, 이처럼 매우 대조적인 방식으로 지어져 사람들의 시선을 끈 적은 없었다. 마치 전지의 양극과 음극처럼 완전히 상반된 모습을 보이지만, 다른 한편으로 서로를 잘 보완하고 있어서 서울 도심에 하나의 충만된 건축의 장場을 마련해 주는 것처럼 보인다. 이 관계는 길 하나를 사이에 둔 미스의 베를린 신국립미술관Neue Nationalgalerie과 한스 샤룬Hans Scharoun의 베를린 필하모니Berliner Philharmonie와의 관계와 비슷하다.

　　SK 사옥과 종로타워는 비슷한 프로그램과 규모의 건물이지만 건축가들이 테크놀로지로 바라보는 시선은 너무나 판이했다. 두 건물 모두 서울 도심의 재개발사업의 일환으로 지어졌다. 그래서 도시적 맥락의 이해는 공통적으로 중요하게 작용한다. 그러나 비뇰리 건축의 경우 도

4　라파엘 비뇰리 설계의 종로타워. 3개의 코어로 지지되고 있는 최상부는 강력한 조형성을 보여준다. 1995-1999년.

시 속에서 너무나 영웅적으로 스스로를 드러내 보인다. 이 건물은 주변의 비소한 건물을 압도하며 도시의 새로운 질서를 구축하려 하고 있다. 전체적으로 평면이 삼각형인 건물 모서리 세 군데에 둥근 코어가 올라가고, 사무실 공간은 그 사이에 삽입되어 있다. 이들은 보는 시점마다 그 형태가 다르게 보일 정도로 구성이 복잡하다. 더욱이 압권인 것은 건물이 23층에서 끝나는데, 그 위로 텅 빈 공간이 크게 나 있고 다시 33층에 이르러 거대한 구조물이 둥근 코어에 지지되어 마치 구름처럼 상공에 떠 있는 것이다. 최상층은 커다란 구조체가 그대로 노출되면서 강력한 조형성을 확보하게 된다. 멀리서 보더라도 강력한 힘을 내뿜고 있어서 중요한 랜드마크 기능을 담당할 수 있다.

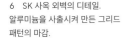

5 SK 사옥. 1986-1999년.

이에 비해 김종성의 SK 사옥은 박스 형태의 강력한 직각 그리드로 되어 있다. 여기에는 건축가의 의도를 최소한으로 축소시켜 본질적인 부분만을 표현하려는 미니멀리즘적 개념이 담겨 있다. 비뇰리의 작품이 스스로를 풀어헤침으로써 강력한 힘을 발산한다면, 이 건축물은 매우 절제된 형태와 고귀한 비례로 주위의 힘을 내부로 끌어들이는 역할을 담당한다. 이는 미스 건축과 같이 극도의 단순성, 세련된 비례, 정확한 디테일 처리를 특징으로 하며, 각기 개성적인 건물 뒤로 하나의 조용한 배경을 형성한다. 이 건물은 다른 오피스빌딩과 별 차이 없이 매우 익명적인 모습이지만 전혀 지루해 보이지 않는데, 단순성 뒤에 숨은 우아함이 미묘한 쾌감으로 전해 오기 때문이다. 김종성으로서는 대학 시절부터 간직해 온 미시안적 소망을 실현시켰던 것이다.[도판 5, 6]

6 SK 사옥 외벽의 디테일. 알루미늄을 사출시켜 만든 그리드 패턴의 마감.

이 두 건물을 바라보는 사람들의 반응은 엇갈렸다. 비뇰리의 건물은 강한 조형성에도 불구하고 과연 오피스빌딩으로 잘 기능할지와 같은 의문이 제기되었다. 엘리베이터가 삼각형 꼭짓점 세 군데에 배치돼 있어 입구에서 사무실로 접근하기가 매우 불편하고, 분산되어 있기 때문에 건물 전체를 컨트롤하기도 힘들다. 그리고 과도한 조형성을 확보하기 위해 사무실 면적을 줄였기에 과연 많은 자본을 투자하고서 그에 걸맞은 공간을 확보했을지도 불분명하다. 최대한의 경제성과 효율성을 갖추려는 근대건축의 정신이 여기서 더는 보이지 않는다. 그 대신 도심에

14장. 김종성: 구축적 논리와 공간적 상상력

서 독특한 형태를 확보하려는 건축가의 의지를 반영하기 위해 건물의 매스, 부재, 재료가 고의로 왜곡되거나 부각된다. 이는 공업화에 의존하는 익명적인 근대건축과 완전히 다른 면모를 보여준다. 모든 것이 수공업으로 생산된 것처럼 개성적이고 차별화된다.

그렇지만 이런 단순한 비교로는 충분히 이해했다고 볼 수 없다. 왜냐하면 이들 건물은 우리에게 매우 본질적인 질문을 제기하기 때문이다. 그것은 '우리 시대가 정초定礎하는 건축적 가치란 무엇인가'라는 질문이다. 오늘날 건축가들은 자본주의 경제가 요구하는 효율성과 기능성을 확보하면서 동시에 포스트모더니즘 시대의 문화적 감수성을 표현하라는 이중적인 요구에 직면해 있어, 이와 관련해 중요하게 생각해 볼 만한 문제다. "독창적인 건축보다 선한 건축이 더 좋다." 이 말은 두 건물의 가치와 관련해 매우 중요한 점을 시사한다.

그런 점에서 김종성은 1980년대 이후 영국을 중심으로 이루어진 하이테크 건축가들의 테크놀로지 개념에 대해 다른 견해를 취하고 있었다. 하이테크 건축가들은 김종성과 동시대인들로, 미스의 건축적 유산을 상당 부분 흡수하는 한편, 시대적 여건에 맞춰 전혀 다른 각도에서 바라보았다. 하이테크 건축가들은 김종성과 마찬가지로 테크놀로지가 시대정신이며, 새로운 건축은 새로운 테크놀로지의 도입에 따라 창조될 수 있다는 근대건축의 이념을 그대로 인정한다. 그런 점에서 김종성 건축과 하이테크 건축사이에는 상당한 연관성을 가지지만, 김종성은 하이테크 건축과 자신의 건축을 분명히 구분해 주기를 요구했다.[13] 김종성은 하이테크 건축에 대해 두 가지 상반된 태도를 보인다. "하나는 노먼 포스터Norman Foster와 렌조 피아노Renzo Piano로 대표되는 계열이다. 렌조 피아노는 퐁피두센터 이후에 훨씬 더 정제된 외피로 가고 있기 때문에 노먼 포스터와 함께 내가 호감을 가지는 쪽이다. 다른 하나인 리처드 로저스Richard Rogers의 로이즈보험 사옥Lloyd's Building에서 피난 계단을 굉장히 조각적으로 표현하고, 기계 설비를 적극적으로 쓴 것이나, 퐁피두에서 급기, 환기 장비를 조형적으로 쓴 것 등은 필요 이상으로 그 자체를 위한, 즉 기계적 구성이 주목적이 된 듯하다."[14] [도판 7]

하이테크 건축에 대한 이런 구분 뒤에는 테크놀로지를 바라보는 김종성의 중요한 기준들이 깔려 있음을 알 수 있다. 테크놀로지와 미의 결합은 매우 중요하지만, 결

7 리처드 로저스가 설계한 로이즈보험 사옥. 김종성은 건물의 내적 진실이 외부의 기계적 구성에 의해 가려진다고 보았다. 1986년 준공.

코 표현에 따라 내적인 진실이 변경되어서는 안 된다는 것이다. 그리고 테크놀로지가 건물이 지어질 당시의 모든 현실적 여건을 고려할 때 최선의 결정이어야 했다. 김종성은 분명히 내적 진실과 최선을 택했고, 그런 점에서 그의 테크놀로지 개념은 모더니스트들이 가졌던 건축의 윤리성을 그대로 간직하고 있었던 것이다. 물론 한국에서 건축 활동을 하면서 많은 변화를 겪게 된다. 1990년대 초반에 설계한 건물들 가운데 아주대학교 에너지시스템연구소의 경우 하이테크 건축의 영향이 뚜렷하게 나타난다.[도판 8] 외부로 돌출된 철제 루버는 단순하고 명료한 미스 건축과 비교해 훨씬 장식적인 의미를 지닌다. 그러나 이런 시도는 일부 하이테크 건축가가 지향하는 것과는 발상부터 달랐다. 그 루버는 기능적으로 필요하면서도 형태를 풍부하게 해 주는 요소였다. 그런 점에서 김종성은 결코 모더니즘의 원칙에서 벗어난 적이 없었고, 그것은 오히려 그의 건축을 지탱하는 원천이었다.

빛과 공간

그렇지만 그는 근대건축의 원칙들을 유지하면서도 새로운 변화를 수용했고, 이를 통해 자신의 건축을 확장해 나가고자 했다. 1980년대 설계했던 주요 건물들에서 나타나는 변화로는, '빛으로 충만한 공간'을 집중적으로 실현하려 한 점이다. 빛의 강조는 공간의 방향성과 구심성을 부여하는 결정적인 계기가 되었고, 결과적으로는 미스 건축에서 이탈되어 김종성 특유의 건축세계를 발현시키게 된다. 빛으로 충만한 공간을 창조하기 위해 새로운 구조방식이 고안되었고 내부 평면은 이에 맞춰 달라졌다. 또한 독특한 형태의 천창이 도입되어 공간의 질서를 규정하는 데 매우 중요한 장치로 부각되었다. 1980년대 이후 다양한 천창들은 구조체와 결합하면서 새로운 공간을 만들어내는 데 중요한 역할을 하게 된다. 그렇다면 이같은 공간 개념은 어디서 유래한 것일까. 크게 세 가지에서 찾을 수 있다. 미스 반 데어 로에, 루이스 칸, 서양의 종교 건축이 바로 그들이다.

이 가운데 가장 큰 영향을 미친 것은 미스 반 데어 로에의 공간 개념이다. 그렇지만 미스는 자신의 공간 개념을 다채롭게 전개했기 때문에 그 과정을 좀더 엄밀하게 구분해서 살펴볼 필요가 있다. 미스의 공간 개념은 시기에 따라 대략 네 가지 단계로 변해간다. 최초의 건물은 1923년에 발표된 브릭컨트리하우스 Brick Country House 프로젝트로, 비록 실현되지는 않았지만 그의 공간 개념이 명확히 드러난다. 다양한 높이의 벽돌 벽들이 맞물리며 독특한 건물 형태를 만들어내는데, 유동적이고 연속적인 공간과 길게 뻗어 나온 벽체가 특징적이다. 이는 1929년 바르셀로나 파빌리온에서 더욱 발전된다. 여기에는 두 가지가 추가되었다. 하나는 전체 공간을 떠받치는 포디엄 podium을 두어 건물의 전체 영역을 한정한 것이다. 이로 인해 그의 공간 개념은 무한정 뻗어 나가는 것이 아니라 도시 속 한 장소에서 작동할 수 있었다.

이후 미스의 공간 개념은 1945년 설계된 판스워스 하우스 Farnsworth House에서 다시 변화한다. 바르셀로나 파빌리온과 비교해 이 건물에서는 두 가지 주요한 변화가 일어났다. 먼저, 내부의 복잡한 칸막이벽들이 중앙의 벽체 하나만을 남기고 모두 사라져 버렸다. 그리고 건물의 모든 하중은 외부 기둥만으로 지지되면서 내부 기둥 역시 제거되었다. 판스워스 하우스의 공간 개념은 미국에서 펼쳐진 미스 건축의 공간 개념을 대변한다. 그렇지만 시간이 지나면서 이같은 공간 개념 역시 조금씩 바뀌어 나갔다. 마지막 단계의 공간 개념은 크루프 사옥 Krupp Administration Building에서 나타났다. 무엇보다 중요한 변화는 건물 내부에 중정을 설치해 자연을 끌어들인 것이다. 그동안 미스는 수많은 콜라주를 통해 내부 공간을 확장시키는 방법을 탐구했고 이를 통해 자연과 일체화를 이루려고 했지만, 여기서 처음으로 자연이 오브제화된 존재로 등장한다. 이에 무주 공간의 개념 대신에 자연이 내부 공간에 삽입된다. 김종성의 공간 탐구가 바로 이 지점에서 시작되었다.

1970년대 김종성은 독자적인 활동을 전개하면서 새로운 방향을 모색하기 시작했다. 미스 건축으로부터 탈피해 새로운 공간 개념을 탐구하기 시작

2부. 개발 시대: 한국 건축의 정체성 탐구

9 킴벨 미술관. 루이스 칸은 자연광을 내부에 끌어들이기 위해 다양한 장치를 고안했다. 1967-1972년.

했고, 그것은 김종성 건축을 정의할 만한 매우 중요한 특징으로 자리잡는다. 이같은 변화에는 당시 시대적 상황이 중요하게 작용했다. 특히 포스트모던 계열의 건축가들은 1970년대 이후 미스 건축의 형태적 단조로움과 익명적 공간에 집중포화를 퍼부었다. 그것은 김종성을 포함한 시카고 미시안들에게 커다란 도전으로 다가왔다. 김종성은 그런 비판에 대응하기 위해 새로운 시도를 했고, 이런 과정에서 르 코르뷔지에와 루이스 칸의 공간 개념을 주의 깊게 바라본다. 김종성이 관심을 가진 것은 "이들 건축가들이 공간에서 빛을 다루는 부분이었다."[15] 그런 점에서 빛과 공간은 이 시기 본질적인 이끌림으로 다가왔고, 이들을 새롭게 탐구하기 시작했다. 김종성은 르 코르뷔지에 건축을 이해하기 위해 1968년 직접 롱샹 성당과 라 투레트 수도원 Sainte Marie de La Tourette 을 방문했다. 그러면서 건물 외부로부터 들어오는 빛을 루버로 조절하는 방법을 배웠고, 이는 1980년대 중반 이후 그의 건축에서 특유의 형태로 등장하게 된다. 그렇지만 빛과 공간과 관련해 보다 큰 영향을 미친 인물은 루이스 칸이었다. 김종성은 일리노이공대의 설계 스튜디오에서 그의 건축을 다루면서 여러 작품을 집중적으로 살펴볼 수 있었다. 특히 킴벨 미술관 Kimbell Art Museum [도판9]과 예일대학 예일영국미술센터 Yale Center For British Art 를 둘러보고서, 거기서 나타나는 빛과 공간의 아름다움에 완전히 매료된 것으로 보인다. 미스의 공간과는 완전히 다른 공간이 눈앞에 펼쳐졌던 것이다.

루이스 칸의 공간 개념은 미스와는 근본적으로 달랐다. 그가 주장한 '방 room'은 미스의 '보편 공간 universal space'과는 상반된 개념으로 제시되었다. 따라서 미스 건축을 나름대로 발전시키고자 했던 김종성에게는 어려운 도전으로 여겨졌다. 우선 그들의 기원 자체가 매우 다르다. 미스의 건축 공간은 분명 프랑크 로이드 라이트와 유럽의 아방가르드로부터 많은 영향을 받으면서 형성되었다. 그것은 과거 건축에는 존재하지 않는 개념이었다. 이에 비해 루이스 칸의 공간 개념은 미국의 보자르식 건축으로부터 연유한다.[16] 루이스 칸이 교육을 받았던 펜실베이니아대학은 보자르 건축의 아성이었고, 특히 그를 가르쳤던 프랑스 건축가 폴 크레 Paul P. Cret 는 철저하게 보자르식 교육을 고수했다. 거기서 영향을 받은 칸의 건축 공간은 벽체에 의해 명확히 구분되는 다양한 실들의 조합으로 특징지어지고, 칸은 그들을 '방'이라고 이름 붙였다.

본질적으로 미스의 '보편 공간'에서 빛은 그다지 중요하게 고려되지 않았다. 그의 독일 건물에서 특징적으로 나타나는 유리창들은 공간의 투명성

10 사세기경 건물인 산타 코스탄차 묘당. 창으로 흘러든 빛이 김종성에게 강한 인상을 주었다.

과 내외부 공간의 관입, 시지각적인 움직임과 연관되지만 특별히 빛과 관련되는 언급은 없었다. 미국에서 설계한 건물들도 익명적이고 단일한 공간이 강조되었을 따름이다. 오히려 각 방향의 위계를 동일하게 유지하기 위해 고의로 빛의 유입을 억제했다. 미스는 크라운 홀을 설계하면서 건물 중앙의 상부를 뚫어 기계실을 올리는데, 처음 본 사람들은 그것을 천창으로 오해하기 쉽다. 그러나 순수하게 공기 순환을 위한 것으로, 만일 기능이 허락되었다면 미스는 완벽하게 균일한 공간을 만들기 위해 그것을 제거했을 것이다. 이처럼 미스 건축에서 공간과 빛은 잘 연결되지 않는다. 훗날 김종성이 칸의 건축 개념을 받아들이면서 가장 고심한 것도 바로 이 부분이다.

루이스 칸이 그랬던 것처럼 빛과 공간의 탐구를 위해 김종성은 서양의 고전건축으로 눈을 돌리게 된다. 특히 로마 여행 중 우연히 들른 산타 코스탄차 묘당 Mausoleo di Santa Costanza에서 천장을 통해 들어오는 빛에 깊은 감명을 받았다. 거기서 빛은 천장 돔의 측면 창으로 들어와 원형의 내밀한 건물 내부를 밝힌다.[도판 10] 이와 함께 로마네스크 양식의 성당을 찾아다니면서, 그 내부 공간에도 많은 주의를 기울였다. 거기서 하나의 통합된 공간은 구조적으로 분절되며 동일한 리듬을 갖는다. 또한 고딕 성당에서 내부 공간을 통합하기 위해 미묘하게 틀어져 있는 피어들의 형상을 유심히 관찰했다. 그들은 구조적 요소이면서 동시에 사람들의 움직임을 조절하는 역할을 했다. 김종성은 이런 체험을 현대적인 건물에 반영하려고 했고, 훗날 그가 설계한 여러 전시 시설과 호텔에서 다시 등장하게 된다. 이때는 빛이 그의 건축의 중심에 서게 된다.

그렇지만 이런 탐구를 통해 만들어진 그의 공간은 루이스 칸의 공간과는 성격이 다소 달라 보인다. 루이스 칸이 침묵하는 장소에서 신성하게 드러나는 빛을 추구했다면, 김종성은 넓게 개방된 공간으로 들어오는 빛을 확장시켰다. 여기서 빛은 신성하기보다는 리드미컬한 파동으로 전해 오는데, 그의 건축이 미스 건축에서 출발했기 때문에 나타난 현상으로 보인다. 또한 벽체의 물성을 강조했던 루이스 칸과는 달리 구조체가 공간의 성격을 결정짓는 매우 중요한 요소로 등장한다. 그래서 기둥의 형상과 배열, 간격, 천창과의 관계는 상당한 고민 끝에 결정되었다. 따라서 그의 공간은 구축적 공간이라 부를 만하다.

구축적 공간의 탄생

김종성이 추구했던 구축적 공간은 다양한 방식으로 등장한다. 이에 대한 최초의 실험은 힐튼호텔 설계에서 이루어졌다. 이는 그의 건축 여정에서 하나의 중요한 획을 그은 건축물로, 그 스스로도 대표작으로 자부한다. 이 설계를 계기로 시카고를 떠나 한국에서 본격적으로 활동을 펼치게 된다. 힐튼호텔이 대표작으로 손꼽히는 것은, 그동안 탐구해 온 공간 개념이 가장 명료하게 드러나기 때문이다. 특히 로비 부분을 설계하면서 빛과 구축체계를 집중적으로 탐구했다. 로비는 호텔의 다양한 기능들이 실현되는 장소였다. 김종성은 호텔 건축의 핵심 개념은 로비라고 강조했다. 즉, 중심 공간을 만든 다음 거기에 호텔의 부대시설을 기능적으로 연결시키면서 뛰어난 공간적인 연출을 하는 것이 가장 중요했다. 로비를 지나가면 18미터의 높이 차가 나는 공간이 한눈에 들어오게 되는데, 김종성이 가슴이 솟구치는 공간이라고 표현한 곳이 바로 여기라고 짐작된다. 김종성이 설계한 호텔 건물에서 주목해야 할 공간 개념은 무엇보다 로비, 아트리움, 라운지로 이어지는 일련의 시퀀스이다. 그중 로비에서 직접 연결되는 아트리움은 호텔의 다양한 기능을 통합하는 하나의 중심 공간으로 자리잡는다.

김종성은 힐튼호텔을 설계하는 데 두 가지 건축을 참고했다. 하나는 그가 미국에 머물 당시 유행했던 존 포트먼 John Portman Jr. 의 호텔 건축이다. 포트먼은 1960년대 후반부터 대형 호텔들을 설계하면서 특히 아트리움을 적극적으로 활용했다. 다른 하나는 라틴크로스 latin cross [17] 의 평면을 지닌 서양의 중세 교회 건물이다. [도판 11] 힐튼호텔의 1층 부분과 이들을 비교해 보면 많은 유사점을 발견할 수 있다. 평면적으로 볼 때 힐튼호텔의 내부 공간은 기둥이 3베이로 분할되고 있는데, 이것은 네이브 nave 를 중심으로 2개의 아일 aisle 이 배치되는 서양 종교 건축의 평면 구성과 거의 유사하다. 힐튼호텔 로비에서 독특한 기둥 형태를 구사하게 된 것은 중심 공간을 향한 시퀀스를 강조하기 위해서였다. [도판 12, 13]

이어 설계된 육군사관학교도서관(이하 육사도서관) [도판 14]은 미스의 바카디 사옥을 바탕으로 발전된 것이지만 공간 개념은 완전히 달랐다. 먼저, 바카디 사옥은 철골조로 된 반면에 육사도서관은 철근콘크리트조로 되어 있다. 그리고 바카디 사옥에서 단위 모듈과 일치된 간격을 가지는 I빔 멀리언이 노출된 반면에 육사도서관에서는 전면

11 로마네스크 양식의 프랑스 베즐레 성당의 내부. 건물의 구축체계가 명료하게 보인다.

14장. 김종성: 구축적 논리와 공간적 상상력

12 힐튼호텔. 아트리움을
통해 자연광이 내부로 들어온다.
1977-1983년.

13 힐튼호텔 엑소노메트릭.

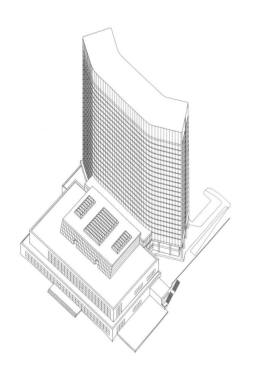

의 경우 3분할된 벽면 중앙에 두 모듈에 해당하는 3미터 간격의 루버가 설치되었다. 여기서 김종성의 모듈체계는 미스 건축만큼 구조, 형태, 공간이 완벽하게 일치되지 않는다는 사실을 알 수 있다. 사실 미스를 비롯해 모든 미시안에게 모듈체계는 공간을 만들어내는 발생기였다. 이를 바탕으로 구조, 공간, 형태가 하나의 일관된 원칙으로 통합되기 때문이다. 김종성 건축에서도 모듈체계가 모든 설계 과정의 바탕을 형성한다는 점에서 미스 건축과 유사하지만, 건물 구조, 공간, 형태에 일관되게 작용하지는 않는다.

두번째로, 건물 기능에 따른 중심 공간의 성격에 차이가 있다. 바카디 사옥의 1층 부분은 계단실을 포함하는 독립적인 홀로 이루어져 있지만, 육사도서관은 독서실이나 세미나실 등이 중심 공간을 둘러싸고 있기 때문에 공간감이 다르다. 또한 바카디 사옥은 천장은 막혀 있지만 외벽이 유리로 되어 있어서 사람들의 시선은 계속해서 수평적으로 퍼져 나가게 된다. 그러나 육사도서관에서 중심 공간은 1층의 경우 벽체로 막혀 있고, 2층에서도 촘촘한 서가 때문에 내밀한 공간이 형성되어 내부 공간은 주변으로 흩어지기보다는 중심을 향해 집중된다. 이렇게 집중된 공간감은 중심 공간 바로 위에 설치된 천창을 향해 이동하면서 수직적 상승감을 불러일으킨다. 그러나 김종성 건축에서 빛은 중심에 자리잡은 천창을 통해 들어오면서 건물 전체에 방향성을 부여하게 된다. [도판 15, 16]

세번째 차이점은 중심 공간 양쪽으로 난 계단의 형태가 다르다는 것이다. 미스는 ㄴ자 형태로 만든 반면에 김종성은 ㄷ자 형태로 만들었다. 이는 1층에서 나타나는 공간적인 차이에서 비롯된다. 즉, 미스 건축의 경우 1층이 모두 유리로 개방되어 시야를 최대한 개방시키는 방향으로 계단 형태를 계획했으나 김종성은 육사도서관을 중심 공간을 둘러싼 주위 공간의 관계를 고려해 고안한 것으로 보인다. 여기서 확인해 볼 수 있는 공간적 차이점은 공간의 수평적 확산과 수직적 상승, 외벽의 개방과 부분적인 차단, 빛의 균질성과 방향성으로 대변된다.

김종성은 1980년대에 다양한 문화 시설을 설계하면서 빛과 공간의 관계를 탐구했다. 그중 서울대학교박물관은 처음으로 독특한 형태의 천창을 도입한 건물이다. 그 전까지 자연광은 예술작품을 훼손한다는 생각이 강해, 가

2부. 개발 시대: 한국 건축의 정체성 탐구

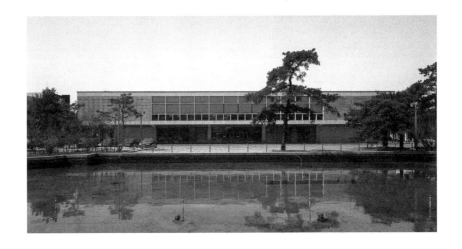

14 육사도서관 외부 전경.
1980-1982년.

급적 미술관 내로 유입되지 않도록 했다. 그러나 킴벨 미술관 이후 그런 관점은 많이 바뀌게 되었다. 천창을 통해 간접적으로 흘러드는 빛이 전시 공간에 활기찬 매력을 불러일으킬 수 있다고 보았다. 그 후 많은 건축가가 전시 시설을 설계하면서 빛과 공간과의 관계를 중시하게 되는데, 김종성도 그런 영향을 받은 것으로 보인다. 그래서 서울대학교박물관에서는 전시실을 하나의 큰 공간으로 개방시키되 사분의 일 원호로 된 천창을 설치해 자연광을 내부로 끌어들이고 있다. [도판 17, 18]

　　사실 김종성이 설계한 전시 공간에는 미스와 루이스 칸의 공간 개념이 교묘하게 접목되어 있다고 볼 수 있다. 김종성은 미스처럼 내부를 익명적인 단일 공간으로 처리하지 않았고, 그렇다고 루이스 칸처럼 개별적인 '방'의 개념을 만들어내지도 않았다. 그 대신 7.2미터 간격의 공간에 2개의 천창을 설치해 자연광이 내부로 들어오는 다소 큰 공간을 제안하게 된다. 킴벨 미술관처럼 특정한 장소로 구분된 방은 아니지만, 그렇다고 미스 건축에서 보이는

15 육사도서관 내부. 천창을 통해 중심 공간은 상승감을 갖는다. 1980-1982년.(왼쪽)
16 멕시코시티의 바카디 사옥. 이 건물에는 천창이 없고, 빛이 균질하게 확산된다. 1957-1961년.(오른쪽)

　　　　　　　　　14장. 김종성: 구축적 논리와 공간적 상상력

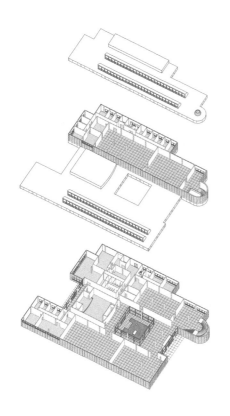

17 서울대학교박물관 엑소노메트릭. 사분의 일 원호로 된 천창을 활용하여 빛을 내부로 끌어들인다. 1982-1991년.

18 서울대학교박물관의 중정.

중성적인 무주 공간도 아니었다. 그 대신 천창을 통해 들어오는 빛은 일정한 리듬을 반복하면서 공간에 방향성을 부여했다. 그리고 건물을 지지하는 견고한 골조는 그 빛을 통해 그 존재를 드러냈다. 그런 점에서 김종성이 만들어낸 새로운 종류의 공간이었다.

전시 공간을 설계하면서 기둥이 모듈체계와 일치하지 않도록 했는데, 이런 현상의 이면에는 기둥의 배치를 통해 공간의 새로운 질서를 창조해내려는 건축가의 의도가 명백하게 깔려 있다. 김종성은 평소에 기둥이 공간의 이벤트를 창조한다는 루이스 칸의 말을 자주 인용했는데, 그의 건축에서 나타나는 기둥들은 모두 그런 의미가 담겼다. 서울대학교박물관에서 전시 공간의 벽체로부터 노출되어 일렬로 늘어서 있는 기둥은 건물이 지니는 구축체계를 지시하면서, 다른 한편으로 그 공간의 리듬을 구체적인 크기로 시각화한다. 이런 기둥이 전시 기능에 다소 문제를 일으킨다는 사실을 알고 있었음에도 이런 선택을 한 것은, 기둥이 가지는 공간적 의미를 좀더 중시했기 때문이다.

경주 선재미술관(현 우양미술관)[도판19]에서는 김종성이 실험해 온 텍토닉 공간이 가장 완성된 형태로 등장하게 된다. 무엇보다 상당히 좋은 여건에서 설계되었기 때문에 가능했다. 당시 대우그룹은 경주에 호텔을 짓기로 하고 그 설계를 김종성에게 의뢰했다. 이 호텔은 서울의 힐튼호텔과 달리 저층으로 계획되었다. 전체적인 스킴은 서울의 힐튼호텔과 유사하게 가져갔지만, 경주 보문단지의 호숫가에 지어졌기 때문에 발코니를 건물 바깥으로 도출시켜 휴양지 분위기를 돋우었다. 설계를 진행하고 있을 무렵 건축주는 인근에 미술관을 짓고 싶다는 의견을 전해 왔다. 미국에서 교통사고로 사망한 대우그룹 창업자의 아들을 기리기 위해서였다. 건물의 위치와 크기는 전적으로 김종성에게 일임했다. 건축가로서는 가장 완벽한 조건에서 건물을 설계하게 되었고, 그래서 머릿속에 담아 왔던 공간 개념을 명확하게 드러낼 수 있었다. 호숫가의 부지는 호텔 면적을 제외하고도 상당히 넓어 미술관을 세우는 데 아무런 문제가 없었다. 넓은 대지에 건물을 앉히면서 김종성은 두 가지 사항을 염두에 두었다. 하나는 미술관을 어떤 방식으로든 호텔과 연계시키려고 했고, 또 다른 하나는 천창이 북쪽을 향해야 했기

2부. 개발 시대: 한국 건축의 정체성 탐구

때문에 남북 방향으로 건물을 배치하고자 했다. 이를 바탕으로 현재의 위치
가 결정되었다.

　　건물의 전체 스킴은 이전에 설계된 두 건물을 혼합한 것이다. 즉, 육사도
서관의 중심 공간과 서울대학교박물관의 전시실이 적절하게 섞여 있다. 선
재미술관은 행정 및 학예 기능을 담당하는 공간을 제외하고는 하나의 터진
공간으로 되어 있다. 건물에 들어가자마자 등장하는 커다란 홀과, 이 홀을 지
나 2층에 마련된 전시실이 단일 공간으로 존재하는 것이다. 또한 1층 홀 중
앙에는 2층 전시실로 올라가는 계단이 설치되어 있다. 미스는 저층 오피스를
설계할 때 양방향의 계단을 가장자리에 두었는데, 김종성은 선재미술관에
서 홀의 폭이 좁아 한 방향으로 된 계단을 설치했다. 사람들이 이를 통해 2층

으로 올라가면, 21미터 간격으로 된 4개의 기둥을 제외하
고는 텅 비어 있는 하나의 단일 공간을 발견하게 된다. 그
위로는 서울대학교박물관에서도 사용한 적이 있는 사분
의 일 원호의 천창이 열지어 있다. [도판 20] 그 크기가 서
울대학교박물관의 천창보다 더욱 커지면서 철골 구조가
채택되었고, 부재는 건물 내부로 그대로 노출되었다.

　　2층 전시실은 마치 미스와 루이스 칸의 공간을 섞어
놓은 듯하다. 사실 그 둘의 공간은 너무나 이질적이어서
서로 융합될 수 없는데, 여기서는 건축가가 나름대로의
방식으로 융합했다. 그래서 천창이 만든 방향성과 단일한
공간이 주는 균일함이 충돌하면서 묘한 긴장감을 만든다.
하나의 단일 공간 속에서 여러 개의 공간적 리듬이 파동
치는 느낌을 주며, 들어오는 빛의 강약에 따라 빛의 물결

을 일으키면서 경쾌한 움직임을 유발한다. 이것이야말로 선재미술관의 공간 개념을 가장 잘 드러내 준다.

건물 외부는 매스와 천창으로 다양하게 구성되어 있다. 미스 건축의 절제된 기하학적 질서나 루이스 칸 건축에서 등장하는 견고한 벽체와는 다른 느낌으로, 단조로움을 피하되 내부의 구축 방식을 노출시킴으로써 구축성을 강조하고 있다. 건축가는 서울대학교박물관을 설계했을 때 돌의 마감을 통해 내부의 구조 방식을 드러내려 했으나 그 효과가 기대에 못 미친다고 판단했다. 그래서 선재미술관에서는 기둥 형태를 장식적으로 피복해 부각시켰다. 재미있는 점은 전시실과 행정 시설의 벽체 마감을 달리했다는 것이다. 6 미터 높이의 전시실은 상주석을, 3.6미터 높이의 행정 및 학예 기능을 담당하는 부분에는 검은 후동석을 사용했다. 그리고 반원형 계단을 그 경계 부분에 돌출시켜 구분지었다. 이처럼 외벽은 이질적인 재료를 사용해 서로 대조적으로 보이지만, 일관된 구조체계 덕분에 전체적으로 통일되어 있다.

선재미술관의 기둥은 독특한 형태로 되어 있다. 마치 바르셀로나 파빌리온에서 미스가 사용했던 기둥처럼 대략 十자형 단면을 띤다. 거기에다 접히는 부분을 조금씩 더 돌출시켜 그 형태가 복잡하게 분절되어 있다. 건축가는 이를 통해 기둥의 육중함을 약화시키면서 동시에 기둥의 구축적 성격을 시각적으로 더욱 강조하고자 했다. 그럼에도 전체적으로 너무 복잡해 보이는 것은 사실이고, 특히 전시 공간에서 그 형태가 너무 두드러져 시공 후에 상당한 비난을 들어야만 했다. 기둥 간격도 불규칙했다. 건물 전체에서의 기둥 간격은 7.2미터로 되어 있으나, 전시실 내에서는 21.6미터로 늘어났다. 건축가로서는 촘촘한 기둥이 전시에 방해를 주지 않을까 염려했을 것이다. 또한 내부 공간에 이런 형태의 기둥을 적용함으로써 천창과 더불어 구축적 공간을 만들어내려는 의도가 깔려 있었다.

2부. 개발 시대: 한국 건축의 정체성 탐구

3부. 세계화 시대: 건축으로의 다원적 접근

15장. 리얼리티의 발견

1987년 6월 민주항쟁에서 1993년 2월 문민정부의 수립까지, 한국 건축은 일종의 전환기를 맞이하게 된다. 특별히 이 시기 건축에 주목하는 이유는, 이전까지의 성과들을 함축하면서 동시에 이후에 전개될 경향의 단초가 되는 과도기적 성격을 가지고 있기 때문이다. 이런 특징은 당시 한국 사회의 근본적인 변화와도 깊게 맞물려 있다. 이 시기 한국은 정치적으로 군부 독재가 마감되면서 민주화된 정치 체제로 이행되고 있었고, 이는 군인에 의해 주도된 국가주의의 종말과 새로운 다원적인 세계의 출발을 의미했다. 경제적으로는 수출 위주의 성장 정책에서 복지와 분배 문제를 중요시하는 정책으로의 전환이 시작되었고, 경제 성장에 따라 대거 늘어난 중산층의 욕구를 정부가 더 이상 억압할 수 없게 되었다. 사회적으로는 과거의 폭발적인 인구 성장은 멈추고, 도시 인구 증가도 둔화되었다. 여기에다 한반도를 둘러싼 국제적인 질서도 급격하게 바뀌고 있었다. 냉전 체제가 붕괴되면서 세계는 자본주의 중심의 일극체제로 재편되었다. 이에 따라 한국 사회는 새로운 세계 질서에 맞춰 모든 것을 바꾸어 나가야만 했다. 건축가들 역시 변화에 민감하게 반응했고, 과거와는 다른 방식의 건축을 추구하게 되었다.

1980년대 후반부터 한국 사회를 강타한 일련의 변화들을 통해 십구세기 말부터 시작된 근대화 과정이 어느 정도 정착되고 있었음을 확인할 수 있다.[1] 서구의 학자들이 제시했던 모더니티의 핵심 원리들이 사회 전반에 정착해 작동하기 시작한 것이다. 그러나 1990년대 중반, 또 다른 변화가 시작되었다. 세계화라는 엄청난 파도가 한국 사회를 덮친 것이다. 세계화와 근대화는 근본적으로 다른 속성을 가지고 있다.[2] 아파두라이 A. Appadurai에 따르면 세계화는 더 이상 중심과 주변, 흡입과 압출, 잉여와 결손, 소비자와 생산자라는 이원적 관계로 설명되지 않는다. 근대 문명처럼 서구로부터 제삼세계로, 도시로부터 농촌으로, 생산자로부터 소비자로, 일방적인 방향으로 전파되고 수용되지 않기 때문이다. 대신 전체 장 속에서 모든 것들이 서로 영향을 주고받으면서도 국지적인 특수성은 그대로 보유하게 된다.[3] 따라서 다양한 지역성들이 공존하며 하이브리드적인 문화를 생성하는 것이다. 이같은 상황은 근대성과 이에 따른 건축적 현상을 근본적으로 새롭게 정의하게 만들었다. 그때부터 지금까지 한국 사회는 모든 분야에서 세계화의 직접적인 영향을 받고 있다. 이런 점에서 근대화가 정착된 1980년대 중반부터 세계화가 시작되기 직전의 1990년대 중반에 이르는 이 전환기에 한국 건축가들은 이중적 과제를 떠안게 된다. 이십세기에 이루어진 건축의 근대화를 비판적으로 수용하면서, 세계화의 새로운 담론에 적응해 나간 것이다. 이 시기 한국 건축의 지형은 바로 이를 정확하게 반영하고 있다.

근대적 모델의 수용

이십세기 한국의 근대화 과정은 서구와는 근본적으로 다른 길을 걸었다. 대단히 불연속적이고 이질적이었으며, 또한 서구보다 한참 뒤늦게 이루어졌다. 한국과 서구의 시간적 격차는 건축법의 제정, 공공주택의 건설, 신도시 건설과 같은 도시화의 주요 지표들만 놓고 비교해 보더라도 대략 오십 년에서 백 년에 이른다.[4] 이러한 특이성으로 한국의 근현대건축은 몇 가지 독특한 상황에 직면하게 된다.

그중에서도 가장 중요하게 지적할 사항이, 한국의 건축가들이 갖고 있었던 사유 모델들과 현실적 토대의 관계가 역전되었다는 것이다. 서구에서는 근대건축이 출현하기 전에 이미 그 현실적 토대가 마련되어 있었다. 산업혁명 이후 이루어진 산업화는 급속한 도시화를 촉발시켰고, 극심한 주거난과 환경 문제가 발생했다. 새롭게 만들어진 도시 환경은 서구인들의 일상을 근본적으로 위협했고, 이를 해결하기 위한 다양한 법과 제도가 강구되었다. 서구 건축가들은 이런 현실을 바탕으로 건축과 도시에 대한 담론체계를 만들었다. 그들은 전에 없던 현실을 포착하고, 건축을 통해 다양한 사회 문제들을 해결하고자 했다. 그리고 산업혁명 이후에 등장한 재료와 구법을 활용해 현실에 적합한 건축 형태와 공간을 만들어냈다. 이 때문에 서구의 근대건축은 하나의 양식으로 자리잡기 이전에 이미 현실 자체를 직접적으로 반영하게 된 것이다. 근대건축의 주요 개념들은 다양한 현실을 건축 및 도시 담론으로 전환하는 지적인 노력이었다.

그러나 이렇게 확립된 건축 지식체계가 제이차세계대전 이후 세계 각지로 전파되면서 다소 복잡한 양상을 띠게 된다. 그것은 중립적으로 전달되지 않고 힘과 헤게모니의 문제를 포함하게 된다. 이로 인해 서구의 지식체계는 서구 이외의 지식인들에게 선험적인 모델로 자리잡게 되었고, 그들은 그런 모델을 기준으로 발 딛고 있는 현실을 오히려 바꿔 나가야만 했다. 이는 동아시아 대부분의 국가에서 나타나는 공통된 현상이다. 어떤 점에서 서구의 근대 문명은 후발 국가에 강력한 동기와 추동력을 부여했지만, 급격한 서구화라는 부작용을 발생시켰다. 문화적으로는 에드워드 사이드Edward Said가 이야기한 오리엔탈리즘orientalism이 발생했다. 건축의 경우도 마찬가지여서, 후발국가의 건축가들에게 근대건축은 오직 완성된 담론체계로서 수입되었다. 근대건축이 만들어질 시기에 식민지 상황이었던 한국의 경우, 일본을 통해 한번 걸러진 채 수용되었다. 그 과정에서 서구 건축가들이 만들어 놓은 건축적 성과물들은, 한국 건축가들이 도달해야 할 선험적인 모델로 설정되었다. 거기서 현실은 한국 건축이 발 딛고 있는 현실이 아니라 서구라는 일종의 가상적 현실이었던 것이다.

현실과 사유체계가 전도되면서 다양한 문제들이 발생했다. 우선, 건축 행위를 둘러싼 여러 활동들을 포섭할 수 있는 준거틀frame of reference이 붕괴되었다. 이에 따라 도시, 예술, 기술 사이의 학제적인 연계가 거의 불가능해졌다. 서구에서 이들은 모두 하나의 동일한 현실로부터 도출된 반면, 한국은 각 분야에서 필요에 따라 각기 다른 모델을 받아들였고, 그 결과 분야 간에 심한 단절과 불균형이 발생하게 되었다. 이와 함께 건축사에 등장하는 많은 건축적 성과들이 단편적으로 고립되는 현상이 벌어졌다. 가령 김중업의 삼일빌딩과 김종성의 효성빌딩은 미스 반 데어 로에의 시그램빌딩이라는 동일한 건축 모델에서 유래되었지만 그들을 실현시키는 생산 방식은 전혀 달랐다. 즉, 삼일빌딩의 경우 주로 일본에서 전적으로 수입된 철강재와 커튼월이 현장에서 조립된 반면, 효성빌딩은 그 부품들이 국내 조선소에서 제작된 것이다. 이처럼 동일한 원전에서 비롯되었지만 각기 다른 생산 방식에 의존하기 때문에 이 두 건물에 의미있는 관계를 설정하기가 매우 어렵다. 오직 '시그램빌딩-삼일빌딩', '시그램빌딩-효성빌딩'과 같은 개별적인 관계만이 성립될 뿐이다. 이런 이유로 1980년대 중반 이전까지 한국 건축은 진정한 모더니티를 획득하지 못한 채 수용과 모방, 단절이라는 부정적인 측면만을 노출시켰다.

두번째로, 한국 건축의 담론에서 전통이 지나치게 강조된 점도 사유 모델들과 현실적 토대의 전도와 깊은 관계를 가진다. 서구에서도 근대화 이전 오랫동안 발전시켜 온 건축적 전통이 존재했다. 그러나 산업혁명 이후에 전개된 현실을 더 이상 담아낼 수 없었으므로 건축가들은 전통을 철저하게 거부했고, 그 대신 대량 생산된 건축 재료들과 공업화된 시공 방식을 추구했다. 그들과 달리 한국을 포함한 동아시아 국가의 건축가들은 각국의 전통을 거부하기보다 오히려 어떤 방식으로든 그와의 결합을 도모하려고 했다. 이는 하나의 지식체계로써 수입된 근대건축이 동아시아인들의 현실과 유리되어 일어난 현상으로 볼 수 있다. 따라서 한국 건축에서 전통을 강조하는 특징은 현실의 부재가 만들어낸 일종의 허구이다.

　마지막으로, 한국 건축의 미약한 비판성과 이로 인한 수용적 태도에 관한 것이다. 이미 확립되어 있는 모델을 전제로 건축 활동을 전개할 경우 비판성은 대단히 약해지고, 수용적인 자세를 취할 수밖에 없다. 이렇게 되면 새로운 건축을 추동할 힘이 생성되지 않는다. 피터 아이젠만은 1995년에 발표한 「지정학적 세계에서의 비판적 건축 Critical Architecture in a Geopolitical World」[5]이라는 글에서, 오늘날에는 문화의 중심이 태평양 연안으로 이동하고 있다고 밝혔다. 그러면서 "아시아는 건설 활동은 활발하지만, 비판적 건축에 대한 개념이 받아들여지지 않는다"는 점을 이상하게 생각했다. 또 아시아에는 "서구처럼 비판적 담론이나 실천을 생산할 만한 메커니즘이나, 전통이 부재하다"고 보았다. 그 이유는 근대 이후 아시아 건축에는 현실에 대한 정확한 인식이 결여되어 있었기 때문일 것이다. 비판성은 바로 현실에 대한 정확한 인식부터 시작된다. 그렇지 않으면 "아방가르드는 없고, 언론에 의해 생산된 시그너처 건축만이 만들어질 뿐이다."

　비판성의 결여에서 비롯된 수용적 태도는 결과적으로 건축과 도시 분야에서 정부의 역할을 지나치게 확대시켰고, 특히 공공건축 분야에서 퇴행적인 형식미의 집착으로 이어졌다. 도시 분야도 마찬가지로, 1960년대 이후부터 1990년 중반까지 도시정책의 대부분이 중앙정부에 의해 수립되었고 건축가들은 의사 결정 과정에서 배제되었다. 일단 국가의 근대화가 최종 목표로 설정된 이상 그것을 가장 빨리, 가장 효율적으로 성취하는 것이 지상의 과제가 되었다. 고도로 중앙 집중화된 계획시스템이 도입되면서 상향식 개발정책에 반대하는 논의들은 묵살되거나 탄압되었다.[6] 이처럼 한국의 근대화는 서구와는 달리 수용을 전제로 상향식으로 이루어졌으며, 이에 따라 새로운 담론을 생성할 수 있는 현실적 바탕이 결여되었다.

　'상상' 속 근대와 '현실' 속 근대

1980년대 중반 이후 현실을 새롭게 인식하기 시작하면서 한국 건축은 크게 변모되었다. 여기서 현실은 근대성의 가장 핵심 원리인 '현재'라는 시간적 관점에서 주체적으로 파악되며, 또한 현재의 관점에서 과거와 미래, 주체와 세계가 일관되게 통합되는 것을 의미한다. 한국 건축에서 현실이 이 시기에 새롭게 강조된 이유는 한국 건축의 근대화 과정과 연관 지어 바라볼 필요가 있다. 김수근과 김중업으로 대변되는, 소위 한국 현대건축의 1세대 건축가들은 서구의 근대건축을 한국 사회에 정착시키는 데 집중했다. 그들은 외국의 앞선 건축 문화를 받아들이면서 그들 건축의 정당성을 동시에 찾으려 했다. 서양의 근대건축을 주어진 모델로서 받아들였을 뿐, 그것을 도출한 현실에 대해서는 별다른 관심을 기울이지 않았다. 수용을 전제로 근대건축에 접근했기 때문에, 시기에 따라 변모하는 물질적 기반들과 삶의 방식들을 제대로 포착할 수 없었다. 그들에게는 전통건축 역시 타자였다. 그들은 서구의 관점에서 전통을 재해석하려 했다. 당시 한국 사회는 너무나 낙후되어 있었기 때문에, 건축가들이 몸담고 있는 현실은 건축 행위에 바탕이 되어 주지 못했다. 이 때문에 1세대 건축가들은 현실에 앞서 이미 형성되어 있는 모델을 선험적인 것으로 받아들일 뿐이었다. 그들에게 근대는 '상상' 속 근대를 의미했다. 그래서 일단 목표를 설정한 다음에는 그 목표에 대해 더 이상 의문을 제기하지 않았다. 그 대신 효율적으로 성취하는 방법에 몰두했다. 어떤 식으로든 선례를 가지고 설계를 시작했고, 오히려 제대로 충족시켜 주지 못하는 현실을 바꾸고자 했다.

그렇지만 많은 철학자들이 이야기한 것처럼 현대는 '가장 새롭게 떠오르는 현재'라는 시간 관념과 맞물려 있고, 이에 따라 모든 미적 가치는 외부의 척도가 아닌, 동시대의 현실로부터 도출되어야 한다. 서구의 근대건축가들은 기본적으로 외부로부터 빌려 온 가치나 모델 들을 거부했는데, 특히 과거 역사주의적 양식에 강한 거부감을 드러냈다. 그 대신 자체적인 현실에서 스스로의 미학체계를 만들고자 했다. 거기서 현실은 여러 가지 방식으로 해석되었다. 즉, 현실은 프로그램이나 재료, 구축 방식, 생산 시설과 시공 방식에 따라, 또한 도시적인 이상에 따라 새로운 건축 언어로 만들어지는 것이었다.

1980년대 후반 이후 한국 건축가들이 스스로의 현실을 되돌아본 것은, 진정한 모더니티의 획득이라는 차원에서 의미를 가진다. 근대성을 더 이상 외부로부터 빌려 온 상상의 개념이 아니라, 현실에서 작동하는 무엇이라고 인식하기 시작한 것이다. 현실 속에서 모더니티가 작동할 수 있었던 이유는 여러 외적인 현실이 갖춰지기 시작했기 때문이다. 당시 한국 사회는 이십여 년에 걸친 집약적인 경제 성장을 경험한 후 다원화되고 고도화되었으며, 이에 따라 기존의 고정된 인식만으로는 다양한 현실을 담아내기가 어렵게 되었다. 건축가들은 현실적 요구에 맞춰 다양한 건축 담론을 스스로 만들어야만 했고, 이를 위해 담론을 생성하는 현실을 어떤 방식으로든 이해해야만 했다. 이런 상황은 건축을 바라보는 눈을 완전히 바꿔 놓았다. 건축 담론은 이제 현실적 토대 위에서 재구성된 것이어야 했다. 따라서 서구의 근대를 선형적인 진화 과정으로 이해하기보다는, 다양한 지역적 여건이 가미된 복수의 근대화 과정으로 가정하고, 모더니티와 지역성이 상반된 가치를 가지지 않고 오히려 서로를 지원할 수 있다는 균형 잡힌 시각을 가지게 된다.

　　　　　　　　　　　　　　　　　15장. 리얼리티의 발견

물론 1990년대 이후에도 서구의 다양한 건축 경향들은 끊임없이 흘러들어 왔지만, 이전처럼 선험적인 모델로 수용되지는 않았다. 그보다는 현실적 토대를 구성하는 다양한 요소들 가운데 한 부분으로 간주되었다. 즉, 이 시기 건축을 지배한 것은 더 이상 선험적인 모델이 아니라 현실적인 방법론이었다. 선험적인 모델을 취할 경우 현실을 이해하려는 다양한 접근 방법들이 배제되고, 건물 속에서 체험되는 경험의 폭이 대단히 빈약해진다. 그렇지만 새로운 건축 경향이 현실이라는 토대 위에 배치되면서 비로소 다양성을 획득하게 되었다. 현실은 여러 양상들을 파생시키는 공통된 기반으로 작용했고, 그런 양상들은 설명 가능한 관계를 획득하게 되었다. 그 이전까지 한국 건축에서 이같은 관계는 잘 발견되지 않았다. 그렇지만 1980년대 중반 이후 다양한 건축 경향들이 동일한 현실을 바탕으로 생겨나면서, 아무리 시각이 다양하더라도 일정한 토대 위로 수렴될 수 있었다.

　　한국 건축이 리얼리티를 바탕에 둘 수 있었던 데는 네 가지 요인이 복합적으로 작용했다. 우선, 이 시기 동안 엄청난 물량의 건설 공사가 이루어졌고, 이로 인해 건축설계를 위한 물적 토대가 만들어졌다. 200만 호 주택 건설을 위한 신도시 개발이 본격적으로 진행되었고, 대규모 공공프로젝트들로 한국 사회는 유례없는 건설 특수를 맞이했다. 이 시기에 치러진 국제행사만 해도 1988년 서울올림픽, 1993년 대전세계박람회, 2000년 아시아유럽정상회의ASEM, 2002년 한일월드컵과 부산아시안게임 등 다양했다. 이 과정에서 건설 산업은 전체 국가 경제의 30퍼센트를 차지할 정도로 팽창했다. 이런 상황은 물적 환경을 근본적으로 바꿔 놓았고, 한국 건축가들이 서구의 가상적 현실이 아니라 그들이 발 딛고 있는 현실을 직시하는 계기가 되었다.

　　두번째로, 경제 성장과 함께 다양한 계층의 사람들이 부를 축적했고, 그들이 주요 건축주로 등장했다. 민간이 짓는 건물들이 대폭 늘어나면서 국가가 더 이상 건축 경향을 좌지우지할 수 없게 되었다. 새로운 건축주의 등장은 건축의 변화에 깊이 반영되기 시작했다. 그들은 경제적인 측면을 충분히 고려하면서도 기능적으로 편리하고 안전한 건축을 요구했다. 근대적 삶의 방식을 받아들였기 때문에 건축가들에게 전통이나 국가 이념을 강요하지 않았다. 이제 한국의 건축가들은 그들의 요구를 건축디자인에 반영해야만 했다.

　　세번째는, 이런 변화와 함께 1970년대부터 발전되어 온 생산 기술과 시공 기술이 일정 수준에 도달했다는 것이다. 이에 따라 건축가들은 별다른 어려움 없이 사실적이고 객관적인 건축을 추구할 수 있게 되었다. 특히 1970년대 중반부터 시작된 한국 건설업체의 중동 진출은 시공 기술을 높이는 중요한 계기를 마련했다.

마지막 요인은 이 시기에 활동을 시작한 건축가들의 사유 방식과 관계된다. 근대건축 담론을 주도하던 김수근과 김중업이 1980년대에 잇달아 타계하면서 한국 근대건축은 일종의 공백 상태를 맞게 되었다. 문제는 공백을 메울 만한 대안이나 방향성이 설정되어 있지 않았다는 점이다. 그런 상황은 혼란을 의미했고, 1990년대 초반까지 계속되었다. 그 과정에서 새로운 건축가 그룹이 출현하게 된다. 그들은 대학에서 근대건축에 관한 교육을 주로 받았기 때문에 설계 방식에 근대건축의 이념을 자연스럽게 녹여 넣게 된다. 또한 현실적인 인식을 바탕으로 많은 수의 프로젝트를 수행하며 필요에 따라서 대규모 사무실을 운영했다. 1980년대 들어서 100명 이상의 직원을 가진 설계사무소가 다수 등장하게 된 것은 우연이 아니다. 그들은 건축 개념에 대한 탐구보다는 각 프로젝트의 현실적인 문제를 해결하는 데 주력했고, 단시간 내에 엄청난 양의 건물을 설계했다.

건축가들의 현실 참여

건축가들이 현실을 중시하게 되면서, 그들이 현실을 인식하는 다양한 방법이 등장했다. 건축적 현실을 가장 진지하게 인식한 인물은 정기용이었다. 그는 서울건축학교 Seoul Association of Architects의 운영위원으로 있으면서 한국의 건축과 학생들은 세 가지 병에 걸려 있다고 진단했다. 그 "세 가지 병이란 건축과에만 들어오면 막연히 문화인이 된 듯한 '문화병', 끊임없이 대가의 건축만을 건축으로 알고 있는 '대가병', 자신의 프로젝트만이 세상을 구원할 것 같은 '유토피아병'이다." 그리고 학생들뿐만 아니라 건축가들도 이 병에 걸린다면서, 이 병을 치료하는 약이 바로 현실이라고 했다. 이런 그의 주장은 "서양의 대가들의 건축과 도시 속에서 우리들의 해법이 있는 것이 아니라 지금, 여기 현실의 구체성 속에서 우리들의 문제와 해법이 있음"을 역설한 것이다.[7] 그는 전통에 대해서도 다음과 같이 이야기했다. "어느 나라도 일본성, 불란서성, 이집트성을 찾아야 현대건축이 발전한다고 말할 수 없다. 발견의 측면보다는 우리나라 현실에서 간곡히 요청되는 것에 귀를 기울이고 다양성을 주는 것이 더 급하다고 하겠다."[8]

이같은 현실 인식은 개혁을 위한 다양한 건축 운동으로 이어졌다. 1987년 한국 사회에 밀어닥친 민주화 열기가 더해져, 청년건축인협의회(이하 청건협)1987-1991, 건축운동연구회1989-1993, 민족건축인협의회(이하 민건협)1992-, 4.3그룹1990-1994, 건축의미래를준비하는모임(이하 건미준)1993-2000, 서울건축학교1995-2002 등의 단체들이 쏟아져 나왔다. 이 가운데 청건협은 청년 건축인 300명이 모여 만든 한국 최초의 진보적 건축 집단이다. "회원

15장. 리얼리티의 발견

중 40대 이상은 극히 일부분이었을 만큼 청건협은 젊은 세대 건축인들의 폭발적인 기대 속에서 깃발을 올리게 되었다."⁹ 이들은 네 가지 실천 강령을 내세우는데, 특히 주거, 도시, 환경 문제를 그 중심에 놓고서 일반 대중을 위한 건축적 해결 과정을 모색하고자 했다. 국가 주도의 개발 시대에서 이들 주제는 건축가들의 논의 대상이 아니었다. 청건협은 이런 취지에 따라 도시 빈민을 위한 집단 거주지 설계와 노동자 병원 건립에도 참여했다. 그리고 비민주적이고 행정 만능의 건축 제도를 개혁하고자 했다. 당시 건축사 자격증 취득 과정에서 건축직 공무원들에게 특혜를 부여하는 제도를 문제 삼았고 집단 시위를 벌여 결국 폐지에 이르도록 했다.

청건협은 진보적인 취지에도 불구하고 오래가지 못했다. 그렇지만 다양한 건축 운동을 촉발시키는 계기가 되었다. 1993년에 출범한 건미준은 중견 건축가와 건축과 교수들 460여 명을 주축으로 결성된 단체이다. 이 단체가 만들어지기까지 중요한 연결 고리 역할을 했던 것이 바로 1987년 5월에 시작하여 1994년 11월까지 진행된 '한샘 기행'이었다. 30여 명의 건축가들이 매달 모여 일박 이일 동안 건축 기행을 다니는 프로그램이었는데, 칠 년 동안 진행하면서 상당한 인적 네트워크가 형성되었다.¹⁰ 그들은 1993년 「설계·감리 분리를 위한 건축사법 개정안」에 대한 반대 서명 운동을 계기로 건미준을 결성했다. 그 후 건미준은 「93 건축백서」와 「93 건축가선언」을 발표하면서, 한국 건축이 정책의 부재, 제도의 모순, 건축계의 분열, 부적절한 교육 여건, 사회적 인식의 미흡 등의 문제로 위기를 맞고 있다고 진단했다. 그리고 'a마크 운동'을 전개하여, 인허가 과정에서 부도덕한 행위를 금하고, 올바른 지침을 적용하지 않는 현상설계에는 참여하지 않기로 다짐했다.

다양한 건축 운동이 전개되면서 참여자들끼리 갈등과 대립도 일어났지만, 상당 부분 성과를 거둔 것도 사실이다. 특히 건축디자인 교육 분야에서 성과가 두드러졌다. 그전까지는 개발 시대 양적 성장에도 불구하고 건축 관련 교육 여건은 여전히 열악했다. 건축학과 학생들은 4년제 대학 교과 과정에서 설계와 공학 교육을 함께 받았다. 식민 시기부터 내려온 이 시스템은 디자인 교육이 매우 부실할 수밖에 없었다. 이는 건축계 전반에 영향을 미쳐, 졸업 후 한국의 현실에 맞는 건축 담론을 생산해낼 역량을 갖추지 못했다. 1990년대 이후 세계화가 시작되면서 건축 교육 분야의 교류가 활발하게 진행되었지만, 한국은 여전히 과거의 틀에 갇혀 있었다. 1990년대 건축 운동을 주도했던 건축가들이 교육 분야에 눈을 돌리게 된 것은 바로 이 때문이었다. 최초의 변화는 1992년 경기대학교에서 새로운 설계 교육을 시작했을 때 나타났다. 소규모 스튜디오를 중심으로 교육이 이루어졌고, 젊은 건축가들이

디자인 크리틱에 참여했다. 1995년에는 서울건축학교가 세워져 새로운 교육 방식이 집중적으로 도입되었다. 이런 개혁은 제도권 교육에도 영향을 주어 2004년 한국건축학교육인증원의 설립과 더불어 5년제 건축학 교육의 실시로 이어졌다. 이로써 오늘날 한국의 대학 교육에서 건축설계 교육과 공학 교육은 완전히 분리되었다.

건축을 둘러싼 제도적인 변화도 일어났다. 2007년 「건축기본법」의 제정은 커다란 변곡점에 해당한다. 이 법을 바탕으로 다양한 제도와 관행들이 등장했다. 특히 공공건축의 질적 향상을 위해 건축가의 참여가 가능해졌고, 공공건축가제도가 만들어졌다. 이 제도를 통해 건축가들이 공공건축물의 기획과 설계에 참여할 수 있는 길이 열렸다. 현재 서울시, 부산시, 인천시 등 17개지자체는 「건축기본법」에 근거하여 공공건축, 도시계획, 도시설계 등에 이를 운영 중이다.

지역주의 건축

현실을 건축 창조의 중심에 놓을 경우, 지역성을 이해하는 방식도 크게 변하게 된다. 근대성과 지역성은 이십세기 한국 건축을 규정짓는 두 가지 축이었다. 이것들은 서로 경쟁하면서 독특한 건축적 지형을 발생시켰다. 1960년대 전통 논쟁이 대두되었을 때 현실에 대한 인식은 대단히 허구적이고 국가주의적인 특성을 가지고 있었다. 각 지역이 갖는 특수한 여건은 논쟁에서 제외되었다. 그렇지만 1980년대 중반 이후 전통이 지역성으로 대체되면서, 근대성과 지역성은 모두 현실적 토대 위에서 건축 담론을 구성하는 요소로 간주되었다. 경우에 따라서 이 두 가지는 서로 대립하기보다 보완적인 관계를 유지했다. 이 시기 건축가들에게 가장 중요한 과제는 그 건물이 한국적인가를 묻기에 앞서, 현실적으로 가장 적합한 해결책인가를 묻는 것이었다.

새로운 세대의 건축가들은 건축주의 요구와 프로그램, 기능, 장소적 특징까지 포괄하는 해결책을 탐색했고, 여기서 오랜 전통은 첨단 테크놀로지와 공존 가능한 요소로 간주되었다. 이같은 인식의 전환으로 "지역성은 더 이상 건축의 목표가 아니라 결과적으로 성취되는 것일 뿐이었다."[11] 이같은 건축을 추구하는 건축가들은 유행하는 건축 개념이나 최신 건축 언어에 대해 그다지 민감하지 않았다. 세계 건축계를 풍미했던 포스트모더니즘, 하이테크 건축, 해체주의 건축에서 한 발짝 옆으로 비켜나 오직 현실적인 문제들을 해결하는 데 집중했다. 그들은 개념을 바탕으로 작업을 하는 대신 주어진 현실을 긍정적으로 받아들이고, 이를 통해 다양한 방법론을 탐구하려 했다. 그 과정에서 생겨난 아이디어는 건축가가 현실을 어떻게 바라보는지를 이야기해 주었다.

건축가들은 더 이상 선험적 모델을 통해 건축에 접근하지 않았고, 그 대신 그들에게 중요한 것은 발 담고 있는 '현재 여기'를 어떻게 드러낼 것인지였다. 이는 지역성 자체를 리얼리티의 한 구성 요소로 파악했음을 의미한다. 이런 생각은 국립중앙박물관 현상설계에서 극명하게 표출되었다. 새로 지을 건물의 한국적 특성에 대해 정림건축 측은 "양식이나 형태보다는 고건축에서 느끼는 경험"[12]을 이야기했다.[도판1] 사실 이 건물은 국가적 정체성을 표현해야 했기 때문에 독립기념관 현상설계 때처럼 또 다시 전통 논쟁이 불거질 가능성이 높았지만 실제로는 그렇지 않았다. 그 대신 건물 내에서의 경험이 보다 충만하게 인식될 수 있도록 하는 건물의 질적인 가치가 무엇보다 중요하게 인식되었다. 이는 건축을 바라보는 시각이 이 시기에 이르러 근본적으로 바뀌었음을 의미한다.

1980년대 중반 이후 한국에 등장한 건축을 현실적이고 사실적인 건축으로 정의하는 이유는 다음과 같이 정리될 수 있다. 첫번째로, 건축설계가 선험적인 모델에 의해 지배되기보다는 현실적인 조건을 바탕으로 이루어졌기 때문이다. 다양한 현실적 요구들을 충족하는 것을 최우선적인 과제로 설정한 건축가들의 태도가 전체적인 건축적 담론의 지형도를 결정지었다. 그리고 그 결과 다양한 방법론들이 등장한 것이 사실이다. 두번째로, 포스트모던 건축에서 볼 수 있는 것처럼 건축디자인이 더 이상 자율적인 형식체계로 파악되는 것이 아니라, 다양한 기능이나 구조체계, 장소성과 같은 현실적 조건들과 긴밀하게 결부되었기 때문이다.

한국의 현실적인 건축은 비슷한 시기 서구에서 소위 '비판적 지역주의'라 불렸던 경향과 일정 부분 맥을 같이한다. 여기서 이야기하는 지역주의는 과거 개발 시대에 등장했던 전통 논쟁과는 완전히 다른 의미를 지닌다. 지역

주의는 전통을 선험적인 모델로 설정하지 않고, 건축적 현실을 구성하는 요소라고 간주되었다. 이 시기 한국의 건축가들은 대단히 빠르게 이루어지는 기술적 진보에 주목했고, 이를 한국의 지역적 특수성과 결합시키고자 했다. 또한 과거 전통논쟁처럼 건축의 이상성을 전통건축에 두지 않았으며, 현실을 건축적으로 발전시키려 했다. 이와 관련해 정기용은 "건축이 실현되는 실제적인 땅의 의미를 되새기며, 기술과 자연을 새롭게 만나게 하고, 개성있는 전통을 따르되 맹목적 차용이 아니라 현명한 사고의 틀로 다져져서 시간을 초월해 장소성의

2 우규승 설계의 메트로폴리탄 미술관 한국관. 1997-1998년.

영혼이 되살아나게 하는 것, 그래서 건축과 풍경이 서로 긴장관계 속에 있게 하는 것 이것이 비판적 지역주의의 핵심이다"[13]라고 했다.

　　이와 같은 관점은 우규승禹圭昇이 설계한 뉴욕 메트로폴리탄 미술관The Metropolitan Museum of Art 한국관에서 잘 나타난다. [도판 2] 이 프로젝트는 12×12 미터 크기의 작은 공간 안에 한국 문화의 본질을 담아내는 작업이었다. 건축가는 의도적으로 한국적인 모티프나 상징물의 사용을 거부했고, 빛이나 물성, 내향성을 바탕으로 표현하고자 했다. 전통적인 방식으로는 주변의 중국관이나 일본관과 경쟁할 수 없었기 때문이다. 이런 태도는 동시대 다른 건축가들에게도 공통적으로 나타났다. 그들은 지역성을 존중하되, 그것을 합리적인 방식으로 표현하고자 했다. 이를 위해 각각의 현실을 상대화하고 대상화할 필요가 있었다. 그들은 건축설계에서 개념적인 성취보다는 현실적으로 적합한 건물을 만드는 것을 최우선적인 가치로 내세웠고, 이를 위해 다양한 방법들을 강구했다. 이 시기 건축가들의 대표작이라고 할 수 있는 국립현대미술관 과천관, 환기미술관, 명보극장, 밀알학교 등을 보면, 그 방법은 다양한 방향으로 발산되지만 명백히 이런 관점을 공유하고 있다.

　　당시 건축가들은 현실에 적합한 건축을 찾아나섰다. 김태수는 다음과 같이 이야기했다. "나의 건축에서 가장 중심이 되는 동기는 '무엇이 적합한가'이다. 개개의 디자인에 있어서 이 질문에 대한 대답은 몇몇 상호 연관된 요소들의 총합으로서 이런 요소에는 건축주의 요구, 예산, 건축현장의 제한 요소 및 건축물의 기능이 있다."[14] 우규승은 자신의 건축적 목표를 "건물에 주어진 현실적 여건을 가장 잘 해결하는 것"[15]이라고 설정했다. 그리고 철저한 프로페셔널로서 건축주의 요구 사항을 해결하는 것이 가장 중요하다고 보았다. 유걸兪杰 역시 건축에서의 현실을 강조하며 다음과 같이 주장했다.

"한국의 건축가들은 건축을 너무 심각하게 생각하면서 오히려 심각한 현실로부터 유리되는 자가당착을 범한다. 건축은 그것이 담고 있는 삶이나 그 삶의 주인을 제거하고 나면 아무런 의미가 없는 물건이다."[16]

한국의 현실적 건축

현실을 바탕으로 설계된 건축물들은 모두 개별적이고 특이해서 하나의 양식이나 경향으로 묶는 것은 힘들다. 개발 시대 전통 논쟁은 민족이라는 강력한 구심점으로 다양한 차이들을 포섭하여, 하나의 허구적인 중심으로 수렴시켰다. 이와는 달리 1990년대 이후의 한국 건축은, 건축을 기반으로 하는 가치에 대한 탐구가 이루어지며 계속해서 건축의 의미가 발산되고 개별적이 될 수밖에 없다. 따라서 건축가들의 주요 접근 방식들을 중심으로 다양한 논의들을 나열해야 하는 한계가 있다.

케네스 프램턴Kenneth Frampton은 비판적 지역주의를 주장하면서 열 가지 쟁점을 제시했다. 그는 "아직 많은 논쟁이 필요하지만 이 열 가지 쟁점을 통해 신뢰할 만한 바탕으로 도달할 수 있다"[17]고 보았다. 이 가운데 몇 가지 쟁점들은 1980년대 중반 이후 한국의 현실적 건축을 이해하는 데 시사하는 바가 크다. 장소성(도시적 맥락), 소재의 물성, 프로그램(혹은 유형), 기술, 전통적 패턴이나 형태가 바로 그것으로, 이 시기 건축가들의 주요 작품에서 공통적으로 나타나는 특성이기도 하다. 그렇지만 이들은 르 코르뷔지에가 이야기한 근대건축의 다섯 가지 원칙처럼 필요 불가결한 공리로서 작용하지는 않는다. 그들은 하나의 건물을 설계하는 과정에서 동시에 등장하기도 하고, 건축 작품에 따라 그 가운데 하나가 빠지거나 혹은 특정 부분이 강조되기도 한다. 그런 점에서 건축적 현실로 접근해 들어가는 다양한 방법으로 이해될 만하다. 당시 국내외에서 중요한 활동을 펼쳤던 주요 건축가들의 작품을 통해 이러한 쟁점들 중 어떤 점이 강조되고 어떤 점이 소홀히 취급되었는지 명확히 알 수 있다.

1980년대에 지어진 건물 가운데 비판적 지역주의와 관련해 가장 주목해야 할 건물은 김태수가 설계한 국립현대미술관 과천관으로, 건축과 장소의 관계를 탁월하게 실현하고 있다.[도판 3, 4] 그렇다면 이 건물은 장소성을 어떻게 표현하고 있는가. 사실 장소성은 건물과 자연, 그리고 인간 사이에 나타나는 관계들을 모두 가리킨다. 그래서 장소와 시간에 따라 다르게 체험될 수도 있다. 이와 관련해 건축가가 고민했던 것은 두 가지였다. 먼저, 대지가 갖고 있는 잠재력을 정확하게 파악하고 건물을 통해 그 잠재력을 확장시키는 것이고, 또한 건물 내에서 사람들이 다양한 풍경을 체험할 수 있도록 공간을

조직하는 것이다. 이를 통해 대지와 건물이 일체oneness가 되도록 했다.

김태수는 건물이 들어서게 될 맥락에 따라 그 성격이 달라질 수밖에 없다고 생각했다. 특히 1980년대 중반에 잇달아 설계된 국립현대미술관 과천관과 교보생명 연수원은 미국에 설계된 박스형의 단순한 건물들과는 전혀 다른 면모를 보여준다. 무엇보다 건물이 지어질 장소가 달랐기 때문이다. 철저한 현실주의자였던 김태수에게 이 점은 대단히 중요했다. 설계 과정에서 그가 참조했던 건물들도 완전히 달랐다. 그가 한국을 떠나기 전에 강한 인상을 받았던 전통건축이 설계에 큰 영향을 미쳤다. 그런 점에서 김태수가 생각하는 현실은 사실적이면서 동시에 대단히 개인적인 것이다. 이런 점은 국립현대미술관 과천관을 설계하는 과정에서 잘 나타난다. 건축가가 가장 먼저 했던 일은 장소를 둘러보는 일이었다. 대지는 청계산 아래에 있는 작은 언덕으로, 그 앞에는 커다란 과천저수지가 놓여 있어 매우 아름다운 풍광을 가지고 있다. 도심에서 한창 떨어진 산속의 장소가 미술관 대지로 결정된 데는 당시 군사정권의 무지가 크게 작용했다. 1981년 서울올림픽 개최가 확정된 후 정부는 현대미술관의 건립을 서둘렀다. 대지 선정에서 결정적인 역할을 담당했던 사람은 전두환 대통령이었다. 그는 외국의 어느 야외 미술관에 큰 인상을 받고 돌아와 가급적 넓고 경치 좋은 곳을 선정하도록 지시했다. 당시 상황에서 아무도 그런 지시를 거스를 수 없었다.

김태수는 처음 그곳을 방문해 "저 땅에 어떤 건물이 들어서면 가장 좋은가 스스로 물으면서 땅과 직접 대화를 했다"[18]고 한다. 멀리서 바라본 대지는 대단히 웅장하면서도 섬세한 산으로 둘러싸여 있었다. 그가 중요하게 생각했던 것은 건물의 스케일을 조절하고 가장자리 부분을 처리하는 문제였다. 우선 스케일을 조절하기 위해 그가 떠올린 기억은 광복 전에 머무른 적이 있었던 경상남도 함안의 칠원마을이었다. 뒷산을 배경으로 작은 초가집들이 옹기종기 모여 있는 전형적인 시골 마을이었다. 이와 함께 수원화성에 있는 봉수대도 그의 상상력을 자극했다. [도판5] 언덕에 놓인 기단 위로 여러 개의 봉화

대가 우뚝 솟은 모습은 이 건물의 형태와 직접적으로 조응한다. 이런 기억의 단편으로부터 하나의 기단에 3개로 분절된 매스를 생각한 건축가는 건물의 스케일을 의도적으로 작게 가져가려고 했다. 그것이 장소적인 의미를 훼손하지 않는 방향이라고 확신했고, 실제로 이런 생각은 초기 스케치부터 일관되게 등장한다. 그리고 이런 배치 방식은 이후 교보생명 연수원에서도 유사하게 등장했다.

5 수원화성의 봉수대.
국립현대미술관 과천관을 설계하는
데 중요한 영감을 주었다.

건물의 가장자리는 자연과 인공물이 만나는 곳으로, 건축가는 이 둘이 명확하게 분리되지 않은 것처럼 보이도록 배려했다. 이를 위해 비교적 큰 매스의 건물을 산의 지형 속으로 자연스럽게 삽입하고자 했다. 건물 전면으로 접근해 가는 과정에서 저층 건물로부터 고층 건물로 점차 볼륨을 상승시킨 것도 이런 의도와 연관되어 보인다. 이런 배치를 통해 건물 매스가 점차 상승하는 것처럼 보이도록 했다. 점진적으로 높아지는 건물이 주변 자연 속으로 조화롭게 맞물리도록 한 것이다. 또한 대지의 경사 차를 건물 내부에서 효과적으로 흡수하도록 설계했다. 그래서 건물은 산의 완만한 경사로부터 자연스럽게 흘러나온 듯한 형태를 가진다. 이런 점들이 대단히 큰 규모의 건물이 자연 속에 편안하게 자리잡게 만들었다.

건물 외부와 내부를 연결하는 연속적인 시퀀스 또한 중요한 형태를 가진다. 건축가가 많이 참조한 것은 영주 부석사로, 그가 가장 좋아한 전통건축물이었다. 그는 거기서 등장하는 연속된 시퀀스를 현대적인 방식으로 응용하고자 했다.[도판6] 한국의 전통건축에서 공간이란 건물의 내부만을 지칭

6 영주 부석사의 긴 시퀀스.

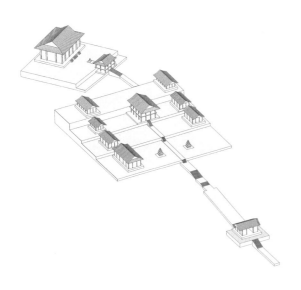

하지 않고 건물과 건물 사이 또는 건물과 담장 사이 등 다양한 요소 간의 관계를 총칭한다. 가장 중요하게 다가오는 것은 요소들을 통합하는 방식이다. 사찰에서는 입구에서부터 본전本殿까지 긴 무형의 축을 집어넣은 후, 이 축을 중심으로 다양한 건물들을 배치한다. 이런 점을 명확히 인식한 건축가는 국립현대미술관 과천관에 이런 개념을 적용했다. 그래서 이 건물은 건물 바깥의 다리에서부터 시작해 건물 내부의 꼭대기까지 긴 흐름을 가지고 있다.[도판7]

장소성과 함께 재료의 물성 역시 1980년대 지역주의 건축의 쟁점이었다. 이와 관련하여 가장

3부. 세계화 시대: 건축으로의 다원적 접근

주목할 만한 건축가가 이타미 준이다. 그는 일본에서 모노파^{もの派}[19] 예술가들과 교류하며 재료의 물성이 가지는 새로운 측면을 포착했다. 이를 바탕으로 1990년대 중반 이후에는 활동 무대를 제주도로 옮겨 중요한 작품들을 남겼다. 평생 동안 보편적인 지역성을 실현하기 위해 많은 노력을 기울인 이타미 준은 그것을 통해 근대를 뛰어넘을 수 있다고 보았다. 그는 "다양한 문화들이 글로벌이란 미명 아래 균질화되고 획일화되는 것"[20]을 비판했다. 그 대신 지역성을 통해 보편적인 건축으로 접근할 수 있는 방법을 추구했다. 사실 지역성과 보편성은 건축에서 상반된 가치를 가지는 것으로 이해되었지만, 이타미 준은 다른 시각에서 양립 가능하다고 믿었다. 그리고 그것이야말로 진정한 국제적 독창성 international originality 이라고 생각했다. 세계화와 현지화가 동시에 이루어지는 글로컬라이제이션 glocalization 시대, 보편적 지역성이야말로 그를 포함한 모든 건축가들이 풀어야 할 과제였던 것이다.

그렇다면 지역적이면서 동시에 보편적인 건축을 어떻게 실현할 것인가. 그는 "건축과 떼려야 뗄 수 없는 그 나라의 문화, 전통, 정신문화, 풍토를 되돌아보고, 각 지역의 고유한 문화와 전통의 맥락 속에서 조용히 탐구한다면 필연적으로 지역적이고 보편적인 건축의 뿌리 또는 핵에 다가갈 수 있다"[21]고 믿었다.

이를 위해 이타미 준은 소재의 물성과 생산 방식에 주목했다. 즉, 건물 재료가 건물이 세워질 장소에서 추출된 것이라면, 또한 가공 방식이 그 지역의 전통적인 것이라면, 그런 재료로 지어진 건축물은 분명 지역성을 반영한다고 보았다. 그는 재료들이 상징적이거나 추상적인 의미와 연계되지 않도록

8 이타미 준이 설계한 온양미술관.
사용된 재료들은 지역성을 드러내는
중요한 매체로 활용된다. 1982년 준공.

했다. 그런 점에서 재료의 상징성을 강조했던 쿠마 겐고隈研吾와 명확히 차별
된다. 이타미 준은 그런 방식으로는 지역성 이외의 보편적인 의미를 획득하
지 못한다고 보았다. 오히려 사물에 담겨 있는 모든 상징적인 의미를 거세하
면, 사물이 장소에 숨겨진 맥락을 드러내고 보이지 않던 것을 보이게 하는 매
체가 될 수 있었다. 이를 통해 근대주의를 극복하면서 동시에 현대성을 온전
히 획득할 수 있다고 보았다. 여기서 사물은 한편으로 지역성의 중요한 측면
을 드러내지만, 다른 한편으로는 매우 친숙한 환경에서 낯선 풍경을 현시顯示
시키는 매체로 작용할 수 있다. 틀림없이 세키네 노부오關根伸夫와 이우환 같
은 모노파 예술가들로부터 영향받은 것으로, 온양미술관(현 온양민속박물관
내 구정아트센터)과 각인의 탑은 이같은 생각에 따라 설계되었다. [도판 8]

유걸의 경우, 새로운 테크놀로지를 매우 중요하게 받아들였지만 사용하
는 방식이 달랐다. 테크놀로지를 활용한 구축성의 표현은 1980년대부터 김
종성에 의해 집중적으로 시도되었다. 그러나 유걸이 기술을 사용하는 주요
목적은, 하이테크 건축가들이나 미니멀리스트 건축가들과 달리 빛이 충만한
트인 공간을 효과적으로 담는 외피를 만드는 데 있었다. 이는 그의 종교적 신
념과 한국적 현실에 대한 나름대로의 인식에 기반한 것이었다. [도판 9, 10]

그 역시 김태수나 우규승처럼 미국으로 이민 가서 오랫동안 건축 활동
을 했기 때문에 한국과 미국 건축에 존재하는 차이점에 예민하게 반응했다.
그가 보기에 가장 큰 차이는 영역을 구분하는 데 있었다. 한국 전통건축의 경
우 영역 구분은 담에 의해 이루어진다. 건축은 그 안에서 내부 공간과 외부
공간으로 나뉘어 자유롭게 공존한다. 이 경우 모든 공간적 전이는 담에 난 대

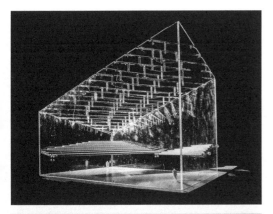

9 유걸의 강변교회 모형. 투명한 외피를 통해 최대한의 빛을 내부로 끌어들이려 했다. 1998년 준공.(위)
10 강변교회 내부.(아래)

문을 통해 이루어진다. 그래서 한국 건축에서 담은 서구의 울타리와는 근본적으로 다른 의미를 갖는다. 건물의 부속적인 기능을 담당하기보다는 건축물의 영역을 규정하는 가장 일차적인 요소가 된다. 이렇게 담에 의해 구분이 된 상태에서 방의 기능을 구분해 주는 벽체는 별다른 의미를 가지지 못한다. 그들은 더운 여름날에는 곧바로 제거될 수도 있다. 그 대신 방의 영역을 확보해 주는 것은 벽이 아니라 바로 바닥이다. 바닥은 빈 공간으로, 누가 사용하냐에 따라 기능이나 의미가 달라졌다.[22] 미국의 건축은 벽체에 의해 구획된 내부 공간을 갖는다. 모든 공간적 전이가 현관을 통해 이루어지며 따라서 많은 건축물에서 현관이 강조된다. 또한 건물 내부는 벽체에 의해 사적 공간과 공적 공간이 확실히 구분되고, 개별 공간들의 기능은 명확히 나뉘게 된다. 이런 차이점을 분명하게 인식했던 유걸은 그가 설계한 건물에서 이를 실현시켰다. 그는 내부 공간과 외부 공간을 포괄하는 커다란 외피를 만들고, 그 안에서 여러 기능들이 자유롭게 설치되도록 했다. 이는 한국 전통건축의 지역성을 새롭게 해석한 것이었다.

유걸의 건축은 커다란 외피로 넓게 확보된 영역 안에 자유롭게 펼쳐진 매스들과 통로, 공간 등이 두드러진다. 그중 밀알학교는 오랫동안 머릿속에 가지고 있었지만 잘 표현할 수 없었던 건축가의 생각이 잘 드러난다.[도판11] 이 건물은 장애인 학교와 교회를 겸하도록 설계되었다. 건축가는 일반 교실과 특수 교실을 구분하고, 그 사이에 넓게 트인 공간을 만들었다. 그리고 커다란 외피 속에 이들 개별적인 공간이 포함되도록 계획했다. 그 공간이 보다 쾌적한 환경을 갖도록, 투명한 외피와 철골 트러스를 이용해서 빛이 건물 내부로 쏟아져 들어오게 했다. 유걸의 건축에서는 구조와 기계 시설이 매우 거칠게 표현의 도구로 등장하는데, 이 역시 열린 공간을 효과적으로 확보하는 수단이자 강력한 표현 도구였다. 건축가는 사용자들에게 우선적으로 초점을 맞췄다. 그는 사람들에게 함께 모이고 관계 맺는 장소를 제공하기 위해 커다란 오픈스페이스를 만드는 것이 중요하다고 생각했다.[23] 넓게 비어 있는 이 장소는, 여러 가지 행위를 동시에 수용하고 다양한 공간들을 연결시켜 주

15장. 리얼리티의 발견

11 밀알학교 외부. 유걸의 건축에 자주 등장하는 투명한 외피는 내부의 열린 공간을 확보해 주는 주요 수단이면서 동시에 강력한 표현 도구가 된다. 1997년 준공.

는 중심 역할을 한다. 장애가 있는 사람들의 원활한 이동을 위해 긴 램프가 설치되었고, 이로써 사용자들은 원하는 대로 경사로를 오르내리며 환하게 내리쬐는 햇빛을 감상하게 된다. 탁 트인 공간이 다양한 행위를 유발하는 다목적 공간이라고 한다면, 이 긴 통로는 각각 다른 레벨에 있는 사람들의 시각을 엮어 주는 기능을 한다.[24] 사람들은 거기서 시각적으로 끊임없이 서로를 인식하게 된다. 이 외에도 불규칙하게 돌출된 몇몇 계단들은 큰 공간 안에서 시선을 끌어모으는 초점 역할을 한다. 이를 통해 내부 공간은 다소 자유로운 시설들의 배치 속에서 일정한 질서를 획득할 수 있었다.[도판12]

　　김원, 김석철, 류춘수 등은 한국적 전통과 거기서 등장하는 형태적 특징에 주목한 건축가들이다. 그들이 제기한 건축 담론에서 전통은 여전히 중요하게 거론되고 있지만, 그 의미가 달라졌다. 이들은 외국에서 건축 교육을 받지 않았고 한국적 토양에서 성장했다. 이 때문에 지역성이 중요한 주제로 작

12 밀알학교 내부.

용했지만, 그 표현 방식은 개발 시대 건축물과 달랐다. 전통건축과 근대건축을 대립되는 것으로 보지 않고, 오히려 새로운 기술을 통해 통합될 수 있는 것으로 보았다. 그들은 김중업과 김수근으로 대변되는 1세대 건축가들의 작품을 보면서 성장했고, 이들의 작업 태도에 영향을 받았다. 그렇지만 절대적인 의미를 잃어버린 전통은 다양한 가치들 가운데 상대적인 의미만을 가질 뿐이었다.

　　김석철은 김중업을 통해 르 코르뷔지에 건축을 받아들였고, 그가 추구했던 지중해적 건축에

13　김석철이 설계한
온양민속박물관. 1978년 준공.(위)
14　김석철이 설계한
DBEW디자인센터. 전통 한옥과
현대적인 유리 건물이 한 건물 속에
공존한다. 1996-2004년.(아래)

깊이 매료되었다. 그 결과 그의 건축은 르 코르뷔지에의 후기 건축에 자주 등장하는 매우 거친 물성과 자유로운 조형 방식으로 특징지어진다. 한편으로는 제임스 스털링James F. Stirling의 영향도 많이 받아 김중업 건축과는 다르게 변모한다. 사실 스털링의 작품 성격은 시기적으로 확연이 다른데, 초기 작품들은 근대건축의 영향 아래 기계적인 형태들을 조작하는 것으로 특징지어진다. 이같은 스털링의 초기 작품들은 김석철이 설계한 명보극장이나 올림픽 가든타워, 베네치아 비엔날레 한국관처럼 철저하게 유리의 투명성과 기계미학을 표현한 작품들에 영향을 미친다. 이와는 달리 김석철 건축에는, 온양민속박물관[도판 13]처럼 김중업의 건축언어를 기반으로 한국의 지역성을 가미하다가 예술의전당이나 제주신영영화박물관처럼 부풀려진 흰색의 볼륨으로 원초적인 형태를 추구하는 경향이 있다. 이 작품들은 주변과 쉽게 동화되지 않는 보다 강력한 조형성을 가지고 있다. 건축가는 이런 경향을 한국 건축이 중국의 영향으로 형식화되는 시기 이전의 샤머니즘적인 정서와 연결하려 했다. 건축물에서 풍기는 생경함은 전위적인 실험이 아니라 원초적이고 투박한 조형의지를 통해 나온다. 마지막으로 북촌에 위치한 한샘 DBEW디자인센터처럼 전통건축과 투명한 유리 마감을 대조시키려는 시도도 있다.[도판 14] 여기서 "한국 전통건축에서 등장하는 조형의지와 형이상학을 자신의 건축의 바탕으로 삼는다"는 건축가의 주장을 확인할 수 있다.

현실적 건축의 의미와 한계

1980년대 후반 한국 건축에 나타난 리얼리티의 문제는 건축에 국한되지 않고 시대 전체와 맞물린다. 그전까지 한국 문화의 주체자들은 스스로의 눈을 통해 있는 그대로의 현실을 바라보지 못했다. 역사적으로 비슷했던 시기는 십팔세기 초 겸재 정선이 진경산수화를 그렸을 때다. 정선은 한국의 산하를 직접 답사하면서 그 독특한 형태를 인식하고, 이를 사실적으로 그려내는 독자적인 화풍을 개척했다. 그전까지는 중국에서 유래된 화법을 수용해 현실을 바라보았던 것이다. '지금 여기'에 대한 인식은 한편으로 문화적 자신감의 발로이며, 다른 한편으로는 선험적인 아이디어로서 받아들였던 서구의 근대성이 현실에 착근되는 과정이다. 즉, 이질적인 서구 근대 문명이 점차 한국 사회에 동화되어 내적인 생성 방식으로 작동된 것이라고 볼 수 있다. 그런 관점에서 1980년대 중반 이후의 한국 건축은 개발 시대의 그것보다 한 걸음 더 앞으로 나간 것이었다.

그렇지만 현실로부터 생성되었기 때문에, 한국의 현실적 건축은 대단히 얇게 퍼져 있다는 한계를 가진다. 의미의 두께는 잘 감지되지 않지만, 방법의 다양성은 명확해 보인다. 그리고 이런 다양성은 리얼리티의 발견과 직접적으로 연관되어 있다. 즉, 건축에서 현실을 바라보는 관점이 다양하게 열리고, 그 현실이 다양한 건축적 방법들을 생성시켰기 때문이다. 그래서 이 시기의 건축지형도는 얇은 표면에 갇히는 특징을 갖는다. 그 모습은 마치 근대성이라는 두꺼운 밀가루 반죽을 계속 밀어서 만들어낸 평평한 표면을 상상해 보면 쉽게 이해될 것이다. 이 반죽은 위에서 내려다보면 매우 다양한 모양을 띠고 있지만, 방향을 바꿔 측면을 바라보면 하나의 얇은 선으로 수렴된다. 한국 건축이 1990년대 이후 처음으로 현실이라는 통일된 지시체계에 포섭되며, 동시에 양적인 다양성을 확보할 수 있게 된 것은 특이할 만한 일이다. 그러나 건축가들은 새로운 개념을 생성하기보다는 기존의 아이디어를 소비해서 현실적 요구들을 충족시키는 데 몰두했다. 다시 말해, 비판적 지역주의와 마찬가지로 이 시기 건축도 결국에는 새로움을 배태하는 잠재력을 가지지 못했다. 아방가르드들처럼 새롭게 대두된 세계 인식을 탐구하기보다는 그들에 의해 이미 만들어진 것들을 현실에 적용하는 데 그친 것이다. 이로써 건축의 잠재력이 소진되어 가는 한계가 나타났다. 그리고 엄청난 물량에도 불구하고 새로운 건축을 생성해낼 잠재성의 두께를 만들어내지 못했다. 1990년대 한국 건축이 그 다양성만큼이나 획일적인 이유도 이렇듯 지형도가 입체적이지 않았기 때문일 것이다. 이 시기 건축가들의 활동은 대부분 '삶의 조건'이라는 얇은 표면에 갇혀 언제든 현실에 의해 와해될 위험을 내포하고 있었다. 실제로 2000년대 이후에는 작품성을 우선시하는 아틀리에 사무소들이 상업적인 건축사무소에 압도되는 상황이 발생했다.

16장. 이타미 준: 보편적 지역주의

이타미 준 伊丹潤(한국 이름 유동룡 庾東龍) 1937-2011은 재일동포 2세로, 한국과 일본을 오가며 수준 높은 작품들을 남긴 건축가다. 특히 제주도에 건립된 몇몇 작품들은 국제적으로 뛰어난 성과를 인정받고 있다. 2010년 무라노토고상 村野藤吾賞 심사평에 따르면, 세계화 시대에 그의 작품들은 한국과 일본이라는 지역적 한계를 넘어 동아시아의 전통에 뿌리를 둔, 독창성을 중시하고 생명력과 존재감 넘치는 건축으로 자리매김했다. 일본에서 교육받고 성장했기 때문에, 건축가로서의 사유체계는 일본 건축의 담론을 통해 형성되었다고 보는 것이 적절하다. 그렇지만 1970년대부터 한국의 전통건축과 문화에 대해 집중적으로 연구한 그는, 1980년대부터는 활동 무대를 서서히 한국으로 옮겼다. 이렇게 그의 작업은 한국의 현대건축과 특이한 방식으로 접붙이기를 시작했다. 이는 세계화 시대에 나타난 독특한 문화 현상이기도 했다. 그는 경계인으로서 다양한 문화 사이에 위치하며, 그 경계 넘기와 그에 따른 관점의 변화를 통해 자신의 건축을 발전시켰다. 독특한 경력 때문에 이타미 준의 건축은 우리 시대 두 가지 건축적 쟁점을 규명하는 데 매우 유용하다. 첫번째는, 세계화 시대에 국가 단위의 전통 개념을 뛰어넘어 지역성을 어떻게 보편적인 방식으로 구현할 수 있느냐는 것이다. 이는 세계화와 지역화가 동시에 일어나는 소위 글로컬라이제이션 시대에 대단히 중요한 과제이기도 하다. 두번째는, 현대 예술이 건축의 지역성을 확장시키는 데 어떤 역할을 할 수 있느냐는 것이다. 이타미 준은 건축과 예술의 경계에서 새로운 관계를 실험했다. 화가 곽인식의 소개로 이우환, 세키네 노부오와 같은 모노파 작가들과 오랫동안 교류하여, 그들의 주장과 긴밀하게 연계된 건축 개념들을 갖고 있었다.

이같은 두 가지 쟁점을 좀더 명확히 하기 위해 들뢰즈와 가타리가 제기한 소수 문학 une littérature mineure 이론을 활용하고자 한다. 이타미 준은 일본에서 태어나 줄곧 그곳에서 활동했지만, 한 번도 정서적으로 정착한 적이 없었다. 그래서 스스로를 늘 '아방가르드 아웃사이더'[1]라고 불렀다. 이렇듯 그의 삶을 드리운 불행은 지배적인 주류로 편입될 수 없다는 것이었다. 더욱이 그의 뇌리에는 뿌리에 대한 강한 집착이 남아 있었다. 그의 아버지는 장남인 그에게 "언제 어디서 무슨 일이 있더라도, 족보만큼은 꼭 지니고 도망쳐라"[2]라고 늘 당부했다고 한다. 가족에 대한 강한 연대감과 주류 사회와의 불화라는 내적 갈등은 청년기 그의 삶을 무기력하게 만들었다. 그는 청년기를 회상하며 "어디를 봐도 벽뿐이었다"[3]는 고백을 하기도 했다. 이같은 폐쇄감에서 벗어나고자 모던 재즈, 현대 예술, 모국의 전통문화에 몰두했고, 이로써 그의 건축은 전혀 새로운 방향으로 나아가게 되었다.

세계화 시대에 소수 문화는 중요한 의미를 가진다. 그것은 단지 고립된 공동체 내에서만 머물러 있지 않고, 때로는 지배적인 담론과 연결되면서 그 강도에 따라 다수 문화 전체를 바꿀 가능성을 가지고 있기 때문이다. 들뢰즈와 가타리의 소수 문학 이론은 그런 변화 과정을 서술하는 데 매우 유용하다. 그러나 이 이론을 모든 문화 현상에 적용하기는 힘들다. 특히 건축은 문학과 다른 속성을 가지기 때문에 큰 간극이 존재한다. 들뢰즈와 가타리가 소수 문학 이론에서 연구했던 것은 글쓰기로서의 문학으로, 카프카의 작품에 등장하는 독특한 글쓰기 방식과 의식 구조에 관한 내용이었다. 물론 이타미 준도 생전에 9권의 저서를 일본어로 남겼다.[4] 그렇지만 이 책에서는 그의 일본어 글쓰기 방식을 문제 삼기보다 주요 건축 작품에 담긴 핵심적인 개념들의 형성 과정을 연구하기 위해서 차용했다. 따라서 들뢰즈와 가타리의 소수 문학 이론은 건축적 담론으로 변용되어 적용되어야 한다. 이때 이타미 준에게 다수 건축이란 그가 활동할 당시 일본 건축계의 주류 담론들이 될 것이다. 이와 관련해 이타미 준은 인터뷰에서 세 가지를 지적했다. 1960-1970년대 대량 건설된 경박한 기능주의 건축물, 일본 건축가들이 제기했던 전통에 관한 담론, 메타볼리즘이 여기에 해당한다. 일본의 물리적 환경을 영토화하는 데 지배적인 역할을 했던 이런 다수의 담론에 저항해 그는 새로운 탈출구를 모색했다. '예禮의 건축', '손의 흔적', '야생성', '무無의 매체', '관계항' 등은 그 자신의 건축을 설명하기 위해 끌어들인 탈영토화된 개념들이다. 이는 동시대 한국 건축가들에게서는 전혀 찾아볼 수 없는 생소한 언어들이다.

소수 건축이란 무엇인가

들뢰즈와 가타리는 그들의 책 『카프카: 소수 문학을 위해 Kafka: pour une littérature mineure』에서 카프카가 사용했던 언어의 특수성에 주목했다. 카프카의 조상은 서유럽 국가의 탄압에 밀려 동구권으로 밀려온 유대인이었다. 그는 프라하에 거주했으나 체코어를 사용하지 않았고, 단 한 번도 독일 국민으로 산 적은 없었으나 독일어로 교육을 받았고 글을 썼다. 보헤미아에서 출생해 오스트리아에도 속하지 않은 전형적인 경계인으로, 카프카가 사용했던 독일어는 어휘가 부족하고, 구문론 역시 부정확한 상태였다. 체코어와 독일어 간의 의사소통을 위해 문장의 단순화와 문법의 파괴는 불가피한 일이었다.[5] 카프카 소설에 등장하는 생경한 표현들이 바로 이런 배경에서 출현했다. 들뢰즈와 가타리는 이같은 소수 문학이 특수한 상황에 처한 소수자들만의 문제라고 생각하지 않았고, 오히려 우리 모두의 문제라고 보았다.[6] 왜냐하면 세계화가 진행되면서 세계 곳곳에서 다양한 디아스포라 diaspora[7]가 발생하며, 그들에 의해 생산되는 문화 활동들은 비슷한 전개 과정을 보여주기 때문이다. 이타미 준 건축 역시 소수 문화의 일부로 거기서 세계화 시대의 건축적 특징을 포착할 수 있다.

그렇다면 소수 건축 une architecture mineure 을 어떻게 정의할 것인가. 들뢰즈와 가타리에 의하면 "소수 문학은 소수 언어로 된 문학이라기보다는 소수가 다수 언어 속에서 만든 문학"[8]으로 정의된다. 여기서 '소수 minorité '와 '다수 majorité '의 개념은 단순한 수적 우열로 구별되는 것이 아니다. 오히려 사회의 권력 관계 또는 담론 생산에서의 우열에 따라 구별된다. 가령, 주요 표준을 결정하는 집단이 백인, 남자, 도시 거주자, 이성애자라고 상정할 경우, 이 집단은 흑인, 여자, 농부, 동성애자 등보다 수적으로 적더라도 다수임이 분명하다. 다시 말해 다수는 권력 상태 또는 지배 상태를 전제로 한다.[9] 그래서 '소수'와 '다수'라는 말은 한국어로 '주류'와 '비주류'로 번역되는 것이 더 적합해 보인다. 이같은 맥락에서 본다면, 소수 건축은 다수자의 지배적인 건축 담론 속에서 다수자의 건축 언어로 만들어진 소수자의 작품으로 정의될 수 있다. 이타미 준의 주요 건축 개념들은 한국 전통건축을 탐구하면서 도출되었지만, 역설적이게도 현대 일본의 담론에 따라 형성되었으며 일본 잡지와 평론가들에 의해 그 가치를 평가받았다. 그가 쓴 책이나 작품집은 대부분 일본어로 씌어졌고 일본에서 출판되었으며, 일본 독자들에게 소비되었다.[10] 한국의 전통건축은 동시대 한국의 건축가들에 의해서도 많이 탐구되었지만, 김중업과 김수근을 제외하고 그들과 이타미 준과의 연계는 알려진 것이 거의 없다. 그런 점에서 볼 때 전형적인 소수 건축에 해당한다.

들뢰즈와 가타리는 소수 문학의 특징으로 세 가지를 들고 있다. 첫번째는 언어의 탈영토화이다.[11] 언어의 영토화와 탈영토화는 무엇을 의미하는가. 일상어뿐만 아니라 문학 언어에서도 지배적인 위치를 점하는 다수 언어가 존재한다. 들뢰즈와 가타리는 다수자의 욕망이 '사회적 신체 socius ' 위에 등록되거나 또는 기입된 결과로 나타나는 '홈 패인 공간 espace strié '을 가정하고, 이와 같은 공간화를 영토화 territorialisation 라고 규정한다. 여기서 영토화란 인

16장. 이타미 준: 보편적 지역주의

1 조선의 백자 달항아리.
이타미 준이 건축적으로 추구하려
했던 미의식을 대변하고 있다.

간들의 욕망이 기입되기 이전의 '매끄러운 공간 espace lisse'[12]이 다수자들의 규칙, 의견, 공리계 등에 의해 구획화되는 것을 의미한다.[13] 그리고 구획된 영토를 항구적으로 고착시키려는 자들은 '정착적 주체들'이며, 이를 변화시키려는 자들이 '유목적 주체들'이다. 이타미 준이나 이우환과 같은 재일동포 예술가들은 모두 후자에 속한다. 다수자들은 지배 언어를 가지고 다양한 요소들을 일정한 규칙으로 배열하고서 소수자들도 따르기를 요청하는데, 사회 권력은 바로 여기서 출현한다. 그렇지만 소수자는 이렇게 만들어진 사회로부터 좁힐 수 없는 거리감을 느낀다. 언어적으로나 정신적으로 주류 문화와 일체되기 힘들기 때문이다. 그래서 이타미 준은 "요즘의 나는 점점 더 일본의 건축가, 스타라고 하는 건축가들과 거리를 느끼고 있다. 아마, 위화감이라고 생각된다"[14]라고 고백했다. 소수자들이 이런 궁지에서 탈출하기 위해 새로운 시도들을 모색하면서 완전히 다른 맥락으로의 탈영토화가 이루어지게 된다.

이타미 준 건축에서 탈영토화는 두 가지 방향으로 이루어졌다. 하나는, 자신의 정체성을 확인하기 위해서 한국의 전통문화와 건축을 찾아 나선 것이다.[도판1] 그로서는 일본 건축가들이 만들어 놓은 지배적인 담론을 따라갈 수 없었기 때문에 새로운 탈주선이 필요했다. 여기서 주목할 점은 그가 한국적 문맥이 아니라 다수 언어의 맥락에서 한국 전통건축을 이해하고 있었다는 것이다. 이는 소수 문화의 전형적인 특징이다. 따라서 이타미 준 건축은 일본의 주류 문화와 단절되었지만, 마찬가지로 한국의 주류 문화와도 연결되어 있지 않았다. 이같은 특징은 그가 조선의 문화와 건축에 대해 쓴 책들에서도 잘 발견된다. 거기서 주요 키워드는 두 가지로 요약된다. 하나는 조선의 가구, 도자기, 불상, 민화와 같은 구체적인 사물들이고, 다른 하나는 유교, 생활 문화, 그리고 일본의 미학자 야나기 무네요시柳宗悅의 미학과 같은 정신적인 주제들이다. 특히 유교에 대한 이야기가 많아서, 예禮, 질質과 문文, 음과 양, 무명성無名性 등과 그것들이 주거에 미치는 영향 등이 주된 주제로 상정되었다.[15] 그는 유교가 조선의 건축과 문화에 결정적이었다고 보고, 거기서 나타나는 특징을 '예의 건축'으로 개념화했다. 그것은 동시대 한국의 건축가들에게도 매우 생소한 발상이었다.

그의 탈영토화의 또 다른 방향은, 다수 문화에서 이루어지는 모든 의미화, 기표와 기의 사이의 안정된 연결고리를 해체시킴으로써 무의미의 기호

3부. 세계화 시대: 건축으로의 다원적 접근

와 물성을 추구했다는 것이다. 롤랑 바르트는 1960년대 후반 일본을 여행한 뒤 『기호의 제국 L'Empire des signes』을 썼는데, 거기서 일본 문화는 거대하고 복잡한 기호체계로 파악된다. 이타미 준은 그렇게 촘촘히 짜인 체계로 들어가는 것을 거부하는 대신, 그 어떤 상징이나 언어적 속박으로부터 벗어난, 영도零度, Le degré zéro [16]의 사물 자체에 천착했다. 쿠마 겐고를 포함한 일본 건축가들이 "이타미 준을 소재의 건축가라고 불렀던"[17] 것은 이 때문이다. 곽인식을 비롯해 이타미 준, 이우환과 같은 재일교포 예술가들이 모노파와 깊은 관련을 맺는 것도 비슷한 이유에서다. 모노파는 아무런 지시나 상징이 없는 모노もの,物, 즉 사물에 집중하고, 거기에는 주류 사회의 어떤 표상체계를 포함할 필요가 없다. 오직 의미가 제거된 가장 단순한 사물만이 놓여 있을 뿐이며, 그것을 통해 보이지 않는 관계가 드러나도록 한다. 이타미 준이 건축적으로 발전시킨 '무無의 매체'와 '관계항'의 개념은 이런 탈영토화의 관점에서 이해될 수 있다.

소수 문학이 갖는 두번째 특징은, 거기서 "모든 것이 정치성을 띤다는 것이다."[18] 들뢰즈와 가타리에 의하면, "다수 문학에서 개인적인 문제들은 사회적 환경과 결합해 배경으로 묻히는 성향을 띠는 반면, 소수 문학은 그 비좁은 문학적 공간 때문에 모든 개인적인 문제가 정치에 직접 연결될 수밖에 없게 한다."[19] 즉, 다수 문학에서는 심층부와 기저에 놓여 있어 눈에 잘 띄지 않던 것들이 소수 문학에서는 그대로 노출되어 버린다. 다수 문학에서 단순히 행인들의 발길을 붙잡는 정도의 사건이 소수 문학에서는 삶과 죽음의 문제로 부각되는 것이다.[20] 재일교포들은 일상에서 일본의 극우 세력들이 내뱉는 증오의 목소리와 마주해야만 한다. 이 때문에 일본 사회에 동화되지 못한 채 그들의 정체성을 유지하려는 것 자체가 이미 주류 사회에 대한 저항성을 내포하고 있다. 이에 대해 이우환은, "늘 쓰라린 지점에 서 있다. 곧 어디에서나 내쳐지고 위험분자처럼 여겨지고 있다"[21]고 했다. 거기에다 그들에게는 남북 분단의 문제가 더해진다. 이타미 준이 직접 이념적 갈등에 대해 언급한 적은 없었지만, 한 인터뷰에서 그의 누이가 당시 학생운동 선두에 있었음을 밝힌 적이 있고, 그의 정신적 스승이었던 곽인식은 "한국의 불안한 시국과 군사정권을 비판하고 재일본대한민국민단과 조총련계가 연합한 전시에 참여"[22]하기도 했으며, 곽인식을 따라 이우환 역시 비슷한 활동에 참여하고 있었다. 이타미 준은 그들과 예술적 공동체를 이루었기 때문에 비슷한 정치적 성향을 가졌을 것으로 추측된다.

소수 문학의 세번째 특징은 모든 것이 집단적 성격을 갖는다는 데 있다. "소수 문학은 필연적으로 정치성을 띠기 때문에 집단적인 발화를 수행할 수밖에 없다."[23] 이타미 준의 건축적 담론 역시 개별적이고 사적이기보다는, 한국의 역사와 문화라는 집단적인 인식에서 형성되었다. 그는 스스로의 정체성을 일본에 살고 있는 한국인 집단과 동일시했다. 따라서 그가 쓴 대부분의 책들은 집단적 정체성을 바탕으로 한 것이라고 볼 수 있다. 또 한국과 일본의 건축과 문화를 비교함으로써 그런 의식을 의도적으로 부각시켰다. 사실 이는 일반화를 수반하기 때문에 부정확할 가능성이 매우 높지만, 이타미 준은 자신의 관점을 비교적 오랫동안 유지하며 한국과 일본의 차이를 통해 정체성을 추구해 나갔다.

그가 보기에, 한국과 일본의 문화는 지정학적 차이로 인해 결정적으로 달라졌다. 지리적으로는 가깝지만, 한국과 달리 일본은 섬나라이기 때문에 외부의 침략으로부터 쉽게 보호된다. 그래서 일본은 중국에서 흘러드는 "모든 것을 받아들이지만, 오랜 시간에 걸쳐 그것을 갈고닦아 세련되게 만들어 가는 여유를 가질 수 있다."[24] 그 과정에서 다양한 개념화가 이루어졌고, 역사 속에서 이런 일이 되풀이되면서 일본의 미적 체계가 성립되었다. 그렇지만 한국은 대륙과 직접적으로 맞닿아 있기 때문에 "중국의 영향은 한반도에서 직설적으로 정착화된다. 여기서 말하는 직설적인 정착이란 중국의 문화가 한반도 사람들의 삶과 직접적으로 합체한다는 의미이다."[25] 그렇다고 해서 한국 문화가 중국에 흡수되어 독자성을 잃어버리지는 않았다. 반도로서의 지정학적 특징이 반영되며, 주변 자연에 필요한 최소한의 손길을 가해 기교가 없는 소박한 표현을 만들어낸 것이다. 조선의 예술가들은 대상이나 이념을 향하기보다는 주어진 조건에 의한 삶의 모습에 더 충실하려고 노력했고, 그러기 위해서 지극히 평범하고 자연스러운 필치가 알맞았다.[26] 이에 따라 건축물의 소재도 오랜 시간을 견디는 강건한 보수성과 지속성을 가지고 있고, 그것은 세련된 기교를 통해 순간적인 인상을 포착하려는 일본과는 달랐다.

이타미 준은 야나기 무네요시로부터 깊은 영향을 받는데, 그가 민족이라는 집단성을 예술적 특징과 연관시켰기 때문이다. 야나기는 자신의 저서 『조선과 그 예술朝鮮とその芸術』(1922)에서 한국 전통문화에 기저한 미학적 특징을 최초로 기술하고 있다. 이 책의 서두에서는 "조선인이거나 일본인이거나를 묻지 말고, 이 책에서 진리의 물을 길어 달라. 지금이야말로 나라와 나라의 관계가 너무나 메말랐다. 그러나 예술은 언제나 국경을 넘어 우리들의 마음을 축여 준다"[27]고 쓰고 있다. 아마도 이 말은 이타미 준이나 이우환과 같은 재일교포 예술가들이 생각했던 바를 대변해 주었을 것이다. 이어 그는 "예술은 민족성의 표현이다"[28]라고 주장하면서 동아시아 삼국의 예술을 다

르게 정의했다. 즉, 중국이 형태의 미를 가진다면 일본은 색채의 미를 가지고, 조선은 선의 미를 가진다는 것이다. 그리고 조선의 모든 미에는 비애가 담겨 있다고 보았다. 사실 이런 주장에 많은 비판이 따랐던 것이 사실이다. 이타미 준도 여기에 대해 "야나기의 경우, 공예품의 극히 일부만을 뽑아내서 그 나라의 미의 특성을 있는 말로 짐작하는 것은 지극히 무리가 있고, 경솔하다고 하지 않을 수 없다"[29]고 했다. 그렇지만 야나기가 일본에서 불러일으킨 민예운동에 대해서는 높이 평가했고, 특히 조선 민화에 대한 생각은 그가 전통건축을 새로운 시각에서 바라보도록 하는 데 강한 영향을 주었다.

예禮의 건축

1968년 건축사무소를 개설한 이타미 준은, 주로 상점 인테리어 공사 일을 병행하며 동시에 한국을 자주 방문해 고건축물과 민가를 열심히 답사했다. 그 과정에서 민화나 도자기, 가구 등을 수집하며 전통문화에 대한 미적 안목을 키웠다. 1970년대 그의 건축적 탐구는 한국 전통건축의 본질을 찾는 데 초점이 맞춰졌고, 그 결과 『이조민화』를 엮기 시작하면서 여러 저서들을 출판했다. 오랜 탐구 과정을 통해 이타미 준은 한국 문화의 본질이 유교에 있다고 보았다. 고려시대까지 불교가 성행했지만, 조선시대 이후 한국 사람들의 의식과 삶을 지배했던 것은 유교였다. 이 점은 한국과 일본의 문화를 구분 짓는 중요한 차이이기도 했다. 두 문화는 대부분 중국의 문화를 수용해서 발전된 것이라는 공통점이 있지만, 일본 문화는 중세 때 수용된 선불교에 주로 의존한 반면, 한국 문화는 유교의 그늘 아래에 있었다. 기메 박물관 Musée Guimet 에서 개최된 이타미 준의 전시를 기획했던 큐레이터 피에르 캉봉 Pierre Cambon 은 "한국은 공자가 태어난 중국보다 더 유교적이다"[30]라고 했다. 그런 점에서 한국의 문화와 주요 미학적 개념들은 일본과는 확연히 다른 것이다. 일본 건축계에 둘러싸여 있던 소수인으로서 이타미 준은 유교와 건축의 관계를 탐구하면서 새로운 탈주선을 기획하고자 했다.

그렇지만 유교는 동아시아의 중국과 한국, 일본을 관통하는 공통적 사상체계이기 때문에 그것만으로는 한국 문화의 독자적인 면을 드러낼 수 없다. 이타미 준이 보기에 '예禮'가 유교의 모든 법칙성 가운데 근원이며, 한국에서 두드러지는 생활의 특징이었다.[31] 그래서 한국의 모든 생활과 문화에는 예가 적용되어 있다고 보았다. 건축뿐만 아니라 생활을 위해 만들어진 다양한 가구들과 공예품들도 마찬가지였다. 이타미 준은 "조선의 가구들은 풍토로부터 만들어진 것이고, 유교의 가르침에 적합한 것이다. 절제적이면서도 지적인 표정은 그것을 뒷받침하고 있다"라고 하면서, "조선의 공예 역시 민중이 만든 미가 아니라, 예가 낳은 힘이라고 생각했다." 그리고 조선의 문화가 "그런 예를 가지고 널리 침투된 조형력에서 비롯된 것이 확실"[32]하다고 해석했다.

사실 한국인이라면 이러한 주장에 쉽게 공감할 수 있기는 하지만, 한국 전통건축을 '예의 건축'으로 개념화하는 것은 생소하다. 평범하고 자연스러운 것을 선호한 과거의 한국인들은 미적인 대상에 개념적이고 이념적으로 접근하지 않았다. 이런 습관은 현대까지 이어져 한국 건축가들은 그들의 행위를 추상화된 개념으로 풀어내는 데 여전히 어려움을 느끼고 있다. 이 부분에서 일본 건축가들은 훨씬 능숙한 면모를 보였다. 그들은 일본의 전통문화를 통찰하고, 거기에 깔려 있는 본질적인 개념을 끄집어내 발전시키는 일에 매우 능했다. 이타미 준이 활동할 당시, 마間, 오쿠奧, 조몬縄文과 같은 개념들[33]이 일본 전통건축으로부터 추출되어 현대 건축의 주요 개념과 접목되었다. 이는 작품 설계에도 적용되어 전후 일본 건축계의 흐름에 큰 영향을 미쳤다.[34] 서구 건축가들이 일본 건축에 보다 쉽게 접근할 수 있었던 것도 이렇게 잘 추상화된 개념들 덕분이었다. 이타미 준은 유교에서 새로운 담론을 이끌어내서 예를 개념화하기 위해 일본의 방식을 따랐다. 그 결과 한국 건축과 문화의 본질을 통찰하면서 도출된 본질적 개념이 '예의 건축'이다. 그것은 동시대 한국 건축가들에게도 대단히 낯설기 때문에 탈영토화된 언어로 여겨진다.

이렇게 도출된 '예의 건축'이란 무엇을 의미하는가. 우선 이타미 준은 자연과 문화의 관계를 예의 관점에서 바라보았다. 자신의 책『조선의 건축과 문화朝鮮の建築と文化』(1983)에서 말하기를, "유교에서 자연에 가까운 소박한 특징은 소중한 것으로 간주된다. 본능에 맡긴다는 의미에서 자연의 꾸밈없는 소박성을 소중히 여기고, 인간적이게끔 하는 것을 예로 여겼다."[35] 이런 생각을 뒷받침하기 위해『논어』의「옹야雍也」편을 인용했다. 거기서 공자는 다음과 같은 이야기를 했다. "질質이 문文보다 지나치면 촌스럽고, 문이 질보다 지나치면 겉치레에 흐르게 된다. 문과 질이 알맞게 조화를 이룬 뒤에야 군자답게 된다質勝文則野, 文勝質則史. 文質彬彬, 然後君子."[36]

여기서 '질'과 '문'은 다양한 관점에서 해석될 수 있다. 우선 '질'은 본바탕을 가리키고, '문'은 겉치레나 꾸밈을 의미한다. 이것이 일반적인 해석이며, 경우에 따라 사람의 내면/말과 행동, 실리/명분, 실질/형식이라는 이원적인 대립항을 가리킨다. 그렇지만 이타미 준은 좀 다른 관점을 가지고 있었다. 그는 자연을 '질'이라고 생각하고, 거기에 문화성이 더해진 것을 '문'이라고 본다. 그래서 그는『논어』의 글귀에 대해 "자연의 소박함과 이 '문과 질'의 조화를 얻은 생활이 가장 인간적인 생활이며, 군자의 생활로 여겨진다"라고 이해했다. 이어 그는 "한국에서 근원적인 것은 문이 아니라 질이다. 문화적인 것은 질이 기저를 이루고, 질을 잃으면 문화라고 할 수 없고, 또 성립되지 않는다는 생활 철학이 있다"라고 했다.[37] 그런 점에서 본다면, 이타미 준에게 '예의 건축'이란 자연을 바탕으로 작위적인 행위를 가하고, 결과적으로 그 둘 사이의 조화로운 균형에 도달한 건축으로 정의될 수 있다. 그것은 한국 전통건축의 본질이기도 하다.

그와 오랫동안 교분을 나누었던 세키네 노부오도 이타미 준 건축의 본질을 '예의 건축'에서 찾았다. 그는 "이타미 준 건축을 잘 이해하고 있는 사람 가운데 하나로 자인하고 있으나, 그래도 어딘지 모르게 불투명한 부분이 있음을 알게 된다. 아마도 그것은 예의 작법일 것이다"[38]라고 했다. 아마 '예'는 일본인들이 오래전 상실해 버린 세계로, 잘 이해되지 않는 생소한 부분이었을 것이다. 세키네는 이어서 다음과 같이 말했다. "고통스럽고 엄격한 예의 작법이 그의 내부에 있으며, 그가 접하는 어떠한 건축, 회화, 편집본, 수집품이라고 하더라도 그것은 그의 독특한 미학인 '예'에 따른다."[39] 또한 "그의 본질은 예스러울 정도로 고지식하게 사물과 사람에게 그 예의 작법을 설명하는 데 있다."[40]

무無의 매체

이같은 '예의 건축'은 이타미 준의 작품에서 어떻게 실현되는가. 일반적으로 예의 건축이라고 하면 자연의 지세나 풍경에 순응하는 건축을 상상하기 쉬운데, 이 건축가는 반대로 자립하는 건축, 저항하는 야생의 건축을 이야기한다. 한 인터뷰에서 자신이 설계한 석채의 교회石彩の敎会를 설명하면서 "예의가 있는 건축물이라고 하는 것은, 나에게 있어서 하나의 테마였다. 석채의 교회도 바로 그렇다"[41]라고 했다. 그렇지만 이 교회의 원초적인 모습은 동시대 한국 건축가들이 제시했던 전통건축의 이미지와는 거리가 멀었다. 석채의 교회가 들어설 부지를 처음 찾았을 때 그가 직감한 것은, 새로운 건물은 "이 풍경에 꺾이지 않고 견디는 건축이면서, 동시에 아주 자연적이어야 한다는 것이었다. 이곳의 겨울 한파는 대단해서, 인간이 만든 무엇이든지 간에 한 겨울엔 측은할 정도로 초라할 것이다." 그래서 그는 "혹독한 자연환경에 맞선 돌덩어리로 된 형태"를 제안했다.[42] 이를 통해 동시대 4.3그룹 건축가들과는 다르게 한국 전통건축에 접근했다. 그들은 병산서원의 만대루나 부석사 무량수전을 찾았을 때 일반적으로 '마당', '풍경', '비움'과 같은 개념에 대해 고민했지만 이타미 준은 아니었다. 그의 생각이 한국과 일본의 다수 건축에서 나타나지 않는 탈영토화된 개념으로 여겨지는 것은 바로 이 때문이다.

2 온양미술관의 상부. 초기 흙벽돌을
유지하고 있다. 1982년 준공.(왼쪽)
3 온양미술관의 내부.(오른쪽)

온양미술관에서도 비슷한 맥락의 이야기를 하고 있다.[도판 2, 3] 이 건물은 황토를 틀에 넣어 누른 후 햇빛에 말린 초벌구이 상태의 흙벽돌로 되어 있다. 그에 따르면, "흙을 주제로 혹독한 자연환경과 풍토성 속에 자립한 이 건축물은 그 풍경에 맞설 수 있는 외관을 갖춘 셈이다. 그것은 결국 근대주의로부터의 탈피를 의미할 뿐 아니라 고독하게 자립하는 건축과 도덕적인 건축의 시작을 의미했다." 여기서 도덕적인 건축이란 그가 이야기한 예의 건축으로, 이런 방식을 통해 그는 건축이 더 이상 유용한 수단으로만 간주되어서는 안 된다고 보았다. 완벽하게 기능적인 건축이란 차갑고 싱거운 건축일 뿐, 거기에는 영혼이 없는 것이다. 그는 "하늘과 땅에 대한 기원祈願으로서, 원시적인 조형 안에서 건축의 강한 의미 작용을 추구해 본다"라고 했다. 이로써 그는 "지역의 풍토 속에 숨쉬는 정수"를 포착해낼 수 있었다.[43]

1980년대 한국과 일본에 설계된 주요 건축물들, 즉 온양미술관, 석채의 교회, 각인의 탑, 조각가의 아틀리에 등에서 '예의 건축'의 개념은 일관되게 적용되었다. 공통적으로 흙이나 돌과 같은 자연적인 소재가 강조되었고, 풍경에 저항하며 자립하는 건축, 야성의 건축이 추구되었으며, 이에 따라 근대주의 기능주의를 넘어서는 반근대주의가 표방되었다. 이타미 준은 이런 과정에서 지역적인 건축이 진정한 보편성을 획득할 수 있다고 믿었다. 이런 주장과 함께 또 한 가지 중요한 개념이 더해지는데, '무無의 매체'라는 개념이다.[도판 4] 그는 일본 가가와현에 지은 조각가의 아틀리에에 등장하는 돌 병풍을 가리키며, 그것이 무의 매체로서 자신을 새로운 추상으로 또는 새로운 자연으로 몰고간다고 말했다. 서울에 위치한 각인의 탑에 대해서도 그 소재가 무엇이든 예술작품은 그들을 한없이 무로 만들어 버린다고 했다.[44]

이타미 준의 개념은 모노파와의 관계 속에서 이해될 수 있다. 이타미 준은 와세다대학 교수이자 건축가인 후루야 노부아키古谷誠章와의 인터뷰에서

3부. 세계화 시대: 건축으로의 다원적 접근

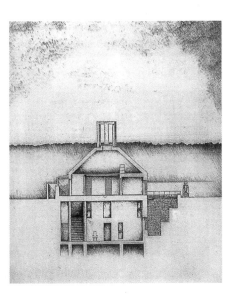

4 '무의 매체' 개념이 적용된 '각인의 탑' 단면. 1988년 준공.

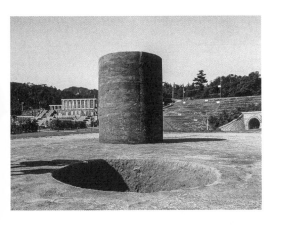

5 세키네 노부오의 〈위상-대지〉. 1976년.

"온양미술관을 설계하면서 세키네 노부오의 〈위상-대지 位相-大地〉를 떠올렸다"[45]고 말했다. 1968년 고베 야외 조각 전시회에서 선보이며 모노파 운동의 출발을 알린 이 작품은 모노파의 가장 중요한 작품 가운데 하나였다.[도판 5] 이우환에 의해서도 자주 인용되었고, 이타미 준의 1980년대 작품 경향에도 중요하게 작용했다. 세키네는 2명의 조수와 함께 약 3미터 깊이에 지름 2미터인 원통형 구멍을 판 뒤, 땅에서 파낸 흙을 시멘트로 고정시켜 원통형 매스를 만들었는데, 그 형태는 땅에 생긴 구멍과 정확하게 일치한다. 이는 그 자체로 지극히 당연하게 생각되던 땅이 예술가의 개입으로 새롭고 다르게, 낯설고 당연하지 않은 것으로 경험된다는 것을 보여주었다.[46] 이우환은 이 작품에 대해 이렇게 썼다. "아득한 옛날부터 세계는 언제나 '있는 그대로' 완벽하게 이루어져 있는 상태이다. 그러나 인간은 세계보다 자신의 의식을 앞세우기 때문에 있는 그대로의 세계를 '있는 그대로' 보지 못한다." 그러면서 "세키네가 짓거리를 일으켜 일상에 갇혀 있던 대지를 열어 보였다"[47]고 했다. 세키네는 대지에 무엇 하나 더하지도 빼지도 않았지만, 그의 행위로 말미암아 숨어 있던 대지의 모습이 새롭게 드러난 것이다. 이 작품으로 큰 충격을 받은 이우환은 비슷한 인식을 불러일으킬 수 있는 작품들을 기획했다. 소위 '시적인 순간'을 통해 새롭고 낯선 사물들과의 만남이 이루어지도록 한 것이다.

이타미 준은 학창시절부터 현대 예술에 빠져 있었고, 그 주변은 곽인식, 이우환, 세키네 노부오, 이시코 준조石子順造, 우에다 유우세上田雄三와 같은 예술가들이 둘러싸고 있었다. 그는 모노파의 주요 개념으로부터 많은 영향을 받았는데, 특히 세키네의 작품은 이우환과 마찬가지로 그에게도 풍부한 영감을 불어넣었다. 세키네의 영향은 세 가지로 요약할 수 있다. 첫번째로, 이타미 준이 한국 전통건축에서 이끌어낸 '예의 건축'에 중요한 이론적 토대를 제공했다. 이타미 준은 세키네의 〈위상-대지〉에서 대지를 바탕 즉 '질'로, 대지를 파내는 행위를 '문'으로 인식했다. 이 때문에 이타미 준은 자신의 건물에 대해 이야기할 때, 그 지역에서 나는 흙과 돌을 사용했음을 거듭 강조했다. "내가 새로이 착수한 일은 온양에 '흙으로 빚은 조형'이라는 주제로 미술관을 짓는 것이었다. 그 건축의 소재로 사용할 흙은 내게 공간에 대한 실마리로 존재하고, 시간의 두께인 동시에 지역성에 뿌리내린 내 사상이기도 하다."[48] 지금은 벽면의 흙벽돌이 많이 퇴락되어 비슷한 색깔의 벽돌로 대체되었지만, 건물 상부에는 여전히 초기의 흔적이 남아 있다. 각인의 탑을 설계하면서도 "현지에서 채취할 수 있는 돌과 흙을 실마리로 해 새로운 표현을 시도해 보았다"[49]고 했다. 이러한 맥락에서 '예의 건축'이란, 대지를 본바탕으로 그 대지의 새로운 의미를 열어젖히는 작업이 된다.

두번째로, 〈위상-대지〉가 '무의 매체'라는 개념을 명확히 제시해 주었다. 이우환의 설명대로라면, 세키네의 작품에서는 존재와 부재 사이의 명확한 경계가 사라진다. 대지 위로 세워진 흙은 언제든지 대지로 돌아가서 하나되기 때문이다. 이 경우 원통형의 흙덩어리는 표상 작용에 의해 어떤 상징이나 의미를 만드는 것이 아니라, 본래의 있는 세계를 드러내는 매체일 뿐이며 궁극적으로는 대지로 되돌아가 다시 무가 된다. 이타미 준은 자신의 작품에 사용된 흙과 돌, 나무 등의 소재도 이와 같다고 보았다. 건축은 그런 매개 구조를 만드는 일종의 행위 예술로 간주된다. 일본의 평론가 나카하라 유스케中原佑介는 "이타미 준이 한국의 전통에서 꺼낸 것은 이런 저런 양식이 아니라, 거기에 보이는 '무의 매체'라는 사상이었다"[50]는 점을 지적하고 있다. 실제로 이타미 준은 조선의 민화를 설명하면서 다음과 같이 말했다. "본질적으로 무명화라고 해도 된다. 화가는 생활공간의 공동성에 사는 촉매자이기에 자신을 없애고 그 무엇도 창조하지 않음으로써 모든 것을 드러내야 한다."[51] 비슷한 이야기를 이우환도 하고 있다. "조선 민화는 이념적인 성격보다 구조적 성격이 강하다. 구조적이라고 한 것은 한 점의 회화로서 자립하거나 완결되는 것이 아니라 생활공간과의 유기적인 관계 속에서 비로소 완성되는 것이다."[52] 여기에서 공통적으로 나타나는 의식은, 민화는 '무의 매체'이며 이를 통해 생활공간의 모습이 드러난다는 것이다. 여기서 조선의 민화와 세키네의 〈위상-대지〉가 매우 특이하게 접붙는 현상을 발견할 수 있는데, 재일동포라는 소수자의 시선이기에 가능한 일이었다.

마지막으로, 〈위상-대지〉는 지역적 특수성을 보편적으로 승화시키는 방법을 제안했다. 이타미 준은 평생 동안 오리지널이란 무엇인가, 인터내셔널과는 어떤 관계인가, 하는 질문을 뇌리에 새기고 있었다. 물론 1980년대 세계를 풍미하던 비판적 지역주의critical regionalism처럼, 특정 지역에서 등장하는 독특한 소재와 형태를 건축에 반영함으로써 지역적 고유함을 획득할 수는 있었다. 그렇지만 이 건축가의 눈에는 "그 지역의 고유한 콘텍스트 없이,

그곳의 에센스만을 끄집어내서, 그것을 형태로 삼는 것, 그것만으로는 오리지널리티가 될 수"[53] 없었다. 그 대신 세키네의 방식을 따를 경우, 건축물은 특정 지역의 소재를 활용해서 고유함을 획득하는 동시에 눈에 보이지 않는 새로운 세계를 드러낼 수 있다. 여기서 근대의 표상주의를 극복할 수 있는 현대성을 담보하게 된다.

관계항으로서의 건축

〈위상-대지〉는 1980년대 이타미 준 건축의 주요 테마였지만 1990년대 중반 이후 주요 활동 무대를 제주도로 옮기면서 많은 것들이 바뀌게 된다. 제주도와의 인연은 핀크스 골프장을 건설한 김홍주 회장과의 만남이 직접적인 계기가 되었다. 그는 일본에서 도시락 사업으로 성공한 기업가였는데, 어머니의 고향인 제주도에 골프 관련 시설을 짓기로 마음먹고 이타미 준에게 도움을 요청했다. 그들은 의기투합해서 골프장에 딸린 클럽하우스와 비오토피아 주거단지 및 수·풍·석 미술관, 포도호텔 등을 짓기 시작했다. 건축주의 전적인 신뢰 속에서 이타미 준은 일생 동안 고민해 온 생각을 실현할 기회를 잡았다. 제주도의 독특한 지역성 역시 그의 상상력을 자극했다. 육지와는 다른 풍경을 가진 섬의 새로운 환경을 고려하면서 '관계항relatum'을 주제로 건축에 대해 고민하기 시작했다.

이타미 준이 고민했던 '관계항'은 이우환이 제안했던 용어이다. 그는 모더니즘을 뛰어넘기 위해서는 근대인들이 만들어 넣은 인간중심주의적 사유를 해체해야 된다고 믿었다. 그가 보기에 "근대는 신 중심의 중세에 대항해 인간의 자립성이라는 원대한 구상 아래 세계의 새로운 주인을 꿈꾸는 이상이 그려졌고, 그 결과 세계는 주체에 의해 대상화된다."[54] 인간의 의지대로 표상되는 이 세계는 있는 그대로의 원래 모습을 온전히 드러내지 못한다. 그 대신 "인간은 그들이 욕망하는 바로 그것, 즉 조화롭고 자기완결적으로 설정된 세계를 만들어냈다."[55] 근대 예술은 이같은 생각과 깊게 맞물려 있었다. 주체의 욕망에 따라 시각적인 이미지를 만드는 역할을 예술가들이 떠안았기 때문이다. 그들은 본질적으로 이 세계를 표상하기 위해 이 세계를 대상화하며, 의도대로 조작한 후 새로운 전망을 제시한다. 오브제로서 근대 예술은 이렇게 태어났다. "그것은 세계의 소유 의식을 노골적으로 드러낸 근대 부르주아 가치관이 만들어낸 표상이라는 이름의 그림자일 뿐이다."[56] 이우환은 이러한 근대 예술의 본질을 극복하고자 했다.

그는 야나기 무네요시의 민예 운동 영향 아래 조선 민화를 집중적으로 탐구하며 새로운 예술론을 전개했다. 그의 눈에는 조선의 민화가 근대 예술

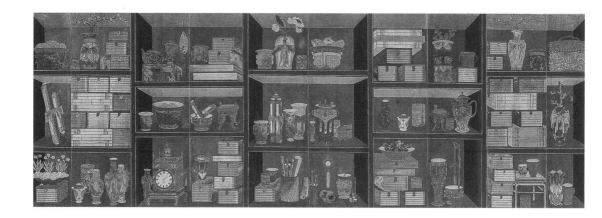

과는 완전히 다른 방식으로 만들어진 것이었기 때문이다. 근대 예술과 다른 민화의 특징으로, 우선 무명성을 들 수 있다. 이는 근대에서 이야기하는 주체나 저자authorship가 없다는 것이다. 민화를 그린 사람은 중앙의 화원들이 아니라 지방의 무명 화가들이었다.[57] 그들은 자신의 작품 의지를 투사한 것이 아니라, 다수가 가졌던 공동 환상성에 근거해 비슷한 주제를 반복적으로 그렸다. 사람들은 새롭고, 낯설고, 개성적인 그림을 요구하지 않았고, 그래서 민화는 그 주제나 표현 방식에서 유사성이 되풀이되었다. 두번째로 조선 민화는 개성이 짙은 감상용 그림이 아니라 실용성이 강한 생활 예술이라는 점을 들 수 있다.[58] 이것은 지극히 현실적이었던 유교의 영향 때문이었을 것이다. 따라서 이우환은 조선시대 민화가 미적 이념을 중시하기보다는 주어진 조건 속에서 삶의 모습을 충실하게 그려냈다고 보았다. 그런 점에서 민화는 이념적이기보다는 구조적이다. 여기서 구조적이라는 것은 한 점의 회화로서 자립하거나 완결되는 것이 아니라 생활공간과의 유기적인 관계 속에서 비로소 완성되는 것을 의미한다.[59] [도판6]

이우환은 1968년부터 자신의 조각에 '관계항'이라고 이름 붙이고 있다. 여기서 "관계항이란 관계 자체가 아니라 관계를 이루는 하나의 구성요소를 뜻한다. 따라서 관계항이란 명칭은 한 작품이 다른 것과 원칙적인 관련을 지닌다는 사실을 특징적으로 나타낸다. 물론 그렇다고 해서 그것이 모든 것을 결정하는 경직된 관계구조를 포함하는 것은 아니다."[60] 이우환은 이 개념을 다양한 매체를 통해 설명하고 있다. 우선, 그것은 근대 회화처럼 닫혀 있는 오브제가 아니라 주변 장소와 열린 관계를 맺는다. 이조의 민화와 도자기처럼 그 자체의 독립적인 조형성보다는, 주어진 장소의 가장 적절한 위치에 균형을 잡고 배치될 때 그 온전한 의미를 획득한다. 그러므로 그 위치나 크기를 조금 바꿈으로써 그 의미는 완전히 달라질 수 있다. 두번째로, 설치된 사물들은 무엇을 표상하기보다는 일종의 매개체로서 존재한다. 이우환은 있는 그 대로의 세계를 선명하게 열기 위해서는 어떤 매개체가 필요하다고 보았다. 그런 점에서 철판 위에 돌을 놓거나 돌 옆에 거울판을 세우는 행위를 통해 "보는 자는 무언가를 보고 있으며, 세계는 보이는 것 주위로 열려 퍼진다"[61] 고 했다. 예술가는 그 세계에 숨겨진 두께의 공간을 열기 위해 필요하다. 마지막으로, 인간과 사물들 사이에는 보고 보이는 양의兩意의 관계가 성립된다. 이우환에 따르면, 지각 행위는 능동성과 수동성을 서로 결합하는 과정이며, 본질적으로 몸을 매개로 이루어지는 상호 과정이다. 이런 생각은 메를로 퐁티의 영향이라고 여겨진다. 이우환은 "신체성 없이는 본다는 행위는 없다"[62] 고 했는데, 그의 회화작품들에 남은 선명한 붓자국에서 화가의 신체성과 움직임의 리듬을 볼 수 있다.

이타미 준은 이런 주장을 깊이있게 숙고했고, "그 결과 탄생한 것이 핀크스 멤버스 클럽하우스와 이타미 준 건축사무소로 모더니즘 조형주의와 결별을 선언한 작품이다. 무라노토고상을 수상한 수·풍·석 뮤지엄, 두손 뮤지엄

7 제주 비오토피아 단지 배치도. 2009년 준공.

　　　　　　　　　　16장. 이타미 준: 보편적 지역주의

8 수 뮤지엄의 내부.
하늘의 움직임을 통해 물의 존재를
시각화했다. 2006년 준공.

9 풍 뮤지엄의 내부.
2006년 준공.(왼쪽)
10 석 뮤지엄.
2006년 준공.(오른쪽)

도 이러한 건축론을 토대로 탄생한 작품이라고 하겠다."[63]고 했다. 그의 건축을 이우환의 조각 작품과 비교해 보면, '관계항'의 개념이 어떻게 건축적으로 확장되는지를 확인할 수 있다. 이타미 준은 비오토피아 단지 관련 설계를 진행하면서 이상적인 조건을 부여받았다.[도판 7] 김홍주 회장은 "비오토피아 단지를 완성한 이후 단지의 부가가치를 높이기 위해 미술관을 조성하고 싶어 했지만, 전시를 위한 미술관을 지을 경우 각종 관리상의 문제가 생길 것을 우려했다. 그래서 이타미 준은 관리가 필요 없는 새로운 미술관을 제안하며, 제주도를 대표하는 수·풍·석을 주제로 자연을 컬렉션 하는 미술관을 만들고자 했다."[64] 그래서 이들 건물은 별다른 기능 없이, 내외부의 구분도 없이 대지 위에 위치해 있다. 그런 점에서 큰 규모의 '환경 조각'으로 불릴 만하다. 건축은 조각과 다른 속성을 가지지만, 수·풍·석 뮤지엄은 건축의 기능적인 면을 심각하게 고려할 필요가 없었다. 그 대신 이타미 준은 건축물들을 순수한 사물로서 자연 속에 환원시키고자 했다. 그가 보기에 건축과 회화, 조각은 '무의 매체'라는 점에서 본질적으로 같은 것이었다.[65]

"건물 부지는 설계 이전부터 어느 정도 정해져 있었다. 기존 비오토피아 단지의 주거 시설들을 피해 비오토피아 단지의 가장자리 부근에 설계하게 되었다. 그것은 산방산을 바라보는 절경의 땅으로, 자연을 보존하고 생태계 복원을 통해 숲이나 수 공간, 산책로로 둘러싸인 치유의 마을을 만들고자 했다."[66] 세 미술관은 모두 다른 재료로 지어졌고, 각기 다른 방식으로 주변 자연과 관계한다. 건축가는 1980년대 작품들과는 달리 건물이 세워질 대지

11 두손 뮤지엄. 멀리 산방산과 서로 조응하고 있다. 2007년 준공.

에서 추출한 재료를 고집하지 않았다. 여기서 재료들은 일종의 매체로서 사용되었고, 제주도의 자연을 상징할 뿐이었다. 수 뮤지엄은 강한 입방체에서 중심을 타원형으로 도려내어, 하늘의 움직임을 가운데 수면에 투영시켜 물의 움직임이 시각화되도록 했다.[도판8] 풍 뮤지엄은 한쪽 입면이 활처럼 호弧를 그리는 목재 건물로 설계되었다.[도판9] 이 건물은 마치 악기와 같아서, 입면을 구성하는 나무판자 사이의 10밀리미터 틈새로 바람이 불 경우 그 강도에 따라 소리의 울림이 변한다.[67] 석 뮤지엄은 굴곡진 지형을 그대로 살린 채 그 위에 지어진 철제 건축물이다.[도판10] 철 역시 돌에서 뽑아낸 재료이므로, 그로 마감된 건물은 마치 돌처럼 단단하다. 건축가는 건물 가운데 "의도적으로 꽃 모양의 천창을 뚫어, 인공적인 쇠의 꽃으로 삼았다."[68] 이 세 건물은 넓은 구릉지에 산개하며, 풍경과 맺는 독특한 관계를 새롭게 인식시킨다.

이우환의 '관계항'과 이타미 준의 건축물 사이에 존재하는 차이는 무엇일까. 이우환은 '관계항'에서 항상 철판과 돌맹이는 서로 대립하거나 조응해 관계 맺도록 한 반면, 이타미 준은 3개의 건물들을 별개로 세워 서로 간섭하지 않도록 했다. 이처럼 건물의 독자성이 강조된 것은 1980년대 〈위상-대지〉로부터 받은 영향이 지속된 것으로 보인다. 이타미 준 건축에서는 과거에 주로 사용된 흙과 돌에서 벗어나 나무, 콘크리트, 철판 등이 사용되었고, 이우환과 달리 건물이 자연의 움직임에 직접적으로 반응해 주변 환경과 관계 맺도록 했다. 또한 건물의 내부 공간을 활용해 자연의 움직임을 담고 있다. 이런 차이들은 근본적으로 조각과 건축의 속성이 다르기 때문에 비롯된 현상일 것이다.[도판11]

보편적 지역주의를 향해

이타미 준은 평생 다양한 건축 활동을 펼쳤지만, 그의 삶은 보편적 지역주의를 찾아나선 여정이라 할 수 있다.[도판12] 근대 시기에 보편적인 것과 지역적인 것은 상호 모순적이어서 양립할 수 없었다. 근대건축가들이 추구한 건축은 과학기술에 입각한 보편적인 건축으로, 각 지역적 특성에 상관없이 모든 지역에 적용될 수 있음을 의미했다. 이 경우 테크놀로지와 기능, 추상적인 공간 개념이 설계에서 중요하게 부각될 수밖에 없었다. 그렇지만 세계화 시대에 들어 이런 입장은 바뀌게 된다. 세계가 하나의 그물망으로 연결되면서

12 제주 방주교회. 재료와 형태를 통해 보편적 지역주의를 실현한 좋은 예이다. 2009년 준공.

각 지역은 세계와 직접적으로 소통하게 되었다. 그래서 가장 지역적인 것이 가장 보편적일 수 있는 가능성이 열리게 된 것이다. 들뢰즈와 가타리의 소수 문학 이론이 이를 제안하고 있다. 여기서 등장하는 힘의 배치, 탈영토화, 탈주선 등은 소수자들의 생각이 어떻게 다수화될 수 있는가를 잘 보여주며, 구조화된 장에서 사물들의 새로운 의미가 어떻게 생성되는가를 드러낸다. 일본에서 태어나 소수자로 살아 갔던 이타미 준은 그런 가능성을 대변하는 건축가였다. 일본의 다수 건축에 저항한 그는 한국의 전통건축을 통해 탈주선을 발견할 수 있었다.

17장. 우규승: 도시로서의 건축

우규승禹圭昇은 한국계 미국 건축가로, 매사추세츠주 케임브리지에 사무실을 두고 미국과 한국을 오가며 다양한 활동을 펼치고 있다. 그래서 그의 건축에는 한국과 미국이라는 이중적인 '현실'이 내재되어 있다. 여기서 '현실'이란 지역적 전통과 도시적 맥락, 건축 생산, 경제 수준, 건축주의 요구 등이 총체적으로 포함된 것으로, 건축가의 활동을 둘러싼 외부적 조건들을 가리킨다. 그가 왕성한 활동을 펼칠 당시 한국과 미국 사이에는 분명한 현실적 격차가 존재했고, 이를 해결하는 것이 커다란 도전이었을 것이다. 특히 우규승은 설계에서 개념보다는 현실적 여건을 매우 중시하는 건축가였다. 따라서 그의 작품을 통해 양국의 건축을 비교하고, 건축가가 어떤 방식으로 상이한 두 현실에 대응했는지를 살펴보는 것은 의미있는 작업이 될 것이다.

　우규승 건축의 주요 특징들은, 그의 초기 경력이 도시설계에서 출발했다는 사실에서 잘 드러난다. 도시는 2000년대 이후 한국의 건축가들에게 가장 중요한 주제로 부각되었지만, 실제로 도시설계 교육을 제대로 받고 이를 바탕으로 다양한 건축 언어들을 만들어 나간 건축가는 그가 처음이었다. 지독한 가난에서 성장한 그는 건축의 사회성에 민감하게 반응했고, 주거단지와 도시설계는 그런 생각을 표출하는 데 용이한 대상이었다. 그는 주제프 류이스 세르트와 오즈월드 내글러와 같은 건축가들로부터 영향을 받으며 도시문제에 접근해 나갔고, 그 과정에서 다양한 방법들을 모색했다. 그래서 그의 건축적 접근은 도시적인 설계 프로세스와 대단히 유사하다. 부분과 전체를 구분하고 이들을 연결하는 동선체계를 치밀하게 계획하며, 건축 유형이나 프로그램과 같은 현실적인 여건을 대단히 중시한다는 점에서 그렇다. 그는 '집은 도시이고, 도시는 집'이라는 알도 판 에이크 Aldo van Eyck의 이야기를 곧잘 인용했고, 스스로 건축가의 직분을 "인간이 살아갈 도시를 만들고 제공하는 전문가"[1]로 규정하고 있다. 이는 건축과 도시의 관계를 바라보는 관점을 명확히 드러낸다. 우규승은 1960년대 중반 이후 한국과 미국을 넘나들면서 여러 주거단지 설계에 참여했는데, 이 과정에서 각 지역의 특수한 상황들을 깊이 인식하면서 집합주거의 다양한 특징들을 연구한 것으로 보인다.

도시에 대한 그의 생각은 다양한 작품에 내재되어 있지만, 특히 광주에 건립된 국립아시아문화전당에서 새로운 단계로 나아가게 된다. 이 도시 건축에서 건축가는 도시와 건축의 새로운 관계를 찾아나선 것으로 보인다. 그전까지 주요 작품들의 설계가 주로 류이스 세르트의 영향 아래서 이루어졌다면, 여기에서는 1990년대 이후 중요하게 등장한 랜드스케이프 개념에 대한 나름의 해석이 담겨 있다. 건물이 들어설 부지는 오일팔민주화운동이 일어났던 장소로, 그는 기념비적인 건물을 세우는 대신, 대지의 상당 부분에 시민공원을 도입하는 방식을 택하며 기존의 내향적 구조로부터 탈피했다. 이는 광주의 도심과 적극적으로 소통하려는 의도였다.

주택·도시 및 지역계획연구소 HURPI

우규승의 유년 시절은 육이오전쟁과 겹쳐 매우 가난하고 불우했다. 열두 살 때 생계를 위해 집을 나왔고, 이후 서울에서 가정교사를 하며 학업을 이어 나가 1959년 서울대학교 의과대학에 입학했다. 그림 그리는 것을 좋아해서 미대 진학을 원했지만, 가족들이 만류해 진로를 바꾼 것으로 보인다. 그렇지만 결국 의대 생활을 끝마치지 못했다. "우선 학교가 싫고, 의사 커뮤니티가 맘에 들지 않았다. 거기에다 대학교 2학년 때 사일구가 일어나서 참여하다 보니 자연스럽게 전과를 결심하게 되었다."[2] 그는 그 당시 미국에서 유학 중인 김종성을 떠올리면서 전공을 건축으로 바꾸기로 결심했다. 둘은 먼 친척 관계로 어릴 적부터 아는 사이였다. 1963년 건축학과를 졸업할 때까지 우규승은 서울공대 학과 미술실에 기거하면서 다양한 설계 공모전에 참여했다. 그 가운데 가장 인상적인 것이 상파울루 비엔날레의 한국관 현상설계였는데, 결과는 낙선이었지만 홍익대 교수로 있었던 김수근과의 만남이 이때 이루어졌다.

대학에서의 건축 교육은 그다지 큰 영향을 미치지 않았다. 그 대신 졸업 후 참여했던 건설부 산하 HURPI에서의 경험이 그의 삶을 완전히 바꿔 놓을 정도로 지대했다. 이 연구소의 설립은 전후 어려웠던 한국의 사회적 상황과 맞물려 있다. 한국에서는 도시화가 막 시작되고 있었는데 도시계획을 다룰 전문가가 부재했다. 그래서 아시아재단의 대표 데이비드 스타인버그 David Steinberg는 1964년 오즈월드 내글러를 초청해 한국의 도시계획 실태 보고서를 의뢰했다. 이에 아시아재단은 한국의 도시 문제에 대처하기 위한 전문 연구기관의 필요성을 강조했고, 다음 해 내글러를 단장으로 하는 주택·도시 및 지역계획연구소 HURPI를 개설했다. 이 연구소는 건설부 산하였으나 사실상 아시아재단의 재정적 지원으로 운영되었다.[3]

1 1967년 5월 HURPI의 도시계획 전시회에 공개된 금화공원 지구 재개발 프로젝트의 모형.

대학을 졸업하고 건축 일을 막 시작하려던 우규승에게 내글러는 건축의 큰 방향을 제시하게 된다. 그는 하버드대학 건축대학원장으로 있었던 세르트에게서 건축과 도시이론을 배운 첫 제자였고, 나중에 우규승을 세르트에게 강력하게 추천해 준 인물이었다. 우규승, 내글러, 세르트의 삼각관계는 이렇게 형성되었다. 당시 HURPI는 건축설계를 처음 시작하는 한국의 젊은이들에게 새로운 길을 열어 주었다. 1960년대 한국의 건축계는 김수근과 김중업에 의해 주도되었는데, 그들의 주요 담론은 근대성과 전통에 초점이 맞춰져 있었다. 그들과 달리 HURPI는 건축과 사회성이라는 주제를 논리적으로 발전시키는 데 주력했다. 이는 근대건축을 배태시킨 중요한 바탕이었기 때문에 건축가를 지망하는 이들에게 신선한 충격으로 다가왔다. 내글러는 세르트의 생각을 그대로 이어 받았고, 그 근간에는 근대건축국제회의 Congrès Internationaux d'Architecture Moderne, 이하 CIAM 의 도시이념이 깔려 있었다. 이는 1950년대 내글러가 하버드대학에 재학할 당시 받은 교육에서 잘 나타난다.[4] 그의 도시설계 방식은 최소 면적 주택을 설계하는 데서부터 시작되었다. 가구에서 시작해 최소한의 공간 단위를 추출하고, 이를 모듈화해 집합주택으로 확장시켰다. 그렇지만 내글러는 근대도시 이념의 한계 또한 인식하고 있었으며, 도시에 대한 보다 인간적인 접근을 강조했다. 이 경향은 류이스 세르트가 하버드대학의 학장을 맡은 후 더욱 분명해져서, 내글러와 비슷한 시기에 이 대학에서 수학했던 건축가 마키 후미히코槇文彦의 작품에서도 명확히 나타난다.[5] 내글러는 한국이라는 지역적인 토양에서 도시공간을 만드는 원리를 존중했다. 사람들이 사는 그대로의 모습을 존중하고, 도시 건설에 다양한 사람들의 참여를 강조한 것이다. 이런 태도는 1967년 5월에 열린 HURPI 도시계획 전시회에서 잘 나타난다.

HURPI에서 수행했던 주요 도시 프로젝트로는 금화공원 지구 재개발, 수원 마스터플랜, 남서울계획 등이 있다. 그중 금화공원 지구 재개발 프로젝트에서는 내글러의 지도 아래 우규승이 주도적인 역할을 담당했다.[도판 1] 주된 프로그램은 서대문구 현저동 일대의 25헥타르 땅에 8,000세대, 4만 명을 수용하기 위한 주거단지 계획을 수립하는 것이었다. 이를 위해 연구원들은 판자촌에서 자연 발생적으로 나타나는 공용 공간을 집중적으로 연구했다. 이에 따라 스케치에는 주로 건물과 건물 사이의 길과 지형의 높이 차로 생겨난 공간들이 보인다. 그다음 그 공간에 HURPI에서 연구했던 최소 면

17장. 우규승: 도시로서의 건축

적의 주거를 집중적으로 집어넣었다. 건물들은 중층의 아파트와 타운하우스로 구성되었고, 아파트의 경우 최소 면적이 13.6−33제곱미터, 타운하우스는 19−40.6제곱미터 정도 되었다. 이들 건물은 철저히 지형에 따라 배치되었다.[6] 그런 방식은 1980년대 이후 한국 도시를 지배한 획일적인 주거단지와는 다른 것이었다. 금화공원 지구 재개발 프로젝트에서는 매우 다양한 형태의 건물들이 뒤섞이면서 자연스러운 전망을 가진 주거단지가 등장했고, 그것은 캐나다 몬트리올 박람회장에 설치된 모셰 사프디 Moshe Safdie 의 해비타트 67 Habitat 67 을 연상시킬 정도였다. 그러나 당시 한국은 이제 막 아파트가 도입된 상황이었고, 그에 비해 HURPI 건축가들의 생각은 너무 앞서 있었기 때문에 한국의 주거 발전에 실질적인 영향을 끼치지는 못했다.

이 연구소에서의 경험은 우규승의 삶에 중요한 영향을 미쳤다. 두 가지 측면을 들 수 있는데, 하나는 그의 가슴속에 있었던 사회에 대한 관심을 저소득층 주거 건설을 통해 어느 정도 충족시킬 수 있었다는 것이다. 그는 다음과 같이 말했다. "HURPI에서의 경험이 나에게는 첫 큰 경험인데, 당시 나로서는 몇 가지 생각이 있었어요. 먼저 사회적인 것에 대한 관심이 있었어요. 나는 슬럼 같은 데서 대부분 자랐고, 비교적 힘든 삶을 겪었기 때문에 사회적인 문제랄까, 사회적 평등 같은 것에 대한 관심이 많았어요. 실제로 도시설계에서 다루는 것들 중에는 그런 주제가 많았고, 사회적인 이슈에 대한 것이 나한테 들어맞았어요."[7] 다른 하나는 HURPI가 건축과 도시를 전공하는 학생들에게 서구의 최신 정보를 제공하는 유일한 통로였다는 점과 관련된다. HURPI 도서관에는 많은 관련 서적들이 구비되어 있었고, 이따금 건축, 도시 관련 외국인들이 연구소를 찾았다. 그들과의 접촉은 젊은 건축가들을 자극했다. 가난하고 헐벗은 국가의 젊은 엘리트들은 누구나 외국에서 공부하기를 열망했고, HURPI는 이를 충족시켜 주었다. 우규승은 이때 내글러와 매우 가까워졌는데, 아시아재단의 장학금으로 서구 여러 나라를 여행한 것도, 미국의 대학에서 전액 장학금을 받으며 유학한 것도 그의 도움 덕분이었다.

류이스 세르트와의 만남

1967년 우규승은 미국 컬럼비아대학의 구 개월짜리 석사 과정에 입학했다. 그때 교수였던 크라이스트 제너 V. F. Christ-Janer 를 만났고, 짧은 기간이지만 그로부터 많은 영향을 받았다. 우규승 건축에는 도시적인 특징과 더불어 기하학적이면서도 상징적인 공간이 등장해 긴 동선체계에 강력한 구심성을 부여하는 역할을 하는데, 이같은 공간이 대표적인 예이다. 제너는 건축을 설계할 때 디테일한 것에 매달리기보다는 오직 한 가지, 인간의 심연에 위치하는 본

2 환기미술관의 중심 공간. 우규승은 크라이스트 제너 교수의 본원적 공간 개념을 발전시켰다. 1988-1993년.

원적인 이미지^{constituent image}에 집중하라고 강조했다. 그가 쓴 글을 보면, "그 것은 이미지로서 기원적인 것으로, 인간이 경험을 통해 만들었지만, 계속해서 반복해서 등장하고, 지적이기보다는 시적인 감응을 불러일으키는 것이다. 그런 점에서 칼 융이 이야기한 아키타이프^{archetype}와는 크게 다르지 않다"[8]고 한다. 그는 그 이미지에 태초에 생명이 시작되던 순간의 기억들이 뿌리 깊게 박혀 있고, 인류가 건설한 모든 문명과 건축들도 결국 이와 연관되어 있다고 생각했다. 그리고 건축가는 현실적인 요구사항을 초월해 인간 내면 깊은 곳의 무언가를 드러내야 한다고 생각했다. 특히 환기미술관에서 나타나는 중심 공간은 이런 그의 논리를 발전시킨 것이었다. [도판2]

이듬해 하버드 건축대학원에 입학한 우규승은 내글러의 소개로 세르트를 만나게 된다. 세르트는 1953년 그로피우스의 뒤를 이어 하버드대학원의 학장으로 선임된 뒤 미국 대학 최초로 도시 디자인에 관한 교육 프로그램을 만들었다. 그리고 허드슨 잭슨과 설계사무소를 개설해 매그재단 사옥^{Foundation Maeght building}을 비롯해 하버드대학의 기혼 학생용 주택단지인 피바디 테라스^{Peabody Terrace}와 보스턴의 여러 대학 건물 등 주요 작품들을 설계했다. 그렇지만 1969년에 학장직에서 물러났기 때문에, 학교에서는 둘 사이에 특별한 연결고리가 없었다. 우규승은 학교를 졸업하고 세르트 사무실에서 일하게 되면서 약 오 년 간 세르트와 긴밀한 관계를 유지하게 된다. 이때부터 우규승은 뉴욕 루스벨트 아일랜드 주거단지Roosevelt Island Housing에 관한 프로젝트를 수행한다.

세르트에게서 받은 영향에 대해 그는, 1960년대 이래로 도시와 사회에 관한 관심, 공공 영역에 관한 관심이 꾸준히 지속되고 있다면서, 그건 자신의 스승인 세르트 선생의 영향이 컸던 것 같다고 말했다.[9] 세르트는 1940년대부터 남미에서 도시 프로젝트를 수행하면서 근대건축의 도시이념에 문제점이 있다는 사실을 간파했다. 루이스 멈퍼드가 그에게 지적했듯이, 근대건축의 도시이념은 도시 문제를 해결하기 위한 구체적인 프로그램을 가지지 않았고,[10] 지역적인 특수성도 고려하지 않았다. 세르트 역시 이 문제를 고민했고, 그 대안으로 지중해 지방에서 볼 수 있는 중정patio을 주요 주제로 끄집어냈다. 그는 근대건축의 주요 개념인 표준화된 모듈 시스템의 활용을 지지했지만, 이러한 중정식 주택의 이점을 역설하고 이를 표준화해 주택과 도시설계에 적용하기 시작했다. 이를 통해 근대건축과 토착건축의 결합을 강조했다.[11]

세르트는 이런 생각을 매사추세츠주 케임브리지에 있는 자신의 주택에도 적용했다. 그의 집은 60×120피트의 대지에 24×24피트 중정을 가지고, ㅁ자형으로 배치되어 있다. 여기서 집의 중앙에 위치하는 중정은 각 실로부터 닫힌 전망을 만들어내고 있다. 이같은 중정식 주택은 우규승의 건축 전반에 걸쳐 강한 영향을 주었다. 게다가 그 특징은 그가 서울에서 경험했던 도시형 한옥과 정확하게 일치했다. 우규승은 뉴잉글랜드와 한국의 건축을 비교하면서 외향적인 것과 내향적인 것으로 구분했다.[12] 한국 건축을 내향적이라고 규정한 이유는 미국에 건너가기 전까지 한국의 도시와 건축에 관한 건축가 개인의 기억에 의존하고 있었다. 사실 한국의 모든 전통건축이 내향적인 것은 아니지만(오히려 소쇄원이나 병산서원 등은 자연을 향해 외향적으로 열려 있지만), 그가 생활했던 도시형 한옥과 인상 깊게 본 서울의 고궁들은 모두 담장 안에서 내향적인 구조를 가지고 있었다. 이 때문에 중정은 세르트와 마찬가지로 우규승에게도 중요한 다이어그램으로 작용했다. 그는 중정을 한국에서 설계한 주택뿐 아니라, 의미는 다소 달랐지만 하버드대학원 기숙사, 브랜다이스대학 기숙사 등에서도 사용했다.

중정 외에도 세르트는 지중해 촌락에서 등장하는 가로체계와 인간적인 스케일을 현대건축에 적용하고자 했다. 거대 건축물의 높이를 조절하고 매스를 분절시켜 스케일을 조절하려 했고, 또한 보행자들의 이동 통로를 이용해 커뮤니티를 형성시키고자 했다. 피바디 테라스는 CIAM의 이념에 기초한 주거단지에서 나타나는 문제점들을 나름대로의 방식으로 개선하려는 의도를 엿볼 수 있는 건물이다. 이 기숙사 건물들은 고층과 저층이 적절히 섞이면서 하나의 클러스터를 형성하는데, 이는 시각적인 다양성을 확보하면서 동시에 프로그램의 요구사항들을 만족시킨다. 피바디 테라스의 배치 개념은 훗날 우규승의 노스이스턴대학 국제 기숙사 건축으로 연결된다. 이 건물 역시 중정이 있고, 높은 건물과 낮은 건물을 적절히 조화시켜 놓았다.

1970년대 세르트 사무실의 주요 활동 무대는 보스턴에서 뉴욕으로 옮겨갔다. 앞서 1960년대 후반 미국에서는 닉슨 대통령이 복지 개혁을 천명한 이후, 도시의 무질서와 슬럼에 대처하려는 다양한 방안들이 제시되었다. 뉴욕 도시개발공사 The New York State Urban Development Corporation 가 설립된 것도 그중 하나였다.[13] 도시개발공사는 쇠퇴 중이던 루스벨트 아일랜드를 개발하기 위해 세르트 사무실에 주거단지 건설을 의뢰했고, 그 결과 1,003채의 중저가 아파트가 설계되었다. 세르트의 루스벨트 아일랜드 주거단지는 근본적으로 피바디 테라스와 매우 유사하다. 여기서도 저층아파트와 고층아파트는 직사각형 패턴을 형성하면서 적절하게 뒤섞인다. 그러면서 건물에 둘러싸인 내부 광장에는 다양한 커뮤니티 시설을 설치해 하나의 공동체가 형성되도록 했다. 그렇지만 수변을 향해 건물들이 일종의 단을 형성하며 점차적으로 낮아지는 것은 다른 특징이었다. 이는 시각적 다양성을 만들어내면서 동시에 건물의 스케일을 조정하려는 건축가의 의도가 반영된 것이다. 우규승의 올림픽선수 기자촌 설계에서 커다란 영향을 미치게 된다.

미국에서의 주거단지 계획

1973년 우규승은 동료 건축가 존 윌리엄스 John Williams 와 함께 펜실베이니아 주 피츠버그시의 맨체스터 가로공원 현상설계에 참여해 1등으로 당선되었다.[도판 3] 낙후된 주거단지의 재개발을 위해 약 1킬로미터에 해당하는 가로공원을 조성하고 150세대의 주거단지를 디자인하는 프로젝트로, 여기서 세르트와 다른 우규승의 몇 가지 개념들이 소개되어 매우 긍정적인 평가를 받았다. 먼저, 도시와 주거 사이에 전이 공간이 필요하다는 것이었다. 공적인 영역과 사적인 영역 사이에 매개적인 역할을 담당하는 중간 공간을 강조한 것이다. 먼저 도심 지역을 관통하는 주요 축을 설정하고 여기에 공공광장, 극장, 상점 등이 연결되도록 했다. 그리고 이 축에는 보행자 도로와 자전거 도로를 설치하고, 이따금씩 사람들이 앉아 쉴 수 있는 장소를 마련했다. 이것은 재개발 지역 전체를 관통하는 공적인 공간을 조직하는 일이었다. 이어 그는 새롭게 설계한 주거단지로 둘러싸인 광장을 만들었다. 도심 지역을 관통하는 축과 연결되지만, 교회와 주거 건물 들이 둘러싸고 있어서 나름대로의 독자성을 갖는다. 우규승의 내향적인 소우주가 바로 이 광장을 중심으로 펼쳐

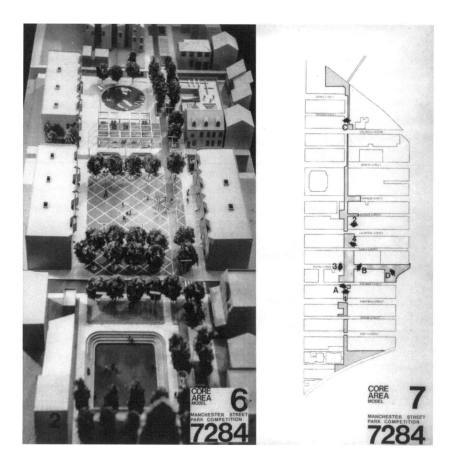

지는 것이다. 이는 외부 공간이면서 동시에 내부화된 공간이다. 건축가는 그 성격을 다양화하기 위해 바닥 패턴에 변화를 주고, 나무를 심고, 가설물들을 설치했다. 주거 건물을 설계하는 과정에서도 세르트의 견해와는 차이가 있는 독자성이 드러난다. 입면에 요철을 주는 방법으로 스케일을 조정한 것인데, 그 방식은 서울의 금화공원 지구를 설계하면서 체득한 것이었다. 즉, 입면을 평평하게 하지 않고 굴곡을 만들어 변화를 주려는 것이다. 이와 함께 건물의 전면과 후면을 구분 짓는 데 주목했다. 그는 전면과 후면의 구분을 미국식 타운하우스의 전형으로 파악했는데, 이런 시도는 세르트의 주거 건물에서는 등장하지 않는다. 이같은 독자적인 방식은 루스벨트 아일랜드 현상설계의 바탕이 된다.

　　루스벨트 아일랜드는 맨해튼에서 동쪽으로 약 270미터 정도 떨어진 섬이다.[도판 4] 폭은 240미터에 불과하지만 길이는 약 3.7킬로미터로 매우 길쭉한 모양을 가지고 있다. 마스터플랜은 1968년 뉴욕 도시개발공사의 주관 아래 건축가 필립 존슨 Philip Johnson 과 존 버지 John Burgee 에 의해 그려졌다. 그들

은 5,000여 세대의 아파트와 이에 딸린 공공시설, 서비스 시설을 계획했다. 그리고 섬 전체를 보행자 위주로 개발해 모든 차량은 입구에 있는 '모터 게이트'에 주차하도록 했다. 뉴욕 맨해튼과의 연결을 위해 별도의 고가 철도를 계획했고, 이 철도는 1976년 개통되었다. 또한 섬의 중심을 관통하는 간선도로를 설치해 이동을 용이하게 했으며, 건물들의 경관은 전체적으로 중심부에 고층 건물이 들어서고 강가에는 저층건물이 들어서는 방식으로 계획되었다. 이런 마스터플랜을 바탕으로 여러 건축가들에게 주거단지의 설계를 의뢰했고, 그중 세르트 사무실에서 1차 주거단지의 설계를 담당했다.

1974년 뉴욕 도시개발공사는 '모터 게이트' 맞은편에 있는 나머지 1만여 평의 대지에 1,000여 세대의 이차 주거단지를 건설하는 현상설계 공모를 추가로 개최했다. 진행 방법은 두 단계로, 우선 첫 단계에서 8팀을 뽑고, 그다음 단계에서는 8팀 중 당선자를 뽑기로 했다. 뉴욕 도시개발공사는 공동체 형성, 어린이의 안전 감독, 안전, 유지, 생활의 편리함, 도시적 맥락이라는 여섯 가지의 설계 지침을 미리 제시했다. 심사위원은 다양한 분야의 전문가로 이루어졌고, 건축가로는 주제프 류이스 세르트와 폴 루돌프가 참여했다. 이 현상설계에는 다양한 건축 경향들이 서로 교차했다. 1960년대 말 미국의 주거계획은 전환점에 놓여 있었다. CIAM의 도시이념에 근거해 지어진 수많은 아파트들에 대한 비난이 늘어 갔고, 유럽의 팀 텐[14]이 제안한 이론들이 수입되면서 주거단지를 새롭게 디자인하려는 움직임이 강하게 일어났다. 그리고 아파트 단지 내에 커뮤니티를 형성하는 다양한 방법들이 제안되면서 CIAM의 도시적 담론을 계승하되 그것을 창조적으로 극복하려는 진영이 생겨났다. 이들과 달리 CIAM과는 전혀 다른 방식으로 도시를 보려는 진영도 존재했는데, 이들은 포스트모던의 이론을 등에 업고 있었다. 루스벨트 아일랜드 현상설계는 두 진영의 각축장이었다. 한쪽에는 도시를 현실에서 이끌어내려는 현실주의자들이 있었고, 또 다른 쪽에는 도시를 개념적 차원에서 바라보려는 이상주의자들이 있었다. 우규승은 전자의 입장을 고수했고, 후자의 입장은 로버트 스톤 Robert Stone 과 오스발트 웅어스 Oswald M. Ungers, 렘 콜하스 등에 의해 지지되었다. 우규승은 설계 제안서에서 자신의 입장을 명확히했다. "1,000여 세대를 수용하는 이 아파트 단지의 스킴은 '표현'에 의해 이루어졌다기보다는 '조직'에 의해 이루어졌다. 주거의 기능을 최우선시하는 것이다. 그것은 이상화된 가치를 주창하는 건축적 제스처가 아니라 삶을 담아내는

5 루스벨트 아일랜드 주거단지
현상설계안 동선 개념도. 1975년.(위)
6 루스벨트 아일랜드
주거단지 현상설계안 엑소노메트릭.
1975년.(아래)

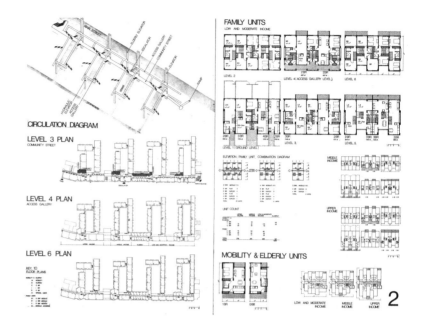

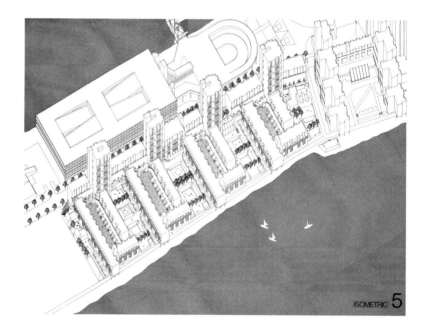

물리적인 틀이다. 그래서 이 아파트 단지의 스킴은 인위적인 전체가 아니라, 부분이면서 동시에 그 부분들의 총합이 되는 것이다. 하나의 총합으로서 그 것은 각각의 요소들을 오버랩시키는 조직이고, 이를 통해 다층적인 기능과 해석이 가능해지도록 하는 것이다."[15]

3부. 세계화 시대: 건축으로의 다원적 접근

우규승은 4개의 입상작 가운데 하나로 뽑혔다. 심사 과정에서 그의 안은 당선이 유력했다고 한다. 물론 세르트의 영향이 컸을 것이다. 세르트가 심사위원으로서 주도적인 역할을 했다는 사실은, 당선안 가운데 3개가 그의 주거단지와 비교적 유사한 배치를 가지고 있다는 점에서 잘 알 수 있다. 우규승은 이 프로젝트에서 보행자가 다니는 길을 조직하는 데 주안점을 두었다. 동선체계를 단지 이차원적으로 이해하지 않고, 삼차원적으로 엮어서 6층까지 걸어 올라가도록 한 것이다.[도판5] 동선의 조직에 대한 문제는 이 프로젝트에서 가장 핵심적인 사항을 형성한다. 길은 램프와 에스컬레이터, 반원형 극장, 외부 계단을 포함하는, 여러 차원에서 서로 개입되는 공간을 가진다. 이는 지극히 시각적인 측면을 중시했던 세르트와 달리, 우규승은 시퀀스에 보다 많은 신경을 쓰고 있었다는 것을 보여준다.

또 다른 점은 커뮤니티 개념의 해석에 있었다.[도판6] 우규승은 단지 건물로 둘러싸인 직사각형의 마당을 설치하는 데 머물지 않고, 건물과 건물 사이에 길을 내면서 동시에 아이들이 놀 수 있는 마당을 따로 설치했다. 또한 길을 활성화하기 위해 저층아파트의 경우 듀플렉스duplex로 된 타운하우스를 포함시켜 대지에서 직접 접근하도록 했다. 이것이 세르트와 다르게 건물과 대지의 관계를 풀려는 우규승의 방식이었다. 그는 이를 사적인 공간과 공적인 공간 사이에 위치하는 세미 퍼블릭semi-public 공간으로 규정한다. 이 공간 개념은 한편으로 미국의 전통 도시 블록에서 등장하는 주거 방식에서 영감을 받았고, 다른 한편으로는 그가 자라고 성장한 한국의 한옥에서 비롯되었다. 이와 같은 양면성은 우규승의 건축을 본질적으로 지배하는 특성이었다.

올림픽선수기자촌 아파트

1970년대 뉴욕을 중심으로 도시계획에 관한 다양한 경험을 축적한 우규승은, 1988년 서울올림픽을 앞두고 1984년 올림픽선수기자촌 아파트 국제현상설계에 당선되면서 한국의 도시 현실과 마주하게 되었다. 그 전에 김종성의 요청으로 목동 신시가지 개발 사업에 컨설턴트로 참여한 바 있었다. 당시 서울건축은 목동 지역 개발을 위한 현상설계에 당선되어 주거지 계획을 진행 중이었는데, 우규승은 거기에 여러 아이디어를 제안했다. 그렇지만 목동 프로젝트와는 달리, 올림픽선수기자촌 아파트는 유사 이래 가장 큰 국가적 행사를 위한 시설이었다. 1만 3,000명의 선수들과 7,000명의 취재진들을 수용하는 5,540세대의 거대한 주거단지를 만들어야 했다. 한국에서 열리는 최초의 올림픽이라는 기념비성과 상징성이 동시에 요구되는 프로젝트였다. 그

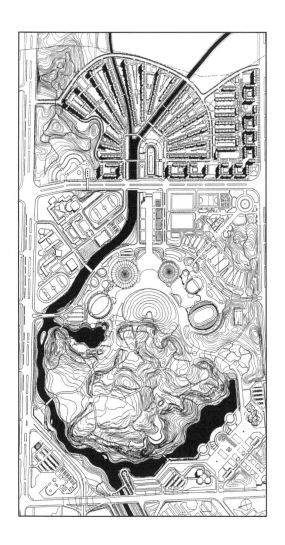

7 올림픽선수기자촌 아파트
배치계획. 1984년.

리고 대회가 끝나면 일반인에게 분양될 예정이어
서 현실적으로 고려해야 할 사항들도 많았다.

송파구 방이동에 위치한 대지는 부채 모양의
평탄한 땅으로 흘러드는 2개의 하천 지류가 하나
로 합쳐져 Y자 형태를 이루는 지형적 특징을 가지
고 있었다. 그리고 설계 요강에서는 인동간격을 건
물 높이의 1.25배, 건물 1동의 길이를 120미터 이
하가 되도록 요구했다. 우규승은 주거지 계획에서
미국과는 다른 한국적 현실이 존재한다는 사실을
인식하고 있었다. 당시는 부동산 투기가 시작되고
있었기 때문에 많은 사람들이 이 단지의 분양에 관
심을 기울였다. 미국에서는 획일적으로 주거 문제
를 해결하는 것이 죄악시되었던 반면, 한국에서는
오히려 다양화에 대한 거부반응이 엄청나게 강했
다.[16] 부동산 시장에서 매매되기 편한 표준적인 설
계만을 요구했던 것인데, 이 때문에 올림픽선수기
자촌 아파트에서는 가급적 다양성을 없애려 했고,
5개의 단위평면 타입만이 제시되었다.

우규승의 안은 올림픽선수기자촌 아파트 국
제현상설계에 응모된 39점의 설계작품 가운데 당
선되었다. 다른 가작안들과 비교해 가장 눈에 띄
는 부분은 배치계획이었다.[도판7] 시각적으로 명
료함과 함께 다양성을 확보하고 있어서, 심사위원
들의 주의를 끌었던 것이 분명하다. 그의 배치안에 따르면, 둔촌동 일대 올
림픽공원 남동쪽 대지에 들어설 올림픽 선수촌과 기자촌 아파트는 중앙부의
올림픽광장을 중심으로 16개 축의 부채살 모양으로 건설된다.[도판8] 특히
인상적인 것은 단지 외곽으로 가면서 계속해서 상승하는 건물 높이로, 단지
중심부에서 바깥쪽으로 갈수록 2개 층씩 높아져서, 6층에서부터 18층까지
이르며 맨 가장자리는 최고 24층이 되도록 했다. 이같은 배치를 통해 건축가
는 인동간격의 확보와 같은 법적 문제를 해결하면서도, 단지의 중심 공간이
경기장들이 위치한 올림픽공원과 강한 축을 형성하도록 했다. 이같은 건물
높이의 변화는 류이스 세르트가 루스벨트 아일랜드에서 사용했던 계획 방식
과 유사한데, 세르트의 안을 부채 모양의 대지에 교묘하게 적용한 것으로 볼
수 있다. 또한 대지 가운데에 난 Y자 형태의 하천 모양을 적절히 활용한 것이

3부. 세계화 시대: 건축으로의 다원적 접근

기도 했다. 함께 설계된 기자촌의 배치는 평범했다. 우규승 팀의 제안서에는
'전통적 내향구조'라는 개념이 언급되는데, 세르트의 지중해적인 중정 개념
을 한국적으로 해석한 것이었다.

올림픽선수기자촌 아파트는 크게 세 부분으로 구성된다. 격자형의 기자
촌, 방사형의 선수촌, 고리 모양의 중심 상가이다. 이는 방사형과 격자형 도
시 조직을 함께 섞은 형태로, 2개의 하천이 중심 지역을 관통하고 수 공간은
다시 중심 상가와 연결되었다.[17] 도시 조직과 단지를 연결하는 장치로서 활용
된 중심 상가는 그 내부가 고리 모양의 갤러리로 묶이고, 그것을 중심으로 상
점들이 1-3층에 배치되었다. 올림픽 기간에는 선수들의 축제의 중심 무대가
되었다가, 나중에 거주자들의 커뮤니티의 공간으로 전용될 예정이었다. 고
리 모양의 형태가 만들어내는 중앙 광장에는 참가국 국기 게양대가 들어서
고, 대회 기간 중 유리로 제작된 〈빛의 원반〉에 의해 낮에는 자연광이 비치
고 밤에는 지하에서 불빛이 뿜어져 나오도록 했다. 각 단지별로 매스로 둘러
싸인 공간을 조성해 하나의 클러스터 공간을 마련하고 그 사이로 녹지대와
통과 동선을 위치시켜 생활 공간으로서의 가로 공간을 마련했다.

내향적인 마당의 발견

우규승은 이 시기에 대규모 주거단지의 건설 외에 소규모 단독주택도 설계했는데, 이는 그의 건축세계를 이해하는 데 중요한 단서를 제공한다. 특히 3채의 주택에 주목할 필요가 있는데, 평창동 김창렬 주택, 성북동 석운재, 미국 케임브리지에 있는 건축가의 자택이다. 여기에는 두 가지 요소가 깊게 내재되어 있다. 첫번째는 그가 미국에 건너가기 전에 생활했던 도시형 한옥이 공간 생성에 중요하게 작용했다. 세르트와 마찬가지로 우규승은 중정의 중요성을 강조했다. 이와 함께 그의 주택에는 복잡한 동선체계가 등장하는데, 이것은 건축가가 고민한 도시에 대한 탐구와 깊은 관계를 가진다. 그의 주택 건축은 도시 속에서 등장하는 길을 좁은 공간에 집어넣는 작업이었다. 이를 위해 그는 부분과 전체를 구분하고, 이들을 연결하는 동선체계를 치밀하게 구성했다.

이 두 가지 생각은 현실에 맞춰 다양한 방식으로 변형되었다. 김창렬 주택은 화가인 건축주의 요구와 대지의 성격, 건물로의 진입 방법이 중요한 변형 요소로 작용했다. 석운재의 경우 원래 임대용 주택으로 설계되어 건물의 전체 디자인이 중요하게 고려되었고, 14미터에 이르는 대지의 가파른 높이 차이로 초기 아이디어를 변화시키게 된다. 우규승의 자택은 케임브리지의 주택가에 지어졌기 때문에, 한국과는 다른 미국 뉴잉글랜드 지방의 주거 문화가 매우 중요하게 작용했다.

우규승의 스케치북에는 이들의 설계 과정이 남아 있다.[18] 그 과정을 살펴보면 중정이 갖는 의미는 명확히 나타나는데, 건축가가 가장 먼저 시작한 것은 지형과 도시적 맥락을 고려해 건물 덩어리를 분산해서 배치하는 것이었다. 건물을 처음 대지에 앉힐 때는 ㄴ자형이나 ㅁ자형이지만 설계가 진행되면서 곧 ㄷ자 형태로 되돌아가게 된다. 이런 경향은 우규승의 주택 작품에서 공통적으로 나타나는 것으로, 서울 지역의 도시형 한옥에서 비롯된 것이라 볼 수 있다. 더불어 류이스 세르트의 영향으로 중정식 주거를 본격적으로 탐구한 결과이기도 했다.

우규승은 한국의 도시형 한옥이 뉴잉글랜드 지방의 주택과 정반대의 공간 구조를 갖는다고 보았다. 도시형 한옥은 대지 경계선을 따라 건물이 들어서고 그 내부에 중정을 포함하는 반면, "뉴잉글랜드 지방의 주택은 대지 가운데 주택이 존재하면서 외부 조경을 조망하고 주위 커뮤니티와 관계를 가진다."[19] 그래서 도시형 한옥을 내향적이라고 정의하고, 뉴잉글랜드의 주택을 외향적이라고 정의했다. 이러한 구분에 따라 주택에 대한 기본 개념이 달라진다. 즉, "내향성 구조는 외곽 벽을 전제로 하고 외향성 구조는 중심을 전

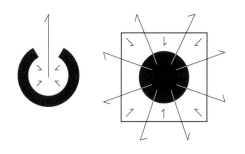

9 건축의 내향성과 외향성에 관한
다이어그램.

10 위에서부터 김창렬 주택,
석운재, 케임브리지 자택의
다이어그램. 각 주택마다
마당의 변형, 동선의 시퀀스,
공간의 중심성을 잘 보여준다.

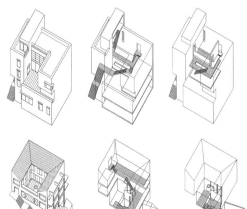

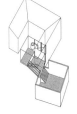

제로 한다."[20] 기능적인 측면에서의 장단점 또한 달리 정의된다. 도시형 한옥은 마당을 공유하면서 모든 주거의 기능이 이루어지기 때문에 조망과 환기, 채광 면에서 많은 장점을 가지고 있지만, 공간을 이동할 때마다 계속해서 신발을 신었다 벗었다 해야 하는 불편함이 있다. 서양식 주택은 이런 불편함은 없지만 외부와 내부가 벽에 의해 단절되어, 그들 사이의 연계가 긴밀하게 이루어지지 않는다. [도판 9]

다양한 종류의 마당이 탐구되었는데, 도시형 한옥에서 등장하는 마당을 바탕으로 한 것이지만 각 주택마다 다르게 발전했다. 그의 스케치를 통해 마당과 관련해 건축가가 항상 고민하는 문제를 엿볼 수 있다. 하나는 마당을 내부화하느냐 아니면 외부 공간으로 두느냐 하는 것이고, 또 다른 하나는 그것을 동선체계와 어떻게 연결 지을 것인가이다. 이 기준에 따라 대략 세 가지 유형의 마당이 나타난다. [도판 10]

첫번째는 김창렬 주택에서 볼 수 있는 마당으로, 전통적인 방식대로 건물로 둘러싸인 외부 공간을 만드는 유형이다. 도시형 한옥과 다른 점은, 건물의 층고가 2층으로 올라가고 한쪽 면에 브리지가 설치되어 공간이 한정된다는 데 있다. 이로써 시선의 틀이 만들어지고 마당과 외부를 경계 짓게 된다.

두번째는 케임브리지 자택의 거실과 김창렬 주택의 스튜디오에 사용된 형태로, 마당을 완전히 내부화하는 것이다. 이런 점에서 그의 케임브리지 자택은 도시형 한옥과 뉴잉글랜드의 주택을 절충한 결과라 할 수 있을 것이다. 평면체계는 도시형 한옥에서 끄집어냈지만, 마당 역할을 하는 1층의 거실이 외부 공간이 아닌 내부 공간으로 처리되었다. 따라서 건물 바깥에 이미 세워져 있는 미국식 교외 주택이나 주변의 도시적 맥락과 잘 어울렸다. 이 건물에서는 내향성과 외향성이 동시에 교차되고 있다. 건물과 대지의 관계는 미국의 방식을 따르지만, 내부의 실 배치와 구성은 한옥의 방식을 따르기 때문이다. 이런 시도는 도시형 한옥의 공간 조직 방식을 잘 드러내면서 동시에 그것을 현대적인 방식으로 확장했다는 점에서 의미가 있다.

17장. 우규승: 도시로서의 건축

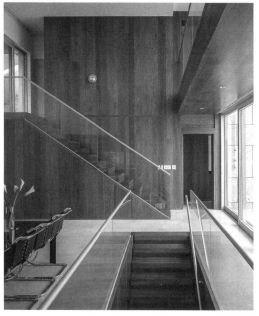

11 석운재. 마당이 외부로
개방되어 있다. 1993-1997년.(위)
12 석운재의 내부. 시야를
완전히 가리는 계단 벽면은 연속적인
공간의 시퀀스상에서 시각의
열림과 닫힘을 대비시키려는 의도로
볼 수 있다.(아래)

세번째는 석운재에서 나타나는 형태로, 마당이 외부로 완전히 개방되어 도시형 한옥에서 볼 수 있는 내밀함이 없어진 경우이다.[도판11] 이런 변화는 "한국의 주거 문화가 내향적에서 점차 외향적으로 바뀌어 나가고 있다"[21]는 건축가의 판단 때문이다. 이런 세 가지 종류의 마당은 건축가가 개별 주택의 현실적 문제들을 해결하는 과정에서 생겨난 것으로 보인다.

그가 설계한 주택들은 긴 동선 조직이 특징이다. 스케치를 살펴보면 동선체계를 조직하는 네 가지 공통된 방식이 존재한다. 첫번째는 주요 동선들이 반드시 마당이나 중정을 끼고서 이루어졌다는 점이다. 마당 쪽의 툇마루를 통해 각각의 방으로 출입하는 도시형 한옥의 동선 방법과 유사하다. 그리고 이런 방법은 건축가가 추구했던 공간적 시퀀스와 깊은 연관을 지닌다. 건축가는 중정을 둘러싼 일정한 공간을 확보하고 그곳에 현관, 계단, 복도 등을 일괄적으로 두어 연속된 시퀀스를 만들고 설계가 진척되면 이 부분만을 따로 떼어내 단면으로 스케치했다. 두번째는 긴 동선체계를 집어넣으려는 경향이 강했고, 이 때문에 최종적으로는 항상 초기 스케치보다 층고가 높고 규모가 커졌다는 점이다. 세번째는 모든 동선의 출발점인 현관은 반드시 건물의 측면을 통해 이루어지도록 했다는 것이다. 도시형 한옥에 등장하는 출입 방법과 동일한 방식이다. 여기에는 마당을 가급적 접근 동선에서 분리해 내밀성을 그대로 보존하려는 의도도 엿보인다. 네번째는 동선체계를 조직하는 데 계단의 역할이 매우 중시되었다는 점이다. 우규승의 스케치에 등장하는 계단의 종류는 일자형 계단, 180도 돌음 계단, 360도 돌음 계단이 있다. 이들은 각기 다른 방식으로 동선체계 속에서 작용하게 된다. 일자형 계단은 가장 중심적인 역할을 수행한다. 항상 중심 공간과 함께 평행하게 배치되면서 결정적인 시지각적 장면들과 연계된다. 이 계단을 오르면서 사람들은 마당이나 터진 공간을 충분히 감상할 수 있다.[도판12]

환기미술관

환기미술관은 건축가가 오랫동안 발전시켜 온 생각들을 집약적으로 담고 있다.[도판13] 그는 건물을 도서실, 현관, 중앙 홀, 전시실로 구분한 다음 각각의 기능에 맞춰 내외부의 동선 조직을 조직했다. 그중 가장 중요한 공간이 8미터의 입방체로 된 중앙 홀이다. 건축가는 이곳에 두 가지 개념을 적용했다. 하나는 유학 초기에 크라이스트 제너 교수로부터 영향받은 아키타이프, 즉 본원적 공간에 관한 것이다. 2층 높이로 터져 있고, 둥근 천창이 설치되어 건물 전체에 강렬한 중심성을 부여한다. 그리고 이 공간 위의 야외 옥상에는 마치 한옥의 마당과 같은 공간을 만들어 내향성을 확보하도록 한 것이 다른 하나다. 그 중심에 놓인 오브제는 한옥 마당에 자리하는 우물과 유사한데, 실제 기능은 중앙 홀의 천창 역할이다.[도판14]

이 건물에는 중앙 홀과는 분절된 전시실이 있다. 2개의 배럴 볼트barrel vault로 된 지붕 형태는 루이스 칸으로부터 영향을 받은 것으로 보인다. 그의 자택에서도 사용된 이런 지붕 형태는 시지각적인 의미도 있지만 내부에 빛을 끌어들이는 데도 매우 유리하다. 그렇지만 여기서는 루이스 칸의 킴벨 미술관처럼 볼트 꼭대기에 채광 창이 나 있지 않고 볼트 하부에 있다. 이런 장치를 통해 직사광선이 쏟아지는 것을 피하면서도, 반사된 간접광을 내부로 들여보내고 있다.

환기미술관의 현관, 중앙 홀, 전시실은 시각적으로 분절되어 있지만, 기능적으로는 결코 분리되어 있지 않다. 건축가는 이들을 하나의 전체로 엮기 위해 정교한 동선체계를 부여했다. 이는 건물의 내부와 외부에서 동시에 이루어진다. 특히 정사각형의 중앙 홀을 휘감고 있는 계단은 대단히 인상적이다. 현관을 통해 들어온 사람들은 이 계단을 이용해서 전시실로 올라가게 되는데, 거기서 다양한 장면들을 즐기게 된다. 계단을 오르는 동안 열리고 닫히기를 반복하는 벽체를 통해 경험하게 되는 것이다. 의도적으로 계획된 장면들은 내부뿐만 아니라 외부를 향해서도 만들어진다. 특히 긴 동선이 끝나는 전시실 부분에 설치된 붙박이창은 멀리 있는 산의 모습을 안으로 끌어들인다. 사람들은 내부와 외부의 상호 교차를 통해 전시 작품, 건축 공간, 주변 자연을 연속적으로 감상할 수 있다.[22] 이는 마치 음악을 감상하는 것처럼 연속적이고 풍부한 흐름으로 구성된다.

13 환기미술관. 1988-1993년.

17장. 우규승: 도시로서의 건축

14 환기미술관 옥상에 자리한 마당.
그 중심에는 한옥 마당에서 볼 수 있는
우물과 유사한 오브제가 놓여 있는데,
이는 전시 홀의 천창 역할을 한다.

아시아적 가치, 외향적 중정

우규승은 오래전부터 모든 종류의 건축은 '도시의 생성자'라는 생각을 가지고 있었다. 그리고 2005년 광주 국립아시아문화전당 현상설계의 당선으로 이를 실현하게 되었다.[도판 15] 우선, 건물이 들어설 대지는 쇠퇴해 가는 광주 구도심의 한복판으로, 새로 지어질 건물은 주변 지역을 비롯해서 도시 전체의 성격을 바꿀 수 있을 정도로 그 의미가 컸다. 더욱이 전남도청사가 위치했던 대지는 한국 현대사에서 가장 충격적인 사건이라 할 수 있는 오일팔민주화운동이 벌어진 역사의 현장이었다. 이러한 입지적 상징성은 현상설계에 참여한 대부분의 건축가들에게 무엇보다 중요한 고려사항이었다. 또한, 광주는 과거의 상처를 씻고 문화 중심 도시로 발돋움하기 위해 아시아적 문화 가치를 내세웠다. 여기서 중요한 화두가 제기되는데, 과연 아시아적 문화 가치가 무엇이냐는 것이다. 우규승은 자신의 뿌리인 한국과 현재 살고 있는 미국을 비교하는 가운데서 이 주제를 가슴에 품어 온 듯하다. 그래서 계획안을 통해 스스로 옳다고 확신할 수 있는 대안을 제시했다. 주최 측 역시 이를 판단하기 위해 아시아 출신의 건축가들을 심사위원단에 다수 포진시켰다. 세 명의 한국 건축가(김종성, 정기용, 김준성) 외에도 말레이시아 출신의 건축가 켄 양 Ken Yeang 과 중국계 미국인 건축가 창융호 Chang Yung Ho가 초청된 것은 이러한 맥락이다. 그전에 한국에서 진행되었던 국제현상설계와는 명백히 달랐다.

15 국립아시아문화전당
현상설계에서 1등을 수상한 우규승의
계획안. 2005년.(위)
16 승효상이 제안한
국립아시아문화전당 현상설계안.
2005년.(아래)

최종 심사 결과 7개 작품이 입상작으로 선정되었다. 그중 3개 작품은 외국 건축가들의 것이었고, 나머지는 모두 한국 건축가들의 것이었다. 한국 건축가들이 다소 강세를 보였던 이유는 대지의 역사성과 아시아적 가치를 건축적으로 표현하는 데 유리했기 때문이라고 본다. 몇 가지 기준으로 작품들을 분류해 보면 다음과 같은 쟁점이 드러난다. 우선, 도시적 맥락과의 관계이다. 1등을 한 우규승의 계획안과, 2등을 한 2개 계획안, 알베르토 프란치니Alberto Francini의 계획안, 승효상의 계획안은 이와 관련해 각기 다른 접근 방법을 보여준다. 우규승이 대지 경계에 있는 건물들을 지하에 묻으면서 비움과 개방성을 강조했다면, 알베르토 프란치니는 건물들로 대지를 에워싸서 폐쇄적인 블록을 형성하려 했다. 심사위원들은 우규승의 제안이 이 현상설계의 취지에 더욱 적합하다고 판단한 듯하다. 여기서 심사위원들이 공유한 아시아적 문화 가치의 단편을 엿볼 수 있는데, 포지티브한 상징물보다는 네거티브한 비움과 여백을 더욱 중시한 것이다. 한편 승효상의 작품은 이들과는 다른 방식을 취하고 있어서 주목할 만하다.[도판16] 그의 계획안은 광주에서 흔히 볼 수 있는 도시 조직과 가로체계를 그대로 대지에 옮겨 배치하고, 거기에 여러 기능들을 분산시켜 놓았다. 현상설계에 자주 등장하는 강한 기념성을 의도적으로 배제하고 도시의 일상성을 도입하려는 의도로 보인다.

두번째로, 대지를 조직하는 방식이다. 이는 다시 크게 두 가지로 나눠 볼 수 있다. 하나는 안드레스 페레아 오르테가Andrés Perea Ortega의 계획안, 정영균과 쿱 힘멜블라우Coop Himmelblau의 계획안에서 볼 수 있는 것처럼 대지에 거대한 메가스트럭처mega structure를 형성시킨 다음 그 내부에서 자유로운 배치가 이루어지도록 한 것이다. 그렇지만 이런 계획안들은 많은 장점에도 불구하고 기존의 전남도청 건물이 가지는 상징성을 부각시키지 못하고 전체 메가스트럭처 속에 묻어 버리는 단점이 있었다. 다른 하나는 우규승과 승효상의 계획안으로, 이들은 건물과 외부 공간을 적절하게 조직하면서 자연을 건물 내로 끌어들이는 방법을 찾았다. 여기서 우리는 대지를 조직하는 상반된 접근 방식을 발견할 수 있다. 이 밖에도 신창훈과 장윤규의 계획안은 이들과는 다소 거리가 있는데, 그는 대지 전체를 인공적인 랜드스케이프로 처리했다.

17장. 우규승: 도시로서의 건축

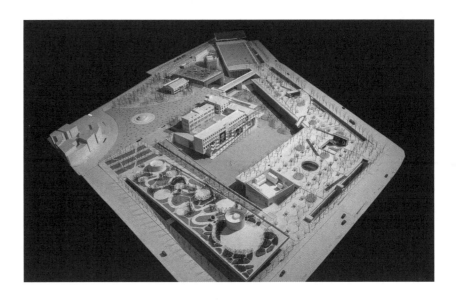

우규승의 계획안에서 대지의 상징성과 아시아적 가치는 어떻게 표현되었을까. 사실 우규승은 서구와 아시아 사이에 위치한 전형적인 경계인이다. 1967년 미국으로 떠날 당시 한국에서 대학원까지 마친 상태였기 때문에 기본적인 세계관은 한국에서 형성되어 있었다. 미국에 정착한 후로는 생존을 위해 매우 보수적인 뉴잉글랜드 지방에서 스스로를 동화시켜 나가야만 했다. 그 과정에서 가장 절박했던 문제는 서구인과 아시아인 사이에 존재하는 가치관의 차이였을 것이다. 우규승은 내향성이 한국 건축을, 외향성이 서구 건축을 특징짓는다고 여겼기 때문에, 이런 상황은 그가 설계한 주거 건축에서도 잘 나타난다.

국립아시아문화전당에서는 이런 이분적 사고를 뛰어넘어 '외향화된 중정'을 제안했다. 자주 사용해 온 내향성과 외향성이라는 이분법적 구분은 이 프로젝트에서 하나로 통합된다. 단독주택 차원의 마당이 아니라 도시 스케일의 광장을 만들어야 했기 때문이다. 이 건물의 거대한 중정은 그런 점에서 아시아적 가치와 서구적인 가치를 동시에 가지고 있다. 그래서 한편으로 비움에 더 가치를 둔, 정적이고 소극적인 공간이며 다른 한편으로는 도시에서 벌어지는 다양한 활동의 생성에 주력하는 공공적이고 적극적인 공간이 된다. "그것은 주위 건물로 에워싸여 비워진 공간이어서 내향적이지만, 지상 레벨에서 경사로와 계단으로 연결되고 지하철과도 연결되면서 도시의 다양한 기능을 수용하기에 도시의 역동적인 광장으로도 손색이 없다."[23] 따라서 '외향화된 중정'이라는 개념은 우규승이 아시아적 가치와 서구적 가치에서 도출한 결합물로서, 그 자신이 오랫동안 미국에서 지키려고 했던 자신의 정체성

이 아닌가 생각된다. 그는 이런 공간에서 일어나는 성찰과 관조야말로 아시아 문화 가치의 본질이라고 보았다.[도판 17, 18]

또한 이 작품에서 주목할 만한 점은 건물의 지붕 위로 대규모 시민공원이 조성된 점이다. 조경은 그때까지 우규승 건축에서 주요 주제가 아니었다. 그가 설계한 대부분의 건물들은 다분히 오브제 중심적인 특성을 보였고, 조경은 주로 그 나머지 여백에 조성되었다. 그렇지만 이 프로젝트에서 처음으로 거대한 녹지가 조성되었고, 건물과 자연이 하나의 면으로 처리되었다. 이 같은 지붕 데크의 전면적인 공원화는, 광주 시내에 흩어진 여러 공원들을 연결하고, 동시에 새로운 도시 분위기를 만들기 위해서였다. 건축가가 이러한 방식에 주목한 것은 1990년대 말부터 한국 건축계를 뜨겁게 달군 랜드스케이프 열풍과 깊은 관련을 지닌다. 명확히 건축과 도시를 연결하는 개념으로, 우규승은 이를 통해 자신의 도시 개념을 새로운 단계로 발전시켰다.

연속적인 시퀀스와 장면 구성은 우규승 건축에서 나타나는 특징이다. HURPI에서 도시적 시각으로 건축을 바라본 경험에서 비롯된 것으로, 따라서 그의 주요 설계 방법들은 도시로부터 이끌어낸 것이다. 국립아시아문화전당 현상설계 계획안에서 이는 명확히 나타난다. 건물들이 땅속으로 배치되면서 그 상부 지붕은 열린 공원으로 이용되고, 거기에 여러 개의 길이 형성되어 내향적인 광장을 향해 자연스럽게 연결되도록 했다.

이 프로젝트에서 옛 전남도청 건물(현 국립아시아문화전당 내 민주평화교류원)은 하나의 상징적인 존재로, 긴 동선의 끝에 마치 클라이맥스처럼 존재한다. 건물의 상징성에 대한 생각은 환기미술관부터 계속해서 등장했다.

환기미술관의 경우 건물 입구에 들어서자마자 천창이 있는 정육면체의 공간이 등장하는데, 이는 원초적이면서 강력한 중심성을 가진다. 국립아시아문화전당에서는 다소 변형된 형태로 등장했다. 내향적인 마당의 중심에 놓인 옛 전남도청 건물은 민중항쟁의 상징이기 때문에 우규승은 이곳에 가장 높은 정신적 가치를 부여해야 한다고 생각했다. 이를 위해 그 주위에 세워질 건물들을 지하로 낮추면서 옛 건물들이 계획안의 중심으로 떠오르게 되었다.

18장. 정기용: 건축의 일상성

정기용鄭奇鎔, 1945-2011은 매우 독특한 이력을 가진 건축가이다. 대학에서 응용 미술과 공예를 전공했으나, 1972년 프랑스로 가서 건축과 도시계획으로 전공을 바꾸었다. 그 후 1986년 한국에 귀국해 기용건축을 설립했고, 왕성한 활동을 펼치다가 2011년 세상을 떠났다. 그가 우리에게 남긴 가장 중요한 유산은 건축을 바라보는 인식의 지평을 넓힌 것이다. 1990년대 한국 사회는 변혁기였고, 한국의 건축가들 역시 큰 변화에 직면했다. 여러 진보 단체들이 개혁의 목소리를 내기 시작하며 건축과 관련된 다양한 제도에 대해 새로운 변화를 요구했다. 특히 건축가의 사회적 역할과 책임, 설계 제도의 투명성, 건축의 공공성에 대한 인식, 건축 교육 등과 관련해 비판적 시각을 갖기 시작하면서 「건축기본법」의 제정과 공공건축가제도 수립에 큰 영향을 미쳤다. 정기용은 그런 흐름의 중심에 서 있었다. 여러 진보 단체의 활동에 활발하게 참여했고, 이런 경험을 바탕으로 건축과 도시 문제에 접근했다.

변화를 갈망했던 그의 시도는 단지 구호로만 그치지 않았다. 실제 건축과정에 주민들을 참여시켜 그들의 공동체 의식을 높이려 했다. 건축가나 주민들 모두에게 생소한 시도였으나, 이로써 건축과 도시 분야에 근본적인 인식 전환이 일어났다. 그는 개발 시대에 이루어진 톱다운 방식의 프로젝트에 많은 문제가 있다고 보았다. 따라서 의사결정 과정에서 주민들의 의견을 중시하고 그들을 수렴하는 건축가의 역할이 중요하다고 주장했다. 건축과 도시의 진정한 공공성은 그 과정에서 나온다고 보았다. 또한 인문학자들과 협력해 건축의 인문적 속성을 부각하고자 했다. 한 텔레비전 프로그램에서 진행된 '기적의 도서관' 프로젝트로 대중적으로도 친숙한 인물이 되었으며, 노무현 대통령의 봉하마을 사저를 비롯해 여러 건축물을 흙건축으로 짓는 등, 환경 친화적인 재료를 가지고 생태건축을 보급하려 애쓴 건축가로 이름을 알렸다.

그런 점에서 정기용의 건축은 다른 건축가들과는 다른 틀에서 평가되어야 할 것이다. 그의 작품을 비판하는 사람들은 미적 완성도가 떨어진다는 점을 든다. 또한 형태 구성이나 디테일, 공간 개념처럼 건축가의 재능을 드러

409

낼 수 있는 전통적인 요인과 관련해 어떤 새로움도 제시하지 못했다고 지적한다. 그렇지만 그의 건축은 자본주의 시장에서 구조화된 전통적인 작업 방식에서 벗어나 있다. 또한 대량의 재료를 소비하며 지구환경을 악화시키는 다른 건축가들과 달리, 재생할 수 있는 재료를 사용해 지속 가능한 건축을 추구했다. 이에 따라 조형적 독창성이나 미학적 수월성의 관점이 아니라, 사회성과 윤리적 가치 면에서 평가되어야 한다. 오늘날 세계 건축계도 근대건축의 한계를 인정하고 윤리적인 방향으로 나아가고 있다는 점에서 그의 의식과 실천은 매우 선구적이다. 이같은 맥락에서 사회를 변모시키기 위해 건축가가 어떤 행동을 했는지 살펴보는 것이 중요하다. 이 책에서는 그의 작품을 세밀하게 분석하기보다 다양한 사회적 활동을 가능케 한 일관된 사유체계를 집중적으로 탐구했다.

육팔혁명과 프랑스 건축계

정기용이 1970년대 프랑스 유학 당시 프랑스 건축계에는 육팔혁명(또는 오월혁명)의 그림자가 짙게 드리우고 있었다. 대부분의 건축학교 교수들이 그 이념에 동조하고 있었다. 1968년 5월 기성체계에 도전하여 학생들이 일으켰던 육팔혁명은, 프랑스 사회를 지배하고 있었던 모든 가치들을 거부했다. 대학에서 촉발된 시위가 점차 노동자들의 총파업으로 발전해 종국에는 기성의 사회문화적 가치체계의 전복을 시도하게 된 데는, 프랑스 사회의 내적인 요인들과 더불어 국제적인 흐름이 원인으로 작용했다. 세계적인 차원으로 볼 때 1960년대는 변혁의 시대였다. 프라하의 봄으로 대변되는 동구권의 자유화운동, 베트남전쟁과 반전운동, 미국에서의 흑인 민권운동을 통해 전후에 태어난 베이비 붐 세대는 기존 체제에 저항했고, 1960년대 말에 이는 절정에 달했다.

프랑스 육팔혁명은 전후 형성된 사회 질서에 근본적인 변화를 요구했다. 특히 학생들은 재건 과정에서 나타난 엄청난 도시의 확장과 건설 붐, 전후 미국식 자본주의가 가져온 소비 문화를 거부하고 나섰다. 거기서 나타나는 일상적인 소외를 비판적으로 바라보면서 사회적 권위와 통제를 거부한 것이다. 혁명 중에 나타난 문구들은 여성에 대한 억압과 인종 차별 등을 고발하는 내용이 많았고, 또한 강대국 중심의 패권주의가 지배하는 세계 자본주의 체제에 대한 비판들이 쏟아졌다. 이전의 혁명들과 비교할 때, 육팔혁명은 저항의 초점을 거대 담론에서 미시 담론으로 옮겨 왔다. 이런 변화는 당시까지 학문적 영역에서 거의 다루지 않았던 인간의 신체와 성, 인종 등을 주요 쟁점으로 올려놓는 계기를 마련했다. 도시공간과 일상성을 집중적으로 탐구했던 철학자 앙리 르페브르 Henri Lefebvre 의 저작들이 이 시기에 특히 부각된 것도 같은 맥락에서 이해될 수 있다.

많은 학생들이 시위에 참여하게 된 데는 당시 프랑스 교육제도의 후진성이 한몫했던 것으로 보인다. 베이비 붐 세대가 대거 대학에 입학하면서 대학 교육의 질이 형편없이 떨어졌지만 당국의 시설과 교수법은 이를 대처하지 못했다. 열악한 교육 환경은 건축계에서도 두드러졌다. 이때까지 건축 교육은 에콜 데 보자르 École des Beaux Arts 에서 주로 이루어지고 있었다. 루이 14세가 설립한 왕립 회화 조각 아카데미와 건축 아카데미에 개설된 강좌에서 출발한 이 학교는, 존립 기간 동안 꾸준히 정치적 변동과 취향의 변화에 영향을 받았음에도 불구하고 양식과 교육 방법의 일관성을 유지했다.[1] 따라서 이 학교의 영향과 기능을 살펴보지 않고 프랑스 건축의 특징을 이해하는 것은 불가능하다. 이 학교는 오랜 기간 동안 로마대상 제도, 건축 아카데미와 긴밀하게 연결되어 하나의 제도적인 시스템을 만들어냈다.[2] 그러나 1945년 이후 보자르 교육 시스템은 위기에 직면하게 된다. 교육 성과의 평가 방식이 자주 비판의 대상이 되었고 학생들이 받는 많은 계획 프로그램들이 과학적이고 기술적인 부분에서 취약함이 드러났다. 게다가 학생들을 교육시킬 인력이 턱없이 부족했다.[3] 이런 문제들이 곪아 터져 1968년 5월 혁명에서 학생운동의 중심지 가운데 하나가 되었고, 1968년 12월 6일 법령에 따라 보자르 내 건축과가 폐지되었다. 그 대신 건축교육단위 Unité Pédagogique d'Architecture, UPA 라고 불리는 교육 기관이 파리에 5개 생겼고, 지방에서는 14개의 옛 건축학교들이 건축교육단위로 대체되었다. 1969년 기존 건축교육단위들을 거부한 젊은 교육자와 학생들이 새롭게 창설한 것이 파리 제6건축대학 UPA 6 으로, 정기용은 1975년 여기에 입학해 1984년에 졸업하게 된다.

교육 체제와 함께 교육 내용에도 중요한 변화가 나타났다. 이 시기의 중요한 사회적 변동, 즉 1950-1970년 동안 이루어진 매우 강력한 도시화 현상[4]이 반영된 것이다. 이런 상황에서 도시와 주거가 건축 교육의 주요 주제로 떠오른 것은 당연해 보인다. 그렇지만 보자르의 교육 방식은 이런 변화에 적절하게 대응하지 못했다. 1950년대 프랑스 사회는 엄청난 건설 붐을 경험하게 되는데, 십구세기 오스만의 파리 개조 계획 이후 최대 규모였다. 여기에는 두 가지 요인이 작용했다. 첫번째는 전쟁 이전에 도시계획과 주거 부분에 대한 투자가 너무 부실했다는 것이고, 두번째는 1950-1960년대에 도시 인구 비율이 70퍼센트 이상 급격하게 증가하면서 도시 주택이 대량으로 공급되어야 했다는 것이다.[5] 시작은 전후 재건 사업이었다. 재건부가 결성되면서 그동안 지방자치단체에 일임되었던 도시와 주거 건설에 중앙정부가 직접 개입했다. 그렇지만 아나톨 콥Anatole Kopp이 지적한대로 "도시 조직에는 어떤 기본적인 변화도 없는 단지 합리적인 개량"[6]에 그치고 말았다. 1950년대 도시로의 인구 집중이 가속화되면서 기존의 제도로는 대응이 어려워지자, 프랑스 정부는 1958년부터 도시화 우선 지구zone à urbaniser par priorité 제도를 실시했다. 이 제도는 대도시 경계 부분의 유휴지들이 이미 수용되거나 개발된 상황에서, 새로운 택지를 효과적으로 개발하기 위해 만들어졌다. 이에 따르면, 일단 일정 지역이 도시화 우선 지구로 지정될 경우 법령에 의해 해당 지역의 토지 거래가 중지되었다. 그다음 정부나 지방자치단체가 이를 직접 매입할 수 있었다. 1958년부터 1968년까지 지정된 도시화 우선 지구는 200개를 넘었고, 그곳에 지어진 주택 수는 220만 채에 이르렀다.[7]

그러나 이 정책은 양적 성공에도 불구하고 프랑스 도시에 많은 부정적인 영향을 미쳤는데, 특히 기존 도시구조와의 역사적 단절이 심각한 사회적 문제를 야기했다. 모든 도시계획이 효율적인 기반시설의 설치와 도로망의 배치, 그랑 앙상블grand ensemble이라고 불렸던 대규모 주거단지의 건설에 초점이 맞춰졌고, 정상적인 도시 기능에 필수적인 문화 시설이나 여가 시설, 보건 시설 등은 거의 갖춰지지 않았다. 보자르에서 훈련된 건축가들은 이같은 상황에 능동적으로 대처하지 못했기 때문에 획일적인 아파트 단지만을 대량 생산했다. 설상가상으로 이들 단지가 대중교통 수단이 미비한 대도시의 변두리banlieue에 지어지면서, 대부분이 조성 후 곧 슬럼화되어 사회 문제의 온상이 되어 버렸다.[8] 육팔혁명 이후 프랑스 지식인들이 대도시 교외 지역에 주목한 것은 바로 이 때문이었다. 혁명에 동조하는 진보적인 건축가들이 모든 역량을 다해 교외 지역의 주거 문제를 해결하려는 과정에서 다양한 아이디어가 도출되었다. 이들은 공통적으로 도시의 장소성과 역사성을 존중했고, 다양한 주거 유형을 제시했으며, 주민들을 설계 과정에 적극적으로 참여시켰다. 정기용이 건축학교에 입학했을 당시 이런 경향은 뚜렷했으며, 훗날 한국에서의 활동과 깊은 관련이 있다.

건축과 삶의 방식
정기용은 귀국 후 프랑스 생활을 회고하면서, 그때의 경험이 남긴 중요한 흔적으로 '삶이 우선한다'라는 생각을 꼽았다.[9] 이는 "삶이 있고 도시가 있고, 건축이 있다"[10]는 그의 말과 일맥상통한다. 이같은 인식은 1970년대 프랑스 지식인들의 논리와 근본적으로 그 맥이 닿아 있다. 여기에는 그가 파리 제8대학의 도시계획학 석사 과정에 입학하면서 만나게 된 아나톨 콥 교수의 영향이 컸을 것이다. 아나톨 콥은 원래 러시아 태생이지만, 어릴 때 파리로 이

주했다. 소르본에서 교양 과정을 마친 후 보자르에서 건축을 전공했으며 미국 매사추세츠 공과대학에서 학사와 석사 학위를 받았다. 그 후 제이차세계대전에 미군으로 참전했다가 1945년 프랑스의 재건부 Ministère de la Reconstruction 에 취직해 약 십 년 동안 도시 재건에 관한 프로젝트들을 수행했다. 이 시기의 경험들은 나중에 프랑스 재건에 관한 책으로 출판되었다.[11] 그 후 알제리로 건너가 공공주거와 개발 프로젝트들을 담당했고, 1973년부터 파리 제8대학 도시계획과 교수로 재직했다. 1960–1970년대 마르크스주의적 도시계획 운동의 주동자였던 그는 앙리 르페브르와 함께 1970년 『공간과 사회 Espaces et Sociétés』를 창간했으며, 주로 러시아혁명 이후의 도시와 건축에 대한 책을 출간했다.[12]

국립현대미술관에서 소장 중인 정기용 아카이브에는, 아나톨 콥의 건축과 도시의 역사 Histoire de l'Architecture et Urbanisme 강의를 들을 때 필기한 노트가 남아 있다. 1979년 가을부터 1981년 봄까지 두 학기에 나눠서 수강한 내용으로, 십팔세기 영국의 산업혁명에서 시작된다. 우선, 새로운 재료와 기법의 발견과 그에 따른 건축의 변화를 설명하면서 십구세기 열악한 주거 환경과 이에 대한 마르크스와 엥겔스의 주요 논리들을 다룬다. 오스만의 파리 개조 계획과 로버트 오언이나 샤를 푸리에 Charles Fourier 같은 초기 사회주의자들의 도시계획도 예시되고, 이십세기 근대건축가들의 건축과 도시계획들이 집중적으로 소개된다. 여기까지가 첫번째 학기의 내용이다. 두번째 학기에는 러시아혁명 이후 소련에서의 도시계획에서부터 전후 프랑스 도시들의 재건 과정도 자세히 소개된다. 모두 아나톨 콥이 오랫동안 연구해 온 주제들이었다. 그리고 강의의 마지막은 프랑스 도시주거의 발전 과정과 신도시 건설에 관한 내용이다.

정기용은 그의 강의뿐 아니라 저서들을 통해 건축과 도시에 관한 생각을 발전시켰다.[13] 그중 1975년에 출간된 『삶을 바꿔라, 도시를 바꿔라 Changer la vie, changer la ville』는 혁명 이후의 소비에트 건축과 도시 상황을 다루는 책으로, 1967년에 출간된 『도시와 혁명 Ville et révolution』에서 이미 유사한 내용이 고찰되어, 여기서는 삶의 방식 mode de vie 에 그 논점이 맞추어져 있다. 이를 뒷받침하기 위해 집중적으로 탐구한 것이 '비트 быт'라는 러시아 고유의 말이었다. 이것은 '삶의 방식'으로 번역될 수 있는데, 집단화된 삶과 개인적인 삶을 포괄하는 의미이다.[14] 그리고 러시아혁명과 새로운 사회 건설이라는 목표를 이해하는 핵심적인 용어였다. 당시 논의의 중심에는 가족 문제가 있었다. 사회주의 혁명 이후 가족관계는 상당한 변화를 겪게 된다. 취사와 육아, 가족의 유흥과 오락을 위한 공간 등이 집단화되었다. 여성이 해방되어 이혼과 낙태

18장. 정기용: 건축의 일상성

등이 합법화되었고, 노동 조건이 남성과 동일해졌다. 이에 더해 도시와 농촌의 차별을 철폐하기 위해 반도시주의적 계획안들이 제시되었다. 주거가 가족의 삶을 공간화하고 물질화하는 것으로 간주되면서 더 이상 건축가의 상상력에 따른 결과물이 아니라, 삶의 방식을 변형시키는 것이 되었다.[15] 건축과 도시계획 역시, 과거의 인간을 새로운 인간으로 변형시키는 사회적 응축기condensateurs sociaux로서의 역할을 수행하도록 요구 받았다. '비트'에 대한 근거는 마르크스주의의 고전적인 저작물에서도 발견되었기 때문에, 1920년대 러시아 혁명가들은 실제로 도시계획과 건축으로 새로운 삶의 방식을 구현할 수 있다는 데 더욱 확신을 가졌다.

러시아혁명 이후 극적인 변화를 통찰하면서 아나톨 콥은 건축과 도시야말로 일상적 삶을 변화시킬 수 있는 본질적 장치라는 사실을 확인했고, 정치적인 혁명을 완성하는 길이라고 보았다. 이는 정기용의 건축 활동에 큰 영향을 주어 한국에 귀국한 후 정치적으로나 건축적으로 일관된 활동을 할 수 있게 만들었다.

건축의 일상성

정기용은 여러 글들을 통해 "일상성이야말로 건축이 사람들과 관계 맺는 특질이며 특권이다"[16]라고 주장했다. 그는 일상성을 상반된 두 가지 측면에서 인식했다. 하나는 자본주의 생산 방식이 만들어낸 파편화되고 위계화된, 그리고 균질화된 도시공간과 거기서 파생되는 왜곡된 일상이다. 그에 따르면, 자본주의 이데올로기가 대중들의 삶의 방식을 그릇되게 조작하고 도시공간으로부터 소외시키므로 이에 저항해야 했다. 이런 생각은 앙리 르페브르로부터 영향을 받았음이 틀림없다.[17] 다른 하나는 보통 사람들에게 매일 단순 반복적으로 일어나는 진부한 현실이다. 이는 계급적이고 당파적인 이해관계로는 쉽게 규정되지 않는 것이다. 정기용은 그런 현실을 직시하고 비판하기보다는 수용하고 긍정했다. 그리고 오랜 세월 동안 대중들의 굴절과 타협에 용해되어 있는 보이지 않는 힘과 지혜를, 지속 가능한 물리적 환경의 구축을 위해 활용하고자 했다. 일상성을 긍정하는 태도는 미셸 마페졸리Michel Maffesoli의 관점을 따른 것으로 보인다.[18] 정기용은 공간 지배와 착취의 논리를 뛰어넘어 도시인 나름대로 만들어낸 독특한 네트워크를 건축가들이 활성화시킬 수 있다고 생각했다.[19] 사회적 코디네이터로서 건축가들은 그들과 상호 감응하며 건축과 장소, 공동체를 통합하도록 도울 수 있었다. 그가 일상성에 대해 이처럼 두 가지 관점을 동시에 가지고 있었다는 사실은 매우 흥미롭다.

그중 첫번째 견해는 대도시의 문제점을 비판하기 위해 동원되었다. 육팔혁명 학생운동의 거점이 된 낭테르대학에서 교수로 있었던 앙리 르페브르는 학생들에게 가장 영향력있는 좌파 지식인 가운데 한 명이었다. 그는 마르크스주의를 바탕으로 해서 도시인들의 일상성을 주된 연구 주제로 삼았고, 이는 도시공간에 대한 다양한 연구로 이어졌다.[20] 그가 일상성에 천착한 것은, 근대성과 더불어 현대 사회를 대변하는 시대정신의 양면이라고 보았기 때문이다. 그는 현대 사회에 대한 이해는 일상성을 정확히 이해하지 않고는 불가능하다고 보았다. "일상성 quotidienneté 은 공업사회의 특징인데, 공업사회는 필연적으로 도시화를 가져온다. 따라서 일상성의 장소는 도시이다. 또 현대 공업사회는 대량 생산과 생산양식에 의해 특징지어지므로 거기서 나오는 생산품은 당연히 규격화된 제품들이다. 이것은 과거의 수공업적 생산품과는 정반대의 성격을 갖고 있는 것으로 제품 produit 과 작품 œuvre 의 구분이 여기서 생겨난다. 대량 생산과 함께 도시에서는 대량 소비도 동시에 등장한다. 소비는 현대적 이데올로기가 되었고, 모든 일상생활은 소비로 직결되었다."[21]

이같은 현대 사회의 특징은 과거에는 없었던 독특한 현상들을 배태하고 있다. 우선 물건을 만드는 데 필요한 고유한 양식이 사라졌고, 농경사회에 기원을 둔 축제도 사라졌다. 그 대신 소비자의 욕망을 부추기는 광고 이미지가 도시 전체를 지배하게 되었다. 이러한 변화는 현대 건축과 도시에도 큰 영향을 미쳐, 주택은 더 이상 거주하는 곳이 아닌 대량 생산된 상품으로 전락했고, 도시공간은 공동체를 위한 장소가 아닌 익명적이고 유동적인 공간으로 바뀌었다. 그리고 도시인들은 건축과 도시로부터 소외되어 더 이상 고유한 삶의 방식이 공간에 반영되지 못했다. 귀국 후 정기용이 마주한 한국의 현실은 앙리 르페브르가 1950 – 1960년대 프랑스에서 경험했던 것과 매우 유사했다. 부동산 투기로 "삶을 닮는 그릇인 집은 부동산이라는 재화로 전락해 버렸고,"[22] 도시구조는 무지막지한 개발로 불구가 되어 버렸다.

앙리 르페브르는 초기 마르크스주의에서 시작해 점차 일상성과 관련된 사회적 현실들을 이해하는 방향으로 나아갔고, 이런 그의 지적 작업들은 이후 현대 도시 연구에 상당한 영향을 미쳤다. 정기용은 1993년 『문화과학』에 발표한 「도시공간의 정치학」[23]이라는 글에서 르페브르의 주요 주장들을 발췌해 정리하고 있다. "르페브르는 자본의 사회관계, 곧 착취와 지배 관계는 전체로서의 공간 안에서, 공간에 의해 유지된다고 주장했다. 즉, 자본주의가 발전함에 따라, 첫째, 모든 비자본주의적 공간과 활동이 파괴되어 주변화되는 경향이 진행되고, 둘째, 광고, 선전 및 국가 관료에 의한 사적, 공적인 소비의 조직화가 이루어진다. 그리고 셋째로는 비생산적인 부문(여가, 예술, 정보, 도시, 건축 등)에까지 이윤의 법칙이 관철되어 자본에 의한 전체 사회

공간의 획득이 이루어진다. 이로 인해 공간구조는 세 가지 경향을 띠게 된다. 우선 공간의 균질화이다. 모든 가치의 유일한 기준인 화폐에 의해 공간의 교환이 가능하게 되고, 이는 필연적으로 공간의 균질화를 동반하게 된다. 둘째, 공간의 파편화이다. 자본주의적 조건 속에서는 토지는 거래를 위한 상품으로서 시장에 나오며, 이때 공간은 무수한 획지들로 분할되어 여러 가지 용도로 사용된다. 그리고 마지막으로 공간의 위계화이다. 공간은 임의적으로 분포하는 것이 아니라 전반적인 사회계급구조의 위계를 반영하면서 구조화되고 동시에 사회관계의 불평등을 재생산하고 심화시키게 된다."[24]

르페브르의 영향 아래 정기용은 급격한 산업화로 한국의 도시에서 나타나는 공간적 불평등과, 그에 따른 문제점들에 대해 격렬하게 반발했다. 그리고 단순히 현실에 대한 비판에 머물지 않고, 다양한 글과 건축 작품들을 통해 그 대안을 모색했다. 여기에는 주로 일상성에 대한 두번째 견해, 즉 일상성을 긍정하는 태도가 바탕이 되었다. 그가 전북 무주에서 수행한 다양한 공공건축물들은 농촌 생활의 질을 높이면서 도시화로 망가진 농가 일상을 건강하게 회복시키려는 시도였다. 건축가는 주민들이 처한 현실을 초연한 입장에서 관찰만 하지도 않았고, 완전한 참여자로 개입하지도 않았다. 다만 구성원들의 일상과 공통된 경험을 이해하고 공감하며, 그것을 건축적으로 표현하고자 했다. 정기용은 작업의 키워드로 '감응 correspondence'을 자주 내세웠는데,[25] 이 단어는 건축과 풍경, 건축가와 주민들 사이의 소통과 상호작용을 강조했던 그의 입장을 잘 드러내고 있다. 이렇게 무주는 건축의 의미와 역할을 새롭게 묻는 실험의 장소가 된다. 그의 신념은 '기적의 도서관' 프로젝트로 이어

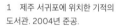

1 제주 서귀포에 위치한 기적의 도서관. 2004년 준공.

졌다.[도판1] '기적의 도서관'은 텔레비전 책 읽기 프로그램에서 진행된 프로젝트로, 시민들이 모은 성금과 지방자치단체들이 낸 분담금으로 주로 도서관이 없는 농촌 지역에 지어졌다. 정기용은 처음부터 이 프로젝트에 관여해 다양한 도서관을 설계하면서 사회적 실천으로서의 건축이 갖는 가능성을 드러냈다.[26] 궁극적으로 그가 추구했던 것은, 도서관으로 구체화된 건축이 농촌의 공동체 의식을 회복시킬 수 있음을 보여주는 것이었다.

거주의 본질

정기용은 한국 현대 도시와 주거를 비판하면서 그것이 근본적으로 거주의 위기에서 비롯되었다고 주장했다. 거주는 그에게 건축의 윤리성을 구분하는 척도로 작용했다. 정기용이 다양한 매체들을 통해 언급한 것을 정리해 보면, 거주의 본질은 세 가지 차원으로 이해된다. 우선, 주체의 개별화된 공간을 의미했다. 그에 따르면, "거주한다는 것은 인간이 주체가 되어 집 속에 머무는 것이다. 여기에서 주체란 자신이 자기의 주인이라는 말뜻과 개체화하는 개별성으로서의 주체이다. 개체와 개인이 성립하는, 성립시키는 공간이 집이다."[27] 따라서 몰개성적인 한국의 아파트 문화는 거주의 본질과는 상관없는 것이다. 두번째로, 고립된 공간이 아니라 공동체와 함께하는 것이어야 한다. "한 사회 공동체의 구성원으로서 혼자 생존하는 것이 아니라 이웃과 더불어 살며, 이런 공동성의 원리 안에서 가족과 화목한 삶을 영위하는 것을 의미한다."[28] 마지막으로, 장소성을 명확히 간직하고 있어야 한다. 그것은 친근하고 내밀하며, 길들여진 장소의 구축을 의미한다. "머무는 동안 삶의 하루하루의 역사는 시간 속에 기록되고, 공간에 흔적을 남기고, 장소를 만들게 된다. 그래서 거주한다는 것은 장소에 산다는 것이고, 장소성을 뛰어 넘을 때 거주는 소멸된다."[29]

이런 생각은 하이데거의 거주 개념과 정확하게 상응한다. 하이데거는 「짓기, 거주하기, 생각하기 Bauen Wohnen Denken」(1951)[30]라는 짧은 강연에서 두 가지 질문을 던진다. 거주한다는 것은 무엇이고, 어떻게 짓는 것이 거주하는 것에 속할까. 그는 여기에 대답하기 위해 '짓다'라는 의미를 가진 독일어 '바우언 bauen'의 어원을 찾아 나섰다. 이 동사는 원래 거주하는 것을 의미했다. 남아 있는 것, 한 장소에 머무르는 것을 의미했지만 그 본래의 의미는 사라져 버렸다. 그 대신 오늘날 이 말은 '있다'라는 뜻의 독일어 '빈 bin'으로 존재한다. 당신이 있는, 내가 있는 방식, 그리고 우리 인간이 지구상에 있는 태도가 짓는 것과 긴밀하게 연관되어 있음을 보여준다. 이처럼 '바우언', 즉 '짓다'라는 말은 하나의 장소에 거주한다는 실존적 의미를 가지며, 더 나아가서 이 말은 땅을 소중히 여기고 보호하고, 보존하며 특히 경작한다는 의미로 연결된다. 이런 하이데거의 정의에 따르자면, 건축의 본원적 가치는 바로 인간이 하나의 장소에 뿌리를 내려 거주하며 계속해서 그 터전을 보호하고 경작을 통해 생존해 가도록 하는 것이다. 이런 거주의 개념은 앙리 르페브르에게도 많은 영향을 미쳤다. 물론 르페브르에게는 존재와 의식을 표현할 수 있는 곳이 주거보다는 도시 쪽이었지만 말이다.

정기용은 하이데거와 바슐라르, 르페브르가 생활세계 Lebenswelt 라는 개념을 토대로 긴밀하게 연결되어 있음을 발견했다. 하이데거와 르페브르는 서로 다른 부분이 많았음에도 불구하고 거주에 대해서는 견해가 일치했다. 그들은 기념비만을 건설할 뿐 거주의 본질을 망각한 데서 건축의 불행이 생겨났다고 보았다.[31] 가스통 바슐라르 역시 『공간의 시학 La poétique de l'espace』에서 비슷한 견해를 내세우고 있다. 그는 건축의 추상적인 논리보다는 살아 있는 경험을 강조했다. 어릴 적 집에서 마주한 다락과 지하실에서 인간의 가장 원초적인 공간을 발견한 그는 "열두 살 때 다락에 갇혀서 세계를 알게 되었고, 인간사를 그리게 되었으며, 지하실에서 역사를 배웠다"며, "다락이 없는 집에서는 신성함이 결여되고, 지하실이 없는 집은 거주의 원형이 제외된 집이다"[32]라고 했다. 그의 관점에서 집은 다락이라는 의식의 세계와 지하실이라는 무의식의 세계 사이에 존재하게 된다.

정기용은 이에 동감하고 집에 대한 의식의 원형을 두 살 때부터 십오 년간 살았던 을지로7가 95번지 한옥에서 찾았다. "그 집에 대한 의식이 너무나 선명해서 프랑스에서 우연히 그것을 그려 보았을 때 치수는 정확하지 않지만 모든 것이 너무나 정교하게 떠올랐을 정도였다." 을지로 한옥이 가장 원초적인 거주 공간이었다면, 어머니의 고향인 충북 영동의 말그리마을은 이상적인 공동체로 각인되어 있었다. "강을 에워싼 높고 낮은 산들이 세계의 끝만 같았던" 그곳에 등장하는 초가와 흙집들은, 현대 문명에 좌절할 때마다 계속해서 그가 되돌아가야 할 곳이었다.[33]

한국 사회에 팽배한 거주의 상품화와 건축의 도구화를 강하게 비판했던 정기용으로서는 당연히 그와 대척하는 이상적 지향점을 설정할 필요가 있었을 것이다. 그렇지만 이런 낭만적인 생각이 어떻게 현실에서 작동할 것인지는 의문스럽다. 즉, 초가와 농촌 마을이 현대적 삶의 방식을 수용할 수 있는지, 대량 생산에 의존하지 않고 도시주거 문제를 해결할 수 있는지, 거주의 본질 역시 자

2 춘천 자두나무집. 정기용은 흙으로 지어진 이 집에서 거주의 본질을 담으려 했다. 2000년 준공.

3 김해 봉하마을에 위치한 노무현
대통령 사저 전경. 2006-2008년.(위)
4 노무현 대통령 사저 내부의
마당.(아래)

본의 문제와 깊게 연관되지 않을 수 있을지 등 다양한 의문들이 제기된다. 그의 건축 작품들을 자세히 살펴보면, 한국 사회가 처한 어려운 현실과 거주의 본질 사이에서 다소 위태로운 균형을 취하면서 걸어 나갔다는 것을 알 수 있다. 춘천 '자두나무집'[도판 2]과 광주 '목화의 집' 등 몇몇 개별 주택들을 제외하고는 현실적 한계 때문에 실현하는 데 어려움을 겪었던 것도 사실이다.

그러다 정기용이 오랫동안 생각해 온 거주의 본질을 구현할 수 있었던 기회가 노무현 대통령의 봉하마을 사저를 설계할 때 찾아왔다. [도판 3, 4] 대통령이 임기를 마친 후 귀향해 거주하게 될 곳으로, 정기용이 설계자로 선택된 것은 노무현 대통령과 서로 신뢰와 공감을 나누었기 때문이라고 볼 수 있다. 이 년 반 동안 두 사람은 많은 대화를 나눴고, 집에 대한 생각을 좁혀 나갔다. 2006년 4월 27일의 스케치에는 이 집을 짓는 건축가의 의도가 적혀 있다. 우선 이 집이 봉화산과 뒷산에 잘 어울리도록 앉히는 것이 중요했다. 건물과 장소가 서로 감응하도록 하기 위해서였다. 외부에서 볼 때 건물이 너무 드러나지 않도록 전체적으로 지붕의 높이를 낮추었고, 전통적인 중정식 주택처럼 마당을 중심으로 한 ㅁ자형의 공간 구성을 갖도록 했다. 그것은 아름다운 자연으로 귀화하려는 목적이 아니라 대통령의 바람대로 실제로 농사를 짓고 자연도 돌볼 수 있도록 하기 위해서였다. 건축가는 이 집이 사람들에게 이상적인 모델로 인정받기를 바랐다. 더 나아가 주변에 대통령 기념관과 도서관 등이 들어서게 되면 농촌의 문제를 해결하기 위한 베이스 캠프가 되기를 기원했다.

지속 가능한 농촌 건축

1960년대와 1970년대에 걸쳐 서구 건축계를 매료시켰던 것은 토착건축에서 나타나는 순수성과 원시성이었다. 그 기원은 르 코르뷔지에가 아프리카에서 받은 영감을 가지고 설계했던 1950년대 주요 작품들이었다. 그중 실현되지는 않았지만 프랑스 남동부의 휴양지 코트다쥐르에 계획된 주거단지인 로크와 로브 프로젝트는 젊은 건축가들에게 상당한 영향을 미쳤다. 토착건축에 대한 관심이 확산된 이유는 전후 도시 곳곳에 들어서기 시작한 획일적인

18장. 정기용: 건축의 일상성

주거단지를 향한 혐오감에서 비롯되었다. 근대의 기능주의는 초기에 가졌던 윤리적인 덕목을 잃어버렸고, 개발업자들에 의해 무의미하게 대량 복제될 뿐이었다. 팀 텐의 주요 건축가들은 이런 상황을 직시하고 대안적인 모델을 강구했다. 특히 알도 판 에이크는 사하라 이남 아프리카와 멕시코에서 본 토착적인 주거들을 연구해 설계에 반영했다.

이제 건축가들은 대중들이 이룩한 토착건축 속에서 건축을 지속 가능하게 하는 방법을 배우고자 했다. 거기에는 오래된 전통과 공예 기술, 무엇보다 거주의 본질이 담겨 있었다. 토착건축을 통해 근대건축이 잃어버렸던 활기를 되찾으려는 시도는 버나드 루도프스키 Bernard Rudofsky 를 통해 절정에 도달했다. 특히 그가 쓴 『건축가 없는 건축 Architecture without Architects』은 뉴욕 현대미술관에서 진행된 동명의 전시에 소개된 도판들을 모아 놓은 것이었다. 이집트 출신의 건축가 하산 파티 Hassan Fathy 의 작업이 소개된 것도 바로 이즈음이었다. 그가 설계했던 구르나 마을의 진행 과정이 1969년 한 권의 책으로 출판되었고, 이듬해 프랑스에서 번역 출판되었다.[34] 정기용에 따르면, 1970년대 유럽의 건축학도들에게 이 책은 마치 건축성경과도 같이 탐독되었다.[35]

정기용은 이 책에 크게 감동해 건축을 바라보는 시각을 완전히 바꾸게 된다. 인식의 전환은 파리 작업에서 명확히 나타난다. 그때까지는 주로 프랑스 교외의 사회주거 설계가 주된 관심사였고, 그것은 당시 프랑스 건축계에서 가장 민감한 주제이기도 했다. 그렇지만 이후에는 졸업 논문의 주제를 한국의 농촌주택으로 바꾸고, 전통적인 건축 재료와 배치 방식을 찾아 나서게 된다.[36] 그리고 한국에 귀국해 하산 파티의 책을 번역 출판했다. 그 이유로는 두 가지가 있었다. 첫번째는 새마을운동에 의해 농촌의 전통건축이 붕괴되는 상황에서 새로운 모델을 찾기 위해서였고, 두번째는 서양 건축 일변도로 수입하는 한국의 건축인들에게 제삼세계 전통건축을 알리겠다는 것이었다.[37]

구르나 마을은 하산 파티에게 하나의 본보기 사업이었다. 이 마을이 이집트의 모든 농촌을 재건설하는 방법을 시사해 주기를 바랐던 것이다. 또한 이 사업을 통해 이집트의 경제 사정을 고려한 낮은 가격으로 수백만 채의 주택을 제공할 수 있는 건설 계획을 세우고, 그에 맞는 현실적인 주거정책을 제시하고자 했다.[38] 이를 위해 주민들에게 쉽게 구할 수 있는 재료와 쉬운 공법으로 집을 값싸게 스스로 짓는 법을 제안했다. 그것은 건축과 건축가에 대한 기존의 관념을 완전히 바꿔야만 가능한 일이었다. 그는 "어떤 건축가도 농민을 위해서 작업하지는 않는다. 그들은 부유한 이들을 위해 설계하며, 그들이 지불하는 비용에 준해서 구상을 한다. 건축가들은 도시에서 일하며, 거기서 사용되어 온 자재들과 경험있는 시공업자들의 존재를 상정한다. 이 경우 건

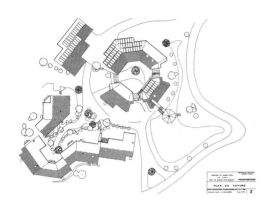

5 파리제6건축학교(UPA6) 졸업
논문에 실린 '농촌마을' 평면. 1983년.

설 비용이 항상 높아지고, 농민들은 그런 비용을 부담할 수 없다"[39]고 했다. 파티는 건축가들이 도시에서 일하는 동안 누구의 개입도 없이 황폐해져 간 이집트 농촌을 돌아다니며 비참한 현실을 목격했다. 그가 흙건축을 주장한 이유는 바로 이 때문이었다.

정기용은 파리제6건축학교 UPA6 (현 라 빌레트 건축학교 Ecole Nationale Supérieure d'Architecture de Paris-La Villette) 졸업 논문을 통해 하산 파티와 유사한 방식을 시도하고자 했다. 이런 변화에는 그의 오랜 지인이었던 프랑시스 마쿠앵 Francis Macouin [40]의 조언도 한 요인으로 작용했다. 마쿠앵은 주한 프랑스문화원에서도 근무한 적이 있어 한국의 문화에 대해 잘 알고 있었다. 그는 정기용의 논문을 교정 봐 주면서 한국의 농촌주거에 대한 논문을 쓸 것을 제안했다.[41] 정기용이 자료 부족을 이유로 난색을 표하자, 일제강점기에 간행된 건축 잡지 『조선과 건축』에서 한국의 민가에 대한 주요 정보를 얻을 수 있다고 가르쳐 주었다. 실제로 논문에는 매우 많은 분량의 도면들이 등장하는데, 정기용이 잡지를 바탕으로 직접 그린 것이었다. 그리고 1978년, 외가가 있었던 말그리마을을 직접 방문해 그 생각을 보다 구체화했다.

말그리마을은 그에게 '마음의 천국'과 같은 곳이었다.[42] 그러나 유학 중에 방문했을 때 그곳은 새마을운동에 의해 바뀌어 있었다. 마을 길이 넓어지고 포장되었으며 초가지붕이 사라졌다. 그가 보기에는 근대화의 기치 아래, 수백 년간 지속된 집의 원형이 훼손되어 있었던 것이다. 그는 이런 파괴에 분노했고, 지속 가능한 농촌 주거를 탐구해 말그리마을을 살릴 방안을 모색했다. 이로써 그의 파리 제8대학 석사 학위와 파리제6건축학교 졸업 논문의 주제가 정해졌다.[도판 5, 6] 논문에서 건물들은 현대적 평면을 가지면서도 모두 목구조와 흙벽으로 설계되었다. 이같은 생각은 이후 한국에 귀국하고 나서도 계속해서 발전시키는데, 주변에 아직 남아 있는 흙집과 흙담 등을 찾아

6 '농촌마을' 입면. 1983년.

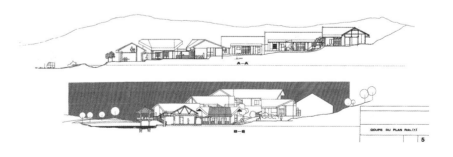

7 영월 구인헌. 2000년 준공.

그 제작 과정을 채록했으며, 하회마을 북촌댁 창고에서는 흙담을 만들던 판축 틀을 찾아내기도 했다.[43]

이 과정에서 흙건축의 여러 장점이 확인되었다. 우선 "흙이라는 자재는 채취가 쉽고, 따라서 건축비가 저렴하다. 또 단열효과나 축열 성능이 뛰어나 기온 차에 따른 조적 기능은 물론이고, 습도조절, 통풍, 환기 등의 기능이 우수하다. 아울러 그 건축물이 폐기될 때 공해를 남기지 않고 흙으로 다시 돌아가는 친환경적인 건축이라는 사실도 빼놓을 수 없다. 반면에 단점은 물에 취약하고, 내구성에 대한 검증이 필요하며 아직까지 미개척 분야이기 때문에 이렇다 할 지침이 없어 설계 및 시공 상의 시행착오가 뒤따라야 한다는 점이다."[44] 이런 단점을 보완하기 위해서 정기용은 기존의 구조 방식과 흙 재료를 혼용했다. 연다산리 주택, 영월 구인헌[도판7], 춘천 자두나무집 등을 보면, 첫번째 주택은 목조를, 나머지 두 주택은 철근콘크리트조를 가지고 전체 뼈대를 형성한 다음, 그 외의 비내력 벽체나 담을 흙으로 처리했다.

8 정기용이 설계한 무주 프로젝트들의 분포도. 주요 건물로는, 무주서창향토박물관(5), 무주군청사(6), 무주공설운동장(9), 무주곤충박물관(18) 등이 있다.

정기용에 따르면, "흙을 사용해 건축물을 구축하는 방식에는 크게 세 가지가 있다. 첫째 흙담을 치기 위한 틀(거푸집) 속에 흙을 다져서 벽체를 만드는 담틀 공법이 있다. 이 경우 벽 자체가 내력벽이 되어 지붕의 하중을 전담하게 되는데, 물을 섞지 않고 다짐으로써 벽체의 압축력이 돌같이 강하게 된다. 둘째는 흙벽돌을 이용한 방식이 있다. 그리고 마지막으로 심벽으로, 나뭇가지나 대

나무, 수수깡 등으로 흙 받을 그릴을 만든 다음 흙을 짚과 섞어 물에 개어 바르는 공법이다."⁴⁵ 정기용은 흙건축을 대중화하기 위해 건물 구조와 벽체를 분리하되, 흙을 다져서 벽체를 만드는 첫번째 방법을 사용했다.

전북 무주에 있는 한 마을회관을 흙건축으로 지으면서 무주군수를 알게 된 정기용은 건축 프로젝트를 제안받게 된다.[도판8] 약 십여 년간 그곳에서 30여 개의 프로젝트들을 수행했는데, 당시로서는 전례가 없는 일이었다. 그는 오랜 시간 작업하게 된 동기에 대해 두 가지를 이야기했다. 우선 급속한 근대화로 농촌이 황폐화되면서, "농촌의 공공건축이 삶과 너무나 동떨어져 있기 때문이다. (…) 한국의 농촌 건축물이 대도시 건축물보다 훨씬 열악하게 지어지는 이유는 구체적인 농촌 삶에 대한 배려와 이를 건축에서 적용할 깊이있는 생각이 결여되어 있기 때문이다."⁴⁶ 특히 면 단위의 인구 구성비에서 장년 및 노령 인구가 차지하는 비중이 엄청 높은 데 비해, 공공건축은 이 계층의 긴요한 요구를 반영하지 못하고 있었다. 이같은 문제를 해결하기 위해 안성면 주민자치센터를 설계하면서 공중목욕탕과 물리치료 시설을 배치했다. 그리고 무주곤충박물관, 무주서창향토박물관[도판9]과 같은 지역 맞춤형 문화 시설을 세워 주민들의 삶의 질을 높이고자 했다.

"두번째로 건축에서 시간이라는 요소에 관한 것이다. 건축은 시간이 흐르면서 사람과 식물에 의해 완성되는 것이지, 건축가가 처음부터 다 완성하는 것이 아니다. 그래서 건축가가 하는 일은 궁극적으로 공간이 아닌 시간을 설계하는 것인지도 모른다. 공간은 수단에 불과하고, 시간은 건축의 목적이 된다."⁴⁷ 그가 무주에서 확인하고 싶었던 것은 주민들의 참여를 통해 오랜 시간에 걸쳐 완성되어 가는 지속 가능한 건축이었다. 무주공설운동장은 이를

10 지속 가능한 건축을 보여주는
무주공설운동장. 1999년 준공.(왼쪽)
11 시간이 지나 성장한 넝쿨이
무주공설운동장의 골조를 덮고
있다.(오른쪽)

잘 드러낸다.[도판10, 11] 건축가는 관중 스탠드에 그늘을 드리우기 위해 골
조만 세우고, 그 뒤로 넝쿨나무를 심었다. 시간이 지나 넝쿨이 성장하며 자연
스럽게 골조를 덮어 나갔고, 지금은 울창한 모습으로 바뀌어 건축가의 바람
을 충족시켜 주고 있다.

19장. 4.3그룹: 마당의 담론

4.3그룹은 1990년 4월 3일, 당시 막 건축 활동을 시작한 삼사십대의 젊은 건축가들에 의해 결성되었다. 이 그룹의 멤버는 곽재환, 김병윤, 김인철, 도창환, 동정근, 민현식, 방철린, 백문기, 승효상, 우경국, 이성관, 이일훈, 이종상, 조성룡이다. 건축에서의 작가주의를 표방했던 이들은 건축이 더 이상 상업적인 수단이 아닌 문화적인 양식임을 주장했다. 이 그룹이 등장한 1990년대 초는 일종의 전환기로, 개발 시대를 지탱했던 군사 독재의 몰락과 함께 한국 현대건축의 1세대가 퇴장하면서 기존의 가치관이 와해되었지만 새로운 건축 질서가 여전히 정립되지 않고 있었다. 이런 상황에서 4.3그룹이 벌인 다양한 활동은 한국 현대건축을 새로운 국면으로 이끌어 가는 데 중요한 모멘텀을 제공했다. 그들의 공식적인 활동은 매우 짧았다. 총 4회의 건축 기행과 23회의 세미나를 가졌고 작품집을 발간하는 등 활발한 움직임을 보였지만, 1994년을 끝으로 더 이상 그룹으로서 활동은 없었다. 그렇지만 그 멤버들은 완전히 흩어지지 않고 서울건축학교, 경기대학교 대학원, 한국건축가학교와 같은 교육기관에 튜터로 참여했고, 그곳에서의 교육적 성과들은 한국 대학의 건축 교육을 개혁으로 이끌었다. 그리고 주요 멤버들은 지방자치단체의 공공건축가로 임명되어, 공공건축에 대한 영향력을 지금까지도 지속시키고 있다.

이 장에서는 4.3그룹 건축가들의 다양한 행보에서 핵심적인 개념으로 등장했던 마당에 대한 담론들을 고찰하고, 그를 둘러싼 생각이 어떻게 변천해 갔는가를 정확하게 규명하고자 한다. 마당은 4.3그룹 멤버들의 생각을 가장 일관되게 관통하는, 시기에 따라 다양한 개념을 생성하며 그 의미를 확장해 나간 주제이다. 특히 비움, 공공성, 풍경과 같은 개념들과 결합하면서 4.3그룹의 활동 방향에 많은 영향을 미쳤기 때문에 시간적 공간적으로 매우 넓게 산개해 있고, 거기에 맞춰 서로 다른 위치의 발화자들이 등장하게 된다. 1990년대 이후에는 세계화가 진행되면서 서구 건축과도 관계를 맺게 된다. 따라서 담론의 형성과 전개 과정을 탐색하고 다양한 참여자들의 위치를 정확하게 포착하는 것이 매우 중요하다. 그리고 담론의 형성 과정에 있었던 다양한 건축가, 비평가, 매체 등을 포섭하는 전체 구조를 파악하고, 그 안에서 일어나는 의미화 signification 의 과정을 별도로 끄집어낼 필요가 있다. 그들이 주고받은 다양한 영향 관계에 주목해, 그들의 생각이 어떻게 경쟁하고, 대립하고, 동화되었는지, 어느 지점에서 분기되고 결합되었는지를 엄밀히 살펴봐야 한다. 이를 위해 마당의 개념화에 영향을 미친 건축가들과 비평가들의 언표화 言表化 된 자료들을 시기적으로 검토했다.

마당이 가진 의미의 역사적 변천

마당은 한국에서 오래전부터 사용되어 온 말로서, 사전적으로는 벽체나 건물에 의해 부분적으로 또는 전체적으로 둘러싸인, 평평하게 닦인 빈 땅을 뜻한다. 어원적으로 이 말은 땅을 의미하는 '마'와, 장소의 의미를 포함하는 '장 場' 혹은 '당'이 합쳐져 만들어진 것으로 알려졌다. 그렇지만 서윤영에 의하면, "마당의 본디 어원은 '맏+앙'이다. 여기서 '맏'이란 맏아들이나 맏딸 등에서 쓰이는 것처럼 '으뜸' 혹은 '큰'이라는 뜻이며 '앙'은 장소를 뜻하는 접미사로서, 가장 큰 으뜸 공간을 뜻한다."[1] 일본의 니시가키 야스히코 西垣安比古 는 이와 다른 견해를 제시했는데, 그는 마당을 풍수지리설에서 길한 자리를 가리키는 명당 明堂 과 관련지었다. 즉 마당은 풍수상의 이상적 길지인 명당에 해당한다.[2] 한국어 접두사 '마'는 높고 남향이며 처음이라는 의미를 가지므로 '명'과 연결 지은 것이다. 이 경우 마당은 주거 생활에서 높은 위계를 가질 뿐 아니라, 초월적인 의미를 동시에 내포하게 된다.[3]

한국 전통건축에서 마당은 다양한 기능과 형태로 등장했다. 조선시대 상류 주택을 보면, 하나의 주거공간 속에 행랑마당, 사랑마당, 안마당, 뒷마당 등이 있었으며, 그 쓰임새는 건물의 성격과 긴밀하게 연결되었다. [도판 1] 기능적으로 보면, 마당은 하나의 담 안에 분리된 여러 건물들을 연결하는 통로로서 사용되었다. 한국의 전통 주택에서 공간은 성별이나 신분별로 철저하게 분리되어 있지만, 중국 주택에서의 회랑이나 일본 주택의 엔가와와 같은 별도의 연결 공간은 존재하지 않고 마당이 그 역할을 대신했다. 또한 한국 전통건축은 목구조로 인해 좁은 내부 공간을 가질 수밖에 없어서, 마당은 연장된 내부로서 다양한 활동이 일어나는 곳이기도 했다. 경우에 따라서는 간단한 농작물을 경작했고, 부분적으로 정원의 역할을 했다. 잔치가 있을 경우 사람들이 모여 식사도 했다.

1 구례 운조루의 안마당.
철저하게 여성을 위한
공간으로 폐쇄적으로 만들어졌다.
1766년 준공.

3부. 세계화 시대: 건축으로의 다원적 접근

마당이 중요한 의미를 가지는 이유는, 생활 속에서 다양한 활동과 놀이가 일어나는 장소였기 때문이었다.

　한국 주거에서 마당은 근대 이후 결정적인 변화를 겪게 된다. 1895년에 발행된 오스트레일리아과학발전협의회 The Australian Association for the Advancement of Science 의 한 회의록에는 한국 주거의 평면도가 실려 있는데, 여기서 마당은 전통적인 의미 그대로 사용되고 있다.[4] 일본 쪽 문헌은 이보다 조금 뒤에 등장한다. 1898년 『겐치쿠잣시』 141호에 게재된 후나코시 킨야船越欽哉의 「조선가옥 이야기朝鮮家屋の話」라는 제목의 강연 기록이 그것이다. 이는 한반도의 민가가 근대 과학의 연구 대상으로서 일본 학술지에 게재된 최초의 기록이다. 여기서 등장하는 한옥 관련 어휘들을 보면, '안방'은 '내방內房'으로, '마루'는 '이타노마板ノ間' 또는 '이타지키야板敷室'로 표기하고 있지만 아직 '마당'이라는 단어는 등장하지 않았다.[5] 그 후 마당을 최초로 인식했던 일본인 학자는 후나코시의 뒤를 이어 한국 건축을 연구한 세키노 다다시關野貞였다. 그는 1916년 발표한 글 「조선의 주택 건축朝鮮の住宅建築」에서 경성의 대로에 면한 가옥을 묘사하며 중정의 존재를 명시적으로 거론한다.[6]

　1920년대에 주거개량운동이 본격화되면서 마당의 의미는 바뀌기 시작했다. 당시 한국의 건축가들에게 마당은 주된 비판의 대상이었다. 그 존재를 특히 부정적으로 바라본 사람은 박길룡이었다. 그는 주거개량에 대해 쓴 글에서 마당을 중정, 혹은 내정內庭으로 부르며, 재래식 주거가 근대 이후의 삶의 방식과 잘 맞지 않는 이유를 마당에서 찾고 다음과 같이 말했다. "이 중정은 중앙통로로만 사용되고 완전한 정원으로는 설비할 수 없다. (…) 실과 실을 연결하는 통로로만 사용되고 화초나 식목을 재배해 조정造庭을 할 수 없으니, 재래식 중정은 일종의 낭하 혹은 통행 면적에 지나지 못하는 부분이다. (…) 중정이 정원으로 쓰이지 못하는 것은 물론이고 실과 실을 통행할 때 반드시 신을 신고 뜰로 내려가게 되었다. (…) 신발을 벗고 사는 생활형식을 가진 우리의 주거형식으로는 불합리한 형식이다. 거주행동이 부자유하고 비능률적이다."[7]

　한국의 전통 주거를 근대화하기 위해 노력했던 박길룡은, 마당에 의해 방들이 흩어져 있는 것보다 한데 모여 있는 집중식 주거를 훨씬 선호했다. 그에게 마당은 전근대적 주거 문화에서 잔존하는 것으로, 근대적 삶을 담기에 커다란 걸림돌이었다. 동시대 다른 건축가들도 비슷한 시각을 가지고 있었다. 박동진은 한국의 전통 주거가 너무나 불합리하고 비능률적이라 근대적인 생활방식을 충족시킬 수 없다고 비판했는데,[8] 그 역시 주로 마당을 중심으로 한 불합리한 배치를 이유로 들었다. 그러면서 자연을 사랑할 줄 모르는 우리에게는 (서구적인) 정원이 꼭 필요하다고 했다.[9] 이처럼 식민 시기에 활동했던 건축가들은 마당과 정원의 의미를 전근대/근대, 봉건적/계몽적이라는 이원적 틀 속에서 부여하고 있었음을 알 수 있다. 도시형 한옥을 통해 마당은 계속해서 도시 중산층에게 중요한 공간이었지만, 건축가들에게는 개선되어야만 하는 전근대적 요소로 인식되었던 것이다.

해방 이후 한국의 주거가 서구화되면서 마당과 정원의 싸움은 정원 쪽으로 기울어진다. 1960년대 말 이후 도시형 한옥이 집장사집으로 대체되면서 마당은 대청과 통합되어 거실로 탈바꿈해 나갔다.[10] 즉, 거실 중심형 주거로 바뀌면서 마당은 내부화되어 거실이 그 기능을 담당하게 되었다. 그 내부 계획에서 가장 중요한 개념으로 등장한 것은 "동선의 효율적 흐름과 공간의 경제적 사용"[11]이었다. 내부 공간과 외부 공간의 관계는 완전히 단절되었다. 그리고 마당을 대신해 정원이 옥내 공간의 연장으로 조망과 휴식, 서비스를 위한 공간으로 간주되었다. 이런 변화는 1960년대 이후 주요 건축가들의 생각을 대변한다. 그들의 작품에서 전통 마당은 더 이상 존재하지 않았고, 별다른 의미도 부여받지 못했다. 1970년 1월호 『공간』에서는 주(住) 환경을 특집으로 다루었는데, 거기서 안병의는 "재래식 주택의 안뜰은 화단으로 가꾸기에 앞서 장독대나 빨래터로 쓰이고, 방에서 방으로 대문에서 집안채로 이르는 통로에 지나지 않아 방안의 연장으로서의 외부 공간의 역할을 다할 수 없다. 결국은 뜰의 세 가지의 기능이 서로 다른 기능을 방해하면서 한 가지의 기능조차도 완전히 해결하지 못한다"[12]고 비판했다. 그리고 서비스 야드를 분리시켜 프라이버시가 있는 안뜰을 이상적인 형태로 제안했다.

그렇지만 전통건축에 예민했던 몇몇 예외적인 건축가도 있었다. 김중업은 한옥 마당의 의미를 명확하게 인식하고 있었다. 그가 썼던 글 가운데, "뜰을 에워싸고 맴도는 우리나라의 집이란 스페인의 멋진 안뜰의 공간을 둘러싸며 삶의 그윽한 보금자리를 장만하는 풍속과 너무나 흡사하다. 삶의 보금자리로서는 인간이 창조한 최상급에 속한다"[13]라는 대목이 있다. 그는 이 글에서 지중해 지방의 중정과 한옥 마당 사이의 유사성을 언급하고 있다. 그러나 이런 생각이 구체적인 설계에 반영되지는 않았다. 실제로는 이경호 주택이나 이강홍 주택에서 볼 수 있는 것처럼 잔디가 심긴 멋진 정원을 만들고자 했다. 오히려 그의 건축에서 강조되었던 것은 "대청의 대들보와 서까래가 연출하는 공간"과 "살짝 치켜올린 지붕의 간드러진 멋이었다."[14]

개발독재 시기에 현재의 마당 개념을 가장 진지하게 검토했던 건축가는 김수근이었다. 그는 전통건축에서 등장하는 마당의 의미를 명확히 알고 있었고, 주요 건물들을 통해 실현시켰다. 그 점은 창덕궁 연경당과 공간 사옥의

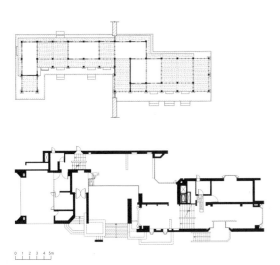

2 창덕궁 연경당 안채 평면(위)과
공간 사옥 평면(아래). 각기 다른
시기에 지어졌지만 유사한 평면 구조를
가지며, 가운데 마당이 있다.

평면을 비교해 보면 명확해진다.[도판 2] 그러나
'마당'이라는 단어를 언표화해 담론 체계에 포함시
키지는 않았다. 그가 쓴 글을 보면, 마당보다 오히
려 한옥의 '문방'이나 '대청'이라는 단어에 많은 강
조점을 두었고, '마당'이라는 단어 대신에 '외부 공
간'이라는 단어를 사용했다.[15] 1974년부터 『공간』
에 한국 건축의 외부 공간에 대해 연재했던 안영
배의 글에서도 전통건축의 마당은 외부 공간 혹은
'내부 공간적 외부 공간'이라고 불렸다.[16] 그런 점
에서 김수근이 가졌던 마당에 대한 생각은 언어에
의해 개념으로 구축되었다기보다는, 직접적인 대
면을 통한 즉자적卽自的인 인식에 머물러 있었다.

당시 공간건축의 실장이었던 김원석은 공간 사옥 구관의 다이어그램에 마당
부분을 외부 공간으로 표기했다. 사옥의 증축을 담당했던 방철린도, 김수근
이 건물 전면에 마당을 집어넣으며 그 존재를 명확하게 의식했지만 직접 '마
당'이라는 단어를 사용한 적은 없다고 증언했다. 공간건축 출신이면서 1980
년대 여러 주택들을 설계한 류춘수 역시 '마당'이라는 단어 대신에 '외부 공
간' 혹은 '외래용 공간'이라는 단어를 주로 사용했다.

그러므로 1980년대 이후 한국 건축의 논쟁점이 '외부 공간'에서 '마당'
으로 옮겨 간 것은 주목할 만한 일이다. 특히 4.3그룹 건축가들은 데뷔 이전
부터 마당의 의미를 분명하게 인식하고 있었다. 그들이 건축 교육을 받았던
1960년대 중반부터 1970년대 초반까지는 전통에 관한 논의가 가장 활발했던
시기다. 따라서 전통건축은 다양한 가치를 생성해내는 바탕으로 인식되었
고, 이후 답사와 조사 활동을 통해 의미를 열정적으로 탐구해 나갔다. 김인철
金仁喆이 석사 논문 주제로 전통건축을 택한 것은 우연이 아니었다.[17] 이성관
도 담에 의해 형성되는 전통 마당의 공간을 융통성, 개방성, 위계성, 과정성,
상보성이라는 다섯 가지 개념으로 탐구했다.[18] 우경국은 1980년대 중반 마당
에 관한 몇몇 논문을 기고했는데, 그 가운데 1985년에 쓴 「조선시대 주택마
당에 관한 연구」[19]는 마당의 의미를 새롭게 조명하고 있다. 당시 건축가들에
게 별로 알려지지 않았던 이 논문에서는 마당의 어원과 사상적 배경, 종류와
특성이 자세히 언급되어 있다.

이와 더불어 마당과 관련된 담론은 그 당시 시작된 북촌의 도시형 한옥
연구에 영향을 많이 받았다. 1985년부터 서울대학교 대학원의 이광노 교수
연구실이 가회동을 시작으로 도시형 한옥에 대한 실측 조사를 시작했고, 그

19장. 4.3그룹: 마당의 담론

결과를 여러 권의 보고서로 발간했다. 이 조사는 이광노 교수가 도쿄대학에 일 년간 머무르면서 일본의 주거 연구에 영향을 받아 시작되었는데, 한옥과 마당에 대한 연구가 거의 없었던 상황에서 중요한 계기를 만들어냈다. 조사에 참여했던 연구자들은 가회동 지역의 한옥들을 유형화해 여러 논문을 발표하게 되는데, 도시형 한옥이 마당을 중심으로 한 ㄷ자형 평면 형태로 특징 지어진다는 것과 길과 마당 배치가 긴밀한 관계를 갖는다는 것을 중요하게 언급하고 있다.[20] 이런 연구와는 대조적으로 도시형 한옥은 1970년대 이후 건축가들의 시야에서 사라졌다. 급속도로 팽창하는 도시공간 속에서 건축가들은 건축물의 대량 생산에 매몰되었고, 도시형 한옥은 그 의미를 잃어버렸던 것이다.

1990년대에는 안도 다다오安藤忠雄의 영향력이 4.3그룹 건축가들에게 크게 작용했다. 그의 건축은 다양한 경로를 통해 한국에 알려졌는데, 특히 1988년에는 토탈디자인사 주최로 서울에서 초청 강연회가 개최되었다. 그가 설계했던 건물들 가운데, 한국 건축가들에게 특히 파급력을 미친 작품은 스미요시 주택住吉の長屋과 롯코 집합주택六甲の集合住宅이었다. 스미요시 주택에서 가장 눈에 띄는 특징은 바로 긴 건물의 삼분의 일을 차지하는 빈 공간이다. 안도는 이것을 일본의 전통적인 안뜰을 가리키는 '니와庭'라고 부르지 않고 '보이드void'라고 불렀다.[21] 그것의 성격은 단지 관상의 대상일 뿐인 일본식 정원보다는 한국의 마당과 더욱 유사해 보인다. 실제로 한옥의 마당처럼 비어 있지만 잠재력이 충만한 공간이다. 거기서 4.3그룹 건축가들은 마당의 의미를 읽게 된다.

네 번의 전시회

마당에 새로운 의미가 부여된 계기는 1989년 일본 도쿄에 위치한 갤러리 마 TOTOギャラリー・間에서 개최된 「신세대 한국건축 3인전新世代の韓国建築三人展」이었다. 이후 4.3그룹 멤버들이 주도적으로 참여했던 3개의 전시회, 즉 1991년 「가회 동 11번지 주거계획 건축전시회」, 1992년 「이 시대 우리의 건축」, 1994년 '분 당주택 전람회 단지' 계획을 거치며 1990년대 마당은 건축적 담론을 관통하는 키워드로 떠오르면서 한국 건축계 전반으로 확산되었다.

갤러리 마는 매년 십여 차례 건축 전시회를 개최하며 일본에서 건축적 향방을 결정하는 데 영향력이 컸다. 서울올림픽이 성공적으로 개최된 이후 일본에서 한국 문화를 이해하려는 요구가 높아지자, 1989년 5월 8일부터 한 달간 김기석金琪碩, 조성룡, 김인철 세 명의 한국 건축가를 초청하여 전시회를 개최했다.[22] [도판 3] 주제는 '마당의 사상マダンの思想'으로, 조성룡은 인터뷰에

3 일본 도쿄 갤러리 마에서
'마당의 사상'을 주제로 개최된
「신세대 한국건축 3인전」. 1989년.

4 김기석의 '우리마당' 연작 모형.
1977-1981년.

서 일본 쪽에서 제안했다고 했지만 나중에 이것은 김기석의 제안이었음이 밝혀졌다.[23] 사실이 어느 쪽이든 마당은 이 전시를 관통하는 주요 키워드였음이 틀림없다. 전시에 앞서 전시 기획자들은 한국의 전통건축을 답사하면서 "마당이 한국 전통건축의 공통된 요소라는 사실을 인지하게 된다."[24] 이는 한국의 주거와 건축을 연구했던 일본 학자들도 공통적으로 가지고 있는 생각이었다. 일본의 '하우징 스터디 그룹'은 한국 주거를 집대성하면서 '온돌과 마당의 주거양식'으로 정의했다.[25] 조성룡은 이에 대해, "1970-1980년대 일본건축이 서양에 소개되면서 '마'나 '오쿠'와 같은 주제를 내걸었는데, 그것이 서구인들에게 어필했고, 아마 그런 경험이 이 전시회의 주제 선정에도 영향을 끼친 것 같다"[26]고 언급했다.

세 명의 건축가 가운데 김기석은 4.3그룹 멤버는 아니었지만 당시 300여 채의 고급주택을 설계했을 정도로 왕성한 활동을 펼치고 있었다. 그가 설계한 주택들은 대부분 마당을 특별히 중요하게 고려하지 않았다. 건물은 여전히 견고한 오브제로 대지 한가운데 자리잡고, 정원은 건물과는 별개로 나머지 부분에 설치되었다. 그렇지만 1977년 시작된 홍대 앞 '우리마당' 연작은 그의 작품에서 새로운 변화를 보여주고 있다.[도판 4] 이는 도로변에 위치한 붉은 벽돌로 된 단독주택 3채를 주거 시설과 근린 생활 시설, 문화 시설이 뒤섞인 복합 건물로 리노베이션하는 프로젝트였다. 처음부터 한꺼번에 계획된 것이 아니라 오 년 여에 걸쳐 순차적으로 진행되었고, 그 과정에서 다양한 시도들이 이루어졌다. 먼저 첫번째 집에서 건축가는 1층을 근린 생활 시설로, 2층을 주거공간으로 분리하면서 주거 쪽으로 접근하는 가늘고 긴 접근로를 설치했다. 그것은 마치 전통마을의 골목길처럼 기분 좋은 장면을 만들어냈다. 두번째 집에서는 가로와 접한 부분에 그와 평행한 아치형의 터널을 만들고 그곳을 통해 안마당으로 들어가도록 했다. 세번째 집에서는 전면에 필로티를 설치하고, 건물 중심에 작은 마당을 놓았다. 이 세 주택을 통해 건축가는 명확히 도시 건축을 실현시키고자 했다. 마키 후미히코가 힐사이드 테라스 Hillside Terrace 에서 했던 것과 유사한 방식의 길과 마당이 만들어졌다. 김기석 스스로도 "이 프로젝트를 통해 건축의 도시적 의미를 발견하고 건축 생명에 대한 센스를 감지했다"27고 술회했으며, 이를 갤러리 마 전시회에 주요 작품으로 출품했다.

전시회 기간 동안 함께 진행된 심포지엄에서는 '서울발 1989년 동아시아의 건축적 전망'이라는 주제로 건축가들의 발표가 이어졌다. 여기서 김기석은 한국 건축의 특징을 다음과 같이 설명했다. "채와 마당이 언제나 한 쌍을 이루며 건축 공간의 기본 단위를 이루고, 공간의 사슬을 만들어 가는 것이 한국 전통건축의 전개 방식이다. 거기서 마당은 하나의 잠재적인 공간으로 사용자에 따라서 또는 때에 따라서 기능이 선택된다."28 이후 이를 더욱 정교하게 발전시켜 마당의 의미를 정리했다. 그는 우선 한국 문화를 보따리에 비유했다. 보따리는 "주인이 마음먹기에 따라서 이것저것 집어넣어서 창조적인 성과물을 만들어낼 수 있다. 우리 음식의 탕이나 쌈, 비빔밥이 그 대표적인 예이고, 그 보자기가 주거공간에 나타난 것이 곧 마당이다."29 이 때문에 중정은 중국을 비롯한 다른 나라의 주거 형식에서 대부분 등장하지만, 한국의 마당은 유일하게 한국에만 있다고 보았다.

김인철은 마당이 가지는 한계의 투명성에 대해 언급하면서, "마당의 의미는 그 영역의 확보가 공간성과 연계될 때 비로소 이루어진다"고 보았다.30

5 「가회동 11번지 주거계획 건축전시회」에서 선보인 김인철의 계획안. 1991년.(위)
6 「가회동 11번지 주거계획 건축전시회」에서 선보인 이종상의 계획안. 1991년.(아래)

그렇지만 논현동 삼헌제 주택을 제외하고는 그의 출품작에 이런 개념이 담겨 있지는 않았다. 조성룡은 '마당'이라는 주제를 받았을 때 다소 의아하게 생각해 표제로 '도시, 풍경, 장소'를 내세웠다. 그렇지만 아이러니하게도 그가 출품한 작품들은 다른 건축가들의 작품에 비해 마당 개념을 가장 명료하게 보여준다. 그의 합정동 주택과 청담동 주택은 안도 다다오의 영향하에 지어진 작품들로, 채 사이로 난 마당을 통해 수평적이고 수직적인 공간의 상호관계를 만들어내고 있다.

일본 전시회에 이어, 마당에 대한 담론이 보다 명료한 형태로 표출된 때는 1991년 6월에 개최된 「가회동 11번지 주거계획 건축전시회」에서였다. 김인철, 우경국, 장세양, 이종상, 백문기, 조성룡이 참여한 이 전시회는 두 가지 측면에서 커다란 의미가 있었다. 우선, 주민들의 집단행동으로 촉발된 주거 및 도시 문제에 건축가들이 직접 참여해 대안을 제시했다는 점이다. 1983년에 서울시는 가회동 일대를

7 우경국이 설계한 평창동 주택 몽학재의 배치도. 두 건물 사이로 마당이 보인다. 1993년 준공.

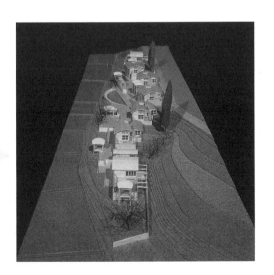

8 「이 시대의 우리의 건축」전에서 선보인 작품 중 방철린의 '탁심정이 있는 마을'. 길과 마당의 주제가 반복되고 있다. 1992년 설계.

한옥 보존 지구로 지정하면서 한옥 형식 이외의 건축물의 축조를 금하는 조례를 만들었다. 그렇지만 주민들의 불편과 피해가 가중되면서 이 조례는 1991년 4월에 전면 해제되었고, 이로 인해 가회동 일대의 난개발이 예고되었다. 그 와중에 이 전시회는 보다 조화로운 개발을 위한 일종의 가이드라인을 제시할 목적으로 기획되었고, 그런 점에서 "1990년대 등장하게 될 건축의 공공성과 관련한 최초의 시도"[31]로 여겨진다. 여기에서는 한옥 보존 지구의 보존과 개발을 둘러싸고 다양한 논의가 이루어졌고, 이 과정에서 도시형 한옥의 마당을 어떻게 현대적으로 이해할 것인가가 주요 이슈로 부각되었다.[도판 5, 6]

이 전시회에서 "우경국, 이종상, 조성룡의 계획안은 모두 계획안을 풀어가는 중심 주제로서 길과 마당을 설정하고 있다. 그것은 한옥 주거지가 갖고 있는 중요한 건축적 가치가 길과 마당으로 요약될 수 있으며, 설사 건축적 형태가 바뀐다 하더라도 길과 마당은 현실 속에서 재해석되어 존재할 수 있으리라는 건축가들의 믿음에서 비롯된다. 그러나 동일한 주제이지만, 서로 다른 해석을 보여준다. 길의 폭과 마당의 규모가 다르고, 길과 마당이 존재방식이 다르다."[32] 우경국은 가회동 지역이 갖는 장소적 특징을 고려해 길과 길에서 벌어지는 이웃 주민들의 다정한 대화들이 현대건축에 반영되어야 한다고 생각했다.[33] 그래서 ㄱ자형 건물들을 반복시키면서 마당을 만들고 이들을 길과 연계시켜, 가운데 경사진 길들을 따라 올라가다 보면 다양한 형태의 마당들이 등장하게 된다. 우경국은 이런 생각을 더욱 발전시켜 1993년 평창동에 지은 몽학재에서도 건물과 건물 사이에 마당을 조성했다.[도판 7] 비슷한 시도가 조성룡의 계획안에서도 확인된다. 그는 한가운데 뻥 뚫린 '길마당'을 중심으로 6개의 건물들을 서로 긴밀하게 배치했다. 여기서 '길마당'이란 길과 마당이 복합된 것으로, 조성룡은 "서양에는 광장이 있지만, 우리는 전통적으로 길마당이란 말을 많이 썼다"[34]고 설명했다. 마지막으로 김인철은 "집들을 계단 모양으로 얹혀서 윗집이 아랫집의 지붕을 마당으로 사용하게 했다. 이렇게 해서 모든 세대가 같은 조건의 마당을 가지고 땅의 경사진 모양에 따라 배치되도록 했다."[35]

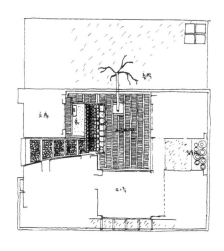

9 승효상의 수졸당 평면 스케치.
1992-1993년.

1992년 12월 4.3그룹 건축가들은 동숭동 인공갤러리에서 「이 시대 우리의 건축」전이라는 그룹 최초의 전시회를 개최했다.[도판 8] 승효상은 마당과 관련해 주목할 만한 생각을 선보였는데, 논현동 주택 수졸당의 공간 개념을 설명하며 마당을 장자의 무용無用의 공간과 연결시켰다. 그에 따르면 "무용의 공간은 도시의 길에 이어진 골목의 연장으로 시작한다. 흙마당과 마루마당, 장독이 있는 뒷마당 그리고 윗마당 등으로 구성된 이 공간은 서로의 구획을 넘나들며 때로는 정원으로, 때로는 거실로, 때로는 오브제로, 때로는 공허로, 때로는 침묵으로 다가올 것이다."[36] 수졸당을 설계하며 건축가는 하나의 건물을 여러 채로 의도적으로 나누어 사이 공간들을 만들고 다양한 형태의 마당들을 집어넣었다.[도판 9]

민현식閔賢植은 여기에 국립국악학교를 출품하며, 비어 있는 마당을 강조했다. 그에 따르면, 우리 전통건축의 내외부 공간은 특정한 하나의 기능이 주어진다기보다는 항상 중성적으로 남아 있다가 때에 따라 어떤 특유의 기능 혹은 행위가 도입되었을 때 비로소 의미를 가질 수 있도록 철저히 비어 있게 한다.[37] [도판 10]

1994년부터 추진된 '분당주택 전람회 단지' 계획 역시 마당의 개념이 확산되는 데 중요한 역할을 했다. 이는 분당 신도시에 일부 대지를 마련해 주거 작품을 짓는 프로젝트로, 1991년 수도권 5개 신도시 건설을 기념하기 위해 조성된 1만 5,900평의 대지에 조성되었다. 이 땅을 사들인 건영, 쌍용건설, 한화 등 7개 건설사가 건축가들에게 설계를 의뢰해 단독주택 24가구와 빌라 181가구 등 205가구가 세워졌다. 총 21명의 건축가가 100명으로 구성된 선정위원들에게 초청받아 참여했는데, 참여 건축가 중에는 4.3그룹의 멤버인 승효상, 민현식, 김인철, 조성룡, 이성관 등도 포함되어 있었다. 그러나 가장 많은 땅을 갖고 있던 건영이 1995년에 경영난을 겪으면서 조성이 지연되었고, 건축가들은 그 사이 이전과는 다른 설계안을 제안해서 완공시켰다.

4.3그룹 건축가들은 다른 건축가들과는 차이가 있는 건축 언어를 사용해 단독주택과 집합주택을 제안했다. 여기서도 의미를 명확하게 인식한 마당이 제안되었다. 그들은 더 이상 전통이란 단어는 쓰지 않으면서, 마당과 길, 비움을 주요 개념으로 채택했다. 김인철 [도판 11]과 조성룡은 빌

10 민현식이 설계한
국립국악학교의 마당. 1992년 준공.

라 건물을 설계하면서 마당을 건물 가운데에 배치해 건물의 안과 밖 사이에 새로운 관계를 구축하고자 했다. 민현식 역시 2개의 빌라 사이에 텅 빈 마당을 집어넣었고, 출입구에 들어서면 곧바로 마당과 연결되어 거주자들이 그곳을 가로질러 집으로 들어가도록 했다. 승효상도 단독주택에 2개의 마당을 설치했는데, 하나는 안방을 위한 폐쇄된 마당이고, 또 다른 하나는 사랑방을 위한 열린 마당이었다. 전통적인 안마당과 사랑마당을 현대적인 주택 속에 포함한 것이다.

11 김인철이 설계한 분당주택. 2002년 준공.

네 번의 전시회를 거치며 마당은 4.3그룹 건축가들의 주요 다이어그램으로 자리잡았다. 많은 멤버들이 이를 주제로 건물을 설계했고, 마당에 대한 담론은 점차 4.3그룹을 넘어 확산되어 나갔다. 특히 김영준, 김종규, 정재헌,

12 김영준이 설계한 일산 허유재병원의 마당은 공간들의 상호 관입을 통해 수직적 차원으로 확장된다. 2004년 준공.(왼쪽)
13 정재헌이 설계한 도천 라일락집. 한국 전통의 마당을 현대적 방식으로 담아냈다. 2015년 준공.(오른쪽)

최욱, 황두진, 이소진과 같은 한 세대 젊은 건축가들에게도 마당은 중요한 개념으로 채택되었다. 그중 김영준이 설계한 일산 허유재병원은 마당 개념을 새로운 방향으로 확장하고 있음 보여준다.[도판12] 이 건물은 김수근의 공간 사옥처럼 단순한 입방형 형태와 복잡한 내부 공간의 강한 대조를 드러내고 있다. 또 병원의 복잡한 기능들이 훨씬 밀도있게 계획되면서, 마당은 수평뿐 아니라 수직적인 차원으로 확장되었다. 김영준이 네덜란드에 머물 당시 건축가 그룹 엠브이알디브이MVRDV가 비프로 저택Villa VPRO을 설계하며 추구했던 접근방식에 깊은 인상을 받고서 그것을 한국적 마당 개념과 접목시키고자 했다. 그래서 병원의 각 층마다 저마다 다른 빈 공간을 만든 다음, 그들을 수직적으

로 쌓아 올려서 매우 독특한 공간적 대조와 변화를 이끌어냈다. 이렇게 다양한 형태로 삽입된 빈 공간은 병원 내 서로 다른 영역의 기능들을 중재했고, 그런 점에서 전통건축의 마당과 유사한 역할을 수행했다. 이는 곧이어 승효상의 휴맥스빌리지에도 영향을 미쳐서, 마당은 이제 수직적으로 확장된 개념으로 자리잡는다.

정재헌도 마당 개념을 가장 오랫동안 탐구한 건축가로 손꼽힐 만하다. 그의 건물들은 전통적인 마당을 현대적 방식으로 담아내면서 내외부 사이의 독특한 관계를 만들었다. [도판 13] 프랑스에서 유학하며 앙리 시리아니Henri Ciriani로부터 공간 구성에 관한 문법을 집중적으로 배웠지만, 한국에서의 작품들은 시리아니의 작품과는 완전히 다른 태도를 보여준다. 그는 프랑스에서 배운 방식이 한국의 기후나 생활방식에 적합하지 않다고 판단했고, 더욱이 한국인들은 마당을 통해 건물 내외부 사이에서 이루어지는 다양한 활동들을 선호한다고 보고 이를 자신의 건축에 적극적으로 활용했다. 이에 따라 정재헌은 전통적인 마당을 이용해 내외부의 상호관계를 강조하고, 견고한 재료와 디테일로 새로운 공간 개념을 추구해 나갔다.

마당과 광장

1990년대 중반 이후 마당에 대한 강조점이 바뀌게 된 데는 한국 사회에 화두로 등장했던 세계화와 민주화가 크게 작용했다. 우선, 세계화가 사회 전반에 걸쳐 진행되면서 더 이상 한국적 가치만으로는 충분하지 않다는 인식이 확산되었다. 이런 한계는 1990년대 초 처음 개최되기 시작한 '아시아 디자인 포럼'에서 잘 나타났다. 이 포럼에 초청받은 4.3그룹 건축가들은 자신들의 작품을 설명하기 위해 경쟁적으로 한국 전통건축을 끌어들였지만, 외국의 건축가들에게 그 의미는 잘 전달되지 않았다. 또한 그들은 더 이상 전통건축에 의존하지 않는, 세계적인 관점에서 보편적으로 받아들일 수 있는 건축적 가치를 생성해야 한다는 비판을 받게 되었다. 이런 자각은 그들의 시각을 확장시키는 계기가 되었다. 또한 한국 사회의 민주화는 건축가들에게 새로운 시각을 열어 주었는데, 이전의 선배들이 그랬던 것처럼 건축을 일부 엘리트들을 위한 도구로 보면 안 된다는 것이었다. 근대건축을 도입하는 과정에서는 엘리트주의를 피할 수 없었지만 민주적인 사회로 거듭나면서 건축은 보다 공공적인 목적을 위해 봉사해야 한다는 생각이었다.

이 시기 젊은 세대 건축가들에게 중요한 돌파구는 한샘 기행을 통해 제공됐다. 가구 회사인 한샘의 후원으로 주요 전통건축물들을 답사하는 프로그램이었다. 이 프로그램에서 건축가들은 피상적으로 알아왔던 전통건축의 원리들을 고건축 전문가들의 설명을 통해 깨우치게 되었다. 더욱 중요한 사실은 건축가들이 관광버스를 함께 타고 다니면서 건축계의 고질적인 관행과 제도적인 모순을 바꿔야 한다는 공감대를 형성하게 된 것이다. 특히 건축 교육의 문제점들이 부각되었고, 이는 경기대학교 건축대학원과 서울건축학교의 설립으로 이어졌다.

여기에서 기존의 논의들을 뛰어넘는 새로운 주제의 실험들이 이루어졌다. 그리고 유학 후 돌아온 젊은 세대 건축가들이 튜터로 참여해 학생들의 작품에 대해 다양한 생각들을 주고 받았다. 서울건축학교에서 주어진 과제들을 보면, 중심 주제가 한국성에서 점차 도시 쪽으로 옮겨 갔음을 확인할 수 있다.[38] 도시 속에서 건축의 의미를 찾게 되면서 건축의 공공성이 부각되었다. 당시 마당과 공공성의 개념이 결합하게 된 데는 이같은 인식 변화도 한 몫했다. 그전까지 도시에 대한 문제는 국가에 의해 톱다운 방식으로 진행되어 건축가들이 개입하기 힘든 영역이었다. 군사정권은 개발의 효율성을 위해 많은 도시 관련 법과 제도를 도입했으며, 도시 관련 국가 연구소에서는 정권의 의도에 맞춰 도시설계를 수행했다. 일단 이렇게 도시가 계획되고 나면 철저히 부동산 가치 위주의 개발이 이루어졌다. 도시공간은 주민들의 이해와는 상관없이 익명의 공간으로 바뀌었고, 건물들이 마치 모자이크처럼 개별적이고 이기적인 모습으로 들어섰다. 그렇지만 건축가들의 인식이 건축물 자체에서 도시적인 차원으로 넘어가면서 건축의 존재 이유를 새롭게 설정할 수 있었다. 정기용은 서울에 대한 연구를 진행하면서 도시를 채워진 곳과 비워진 공간으로 구분했다. 채워진 것들이 집들이라면, 비워진 공간은 그 성격에 따라 통행을 위한 도로나 광장 그리고 공원으로 사용되고 있다. 그래서 한 도시의 성격은 채워진 것과 비워진 것의 적절한 비례에 따라 규정될 수 있다고 보았다.[39] 그러면서 2002년 한일월드컵 경기 때 서울시청 앞 광장과 세종로에 몰려 든 군중들을 보고 "잃어버렸던 광장의 발견이고, 잊고 살았던 공공성의 귀환"[40]이라며 광장의 의미를 마당과 결부시켰다. 즉, "전통적인 민가에서 마당이라는 빈 공간을 중심으로 방들이 에워싸고 있고, 모든 방들이 마당으로 연결되는 것처럼, 광장 역시 사람들의 인식 속에서 중심이 되는 텅 빈 공간으로, 거기서 마을 구성원들의 희로애락을 표출시키는 특별한 장으로 작동하는 곳"[41]이라고 했다.

전통 주택의 마당이 광장 개념으로 확장될 수 있었던 것은, 도시에서 공공성을 새롭게 정의하려는 시도와 깊은 관련이 있다. 서구 문명사에서 광장은 시민 사회의 형성과 깊은 연관을 가진다. 광장은 도시에 거주하는 개인들이 자유롭게 만나서 의견을 교환하는 장소로, 민주적인 사회 제도가 확고하게 작동해야 공동체의 공용 공간으로서 잘 유지될 수 있다. 오랫동안 지배자를 중심으로 한 위계적인 질서를 가지고 있던 동아시아의 도시에서, 그러한 광장은 당연히 존재하지 않았다. 그 대신 공동체의 다양한 활동을 지탱했던 것이 바로 담으로 둘러싸인 마당이었다. 따라서 이 시기 마당이 공공성의 의미를 획득하게 된 이유는 한국 사회의 민주화와 더불어, 잃어버린 공동체 의식을 도시에서 되찾아 보려는 시도와 깊게 연관되어 있다. 마당은 광화문광장과 같이 도시적 스케일에서부터, 동네의 근린 공간에 이르기까지 다양한 스케일로 변형되어 도시 곳곳에 출현했다. 이러한 흐름을 반영해 2003년과 2009년에는 서울광장과 광화문광장을 새롭게 조성하기 위한 현상설계가 진행되었다.

마당의 공공성은 서울광장이나 광화문광장과 같은 대규모 도심 광장뿐 아니라, 1990년대에 등장했던 쌈지공원(혹은 마을마당)이라는 도시 소공원 운동과도 깊은 관련이 있다. 쌈지공원 사업은 1990년 문화부의 발족과 함께 초대 장관으로 임명된 이어령에 의해 제안되었는데, 그 유래는 미국 최초의 포켓 파크 pocket park 인 뉴욕 팔레이 파크 Paley Park 에서 찾을 수 있다. 문화부는 서울시와 공동으로 대도시 문화 소외 지대 주민을 위한 쌈지공원 조성 사업을 벌였고, 여러 지역에서 실현되었다. 이로써 당초 목표였던 공원 녹지의 확보와 자투리 공간 활용의 취지를 넘어, 문화를 일상 속으로 확산시킴으로써 지역 주민들의 높은 호응을 이끌어냈다. 서울시는 이 생각을 이어받아 마을마당 사업을 시행하게 되고 중계동 쌈지공원을 시작으로 서울에만 30여 개의 공원이 만들어졌다. 마을의 정체성이 깃든 상징성있는 공간을 주민 누구나 사용할 수 있는 개방된 공간으로 만드는 데 목적이 있었다. 건축가 최문규가 인사동에 쌈지길을 설계하게 된 것도 바로 이런 시대적 흐름과 무관하지 않다. 그는 건물 중심에 커다란 마당을 중심으로 500미터에 달하는 긴 경사로를 배치했다. 이렇게 만들어진 마당은 과거 한옥의 마당처럼 인사동에서 일어나는 다양한 놀이들을 끌어들여서 다양한 행위의 장을 제공하게 된다. 마당 개념이 도시적으로 확장된 좋은 예인 것이다.

마당의 공공성이 강조되면서 한국의 건축가들은 당시 서구에서 제기되었던 어반 보이드 urban void 개념[42] 과 조우하게 된다. 한국 건축가들이 이 개념을 처음 접했을 때 마당의 의미가 환기되며 서로 적극적으로 결합되었다. 그들은 개별 건물 간 혹은 건축물 내부에서 마당과 같은 빈 공간을 확보해 도시인들에 되돌려 주고자 했다. 이런 생각이 가장 잘 드러난 건물이 2019년에 개관한 서울도시건축전시관이다. 원래 이 자리에는 국세청 남대문 별관 건물이 있었으나, 2013년 서울시는 시 소유의 청와대 사랑채를 중앙정부와 맞교환하기로 결정하며 부지를 확보했다. 덕수궁과 성공회성당에 인접해 있는 이 부지를 활용하기 위해 새로운 접근 방식을 취했는데, 건물을 철거하고 부지를 비운 다음, 지하 공간을 활용해 문화 공간을 확충한다는 계획이었다.[43] 이런 방침에 따라 국제현상설계가 실시되고, 당선안에 따라 건물을 3.2미터 정도로만 올리고, 나머지 기능은 모두 지하에 설치했다. 이로 인해 건물 뒤쪽에 있는 성공회성당이 드러나 보이면서 새로운 도시 풍경이 만들어졌다. 그리고 건물 상부는 빈 공간으로 활용되도록 했는데, 그런 점에서 이 건물 상부의 마당은 텅 비어 있지만 의미가 충만한 공간이며, 내외부의 경계가 명확하지 않기 때문에 건물들이 서로 충돌하고 침투해 가는 공간이다.

비움의 잠재성

마당의 의미는 광장의 공공성과 더불어 '비움 emptiness'이라는 다소 추상적인 개념으로 발전되었다. 여기에는 민현식의 역할이 컸다. 그는 1970년대 초반 김수근의 공간건축에서 서울대학교 예술관 설계에 참여하면서 외부 마당에 주목하기 시작했다.[44] 이 프로젝트에서 김수근은 한국의 전통 마당을 참조해 음대와 미대, 환경대학원에 각각의 작은 마당들을 만들어 그들의 내부 기능을 보완하도록 했다.[45] 이런 설계 방법은 민현식에게 영향을 미쳐, 원도시건축으로 옮긴 후에도 비슷한 주제로 건물들을 설계하게 되었다. 1989년 그는 런던의 영국건축협회건축학교 Architectural Association School of Architecture (이하 AA건축학교)로 유학을 떠나, 설계 과정에서 떠올렸던 다양한 생각들을 체계화하고자 했다. 교수들에게 한국의 마당에 대해 설명하자, 그들은 마이클 베네딕트 Michael Benedikt의 책들을 소개해 주었다. 민현식에게 그의 생각은 매우 큰 울림으로 다가왔다. 루이스 칸이 설계했던 킴벨 미술관과 소크 연구소를 집중적으로 탐구했던 베네딕트는 거기서 다음과 같은 사실을 발견했다. "비어 있음은 상실과 외로움의 골이 깊은 허무, 배고픔의 고통이 아니라 고요함, 명료함, 투명성 등의 의미를 갖는다. 비어 있음은 소리 없이 반향하며, 충만하게 되고자 하는 잠재력으로 완성을 향해 열려 있음을 뜻한다."[46] 이런 주장은 그가 평소에 가져 왔던 마당에 대한 생각과 일치하는 것이어서, 비움의 개념에 좀더 천착하게 되었다.

1992년 4.3그룹 전시회에서 민현식의 출품작들을 관통하는 주제가 '비어 있는 마당'이었다. 그는 건물이 세워진 후에 그 결과로서 만들어지는 소극적인 비움이 아니라, 적극적인 비움을 구축하고자 했다. 그에게 비워 둔다는 것은 공간의 기능을 중성화하려는 것이고, 비어 있음은 하나의 공간에 절대적인 질을 가지게 하려는 것이었다.[47] 이는 파주출판도시 건설 초기에 세워

14 민현식이 설계한 파주출판도시 인포룸. 두 건물 사이에 마당이 존재한다. 1999년 준공.

져 회의실 겸 안내데스크 역할을 했던 인포룸에서도 잘 나타난다. [도판14] 그는 여기에서 박스형 건물 2개를 9미터 거리를 두고 병치시키고 그들 사이에 빈 공간을 만들었다. 건축가에 따르면 마당의 핵심은 바닥판의 구조에 있다. "'마당'은 그곳을 점유하는 방식에 따라 그 장소의 성격이 한시적으로 규정되기 때문에, 변화되는 조건, 요구된 기능, 활동 패턴을 탄력적으로 수용할 수 있어야 한다."[48] 여기서 그는 마당과 비움에 대한 생각을 정확히 드러낸다. 마당은 주로 불확정적인 공간 혹은 정의되지 않는 공간으로 불릴 수 있는 것으로, 다양한 변수에 따라 한시적으로 적절하게 대응하는 공간이다.

'비움'의 잠재성은 1990년대 후반 마당을 추상적인 건축 개념으로 발전시키는 데 중요한 역할을 했다. 승효상과 민현식은 2003년 미국 펜실베이니아대학에서 개최한 전시회 제목을 「비움의 구축 Structuring Emptiness」으로 정했다. 그것은 두 건축가가 대전대학교 혜화문화관과 기숙사를 각각 설계하면서 공유한 가치이기도 했다. 전시에 맞춰 출간된 동명의 책을 보면, '마당'이라는 단어 대신에 '비움'이라는 단어에 많은 강조점이 놓이는 것을 알 수 있다. "비움은 지난 십여 년간 나와 승효상 선생이 공유해 왔던 것이고, 서로 각기 개별적인 사유와 실천의 차이에 따라 적절히 발전하고 변용되어 왔다."[49] 민현식은 지속적으로 비움의 철학적 의미를 탐구해 나갔다. 최근의 저서에서 그는 비움을 데리다의 '차연 différance', 들뢰즈의 '기관 없는 신체 Corps sans Organe', 중용의 '성 誠'과 연관 짓고 있다.[50]

그렇지만 또 다른 4.3그룹 멤버였던 이성관은 마당을 이들과는 다른 관점으로 인식했다. 그는 민현식이 마당을 '비움'으로 해석하는 데 비판적이었다. 그가 보기에 마당은 비워지기 위해 존재하기보다 오히려 쓰이기 위해 존재하는 것으로, 전통 주거에서 기능상 반드시 필요한 것이었다. 예를 들면, 야구장이 텅 비어 있을 때는 초현실적인 인상을 주어서 나름대로 감성을 자극하지만, 야구장은 사람들이 모여 경기를 펼칠 때만 작동하는 공간이다. 마찬가지로 민방위 훈련 때 텅 빈 넓은 도로를 보면 감성적으로 특이한 느낌을 받지만, 도로는 근본적으로 차량이나 사람들에게 이용되기 위해 존재한다.[51] 이런 관점에서 한국의 전통 마당은 단순히 비어 있는 공간과 구분될 필요가 있다.

그는 마당을 한국 건축의 고유한 것으로 보는 데도 반대한다. 실제로 여러 지역들, 특히 지중해의 주거에서도 공통적으로 발견되기 때문이다. 류이스 세르트가 거기서 영감을 받아 중정식 주택을 제안한 사실도 잘 알려져 있다. 또한, 여백은 서구의 '배경'과 '형상' 개념에서도 존재하기 때문에 꼭 동양적인 개념만은 아니다. 그는 마당이 한국 건축에 지배적으로 등장한다는 것은 인정하지만, 무조건 존재해야 한다고 단정 짓는 것은 위험하다고 봤다. 그래서 빈 공간을 미학적으로 설계한 뒤 그것을 전통과 연관시키는 데 부정적이었다. 그에 따르면 건축에서 여백은 프로그램에 의해 설명될 뿐이지, 미학적인 것이 아니기 때문이다. 그는 과거의 마당은 현대에 들어 이미 죽었다고 본다. 그것을 성립시키는 과거의 생활 방식이 사라졌기 때문이다.

이런 맥락에서 보면, 이성관의 건축에서 등장하는 중정은 전통적인 마당과는 전혀 상관없는 것이다. 그는 마당 대신 건물에 새로운 공간 개념을 부여하기 위해 빈 공간을 도입했다. 이것은 그가 설계한 분당 주거 작품에서 잘 나타난다. 건물 중앙에는 수水 공간이 의도적으로 배치되어 있는데, 거주자들에게 새로운 공간을 체험할 수 있도록 하기 위해서였다. 그것은 마당처럼 보이지만 실제로는 다른 4.3그룹 멤버들의 마당 개념에 대한 의도적인 반발을 담고 있다. 그에 따르면, 이 주택은 전통적인 도심형 내향 구조를 원형으로 했으나 그 구조의 핵심이 되는 내부 마당은 유동流動의 반사 수면으로 치환시켰다. 이를 통해 실내외 공간의 유기적 관계로 보완되던 과거 주거의 기능들이 지금은 실내 공간 영역으로 흡수됨을 상징화하고, 다만 마당에 대한 미학적 기억만을 시각적으로 연출하려 했다.[52] 이런 생각은 탄허기념박물관 [도판 15]과 여초서예관에서도 계속해서 이어지고 있다. 여기서도 마당과 같은 빈 공간이 건물 중앙에 배치되었지만 그 쓰임새는 완전히 달랐다.

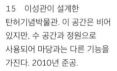

15 이성관이 설계한 탄허기념박물관. 이 공간은 비어 있지만, 수 공간과 정원으로 사용되어 마당과는 다른 기능을 가진다. 2010년 준공.

19장. 4.3그룹: 마당의 담론

마당과 풍경

1990년대 중반 한국 건축계에 랜드스케이프 개념이 도입되면서 마당의 개념은 풍경과 결합했다. 민현식은 4.3그룹에 뒤늦게 합류하여 지형, 랜드스케이프라는 담론을 처음으로 소개했다.[53] 그가 1980년대 후반 AA건축학교에서 수학할 당시 그곳에서 랜드스케이프에 대한 많은 논의들이 이루어졌고, 그는 곧바로 그것이 자신의 마당 개념과 연계될 수 있음을 직감했다. 비슷한 시기에 같은 학교를 다녔던 김종규도 랜드스케이프 개념을 중요하게 받아들였다. 그는 칠레의 건축가 로드리고 페레스 데 아르케Rodrigo Perez de Arce 스튜디오에 참석했고, 게오르크 게르스터Georg Gerster가 찍은 항공 사진으로부터 땅의 흔적과 거기에 담겨 있는 시간의 관점을 분석하는 방법을 배웠다.[54] 또한 파울 클레Paul Klee 의 『자연의 자연 The Nature of Nature』[55]에 등장하는 그림들을 통해 땅의 흐름을 추상화하는 방법에 대해서도 깊이 통찰하게 된다. 그는 졸업 후 플로리안 베이겔Florian Beigel 사무실에 들어가 파트너로 작업했다. AA건축학교에 재학 시 같은 스튜디오에서 수학했던 필립 크리스토Philip Christou의 소개로 자연스럽게 베이겔과의 만남이 이루어졌고, 여기에서 랜드스케이프에 관한 생각을 더욱 발전시켰다. 그들이 함께 참여했던 일본 나라 컨벤션 홀 현상설계와 요코하마 국제여객터미널 현상설계에서 '유동하는 바탕fluid base'이라는 개념은 건축적으로 구체화되었다. 이때부터 랜드스케이프가 베이겔 건축에도 주요 주제로 떠올랐다. 김종규는 1993년 귀국해 서울건축학교의 코디네이터를 맡게 되었다. 당시 여기에는 승효상, 민현식, 조성룡과 같은 4.3그룹 건축가들이 주도적인 역할을 담당하고 있었고, 베이겔은 김종규의 주선으로 이들과 연결되었다.[도판16]

이후 베이겔은 한국 건축가들과 공동으로 파주출판도시, 헤이리 아트밸리, 새만금계획과 같은 대규모 프로젝트를 수행했고, 이 과정에서 4.3그룹 건축가들의 마당에 관한 주요 담론을 공유하게 된다.[도판17] 이는 플로리안 베이겔과 그의 동료 필립 크리스토가 쓴 글을 통해 파악된다. "랜드스케이프 개념은 오브제로서의 건축, 마스터플랜에 의존한 도시계획이라는 서구 건축의 한계를 극복하기 위해 제안되었다."[56] "한 가지 그들로부터 우리가 배운 바는 바로 비움이다. 그것은 2개의 컵 사이의 공간, 컵 내부의 공간에 관한 도교적인 생각이다. 한국인들은 마당에 대해 이야기하는데, 그것은 중정형 전통 한옥 내에 있는 빈 공간으로, 비움의 좋은 예이다. 이러한

16   승효상과 플로리안 베이겔이 공동 작업한 웰콤시티. 건물을 4개로 쪼개 주변의 풍경과 조응하도록 했다. 2000년 준공.

17 김병윤이 설계한 아시아출판문화정보센터. 한국 건축가들과 플로리안 베이겔이 공동으로 설계한 파주출판도시의 중심 건물이다. 여러 개의 외부 공간이 연결되며 다채로운 풍경을 만들어낸다. 2004년 준공.

사이 공간에 대한 생각은 한국 문화와 매우 밀접하게 관련되어 있다. 새만금에서 매우 밀도 높게 건설된 섬들이 있는데, 그들 사이의 관계, 야생의 주변 지형들과의 관계를 판단할 때, 이들은 모두 사이성 in-betweenness 을 가지고 있다. 한국인들은 이 모든 것을 잘 이해했다."[57]

플로리안 베이겔 외에도 해외의 많은 건축가들이 현대 건축과 도시 문제를 해결하는 방안으로 랜드스케이프를 상정했다. 그들의 생각과 디자인 방법은 여러 경로를 통해 한국으로 들어왔지만, 한국의 전통적인 자연 개념과 부딪치며 몇 가지 근본적인 수정을 거치게 된다. 특히 4.3그룹 건축가들은 랜드스케이프를 마당과 땅의 흔적에 연계시켰다. 빈 땅에 새겨진 고유한 형상, 시간의 흔적, 거기에 내재된 오랜 삶의 방식 등이 랜드스케이프 건축에서 중요하게 작용했다. 민현식은 "비움의 구축에서 가장 중요한 것은 바닥판의 구조이고, 이러한 바닥판의 교과서는 땅이다"[58]라고 했다. 그리고 그 땅의 형상이 만들어 놓은 것이 경관이라고 보았다. 승효상은 땅에 새겨진 기억의 흔적을 지문地文, landscript 이라고 부르면서, 수잔 랭어 Susanne K. Langer 의 말을 빌려 건축은 그런 장소적 특징들을 시각화하는 행위여야 한다고 주장했다.[59] 김인철은 경관과 장소의 관계에 대해, "우리 건축은 공간의 성격을 갖추는 과정이나 관계를 정립하는 단계에서 경관을 매개로 삼아 장소를 만드는 것을 보편적 가치로 삼는다. 우리 건축은 장소와 맺는 관계로 다른 장소와 차이를 이루어서 자신의 고유성을 확보한다"[60]고 했다. 조성룡은 풍경과 기억을 연관 지으며, "사람과 집과 자연을 잇는 개념은 풍경이다. 산과 물이 만들어내는 아름다운 경치는 사람이 주체가 되어 '집-도시-자연'의 관계에서 풍경으로 살아나고, 풍경은 사람의 삶의 과정에서 일어나는 무수한 사건으로 각인되어 기억으로 남게 된다"[61]고 했다.

최욱은 1990년대 초반까지 이탈리아에서 유학하다 귀국해, 북촌의 오래된 도시형 한옥을 해체해 개조하는 작업을 시작했다. 그 과정에서 벽을 중시하는 서구 건축과 달리 한국 건축은 바닥을 중시한다는 사실을 깨닫게 되었다. 또 오래된 절의 폐허를 보고 한국 건축에서 지배적인 요소가 벽이 아니라 바닥이라는 사실을 한 번 더 확인하게 된다. 모든 것이 사라진 대지에는 상부 구조가 남아 있지 않았음에도 불구하고, 바닥에 있는 주춧돌의 흔적을 통해 절의 공간 구성을 해독할 수 있었기 때문이다. 이 경험은 그에게 한국 전통건

19장. 4.3그룹: 마당의 담론

축의 특성에 대한 깊은 통찰력을 주었고, 건축을 형식주의가 아닌 구축적 관점에서 바라보게 했다. 이로써 공간이 어떻게 표현되는지를 결정하는 것이 결국 바닥 혹은 땅이라는 깨달음에 이르렀다. 같은 맥락에서 바닥 위에 놓인 마당과 건물 내부는 비록 서로 다른 역할을 수행할지라도 동일한 지위를 가지게 된다. 그는 외부보다 내부를 우선시하는 다른 현대 건축가들과는 달리, 두 공간은 상호 보완적이며, 마당은 건물 내부와 함께 하나의 풍경을 형성한다고 생각했다. 이를 그는 '그라운드스케이프groundscape'라고 불렀다. 기능상의 이유로 내외부가 분리되는 상황에서도 이들을 구분하는 경계선을 최소화하고자 했다. 예를 들어, 필동 CJ인재원에 위치한 CEO 라운지 I의 경우 내외부를 분리하는 벽의 물질성을 소멸시키기 위해 외부 벽체를 유리만으로 처리했다. 또 마당과 열람실을 통합한 북촌의 현대카드 디자인 라이브러리에서도 똑같은 개념을 찾아볼 수 있다. 이 건축가는 구축적 질서가 실제로는 이차적일 뿐이며, 강조점은 마당과 내부 공간이 만들어내는 그라운드의 풍경에 있다고 믿었다.

조성룡은 다른 방향으로 랜드스케이프 건축에 접근했다.[도판18] 일본어와 일본 문화에 익숙했던 그는, 오랫동안 일본에 머물며 일본 문화를 연구한 프랑스 지리학자 오귀스탱 베르크Augustin Berque의 저서들을 통해 랜드스케이프를 인식했다. 베르크에 따르면, 서구와 동아시아는 랜드스케이프를 인식하는 방법이 달랐다. 그런 차이는 주로 서구의 랜드스케이프 개념이 근대 이후 주체 개념을 중심으로 형성된 것이라면, 동양의 그것은 장소의 논리에 초점을 맞추었기 때문에 일어났다.[62] 베르크는 이같은 차이가 언어 구조에서도 나타난다고 보았다. 즉, 일본어의 문장 구조에서 주어는 주체와 그것과 관계 맺는 전경 전체milieu를 동시에 가리키는 경우가 많은 반면,[63] 서구인들은 근대 이후 형성된 주체의 시각을 통해 풍경을 표상하고자 시도했다[64]는 것이 주장의 골자이다. 주체 대신 장소에 근거한 경관의 형성은 한국 건축에도 그대로 적용될 수 있다. 이 부분이 조성룡에게 강한 영향을 미쳤던 것으로 보인다. 실제로 조성룡의 선유도공원과 도미니크 페로의 이화여자대학교 이화캠퍼스복합단지Ewha Campus Complex, 이하 ECC를 비교해 보면 주체에 대한 인식의 차이가 명확히 나타난다. ECC는 건축가의 시선을 통해 자연을 엄격한 기하학적 패턴으로 추상화하는 반면, 선유도공원의 건물들은 자연 속으로 부드럽게 스며들고 있다. 거기서 주체는 의도적으로 배제되어 있다.

18 조경가 정영선과 조성룡이 공동설계한 선유도공원. 건축물에만 초점을 맞춘 것이 아니라 조경의 관계를 더욱 중시했다. 1999-2002년.

3부. 세계화 시대: 건축으로의 다원적 접근

한국 건축가들에게 풍경과 마당을 연결하는 또 다른 중요한 매개물은 '시각'이었다. 그것은 외부로부터 내부, 내부로부터 외부로의 조망을 동시에 포함한다. 외부로부터 내부로의 조망은, 최순우가 전통건축에서 '점지의 묘'라고 특징지은 것과 일맥상통한다. 그것은 마당과 건물, 도시와 자연을 시각적으로 연결하는 개념으로, "한국의 건축은 먼 곳에서 바라볼 때 한층 눈〔目〕맛이 나는 특성을 지녔다고 할 수 있다."[65] 조성룡도 광주 무등산 자락에 의재미술관을 설계하면서 '풍경 감응'이라는 말을 사용했다. 거기서 건물은 주위 자연과 조화롭게 연결되어 있다. 이는 이응노 생가 기념관인 이응노의 집에서도 주요 배치 개념으로 작용하는데, 여기서 건축물은 얕은 언덕 아래 가장 편안한 형태로 용봉산과 월산을 자연스럽게 연결시키고 있다.

내부로부터의 조망과 관련해 한국 건축가들이 가장 인상적으로 떠올리는 전통건축물이 바로 안동 병산서원이다.[도판 19] 4.3그룹 건축가들은 이 건물을 통해 과거의 건축이 자연과 관계 맺는 법을 배웠다. 민현식은 "만대루의 뼈대만 남은 기둥 사이로 내다보이는 병산은 이미 자연 그대로의 향유 대상인 자연이 아니라 우리 정신의 패러다임을 통해 새로운 자연을 창조하고 있다"[66]고 했다. 김인철은 안에서 밖을 내다보는 내부적 경관 on-site view을 만드는 수단으로서 풍경을 이해했다. "우리 건축의 공간은 내부냐 외부냐에 관계없이 자기 완결적인 하나의 주체로 존재하는 것이 아니라 주변 다른 공간과의 상보적 관계에 의해 명확한 성격을 갖게 된다. 상보적 관계는 땅과 건축이 서로 어울리는 것이다."[67] 그가 설계한 김옥길기념관과 '호수로 가는 집'은 내부로부터의 조망을 통해 확장된 공간감을 부여받는다.

이후 풍경에 대한 담론은 '문화적 경관'이라는 개념으로 발전했다. 2004년 목포에서 열린 서울건축학교 여름 워크숍에서 사학자 고석규에 의해 처

19 병산서원의 만대루.
전통건축이 자연과 관계 맺은
방식이 잘 드러나 있다.

음 언급된 개념으로, 그는 1990년대 미국에서 이루어진 문화적 경관 연구Cul-tural Landscape Studies에 주목했다.[68] 그 내용은 "경관은 사람과 장소의 상호작용을 나타낸다. 자연에 작용한 모든 인간의 행위는 문화적 경관으로 여겨질 수 있다"[69]는 것이었다. 이후 '문화적 풍경Culturescape'은 2005년 베를린 에이데스Aedes 갤러리에서 개최된 승효상의 작품 전시회 제목으로도 등장한다. 거기서 그는 1990년대 이후 마당에서부터 풍경에 이르는 과정을 다음과 같이 요약하고 있다. "문화적 풍경은 단순히 마당이나 빈 공간들에 의해 창조되는 것이 아니다. 오히려 그것은 도시에서 버려진 장소들, 지붕 위의 빈 대지들, 모든 종류의 물질적 구축들로부터 남겨진 보이드들 사이로 집합된 공간적 풍경들이라고 할 수 있다. 그것은 특별한 기능이나 목적을 가지지 않지만, 그 장소의 잠재력을 바탕으로 한 우리의 선의가 그것 위에 새로운 삶을 짓게 될 것이다."[70]

20장. 한국에서의 랜드스케이프 건축

2000년대 이후 한국의 주요 공공건축물들은 대부분 국제현상설계로 결정되었다. 그것은 세계화 추세에 피할 수 없는 현실이기도 했다. 프로그램은 미술관에서 복합 문화 시설, 정부청사, 공원, 학교 시설에 이르기까지 다양했다.[1] 당선된 계획안들을 살펴보면 한 가지 흥미로운 사실이 발견되는데, 대부분이 소위 '랜드스케이프'를 주요 주제로 설정했다는 점이다. 당선자가 한국인이건 외국인이건 상관없이, 랜드스케이프 개념은 일관되게 적용되었다. 물론 건축가마다 이 개념을 바라보는 시각은 다양했다. 랜드스케이프를 대지에 국한시킨 작품도 있었고, 풍경과의 조화로운 결합을 강조한 작품도 있었고, 근대건축의 황폐함을 희석시키기 위해 랜드스케이프를 활용하거나, 랜드스케이프를 통해 새로운 형태와 공간을 생성하는 작품도 있었다. 이런 현상은 건축뿐만 아니라 더 큰 스케일의 도시설계에서도 비슷하게 나타났다. 2000년대 이후 한국에서 진행된 도시 프로젝트들, 파주출판도시와 헤이리 아트밸리, 새만금계획을 비롯해 세종시 도시설계에 이르기까지 랜드스케이프는 가장 핵심적인 주제로 등장했다.

　　랜드스케이프 건축은 여전히 진행 중이기 때문에 아직 그 잠재성과 역사적 의미에 대해 단정적으로 논하기가 힘들다. 그럼에도 두 가지 논점을 명확히 짚고자 한다. 첫번째로, 2000년대 이후 한국 건축계에 랜드스케이프 건축이 지배적으로 등장한 이유가 무엇이냐는 것이다. 이런 질문은 한국 건축의 본질을 이해하는 데 대단히 중요하다. 현재 세계 건축계에는 다양한 경향들이 혼재해 있지만, 한국 건축가들은 유독 랜드스케이프 건축에 민감하게 반응하고 있다. 두번째로, 서구에서 발전된 랜드스케이프 건축이 한국에 도입되면서 중요한 차이가 발생했다는 것이다. 자연에 대한 한국 건축가들의 시선이 서구 건축가들과는 근본적으로 다르기 때문에 이런 현상은 당연한 결과일지 모른다. 서구의 건축가들이 주로 대지를 인위적으로 조작해 새로운 형태와 공간을 만들었다면, 한국의 건축가들은 여백을 만들어서 의도적으로 건축적 개입을 최소화했다.

랜드스케이프의 등장과 의미

먼저 '랜드스케이프'에 대한 다양한 의미들이 존재하기 때문에 그 현대적 의미를 살펴볼 필요가 있다. 사실 이 말은 오랜 역사를 갖고 있으며, 한국어로는 '경관' 혹은 '풍경', '조경' 등으로 번역될 수 있다. 그렇지만 이 책에서 굳이 번역어를 쓰지 않은 이유는, 그 의미가 시기와 장소에 따라 크게 달라지며 동양과 서양 사이에도 큰 차이가 나기 때문이다.

십팔세기 유럽에서 랜드스케이프 가드닝 landscape gardening 이 유행했을 때, '랜드스케이프'라는 말에는 자연을 통제하려는 지배적인 주체의 시선이 담겨 있었다. 이는 대단히 근대적인 인식의 산물로, 계몽주의와 절대 왕정의 영향이 컸다. 반면, 같은 시기에 조성된 조선시대 원림圍林은 이와는 완전히 달랐다. 거기서 주체는 의도적으로 배제되었고, 자연은 대상화되지 않았다. 유교적 관점에서 자연은 교육적이면서 동시에 즉자적인 환경이었다.

십구세기 후반에 랜드스케이프 가드닝은 랜드스케이프 아키텍처 landscape architecture 로 명칭이 바뀌면서 다른 의미를 가지게 되었다. 이 새로운 용어는 근대 이후 도시화 과정에서 등장했기 때문에 근대 시민 사회의 발전과 긴밀하게 연관되었다. 이 시기 등장한 도시공원은 과거 바로크시대의 정원과는 달리, 왕이나 귀족의 사유물이 아니라 시민들을 위한 공공의 성격을 띠게 되었다. 십구세기 영국에서 있었던 정원 운동이 그 대표적인 예이다. 이후 미국으로 건너와 도시 미화 운동으로 발전하는데, 거기서 자연은 도시를 아름답게 꾸미는 용도로 활용되기도 했다. 뉴욕의 센트럴 파크를 공중에서 찍은 사진을 보면 확연히 드러난다.

그렇지만 오늘날의 랜드스케이프 건축, 혹은 건축적 랜드스케이프 architectural landscape 라고 불리는 경향은 이전과는 다른 의미를 갖는다. 여기에는 생태학이 중요한 기반이 되었는데, 미국의 조경학자 제임스 코너 James Corner 도 이 점을 인정하고 있다. "광의의 문화 영역에서 랜드스케이프의 재등장은, 부분적으로는 환경보호주의의 거친 목소리와 생태적인 문제에 대한 전지구적인 자각에 기인하며, 다른 한편으로 관광 산업의 성장을 위해 독자적 정체성을 보존해야 하는 지역적 상황과 깊은 관계를 맺는다."[2] 오늘날 많은 건축가들은 도시를 하나의 생태계로 인식한다. 이 경우 건축과 도시를 바라보는 시각이 달라진다. 그들의 다양한 구성 요소들은 상호의존적 관계를 가지며, 적응과 진화를 통해 지속 가능하면서도 자율적인 조절 능력을 갖는다. 이같은 생각을 도시 분야에 적용할 경우, 주체와 대상, 자연과 인공 사이에 있었던 거친 이분화는 의미를 잃게 된다. 오히려 그들을 하나의 연속선상에서 통합적 관점으로 이해해야 한다. 이를 통해 현대 도시의 가변성과 불확실성을

　　　　　　　　3부. 세계화 시대: 건축으로의 다원적 접근

자율적으로 조절할 수 있다. 오늘날 랜드스케이프가 과거와 다른 의미를 가지는 것은 이같은 생태학적인 담론이 담겨 있기 때문이다. 그 배경에는 후기 산업사회의 영향과 근대가 불러일으킨 무분별한 환경 파괴에 대한 반성도 담겨 있다.

오늘날 랜드스케이프는 근대건축과 그것이 가져온 다양한 문제들을 해결하는 데 가장 강력한 대안으로 손꼽히고 있다. 1960년대 이후 근대건축은 다양한 방식으로 비판받았지만, 그럼에도 오브제 중심의 설계 방식은 바뀌지 않고 있다. 건물은 하나의 자율적인 대상으로 파악될 뿐, 그 외부와 더 이상 의미있는 관계를 맺지 못했다. 그 과정에서 도시는 서로 상관없는 건축물들의 모자이크로 바뀌어 갔다. 미국의 건축이론가 콜린 로 Colin Rowe 는 그의 저서 『콜라주 시티 Collage City 』에서 오브제 중심의 근대건축을 비판하고 있다. 근대건축은 과거의 도시 조직을 모두 밀어 버리고, 전혀 이질적인 '고립된 오브제'로 도시를 구성하려 했다는 것이다. 그 결과 많은 문제가 발생했다. 우선 시각적으로 조화로움이 없고, 전적으로 사유화된 건축물들이 도시공간을 채워 버렸다.[3]

오늘날 많은 건축가들은 랜드스케이프 건축이 바로 이런 문제들을 해결할 수 있다고 본다. 전통적으로 조경 디자인은 대지의 연속적인 표면을 다루면서, 그 위에 담긴 다양한 요소들을 통합하는 바탕을 제공했다. 그래서 랜드스케이프 개념을 건축에 가져올 경우, 건물의 내외부는 하나의 연속된 판이 되며 스케일이 다른 요소들 역시 그 위에서 통합될 수 있다. 이런 생각은 건축을 자기 완결적인 오브제로 바라보았던 인식에 커다란 전환을 가져왔다. 고층 건물은 이런 연속된 판의 수직적 누층으로 간주되었다. 자하 하디드 Zaha Hadid 가 설계한 동대문디자인플라자 [도판 1]에서처럼, 연속된 판은 뫼비우스 띠처럼 내외부가 서로 관입하기도 한다. 이 건물에서는 서로 맞물린 루프 모양의 동선체계를 도입해 다양한 흐름이 이루어지도록 했고, 각각의 루프들이 만나는 연결점은 동선 상에 분기점이 되도록 했다.

랜드스케이프 건축가들이 어반 보이드를 강조하고 나선 것도 그동안 단절되었던 건물 내외부의 관계를 회복하려는 의도였다. 이를 위해서는 여러 건축물 사이를 연결하고 그들의 대립을 완충시키는 빈 공간이 필요했다. 이 도시의 여백은, 텅 비어 있지만 주위 건물들과 긴밀하게 연결되어 다양한 사건들을 불러일으킬 수 있다는 점에서 대단히 잠재력이 컸다.

1 자하 하디드가 설계한 동대문디자인플라자. 서로 맞물린 루프 모양의 동선체계가 도입되었다. 2009-2014년.

도시적 관점에서 근대건축의 가장 큰 문제는, 초기에 수립된 마스터플랜이 이후의 모든 건설 과정을 결정한다는 사실이다. 이렇게 되면 마스터플랜은 다양한 변화들을 배제한 채 하나의 시점에서 확정된 계획만을 제공한다. 건축가나 도시계획가가 계획을 처음 수립할 때, 시간에 따른 도시의 불확실성과 변화를 제대로 예측하는 것이 어려운 일이기는 하다. 그리고 오직 기능과 효율성만으로 도시에 내재된 다양한 측면들을 해결할 수 없다. 이와 관련해 근대 이념을 바탕으로 건설된 신도시들이 시간이 지남에 따라 현저히 활력을 잃어버리는 이유에 관한 많은 연구가 진행되었다. 크리스토퍼 알렉산더 Christopher Alexander에 따르면, 인공 도시의 경우 자연 도시가 가지는 본질적인 특성이 결여되어 있다. 그동안 많은 도시계획가들이 새로운 도시를 건설하면서 자연 도시의 긍정적인 요소들을 도입하려 했지만 궁극적으로는 성공하지 못했는데, 가장 중요한 이유가 자연 도시의 내적 구조를 간과하고 피상적인 부분만 모방했기 때문이라는 것이다.[4]

이 문제를 어떻게 해결해야 할까. 랜드스케이프는 시간의 흐름에 따른 변화, 변형, 적응에 반응할 수 있는 가장 유력한 매체이다. 자연 경관은 사시사철 다르며, 그 안의 구성물들은 그런 변화에 적응해 나가기 때문이다. 이런 특질에 비춰 본다면, "랜드스케이프는 동시대 도시 상황이 요청하는 개방성, 불확정성, 가변성에 꼭 들어맞는 매체이다."[5] 오늘날 도시는 엄청난 크기로 확장되면서 빠르게 변모하고 있다. 하나의 통일된 개념으로 포괄할 수 없는, 마치 짜깁기된 조각들처럼 부분들이 각각의 자율성을 가지면서 움직인다. 랜드스케이프 건축은 건축과 도시를 연속적인 표면으로 가정할 경우 불확정적이고 가변적인 도시 상황에 쉽게 접근할 수 있게 해 주었다. 이런 특징은 오늘날 도시 문제에 여러 분야가 독립적으로 개입하면서 생겨난 혼란들을 치유하는 데 큰 도움이 되었다. 사실 현대 도시에는 너무나 많은 기능들과 시설들, 복잡한 동선체계가 담겨 있어 건축, 도시, 조경의 개별적인 개입으로는 도시 문제를 적절하게 해결할 수 없다. 이런 상황에서 랜드스케이프가 건축과 도시를 연결하는 가장 중요한 매체로서 등장한 것이다.

랜드스케이프 인프라

1990년대 랜드스케이프는 한국의 건축가들이 도시설계에 참여할 수 있는 이론적 틀을 제공했다. 그전까지 한국의 도시계획에서 건축가들의 역할은 매우 제한적이었다. 1960년대 중반에 김수근을 중심으로 한 여의도 계획과 1980년대 서울건축이 계획한 목동 개발이 거의 전부였다. 그 이후로 주요 도시의 확장과 신도시 건설은 대부분 건설부 산하의 국책 연구소에 의해 수행되었다. 이렇게 된 데에는 여러 이유가 있지만, 무엇보다 건축가들이 도시 문제에 효과적인 해결책을 제시하지 못한 까닭이다. 개발 시대 한국 도시의 엄청난 인구 증가에 대응해서 신속한 해결 방안들을 제시해야 했지만, 건축가들은 도시 문제들을 제대로 따라가지 못했다.

여기에다 그나마 건축가들이 갖고 있었던 도시이론도 한국적 현실과 잘 맞지 않았다. 랜드스케이프 건축이 도입되기 전까지 주요 도시이론은 유형론과 맥락주의뿐이었다. 그러나 한국의 도시에서는 이런 이론들을 적용해 의미있는 결과를 도출해낼 수 없었는데, 유구한 역사가 있음에도 대부분의 건물들이 1960년대 이후에 건설되어, 오랜 시간을 두고 반복적으로 나타나는 건축 유형을 찾아내기가 힘들었다. 따라서 건물의 성격을 규정할 만한 강력한 도시적 맥락을 가정하는 것이 불가능했다. 전통 마을에서 그 해답을 도출하려는 건축가들도 있었지만 그 역시 복잡한 현실을 반영할 수 있는 좋은 해결책이 되지는 못했다. 한국의 도시에는 근대 이전과 이후에 근본적인 단절이 존재했던 것이다.

그렇다면 수많은 도시 문제에 어떻게 접근할 것인가. 또 건축에서 도시에 이르는 일관된 계획 방법은 무엇인가. 이런 질문에 대해 랜드스케이프 개념은 현실적으로 적용 가능한 논리 체계를 제시한다. 랜드스케이프는 스케일만 다를 뿐 건축에서 도시까지 모두 관통하며 장소가 가진 잠재력을 보다 적극적으로 이끌어낼 수 있기 때문이다. 랜드스케이프를 계획의 중심에 놓기 위해서는 건축, 조경, 도시를 하나의 표면에 가져다 놓을 필요가 있다. 또 장소에 남겨진 시간의 흔적들을 적절하게 활용해서 다양한 사건들이 일어나도록 계획해야 한다. 이같은 방법을 통해 건축가들은 건축에서부터 도시에 이르기까지 전체를 통합하는 하나의 인프라로 간주하게 되었고, 이는 출판인들의 발의로 건축가들이 설계한 파주출판도시와 행정중심복합도시 같은 도시 프로젝트가 실현되면서 그 효율성이 입증되었다.

1990년대 중반부터 서울 근교에 파주출판도시와 헤이리 아트밸리 2개의 도시 프로젝트가 연이어 실행되면서 국내외 건축계의 많은 주목을 받게 된다. 두 프로젝트는 여러 방면에서 공통점을 가지고 있다. 우선 플로리안 베이겔에 의해 기본계획이 수립되었는데, 주요 원칙으로 랜드스케이프 어바니즘이 채택되었다. 이는 대지의 여건을 고려한 선택이었다. 두 장소가 위치한 경기도 파주는 서울 근교지만, 비무장지대DMZ와 너무 가깝다는 이유로 그동안 본격적인 개발이 이루어지지 않았다. 그래서 자연 상태가 양호하게 보존되어 있었고, 건축가들은 이를 적극적으로 활용하고자 했다. 그 과정에서 중요한 개념으로 자리잡은 랜드스케이프에 기반해 수준 높은 건물들이 세워

졌다. 이러한 작품들은 2000년대 이후에 이루어진 한국에서의 건축적 성과를 집약하고 있다.

　두 도시 프로젝트에 참여한 건축가들은 1994년 '분당주택 전람회 단지' 계획에서 많은 교훈을 얻은 상태였다. 분당 신도시의 주거 환경과 건축적 수준을 높이기 위해 계획된 프로젝트였지만, 두 가지 원인 때문에 성공을 거두지 못했다. 하나는, 참여 건축가들 사이에 하나의 통합된 마을을 형성시키려는 공통된 인식이 존재하지 않았다. 각 건축가들의 경향이 너무 이질적이어서 원래 취지대로 한국의 주거 문화에 대한 의미있는 결론을 끄집어낼 수 없었다. 다른 하나는, 강력한 코디네이터가 존재하지 않아 각 건물들 사이에 유기적인 전체가 형성되지 못했고, 마치 모자이크처럼 경쟁하게 되었다.

　이는 파주에 지어질 두 도시 프로젝트에 영향을 미쳤다. 전체를 총괄하는 코디네이터가 먼저 선정되고, 그들이 도시, 건축, 조경을 위한 설계 지침을 완성했다. 그런 다음 국내외 건축가로 구성된 건축가 풀을 만들어서 건축주들이 그 가운데 한 명을 선정하게 했다. 또 모든 건축물들이 심의위원회를 통과하도록 했는데, 일관된 도시적 맥락을 만들기 위해서였다. 이 과정에서 승효상이나 민현식과 같은 4.3그룹 건축가들뿐만 아니라 김종규, 김준성, 김영준 등 보다 젊은 세대의 건축가들이 적극적으로 참여하게 되었다.

　1980년대 말 출판인들이 기획한 파주출판도시 [도판 2] 조성 사업이 본격적으로 추진되기 시작한 것은 1994년부터이다. 그해 7월에 김영삼 대통령이 출판도시의 성공적인 건설을 지시하는 결단을 내렸고, 이에 주무부처인 문화체육부는 파주군 교하면에 42만여 평 부지를 마련하고 출판도시 조성을

3 민현식이 설계한
출판물종합유통센터 북센.
2004년 준공.

4 기존 열화당 건물과
연결되어 증축된 열화당책박물관.
플로리안 베이겔과 필립 크리스토,
최종훈이 공동설계했다.
앞마당인 아트 야드(Art Yard)는
출판도시에서 문화적 역할을
수행할 수 있는 핵심적인 공간이
되어 준다. 2009년 준공.

위한 세부 계획을 확정했다.[6] 설립 취지는 책의 출판과 유통, 전시를 위한 다양한 시설들을 한곳에 모아서 '책의 도시'를 만들자는 것이었다.[도판 3] 부지가 결정된 다음 도시개발에 필요한 기본 계획이 서울대 환경대학원에서 마련되었고, 뒤이어 건물들의 관리를 위해 승효상과 민현식이 건축 코디네이터로 임명되었다. 그렇지만 건축가들이 보기에 기존의 도시계획은 심각한 문제점들을 내포하고 있었다. 여전히 개발 시대의 도시 담론에 매달려 있으면서 새로운 도시계획의 흐름을 반영하지 못한 것이었다. 그들은 그것을 새롭게 조정하면서, 런던에서 활동하는 플로리안 베이겔을 끌어들였다. 그의 생각은 한국의 건축가들에게 이후로도 지속적인 영향을 미쳤기 때문에, 그 추이를 정리해 볼 필요가 있다.

파주출판도시에 관한 베이겔의 견해는 발표된 몇 편의 글을 통해 잘 알려져 있는데, 대략 네 가지로 정리된다. 우선, 지금까지 건축의 존재 이유였던 오브제가 아니라 그 사이에 비어 있는 공간을 가장 우선시했다는 점이다. 베이겔은 그 빈 공간이 한국의 전통적인 마당과 같은 의미를 가진다고 보고, 마당이 마치 하나의 랜드스케이프처럼 느껴지는 설계를 추구했다. 두번째로는, 자연과 인공, 내부와 외부, 공용 공간과 개인 공간이 긴밀하게 연결되어 있는 복합적인 공간을 추구했다. 그런 생각은 도시와 자연을 모두 아우르는 도시 랜드스케이프로 이어진다.[도판 4] 세번째로, 불확실성과 변화를 수용하기 위해 마스터플랜 대신에 건물들이 놓일 바닥판을 디자인하고, 시간에 따라 자율적으로 생성되어 가는 전략을 채택한다. 베이겔은 그 바닥판을 '랜드스케이프 인프라'라고 불렀다. 마지막으로, 대지에 새겨진 시간의 흔적들을 통해 도시 랜드스케이프에 기억과 성격을 부여하려 했다.[7] 이 개념들은 프로젝트에 따라 강조점들이 달라지며 적절히 사용되었다.

베이겔은 파주출판도시가 단순한 도시도 아니며 그렇다고 순수한 조경도 아닌, 이 두 가지 성격을 모두 가지도록 설계했다.[8] 이런 목표를 따라 파주출판도시의 주요 배치계획은 주어진 자연환경을 최대한 존중하면서 이루어졌다. 건축주인 출판인들과 건축가들은 강줄기가 만나는 위치 특성상 많은 수로들과 지류들을 최대한 보존해서 생태

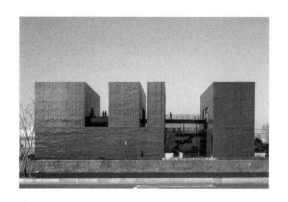

5　김헌이 설계한 한길사 사옥.
건물을 마치 서가처럼 몇 개의
덩어리로 분리해, 한강과 심학산을
잇는 시야와 여백을 확보했다.
2001-2002년.

적인 습지 도시가 되도록 유도했다. 그리고 수로를 제외한 나머지 땅을 최대한 효율적으로 발전시키고자 했다. 이에 따라 남북으로 길게 뻗은 대지 형상을 고려해서 건물 배치는 불규칙하나마 한강을 따라 네 겹으로 이루어졌다. 건축가들은 파울 클레가 그린 〈도시들의 책에서 발췌한 한 페이지 Ein Blatt aus dem Städtebuch〉와 같은 이미지를 만들려고 했는데, 이 작품은 "여러 도시의 특징들을 집합시켜 복잡하면서도 균일한 평등성을 전달해 주고 있다."[9] 파주출판도시의 배치는 이와 매우 유사하다. 그리고 각기 다른 건축 유형들을 배치해 복합적인 전체가 되도록 했다.

파주출판도시에서 등장하는 건물 유형 가운데 가장 흥미로운 것이 서가 유형 bookshelf unit 이다. 계획 의도는 한강변에서부터 단지 뒤쪽 심학산까지의 시계를 확보하는 것이었다. 김헌의 한길사 사옥에서 볼 수 있듯이 건물들을 마치 서가처럼 여러 개로 분리하되, 그 사이 공간이 도로 쪽으로 개방되도록 한 것이다.[도판5] 이렇게 함으로써 건물의 내부와 외부는 단절되지 않고 매우 긴밀하게 연결되며 건축가들이 주장하는 도시의 여백으로서 역할을 하게 된다.

한국 건축가들이 이에 크게 공감한 것은 당연해 보인다. 한국 전통건축에서 가장 핵심적인 부분은 외부 공간에 있으며, 그 외부 공간을 조직하는 일이 한국 건축의 본질이기 때문이다. 베이겔과 함께 작업했던 승효상은, 베이겔이 파주출판도시를 위한 개념 작업에서 제시한 불확정적 공간 indeterminate space 의 도입에 동의했다. 그러면서 그것은 '비울 곳을 먼저 확보하는 것'이라고 주장했다.[10] 여기에서 김수근에 의해 발전된 네거티비즘이 서구의 랜드스케이프 개념과 결합되고 있음이 드러난다. 근대화 이후 전통적인 축조 방식이 사라져 버린 상황에서 랜드스케이프 건축은 전통적인 마당이나 길을 복원하려는 건축가들의 생각과 잘 맞아 떨어졌다. 마당을 포함한 외부 공간이 여전히 강조되어, 한국 건축가들은 이를 통해 마당의 공간적 의미가 보편적으로 발전될 수 있는 가능성을 확인했다. 한국 전통 마당에 대한 개념과 랜드스케이프 건축 사이의 유사성은 랜드스케이프 건축이 2000년대 이후 한국에서 지배적인 건축 경향으로 발전하는 데 매우 중요한 역할을 한다.

파주출판도시 북쪽 인근에 형성된 헤이리 아트밸리는 차이와 생성이라는 관점에서 한 걸음 더 나갔다고 볼 수 있다.[도판6] 전체 계획을 수립할 때부터 건축가들이 참여해 랜드스케이프 개념을 실현할 좋은 여건이 마련되었

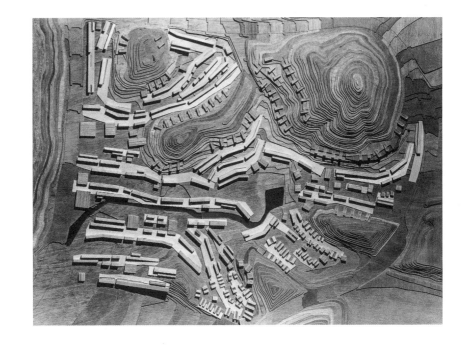

기 때문이다. 그 결과 격자형의 도로 패턴을 탈피해 부정형의 네트워크가 형성되었고, 모든 건물들이 랜드스케이프와 통합되었다. 김종규와 김준성이 이 프로젝트의 공동 코디네이터를 맡아, 베이겔과 크리스토에게 전체 배치를 제안해 달라고 요청했다. 계획안을 수립하면서 건축가들은 지형을 도시 설계의 주요 개념으로 삼았다. 그리고 구축물과 대지를 관계의 관점에서 이해해야 한다고 제안했다.[11] 이는 랜드스케이프 어바니즘의 본질적인 측면을 잘 드러내는데, 이런 관계의 관점에서 해석하면 외부 공간은 내부 공간의 영역까지 무한히 확장될 수 있는 가능성을 내포하게 된다. 이를 실현하기 위해 건축가들은 언덕과 계곡의 굴곡을 따라 인공 패치patch를 깔았다. 대지를 인공화해 개별 건축물들이 통합될 바닥판을 만들려는 의도였다. 그들은 철저히 지형의 흐름을 따르면서 건축 패턴을 생성시키는 바탕이 된다. 이로써 건축가들은 자연과 인공물, 랜드스케이프와 내부 공간이 서로 대립하지 않고 서로 녹아들어 하나로 융화되도록 했다.

헤이리 아트밸리는 아직 그 건축적 성과에 대해 명확한 판단을 내리기는 이르다. 그렇지만 여기에 세워진 건물들은 2000년대 한국 건축의 성과를 대변하고 있음이 틀림없다. 건축가들은 이곳을 일종의 글로벌화된 건축 문화의 장으로 상정하고 다양한 가능성을 열어 두었다. 몇몇 작품에서는 국내외 건축가들이 공동으로 작업하며 혼성의 건물을 만들어냈다. 이런 점 때문에 한국뿐만 아니라 외국의 유수 언론을 통해 여기에서 일군 성과는 국제적으로도 널리 알려졌다. 그럼에도 불구하고 현재까지의 상황만으로 판단할 때, 가장 큰 결함은 랜드스케이프가 추상적인 개념으로서 가정될 뿐 개별 장소에서 실제적으로 이루어지지 못한 점이다. 오늘날 헤이리를 방문하면, 오브제로서의 건물만이 덩그러니 놓여 있지, 건물과 건물을 자연스럽게 연결해 주는 조경적 요소는 결여된 모습을 확인할 수 있다. 랜드스케이프를 전면에 내세웠음에도 불구하고, 여전히 오브제 중심의 근대건축의 한계가 남아 있는 것이다.

중심을 비운 도시

한국에서 랜드스케이프 개념은 파주출판도시나 헤이리 아트밸리를 통해 처음으로 도시설계에 적용되기 시작했다. 그렇지만 뒤이어 이루어진 행정중심복합도시인 세종시 계획은 그 규모나 상징적 의미에서 파주와 비교가 되지 않을 만큼 컸다. 한국의 새로운 행정수도를 계획하는 것이었고, 따라서 랜드스케이프 개념이 개별 건축물에서 도시로 확장되었다. 세종시는 건설 시작 단계부터 많은 정치적 논란이 있었다. 2003년에 집권한 노무현 정부는 수도 이전을 지방 분권화 정책의 핵심 공약으로 내세웠다. 실제 당선 이후 실현하는 과정에서 격렬한 정치 공방이 벌어졌고, 결국에는 헌법재판소의 판결에 따라 수도 이전이 중단되는 사태가 벌어졌다. 사업은 주요 국가 기관들은 서울에 남되, 행정 부서들만 옮기는 방향으로 축소되었다.

　새로운 도시가 들어설 장소는 충청남도 공주시와 연기군 일원으로 서울에서 차로 약 두 시간 거리에 위치했다. 1970년대 후반 박정희 대통령은 인근에 신행정수도의 건설을 계획한 적이 있었다. 그렇지만 그의 죽음으로 무산되었다가, 이십오 년이 지나 다시 행정수도를 건설하기에 이르렀다. 이곳이 신행정수도로 결정되기 위해서는 두 가지 원칙이 필요했다. 하나는 수도권 과밀을 완화하고 국토 균형 발전을 이끌어갈 도시를 만들어야 한다는 것, 두번째는 빠른 시간 내에 자족적인 도시 형태를 갖추어야 한다는 것이었다. 여러 기준들을 가지고 대지 선정 단계를 거친 후 국내외 전문가들이 참여한 국제 아이디어 공모전이 실시되었다. 2005년 11월, 심사위원회는 5개 작품을 당선작으로 선정했다. 공동 심사위원장을 맡은 데이비드 하비에 따르면, 다양한 도시 기능의 개방적 수용, 도시적 정체성의 확보, 환경적인 이슈들의 고려, 도시인들의 일상생활의 질 제고 등이 고려되었다.[12]

　당선안 가운데 가장 중요한 아이디어를 제공했던 작품은, 스페인 건축가 안드레스 페레아 오르테가가 설계한 '천 개 도시들의 도시The City of The Thousand Cities'였다. 당시 심사를 한 국토연구원의 민범식 연구원에 따르면, 이 작품은

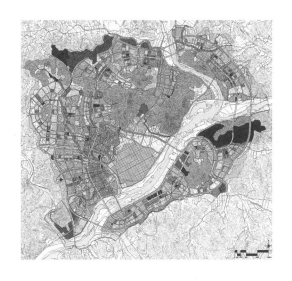

7 환상형 도시구조를 기반으로 한
세종시 마스터플랜. 2007년.

도시 중앙부인 장남평야 부분을 자연 상태 그대로 보존하고, 외곽 부분을 환상ring 형태로 흐르는 대중간선교통축을 중심으로 도시를 개발하는 개념을 제안했다.[13] 특히 눈에 띄는 점은 고리 모양의 선형 도시로서 도시의 한가운데를 비워 놓고 있다는 점이다. 이는 대부분의 도시가 중심이 가장 밀도가 높다는 일반 상식과는 정반대의 개념을 채택하고 있음을 보여준다. 이십세기의 대부분의 대도시들이 중심부로 지나치게 집중되어 교통체증이라든가, 토지가의 상승과 같은 문제를 갖고 있음을 감안할 때, 중심을 비운다는 것은 매우 혁신적인 개념이라 할 수 있다.[14] 이와 비슷한 스킴이 다른 당선안인 장 피에르 뒤리그Jean Pierre Durig의 '환상형 도로The Orbital Road'에서도 등장한다.

이들의 기본 생각을 바탕으로 여러 차례 논의를 거쳐 한국의 도시계획가들은 하나의 마스터플랜을 도출했다.[도판 7] 당선작들 가운데 뒤리그와 페레아의 안이 공통적으로 제안한 환상형 도시구조를 특징으로 해서, 도시 중심의 랜드스케이프를 그대로 유지하자는 것이었다. 이는 몇 가지 원인들이 복합적으로 작용한 까닭이었다. 우선, 환상의 구조가 지방 분권화라는 정부의 의지를 적절하게 상징하고 있었다. 거기서 도시 기능들은 위계를 가지지 않으면서 서로 병립하며 연계될 수 있다. 두번째로, 도시 중앙에 위치한 자연을 그대로 비워 둠으로써 자연환경의 잠재력을 최대한 활용할 수 있었

8 해안건축과 발모리
어소시에이츠 공동설계의
세종시 중심행정타운
현상설계안. 2006-2007년.

20장. 한국에서의 랜드스케이프 건축

9 정부세종청사 전경. 랜드스케이프
건축의 원래 취지가 퇴색되고,
거대한 대(帶)형 구조물이 만들어졌다.
2008-2014년.

다. 도시가 들어설 장소의 중심에는 높이 250미터
가량의 산이 2개 위치해 있고, 그 옆으로 금강 지
류가 흘러 생태네트워크를 구축하는 데 좋은 여건
을 가지고 있었다. 환상형 도시구조에는 이들을
가급적 파괴하지 않고 생태적으로 활용하려는 의
도가 담겨 있었다. 이들을 건물들과 연계시킬 경
우 자연과 인공이 함께 어우러져 도시 경관에 독
특한 정체성을 부여할 수도 있었다. 마지막으로,
환상의 축을 따라 도시 기능들을 배치할 경우 선
형 도시의 장점들을 취할 수 있었다. 기존의 도시 문제가 주로 하나의 중심을
확장하면서 일어나며, 환상형 도시구조를 통해 교통량을 분산시키고, 배후
지역의 개발 압력을 완화할 수 있다고 본 것이다.

도시의 중심을 비우고 자연환경을 보존하려는 도시계획의 의도는 행정
중심복합도시의 중심행정타운 현상설계에서도 그대로 이어진다. [도판8] 중
심행정타운은 정부의 중앙행정 기능과 함께 주거, 상업, 업무, 문화 등 도시
기능이 복합적으로 어우러진 행정중심복합도시의 6개 거점 지역 중 하나로,
국제공모전을 통해 약 83만 평의 대상지에 대한 토지 이용 계획, 보행 및 교
통 계획, 오픈스페이스 및 스카이라인 지침, 주요 시설물 배치 계획, 규모 및
형태 등을 담은 도시설계 마스터플랜을 구하고자 했다. 총 56개 팀이 참가한
가운데, 한국의 해안건축과 발모리 어소시에이츠Balmori Associates의 계획안이
선정되었는데, 여기서 건축가들은 랜드스케이프 건축의 주요 원칙들을 대규
모 공공건물에서 구현하고자 했다. 무엇보다 눈에 띄는 것은, 정부청사를 오
브제로서의 건축물이 아니라 도시 조직을 긴밀하게 엮어 주는 랜드스케이프
의 일부로 간주한 점이다. 이에 따라 건물과 대지는 마치 연속된 표면처럼 상
호 연결되어 거대한 랜드스케이프를 형성하며, 이를 통해 지속 가능하고 환
경 친화적인 도시가 실현될 수 있었다. 건물의 배치는 가운데 빈 대지를 두고
곡선의 건물들이 둘러싸는 방식으로 이루어졌다. 대지 위를 꿈틀거리며 돌
고 있는 건물들은 마치 이십일세기의 새로운 랜드마크를 제안하고 있는 듯
하다. 그렇지만 이런 개념에 따라 실현된 건물은 랜드스케이프 건축의 한계
를 잘 보여준다. [도판9]

테랭 바그
한국에서 랜드스케이프 건축이 지배적인 경향으로 등장한 것은, 건축과 도
시를 바라보는 새로운 담론의 등장과 긴밀하게 연관되어 있다. 1960년대부

터 시작된 건설 붐이 1990년대 들어 어느 정도 마무리되면서 도시를 기능적인 관점보다는 생태적인 관점으로 보는 시각이 우세해졌다. 이는 청계천 복원이 성공적으로 마무리된 데서 잘 나타난다. 청계천 위를 지나던 고가도로는 개발 시기에 도심을 관통하는 간선도로의 기능을 강화하기 위해 조성되었다. 그 과정에서 청계천은 복개되어 도로로 활용되었다. 그렇지만 시간이 지나면서 고가도로는 도시의 흉물로 전락했으며, 2000년대 들어 청계천 일대의 복원 사업으로 고가도로는 철거되고 청계천은 도심 생태하천으로 원상회복되었다. 이같은 대규모 도시 재생 사업이 가능했던 것은, 2000년대 건축과 도시를 바라보는 사람들의 의식이 근본적으로 달라졌기 때문이다.

비슷한 시도들이 다른 건축 프로젝트에서도 나타났다. 한국의 대도시들은 1960년대부터 압축된 성장을 거듭했고, 그 때문에 중첩과 단절로 특징지어지는 도시공간이 생겨났다. 여러 겹의 사건들이 한 장소에서 동시에 일어나며 복합적인 성격을 띠게 되었으며 거기에는 다양한 이해 주체와 흐름들이 존재했다. 이런 장소에 건축가들이 효율적으로 개입하기란 어려운 일이었다. 이그나시 솔라 모랄레스 Ignasi de Solà-Morales 는 테랭 바그 terrain vague 개념을 가지고 대도시의 버려진 지역, 쓸모없고 비생산적인 공간과 건물에 초점을 맞추었다. 프랑스어로 '황무지' 또는 '버려진 땅'을 뜻하는 이 개념은 명시적인 경계가 없고 정의되지 않는 땅과 연관된다. 재구축된 공간으로 변형시켜 도시의 생산적인 논리에 재통합하고자 했다. 이를 위해 이 땅들이 가지는 폐허로서의 가치, 생산성의 결여를 주목하고, 도시 속에서 자유의 공간으로 드러내고자 했다.[15] 이런 생각은 다양한 도시 정책자들에게 영향을 주어 유사한 랜드스케이프 프로젝트들이 만들어졌다. 뉴욕의 하이 라인 High Line 이나 시애틀의 올림픽 조각공원 Olympic Sculpture Park 등이 대표적인 예이다.

한국에서는 1996년에 명동성당 축성 백주년을 기념해 시행된 현상설계가 테랭 바그의 전형이라 할 수 있다. 이 현상설계의 목적은 성당을 중심으로 형성된 외부 공간을 재개발하는 것이었다. 이 때문에 설계 처음부터 공간의 성격을 규정하는 것이 무엇보다 중요했다. 그렇지만 쉽지 않은 일이었다. 명동성당은 한국 가톨릭교회의 본산으로, 처음부터 종교적인 색채가 매우 강하게 배어 있었다. 그렇지만 시간이 지나면서 다양한 사건들이 이곳을 중심으로 펼쳐졌다. 성당이 세워졌을 때의 명동은 한적한 동네였으나, 서울이 거대한 메트로폴리스로 변모하면서 곧 서울에서 지가가 가장 비싸고 사람들로 붐비는 상업 중심지로 편입되었다. 여기에다 1980년대 이후 민주화 운동이 집중적으로 벌어지면서, 종교적 성지에서 민주화 성지로 거듭나게 되었다.

이런 시간의 흔적들을 무시하고 재개발을 진행하기란 불가능했다. 현

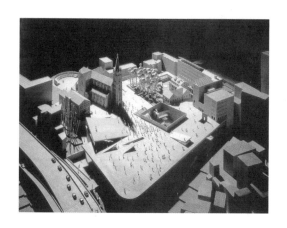

10 유걸이 제안한 명동성당 백주년
기념 건축 현상설계안 모형. 1996년.

상설계에 참여한 많은 건축가들은 이 점을 명백히 이해하고, 장소에 내재된 복합적인 성격들, 즉 세속적/종교적, 순간적/영속적, 상업적/종교전례적, 역동적/정적인 성격을 건축적으로 통합하고자 했고, 거기서 랜드스케이프 건축은 중요하게 부각되었다. 특히 우수작 중 하나인 알레한드로 자에라 폴로Alejandro Zaera-Polo의 안은 랜드스케이프 건축의 전형적인 특징을 잘 보여주었다. 공모에 참여한 대다수 건축가들은 외부 공간 전체를 비우고 대지에서 완만하게 나타나는 경사진 지형을 자연스럽게 활용해 인공적인 지표면을 형성시켰다. 이는 인공적인 바닥판이자 지붕으로, 건물의 내부 기능은 바로 이 아래에서 일어나게 했다. 경계가 불명확한 공간으로서 성당과 주위 상업 공간을 통합한다. 유걸을 포함해 많은 한국 건축가들이 비슷한 계획안을 제안했고, 그런 점에서 랜드스케이프 건축은 이같은 장소를 개발하는 데 가장 유용한 방법임이 밝혀졌다.[도판10]

이화여대 ECC 역시 비슷한 문제를 다루고 있다.[도판11] 그렇지만 여기서는 주변 여건이 여러 시간의 켜와 복잡한 동선에 얽혀 있었다. 서양의 선교사들이 1933년 처음 캠퍼스를 마련한 이후, 다양한 시기에 여러 건물들이 지어져 산개해 있었다. 그 결과 건물들과 오픈스페이스들이 다소 무질서하게 조직화되어 있다. 대학 측에서는 정문에서 본관까지 이르는 대지를 조직해 여러 건물들을 통합하면서 대학에 새로운 이미지를 부여하길 원했다. 더불어 캠퍼스를 가로질렀던 경의선 철길이 복개되어 있었다. 그전까지는 철길 위에 설치된 다리를 통해 정문으로 들어갈 수 있었으며, 이로 인해 대학 캠퍼스는 섬처럼 분리되어 있었다. 그러나 이제 대학 캠퍼스는 혼잡한 주변 지역

11 도미니크 페로의 이화여대
ECC 계획안. 2004-2008년.

과 반응해야만 했다. 이런 점을 고려하면서 대학 측에서는 2004년 도미니크 페로, 알레한드로 자에라 폴로가 이끄는 에프오에이Foreign Office Architects, FOA, 자하 하디드를 지명해 계획안을 제출하도록 요구했다. 그들이 제안한 안들은 한국 건축가들의 랜드스케이프 건축과 비교해 여러 모로 생각해 볼 주제이다.

당선된 도미니크 페로의 안은 정문에서 학교 본관에 이르는 강력한 축을 설정했다. 그리고 그 축 좌우에 건물을 배치해 마치 계곡과 같은 형태

3부. 세계화 시대: 건축으로의 다원적 접근

를 만들었다. 건물 상부는 모두 인공 대지로 처리되어 학생들이 이곳을 통해 다른 건물로 걸어갈 수 있게 했다. 자하 하디드나 에프오에이 안과 비교할 때 독특한 두 가지 지점이 있다. 하나는 건축이 주변 환경에 개입하는 범위를 최소화시킨 것이다. 이로써 작품의 실현 가능성을 높였다. 이 점이 심사위원들에게 보다 강력하게 어필했다고 생각한다. 그리고 또 다른 하나는 건축가가 랜드스케이프를 작품의 주요 주제로 내세우기는 했지만, 강한 축과 기하학적 패턴을 적용해 캠퍼스에서 중심성이 확보되도록 한 것이다. 거기서 엄격한 기하학적 질서와 유기적인 자연환경은 매우 대조적인 모습으로 등장해, 자연을 다루는 프랑스의 전통적인 시각을 다시 한번 확인할 수 있다. 도미니크 페로는 프랑스국립도서관 Bibliothèque nationale de France 에서도 비슷한 시도를 했다. 건물 4개를 사각 모서리에 배치하고, 중심부는 마치 한국의 마당처럼 비워 두었다. 그런 점에서 그의 건축은 오브제로서 강한 특징을 간직하면서도 비움의 개념을 동시에 표현하고 있다고 볼 수 있으며, 한국 건축가들에게 많은 영향을 미쳤다.

포스트 인더스트리얼

랜드스케이프는 또한 근대건축이 할퀴어 놓은 상처를 치유하는 방편으로 사용되었다. 대표적인 예가 독일 뒤스부르크 환경공원 Landschaftspark Duisburg-Nord 이다. 이곳에는 원래 독일 최대의 제철소가 있었지만 철강 산업의 쇠락과 시설의 노후화로 1985년 문을 닫았다. 그 후로 개발을 둘러싸고 우여곡절이 많았지만, 정부가 방치된 공장 터를 환경공원으로 개발하도록 지원하면서 상황이 달라졌다. 다양한 건축가와 조경가 들이 개입해 제철소의 외형은 그대로 유지한 채 친환경 공원으로 재탄생시킨 것이다. 녹슨 철 구조물은 자연과 공존하며 근대 시기에 자행된 무자비한 파괴를 증언한다.

2000년대 이후 한국에서도 비슷한 시도가 등장하는데 선유도공원과 마포 석유비축기지(현 문화비축기지) 재개발이 그 대표적인 예이다. 이들은 각각 1999년과 2014년에 실시된 현상설계에서 당선된 작품들이다. 선유도공원은 조경가 정영선(조경설계 서안)과 건축가 조성룡의 작품으로, 과거의 정수장을 공원화하는 프로젝트였다.[도판 12] 그렇지만 대지는 도심이 아닌 한강 중간에 있는 섬이었다. 역사적으로 선유도는 지금처럼 한강 한가운데 떠 있는 섬이 아니라 육지에 솟아 있는 아름다운 산이었는

12 선유도공원에 있던 기존의 콘크리트 기둥이 조경의 요소로 활용되며 랜드스케이프의 일부가 되었다.

13 최욱이 설계한 가파도 아티스트 인 레지던스 전경. 2018년 준공.

데, 정수장이 설치되면서 섬으로 바뀌었다. 그로부터 이십 년이 지난 후 정수장 기능이 사라지면서 정부는 이것을 도시공원으로 조성하려 했다. 정영선과 조성룡은 여기 세워져 있던 거친 구조물들과 기계장치들을 통해 산업 사회가 자연에 가한 거친 폭력성을 확인하고, 그를 어떻게든 해체하고자 했다. 그렇지만 그들이 택한 방식은 과거의 흔적들을 완전히 지워 버리는 것이 아니었다. 그 대신 거친 콘크리트 안에 푸르른 식물들이 자리잡고 자라나도록 해, 자연과 현대 산업 사회가 화해할 수 있는 방법을 모색했다.

선유도공원의 랜드스케이프를 통해 우리의 현실을 되돌아보게 하는 설계자들의 성숙한 태도를 발견할 수 있다. 그들은 한때 자연을 억압했던 산업 시설조차 대지의 일부로 간주하고 보존하고자 했다. 이때 랜드스케이프는 더 이상 인위적인 개념도 아니고 건축의 장식품도 아니다. 바로 현실 그 자체이며, 현실을 새롭게 생성하는 아이디어가 된다. 건축가는 건물이 전체 랜드스케이프의 일부분으로 스며들어 가도록 했다. 가능한 한 건축과 자연환경 사이의 경계를 허물려고 했고, 이를 통해 내부와 외부 사이의 연속성을 확보하려 했다.

최욱의 가파도 아티스트 인 레지던스도 산업 시설은 아니지만, 오랫동안 방치된 콘크리트 구조물을 최대한 활용했다는 점에서 유사하다.[도판 13] 이 구조물은 원래 콘도용으로 지어지던 중 지하 부분만 완성된 채 오랫동안 방치되어 있었다. 건축가는 2012년부터 제주 남단의 가파도를 대상으로 현대카드와 제주도, 마을 주민들과 손을 잡고 섬을 재생시키려는 다양한 사업들을 진행했고, 그 일부로서 이 구조물을 예술가를 위한 거주 시설로 바꿔 놓았다. 이 건물의 설계에서 가파도의 북단에 위치한 지하 구조물이 그대로 활용되었는데, 건축가가 내세운 주제는 수평적 랜드스케이프 horizontal landscape였다. 평지 섬의 지형적 특징을 존중하겠다는 의지의 표현으로, "이 개념을 유지하기 위해 대부분의 공간을 지하에 배치했고, 상부 슬래브를 들어내어 지하에 빛과 공기가 통하도록 만들었다."[16] 오랫동안 방치된 콘크리트 벽에 남아 있는 물때는 그 자체로 시간의 켜를 드러냈고, 황폐화된 구조물은 건축가의 개입으로 순화되었다. 건축가는 지상으로 우뚝 솟은 엘리베이터 탑을 설치해 일종의 전망대 역할을 하게 했다. 이는 가급적 지상으로 그 모습을 드러내지 않는 지하 구조물과 대조를 이루며, 섬의 전체를 조망할 수 있는 랜드마크로 각인되고 있다.

도시의 마당

한국에서 랜드스케이프 건축은 마당 개념과 결합해 독특한 보이드 공간을 만들어냈다. 국립현대미술관 서울관, 국립아시아문화전당, 노들섬 복합문화기지 등도 랜드스케이프 건축의 대표적인 예이다. 이들은 랜드스케이프 건축의 주요 특징을 갖고 있지만, 서구의 그것과는 다르게 발전되었다. 마당이나 비워진 공간이 중시되었고, 건물의 조형성을 강조하는 대신에 주변과의 조화로운 관계가 핵심적인 개념으로 떠올랐다.

그런 경향을 가장 잘 대변하는 국립현대미술관 서울관은 역사적 맥락에서나 도시적 맥락에서 사연이 많은 땅에 지어졌다.[도판14] 그 대지에는 조선시대에는 사간원, 종친부, 규장각 등이 있다가 일제강점기에는 경성의학전문학교 부속의원이 들어섰고, 해방 후에는 국군서울지구병원과 국군기무사령부가 오랫동안 점유해 왔다. 그리고 주변에는 경복궁을 비롯해서 유서 깊은 문화재들이 산재해 있다. 따라서 이 터는 좋은 위치에도 불구하고 오랫동안 접근이 쉽지 않았다. 이 건물을 긍정적으로 평가하는 사람들은 아마도 이런 어려움들을 잘 극복하고 수준 높은 미술관으로 설계한 건축가의 솜씨를 인정하는 듯하다.

2009년에 열린 현상공모에 당선되어 설계를 맡은 건축가 민현준은 '바다 위에 떠 있는 섬들', 즉 군도群島라는 아이디어를 사용했다. 이 때문에 지상에서 보면 주요 전시실들은 섬처럼 따로 떨어져 있지만, 지하 1층으로 가 보면 모두 연결되어 있다. 이런 구조는 현대 미술관 설계의 조류를 반영한다. 즉 오늘날 미술관은 관람객들이 모든 전시실을 보지 않고도 각자 필요한 전시실만을 선택해서 방문할 수 있는 구조로 되어 있다. 그렇지만 이 때문에 지

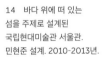

14 바다 위에 떠 있는 섬을 주제로 설계된 국립현대미술관 서울관. 민현준 설계. 2010-2013년.

　　　　　　　　　　　20장. 한국에서의 랜드스케이프 건축

하 1층은 동선이 얽혀 매우 혼잡스러워진다. 건축가는 이런 혼란을 예견하고 마당들을 일종의 좌표점처럼 군데군데 집어넣고 있다.

이 작품에는 눈길을 끌 만한 건물이 전혀 없다. 가운데 난 외부 램프를 따라 종친부 건물 쪽으로 올라가도 눈에 들어오는 것은 건물이 아닌 빈 터와 식재뿐이다. 그러면서 길들은 계속 주변으로 이어진다. 그러나 조금 다른 관점에서 보면 현대건축의 새로운 경향을 감지할 수 있다. 좋은 건축을 판별하는 기준은 시대마다 바뀌지만, 오늘날 많은 건축가들은 다양한 변화에 적응 가능한 잠재성에 주목하고 있다. 현대 사회가 워낙 빠르게 변화하므로 건축물도 거기에 적절하게 대응하길 원하기 때문이다. 과거 건물은 한번 세워지면 같은 자리에서 적어도 수십 년, 길게는 수백 년을 버티고 서 있어야 했다. 이 때문에 견고함과 장소성은 건축의 가장 중요한 덕목이었다. 그렇지만 오늘날에는 변화를 받아들이지 못하는 건물들은 금방 도태되고 만다. 현대건축에서 시간이라는 변수는 매우 중요해졌고, 국립현대미술관 서울관은 그런 측면에서 잠재력이 크다. 이 미술관에서 완결된 건축 형태는 볼 수 없지만, 그 대신 건축가는 앞으로 진화할 수 있는 잠재적 틀을 제공한다.

노들섬 복합문화기지는 2019년 한강 가운데 있는 노들섬에 세워졌다. 이 섬은 원래는 용산 쪽에 붙어 있는 넓은 백사장이었지만, 1917년 일제강점기 이촌동과 노량진을 연결하는 철제 인도교가 놓이면서 인공 섬으로 만들어졌다. 그 이후로 별다른 시설 없이 거의 버려져 있다가, 2005년 서울시가 오페라하우스 건립을 위해 이 섬을 매입하면서 개발이 본격화되었다. 섬의 위치가 한강 한복판을 가로지르고 있어서, 도시를 대표하는 기념물을 세우기에 적합하다고 보았던 것이다. 2006년과 2008년에 두 차례의 국제현상설계가 개최되었고, 최종적으로 박승홍의 안이 당선안으로 선정되었다. 그렇지만, 시 정부가 바뀌면서 서울시 재정 상황과 환경 문제 등을 고려해 오페라하우스의 건립 계획은 백지화되었다. 서울시는 2016년 새로운 공모전을 기획하는데, 친환경적이고 시민친화적인 복합 문화 시설의 건립을 목표로 했다. 여기서는 시드니의 오페라하우스와 비교해서 작고 현실적인 프로그램들을 끌고 나왔는데, 여러 차례 시민 공모전을 열어 민주적인 절차를 거친 결과였다. 이 현상설계에서 비교적 젊은 건축가들로 구성된 엠엠케이플러스(맹필수, 김지훈, 문동환, 조경가 박태형)의 안이 당선작으로 선정되었다. 그 후로 "표류한 운영계획에 따라 설계 변경이 잇따랐지만 엠엠케이플러스가 시종일관 견지한 것은 땅에 대한 해석이었다. 건축가들은 노들섬에 새로운 구조물을 세우기보다 땅을 '재구성reconfiguring'하는 전략을 취했다. 단일한 구조물의 외피 안에 다양한 프로그램들을 모두 배치하는 것이 아니라 땅의 레벨을 활용하고 작은 단위들을 분절해 외부 공간과 실들이 교차하게 만들었다."[17] 이렇게 해서 그들은 땅의 해석을 통해 건물 형태로 접근해 갔고, 그것을 통해 노들섬에 랜드스케이프 건축을 세울 수 있었다.

서론. 건축지형도와 다이어그램

1. 개발 독재(development dictatorship)라는 용어는 원래 남미, 동유럽, 동아시아 그리고 동남아시아에서 일어난 특정 현상을 지칭하기 위해 언론 매체에서 사용되었다. 도쿄대학 교수인 스에히로 아키라(末廣昭)에 따르면, 1980년대 남한과 타이완의 민주화, 동아시아와 동남아시아의 경제 성장 과정에서 등장했다. 특히 일본 언론에서는 필리핀의 마르코스, 싱가포르의 리콴유, 인도네시아의 수하르토를 설명하는 데 많이 사용했다. 이 말은 특정 국가가 가지는 두 가지 특징인 경제개발의 추구와 정치적인 독재를 가리킨다.

2. 17장 14번 주석을 참고.

3. Gilles Deleuze & Félix Guattari, *Mille Plateaux: Capitalisme et schizophrenie 2*, Paris: Les Éditions de Minuit, 1980. p.133.

1부. 개항과 식민 시대: 서구 근대건축의 수용

1장. 개항과 미완의 개혁

1. 이태진, 『고종시대의 재조명』, 태학사, 2000. p.25.

2. 개항장의 숫자는 연구자에 따라, 그들의 시각에 따라 차이가 난다. 가령 이현종은 11개의 개항장과 3개의 준개항장(법규정은 없으나 실제로 성격이 나타난 것)을 꼽고 있다(이현종, 『한국개항장연구』, 일조각, 1975). 손정목은 그의 책에서 모두 10개의 개항장과 5개의 개시장을 꼽았다(손정목, 『한국개항기 도시변화과정연구』, 일지사, 1994). 그렇지만 민회수는 근대 개항장과 개시장의 감리서를 연구하면서 9개의 개항장과 3개의 개시장을 꼽고 있다(민회수, 「한국 근대 개항장(開港場)·개시장(開市場)의 감리서(監理署) 연구」, 서울대학교 대학원 박사학위 논문, 2013). 감리서가 1906년에 폐지되었기 때문에, 1908년에 개항된 청진은 포함되지 않은 것이다. 그리고 이대근은 일제강점기에 집행된 항만별 공사비 실적을 계산하면서, 모두 11개의 개항장을 나열했다(이대근, 『귀속재산연구』, 이숲, 2015). 이 책에서는 손정목의 제안을 따랐다.

3. 이현종, 『한국개항장연구』, 일조각, 1975. p.12.

4. 손정목, 『한국개항기 도시변화과정연구』, 일지사, 1994. p.67.

5. 손정목, 『한국개항기 도시변화과정연구』, 일지사, 1994. p.13.

6. 손정목, 『한국개항기 도시변화과정연구』, 일지사, 1994. p.13.

7. 村松伸, 『上海―都市と建築 1842-1949年』, 東京: PARCO出版局, 1991. pp.15-16.

8. 민회수, 「한국 근대 개항장(開港場)·개시장(開市場)의 감리서(監理署) 연구」, 서울대학교 대학원 박사학위 논문, 2013. p.93.

9. 차철욱, 「개항기 인천의 일본인 정착과 관계망」, 조정민 편, 『동아시아 개항장 도시의 로컬리티』, 소명출판, 2013. pp.112-113.

10. 둘 다 서구 열강이 조계나 외국인 거류지의 경계와 구획, 그리고 임차 방식을 확정하기 위해 동아시아 국가들과 맺은 협정이다. 이 가운데 토지장정이 중국과 서구 열강 사이에 맺은 협정을 가리킨다면, 지소규칙은 일본과 서구 열강 사이에 맺은 협정을 가리킨다.

11. Jeremy E. Taylor, "The Bund: Littoral Space of Empire in the Treaty Ports of East Asia," *Social History*, vol.27, no.2, 2002. p.129.

12. Jeremy E. Taylor, "The Bund: Littoral Space of Empire in the Treaty Ports of East Asia," *Social History*, vol.27, no.2, 2002. p.134.

13. 조성태·강동진, 「부산항 해안선의 변천과정 분석」 『한국도시설계학회지』 10권 4호, 2009. 12. pp.257-258.

14. 殿木圭一, 『上海』, 東京: 岩波新書, 1942. pp.28-38.

15. 개항 시기 제물포의 거류지 조성 계획을 알 수 있는 자료들은 다음과 같다.

　　1) 인천 개항 직전의 제물포 지도.

　　2) 인천 부두와 거류지 개척안[1880년 12월, 스기무라 후카시(杉村濬案)의 안].

　　3) 제물포 실측 오백분의 일 지도.

　　4) 거류지 시가 분할 지도.

　　5) 해안과 제석단 및 매립지와 부두 위치.

　　6) 1883년 9월 8일 인천 주재 영사 고바야시 하시이치(小林端一)가 한양 주재 공사 다케조에 신이치로(竹添進一郎)에게 보낸 보고서에 첨부된 도면.

　　7) 1883년 9월 30일에 체결된 인천구조계조약(仁川口租界條約)의 첨부 도면.

　　8) 1883년 10월 30일 요시다 기요나리(吉田清成)가 인천 영사에게 보낸 보고서의 첨부 도면.

　　9) 1883년 12월 21일 요시다 기요나리가 인천 영사에게 보낸 보고서의 첨부 도면.

　　10) 1884년 4월 8일 요시다 기요나리가 인천 영사에게 보낸 보고서의 첨부 도면.

　　11) 1884년 10월에 조인된 인천제물포조계장정의 첨부 도면.

16. 梁尚湖, 「韓國近代の都市史研究─開港時期(1876-1910) 外國人居留地を對象にして─韓國近代建築史としての都市史研究を目指して」, 東京: 東京大学大学院博士学位論文, 1994. p.136.

17. 이와 관련해 다음의 책을 참고할 것. Jinnai Hidenobu, Kimiko Nishimura (trans.), *Tokyo, A Spatial Anthology*, Berkeley: University of California Press, 1995. pp.50-51.

18. 손정목, 『한국개항기 도시변화과정연구』, 일지사, 1994. p.153.

19. 김주관, 「공간구조의 비교를 통해 본 한국개항도시의 식민지적 성격─한국과 중국의 개항 도시 비교를 중심으로」 『한국독립운동사연구』 42호, 2012. 8. p.266.

20. 손정목, 『한국개항기 도시변화과정연구』, 일지사, 1994. p.153.

21. 손정목, 『한국개항기 도시변화과정연구』, 일지사, 1994. p.286.

22. 토지가 분할되어 임대된 후 시가지가 되는 과정은 다음의 논문에서 잘 연구되어 있다. 윤도선·홍승재, 「군산 구시가지의 필지변화와 주거건축에 관한 연구」 『대한건축학회 논문집』 계획계 20권 1호, 2004. 1. p.183.

23. 賴德霖·伍江·徐苏斌主编, 『中国近代建筑史(第一卷)·门户开放』, 北京: 中国建筑工业出版社, 2016. p.481.

24. 김정동, 『남아 있는 역사, 사라지는 건축물』, 대원사, 2001. p.170.

25. 金玉均, 「治道略論」 『漢城旬報』, 1884. 7. 3.

26. 이태진, 『고종시대의 재조명』, 태학사, 2000. p.37.

27. 문화재청, 『덕수궁 석조전(동관) 건물 구조안전도 조사연구보고서』, 문화재청, 1989. 1.

28. 이천승, 『한국근세과학기술100년사 조사연구』, 한국과학재단, 1990. p.137.

29. 이순우, 『정동과 각국 공사관』, 하늘재, 2012. p.88.

30. 村松伸, 『上海―都市と建築 1842-1949年』, 東京: PARCO出版局, 1991. p.49.

31. 이연경, 「사바틴의 인천에서의 활동: 문헌사료 분석을 중심으로」 『사바틴과 한국 근대기의 건축 영향 관계 연구』, 문화재청, 2019. pp.40-41.

32. Alain Delissen, "Un jardin sur la colline, histoire des Résidences de France à Séoul," *La Résidence de France à Séoul*, Paris: Éditions internationales du Patrimoine, 2018. p.36.

33. 문화재청, 『덕수궁 중명전 보수·복원 보고서』, 문화재청, 2009. p.130.

34. 小田省吾, 『德壽宮史』, 京城: 李王職, 1938. p.68.

35. 문화재청, 『덕수궁 정관헌 기록화 조사 보고서』, 문화재청, 2004. p.69.

36. 문화재청, 『덕수궁 정관헌 기록화 조사 보고서』, 문화재청, 2004. pp.97, 130-135.

37. 藤森照信, 『日本の近代建築(上 幕末·明治篇)』, 東京: 岩波新書, 1993. pp.9-10.

38. 藤森照信, 『日本の近代建築(上 幕末·明治篇)』, 東京: 岩波新書, 1993. p.13.

39. 村松伸, 『上海―都市と建築 1842-1949年』, 東京: PARCO出版局, 1991. p.31.

40. 윤일주, 『한국현대미술사: 건축』, 국립현대미술관, 1978. p.16.

41. 다음 링크를 참고. http://www.cbck.or.kr/page/page.asp?p_code=K3122

42. 다음 링크를 참고. https://irfa.paris/missionnaire/0987-coste-eugene/

43. 김정동, 『남아 있는 역사, 사라지는 건축물』, 대원사, 2001. p.86.

44. 가령 홍콩 로사리성당(Rosary Church)은 외벽에 벽돌의 흔적이 전혀 없다. 광저우 석실성심 성당은 돌을 깎아서 세웠고, 상하이의 쉬자후이 성당은 붉은 벽돌을 사용했다.

45. 뮈텔, 『뮈텔주교일기 I』, 한국교회사연구소, 1986. p.204.

46. 정창원, 「한국 미션건축에 있어서 장로교 소속 개척선교사들의 건축활동에 관한 사적 고찰」 『건축역사연구』 13권 3호, 2004. 9. p.70.

47. 미국의 북장로회, 남장로회, 북감리회, 남감리회, 오스트레일리아 장로회, 캐나다 연합교회 까지 총 6개 선교회가 집중적으로 선교사를 한국에 보냈다.

48. 大蔵省管理局, 『日本人の海外活動に關する歷史的調査』 朝鮮編3分冊, 東京: 大蔵省管理局, 1946. pp.75-76.

49. James S. Gale, *Korean Sketches*, New York: Fleming H. Revell Co, 1898. p.209.

50. 1901년 6월 13일자 『그리스도신문』에 따르면, 북장로회의 서울 신자가 3,318명이었고, 평양 이 10,055명이었다. 감리교의 경우 서울, 평양, 제물포, 수원, 원산에 선교 거점을 가지고 있 었는데, 1901년 각 지역의 교인은 서울 738명, 평양은 1,703명, 제물포 1,229명, 수원 987명, 원산은 121명이었다. 김진형, 『사진으로 보는 한국초기선교 90장면: 감리교편』, 도서출판 진 흥, 2006. p.167.

51. J. E. Hoare, *Embassies in the East*, London: Routledge, 1999. p.179.

2장. 식민지 도시공간의 형성

1. 김명수, 『한국 경제발전의 문화적 기원』, 집문당, 2018. p.33.

2. 김명수, 『한국 경제발전의 문화적 기원』, 집문당, 2018. p.32.

3. 김명수, 『한국 경제발전의 문화적 기원』, 집문당, 2018. p.32.

4. 이대근, 『귀속재산연구』, 이숲, 2015. p.302.

5. 송규진, 「일제강점 초기 '식민도시' 대전의 형성과정에 관한 연구: 일본인의 활동을 중심으로」 『아세아연구』 45권 2호, 2002. p.204.

6. 김일수, 「일제강점 전후 대구의 도시화 과정과 그 성격」 『역사문제연구』 10호, 2003. p.110.

7. 황보영희·한동수, 「서울용산지역의 가로망 변화에 관한 연구」 『대한건축학회 논문집』 계획계 24권 2호, 2004. 10. p.842.

8. 손정목,『한국개항기 도시사회경제사연구』, 일지사, 1982. p.334.

9. 고시자와 아키라(越沢明), 장준호 역,『중국의 도시계획』, 태림문화사, 2000. p.112.

10. 고시자와 아키라(越沢明), 장준호 역,『중국의 도시계획』, 태림문화사, 2000. p.67.

11. Manfredo Tafuri & Francesco Dal Co, Erich Wolf (trans.), *Modern Architecture*, New York: Harry N. Abrams, 1979. p.20.

12. 이대근,『귀속재산연구』, 이숲, 2015. p.160.

13. Andre Sorensen, *The Making of Urban Japan*, London: Routledge, 2002. p.64.

14. 타이완에서는 1898년 고토 신페이가 제일 먼저 시구개정위원회를 설립했다. 1900년에는 타이페이성 내 35만 평의 시구개정계획안을 발표했으며, 1905년에는 타이페이 성내와 성외에 합계 200만 평에 인구 15만 명의 시구개정계획을 공포했다. 1905년부터 1911년까지 신주, 장화, 지룽, 가오슝, 타이난 등 주요 도시에서 시구 개정 작업이 이루어졌다. 후앙쓰몽·리용짠, 임승권 역,「중국 근대 도시계획의 변천」, 서울시정개발연구원,『동양 도시사 속의 서울』, 서울시정개발연구원, 1994. p.299.

15. 손정목,『한국개항기 도시사회경제사연구』, 일지사, 1982. p.112.

16. "Paris Population History: Analysis and Data." 다음 링크를 참조. http://www.demographia.com/db-paris-history.htm

17. 미셸 푸코, 오생근 역,『감시와 처벌』, 나남출판, 1989. p.215.

18. 염복규,「식민지 근대의 공간형성 —근대서울의 도시계획과 도시공간의 형성, 변용, 확장」,『문화과학』 39호, 2004. 9. pp.197–219.

19. 김기호,「일제시대 초기의 도시계획에 관한 연구—경성부 시구개정을 중심으로」,『서울학연구』 6호, 1995. 12. p.50.

20. 하시야 히로시, 김제정 역,『일본제국주의, 식민지 도시를 건설하다』, 모티브북, 2005. p.82.

21. 광주광역시,『광주도시계획사』, 광주광역시, 2017. p.99.

22. 염복규,『서울의 기원 경성의 탄생』, 이데아, 2016. p.91.

23. 石田賴房,『日本近代都市計画の百年』, 東京: 自治體研究所, 1987. p.124.

24. 石田賴房,『日本近代都市計画の百年』, 東京: 自治體研究所, 1987. p.125.

25. 김민아·정인하,「일제강점기 평양부 토지구획정리사업의 환지방식에 관한 연구」,『대한건축학회 논문집』 계획계 30권 12호, 2014. 12. p.246.

26. 朝鮮建築會,「朝鮮都市計劃令」,『朝鮮と建築』 2輯 2號, 朝鮮建築會, 1923. 2. pp.48–49.

27. 朝鮮總督府,『朝鮮四大都市(京城, 平壤, 釜山, 大邱)都市計畫現狀調査書總攬』, 朝鮮總督府內務局, 1925. p.508.

28. 손정목,『일제강점기 도시계획연구』, 일지사, 1990. p.150.

29. 손정목,『일제강점기 도시화과정연구』, 일지사, 1996. p.205.

30. 염복규,「일제하 경성도시계획의 구상과 시행」, 서울대학교 대학원 박사학위 논문, 2009. pp.94–103.

31. 독일에서 이 방식을 발전시킨 인물은 프랑크푸르트 시장이었던 프란츠 아디케스(Franz Adickes)였다. 그는 프랑크푸르트암마인(Frankfurt am Main)을 개발하면서 토지구획정리사업을 활발히 펼쳤고, 1902년 법제화했다. 1918년에는「연방주택법」에 포함시켜 전 도시에 적용해 나갔다.

32. 손정목,『일제강점기 도시사회상연구』, 일지사, 1996. p.188.

33. 윤정섭,「현대 한국도시계획의 회고」,『도시문제』 21권 12호. 1986. 12. p.7.

34.「시가지계획령」이 적용 혹은 준용된 시가지 및 주요 계획 결정 내용은 다음의 책에 상세하게 기술되어 있다. 손정목,『일제강점기 도시사회상연구』, 일지사, 1996. pp.198–199.

35. 경성, 인천, 개성, 군산, 목포, 마산, 부산, 대구, 전주, 광주, 대전, 청진, 함흥, 진남포, 평양, 신의주, 해주이며 대부분이 부(府)였다.

36. 朝鮮總督府, 『十七主要都市の市街地計劃調查』, 朝鮮總督府內務局, 1935.

37. 경성부 내의 경우 N1=9,984T+301,674이며 경성부 바깥의 70개 리에 대해서는 N2=8,516T+99,812이다. 그래서 전 지역의 경우 N=18,500T+401,486이다. 朝鮮總督府, 『京城市街地計畫決定理由書』, 朝鮮總督府內務局, 1937. p.4. 참고.

38. 서울역사편찬원, 이연식·최인영·김경호 역, 『(국역) 경성도시계획조사서』, 서울역사편찬원, 2016. pp.42−43.

39. 朝鮮總督府, 『京城市街地計畫決定理由書』, 朝鮮總督府內務局, 1937. pp.16−20.

40. 거주 가능 면적은 전체 면적 가운데 표고 70미터 이상의 지역, 하천, 해변가의 부지 등을 제외하고 산출되었다.

41. 朝鮮總督府, 『京城市街地計畫決定理由書』, 朝鮮總督府內務局, 1937. pp.62−65.

42. 손정목, 『일제강점기 도시사회상연구』, 일지사, 1996. p.358.

43. 여기서 선진 도시는 일본의 도시들을 가리키는 듯하다. 당시 일본 도시들의 인구 1,000명당 자동차 대수는 도쿄 4.60대, 오사카 2.53대, 교토 2.78대, 나고야 2.17대, 고베 2.47대 등이다. 東京市政調査会, 『日本都市年鑑』第4, 東京: 東京市政調査会, 1935 참고.

44. 최병선, 「한국도시계획의 반세기」 『도시문제』 21권 12호, 1986. 12. p.36.

45. Andre Sorensen, *The Making of Urban Japan*, London: Routledge, 2002. p.123.

46. 손정목, 『일제강점기 도시계획연구』, 일지사, 1990. p.270.

47. 동양척식주식회사는 대영제국의 동인도 회사를 본뜬 식민지 수탈 기관으로, 1908년 제정한 「동양척식회사법」에 의해 세워졌다. 당시 식민지 조선에 일본인 촌락을 건설하고, 정착을 위한 많은 특혜를 베풀었다.

48. 김동욱, 「토지구획정리사업의 고찰과 개선방안」 『국토정보』 175호, 1996. 5. pp.87−97.

49. 손정목, 『일제강점기 도시계획연구』, 일지사, 1990. p.294.

50. 일제강점기 토지구획정리사업의 진행과 관련해 한국 학자들이 많이 인용하는 자료가 『일본인의 해외활동에 관한 역사적 조사: 조선편 제8책(日本人の海外活動に關する關歷史的調查: 朝鮮編 第 8分冊)』이다. 몇 가지 통계 수치가 정확하지 않다는 문제점이 있지만, 이 자료에는 전체 진행 과정이 퍼센트로 기입되어 있어 당시 상황을 추측해 볼 수 있다. 여기서는 37개 지구의 토지구획정리사업이 100퍼센트 완료되었다고 씌어져 있지만, 어디까지가 완료인지를 정확하게 밝히지 않고 있다.

51. 朝鮮總督府, 『大邱市街地計畫決定理由書』, 朝鮮總督府內務局, 1937. p.24.

52. 이 지침들은 토미이 마사노리(富井正憲)의 다음 논문을 바탕으로 필자가 재작성했음. 富井正憲, 「日本, 韓國, 臺灣, 中國の住宅營團に關する硏究―東アジア4カ國における住居空間の比較文化論的考察」, 東京: 東京大學博士學位論文, 1996.

53. 內務省, 「土地區劃整理設計標準」, 東京: 內務省, 1933. 7.

54. 小住宅調査委員會, 「朝鮮に於ける小住宅の技術的硏究」 『朝鮮と建築』 20輯 7號, 朝鮮建築會, 1941. 7. p.9.

55. 富井正憲, 「日本, 韓國, 臺灣, 中國の住宅營團に關する硏究―東アジア4カ國における住居空間の比較文化論的考察」, 東京: 東京大学博士学位論文, 1996. p.472.

3장. 근대 도시주거의 출현

1. Harry A. Rhodes (ed.), *History of Korea Mission, Presbyterian Church USA: 1884−1934*, Seoul: Chosen Presbyterian Church USA, 1934. p.179.

2. Vincent Scully, *American Architecture and Urbanism*, New York: Frederick A. Praeger Publishers, 1969. pp.36-38.

3. 벌룬 프레임(balloon frame)은 목조 구조의 한 가지 방식을 가리킨다. 기존의 목구조는 기둥과 보를 결구해 구조체를 만든 반면, 벌룬 프레임은 작은 단면의 각재를 간격을 좁혀 벽체에는 샛기둥(stud)으로, 바닥에는 장선(joist)으로, 지붕에는 서까래(rafter)로 활용하여, 모든 하중을 지탱하게 한다.

4. 방갈로(bungalow)는 인도 벵골 지방에서 유래된 1-2층의 소규모 주택으로, 인도가 식민지였을 당시 서양인들에게 퍼졌고 영국으로 건너가 발전되었다. 미국에서는 이십세기 초반에 유행했다. 외부가 넓은 베란다로 둘러싸여 있는 것이 특징이다.

5. Clay Lancaster, *The American Bungalow 1880-1930*, New York: Dover Publication, 1985. p.11.

6. 김용범,『문화생활과 문화주택』, 살림, 2012. pp.8-10.

7. 栗原葉子,「「住まい」と「家庭」思想—明治後半から大正期を中心として」, 名古屋大学国際言語文化研究科国際多元文化専攻 編,『多元文化』, 2003. 3. pp.147-160.

8. 内田青藏,「アメリカ屋と住宅改良運動」『CONFORT(コンフォルト)』, 2001. 5. p.32.

9. 青木正夫・鈴木義弘・岡俊江,『中廊下の住宅—明治大正昭和の暮らしを間取りに読む』, 東京: 住まいの図書館出版局, 2009. pp.100-101.

10. 内田青藏,「アメリカ屋と住宅改良運動」『CONFORT(コンフォルト)』, 2001. 5. p.32.

11. 일제강점기 조선건축회는 네 번의 주택 현상설계를 개최했다. 여기에 대해서는 다음의 논문을 참고할 것. 서귀숙,「조선건축회 활동으로 보는 주택 근대화」『한국주거학회 논문집』 15권 1호, 2004. 2.

12. 이경아,「일제강점기 문화주택 개념의 수용과 전개」, 서울대학교 대학원 박사학위 논문, 2006. pp.145-154.

13. 서울특별시 중구,『중구 역사문화자원 스토리텔링 사업』, 서울특별시 중구, 2015. p.155.

14. 每日申報社,「光熙門外住宅用地 分讓開始」『每日申報』, 每日申報社, 1932. 7. 8.

15. 이경아・전봉희,「1920-30년대 경성부의 문화주택개발에 관한 연구」『대한건축학회 논문집』 계획계 22권 3호, 2006. 3. p.196.

16. 국가기록원의 '고적, 관사, 사법, 행형 등 일제강점기 건축도면 컬렉션'에서 '관사' 편을 참고. http://theme.archives.go.kr/next/place/subject07.do

17. 박용환,『한국근대주거론』, 기문당, 2010. p.181.

18. 김준식・켄지 오노미치(尾道建二)・유재우,「경남 통영 강산촌(岡山村)의 형성과정과 주택변용에 관한 연구」『대한건축학회 논문집』 계획계 23권 8호, 2007. 8. pp.151-158.

19. 『동아일보』 1922년 10월 25일자 통계에 따르면, 1921년 경성에 신축된 1,495채의 주택들 가운데 일식 주택이 875채, 그중 절반이 관사였다. 이런 사실은 다음의 논문에서 재인용되었다. 안성호,「일제강점기 관사의 주거사적 의미에 관한 연구」『대한건축학회 논문집』 계획계 17권 11호, 2001. 11. p.191.

20. 김명숙,「일제시기 경성부 소재 총독부 관사에 관한 연구」, 서울대학교 대학원 석사학위 논문, 2004. p.24.

21. 윤재웅・이철영,「일제시대 사택건축의 배치・평면유형 및 공간구성에 관한 연구」『한국주거학회지』 8권 3호, 1997. 10. pp.39-58.

22. 朝鮮建築會,「官舍及舍宅篇」『朝鮮と建築』 6輯 5號, 朝鮮建築會, 1927. 5.

23. 木村德国,「明治時代の住宅改良と中廊下形住宅様式の成立」『北海道大學工學部研究報告』 21号, 1959. 5. 30. p.146.

24. 青木正夫・鈴木義弘・岡俊江,『中廊下の住宅 ― 明治大正昭和の暮らしを間取りに読む』, 東京: 住まいの図書館出版局, 2009. p.28.

25. 内田青蔵,「アメリカ屋と住宅改良運動」『CONFORT(コンフォルト)』, 2001. 5. p.27.

26. 김왕직・이상해,「일본주택 화실(和室)의 형성과정과 현대적 변용에 관한 연구」『대한건축학회 논문집』 계획계 18권 11호, 2002. 11. p.136.

27. 木村徳国,「明治時代の住宅改良と中廊下形住宅様式の成立」『北海道大學工學部研究報告』 21号, 1959. 5. 30. p.54.

28. 경성에서 신축된 주택 수는 1934년까지 매년 2,000여 호에 이르다가, 1936년 5,600호까지 증가했고, 1938년에 이르러 2,000호 아래로 내려간다.

29. 富井正憲,「日本, 韓國, 臺灣, 中國の住宅營團に關する研究 ― 東アジア4カ國における住居空間の比較文化論的考察」, 東京: 東京大学博士学位論文, 1996. pp.369-372의 표를 참조.

30. 富井正憲,「日本, 韓國, 臺灣, 中國の住宅營團に關する研究 ― 東アジア4カ國における住居空間の比較文化論的考察」, 東京: 東京大学博士学位論文, 1996. p.67 참고.

31. 富井正憲,「日本, 韓國, 臺灣, 中國の住宅營團に關する研究 ― 東アジア4カ國における住居空間の比較文化論的考察」, 東京: 東京大学博士学位論文, 1996. p.376.

32. 富井正憲,「日本, 韓國, 臺灣, 中國の住宅營團に關する研究 ― 東アジア4カ國における住居空間の比較文化論的考察」, 東京: 東京大学博士学位論文, 1996. p.415.

33. 鄭世權,「千載 ― 遇인 戰爭好景氣來!: 어떻게 하면 이판에 돈 버을까」『三千里』 7卷 10號, 三千里社, 1935. 11. pp.39-40.

34. 김난기・윤도근,「일제하 민족건축생산업자에 관한 연구 ― 개량한옥건설업자 김종량과 정세권을 중심으로」『대한건축학회 추계학술발표대회 논문집』 계획계 9권 2호, 1989. 10. p.229.

35. 김선재,「한국 근대 도시 주택의 변천에 관한 연구: 일제시대 서울지역의 새로운 도시주택 유형을 중심으로」, 서울대학교 대학원 석사학위 논문, 1987. p.57.

36. 김난기,「근대 한국의 토착민간자본에 의한 주거건축에 관한 연구」『건축역사연구』 1권 1호, 1992. 6. pp.106-116.

37. 박철진・전봉희,「1930년대 경성부 도시형 한옥의 사회경제적 배경과 평면계획의 특성」『대한건축학회 논문집』 계획계 18권 7호, 2002. 7. pp.95-106.

38. 손세관・하재명・양우현・양용정,「전주시 도시형한옥의 평면유형에 관한 연구: 전주시 교동 풍남동을 중심으로」『대한건축학회 논문집』 12권 7호, 1996. 7. pp.29-38.

39. 송인호,「도시형한옥의 유형연구: 1930년-1960년의 서울을 중심으로」, 서울대학교 대학원 박사학위 논문, 1990. p.121.

40. 송인호,「도시형한옥의 유형연구: 1930년-1960년의 서울을 중심으로」, 서울대학교 대학원 박사학위 논문, 1990. p.123.

41. 朝鮮日報社,「朝鮮人生活에適應한 住宅設計圖案懸賞募集」『朝鮮日報』, 1929. 3. 21.

42. 김용범・박용환,「1929년 조선일보 주최 조선주택설계도안현상모집에 관한 고찰」『건축역사연구』 17권 2호, 2008. 4. p.38.

43. 김용범,「건축가 김윤기의 초년기 교육과정과 건축활동에 관한 고찰」『대한건축학회 논문집』 계획계 29권 6호, 2013. 6. p.177.

44. 金允基「유일한 휴양처 안락의 홈은 어떠하게 세울가(三)」『東亞日報』, 1930. 10. 3.

45. 畑聰一,「韓国の住まいの型とその変容」, ハウジングスタデイグループ,『韓国現代住居学 ― マダンとオンドルの住様式』, 東京: 建築知識, 1990. p.94.

46. 富井正憲,「日本, 韓國, 臺灣, 中國の住宅營團に關する研究 ― 東アジア4カ國における住居空間の比較文化論的考察」, 東京: 東京大学博士学位論文, 1996. pp.490-491.

47. 富井正憲,「日本, 韓國, 臺灣, 中國の住宅營團に關する研究 — 東アジア4カ國における住居空間の比較文化論的考察」, 東京: 東京大学博士学位論文, 1996. pp.490-491.

4장. 근대적 재료와 구법의 도입

1. 김태중·김순일,「구한국시대 정부공사기구의 직원에 관한 연구 — 탁지부 건축소를 중심으로」 『건축역사연구』 2권 1호, 1993. 6. p.54.

2. 김태중·김순일,「구한국시대 정부공사기구의 직원에 관한 연구 — 탁지부 건축소를 중심으로」 『건축역사연구』 2권 1호, 1993. 6. p.54.

3. 이금도,「조선총독부 건축기구의 건축사업과 일본인 청부업자에 관한 연구」, 부산대학교 대학원 박사학위 논문, 2007. p.52.

4. 이대근,『귀속재산연구』, 이숲, 2015. p.76.

5. 이금도,「조선총독부 영선계내 조선인 건축가의 활동」 『한국건축역사학회 춘계학술발표대회 논문집』, 2006. 5. p.157.

6. 이금도·서치상,「조선총독부 건축기구의 조직과 직원에 관한 연구」 『대한건축학회 논문집』 계획계 23권 4호, 2007. 4. p.138.

7. 여기에는「거류지 가옥건축 가규칙」(부산),「인천항 일본인 거류지 가규칙」(메이지 31년 개정),「가옥 구조 규칙급에 부대하는 규정」(부산),「가옥과 하수구로 규칙」(원산) 등이 있다.

8. 토미이 마사노리,「우리나라 근대주택의 기술발전 — 일제강점기를 중심으로」 『기술발전으로 본 한국 근현대 건축의 역사연구』, 한국건축역사학회 보고서, 2012, p.44.

9. 여기에는 다음과 같은 것들이 있다.「가옥 이외의 건축물로 또는 수선에 대한 신고 지시를 받는 것의 건」(평안남도, 1910),「건축 신고에 관한 건」(함경남도, 1911),「가옥 건축규칙 시행의 건」(함경북도, 1911),「가옥 건축규칙」(평안북도, 1911),「건축규칙」(전라북도, 1911),「건축 취체규칙」(충청남도, 1912),「가옥 건축규칙」(황해도, 충청북도, 1912),「옥상제한규칙」(평안남도, 1912),「건축규칙」(경상남도, 1912).

10. 이규철·임유경·김혜련·이상아,『공공업무시설의 건축 규정 제도사 연구』, 건축도시공간연구소, 2017. p.15.

11. 토미이 마사노리,「우리나라 근대주택의 기술발전 — 일제강점기를 중심으로」 『기술발전으로 본 한국 근현대 건축의 역사연구』, 한국건축역사학회 보고서, 2012. p.45.

12. 이규철·임유경·김혜련·이상아,『공공업무시설의 건축 규정 제도사 연구』, 건축도시공간연구소, 2017. p.15.

13. 朝鮮總督府,『朝鮮法令輯覽』 1-12, 帝國地方行政學會, 1928-1940.

14. 국가기록원,『일제시기 건축도면 해제 I: 학교 편』, 국가기록원, 2008. p.23.

15. 문화재청,『근대문화유산 교통(철도)분야 목록화 조사보고서』, 문화재청, 2007.

16. 이대근,『귀속재산연구』, 이숲, 2015. pp.132-133.

17. 주상훈은 그의 박사학위 논문을 통해 이와 비슷한 연구를 수행한 적이 있지만, 그가 논문을 쓸 당시 모든 도면들이 완전히 해제되지 않은 상태여서 사법 시설, 행형 시설, 교육 시설에 대한 100건의 자료만을 통계 처리했다. 주상훈,「조선총독부의 근대시설 건립과 건축계획의 특징: 사법, 행형, 교육시설 건축도면의 분석을 중심으로」, 서울대학교 대학원 박사학위 논문, 2010 참고.

18. 국가기록원,『일제시기 건축도면 해제 I: 학교 편』, 국가기록원, 2008. pp.21-22.

19. 1910년 12월 조선총독부가 공포한 조령으로, 이에 따라 조선에서 회사를 설립하기 위해서는 조선총독부의 허가를 받아야 했다.

20. 토미이 마사노리·이미경,「서울을 중심으로 한 한국근대건축의 기초적 조사연구」『대한건축학회 학술발표대회 논문집』계획계 7권 1호, 1987. 4. pp.81−84.

21. 이금도·서치상,「조선총독부 건축기구의 조직과 직원에 관한 연구」『대한건축학회 논문집』계획계 23권 4호, 2007. 4. p.143.

22. 이금도·서치상,「1936년에 완공된 부산부청사의 입지와 건축적 특징에 관한 연구」『대한건축학회지회연합회 학술발표대회 논문집』2권 1호, 2006. 11. p.205.

23. 西澤泰彦,「建築家中村興資平の経歴と建築活動について」『日本建築学会計画系論文報告集』450号, 1993. 8. p.152.

24. 西澤泰彦,「建築家中村興資平の経歴と建築活動について」『日本建築学会計画系論文報告集』450号, 1993. 8. p.154.

25. 천도교 중앙대교당과 더불어 조선은행 군산·대구 지점 등이 여기에 포함된다.

26. 서울역사박물관 조사연구과,『서울의 근대 건축』, 서울역사박물관, 2009. p.84.

27. Jeffrey W. Cody, *Building in China, Henry K Murphy's Adaptive Architecture, 1914−1935*, Hongkong: Chinese University Press, 2001. pp.18−19.

28. Yan Hong, "Shanghai College: An architectural history of the campus designed by Henry K. Murphy," *Frontiers of Architectural Research*, no.5, 2016. p.467.

29. 윤일주,「1910−1930년대 2인의 외인(外人)건축가에 대하여」『건축』, 1985. 6. p.19.

30. 山形政昭,『ヴォーリズの 西洋館』, 京都: 淡交社, 2002. p.13.

31. 한국의 근대 공학 교육은 1899년 관립 상공학교의 설립에서 시작되었다. 관립 상공학교는 1904년 농상공학교로 개편되며, 1907년에는 다시 농업, 상업, 공업 교육기관을 분리해 공업 교육기관으로서 관립 공업전습소를 설치했다. 관립 공업전습소에는 염직과, 도기과, 금공과와 함께 목공과가 설치되었으며, 목공과 내에 건축을 담당하는 조가(造家) 전공을 두었다. 1910년 이후에도 조선총독부는 초기에 공업전습소를 계속 유지했고, 1916년 이를 확대해 고등공학 교육기관으로서 경성공업전문학교를 신설한다. 1917년 이곳은 응용화학, 토목, 건축 등의 근대적 공학 교육을 실시했고, 이후 학제 변경에 따라 1922년 경성고등공업학교(경성고공)로 개칭되었다가, 1944년 다시 경성공업전문학교로 개칭되었다.

32. 백선영,『1930년대 김종량의 주거실험과 H자형 주택』, 서울대학교 대학원 석사학위 논문, 2005. p.49.

33. 주상훈,「조선총독부의 근대시설 건립과 건축계획의 특징: 사법, 행형, 교육시설 건축도면의 분석을 중심으로」, 서울대학교 대학원 박사학위 논문, 2010. p.189.

34. 주상훈,「조선총독부의 근대시설 건립과 건축계획의 특징: 사법, 행형, 교육시설 건축도면의 분석을 중심으로」, 서울대학교 대학원 박사학위 논문, 2010. p.190.

35. 志賀亀之助 編,『洋風木造建築構造図解』, 東京: 大日本工業学会, 1924.

36. 주상훈,「조선총독부의 근대시설 건립과 건축계획의 특징: 사법, 행형, 교육시설 건축도면의 분석을 중심으로」, 서울대학교 대학원 박사학위 논문, 2010. pp.194−197.

37. 藤森照信,「佐野利器論」『材料·生産の近代』, 東京: 東京大学出版会, 2005. p.382.

38. 미국에서는 이를 클랩보드(clapboard)로, 일본에서는 시타미이타(下見板)로 부른다.

39. 藤森照信,『日本の近代建築(上 幕末·明治篇)』, 東京: 岩波新書, 1993. p.30.

40. 志賀亀之助 編,『洋風木造建築構造図解』, 東京: 大日本工業学会, 1924. p.14.

41. 킹 포스트 트러스가 사용된 목조 건물을 보면, 반야월역사(1932)는 5.7미터, 옥천 죽향초등학교 구 교사는 6.35미터, 소록도 구 녹산초등학교 교사(1935)는 7.93미터, 구 양천수리조합 배수펌프장은 11.76미터의 스팬을 가진다. 퀸 포스트 트러스의 경우 진해우체국이 15.03미터, 주성교육박물관(1923)은 14.50미터, 진천 덕산양조장은 15.48미터의 스팬을 가진다. 정

훈철·권순찬·김태영,「근대기 목조 지붕트러스 부재 크기에 관한 연구」『대한건축학회지회
연합회 논문집』 13권 4호, 2011. 12. pp.5-7.

42. 度支部建築所,『建築所事業槪要 第1次』, 度支部建築所, 1909. p.229; 주상훈,「조선총독부의
근대시설 건립과 건축계획의 특징: 사법, 행형, 교육시설 건축도면의 분석을 중심으로」, 서울
대학교 대학원 박사학위 논문, 2010. p.161.

43. 벽돌과 기와의 생산에 대해서는 다음의 책을 참조. 김태영,『한국근대도시주택』, 기문당,
2003. pp.29-30.

44. 문화재청,『대한의원본관 실측보고서』, 문화재청, 2002. p.124.

45. 문화재청,『진해우체국 실측조사보고서』, 문화재청, 2002. p.276.

46. 국가기록원,『일제시기 건축도면 해제 Ⅶ: 각급 기관 및 지방청사 편』, 국가기록원, 2014.
p.228.

47. 강성원,「20세기전반기 양식건축구법의 변천에 관한 연구」, 서울대학교 대학원 박사학위 논
문, 2008. pp.46-48.

48. 기초판의 두께는 64센티미터 정도였고, 직경 팔분의 삼 인치 원형 철근이 9.7센티미터 간격
으로 배근되었다. 한국콘크리트학회,『한국의 콘크리트: 콘크리트 재료의 변천과 기술의 발
전 방향』, 기문당, 2002. p.32.

49. 藤本盛久 編,『構造物の技術史』, 東京: 市ケ谷出版社, 2001. p.924.

50. 전병옥·이옥·김태영,「한국 근대초기 콘크리트 중층바닥의 출현시기와 구조방식에 관한 연
구」『대한건축학회 논문집』계획계 22권 3호, 2006. 3. pp.173-181.

51. 村松貞次郎,『日本建築技術史』, 東京: 地人書館, 1959. pp.78-79.

52. 한국콘크리트학회,『한국의 콘크리트: 콘크리트 재료의 변천과 기술의 발전 방향』, 기문당,
2002. p.32.

53. 이천승,『한국근세과학기술100년사 조사연구』, 한국과학재단, 1990. p.137.

54. 라란데는 베를린 공과대학을 졸업하고 중국 상하이, 칭다오에서 일한 후, 일본에서 사무소를
열고 있던 독일인 리하르트 젤(Richard Seel)의 건축설계사무소를 승계했다. 일본 정부의 요
청으로 조선총독부 청사의 설계를 담당했으나, 건강 악화로 쓰러져 설계를 끝마치지 못했다.

55. 岩井長三郎,「新廳舍の計劃」『朝鮮と建築』5輯 5号, 京城: 朝鮮建築會, 1926. 5. pp.4-5.

56. 강성원,「20세기전반기 양식건축구법의 변천에 관한 연구」, 서울대학교 대학원 박사학위 논
문, 2008. p.159.

57. 1912년 동경제국대학 건축과를 졸업하고 내한해서 조선총독부 기수가 된 인물로, 조선건축
회 이사와 경성고공 강사로 일했다. 1926년 이후에는 경성제국대학 건축 공사를 맡았다.

58. 국가기록원,『일제시기 건축도면 해제 Ⅰ: 학교 편』, 국가기록원, 2008. p.59.

59. 開田一博,「鋼構造創成期における工場建築等の設計と建設」『新日鉄住金技報』405号, 2016.
8. p.19.

60. 최아신,「창경궁 대온실의 재료 및 구축방식에 관한 연구」, 서울시립대학교 대학원 석사학위
논문, 2008. pp.53-55.

61. 이상행,「한국 근대기 철도공장건축 연구」, 경기대학교 대학원 박사학위 논문, 2005. p.182.

62. 이상행,「한국 근대기 철도공장건축 연구」, 경기대학교 대학원 박사학위 논문, 2005. p.95.

63. 이상행,「한국 근대기 철도공장건축 연구」, 경기대학교 대학원 박사학위 논문, 2005. p.121.

64. 광주광역시,『(구)종연방적 전남공장 기록화 보고서』, 광주광역시, 2018. p.131.

65. 국가기록원,『일제시기 건축도면 해제 Ⅶ: 각급 기관 및 지방청사 편』, 국가기록원, 2014.
p.284.

5장. 박길룡: 주거 개선과 사회학적 건축론

1. 이주헌, 「화신백화점 설계한 근대건축 선구자 박길룡」 『한겨레』, 1990. 11. 16.

2. 우동선, 「과학운동과의 연관으로 본 박길룡의 주택개량론」 『대한건축학회 논문집』 계획계 17권 5호, 2001. 5. p.82.

3. 최석영, 『일제의 조선연구와 식민지적 지식생산』, 민속원, 2012. p.130.

4. 今和次郎, 「朝鮮の民家に關する硏究一斑」, 『朝鮮と建築』 1輯 6號, 京城: 朝鮮建築會, 1922. 11. pp.2−11.

5. 김용하·김윤미·도미이[토미이] 마사노리, 「콘 와지로와 일제강점기 조선」 『콘 와지로 필드 노트─1920년대 조선 민가와 생활에 대한 소묘』, 서울역사박물관, 2016. p.235.

6. 岩槻善之, 「朝鮮民家の家構に就いて」 『朝鮮と建築』 3輯 2号, 京城: 朝鮮建築會, 1924. 2.

7. 岩槻善之, 「朝鮮民家の家構に就いて」 『朝鮮と建築』 3輯 2号, 京城: 朝鮮建築會, 1924. 2.

8. 佐々木史郎, 「第二次世界大戰以前の邦文文献にみる韓国民家の地理学的研究の軌跡(II)」 『宇都宮大学国際学部研究論集』 21号, 2006. 3. p.2.

9. 여기에 해당하는 글은 다음과 같다. 朴吉龍(P生), 「中部朝鮮地方住家에 對한 一考察 (上)」 『(朝鮮文) 朝鮮』 127號, 朝鮮總督府, 1928. 5; 朴吉龍(P生), 「中部朝鮮地方住家에 對한 一考察 (中)」, 『(朝鮮文) 朝鮮』 128號, 朝鮮總督府, 1928. 6; 朴吉龍(P生), 「中部朝鮮地方住家에 對한 一考察 (下)」, 『(朝鮮文) 朝鮮』 130號, 朝鮮總督府, 1928. 8.

10. 朴吉龍, 「中部朝鮮地方住家에 對한 一考察 (中)」 『(朝鮮文) 朝鮮』 128號, 朝鮮總督府, 1928. 6. pp.55−59.

11. 朴吉龍(P生), 「中部朝鮮地方住家에 對한 一考察 (上)」 『(朝鮮文) 朝鮮』 127號, 朝鮮總督府, 1928. 5. p.59.

12. 朴吉龍(P生), 「北朝鮮地方住家의 溫突」 『(朝鮮文) 朝鮮』 129號, 朝鮮總督府, 1928. 7. pp.47−51.

13. 함경도 겹집의 특징으로, 부엌과 안방 사이에 벽 없이 부뚜막과 방바닥이 이어져 있는 공간이다.

14. 朴吉龍, 「溫突座談會」 『朝鮮と建築』 19輯 3號, 朝鮮建築會, 1940. 3. pp.35−56.

15. 朴吉龍, 「溫突座談會」 『朝鮮と建築』 19輯 3號, 朝鮮建築會, 1940. 3.

16. 朴吉龍(P生), 「病的畸形의 生活形式」 『(朝鮮文) 朝鮮』 125號, 朝鮮總督府, 1928. 3. p.71.

17. 朴吉龍(P生), 「病的畸形의 生活形式」 『(朝鮮文) 朝鮮』 125號, 朝鮮總督府, 1928. 3. p.71.

18. 朴吉龍(P生), 「病的畸形의 生活形式」 『(朝鮮文) 朝鮮』 125號, 朝鮮總督府, 1928. 3. p.72.

19. 여기에 해당하는 글은 다음과 같다. 朴吉龍, 「流行性의 所謂文化住宅 (一)」 『朝鮮日報』, 1930. 9. 19; 朴吉龍, 「流行性의 所謂文化住宅 (二)」 『朝鮮日報』, 1930. 9. 20; 朴吉龍, 「流行性의 所謂文化住宅 (三)」 『朝鮮日報』, 1930. 9. 22.

20. 김명선·심우갑, 「1920년대 초 『개벽』지에 등장하는 주택개량론의 성격」 『대한건축학회 논문집』 계획계 18권 10호, 2002. 10. pp.115−123.

21. 朴吉龍, 『在來式 住家改善에 對하야』 1편, 자비출판, 1933. p.4.

22. 朴吉龍, 『在來式 住家改善에 對하야』 1편, 자비출판, 1933. p.14.

23. 朴吉龍, 『在來式 住家改善에 對하야』 1편, 자비출판, 1933. p.14.

24. 朴吉龍, 『在來式 住家改善에 對하야』 1편, 자비출판, 1933. p.4.

25. 朴吉龍, 「流行性의 所謂文化住宅 (三)」 『朝鮮日報』, 1930. 9. 22.

26. 朴吉龍, 「流行性의 所謂文化住宅 (三)」 『朝鮮日報』, 1930. 9. 22.

27. 朴吉龍, 「溫突座談會」 『朝鮮と建築』 19輯 3號, 朝鮮建築會, 1940. 3. pp.35−56.

28. 朴吉龍, 「流行性의 所謂文化住宅 (三)」 『朝鮮日報』, 1930. 9. 22.

29. 朴吉龍,「少額收入者 住宅試案」, '遺稿三題',『공간』6호, 1967. 4; 최순애,「박길룡의 생애와 건축에 관한 연구」, 홍익대학교 대학원 석사학위 논문, 1982. pp.132-135에서 인용.

30. 朴吉龍,「朝鮮住宅雜感」『朝鮮と建築』20輯 4號, 朝鮮建築會, 1941. 4. p.18.

31. 朴吉龍,「改良小住宅의 一案」『(朝鮮文) 朝鮮』132號, 朝鮮總督府, 1928. 10. pp.44-46.

32. 朴吉龍,「改良小住宅의 一案」『(朝鮮文) 朝鮮』132號, 朝鮮總督府, 1928. 10.

33. 朴吉龍,「小住宅圖案 (其三)」『實生活』3卷 8號, 獎産社, 1932. 8. p.38.

34. 朴吉龍,「改良小住宅의 一案」『(朝鮮文) 朝鮮』132號, 朝鮮總督府, 1928. 10. pp.44-46.

35. 朴吉龍,『在來式 住家改善에 對하야』1편, 자비출판, 1933. p.19.

36. 朴吉龍,『在來式 住家改善에 對하야』2편, 자비출판, 1937. pp.7-8.

37. 朴吉龍,「朝鮮住宅雜感」『朝鮮と建築』20輯 4號, 朝鮮建築會, 1941. 4. p.18.

38. 백선영,『1930년대 김종량의 주거실험과 H자형 주택』, 서울대학교 대학원 석사학위 논문, 2005. p.26.

39. 朴吉龍,「朝鮮住宅改造の諸問題: 朴吉龍氏に訊く」『綠旗』5卷 5號, 綠旗聯盟, 1940. 5. pp.87-93.

40. 도시건축사사무소,『경운동 민병옥가옥: 보수공사 실측·수리 보고서』, 종로구청, 2017. pp.117-118.

41. 도시건축사사무소,『경운동 민병옥가옥: 보수공사 실측·수리 보고서』, 종로구청, 2017.

42. 김정동,「김윤기와 그의 건축활동에 대한 소고」『한국건축역사학회 춘계학술발표대회 논문집』, 2009. 5. pp.187-200.

43. 김윤기,「30년 회고담: 남기고 싶은 이야기」『건축』, 1975. 7. pp.17-19.

44. 李允淳,「생활개선에는 먼저 주택문제」『朝鮮日報』, 1937. 1. 4.

45. 입체온돌은 벽에다 온돌의 고래와 같은 구멍을 만들어서 뜨거운 연기가 벽을 통해 2층까지 통하도록 만든 것이다.

46. 鄭世權,「住宅改善案」『實生活』7卷 4號, 獎産社, 1936. 4. pp.6-10.

47. 방기정,『근대한국의 민족주의 경제사상』, 연세대학교출판부, 2010. p.140.

48. 여기에 해당하는 글은 다음과 같다. 朴吉龍,「現代와 建築 1: 專門化하는 建築科學」『東亞日報』, 1936. 7. 29; 朴吉龍,「現代와 建築 2: 建築의 三要件」『東亞日報』, 1936. 7. 30; 朴吉龍,「現代와 建築 3: 建築藝術論是非」『東亞日報』, 1936. 7. 31; 朴吉龍,「現代와 建築 4: 京城著名建築批評」『東亞日報』, 1936. 8. 1.

49. 丸山泰明,「蔵田周忠と民俗学: 1920-30年代における民家研究と民俗博物館との 関わりをめぐって」『年報非文字資料研究』8号, 2012. pp.221-240.

50. 丸山泰明,「蔵田周忠と民俗学: 1920-30年代における民家研究と民俗博物館との 関わりをめぐって」『年報非文字資料研究』8号, 2012. p.223.

51. Le groupe standardisation de l'MIFRE 19, *Invention of Industrial Design: the Methodology of Keiji Kôbô*, Working paper-Série P: Production Grise de Recherche WP-P-01-IRMFJ-Standardisation 09-07, 2009. p.4.

52. 蔵田周忠,『蔵田周忠 等々力住宅区の一部』, 東京: 国際建築協会, 1936. p.10.

53. 佐野利器,「学術界の状況」『佐野博士追想録』, 東京: 佐野博士追想録編集委員会, 1957.

54. 藤森照信,『日本の近代建築(下)』, 東京: 岩波新書, 1993. p.125.

55. 국가기록원,『일제시기 건축도면 해제 I: 학교 편』, 국가기록원, 2008. p.54.

56. 朴吉龍,「現代와 建築 4: 京城著名建築批評」『東亞日報』, 1936. 8. 1.

57. 서선의,「박길룡 건축의 형태구성 원리와 그 변화에 관한 연구—주거시설 이외의 건축물 유형을 중심으로」, 한양대학교 대학원 석사학위 논문, 2018. pp.24-25.

58. 1932년 6월 10일자 『동아일보』 1면에는 자신의 설계사무소 개소를 알리는 광고에 김천고등 보통학교 본관을 설계했으며, 1932년 6월 당시 공사 중이라는 내용이 실려 있다.

59. 그동안 박길룡이 설계했던 것으로 알려진 보화각, 박노수 가옥, 동아백화점 등이 최근 학자들에 의해 설계자의 진위 여부가 의문시되는 것이 사실이다. 그런 논란의 근본 원인은 건축가가 너무 일찍 타계하면서 사무실의 실적들을 제대로 정리하지 못했기 때문이라고 생각한다. 이후 육이오전쟁과 이후의 사회 혼란을 거치면서 많은 자료들이 소실되었고, 그가 설계한 건물들의 정확한 목록을 만들기 어렵게 되었다. 동아백화점의 경우에도 박길룡이 설계했다는 직접적인 증거는 없으나, 박길룡과 관련하여 많은 연구를 진행해 온 윤인석과 김정동의 글에서 박길룡의 작품으로 소개되고 있다. 이를 근거로 동아백화점이 박길룡에 의해 설계되었다고 보지만, 추후 보다 심층적인 연구가 필요하다. 윤인석, 「한국의 건축가—박길룡(2)」 『건축사』, 1996. 8. p.74; 김정동, 「한국 근대건축의 재조명(12)」 『건축사』, 1988. 6. p.56 참고.

60. 안정연·김기호, 「'화신백화점'의 보존논의와 도시계획적 의미」 『한국도시설계학회지』 15권 6호, 2014. 12. p.98.

61. 淸水組, 『工事年鑑』, 東京: 淸水組, 1937.

6장. 이상: 도시적 변모와 아방가르드의 탄생

1. 김윤식, 『이상연구』, 문학사상사, 1987. p.10.

2. 이같은 사실은 다음 책에서 잘 나타난다. 김정동, 「이상과 1930년대의 도쿄」 『일본을 걷는다』, 한양출판, 1997.

3. 여기서는 1931년과 1932년에 조선총독부 관방회계과 영선계에 다니던 시절 『조선과 건축』에 기고한 일문(日文) 시들을 일컫는다. 이들을 열거해 보면 다음과 같다. 1931년 7월, '이상한 가역반응'이라는 제목으로 실린 7편의 일문시; 1931년 8월, '조감도'라는 제목으로 실린 7편; 1931년 10월, '삼차각설계도'라는 제목으로 실린 7편; 1932년 7월, '건축무한육면각체'라는 제목으로 실린 7편; 1932년 6월부터 1933년 12월까지 연재된 13편의 시. 그리고 1934년 7월 24일부터 8월 8일까지 『조선중앙일보』에 연재된 국문시 '오감도'는 앞서 연재한 시들과 매우 유사성을 가지기 때문에 함께 다루도록 하겠다.

4. 미셸 푸코, 김현 역, 『이것은 파이프가 아니다』, 민음사, 2010.

5. 한국에 다다이즘의 도입과 관련해 다카하시 신키치는 중요한 인물이다. 19세의 그는 1920년 8월 15일자 『요로즈초호(萬朝報)』에서 다다를 소개하는 기사를 읽고 다다에 심취되었다. 그리고 그의 생각은 고한용을 통해 한국에 소개되었다(사나다 히로코, 「고한용과 일본시인들—교우관계를 통해서 본 한국의 다다」 『한국시학연구』 29호, 2010. pp.67–87). 임화(林和)가 쓴 다음의 글은 당시 한국 지식인이 다다이즘 사상을 어떻게 받아들였는지 잘 드러낸다. "다카하시 신키치라는 이의 시집을 사 읽고 다다이즘이란 말을 배웠습니다. 이치우지 요시나가(一氏義良)의 「미래파(未來派) 연구」, 알렉세이 간(Aleksei M. Gan)의 구성주의 예술론, 표현파 작가 게오르크 카이저(F. C. Georg Kaiser)의 「칼레의 시민들(Die Bürger von Calais)」, 더불어 로맹 롤랑(Romain Rolland)을 특히 「민중극장론(Le Théâtre du peuple)」과 「사랑과 죽음의 유희(Le Jeu de l'amour et de la mort)」를 통해 알았습니다." 林和, 「靑年의 懺悔: 나의 文學十年記」 『文章』 2卷 2號, 文章社, 1940. 2. pp.22–23 참고.

6. 구연식이 조용만에게 설문한 회신에서. 구연식, 「한국 다다이즘(Dadaism)의 비교문학적 연구」 『동아논총』 12집, 1975. 7. p.118.

7. 이상은 1929년부터 이 잡지의 발행기관인 조선건축회에 정회원으로 가입했고, 이 사실이 이 잡지를 통해 공표되었다.

8. Inha Jung, *Architecture and Urbanism in Modern Korea*, Honolulu, U.S.: University of Hawaii Press,

2013. p.15.

9. 게오르크 짐멜(Georg Simmel)은 이 개념으로 대도시인들의 정신 상태를 표현했다. 즉 이미지가 급변하고, 눈길을 던질 때마다 불연속적이고, 갑작스러운 인상이 주는 예기치 못한 힘 때문에 발생하는 신경 자극의 심화 현상은 그가 보기에는 메트로폴리스의 새로운 조건을 대변한다. 돈의 가치 외에는 무관심한 아무런 특징이 없는 사람이 되도록 하는 것이다. Manfredo Tafuri & Francesco Dal Co, Erich Wolf (trans.), *Modern Architecture*, New York: Harry N. Abrams, 1979.

10. 게오르크 짐멜, 김덕영·윤미애 역, 『짐멜의 모더니티 읽기』, 새물결, 2005. pp.35-37.

11. 발터 벤야민, 조형준 역, 『아케이드 프로젝트 1』, 새물결, 2005. p.218.

12. Charles Rice, *The Emergence of the Interior: Architecture, Modernity, Domesticity*, London: Routledge, 2007. p.10.

13. 발터 벤야민, 조형준 역, 『아케이드 프로젝트 1』, 새물결, 2005. p.406.

14. Manfredo Tafuri, Françoise Brun (trans.), *Projet et Utopie: de l'Avant-garde à la Métropole*, Paris: Dunod, 1979. pp.5, 70-71.

15. 이들의 도시계획 사상에 대해서는 다음을 참조할 것. 레오나르도 베네볼로(Leonardo Benevolo), 장성수·윤혜정 역, 『근대도시계획의 기원과 유토피아』, 태림문화사, 1996.

16. Manfredo Tafuri, Françoise Brun (trans.), *Projet et Utopie: de l'Avant-garde à la Métropole*, Paris: Dunod, 1979. p.81.

17. Manfredo Tafuri, Françoise Brun (trans.), *Projet et Utopie: de l'Avant-garde à la Métropole*, Paris: Dunod, 1979. p.81.

18. Manfredo Tafuri, Françoise Brun (trans.), *Projet et Utopie: de l'Avant-garde à la Métropole*, Paris: Dunod, 1979. p.80.

19. 김현철, 『몽드리앙의 조형공간론 읽기』, 발언, 1996. p.35.

20. 1923년부터 바우하우스에서 대량 생산을 위한 기계적인 공예품들이 등장하고, 1925년에는 르 코르뷔지에가 '빛나는 도시'를 통해 새로운 산업사회의 이념형을 정의했다. 1927년 독일의 바이센호프 주거단지에서는 근대 집합주거 전람회가 열려, 오늘날 세계 도처에서 수없이 재생산되고 있는 아파트 유형을 만들어냈다.

21. 한상규, 「1930년대 모더니즘 문학의 미적 자의식―이상문학의 경우」 『한국학보』 15권 2호, 1989. 6. p.57.

22. 각 시구는 '권영민 편, 『이상 전집 1: 시』, 태학사, 2013'에서 발췌함. 원문의 출처는 다음과 같다.

1) 「LE URINE」, '鳥瞰圖', 『朝鮮と建築』 10輯 8號, 1931. 8.

2) 「線에關한覺書 1」, '三次角設計圖', 『朝鮮と建築』 10輯 10號, 1931. 10.

3) 「線에關한覺書 5」, '三次角設計圖', 『朝鮮と建築』 10輯 10號, 1931. 10.

4) 「線에關한覺書 6」, '三次角設計圖', 『朝鮮と建築』 10輯 10號, 1931. 10.

5) 「線에關한覺書 7」, '三次角設計圖', 『朝鮮と建築』 10輯 10號, 1931. 10.

6) 「AU MAGASIN DE NOUVEAUTES」, '建築無限六面角體', 『朝鮮と建築』 11輯 7號, 1932. 7.

7) 「線에關한覺書 1」, '三次角設計圖', 『朝鮮と建築』 10輯 10號, 1931. 10.

8) 「線에關한覺書 5」, '三次角設計圖', 『朝鮮と建築』 10輯 10號, 1931. 10.

9) 「線에關한覺書 5」, '三次角設計圖', 『朝鮮と建築』 10輯 10號, 1931. 10.

10) 「線에關한覺書 6」, '三次角設計圖', 『朝鮮と建築』 10輯 10號, 1931. 10.

11) 「AU MAGASIN DE NOUVEAUTES」, '建築無限六面角體', 『朝鮮と建築』 11輯 7號, 1932. 7.

12) 「線에關한覺書 7」, '三次角設計圖', 『朝鮮と建築』 10輯 10號, 1931. 10.

23. 이어령, 「이상연구의 길찾기」, 권영민 편, 『이상문학연구 60년』, 문학사상사, 1998. p.16.

24. 퍼스는 순수한 사인이 상징적인 모든 의미와 모든 의미론적인 지시 사항이 거세된 사인에 존재한다고 보았다. 또한 순수한 사인의 발견, 어떤 지시 사항도 거세된 대상의 발견, 중성적인 언어들의 자의적인 관계를 조작하는 순수한 사인이 가능하다고 보았는데, 이는 바로 아방가르드들이 도달했던 결론과 일치한다. Manfredo Tafuri, Françoise Brun (trans.), *Projet et Utopie: de l'Avant-garde à la Métropole*, Paris: Dunod, 1979. p.139.

25. 미셸 푸코, 이광래 역, 『말과 사물』, 민음사, 1986. p.348.

26. 오감도는 익숙한 글자에 변화를 가해 전혀 다른 의미를 갖게 한다. 즉, 조감도 대신에 오감도란 말을 써서, 까마귀가 고목 나뭇가지에 앉아 마음을 굽어보고 있는 한국의 원 풍경과 조감도의 원 의미인 'Bird eye view'가 새로운 관계로 만나는 것이다. 이어령, 「이상연구의 길찾기」, 권영민 편, 『이상문학연구 60년』, 문학사상사, 1998. p.16.

27. 이승훈, 「'오감도 시 제1호'의 분석」, 이상, 김윤식 편, 『이상문학전집 4: 이상 연구에 관한 대표적 논문 모음』, 문학사상사, 1996. p.322.

28. 이승훈, 「'오감도 시 제1호'의 분석」, 이상, 김윤식 편, 『이상문학전집 4: 이상 연구에 관한 대표적 논문 모음』, 문학사상사, 1996. p.322.

29. Erwin Panofsky, Christopher Wood (trans.), *Perspective as Symbolic Form*, New York: Zone Books, 1991. p.30.

30. 권영민, 「이상 연구의 회고와 전망: 이상 문학, 근대적인 것으로부터의 탈출」, 권영민 편, 『이상문학연구 60년』, 문학사상사, 1998. p.29.

31. 이에 대한 예를 들어 보면, 이상의 시 「운동(運動)」에는 다음과 같은 대목이 나온다. "일층위에있는이층위에있는삼층위에있는옥상정원을올라서남쪽을보아도아무것도없고." 그리고 소설 「날개」에는 이런 구절이 나온다. "나는 어디로 어디로 디립다 쏘다녔는지 하나도 모른다. 다만 몇시간 후에 내가 미쓰꼬시옥상에 있다는 것을 깨달았을 때는 거의 대낮이었다." 이상, 김윤식 편, 『이상문학전집 2: 소설』, 문학사상사, 1991. p.342.

32. '13인'의 의미에 대해서는 그동안 다양한 논의가 이루어졌다. 최후의 만찬에 참석한 그리스도 이하 13인(임종국), 위기에 당면한 인류(한태석), 무수한 사람(양희석), 해체된 자아의 분석(김교선), 당시 조선의 13도(서정주), 시계 시간의 부정(김용운, 이채선), 이상 자신의 기호(고은) 등이 바로 그것이다. 이승훈, 「'오감도 시 제1호'의 분석」, 이상, 김윤식 편, 『이상문학전집 4: 이상 연구에 관한 대표적 논문 모음』, 문학사상사, 1996. p.322.

33. 이승훈은 "무서운 아해"와 "무서워하는 아해"로 표현된 사실을 중시하고, "공포가 주체이면서 동시에 공포가 객체가 되는 심리상태는 공포이기보다는 불안으로 해석하는 것이 타당하다고 본다."(이상, 이승훈 편, 『이상문학전집 1: 시』, 문학사상사, 1989. p.18.) 김윤식은 "이상 문학의 총체성이 공포의 기록임을 확인하고", 그 공포의 근원으로 두 가지를 지적하는데, "하나는 유년 시기 받았던 심리적 외상이 드러난 것이고, 두번째는 각혈과 관련된 자살과 죽음의 등가사상"이라고 본다. 임종국은 "인간이 창조한 제도, 과학, 사상 등 노력의 결정이, 현금(現今)에 이르러서는 인간의 자유와 행보를 위협 침해함으로써 공포의 원인이 되었다고 본다." (이상, 김윤식 편, 『이상문학전집 2: 소설』, 문학사상사, 1991. p.70.)

34. 발터 벤야민, 이태동 역, 『문예비평과 이론』, 문예출판사, 1987. p.195.

35. Marcel Roncayolo (ed.), *Histoire de la France urbaine, tome 5, la ville aujourd'hui*, Paris: Seuil, 1985. p.102.

36. 발터 벤야민, 이태동 역, 『문예비평과 이론』, 문예출판사, 1987. p.195.

37. 손정목, 『일제강점기 도시계획연구』, 일지사, 1990. p.102.

38. 이상은 경성부 북부 순화방 모정동 4통 6호에서 출생해, 곧 경성부 통인동 154번지의 백부집

으로 이주했다. 1917년부터 통인동에서 멀지 않은 누상동의 신명학교에 입학해 사 년을 보냈다. 졸업과 동시에 그는 1921년 견지동에 있는 동광학교에 입학하고, 1922년 불교교단에서 인수한 보성고보를 졸업하고 동숭동 소재 경성고공에 입학했다. 이후 그가 동경으로 떠날 때까지 그는 서울 명동 근처를 배회했다.

39. 1930년 서울의 인구는 약 40만 명이었으나, 1936년에는 72만 명이었고, 1940년에는 93만 명이었다. 인구가 늘어난 원인에는 서울이 주변 지역을 통합하면서 그곳의 인구를 흡수한 것도 있지만, 일제에 의해 기형적으로나마 공업화가 시작되면서 농촌 인구가 서울로 올라와 정착한 것이 주요 원인이라고 본다. 김인·권용우 편, 『수도권지역연구』, 서울대학교출판부, 1993 참고.

40. 이상의 여동생인 김옥희는 이상의 총독부 기사 시절을 회상하면서, 서울대학교 문리대 교양학부로 생각되는 대학 건물을 이상이 설계했다고 회상했다. 이상이 조선총독부에 재직할 당시 이 건물의 설계가 이루어졌던 것은 사실이다. 그러나 1920년대 신축된 학교 건물의 설계는 일본인이 주도했고, 한국인 기수들은 보조적인 역할에 머물렀다. 학교 건물 설계를 주도한 사람은 이와쓰키 요시유키다. 그는 경성제대의 주요 건물인 경성제대 본부, 경성제대 의학부 본관, 경성제대 법문학부 본관을 설계했다. 이영한, 「한국고등교육시설에 있어서 공간 유형의 변천과정과 특성에 관한 연구: 1905-1975년, 서울을 중심으로」, 서울대학교 대학원 박사학위 논문, 1991. p.21 참고.

41. 稲垣榮三, 『日本の近代建築』, 東京: 鹿島出版會, 1979. pp.16-18.

2부. 개발 시대: 한국 건축의 정체성 탐구

7장. 도시의 확장과 건설 붐

1. 국가기록원의 다음 링크를 참조. http://theme.archives.go.kr/next/625/warResult.do

2. 하남구·우신구, 「부산 감천2동 경사지 마을의 특성에 관한 연구」『대한건축학회 학술발표대회 논문집』계획계 31권 1호, 2011. 4. p.172.

3. 박병주와의 인터뷰, 2006. 11. 7.

4. 김광중·윤일성, 「도시재개발과 20세기 서울의 변모」, 서울시정개발연구원, 『서울 20세기 공간변천사』, 서울시정개발연구원, 2001. p.564.

5. 박기정, 「르뽀 광주대단지」『신동아』, 1971. 10. p.170.

6. 손정목, 「광주대단지 사건」『도시문제』420호, 2003. 11. p.99.

7. 주원, 『도시와 함께 국토와 함께』, 대한국토도시계획학회. 1997. p.96.

8. 대한국토도시계획학회, 『(이야기로 듣는) 국토·도시계획 반백년』, 보성각, 2009. p.105.

9. 최상철, 「현대 서울도시계획의 변화: 1950-2000」서울시정개발연구원, 『서울 20세기 공간변천사』, 서울시정개발연구원, 2001. p.531.

10. 최상철, 「현대 서울도시계획의 변화: 1950-2000」서울시정개발연구원, 『서울 20세기 공간변천사』, 서울시정개발연구원, 2001. p.531.

11. 최상철, 「현대 서울도시계획의 변화: 1950-2000」서울시정개발연구원, 『서울 20세기 공간변천사』, 서울시정개발연구원, 2001. p.522.

12. 도시를 동심원적으로 확장시키려는 생각은 1970년대 지방 도시들에서도 잘 나타난다. 가령 대전의 경우 1972년에 수립된 도시재정비계획안에 대전역과 은행동을 중심으로 1.5킬로미터, 5킬로미터, 10킬로미터 권역으로 달리해 도시의 균형적인 발전을 꾀하고자 했다. 그리고 4개 부도심의 개발로 인구분산 및 기능의 전문화를 이루고자 했다(대전직할시사편찬위원

회, 『대전시사』, 대전직할시, 1990. p.2213 참고). 이런 현상은 대구에서도 나타나서, 1957년 시 경계의 확대로 인해 동심원적인 확장이 어려워지는 것을 걱정하고, 그래서 1963년 다시 시 경계가 원형 형태로 돌아와서 정상적인 공간 확대 과정을 가질 수 있었다고 기술하고 있다(대구시사편찬위원회, 『대구시사』, 대구광역시, 1995. pp.22–23 참고).

13. 서울특별시, 『서울도시기본계획』, 서울특별시, 1966. p.165.

14. 윤정섭, 「광역 수도권과 도시기능계획」『공간』40호, 1970. 3. pp.18–20.

15. Aron B. Horwitz, "Evaluation of Planning and Development," *Seoul Report*, 1967. 3.

16. 손정목, 「새서울 백지계획(상)」『국토』185호, 1997. 3. pp.112–123.

17. 박병주, 「서울도시계획전시회의 평가」『공간』1호, 1966. 11. pp.11–16.

18. 石田賴房, 『日本近代都市計画の百年』, 東京: 自治體研究所, 1987. p.177.

19. 서울특별시 한강건설사업소, 『여의도 및 한강연안개발계획』, 서울특별시 한강건설사업소, 1969. p.10.

20. 홍성철, 「한국에 체재한 외국인계획가의 활동에 대한 보고: 미국도시계획가 오즈월드 내글러(Oswald Nagler)」『국토계획』3권 1호, 1968. 5. p.125.

21. 최민정, 「세운상가: 한 시대를 지배한 서울의 공룡 1」, 웹진『VMSPACE』, 2010. 12; https://blog.naver.com/mjchoi_bookshelf/222640144576 참고.

22. 丹下健三·藤森照信, 『丹下健三』, 東京: 新建築社, 2002. p.348.

23. 최민정, 「세운상가: 한 시대를 지배한 서울의 공룡 2」, 웹진『VMSPACE』, 2010. 12; https://blog.naver.com/mjchoi_bookshelf/222640565566 참고.

24. 김수근, 「미래의 도시상」『한국일보』, 1962. 1. 27.

25. 강남 지역은 말 그대로 서울 한강 이남의 지역을 가리키는 말이지만, 그 의미가 복잡하기 때문에 좀더 엄밀하게 정의할 필요가 있다. 1968년 처음 도시개발이 시작되었을 때 이곳은 영등포의 동쪽 지역이라는 의미에서 영동 지구라고 불렸고, 개발이 어느 정도 진행되면서 서울시 강남구라는 행정명으로 불렸다. 이후 잠실(송파구)과 천호(강동구), 고덕(강동구) 지역이 계속 개발되면서 그 범위가 커졌다. 그리고 1988년 서초구가 강남구로부터 분리되면서 이 지역을 부르는 명칭이 더욱 복잡해졌다. 그래서 이 책에서 강남 지역은 현재 서울시 강남구, 서초구, 잠실구, 깅동구를 가리키고, 그냥 강남이라고 부르면 영동 지구라는 이름으로 계획된 강남구와 서초구를 가리키는 말로 사용했다. 강남 지역이야말로 한국의 초고속 성장을 온몸으로 드라마틱하게 웅변하는 지역이라 할 수 있다.

26. 한국도로공사, 『산이 막히면 터널을 뚫고 강이 흐르면 다리를 놓고: 경부고속도로 건설이야기』, 한국도로공사, 2000. p.35.

27. 서울특별시, 『영동아파트지구종합개발계획』, 서울특별시, 1976. p.15.

28. 손정목, 『서울 도시계획이야기』3권, 한울, 2003. p.207.

29. 대한주택공사, 『대한주택공사 30년사』, 대한주택공사, 1992. p.224.

30. Peter Collison, "Town Planning and the Neighborhood Unit Concept," *Public Administration*, vol.32, no.4, 1954. 12. pp.463–464.

31. 홍성철, 「한국에 체재한 외국인계획가의 활동에 대한 보고: 미국도시계획가 오즈월드 내글러(Oswald Nagler)」『국토계획』3권 1호, 1968. 5. p.126.

32. 박병주와의 인터뷰, 2006. 11. 7.

33. 공동주택연구회, 『한국 공동주택계획의 역사』, 세진사, 1999. p.46.

34. 1979년 10월 31일에 제정된 '아파트지구개발기본계획에 관한 규정'의 제6조를 참조.

35. 1979년 5월 21일에 제정된 '도시계획 시설 기준에 관한 규칙'의 제85조 10–11항을 참조.

36. 「도시공원법」의 '도시공원법시행규칙'의 제4–6조를 참조.

37. 한국도시설계학회, 『지구단위계획의 이해』, 기문당, 2006. p.10.

38. 그는 도시구조를 반격자형 구조와 나무형 구조로 구분했다. 나무형 구조가 주로 신도시에서 나타나는 것이라면, 반격자형 구조는 자연 발생적 도시에서 나타난다. Christopher Alexander, "A City is not a Tree," *Architectural Forum*, vol.122, no.1, 1965. 4. pp.58–61 참고.

39. 강인호, 「주거지 계획에서 단계구성론의 형성과 전개에 관한 연구」『대한건축학회 논문집』 계획계 16권 9호, 2000. 9. p.12.

40. 대한국토도시계획학회, 『단지계획』, 보성각, 1997. p.87.

41. 엄운진·정인하, 「1970년대 '행정수도건설을 위한 백지계획'에 관한 연구」『대한건축학회 논문집』 계획계 37권 2호, 2021. 2. p.141.

42. 백혜선·황규홍·권혁삼·정경일·서수정·정화진·배웅규, 『한국주거지계획에 적용된 도시설계 개념 고찰—생활권 계획을 중심으로』, 주택도시연구원, 2006. p.141.

43. 대한주택공사, 『과천 신도시 개발사』, 대한주택공사, 1984. p.121.

44. 서울건축연구진, 『목동 신시가지 계획: 중심지구 도시설계 및 주거지역 계획설계』, 서울특별시, 1984. p.35.

45. 대한주택공사, 『상계신시가지 개발사 I: 계획편』, 대한주택공사, 1988. p.45.

46. 한국토지공사, 『평촌신도시 개발사』, 한국토지공사, 1997. p.212; 대한주택공사, 『산본 신도시 개발사』, 대한주택공사, 1997. p.65; 한국토지공사, 『분당신도시 개발사』, 한국토지공사, 1997. p.113; 한국토지공사, 『일산신도시 개발사』, 한국토지공사, 1997. p.106.

47. 백혜선·황규홍·권혁삼·정경일·서수정·정화진·배웅규, 『한국주거지계획에 적용된 도시설계 개념 고찰—생활권 계획을 중심으로』, 주택도시연구원, 2006. pp.179–182.

48. 황영우·이광국·김주석, 『해운대 신시가지의 효율적인 관리를 위한 기초연구(2)—도시설계를 중심으로』, 부산발전연구원, 2001. 4. p.49.

49. 한국토지공사, 『분당신도시 개발사』, 한국토지공사, 1997. pp.307–309.

8장. 도시 주거의 고밀화

1. 발레리 줄레조, 「강남스케이프: 한국의 아파트와 수직도시들」, 서울시립미술관, 『자율진화도시: UIA 2017 서울세계건축대회 기념전』, 서울시립미술관, 2017. pp.111–112.

2. Dongmin Park, *Free World, Cheap Buildings: U.S. Hegemony and the Origins of Modern Architecture in South Korea, 1953–1960*, Dissertation of Ph.D. Thesis, Berkeley: University of California, 2016. p.32.

3. Dongmin Park, *Free World, Cheap Buildings: U.S. Hegemony and the Origins of Modern Architecture in South Korea, 1953–1960*, Dissertation of Ph.D. Thesis, Berkeley: University of California, 2016. p.38.

4. 대한국토도시계획학회, 『(이야기로 듣는) 국토·도시계획 반백년』, 보성각, 2009. p.109.

5. 정아선·최장순·최찬환, 「청량리 부흥주택의 특성 및 변화에 관한 연구」『대한건축학회 논문집』 계획계 20권 1호, 2004. 1. p.125.

6. 여기서 대해서는 다음의 책을 참조. 정인하, 『김중업 건축론: 시적 울림의 세계』, 산업도서출판공사, 1998.

7. 경제기획원, 『주택통계자료』, 경제기획원, 1983. 7. p.44. 다음의 논문에서 재인용. 박춘식, 「'50년대이후 단독주택의 변천에 관한 연구: 서울지역의 서민주택을 중심으로」, 홍익대학교 대학원 석사학위 논문, 1986. p.10.

8. 임창복, 「한국 도시 단독주택의 유형적 지속성과 변용성에 관한 연구」, 서울대학교 대학원 박사학위 논문, 1989. p.40.

9. 아파트는 영어 아파트먼트 하우스(apartment house)의 줄임말이다. 법적으로는 5층 이상의 공동주택을 가리키며, 영국에서 사용되는 플랫(flat)이나 콘도미니엄(condominium)과 유사한 형태의 주거 유형이라고 볼 수 있다. 물론 한국에서 아파트라는 말이 동일한 의미로 계속해서 불렸던 것은 아니다.

10. 장림종·박진희,『대한민국 아파트 발굴사』, 효형출판, 2009. p.104.

11. 김중업,「군인아파트」『건축』, 1965. 7. pp.33-36.

12. 대한주택공사,『대한주택공사 30년사』, 대한주택공사, 1992. p.101.

13. 장성수,「1960-1970년대 한국 아파트의 변천에 관한 연구」, 서울대학교 대학원 박사학위 논문, 1994. p.117.

14. 건설교통부·대한주택공사,『아파트주거환경통계』, 건설교통부, 2003. p.78.

15. 장성수,「1960-1970년대 한국 아파트의 변천에 관한 연구」, 서울대학교 대학원 박사학위 논문, 1994. p.180.

16.「도시계획법시행령」에 따르면, 용적률이 1종 일반 주거 지역에서는 100-200퍼센트 이하, 2종 일반 주거 지역에서는 150-250퍼센트 이하, 3종 일반 주거 지역에서는 200-300퍼센트 이하이다.

17. 한상형·강양석,「다가구-다세대주택의 형태변화가 주변 주거환경에 미치는 영향」『대한국토도시계획학회 추계학술대회 논문집』 5호, 2003. 10. p.572.

18. 박기범·최찬환,「건축법규 변화에 따른 다가구주택의 특성에 관한 연구」『대한건축학회 논문집』 계획계 19권 4호, 2003. 4. p.77.

9장. 전통 논쟁과 건축의 기념성

1. 보들레르가 1860년에 쓴 「현대생활의 화가(Le Peintre de la vie moderne)」에 실린 문장으로, 이 글은 1863년 12월 3일자 『르 피가로(Le Figaro)』에 발표되었다. 다음에 재수록. Charles Baudelaire, *Le Peintre de la vie modern*, Paris: Calmann Lévy, 1885. pp.68-73.

2. 한스 울리히 굼브레히트, 라인하르트 코젤렉·오토 브루너·베르너 콘체 편, 원석영 역,『코젤렉의 개념사 사전 13: 근대적/근대성, 근대』, 푸른역사, 2019. p.16.

3. 위르겐 하버마스, 이진우 역,『현대성의 철학적 담론』, 문예출판사, 1994. p.25.

4. 위르겐 하버마스, 이진우 역,『현대성의 철학적 담론』, 문예출판사, 1994. p.28.

5. 위르겐 하버마스, 이진우 역,『현대성의 철학적 담론』, 문예출판사, 1994. p.26.

6. 마르틴 하이데거, 신상희 역,『횔덜린 시의 해명』, 아카넷, 2009. p.90.

7. 한국문화예술위원회,『한국문화정책 형성과정과 김종필의 역할 연구: 민족문화이념을 중심으로』, 한국문화예술위원회, 2017. pp.94-95.

8. 김중업·김수근·이구·윤승중,「건축, 전통을 계승하는 길은?」『공간』 3호, 1967. 1. p.6.

9. 김중업·김수근·이구·윤승중,「건축, 전통을 계승하는 길은?」『공간』 3호, 1967. 1. p.6.

10. 이경성,「전통과 창조」『공간』 4호, 1967. 2. p.28.

11. 김중업,「전통없는 신사의 변형」『공간』 12호, 1967. 10. p.14.

12. 대한건축사협회,「좌담회 특집 — 일본신사건축양식으로 왜색이 짙다」『건축사』, 1967. 9. p.15.

13. 김수근,「'신사' 모방 아닌 '내것'」『동아일보』, 1967. 9. 5.

14. 조선일보사,「개선권고하기로, 부여박물관 건축심의위 결론」『조선일보』, 1967. 9. 16.

15. 에릭 존 홉스봄, 강명세 역,『1780년 이후의 민족과 민족주의』, 창비, 1994. p.25.

16. 베네딕트 앤더슨, 서지원 역,『상상된 공동체』, 길, 2018. p.25.

17. Lewis Mumford, "The Death of the Monument," in J. L. Martin et al., *Circle: International Survey*

of Constructive Art, London: Faber and Faber, 1937. p.263.

18. Siegfried Giedion, "The Need for a New Monumentality," in Paul Zucker (ed.), *New Architecture and City Planning*, New York: Philosophical Library, 1944. pp.27–28.

19. William J. R. Curtis, *Le Corbusier, Ideas and Forms*, London: Phaidon Press, 1986. p.65.

20. Carmen Popescu, "Space, Time: Identities," *National Identities*, vol.8, no.3, 2006. 9. pp.189–206.

21. 김수근·박춘명·강병기·정경·정종태, 「기능, 존엄, 애정을」 『현대건축』, 1960. 11. pp.35–37.

22. 김종필, 「김수근과 '워커힐 인연' (…) "자유 냄새 물씬 나게 설계를"」, '김종필 증언록 소이부답', 『중앙일보』, 2015. 11. 25.

23. 강혁, 「김수근의 자유센터에 대한 비평적 독해」 『건축역사연구』 21권 1호, 2012. 2. p.135.

24. 국회사무처, 『한국건축양식연구보고서』, 국회사무처, 1967. p.3.

25. 국회사무처, 『한국건축양식연구보고서』, 국회사무처, 1967. pp.4–7.

26. 이희태, 「국립극장의 계획설계에서 준공까지」 『건축사』, 1974. 1. pp.31–41.

27. 박윤성, 「심사소감」 『공간』 75호, 1973. 5. p.63.

28. 세종문화회관전사편집위원회, 『세종문화회관 전사』, 세종문화회관, 2002. p.88.

29. 엄덕문, 「시민회관에 임하여」 『공간』 75호, 1973. 5. p.69.

30. 고주석·안영배·나상기·엄덕문·홍순인, 「시민회관 현상설계 입상자의 변」 『공간』 75호, 1973. 5. p.71.

31. 독립기념관, 「독립공원 기본계획 및 현상설계 공모안」 『건축문화』 25호, 1983. 12. p.44.

32. 김희춘, 「독립기념관 건립현상공모작품 심사개요」 『건축문화』 31호, 1983. 12. p.27.

33. 김희춘, 「독립기념관 건립현상공모작품 심사개요」 『건축문화』 31호, 1983. 12. pp.26–27.

10장. 이희태: 비례와 형식 체계

1. 1945년 11월 조선건축기술단에서 주최한 국민주택 설계도안 현상설계에서 제1종(15평형)에서 3등, 제2종(20평형)에서 가작, 제3종(25평형)에서 3등을 차지했다.

2. 이희태, 「혜화동성당」 『공간』 55호, 1971. 6. p.44.

3. 김상원·정인하, 「이희태의 종교건축에서 나타난 비례개념 연구」 『대한건축학회 논문집』 계획계 16권 10호, 2000. 10. p.85.

4. 천주교순교성지절두산, 『절두산 순교기념관 개관 20주년 기념화집』, 천주교순교성지절두산, 1987. p.24.

5. 김억중, 「건축구성적 측면에서 본 절두산 순교기념관」 『건축과환경』 65호, 1990. 1. pp.129–148.

6. 박준상, 「복자기념성당」 『공간』 14호, 1967. 12. p.7.

7. 정인하, 「절두산 성당의 장소성과 조형성 연구」 『건축역사연구』 9권 1호, 2000. 3. p.58.

11장. 김중업: 시적 울림의 세계

1. 김중업, 「날짜 없는 일기, 기록이 남긴 일기」 『비평건축』 2호, 1996. 4. p.42.

2. "Il est venu le 17 octobre 1952 proposer à L.C. de faire des travaux en Corée." La fondation Le Corbusier I1-1-86-002.

3. 르 코르뷔지에 재단에는 김중업이 그린 도면이 총 324점 존재한다. 그중 현재 재단의 분류 시스템(FLC Number)에 313점, 재단에서 그 이전에 작성한 오래된 자료(FLC old book)에 7점이 수록되어 있다.

4. 르 코르뷔지에가 김중업에게 보낸 1955년 10월 6일자 편지에서 그 내용을 짐작할 수 있다. 이 편지에 따르면, 르 코르뷔지에의 건강 문제로 그의 사무실을 관두게 된다. "내 작업 방식의 변

경을 요구한 것은 의료진의 지시였다(C'est sur l'ordre des médecine qui exigent une transformation de mes modalités de travail)." Fondation Le Corbusier, G2-19-329-001 참고.

5. 김중업, 『건축가의 빛과 그림자』, 열화당, 1984. p.40.

6. 로제 샹바르 대사가 프랑스 외무성에 보낸 1959년 8월 31일자 편지. Centre des Archives diplomatiques de La Courneuve, 123QO/1 DSC06625; 정인하, 『시적 울림의 세계: 김중업 건축론』, 시공문화사, 2003. p.85.

7. 안병의와의 인터뷰, 1996. 7.

8. William J. R. Curtis, *Le Corbusier, Ideas and Forms*, London: Phaidon Press, 1987. p.192.

9. 김중업, 『건축가의 빛과 그림자』, 열화당, 1984. p.244.

10. 김중업, 『건축가의 빛과 그림자』, 열화당, 1984. p.89.

11. 권희영과의 인터뷰, 1998.

12장. 김수근: 휴먼 스케일의 공간 탐구

1. 김수근이 살았던 북촌 집들의 형태와 주소는 다음의 책에 잘 스케치되어 있다. 김수근, 『김수근 건축드로잉집』, 공간사, 1990. pp.230-234.

2. 김봉렬, 「공간의 집합: 병산서원」 『건축과환경』 120호, 1994. 8. p.94.

3. 김수근, 「나쁜 길은 넓을수록 좋고 좋은 길은 좁을수록 좋다」 『좋은 길은 좁을수록 좋고 나쁜 길은 넓을수록 좋다』, 공간사, 1989. p.103.

4. 김수근은 1971년 범태평양건축상 수상 연설을 통해, 자신이 갖고 있는 공간 개념을 구체적이고도 논리적으로 정리했다. 김수근, 「범태평양 건축상 수상강연」 『좋은 길은 좁을수록 좋고 나쁜 길은 넓을수록 좋다』, 공간사, 1989. p.264.

5. 이범재, 「유니크한 이미지와 건축공간의 휴먼 스케일」 『건축문화』 143호, 1993. 4. p.154.

6. 승효상, 「건축가 김수근론」 『공간』 272호, 1990. 4. p.160.

7. 라움플랜은 아돌프 로스 건축에 등장하는 공간 개념으로, 모든 기능의 실들은 각기 다른 높이를 가진다고 보고, 이들을 입방체에 넣어 입체적으로 공간을 설계했다.

8. 김수근, 「범태평양 건축상 수상강연」 『좋은 길은 좁을수록 좋고 나쁜 길은 넓을수록 좋다』, 공간사, 1989. p.264.

9. 김수근, 「건축에 있어서의 네가티비즘」 『좋은 길은 좁을수록 좋고 나쁜 길은 넓을수록 좋다』, 공간사, 1989. pp.240-248.

10. 이범재, 「한국문화예술진흥원미술회관」 『공간』 266호, 1989. 10. p.68.

11. 이세영, 「살인 기계 빚어낸 애국적 판단 중지」 『한겨레21』 995호, 2014. 1. 20.

13장. 기술의 고도화와 의미론 탐구

1. 김성우, 「1950-70년대 한국사회의 '근대'와 김정수의 '건축'」, 김성우·안창모, 『건축가 김정수 작품집』, 공간사, 2008. p.12.

2. 윤정섭, 「미네소타 대학 유학 시절」, 초평기념사업회, 『(한국의 건축가) 김정수』, 고려원, 1995. p.58.

3. 마춘경과의 인터뷰. 2006. 그가 구조 계산을 위해 주로 참고한 책은 일본건축학회가 출간한 『특수콘크리트조 설계 규준(特殊コソクリ―ト造設計規準)』(1955)이었다.

4. 1965년 쌍용양회 서빙고 공장에서 처음 도입되었고 1973년까지는 이 회사가 독점체제를 유지하게 된다. 그러다가 삼표산업, 한국포장건설, 진성레미콘 등이 생겨났고, 1980년대 들어서는 100개의 공장이 신설되었다. 한국레미콘공업협회, 『레미콘산업발전 30년사』, 한국레미콘공업협회, 1995.

5. 김정수, 「건축구조, 1945년부터 오늘까지」 『건축』, 1962. 11. pp.2-3.

6. http://www.dongkuk.co.kr/sub2_2-1.html 참고.

7. 이대근, 『해방 후 1950년대의 경제』, 삼성경제연구소, 2002. pp.365-367.

8. 손정목, 『서울 도시계획 이야기』 1권, 한울, 2003. p.133.

9. 구조기술자 유영근과의 인터뷰, 2004. 3.

10. 유방근, 「조흥은행 기본설계계획에 대해서」 『건축』, 1967. 3. p.61.

11. 마춘경, 「성장시대」, 대한건축학회, 『건축구조 60년사, 1945-2005』, 대한건축학회, 2006. p.43.

12. 구조기술자 이병해와의 인터뷰. 2001.

13. 松村秀一, 「コンクリート建築の顔に仕立て技巧」 『Precast Concreteカーテンウオール技術史』, 東京: PCSA, 1994. p.15.

14. 원정수, 「한국의 건축가—배기형(3)」 『건축사』, 1997. 12. pp.101-105.

15. 구조기술자 최영규와의 인터뷰. 2006.

16. 1961년에 발행된 『저널 오브 아메리칸 콘크리트 인스티튜트(Journal of the American Concrete Institute)』에는 셸 구조를 이용한 건물들이 집중적으로 다루어졌고, 한국의 구조 전문가들은 여기서 많은 정보를 얻어 독학으로 생각을 발전시켜 나갔다. A. L. Parme and H. W. Conner, *Design Constants for Interior Cylindrical Concrete Shells*, vol.58, no.7, 1961; Richard R. Bradshaw, *Application of the General Theory of Shells*, vo.58, no.8, 1961; Alfred Zweig, *Design of the continuous Arched Frame Supporting Cylindrical Shells*, vol.58, no.10, 1961 참고.

17. 정식 명칭은 제퍼슨 내셔널 익스팬션 메모리얼(Jefferson National Expansion Memorial)로, 미국 미주리주 세인트루이스에 위치한다. 여기에는 거대한 게이트웨이 아치(gateway arch)가 포함되어 있는데, 에로 사리넨이 설계를 담당한 630피트 높이의 현수식 아치이다.

18. 박정우, 「한국의 건축가—김인호」 『건축사』, 1998. 6. p.103.

19. 포항제철의 조강 생산량은 1970년대 초 850만 톤에 달했고, 1980년대 말에는 2,000만 톤으로 커다란 양적 성장을 이룬다. 최원집, 「철강의 역사: 철강공업의 발달 과정」 『건축』, 1993. 1. pp.12-17.

20. 1980년대 이후 외국인 건축가가 한국에 설계한 건물을 열거해 보면 다음과 같다. 미국 에스오엠이 여의도의 63빌딩과 LG트윈타워, LG 강남 사옥을 설계했고, 베켓 인터내셔널에서 중앙일보 사옥과 삼성생명 본사, 쌍용투자증권 사옥을, 미국 에이치오케이(HOK)가 대림아크로빌과 한솔 사옥을, 시저 펠리가 교보생명 사옥을, 미국 시알에스(CRS)가 국제그룹 사옥을, 니켄 세케이가 무역회관을, 구로카와 기쇼가 잠실 롯데월드를, 라파엘 비뇰리가 종로타워를, 미국 콘 퍼더슨 폭스(Kohn Pedersen Fox, KPF)가 한국중공업 사옥, 롯데월드타워 등을 설계했다.

21. 대한건축학회, 『구조계획』, 기문당, 1997. pp.210-211.

22. 아우트리거 구조는 고층빌딩의 구조를 강화하기 위한 방식으로, 건축물에 작용하는 횡하중을 지탱하기 위해 건물 코어에서 구조재를 돌출시켜 외벽과 연결하여 건물의 변형을 막는다.

23. 스틱 방식은 커튼월 관련 모든 자재를 부품으로 현장에 반입해 조립 시공하는 방식이며, 유니트 방식은 하나의 커튼월 유니트를 완성품으로 조립해 현장에서는 이들을 끼워 맞추기만 하는 방식이다.

24. 박춘명과의 인터뷰, 2000. 10.

25. 김광준, 「대한생명사옥의 구조시스템」 『건축』, 1984. 4. p.81.

26. 현대건설기술연구소, 『대공간구조물의 구조방식 및 공법특성에 관한 연구』, 현대건설기술연구소, 1995. pp.3-5.

27. 김포공항 제2청사를 비롯해, 93.6×79.2미터 크기의 대공간을 가진 광주실내체육관에서 최초로 4개 레이어의 스페이스 프레임으로 건설된다. 그리고 직경 101미터, 높이 29.3미터를 가진 쌍용양회 동해공장, 직경 39미터의 지오데식 돔으로 된 엑스포 선경창의관, 81.4미터의 직경을 가진 창원 실내체육관 등이 스페이스 프레임으로 건설되었다.

28. 구조기술자 이원실과의 인터뷰, 2000. 8. 22.

29. 김종성과의 인터뷰, 2000. 10.

30. 김종성의 목구회 토론회 발표 내용 중에서. 1989. 3. 16.

31. 石井一夫, 『世界の膜構造デザイン』, 東京: 新建築社, 1999. pp.212-215.

32. 자세한 내용은 다음을 참고. 한국건축구조기술사회, 『2002 FIFA 월드컵 한국 스타디움 구조설계 자료집』, 국립기술품질원, 1999.

14장. 김종성: 구축적 논리와 공간적 상상력

1. Mies van der Rohe, "Architecture and Technology," in Moisés Puente (ed.), *Conversations with Mies van der Rohe*, New York: Princeton Architectural Press, 2008. p.30.

2. 김종성·박순관, 「대담: 시대정신으로서의 과학정신과 테크놀러지」 『건축과환경』 65호, 1990. 1. p.87.

3. 독일어 'Baukunst'는 'bau'와 'kunst'의 합성어이다. 여기서 'bau'는 축조, 건물 등을 의미하며, 'kunst'는 예술을 의미한다. 그래서 축조예술(building art)로 번역되는데, 주로 건물의 구축방식과 재료 디테일 등을 미학적 차원으로 승화시키는 방식을 가리킨다.

4. Mies van der Rohe, "Baukunst und Zeitwille!" *Der Querschnitt*, vol.4, no.1, 1924. pp.31-32.

5. Mies van der Rohe, "Baukunst und Zeitwille!" *Der Querschnitt*, vol.4, no.1, 1924. pp.31-32.

6. 김종성, 「포스트모더니즘의 비판적 수용과 건축가의 역할」 『공간』 261호, 1989. 5. pp.78-79.

7. 김종성, 「현대건축: 그 발전과 전망」 『공간』 202호, 1984. 2. p.34.

8. Mitchell Schwarzer, *German Architectural Theory and the Search for Modern Identity*, Cambridge: Cambridge University Press, 1995. p.172.

9. Akos Moravánszky, "'Truth to material' vs 'the Principle of Cladding': The Language of Materials in Architecture," *AA Files*, no.31, Summer 1996. pp.39-46.

10. Karl G. W. Bötticher, *Die Tektonik Der Hellenen*, Potsdam: Riegel, 1852. p.34; Wolfgang Herrmann, *Gottfried Semper: In Search of Architecture*, Cambridge, MA: The MIT Press, 1984에서 재인용.

11. Mies van der Rohe, "Architecture and Technology," in Moisés Puente (ed.), *Conversations with Mies van der Rohe*, New York: Princeton Architectural Press, 2008 참고.

12. 김종성, 「모더니즘의 진화와 김종성」 『공간』 216호, 1985. 6. p.90.

13. 김종성, 「80년대 한국건축과 90년대의 과제」 『건축과환경』 53호, 1989. 1. p.29.

14. 김종성과의 인터뷰. 2000.

15. 김종성과의 인터뷰. 2000.

16. 십구세기 중반 프랑스의 보자르 건축 교육은 미국에 도입되어 급속히 확장되어 나갔다. 당시 미국은 남북전쟁을 끝내고 본격적으로 국가의 기틀을 확립하려던 시기였다. 이에 따라 대량의 공공건축물의 건설이 시급했고, 그것에 부응해 건축학교도 계속해서 설립되었다. 이런 상황에서 보자르 교육을 더욱 부추긴 것은 1893년에 제정된 타스니 법(Tarsney Act)이었다. 이것은 연방정부의 공공건물을 현상설계를 통해 건설하도록 하는 것으로, 이로써 시각적 표현이 강한 보자르 교육을 받은 건축가들이 득세하게 되었다. 1893년에 개최된 시카고 박람회를 기점으로 미국의 유수 대학들이 모두 보자르의 교육 방식을 채택했고, 이런 경향은 1930년대

초반 유럽에서 근대건축이 도입될 때까지 지속되었다.

17. 교회 건축의 평면은 라틴크로스와 그릭크로스로 구분되는데, 라틴크로스는 세로 길이가 가로 길이보다 긴 형태이며, 주로 고딕 성당에 사용되었다.

3부. 세계화 시대: 건축으로의 다원적 접근

15장. 리얼리티의 발견

1. 근대화 개념은 다양하게 정의될 수 있지만, 하버마스는 다음과 같이 정의하고 있다. "그것은 자본의 형성, 자원의 동원, 생산력과 노동생산성의 발전, 중앙 집권화된 정치권력, 정치참정권의 확산, 가치와 규범의 세속화 등이 상호 연계되고 강화되는 한 묶음의 과정으로 정의된다." 위르겐 하버마스, 이진우 역, 『현대성의 철학적 담론』, 문예출판사, 1994. p.2.

2. 근대화를 정의하면서, 서구학자들은 다음과 같은 가정을 하게 된다. 첫째, 전통과 근대 사회는 이분화되고 분리된다. 둘째, 정치, 경제, 사회적 변화들은 통합되어 있고 상호의존적이다. 셋째, 근대성을 향한 발전 과정은 공통적이고 선형적으로 이루어진다. 넷째, 개발도상국의 발전은 선진국과의 접촉을 통해 비약적으로 발전할 수 있다. Michael E. Latham, *Modernization as Ideology: American Social Science and Nation Building in the Kennedy Era*, Chapel Hill: University of North Carolina Press, 2000 참고.

3. Arjun Appadurai, *Modernity at Large*, Minneapolis: University of Minesota Press, 1996. p.32. (이 책의 한국어판은 다음을 참고. 아르준 아파두라이, 차원현·채호석·배개화 역, 『고삐 풀린 현대성』, 현실문화연구, 2004.)

4. 근대성 자체가 정치적, 경제적, 사회적, 심리적, 공간적, 심미적 체험을 동시에 포괄하기 때문에 그것 전체를 수치화하는 것은 불가능하며, 다만 논의를 다소 단순화시켜 그것을 검토해 볼 수는 있을 것이다. 우선, 급격한 인구 증가를 경험한 때가 다르다는 것이다. 런던은 1861년부터 1941년까지 팔십 년 사이, 도쿄는 1901년부터 1961년까지 육십 년 사이, 서울은 1950년부터 1990년까지 사십 년 사이에 그것이 일어났다. 이들 나라에서 도시와 건축의 근대화 과정은 바로 이때 집중적으로 이루어졌고 한국의 경우 출발은 늦었지만 짧은 시간에 압축적으로 이루어졌음을 알 수 있다. 이런 시각적 격차는 건축법의 제정, 공공주택의 건설, 신도시 건설과 같은 주요 건축적 사건들에서도 비슷하게 나타난다.

5. Peter Eisenman, "Critical Architecture in a Geopolitical World," in Cynthia C. Davidson & Ismaïl Serageldin (eds.), *Architecture Beyond Architecture*, London: Academy Editions, 1995. p.78.

6. Peter G. Rowe, *East Asia Modern: Shaping the Contemporary City*, London: Reaktion Books, 2005. p.68.

7. 정기용, 『감응의 건축, 정기용의 무주 프로젝트』, 현실문화, 2008. p.8.

8. 공간사, 「한국현대건축: 한국성의 재발견 2/설문—한국성 탐색의 현재의사」 『공간』 241호, 1987. 9. p.37.

9. 함인선, 「청년건축인협의회」 『건축과사회』 25호, 2013. 12. p.103.

10. 김석철·오효림, 『도시를 그리는 건축가: 김석철의 건축 50년 도시 50년』, 창비, 2014. p.268.

11. 황두진, 「김태수와 한국적 전통」 『건축과환경』 125호, 1995. 1. p.59.

12. 국립중앙박물관, 『국립중앙박물관 국제설계경기 작품집』, 기문당, 1995. p.36.

13. 정기용, 「무주 프로젝트: 지역 공공건축의 이론과 실천을 위하여」 『이상건축』 118호, 2002. 6. p.103.

14. 김태수, 「건축가의 생각」 『건축과환경』 125호, 1995. 1. p.47.

15. 우규승, 「우규승과의 대담」『건축가』152호, 1995. 3. p.27.

16. 유걸, 「전통적인 컨텍스트 속에서의 현대건축」『Pro Architect』 10호, 1998. pp.30-31.

17. Kenneth Frampton, "Ten Points on an Architecture of Regionalism: A Provisional Polemic," in Vincent Canizaro (ed.), *Architectural Regionalism: Collected Writings on Place, Identity, Modernity, and Tradition*, New York: Princeton Architectural Press, 2007. p.378.

18. 국립현대미술관, 『건축가 김태수 초청 강연회: 국립현대미술관 과천 이전 20주년 기념』, 국립현대미술관, 2006. p.24.

19. 물체 그 자체에 대한 탐구를 통해 새로운 예술 세계를 발견하려는 운동. 1968년 세키네 노부오가 고베의 수마리큐 공원에서 열린 야외 조각 전시회에 〈위상-대지〉라는 작품을 선보였고, 이에 대한 평론을 이우환이 쓰면서 평단의 주목을 끌었다. 이후 이들의 생각에 동조하는 일본의 젊은 예술가들이 결집했다. 이타미 준은 화가 곽인식을 통해 이우환을 알고 있었고, 모노파의 주된 흐름을 받아들였다.

20. 이타미 준, 유이화 편, 『손의 흔적』, 미세움, 2014. p.150.

21. 이타미 준, 유이화 편, 『손의 흔적』, 미세움, 2014. p.150.

22. 유걸, 「한국주택의 문화비교론적인 이해—미국과의 비교를 중심으로」『플러스』 47호, 1991. 3. pp.130-134.

23. 유걸과의 인터뷰, 2004. 4. 26.

24. 유걸과의 인터뷰, 2004. 4. 26.

16장. 이타미 준: 보편적 지역주의

1. 伊丹潤·古谷誠章, 2009. 10, p.23.

2. 이타미 준, 김남주 역, 『돌과 바람의 소리』, 학고재, 2004. p.41.

3. 이우환·이타미 준, 2014, p.136.

4. 伊丹潤 編, 『李朝民畫』, 東京: 講談社, 1975; 伊丹潤, 『李朝の建築』, 東京: 求龍堂, 1981; 伊丹潤, 『韓国の建築と文化』, 東京: 求龍堂, 1983; 伊丹潤, 『韓国の空間』, 東京: 求龍堂, 1985; 伊丹潤 編, 『韓国の建築と芸術』, 東京: 韓国の建築と芸術刊行会, 1988; 伊丹潤, 『高麗李朝聖拙抄』, 東京: Hanegi Museum, 1992; 伊丹潤, 『李朝白磁壺』, 東京: Hanegi Museum, 2007; 伊丹潤, 『李朝白磁拙抄』, 東京: 株式会社クレオ, 2009; 伊丹潤, 『高麗李朝拙抄』, 東京: 株式会社クレオ, 2011.

5. 김화임, 「카프카의 『변신(Die Verwandlung)』을 통해 본 '소수적' 글쓰기—들뢰즈와 가타리의 『카프카. 소수문학을 위하여(Kafka. Für eine kleine Literatur)』를 중심으로」『브레히트와 현대연극』 22권, 2010. p.144.

6. Gilles Deleuze & Félix Guattari, *Kafka: Pour une littérature mineure*, Paris: Les Éditions de Minuit, 1975. pp.28-29. (이 책의 한국어판은 다음을 참고. 질 들뢰즈·펠릭스 가타리, 이진경 역, 『카프카: 소수적인 문학을 위하여』, 동문선, 2001.)

7. '흩어진 사람들'이라는 뜻으로, 본래 팔레스타인을 떠나 세계 각지로 흩어져 살게 된 유대인을 지칭하던 말이다.

8. Gilles Deleuze & Félix Guattari, *Kafka: Pour une littérature mineure*, Paris: Les Éditions de Minuit, 1975. p.29.

9. Gilles Deleuze & Félix Guattari, *Mille Plateaux: Capitalisme et schizophrenie 2*, Paris: Les Éditions de Minuit, 1980. p.133.(이 책의 한국어판은 다음을 참고. 질 들뢰즈·펠릭스 가타리, 김재인 역, 『천 개의 고원: 자본주의와 분열증 2』, 새물결, 2001.)

10. 그는 생전에 모두 5권의 작품집을 발행했다. 伊丹潤, 『伊丹潤: 1970-1987』, 東京: 求龍堂, 1987; 伊丹潤, 『伊丹潤: 伊丹潤建築作品集』, 東京: 求龍堂, 1993; 伊丹潤, 『JUN ITAMI: 建築

と絵画』, 東京: 求龍堂, 2002; 伊丹潤, 『JUN ITAMI 1970−2008: 建築と都市』, 東京: 主婦の友社, 2008; 伊丹潤, 『ITAMI JUN: Architecture and Urbanism 1970-2011, 伊丹潤の軌跡』, 東京: Hanegi Museum・クレオ (発売), 2011.

11. Gilles Deleuze & Félix Guattari, *Kafka: Pour une littérature mineure*, Paris: Les Éditions de Minuit, 1975. p.29.

12. '홈 패인 공간'과 '매끄러운 공간'에 대해서는 다음을 참조. Gilles Deleuze & Félix Guattari, *Mille Plateaux: Capitalisme et schizophrenie 2*, Paris: Les Éditions de Minuit, 1980. pp.592−625.

13. 변광배, 「'앙가주망'에서 '소수문학'으로―사르트르, 들뢰즈・가타리의 문학 사용법」『세계문학비교연구』 56집, 2016. p.128.

14. 伊丹潤・古谷誠章, 「時代を導く人 2: 建築は大地から生まれるものだ」『INAX REPORT』 no.180, 2009. 10. p.24.

15. 後藤沙羅・末包伸吾・増岡亮, 「伊丹潤の言説における李朝に関する建築思想」『日本建築学会計画系論文集』 84巻 760号, 2019. 6. p.1488.

16. 이 말은 롤랑 바르트의 저서 『글쓰기의 영도(Le degré zéro de l'écriture)』에서 나왔다. 미리 예정된 언어의 모든 속박에서 벗어나, 무채색의 글쓰기를 한 문학 작품을 일컫는다.

17. 隈研吾, 「素材と村法」, 伊丹潤, 『JUN ITAMI 1970−2008 建築と都市』, 東京: 主婦の友社⊠ 2008. p.241.

18. Gilles Deleuze & Félix Guattari, *Kafka: Pour une littérature mineure*, Paris: Les Éditions de Minuit, 1975. p.30.

19. Gilles Deleuze & Félix Guattari, *Kafka: Pour une littérature mineure*, Paris: Les Éditions de Minuit, 1975. p.30.

20. Gilles Deleuze & Félix Guattari, *Kafka: Pour une littérature mineure*, Paris: Les Éditions de Minuit, 1975. p.31.

21. 이우환, 김춘미 역, 『여백의 예술』, 현대문학, 2002. p.24.

22. 강태희, 「곽인식론: 한일 현대미술교류사의 초석을 위한 연구」『한국근대미술사학』 13집, 2004. 12. p.210.

23. Gilles Deleuze & Félix Guattari, *Kafka: Pour une littérature mineure*, Paris: Les Éditions de Minuit, 1975. p.31.

24. 伊丹潤, 『韓国の建築と文化』, 東京: 求龍堂, 1983. p.159.

25. 伊丹潤, 『韓国の建築と文化』, 東京: 求龍堂, 1983. p.159.

26. 이우환, 『이조의 민화』, 열화당, 1977. p.38.

27. 야나기 무네요시, 박재삼 역, 『조선과 예술』, 범우사, 1989. p.15.

28. 야나기 무네요시, 박재삼 역, 『조선과 예술』, 범우사, 1989. p.21.

29. 伊丹潤, 『韓国の建築と文化』, 東京: 求龍堂, 1983. p.226.

30. Pierre Cambon, "Déambulation," *La Résidence de France à Séoul*, Paris: Editions internationals du Patrimoine, 2019. p.188.

31. 伊丹潤, 『韓国の建築と文化』, 東京: 求龍堂, 1983. p.194.

32. 伊丹潤, 『韓国の建築と文化』, 東京: 求龍堂, 1983. p.195.

33. 마의 개념은 Arata Isozaki, Sabu Kohso (trans.), *Japan-ness in Architecture*, Cambridge, MA: The MIT Press, 2006. pp.81−100, 오쿠의 개념은 Fumihiko Maki, *Nurturing Dreams*, Cambridge, MA: The MIT Press, 2006. pp.150−167, 조몬의 개념은 丹下健三, 『人間と建築⊠デザインおぼえがき』, 東京: 彰国社, 2011. pp.83−84 참조.

34. 이에 대한 자세한 내용은 다음 책을 참조. Arata Isozaki, Sabu Kohso (trans.), *Japan-ness in Archi-*

tecture, Cambridge, MA: The MIT Press, 2006.

35. 伊丹潤, 『韓国の建築と文化』, 東京: 求龍堂, 1983. pp.230-231.

36. 베이징대학출판사 편, 동양고전연구회 역, 『논어』, 민음사, 2016. pp.128-129.

37. 伊丹潤, 『韓国の建築と文化』, 東京: 求龍堂, 1983. p.195.

38. 세키네 노부오는 이타미 준의 '예(禮)'라는 말을 '礼(예)', '作法(작법)', '礼儀作法(예의작법)' 세 가지로 쓰고 있다. 그 의미는 문맥에 따라 조금씩 달라지지만, 그 본래 의미는 이타미 준이 이야기한 '예의 건축'에서 비롯된 것으로 보인다. 그래서 '作法の建築'이란 제목은 1997년 5월호 『PA』에 실린 것처럼 '작법의 건축'이 아닌, '예의 건축'으로 번역되어야 한다고 본다. 関根伸夫, 「作法の建築―伊丹潤の建築」, 伊丹潤, 『JUN ITAMI 1970-2008 建築と都市』, 東京: 主婦の友社, 2008. p.220.

39. 関根伸夫, 「作法の建築―伊丹潤の建築」, 伊丹潤, 『JUN ITAMI 1970-2008 建築と都市』, 東京: 主婦の友社, 2008. p.220.

40. 関根伸夫, 「作法の建築―伊丹潤の建築」, 伊丹潤, 『JUN ITAMI 1970-2008 建築と都市』, 東京: 主婦の友社, 2008. p.221.

41. 伊丹潤・古谷誠章, 「時代を導く人 2: 建築は大地から生まれるものだ」 『INAX REPORT』 no.180, 2009. 10. p.33.

42. 이타미 준, 유이화 편, 『손의 흔적』, 미세움, 2014. p.80.

43. 이타미 준, 유이화 편, 『손의 흔적』, 미세움, 2014. p.52.

44. 이타미 준, 유이화 편, 『손의 흔적』, 미세움, 2014. pp.58, 66.

45. 伊丹潤・古谷誠章, 「時代を導く人 2: 建築は大地から生まれるものだ」 『INAX REPORT』 no.180, 2009. 10. p.29.

46. 질케 폰 베르스보르트-발라베, 이수영 역, 『이우환, 타자와의 만남』, 학고재, 2008. p.38.

47. 이우환, 김혜신 역, 『만남을 찾아서: 현대미술의 시작』, 학고재, 2011. p.126.

48. 이타미 준, 김남주 역, 『돌과 바람의 소리』, 학고재, 2004. p.82.

49. 이타미 준, 김남주 역, 『돌과 바람의 소리』, 학고재, 2004. p.175.

50. 中原佑介, 「無の媒体」, 伊丹潤, 『ITAMI JUN: Architecture and Urbanism 1970-2011, 伊丹潤の軌跡』, 東京: Hanegi Museum・クレオ (発売), 2011. p.20.

51. 伊丹潤, 『韓国の建築と文化』, 東京: 求龍堂, 1983. p.208.

52. 박소현, 「이타미 준이 미술사에 던지는 문제들: 이타미 준과 모노하」, 국립현대미술관, 『이타미 준: 바람의 조형』, 국립현대미술관, 2014. p.126.

53. 伊丹潤・古谷誠章, 「時代を導く人 2: 建築は大地から生まれるものだ」 『INAX REPORT』 no.180, 2009. 10. p.24.

54. 이우환, 김혜신 역, 『만남을 찾아서: 현대미술의 시작』, 학고재, 2011. p.22.

55. 이우환, 김혜신 역, 『만남을 찾아서: 현대미술의 시작』, 학고재, 2011. p.24.

56. 이우환, 김혜신 역, 『만남을 찾아서: 현대미술의 시작』, 학고재, 2011. p.28.

57. 이우환, 『이조의 민화』, 열화당, 1977. p.18.

58. 이우환, 『이조의 민화』, 열화당, 1977. p.9.

59. 박소현, 「이타미 준이 미술사에 던지는 문제들: 이타미 준과 모노하」, 국립현대미술관, 『이타미 준: 바람의 조형』, 국립현대미술관, 2014. p.126.

60. 질케 폰 베르스보르트-발라베, 이수영 역, 『이우환, 타자와의 만남』, 학고재, 2008. p.53.

61. 이우환, 김혜신 역, 『만남을 찾아서: 현대미술의 시작』, 학고재, 2011. p.151.

62. 이우환, 김혜신 역, 『만남을 찾아서: 현대미술의 시작』, 학고재, 2011. p.152.

63. 이타미 준, 유이화 편, 『손의 흔적』, 미세움, 2014. p.156.

64. 류이화와의 인터뷰, 2019. 7. 24.

65. 中原佑介, 「無の媒体」, 伊丹潤, 『ITAMI JUN: Architecture and Urbanism 1970-2011, 伊丹潤の軌跡』, 東京: Hanegi Museum・クレオ (発売), 2011. p.20.

66. 이타미 준의 딸 류이화와의 인터뷰, 2019. 7. 24.

67. 이타미 준, 유이화 편, 『손의 흔적』, 미세움, 2014. p.156.

68. 이타미 준, 「핀크스 미술관」 『공간』 458호, 2006. 1. pp.66, 74, 82.

17장. 우규승: 도시로서의 건축

1. 우규승, 『빛의 숲: 국립아시아문화전당』, 열화당, 2013. p.38.

2. 우규승과의 인터뷰, 2004. 1. 15.

3. Sanghoon Jung, "Oswald Nagler, HURPI, and the Formation of Urban Planning and Design in South Korea: The South Seoul Plan by HURPI and the Mok-dong Plan," *Journal of Urban History*, vol.40, no.3, 2014. p.589.

4. Sanghoon Jung, "The minimum dwelling approach by the Housing, Urban and Regional Planning Institute, HURPI. of South Korea in the 1960s," *Journal of Urban History*, vol.21, no.2, 2016. p.185.

5. Hayub Song et al., "Inner Space in the City: Jose Luis Sert, Fumihiko Maki and Kyu Seung Woo's Search for Inner Space," *Journal of Asian Architecture and Building Engineering*, vol.14, no.2, 2015. 5. p.240.

6. Sanghoon Jung, "The minimum dwelling approach by the Housing, Urban and Regional Planning Institute, HURPI. of South Korea in the 1960s," *Journal of Urban History*, vol.21, no.2, 2016. p.194.

7. 우규승과의 인터뷰, 2004. 1. 15.

8. Victor F. Christ-Janer, "Constituent Imagery," *Perspecta*, vol.17, 1980. p.10.

9. 우규승, 『빛의 숲: 국립아시아문화전당』, 열화당, 2013. pp.39-40.

10. Lewis Mumford, "Lewis Mumford to Sert, December 28, 1940," in Eric Mumford, *The CIAM Discourse on Urbanism, 1928-1960*, Cambridge, MA: The MIT Press, 2002. p.133.

11. Carola Barrios, "Can Patios Make Cities? Urban Traces of TPA in Brazil and Venezuela," *Journal of interdisciplinary studies in Architecture and Urbanism*, no.1, 2013.

12. Kyu Sung Woo, *Casas Internacional 64: Kyu Sung Woo*, Madrid: Kliczkowski Publisher, 1999. p.9.

13. Josep M. Rovira, *Jose Luis Sert, 1901-1983*, London: Phaidon Press, 2004. p.366.

14. 1959년 10차 근대건축국제회의(CIAM) 모임을 조직하기 위해 결성된 건축 그룹. 이 그룹의 건축가들은 근대건축가들의 기능주의적 도시이론에 반대하여 길과 매개영역을 중심으로 한 공동체 위주의 새로운 도시이론을 제안했다.

15. Kyu Sung Woo, *The Roosevelt Island Housing Competition — Outline of a Design Proposal*, 1975.

16. 우규승과의 인터뷰, 2004. 1. 15.

17. 우규승, 「우규승 특집」 『플러스』 17호, 1988. 9. p.90.

18. 우규승이 설계한 주택 작품은 Kyu Sung Woo, *Casas Internacional 64: Kyu Sung Woo*, Madrid: Kliczkowski Publisher, 1999에 잘 나타나 있고, 스케치는 별도의 건축 수첩에 담겨 있다. 미국에 지은 주택 작품으로는 트로브리지 하우스(Trowbridge House), 옵저버터리 커먼스(Observatory Commons), 버몬트 하우스(Vermont House), 우 하우스(Woo House) 등이 있다.

19. Kyu Sung Woo, *Casas Internacional 64: Kyu Sung Woo*, Madrid: Kliczkowski Publisher, 1999. p.7.

20. 우규승, 「조망이 있는 중정」 『건축과환경』 222호, 2003. 2. p.36.

21. 우규승, 「조망이 있는 중정」 『건축과환경』 222호, 2003. 2. p.44.

22. Kwang-ho Kim, Young-min Koo, Mi-ra Ye, "A Comparative Study on the Concept of Space in

Gana Art Center and Whanki Museum—Focused on Prospect and Continuity," *Journal of Asian Architecture and Building Engineering*, vol.1, no.2, November 2002. pp.239–244.

23. 우규승, 『빛의 숲: 국립아시아문화전당』, 열화당, 2013. p.88.

18장. 정기용: 건축의 일상성

1. 스피로 코스토프, 우동선 역, 『아키텍트: 인류의 가장 오래된 직업 건축가 5천 년의 이야기』, 효형출판, 2011. p.296.

2. 프랑스에서 건축물의 공적인 수주는 '공공건축 및 국립궁전(Bâtiments civils et Palais nationaux)' 소속 건축가들에 의해 좌우되었는데, 이 협회는 로마대상 수상자로 구성된 폐쇄적인 조직이었다. 자크 뤼캉, 한지형·최유종·염대봉·오승태 역, 『프랑스 현대건축의 역사와 이론』, 시공문화사, 2006. p.238 참고.

3. 1965년 파리에서는 아틀리에 교수인 파트롱(patron) 9명과 국가로부터 급여를 받는 조교 20명이 총 23개의 아틀리에에 분산되었고, 이들이 3,000여 명의 학생들을 교육시켰다. 지방은 더욱 심각해 1,000명의 학생들이 국가로부터 경제적 지원을 받지 않는 1개의 아틀리에 파트롱에게 교육받았다. 자크 뤼캉, 한지형·최유종·염대봉·오승태 역, 『프랑스 현대건축의 역사와 이론』, 시공문화사, 2006. p.238 참고.

4. Marcel Roncayolo (ed.), *Histoire de la France urbaine, tome 5, la ville aujourd'hui*, Paris: Seuil, 1985. p.15.

5. 정인하, 「프랑스 신도시개발의 도시사적 맥락과 그 공간이용계획에 관한 연구—세르지 퐁뜨와즈(Cergy Pontoise) 신도시와 마른느 라 발레(Marne-la-Vallée) 신도시를 중심으로」 『대한건축학회 논문집』 10권 7호, 1994. 7. p.67.

6. Anatole Kopp et al, *L'architecture de la reconstruction en France, 1945–1953*, Paris: Editions du Moniteur, 1982. p.106.

7. Jean Paul Flamand, *Loger le people*, Paris: La Decouverte, 1989. p.282.

8. 정인하, 「프랑스 신도시개발의 도시사적 맥락과 그 공간이용계획에 관한 연구—세르지 퐁뜨와즈(Cergy Pontoise) 신도시와 마른느 라 발레(Marne-la-Vallée) 신도시를 중심으로」 『대한건축학회 논문집』 10권 7호, 1994. 7. p.68.

9. 정기용, 「프랑스 파리장식미술학교 실내건축과 3학년으로 입학」, 일민미술관, 『감응: 정기용 건축』, 일민미술관, 2010. p.22.

10. 정기용, 「프랑스 파리 제8대학 도시계획과」, 일민미술관, 『감응: 정기용 건축』, 일민미술관, 2010. p.26.

11. Anatole Kopp et al, *L'architecture de la reconstruction en France, 1945–1953*, Paris: Editions du Moniteur, 1982.

12. 아나톨 콥의 주요 저서는 '참고문헌'을 참고할 것.

13. 정기용은 살아생전에 아나톨 콥의 책들을 꼭 번역해 보고 싶다는 의견을 피력했다고 한다. 건축이론가 서정일 박사와의 인터뷰. 2012. 5.

14. Anatole Kopp, *Changer la vie, changer la ville*, Paris: Union Générale des Editions, 1975. p.71.

15. Anatole Kopp, *Changer la vie, changer la ville*, Paris: Union Générale des Editions, 1975. p.72.

16. 정기용, 『사람, 건축, 도시』, 현실문화, 2008. p.39.

17. 정기용, 『사람, 건축, 도시』, 현실문화, 2008. p.54.

18. 자세한 내용은 다음 책을 참고. Michel Maffesoli, *La conquête du présent*, Paris: P.U.F, 1979.

19. 정기용, 『사람, 건축, 도시』, 현실문화, 2008. p.142.

20. 앙리 르페브르의 도시에 관한 연구는 총 7권의 책으로 출판되었다. 이들 가운데 주요 저서는

'참고문헌'을 참고할 것.

21. 앙리 르페브르, 박정자 역,『현대세계의 일상성』, 주류, 1990. p.17.

22. 정기용,『사람, 건축, 도시』, 현실문화, 2008. p.17.

23. 정기용,「도시공간의 정치학」『문학과학』3호, 1993. 4. pp.217−236. 정기용은 심광현, 강내희 등과『문화과학』의 창간과 운영에 적극적으로 관여했다. 이 외에도 1994년 1월호에「광화문에서 남대문까지」를 발표했고, 이 글들은 2008년에 출간된『서울 이야기』와『사람, 건축, 도시』에 재수록되었다.

24. 정기용,『사람, 건축, 도시』, 현실문화, 2008. pp.139−141.

25. 정기용의 '감응'은 현대 사회학에서 여러 이름으로 다루는 주제이다. 카를 만하임(Karl Mannheim)은 '공존', 막스 셸러(Max Sheler)는 '사회적 공감', 슈츠(A. Schütz)는 '체험된 이웃', 프랑코 페라로티(Franco Ferrarotti)는 '상호작용', 미셸 마페졸리는 '공통된 체험'으로 이야기했다.

26. 이상헌,「건축가 정기용: 우리 시대 한국에서 건축가로 산다는 것, 또는 소통과 감응의 건축가」, 일민미술관,『감응: 정기용 건축』, 일민미술관, 2010. p.19.

27. 정기용,『사람, 건축, 도시』, 현실문화, 2008. p.52.

28. 정기용,『사람, 건축, 도시』, 현실문화, 2008. p.21.

29. 정기용,『사람, 건축, 도시』, 현실문화, 2008. p.52.

30. Martin Heidegger, Albert Hofstadter (trans.), *Poetry, Language, Thought*, New York: Harper Colophon Books, 1971 참고.

31. Geoffrey Waite, "Lefebvre without Heiddger," in Kanishka Goonewardena (ed.), *Space, Difference, Everyday Life*, London: Routledge, 2008. p.105.

32. 정기용,『사람, 건축, 도시』, 현실문화, 2008. p.53에서 인용된 대목으로, 정확한 출처가 표기되어 있지 않다. 다만 비슷한 내용을 다음의 책에서 찾아볼 수 있다. 가스통 바슐라르, 곽광수 역,『공간의 시학』, 동문선, 2003. pp.75−121.

33. 정기용,『서울이야기』, 현실문화, 2008. pp.31−32.

34. Hassan Fathy, *Construire avec le peuple: histoire d'un village d'Égypte, Gourna*, Paris: Éditions Sindbad, 1970; 하싼 화티[하산 파티], 정기용 역,『이집트 구르나마을 이야기』, 열화당, 1988/2000.

35. 정기용,「역자 서문」, 하싼 화티[하산 파티], 정기용 역,『이집트 구르나마을 이야기』, 열화당, 1988/2000. p.9.

36. 원래 그의 건축학교 졸업설계 주제는 파리 교외를 연구하는 것이었는데, 최종적으로는 한국의 농촌 주거지를 계획하는 것으로 바뀐다. Guyon Chung, "Mutation du milieu rural en Corée: pour une approche d'un habitat plus collectif à travers l'analyse du savoir-faire traditional," *Unité Pédagogique d'Architecture*, no.6, 1983. 5 참고.

37. 정기용,「역자 서문」, 하싼 화티[하산 파티], 정기용 역,『이집트 구르나마을 이야기』, 열화당, 1988/2000. p.11.

38. Hassan Fathy, *Construire avec le peuple: histoire d'un village d'Égypte, Gourna*, Paris: Éditions Sindbad, 1970. pp.146−147.

39. Hassan Fathy, *Construire avec le peuple: histoire d'un village d'Égypte, Gourna*, Paris: Éditions Sindbad, 1970. pp.146−147.

40. 프랑스 기메 박물관의 동양학 분과 학예사로, 조선에 관한 다음 책을 출간했다. Francis Macouin, *La Corée du Choson: 1392−1896*, Paris: Belles Lettres, 2009.

41. 정기용,「프랑스 파리장식미술학교 실내건축과 3학년으로 입학」, 일민미술관,『감응: 정기용

건축』, 일민미술관, 2010. p.22.

42. 정기용, 『사람, 건축, 도시』, 현실문화, 2008. p.71.

43. 이종호, 「정기용을 부르는 이름들」, 일민미술관, 『감응: 정기용 건축』, 일민미술관, 2010. p.8.

44. 정효정, 「흙건축, 실험에서 실재로」『건축과환경』165호, 1998. 5. p.74.

45. 정효정, 「흙건축, 실험에서 실재로」『건축과환경』165호, 1998. 5. p.74.

46. 정기용, 『감응의 건축, 정기용의 무주 프로젝트』, 현실문화, 2008. p.41.

47. 정기용, 『감응의 건축, 정기용의 무주 프로젝트』, 현실문화, 2008. p.41.

19장. 4.3그룹: 마당의 담론

1. 서윤영, 『집우집주』, 궁리, 2005. p.147.

2. 西垣安比古, 「朝鮮の「すまい」に於けるマルとマダン: 風水地理說を通して」『日本建築学会計画系論文報告集』379号, 1987. 9. p.158.

3. 조정식, 「마당의 어의와 초월적 특성에 관한 연구」『대한건축학회 논문집』12권 2호, 1996. 2. p.95.

4. John Shirley (ed.), *Report of the sixth meeting of the Australian Association for the Advancement of Science, held at Brisbane*, Queensland: Conference Proceedings edition, January 1895 참고.

5. 佐々木史郎, 「二次世界大戰前の邦文文献にみる韓国民家の地理学的研究の軌跡(I)—岩槻善之(1924)に先行する諸研究を中心として」『宇都宮大学国際学部研究論集』5号, 1998. 3. pp.136-137.

6. 関野貞, 「朝鮮の住宅建築」『住宅建築』5月号, 東京: 建築世界社, 1916. 5. pp.156-163.

7. 朴吉龍, 「在來式 住家改善に對하야」1편, 자비출판, 1933. p.2.

8. 朴東鎭, 「우리 住宅에 對하야 (一)」『東亞日報』, 1931. 3. 14.

9. 朴東鎭, 「朝鮮住宅改革論」『春秋』2卷 7號, 朝鮮春秋社, 1941. p.92.

10. 서원기·전봉희, 「해방이후 거실중심형 도시주택 평면의 형성과정」『대한건축학회 학술발표대회 논문집』계획계 29권 1호, 2009. 10. p.420.

11. 안영배·김선균, 『새로운 주택』, 보진재, 1990. pp.214-215.

12. 안병의, 「주환경의 조건과 가능성」『공간』38호, 1970. 1. p.26.

13. 김중업, 『건축가의 빛과 그림자』, 열화당, 1984. p.215.

14. 김중업, 『건축가의 빛과 그림자』, 열화당, 1984. pp.224-225.

15. 김수근, 「한옥과 양옥」『좋은 길은 좁을수록 좋고 나쁜 길은 넓을수록 좋다』, 공간사, 1989. p.100.

16. 안영배, 『한국건축의 외부공간』, 보진재, 1980. p.20.

17. 김인철, 「한국건축의 전통계승에 관한 연구」, 국민대학교 대학원 석사학위 논문, 1980.

18. 이성관, 「한국전통적 건축공간 구성의 특질」, 서울대학교 대학원 석사학위 논문, 1975.

19. 우경국, 「조경론: 조선시대 주택마당에 관한 연구」『환경과 조경』11호, 1985. 11. p.92.

20. 송인호, 「도시형한옥의 유형연구: 1930년-1960년의 서울을 중심으로」, 서울대학교 대학원 박사학위 논문, 1990. pp.165-166.

21. 安藤忠雄, 『安藤忠雄の建築』, 東京: TOTO出版, 2010. p.20.

22. 자세한 내용은 다음을 참조. 정선화, 「심포지엄—동아시아의 건축적 전망」『꾸밈』78호, 1989. 6.

23. 김기석·구승민, 『집은 디자인이 아니다: 300여 채의 집을 지은 낭만주의 건축가가 풀어낸 집 이야기』, 디북, 2017. p.10.

24. 김기석·구승민, 『집은 디자인이 아니다: 300여 채의 집을 지은 낭만주의 건축가가 풀어낸 집

이야기』, 디북, 2017. p.46.

25. 畑聰一, 「韓国の住まいの型とその変容」, ハウジングスタデイグループ, 『韓国現代住居学——マダンとオンドルの住様式』, 東京: 建築知識, 1990. p.101.

26. 조성룡과의 인터뷰, 2012. 8. 30.

27. 김기석, 『건축가 김기석 집이야기 전집 4: 길은 집을 만들고』, 살림, 1997. p.20.

28. 정선화, 「심포지엄——동아시아의 건축적 전망」 『꾸밈』 78호, 1989. 6. pp.52–53.

29. 김기석·구승민, 『집은 디자인이 아니다: 300여 채의 집을 지은 낭만주의 건축가가 풀어낸 집이야기』, 디북, 2017. p.112.

30. 김인철, 「전통의 여과」 『꾸밈』 78호, 1989. 6. p.56.

31. 강병기, 「가회동 11번지 주거계획의 의의」 『건축문화』 122호, 1991. 7. p.109.

32. 송인호, 「도시건축으로서의 가회동 11번지 계획안」 『건축문화』 122호, 1991. 7. p.146.

33. 우경국, 「기억의 축제로서의 길과 마당」 『건축문화』 122호, 1991. 7. p.109.

34. 조성룡, 「가회동 11번지 주거계획」 『건축문화』 122호, 1991. 7. p.122.

35. 김인철, 「가회11」 『건축문화』 122호, 1991. 7. p.113.

36. 승효상, 「빈자의 미학」 『이 시대 우리의 건축』 전시 도록, 4.3그룹, 1992. p.5.

37. 민현식, 「국립국악학교」 『이 시대 우리의 건축』 전시 도록, 4.3그룹, 1992. p.10.

38. 서울건축학교 여름 워크숍 최초 주제는 '한국성——제주에서의 발견'(1998), 그다음 해는 '한국성의 실천——무주에서'(1999)였다. 그렇지만 2000년 '강경 발견'을 시작으로 '양구 탐험', '도시 읽기, 부산', '새만금에서' 등 주제가 점차 도시 풍경과 삶과 문화로 옮겨 갔다.

39. 정기용, 『서울이야기』, 현실문화, 2008. p.42.

40. 정기용, 『서울이야기』, 현실문화, 2008. p.109.

41. 정기용, 『서울이야기』, 현실문화, 2008. p.111.

42. 어반 보이드는 건물들과 도시 인프라 사이에 난 빈 공간을 의미한다. 과거에는 건물이 들어서고 남겨진 땅으로 인식되었으나, 현재는 도시의 빠른 변화를 담아낼 수 있는 잠재성을 가진 곳으로 인식된다. 현재는 이용되지 않지만 미래의 수요에 대처할 가능성을 가지는 것이다.

43. 서울연구원, 『세종대로 일대 역사문화 특화공간 조성사업 학술용역 보고서』, 서울연구원, 2016. p.57.

44. 민현식과의 인터뷰, 2012. 11. 30.

45. 정인하, 『김수근 건축론: 한국건축의 새로운 이념형』, 미건사, 1996. p.171.

46. Michael Benedikt, *For an Architecture of Reality*, New York: Lumen Books, 1992. p.50.

47. 민현식, 「국립국악학교」 『이 시대 우리의 건축』 전시 도록, 4.3그룹, 1992. p.10.

48. 민현식, 『민현식: Min Hyun Sik Architecture 1987–2012』, 열화당, 2012. p.146.

49. 민현식, 「책을 내면서」, 민현식·승효상·강혁, 『비움의 구축』, 동녘, 2005. p.9.

50. 그에 따르면 "'마당'의 의미는 직접적으로 현전(現前)되지 않으며, 오히려 무한히 연기되고 달라지는 현전과 부재(不在)의 끝없는 교체라는 점에서 데리다의 차연에 가깝다." 그리고 "끊임없이 탈영토화를 지향하는 들뢰즈의 '기관 없는 신체'이다." 비움이 구축된 마당은 바로 중용의 공간인데, "아직 미발(未發) 상태에 있는 이 '비움의 공간'은 스스로 이루어 나가는 성(誠)과 같아서, 그 스스로 내부와 외부의 조건에 따라 스스로 창조해 나가는 자기 조직적 생성 공간이다." 민현식, 『민현식: Min Hyun Sik Architecture 1987–2012』, 열화당, 2012. pp.149–150.

51. 이성관과의 인터뷰, 2012. 11. 9.

52. 이성관, 「분당단독주택」 『건축문화』 240호, 2001. 5. p.54.

53. 김인철과의 인터뷰, 2012. 11. 16.

54. 김종규와의 인터뷰, 2013. 11. 13.

55. Paul Klee, *Notebooks, Volume 2: The Nature of Nature*, London: Lund Humphries Pub Ltd, 1992.

56. Florian Beigel, *Time Architecture*, London: Architecture Research Unit, 2003. pp.54−55.

57. Florian Beigel & Philip Christou, *Architecture as City: Saemangeum Island City*, Vienna: Springer, 2010. p.145.

58. 민현식, 『땅의 공간』, 미건사, 1998. p.98.

59. 승효상, 『지문』, 열화당, 2009. p.79.

60. 김인철, 『공간열기』, 동녘, 2011. p.261.

61. 조성룡, 「건축과 도시, 그 성찰의 시대」, 승효상·정기용·조성룡·김인철·김영섭·민현식·이종호·김준성·김종규·이일훈·김영준, 『건축이란 무엇인가』, 열화당, 2005. pp.43−44.

62. Andrea Mubi Brighenti, "Reivew of *Milieu et identité humaine. Notes pour un dépassement de la modernité* by Augustin Berque," *Space and Culture*, 2011. http://www.spaceandculture.org/2011/05/26/book-review-milieu-and-human-identitynotes-towards-a-surpassing-of-modernity/ (현재 링크 유실).

63. オギュスタン·ベルク, 宮原 信 翻訳, 『空間の日本文化』, 東京: 筑摩書房, 1994. p.32.

64. オギュスタン·ベルク 著, 篠田勝英 翻訳, 『日本の風景·西欧の景観 そして造景の時代』, 東京: 講談社, 1990. p.54.

65. 최순우, 『무량수전 배흘림 기둥에 기대서서』, 학고재, 1994. p.389.

66. 민현식, 『땅의 공간』, 미건사, 1998. p.32.

67. 김인철, 『공간열기』, 동녘, 2011. p.260.

68. 문화적 경관 연구와 관련한 주요 참고문헌은 다음을 참고할 것. Paul Groth & Todd W. Bressi, *Understanding Ordinary Landscapes*, New Haven: Yale University Press, 1997.

69. 고석규, 「역사적 관점에서 본 목포의 도시공간과 문화」, 서울건축학교, 『전환의 도시 목포』, 동녘, 2004. p.13.

70. Seung H-Sang, *Culturescape*, Berlin: AEDES, 2005. p.9.

20장. 한국에서의 랜드스케이프 건축

1. 이 시기에 진행된 주요 국제현상설계로는 선유도공원(1999), 백남준미술관(2003), 이화여대 ECC(2004), 국립아시아문화전당(2005), 동대문디자인플라자(2007), 정부세종청사(2008), 국립현대미술관 서울관(2010), 용산민족공원(2012), 마포석유기지(2014), 노들섬(2016) 등을 꼽을 수 있다.

2. James Corner, "Terra Fluxus," in Charles Waldheim (ed.), *The Landscape Urbanism Reader*, New York: Princeton Architectural Press, 2006. p.23.

3. Colin Rowe, *Collage City*, Cambridge, MA: The MIT Press, 1984. p.96.

4. Christopher Alexander, "A City is not a Tree," *Architectural Forum*, vol.122, no.1, 1965. 4. pp.20−21.

5. 제임스 코너, 「테라 플럭서스」, 찰스 왈드하임 외 편, 김영민 역, 『랜드스케이프 어바니즘』, 조경, 2007. p.30.

6. 이기웅 편, 「출판단지 조성을 위한 정부 차원의 사업추진단 결성」 『출판도시를 향한 우리의 여정』, 파주출판문화정보산업단지 사업협동조합, 2015. p.36.

7. 플로리안 베이겔·김종규, 「보자기 갤러리 & 재즈클럽 스토리빌」 『건축과환경』 241호, 2004. 9. p.42.

8. 플로리안 베이겔(Florian Beigel), 「Paju Landscape Script — Design Strategies」 『파주출판문화정

보산업단지 건축설계지침』, 파주출판문화정보산업단지사업협동조합, 1999. 8. p.58.

9. 플로리안 베이겔(Florian Beigel), 「Paju Landscape Script—Design Strategies」『파주출판문화정보산업단지 건축설계지침』, 파주출판문화정보산업단지사업협동조합, 1999. 8. p.58.

10. 승효상, 「파주출판도시, 그 문화풍경을 만든 이들」, 승효상 편, 『파주출판도시 컬처스케이프』, 기문당, 2010. p.22.

11. 플로리안 베이겔·김종규, 「보자기 갤러리 & 재즈클럽 스토리빌」『건축과환경』241호, 2004. 9. p.64.

12. 건설교통부, 『행정중심복합도시 건설기본계획』, 행정중심복합도시건설청, 2006. 7. p.16.

13. 민범식, 「새로운 도시개발의 모델 제시: 행정중심복합도시 건설의 추진현황과 향후 과제 1」『국토』296호, 2006. 6. p.7.

14. 안건혁, 「세종시 계획 무엇을 담고 있는가」, 서울시립미술관, 『자율진화도시: UIA 2017 서울세계건축대회 기념전』, 서울시립미술관, 2017. p.175.

15. Ignasi Solá-Morales, "Terrain Vague," in Cynthia Davidson (ed.), *Anyplace*, Cambridge, MA: The MIT Press, 1995.

16. 최욱, 「가파도 아티스트 인 레지던스」『domus Korea』 no.2, Summer 2019. p.198.

17. 박정현, 「노들섬」『공간』627호, 2020. 2. p.54.

참고문헌

* 국내 문헌 중 1950년대 이전 자료는 원전대로 한자를 노출했으며, 이후 자료는 한글로 표기하고 필요한 곳에 한자 병기했다.

국내 단행본 및 보고서

가스통 바슐라르, 곽광수 역, 『공간의 시학』, 동문선, 2003.

건설교통부·대한주택공사, 『아파트주거환경통계』, 건설교통부, 2003.

건설교통부, 『행정중심복합도시 건설기본계획』, 행정중심복합도시건설청, 2006. 7.

게오르크 짐멜, 김덕영·윤미애 역, 『짐멜의 모더니티 읽기』, 새물결, 2005.

경제기획원, 『주택통계자료』, 경제기획원, 1983. 7.

고동환, 「조선 후기 서울의 상업도시로의 성장」, 서울시정개발연구원, 『동양 도시사 속의 서울』, 서울시정개발연구원, 1994.

고석규, 「역사적 관점에서 본 목포의 도시공간과 문화」, 서울건축학교, 『전환의 도시 목포』, 동녘, 2004.

고시자와 아키라(越沢明), 장준호 역, 『중국의 도시계획』, 태림문화사, 2000.

공동주택연구회, 『한국 공동주택계획의 역사』, 세진사, 1999.

광주광역시, 『광주도시계획사』, 광주광역시, 2009.

광주광역시, 『(구)종연방적 전남공장 기록화 보고서』, 광주광역시, 2018.

구십구건축문화의해조직위원회·국립현대미술관, 『한국건축 100년』, 피아, 1999.

국가기록원, 『일제시기 건축도면 해제 I: 학교 편』, 국가기록원, 2008.

국가기록원, 『일제시기 건축도면 해제 II: 고적·박람회·박물관·시험소·관사·신사·군훈련소 편』, 국가기록원, 2009.

국가기록원, 『일제시기 건축도면 해제 III: 법원·형무소 편』, 국가기록원, 2010.

국가기록원, 『일제시기 건축도면 해제 IV: 의료·세관시설 편』, 국가기록원, 2011.

국가기록원, 『일제시기 건축도면 해제 V: 조선총독부 청사(남산)·소속기관·관측소 편』, 국가기록원, 2012.

국가기록원, 『일제시기 건축도면 해제 VI: 조선총독부 청사(광화문)·치안시설·전매시설 편』, 국가기록원, 2013.

국가기록원, 『일제시기 건축도면 해제 VII: 각급 기관 및 지방청사 편』, 국가기록원, 2014.

국립중앙박물관, 『구 조선총독부건물 실측 및 철거 보고서(상)』, 국립중앙박물관, 1997.

국립중앙박물관, 『국립중앙박물관 국제설계경기 작품집』, 기문당, 1995.

국립현대미술관, 『건축가 김태수 초청 강연회: 국립현대미술관 과천 이전 20주년 기념』, 국립현대미술관, 2006.

국립현대미술관, 『이타미 준: 바람의 조형』, 국립현대미술관, 2014.

국회사무처, 『한국건축양식연구보고서』, 국회사무처, 1967.

권영민, 「이상 연구의 회고와 전망: 이상 문학, 근대적인 것으로부터의 탈출」, 권영민 편, 『이상 문학연구 60년』, 문학사상사, 1998.

김광중·윤일성, 「도시재개발과 20세기 서울의 변모」, 서울시정개발연구원, 『서울 20세기 공간변천사』, 서울시정개발연구원, 2001.

김기석,『건축가 김기석 집이야기 전집 4: 길은 집을 만들고』, 살림, 1997.

김기석·구승민,『집은 디자인이 아니다: 300여 채의 집을 지은 낭만주의 건축가가 풀어낸 집 이 야기』, 디북, 2017.

김명수,『한국 경제발전의 문화적 기원』, 집문당, 2018.

김봉렬,『이 땅에 새겨진 정신』, 이상건축, 1999.

김석철·오효림,『도시를 그리는 건축가: 김석철의 건축 50년 도시 50년』, 창비, 2014.

김성우,「1950-70년대 한국사회의 '근대'와 김정수의 '건축'」, 김성우·안창모,『건축가 김정수 작품집』, 공간사, 2008.

김소연,『경성의 건축가들』, 루아크, 2017.

김수근,「건축에 있어서의 네가티비즘」『좋은 길은 좁을수록 좋고 나쁜 길은 넓을수록 좋다』, 공 간사, 1989.

김수근,「나쁜 길은 넓을수록 좋고 좋은 길은 좁을수록 좋다」『좋은 길은 좁을수록 좋고 나쁜 길 은 넓을수록 좋다』, 공간사, 1989.

김수근,「범태평양 건축상 수상강연」『좋은 길은 좁을수록 좋고 나쁜 길은 넓을수록 좋다』, 공간 사, 1989.

김수근,「한옥과 양옥」『좋은 길은 좁을수록 좋고 나쁜 길은 넓을수록 좋다』, 공간사, 1989.

김수근,『김수근 건축드로잉집』, 공간사, 1990.

김영기,『한국인의 조형의식』, 창지사, 1991.

김용범,『문화생활과 문화주택』, 살림, 2012.

김용하·김윤미·도미이[토미이] 마사노리,「콘 와지로와 일제강점기 조선」『콘 와지로 필드 노 트―1920년대 조선 민가와 생활에 대한 소묘』, 서울역사박물관, 2016.

김윤식,『이상연구』, 문학사상사, 1987.

김의원,『한국국토개발사연구』, 대학도서, 1982.

김인·권용우 편,『수도권지역연구』, 서울대학교출판부, 1993.

김인철,『공간열기』, 동녘, 2011.

김정동,「이상과 1930년대의 도쿄」『일본을 걷는다』, 한양출판, 1997.

김정동,『남아 있는 역사, 사라지는 건축물』, 대원사, 2001.

김중업,『건축가의 빛과 그림자』, 열화당, 1984.

김진형,『사진으로 보는 한국초기선교 90장면: 감리교편』, 도서출판 진흥, 2006.

김태영,『한국근대도시주택』, 기문당, 2003.

김현철,『몽드리앙의 조형공간론 읽기』, 발언, 1996.

다이안 맥도넬, 임상훈 역,『담론이란 무엇인가: 알튀세 입장에서의 푸코·포스트맑시즘 비판』, 한울, 2010.

대구시사편찬위원회,『대구시사』, 대구광역시, 1995.

대전직할시사편찬위원회,『대전시사』, 대전직할시, 1990.

대한건축학회,『건축구조 60년사, 1945-2005』, 대한건축학회, 2006.

대한건축학회,『구조계획』, 기문당, 1997.

대한국토도시계획학회,『(이야기로 듣는) 국토·도시계획 반백년』, 보성각, 2009.

대한국토도시계획학회,『단지계획』, 보성각, 1997.

대한주택공사,『과천 신도시 개발사』, 대한주택공사, 1984.

대한주택공사,『대한주택공사 30년사』, 대한주택공사, 1992.

대한주택공사,『산본 신도시 개발사』, 대한주택공사, 1997.

대한주택공사,『상계신시가지 개발사 I: 계획편』, 대한주택공사, 1988.

도시건축사사무소, 『경운동 민병옥가옥: 보수공사 실측·수리 보고서』, 종로구청, 2017.

레오나르도 베네볼로(Leonardo Benevolo), 장성수·윤혜정 역, 『근대도시계획의 기원과 유토피
　　아』, 태림문화사, 1996.

마르틴 하이데거, 신상희 역, 『횔덜린 시의 해명』, 아카넷, 2009.

문화재청, 『근대문화유산 교통(철도)분야 목록화 조사보고서』, 문화재청, 2007.

문화재청, 『대한의원본관 실측보고서』, 문화재청, 2002.

문화재청, 『덕수궁 석조전(동관) 건물 구조안전도 조사연구보고서』, 문화재청, 1989. 1.

문화재청, 『덕수궁 석조전 정밀구조안전진단 보고서』, 문화재청, 2003.

문화재청, 『덕수궁 정관헌 기록화 조사 보고서』, 문화재청, 2004.

문화재청, 『덕수궁 중명전 보수·복원 보고서』, 문화재청, 2009.

문화재청, 『진해우체국 실측조사보고서』, 문화재청, 2002.

문화재청 근대문화재과, 『구 공업전습소 본관 정밀실측조사보고서』, 문화재청 근대문화재과,
　　2010.

뮈텔, 『뮈텔주교일기 I』, 한국교회사연구소, 1986.

뮈텔, 『뮈텔주교일기 II』, 한국교회사연구소, 1993.

미셸 푸코, 오생근 역, 『감시와 처벌』, 나남출판, 1989.

미셸 푸코, 이광래 역, 『말과 사물』, 민음사, 1986.

미셸 푸코, 김현 역, 『이것은 파이프가 아니다』, 민음사, 2010.

민현식, 「국립국악학교」 『이 시대 우리의 건축』전 도록, 4.3그룹, 1992.

민현식, 『땅의 공간』, 미건사, 1998.

민현식, 『민현식: Min Hyun Sik Architecture 1987–2012』, 열화당, 2012.

민현식, 「책을 내면서」, 민현식·승효상·강혁, 『비움의 구축』, 동녘, 2005.

朴吉龍, 『在來式 住家改善에 對하야』 1편, 자비출판, 1933.

朴吉龍, 『在來式 住家改善에 對하야』 2편, 자비출판, 1937.

박소현, 「이타미 준이 미술사에 던지는 문제들: 이타미 준과 모노하」, 국립현대미술관, 『이타미
　　준: 바람의 조형』, 국립현대미술관, 2014.

박용구, 「시를 세우는 건축가」, 김중업, 『건축가의 빛과 그림자』, 열화당, 1984.

박용규, 『평양 산정현 교회』, 생명의말씀사, 2006.

박용환, 『한국근대주거론』, 기문당, 2010.

발레리 줄레조, 「강남스케이프: 한국의 아파트와 수직도시들」, 서울시립미술관, 『자율진화도시:
　　UIA 2017 서울세계건축대회 기념전』, 서울시립미술관, 2017.

발터 벤야민, 이태동 역, 『문예비평과 이론』, 문예출판사, 1987.

발터 벤야민, 조형준 역, 『아케이드 프로젝트 1』, 새물결, 2005.

방기정, 『근대한국의 민족주의 경제사상』, 연세대학교출판부, 2010.

백혜선·황규홍·권혁삼·정경일·서수정·정화진·배웅규, 『한국주거지계획에 적용된 도시설계
　　개념 고찰— 생활권 계획을 중심으로』, 주택도시연구원, 2006.

베네딕트 앤더슨, 서지원 역, 『상상된 공동체』, 길, 2018.

베이징대학출판사 편, 동양고전연구회 역, 『논어』, 민음사, 2016.

삼성건축사사무소, 『별관(구 공업전습소 본관) 수리보고서』, 한국방송통신대학교, 2005.

서울건축연구진, 『목동 신시가지 계획: 중심지구 도시설계 및 주거지역 계획설계』, 서울특별시,
　　1984.

서울역사박물관, 『서울지도』, 서울역사박물관, 2006.

서울역사박물관 조사연구과, 『서울의 근대 건축』, 서울역사박물관, 2009.

서울역사편찬원, 이연식·최인영·김경호 역, 『(국역) 경성도시계획조사서』, 서울역사편찬원, 2016.

서울역사편찬원, 『전근대 서울의 주택』, 서울역사편찬원, 2017.

서울연구원, 『세종대로 일대 역사문화 특화공간 조성사업 학술용역 보고서』, 서울연구원, 2016.

서울특별시, 『서울도시기본계획』, 서울특별시, 1966.

서울특별시, 『영동아파트지구종합개발계획』, 서울특별시, 1976.

서울특별시, 『잠실지구종합개발기본계획』, 서울특별시, 1974.

서울특별시 중구, 『중구 역사문화자원 스토리텔링 사업』, 서울특별시 중구, 2015.

서울특별시 한강건설사업소, 『여의도 및 한강연안개발계획』, 서울특별시 한강건설사업소, 1969.

서윤영, 『집우집주』, 궁리, 2005.

서정민, 『언더우드가 이야기』, 살림, 2002.

세종문화회관전사편집위원회, 『세종문화회관 전사』, 세종문화회관, 2002.

손정목, 『서울 도시계획이야기』 1-5권, 한울, 2003.

손정목, 『일제강점기 도시계획연구』, 일지사, 1990.

손정목, 『일제강점기 도시사회상연구』, 일지사, 1996.

손정목, 『일제강점기 도시화과정연구』, 일지사, 1996.

손정목, 『한국개항기 도시변화과정연구』, 일지사, 1994.

손정목, 『한국개항기 도시사회경제사연구』, 일지사, 1982.

스즈끼 시게부미[스즈키 시게후미], 이현희 역, 『현대일본주거읽기』, 도서출판 국제, 1999.

스피로 코스토프, 우동선 역, 『아키텍트: 인류의 가장 오래된 직업 건축가 5천 년의 이야기』, 효형출판, 2011.

승효상, 「빈자의 미학」 『이 시대 우리의 건축』 전시 도록, 4.3그룹, 1992.

승효상, 『지문』, 열화당, 2009.

승효상, 「파주출판도시, 그 문화풍경을 만든 이들」, 승효상 편, 『파주출판도시 컬처스케이프』, 기문당, 2010.

안건혁, 「세종시 계획 무엇을 담고 있는가」, 서울시립미술관, 『자율진화도시: UIA 2017 서울세계건축대회 기념전』, 서울시립미술관, 2017.

안영배, 『한국건축의 외부공간』, 보진재, 1980.

안영배·김선균, 『새로운 주택』, 보진재, 1990.

앙리 르페브르, 박정자 역, 『현대세계의 일상성』, 주류, 1990.

야나기 무네요시, 박재삼 역, 『조선과 예술』, 범우사, 1989.

에릭 존 홉스봄, 강명세 역, 『1780년 이후의 민족과 민족주의』, 창비, 1994.

염복규, 『서울의 기원 경성의 탄생』, 이데아, 2016.

우규승, 『빛의 숲: 국립아시아문화전당』, 열화당, 2013.

위르겐 하버마스, 이진우 역, 『현대성의 철학적 담론』, 문예출판사, 1994.

윤일주, 『한국현대미술사: 건축』, 국립현대미술관, 1978.

윤정섭, 「미네소타 대학 유학 시절」, 초평기념사업회, 『(한국의 건축가) 김정수』, 고려원, 1995.

이규철·임유경·김혜련·이상아, 『공공업무시설의 건축 규정 제도사 연구』, 건축도시공간연구소, 2017.

이규헌, 『(사진으로 보는) 근대한국: 산하와 풍물』 상권, 서문당, 1986.

이기웅 편, 「출판단지 조성을 위한 정부 차원의 사업추진단 결성」 『출판도시를 향한 우리의 여정』, 파주출판문화정보산업단지 사업협동조합, 2015.

이대근, 『귀속재산연구』, 이숲, 2015.

이대근, 『해방 후 1950년대의 경제』, 삼성경제연구소, 2002.

이상, 권영민 편, 『이상 전집 1: 시』, 태학사, 2013.

이상, 김윤식 편, 『이상문학전집 2: 소설』, 문학사상사, 1991.

이상, 이승훈 편, 『이상문학전집 1: 시』, 문학사상사, 1989.

이상헌, 「건축가 정기용: 우리 시대 한국에서 건축가로 산다는 것, 또는 소통과 감응의 건축가」, 일민미술관, 『감응: 정기용 건축』, 일민미술관, 2010.

이순우, 『정동과 각국 공사관』, 하늘재, 2012.

이승훈, 「'오감도 시 제1호'의 분석」, 이상, 김윤식 편, 『이상문학전집 4: 이상 연구에 관한 대표적 논문 모음』, 문학사상사, 1996.

이어령, 「이상연구의 길찾기」, 권영민 편, 『이상문학연구 60년』, 문학사상사, 1998.

이연경, 「사바틴의 인천에서의 활동: 문헌사료 분석을 중심으로」 『사바틴과 한국 근대기의 건축 영향 관계 연구』, 문화재청, 2019.

이우환, 『이조의 민화』, 열화당, 1977.

이우환, 김춘미 역, 『여백의 예술』, 현대문학, 2002.

이우환, 김혜신 역, 『만남을 찾아서: 현대미술의 시작』, 학고재, 2011.

이종호, 「정기용을 부르는 이름들」, 일민미술관, 『감응: 정기용 건축』, 일민미술관, 2010.

이천승, 『한국근세과학기술100년사 조사연구』, 한국과학재단, 1990.

이타미 준, 김남주 역, 『돌과 바람의 소리』, 학고재, 2004.

이타미 준, 유이화 편, 『손의 흔적』, 미세움, 2014.

이태진, 『고종시대의 재조명』, 태학사, 2000.

이현종, 『한국개항장연구』, 일조각, 1975.

일민미술관, 『감응: 정기용 건축』, 일민미술관, 2010.

자크 뤼캉, 한지형·최유종·염대봉·오승태 역, 『프랑스 현대건축의 역사와 이론』, 시공문화사, 2006.

장림종·박진희, 『대한민국 아파트 발굴사』, 효형출판, 2009.

정기용, 『감응의 건축, 정기용의 무주 프로젝트』, 현실문화, 2008.

정기용, 『사람, 건축, 도시』, 현실문화, 2008.

정기용, 『서울이야기』, 현실문화, 2008.

정기용, 「역자 서문」, 하쌴 화티[하산 파티], 정기용 역, 『이집트 구르나마을 이야기』, 열화당, 1988/2000.

정기용, 「프랑스 파리장식미술학교 실내건축과 3학년으로 입학」, 일민미술관, 『감응: 정기용 건축』, 일민미술관, 2010.

정기용, 「프랑스 파리 제8대학 도시계획과」, 일민미술관, 『감응: 정기용 건축』, 일민미술관, 2010.

정인하, 『감각의 깊이: 이희태 건축론』, 시공문화사, 2003.

정인하, 『구축적 논리와 공간적 상상력: 김종성 건축론』, 시공문화사, 2003.

정인하, 『김수근 건축론: 한국건축의 새로운 이념형』, 미건사, 1996.

정인하, 『김중업 건축론: 시적 울림의 세계』, 산업도서출판공사, 1998.

정인하, 『시적 울림의 세계: 김중업 건축론』, 시공문화사, 2003.

제임스 코너, 「테라 플럭서스」, 찰스 왈드하임 외 편, 김영민 역, 『랜드스케이프 어바니즘』, 조경, 2007.

朝鮮總督府, 『京城市街地計畵決定理由書』, 朝鮮總督府內務局, 1937.

朝鮮總督府,『大邱市街地計畵決定理由書』, 朝鮮總督府內務局, 1937.

朝鮮總督府,『木浦市街地計畵決定理由書』, 朝鮮總督府內務局, 1937.

朝鮮總督府,『十七主要都市の市街地計劃調查』, 朝鮮總督府內務局, 1935.

朝鮮總督府,『仁川市街地計畵決定理由書』, 朝鮮總督府內務局, 1937.

朝鮮總督府,『朝鮮法令輯覽』1-12, 帝國地方行政學會, 1928-1940.

朝鮮總督府,『朝鮮四大都市(京城, 平壤, 釜山, 大邱)都市計畵現狀調查書總攬』, 朝鮮總督府內務局, 1925.

朝鮮總督府,『朝鮮土木事業誌』, 朝鮮總督府, 1928.

조성룡, 「건축과 도시, 그 성찰의 시대」, 승효상·정기용·조성룡·김인철·김영섭·민현식·이종호·김준성·김종규·이일훈·김영준,『건축이란 무엇인가』, 열화당, 2005.

주남철,『한국주택건축』, 일지사, 1994.

주원,『도시와 함께 국토와 함께』, 대한국토도시계획학회. 1997.

질케 폰 베르스보르트-발라베, 이수영 역,『이우환, 타자와의 만남』, 학고재, 2008.

차철욱, 「개항기 인천의 일본인 정착과 관계망」, 조정민 편,『동아시아 개항장 도시의 로컬리티』, 소명출판, 2013.

천주교순교기념성지절두산,『절두산 순교기념관 개관 20주년 기념화집』, 천주교순교기념성지절두산, 1987.

최상철, 「현대 서울도시계획의 변화: 1950-2000」 서울시정개발연구원,『서울 20세기 공간변천사』, 서울시정개발연구원, 2001.

최석영,『일제의 조선연구와 식민지적 지식생산』, 민속원, 2012.

최순우,『무량수전 배흘림 기둥에 기대서서』, 학고재, 1994.

하시야 히로시, 김제정 역,『일본제국주의, 식민지 도시를 건설하다』, 모티브북, 2005.

하싼 화티[하산 파티], 정기용 역,『이집트 구르나마을 이야기』, 열화당, 1988/2000.

한국건축가협회,『한국의 현대건축 1876-1990』, 기문당, 1994.

한국건축구조기술사회,『2002 FIFA 월드컵 한국 스타디움 구조설계 자료집』, 국립기술품질원, 1999.

한국도로공사,『산이 막히면 터널을 뚫고 강이 흐르면 다리를 놓고: 경부고속도로 건설이야기』, 한국도로공사, 2000.

한국도시설계학회,『지구단위계획의 이해』, 기문당, 2006.

한국레미콘공업협회,『레미콘산업발전 30년사』, 한국레미콘공업협회, 1995.

한국문화예술위원회,『한국문화정책 형성과정과 김종필의 역할 연구: 민족문화이념을 중심으로』, 한국문화예술위원회, 2017.

한국콘크리트학회,『한국의 콘크리트: 콘크리트 재료의 변천과 기술의 발전 방향』, 기문당, 2002.

한국토지공사,『분당신도시 개발사』, 한국토지공사, 1997.

한국토지공사,『일산신도시 개발사』, 한국토지공사, 1997.

한국토지공사,『평촌신도시 개발사』, 한국토지공사, 1997.

한스 울리히 굼브레히트, 라인하르트 코젤렉·오토 브루너·베르너 콘체 편, 원석영 역,『코젤렉의 개념사 사전 13: 근대적/근대성, 근대』, 푸른역사, 2019.

허경진,『한국의 읍성』, 대원사, 2001.

현대건설기술연구소,『대공간구조물의 구조방식 및 공법특성에 관한 연구』, 현대건설기술연구소, 1995.

홍승재,「장서각 소장 가옥도형」, 한국학중앙연구원,『근대건축도면집 — 해설편』, 한국학중앙연구원 장서각, 2009.

후앙쓰몽·리용짠, 임승권 역,「중국 근대 도시계획의 변천」, 서울시정개발연구원,『동양 도시사 속의 서울』, 서울시정개발연구원, 1994.

황영우·이광국·김주석,『해운대 신시가지의 효율적인 관리를 위한 기초연구(2) — 도시설계를 중심으로』, 부산발전연구원, 2001. 4.

국내 기사 및 논문

강병기,「가회동 11번지 주거계획의 의의」『건축문화』122호, 1991. 7.

강성원,「20세기전반기 양식건축구법의 변천에 관한 연구」, 서울대학교 대학원 박사학위 논문, 2008.

강인호,「주거지 계획에서 단계구성론의 형성과 전개에 관한 연구」『대한건축학회 논문집』계획계 16권 9호, 2000. 9.

강태희,「곽인식론: 한일 현대미술교류사의 초석을 위한 연구」『한국근대미술사학』13집, 2004. 12.

강혁,「김수근의 자유센터에 대한 비평적 독해」『건축역사연구』21권 1호, 2012. 2.

강혜진·한석우,「박길룡 주택작품 속에 나타난 개량주택에 관한 연구」『지역지회발전학회 논문집』32집 2호, 2007. 8.

고주석·안영배·나상기·엄덕문·홍순인,「시민회관 현상설계 입상자의 변」『공간』75호, 1973. 5.

공간사,「서울, 1967」『공간』11호, 1967. 9.

공간사,「작가 김수근 1968」『공간』18호, 1968. 4.

공간사,「한국현대건축: 한국성의 재발견 2/설문 — 한국성 탐색의 현재의사」『공간』241호, 1987. 9.

곽수희·정인하,「김종성의 오피스 빌딩에서 나타난 건축적 특징에 관한 연구」『대한건축학회 논문집』계획계 18권 3호, 2002.

구연식,「한국 다다이즘(Dadaism)의 비교문학적 연구」『동아논총』12집, 1975. 7.

김광준,「대한생명사옥의 구조시스템」『건축』, 1984. 4.

김기호,「일제시대 초기의 도시계획에 관한 연구 — 경성부 시구개정을 중심으로」『서울학연구』6호, 1995. 12.

김기환,「김중업의 건축형태에 대한 원형론적 해석」『건축사』, 1988. 6.

김나영·현재열,「도시계획적 측면에서 본 요코하마 개항장의 건설과정」『로컬리티 인문학』16호, 2016. 10.

김난기,「근대 한국의 토착민간자본에 의한 주거건축에 관한 연구」『건축역사연구』1권 1호, 1992. 6.

김난기·윤도근,「일제하 민족건축생산업자에 관한 연구 — 개량한옥건설업자 김종량과 정세권을 중심으로」『대한건축학회 추계학술발표대회 논문집』계획계 9권 2호, 1989. 10.

김동욱,「토지구획정리사업의 고찰과 개선방안」『국토정보』175호, 1996. 5.

김명선,「박길룡의 초기 주택개량안의 유형과 특징 — 잡지『실생활』에 1932–3년 발표한 10편의 주택계획안을 중심으로」『대한건축학회 논문집』계획계 27권 4호, 2011. 4.

김명선·심우갑,「1920년대 초『개벽』지에 등장하는 주택개량론의 성격」『대한건축학회 논문집』계획계 18권 10호, 2002. 10.

김명선·이정우,「'중부지방가구법'에 대한 박길룡의 평가와 개량안」『대한건축학회 논문집』계획계 19권 7호, 2003. 7.

김명숙,「일제시기 경성부 소재 총독부 관사에 관한 연구」, 서울대학교 대학원 석사학위 논문, 2004.

김민아·정인하,「일제강점기 평양부 토지구획정리사업의 환지방식에 관한 연구」『대한건축학회 논문집』계획계 30권 12호, 2014. 12.

김백영,「식민지 도시계획을 둘러싼 식민 권력의 균열과 갈등 — 1920년대 '대경성(大京城) 계획'을 중심으로」『사회와 역사』67권, 2005. 6.

김봉렬,「공간의 집합: 병산서원」『건축과환경』120호, 1994. 8.

김상원·정인하,「이희태의 종교건축에서 나타난 비례개념 연구」『대한건축학회 논문집』계획계 16권 10호, 2000. 10.

김선재,「한국 근대 도시 주택의 변천에 관한 연구: 일제시대 서울지역의 새로운 도시주택 유형을 중심으로」, 서울대학교 대학원 석사학위 논문, 1987.

김수근,「국제지명설계경기: 김수근 안」,『건축문화』43호, 1984. 12.

김수근,「'신사' 모방 아닌 '내것'」『동아일보』, 1967. 9. 5.

김수근·박춘명·강병기·정경·정종태,「기능, 존엄, 애정을」『현대건축』1권 1호, 1960. 11.

김억중,「건축구성적 측면에서 본 절두산 순교기념관」『건축과환경』65호, 1990. 1.

김영배,「한말 한성부 주거형태의 사회적 성격 — 호적 자료의 분석을 중심으로」『대한건축학회 논문집』7권 2호, 1991. 4.

金玉均,「治道略論」『漢城旬報』, 1884. 7. 3.

김왕직·이상해,「일본주택 화실(和室)의 형성과정과 현대적 변용에 관한 연구」『대한건축학회 논문집』계획계 18권 11호, 2002. 11.

김용범,「건축가 김윤기의 초년기 교육과정과 건축활동에 관한 고찰」『대한건축학회 논문집』계획계 29권 6호, 2013. 6.

김용범·박용환,「1929년 조선일보 주최 조선주택설계도안현상모집에 관한 고찰」『건축역사연구』17권 2호, 2008. 4.

김유경,「세종문화회관을 설계한 건축가, 엄덕문」『프레시안』, 2009. 3. 6.

金惟邦,「文化生活과 住宅問題 (前承)」『開闢』33號, 開闢社, 1923. 3.

金惟邦,「우리가 選擇할 小住宅」『開闢』34號, 開闢社, 1923. 4.

김윤기,「30년 회고담: 남기고 싶은 이야기」『건축』, 1975. 7.

金允基,「유일한 휴양처 안락의 홈은 어떠하게 세울가(三)」『東亞日報』, 1930. 10. 3.

김인철,「가회11」『건축문화』122호, 1991. 7.

김인철,「전통의 여과」『꾸밈』78호, 1989. 6.

김인철,「한국건축의 전통계승에 관한 연구」, 국민대학교 대학원 석사학위 논문, 1980.

김일수,「일제강점 전후 대구의 도시화 과정과 그 성격」『역사문제연구』10호, 2003.

김정동,「김윤기와 그의 건축활동에 대한 소고」『한국건축역사학회 춘계학술발표대회 논문집』, 2009. 5.

김정동,「한국 근대건축의 재조명(12)」『건축사』, 1988. 6.

김정수,「건축구조, 1945년부터 오늘까지」『건축』, 1962. 11.

김정은,「해체와 조합의 시학」『문학사상』156호, 1985. 12.

김종성,「모더니즘의 진화와 김종성」『공간』216호, 1985. 6.

김종성,「오피스 빌딩 설계에 관한 나의 생각」『건축과환경』68호, 1990. 4.

김종성,「80년대 한국건축과 90년대의 과제」『건축과환경』53호, 1989. 1.

김종성,「포스트모더니즘의 비판적 수용과 건축가의 역할」『공간』261호, 1989. 5.

김종성,「현대건축: 그 발전과 전망」『공간』202호, 1984. 2.

김종성·박순관,「대담: 시대정신으로서의 과학정신과 테크놀러지」『건축과환경』65호, 1990. 1.

김종필,「김수근과의 '워커힐 인연' (…) "자유 냄새 물씬 나게 설계를", '김종필 증언록 소이부답',『중앙일보』, 2015. 11. 25.

김주관,「공간구조의 비교를 통해 본 한국개항도시의 식민지적 성격—한국과 중국의 개항도시 비교를 중심으로」『한국독립운동사연구』42호, 2012. 8.

김준식·켄지 오노미치(尾道建二)·유재우,「경남 통영 강산촌(岡山村)의 형성과정과 주택변용에 관한 연구」『대한건축학회 논문집』계획계 23권 8호, 2007. 8.

김중업,「국제지명설계경기: 김중업 안」,『건축문화』43호, 1984. 12.

김중업,「군인아파트」『건축』, 1965. 7.

김중업,「날짜 없는 일기, 기록이 남긴 일기」『비평건축』2호, 1996. 4.

김중업,「전통없는 신사의 변형」『공간』12호, 1967. 10.

김중업·김수근·이구·윤승중,「건축, 전통을 계승하는 길은?」『공간』3호, 1967. 1.

김태수,「건축가의 생각」『건축과환경』125호, 1995. 1.

김태중,「개화기 궁정건축가 사바친에 관한 연구」『대한건축학회 논문집』12권 7호, 1996. 7.

김태중·김순일,「구한국시대 정부공사기구의 직원에 관한 연구—탁지부 건축소를 중심으로」『건축역사연구』2권 1호, 1993. 6.

金海卿,『朝鮮と建築』10輯 10號, 朝鮮總督府, 1931. 10.

김화임,「카프카의『변신(Die Verwandlung)』을 통해 본 '소수적' 글쓰기—들뢰즈와 가타리의『카프카. 소수문학을 위하여(Kafka. Für eine kleine Literatur)』를 중심으로」『브레히트와 현대연극』22권, 2010.

김희춘,「독립기념관 건립현상공모작품 심사개요」『건축문화』31호, 1983. 12.

대한건축사협회,「좌담회 특집—일본신사건축양식으로 왜색이 짙다」『건축사』, 1967. 9.

독립기념관,「독립공원 기본계획 및 현상설계 공모안」『건축문화』25호, 1983. 12.

동아일보사,「부여박물관 건축양식에 말썽」『동아일보』, 1967. 8. 19.

류전희,「근대 건축교육 학제의 형성과 특성에 관한 연구」, 서울대학교 대학원 박사학위 논문, 1993.

每日申報社,「光熙門外住宅用地 分讓開始」『每日申報』, 每日申報社, 1932. 7. 8.

민범식,「새로운 도시개발의 모델 제시: 행정중심복합도시 건설의 추진현황과 향후 과제 1」『국토』296호, 2006. 6.

민회수,「한국 근대 개항장(開港場)·개시장(開市場)의 감리서(監理署) 연구」, 서울대학교 대학원 박사학위 논문, 2013.

박기범·최찬환,「건축법규 변화에 따른 다가구주택의 특성에 관한 연구」『대한건축학회 논문집』계획계 19권 4호, 2003. 4.

박기정,「르뽀 광주대단지」『신동아』, 1971. 10.

朴吉龍,「少額收入者 住宅試案」(미발표 원고), '유고삼제(遺稿三題)',『공간』6호, 1967. 4; 최순애,「박길룡의 생애와 건축에 관한 연구」, 홍익대학교 대학원 석사학위 논문, 1982.

朴吉龍,「現代와 建築 1: 專門化하는 建築科學」『東亞日報』, 1936. 7. 29.

朴吉龍,「現代와 建築 2: 建築의 三要件」『東亞日報』, 1936. 7. 30.

朴吉龍,「現代와 建築 3: 建築藝術論是非」『東亞日報』, 1936. 7. 31.

朴吉龍,「現代와 建築 4: 京城著名建築批評」『東亞日報』, 1936. 8. 1.

朴吉龍,「改良小住宅의 一案」『(朝鮮文) 朝鮮』132號, 朝鮮總督府, 1928. 10.

朴吉龍,「改善住宅의 一案」『啓明時報』50號, 啓明俱樂部, 1938. 7.

朴吉龍(P生),「病的畸形의 生活形式」『(朝鮮文) 朝鮮』125號, 朝鮮總督府, 1928. 3.

朴吉龍(P生),「中部朝鮮地方住家에 對한 一考察 (上)」『(朝鮮文) 朝鮮』127號, 朝鮮總督府, 1928. 5.

朴吉龍(P生),「中部朝鮮地方住家에 對한 一考察 (中)」,『(朝鮮文) 朝鮮』128號, 朝鮮總督府, 1928. 6.

朴吉龍(P生),「北朝鮮地方住家의 溫突」『(朝鮮文) 朝鮮』129號, 朝鮮總督府, 1928. 7.

朴吉龍(P生),「中部朝鮮地方住家에 對한 一考察 (下)」,『(朝鮮文) 朝鮮』130號, 朝鮮總督府, 1928. 8.

朴吉龍,「小住宅圖案 (其三)」『實生活』3卷 8號, 獎産社, 1932. 8.

朴吉龍,「小住宅設計圖案 (一): 實益」『實生活』3卷 6號, 獎産社, 1932. 6.

朴吉龍,「溫突座談會」『朝鮮と建築』19輯 3號, 朝鮮建築會, 1940. 3.

朴吉龍,「流行性의 所謂文化住宅 (一)」『朝鮮日報』, 1930. 9. 19.

朴吉龍,「流行性의 所謂文化住宅 (二)」『朝鮮日報』, 1930. 9. 20.

朴吉龍,「流行性의 所謂文化住宅 (三)」『朝鮮日報』, 1930. 9. 22.

朴吉龍,「朝鮮在来オンドルの構造」『朝鮮と建築』19輯 3號, 朝鮮建築會, 1940. 3.

朴吉龍,「朝鮮住宅改造の諸問題: 朴吉龍氏に訊く」『綠旗』5卷 5號, 綠旗聯盟, 1940. 5.

朴吉龍,「朝鮮住宅雜感」『朝鮮と建築』20輯 4號, 朝鮮建築會, 1941. 4.

朴吉龍,「中部朝鮮地方住家에 對한 一考察 (中)」『(朝鮮文) 朝鮮』128號, 朝鮮總督府, 1928. 6.

朴達成,「新年改良의 第一著으로 朝鮮의 衣食住를 擧하노라」『開闢』7號, 開闢社, 1921. 1.

朴達成,「우리의 衣服費 住居費 娛樂費에 對하야」『開闢』24號, 開闢社, 1922. 6.

朴東鎭,「우리 住宅에 對하야 (一)」『東亞日報』, 1931. 3. 14.

朴東鎭,「朝鮮住宅改革論」『春秋』2卷 7號, 朝鮮春秋社, 1941.

박병주,「서울도시계획전시회의 평가」『공간』1호, 1966. 11.

박윤성,「심사소감」『공간』75호, 1973. 5.

박정우,「한국의 건축가— 김인호」『건축사』, 1998. 6.

박정현,「노들섬」『공간』627호, 2020. 2.

박준상,「복자기념성당」『공간』14호, 1967. 12.

박진희,「일제하 주택개량 담론에서 보여지는 근대성」『담론 201』7권 2호, 2005. 2.

박철진·전봉희,「1930년대 경성부 도시형 한옥의 사회경제적 배경과 평면계획의 특성」『대한건축학회 논문집』계획계 18권 7호, 2002. 7.

박춘상,「복자기념성당」『공간』14호, 1967. 12.

박춘식,「'50년대이후 단독주택의 변천에 관한 연구: 서울지역의 서민주택을 중심으로」, 홍익대학교 대학원 석사학위 논문, 1986.

백선영,『1930년대 김종량의 주거실험과 H자형 주택』, 서울대학교 대학원 석사학위 논문, 2005.

변광배,「'앙가주망'에서 '소수문학'으로—사르트르, 들뢰즈·가타리의 문학 사용법」『세계문학비교연구』56집, 2016.

사나다 히로코,「고한용과 일본시인들—교우관계를 통해서 본 한국의 다다」『한국시학연구』29호, 2010.

小住宅調査委員會,「朝鮮に於ける小住宅の技術的研究」『朝鮮と建築』20輯 7號, 朝鮮建築會, 1941. 7.

서귀숙,「조선건축회 활동으로 보는 주택 근대화」『한국주거학회 논문집』15권 1호, 2004. 2.

서선의,「박길룡 건축의 형태구성 원리와 그 변화에 관한 연구—주거시설 이외의 건축물 유형을 중심으로」, 한양대학교 대학원 석사학위 논문, 2018.

서원기·전봉희,「해방이후 거실중심형 도시주택 평면의 형성과정」『대한건축학회 학술발표대회 논문집』계획계 29권 1호, 2009. 10.

손세관·하재명·양우현·양용정, 「전주시 도시형한옥의 평면유형에 관한 연구: 전주시 교동 풍남
동을 중심으로」『대한건축학회 논문집』 12권 7호, 1996. 7.

손정목, 「광주대단지 사건」『도시문제』 420호, 2003. 11.

손정목, 「새서울 백지계획(상)」『국토』 185호, 1997. 3.

송규진, 「일제강점 초기 '식민도시' 대전의 형성과정에 관한 연구: 일본인의 활동을 중심으로」
『아세아연구』 45권 2호, 2002.

송인호, 「도시건축으로서의 가회동 11번지 계획안」『건축문화』 122호, 1991. 7.

송인호, 「도시형한옥의 유형연구: 1930년-1960년의 서울을 중심으로」, 서울대학교 대학원 박
사학위 논문, 1990.

승효상, 「건축가 김수근론」『공간』 272호, 1990. 4.

안병의, 「주환경의 조건과 가능성」『공간』 38호, 1970. 1.

안성호, 「일제강점기 관사의 주거사적 의미에 관한 연구」『대한건축학회 논문집』계획계 17권
11호, 2001. 11.

안정연·김기호, 「'화신백화점'의 보존논의와 도시계획적 의미」『한국도시설계학회지』 15권 6호,
2014. 12.

엄덕문, 「시민회관에 임하여」『공간』 75호, 1973. 5.

엄운진·정인하, 「1970년대 '행정수도건설을 위한 백지계획'에 관한 연구」『대한건축학회 논문
집』계획계 37권 2호, 2021. 2.

염복규, 「일제하 경성도시계획의 구상과 시행」, 서울대학교 대학원 박사학위 논문, 2009.

염복규, 「식민지 근대의 공간형성 ─ 근대서울의 도시계획과 도시공간의 형성, 변용, 확장」『문
화과학』 39호, 2004. 9.

우경국, 「기억의 축제로서의 길과 마당」『건축문화』 122호, 1991. 7.

우경국, 「조경론: 조선시대 주택마당에 관한 연구」『환경과 조경』 11호, 1985. 11.

우규승, 「석운재」『건축과환경』 222호, 2003. 2.

우규승, 「우규승 특집」『플러스』 17호, 1988. 9.

우규승, 「우규승과의 대담」『건축가』 152호, 1995. 3.

우규승, 「조망이 있는 중정」『건축과환경』 222호, 2003. 2.

우동선, 「과학운동과의 연관으로 본 박길룡의 주택개량론」『대한건축학회 논문집』계획계 17권
5호, 2001. 5.

원정수, 「한국의 건축가 ─ 배기형(3)」『건축사』, 1997. 12.

유걸, 「전통적인 컨텍스트 속에서의 현대건축」『Pro Architect』 10호, 1998.

유걸, 「한국주택의 문화비교론적인 이해 ─ 미국과의 비교를 중심으로」『플러스』 47호, 1991. 3.

유방근, 「조흥은행 기본설계계획에 대해서」『건축』, 1967. 3.

윤인석, 「한국의 건축가 ─ 박길룡(2)」『건축사』, 1996. 8.

윤일주, 「1910-1930년대 2인의 외인(外人)건축가에 대하여」『건축』, 1985. 6.

윤은정·정인하, 「강남의 도시공간형성과 1960년대 도시계획 상황에 대한 연구」『대한건축학회
논문집』계획계 25권 5호, 2009. 5.

윤재웅·이철영, 「일제시대 사택건축의 배치·평면유형 및 공간구성에 관한 연구」『한국주거학회
지』 8권 3호, 1997. 10.

윤정섭, 「광역 수도권과 도시기능계획」『공간』 40호, 1970. 3.

윤정섭, 「현대 한국도시계획의 회고」『도시문제』 21권 12호. 1986. 12.

윤희영, 「가파도 프로젝트」『domus Korea』 no.0, November 2018.

윤도선·홍승재,「군산 구시가지의 필지변화와 주거건축에 관한 연구」『대한건축학회 논문집』
계획계 20권 1호, 2004. 1.

이경아,「일제강점기 문화주택 개념의 수용과 전개」, 서울대학교 대학원 박사학위 논문, 2006.

이경아·전봉희,「1920-30년대 경성부의 문화주택개발에 관한 연구」『대한건축학회 논문집』계
획계 22권 3호, 2006. 3.

이금도,「조선총독부 영선계내 조선인 건축가의 활동」『한국건축역사학회 춘계학술발표대회 논
문집』, 2006. 5.

이금도,「조선총독부 건축기구의 건축사업과 일본인 청부업자에 관한 연구」, 부산대학교 대학원
박사학위 논문, 2007.

이금도·서치상,「1936년에 완공된 부산부청사의 입지와 건축적 특징에 관한 연구」『대한건축학
회지회연합회 학술발표대회 논문집』2권 1호, 2006. 11.

이금도·서치상,「조선총독부 건축기구의 조직과 직원에 관한 연구」『대한건축학회 논문집』계
획계 23권 4호, 2007. 4.

이상행,「한국 근대기 철도공장건축 연구」, 경기대학교 대학원 박사학위 논문, 2005.

이성관,「한국전통적 건축공간 구성의 특질」, 서울대학교 대학원 석사학위 논문, 1975.

이영한,「한국고등교육시설에 있어서 공간유형의 변천과정과 특성에 관한 연구: 1905-1975년,
서울을 중심으로」, 서울대학교 대학원 박사학위 논문, 1991.

이경성,「전통과 창조」『공간』4호, 1967. 2.

이만영,「ICA주택건설사업에 대하여」『주택도시』5호, 1960. 12.

이범재,「한국문화예술진흥원미술회관」『공간』266호, 1989. 10.

이범재,「유니크한 이미지와 건축공간의 휴먼 스케일」『건축문화』143호, 1993. 4.

이성관,「분당단독주택」『건축문화』240호, 2001. 5.

이세영,「살인 기계 빚어낸 애국적 판단 중지」『한겨레21』995호, 2014. 1. 20.

이주헌,「화신백화점 설계한 근대건축 선구자 박길룡」『한겨레』, 1990. 11. 16.

李允淳,「생활개선에는 먼저 주택문제」『朝鮮日報』, 1937. 1. 4.

이타미 준,「핀크스 미술관」『공간』458호, 2006. 1.

이희태,「국립극장의 계획설계에서 준공까지」『건축사』, 1974. 1.

이희태,「혜화동성당」『공간』55호, 1971. 6.

임창복,「한국 도시 단독주택의 유형적 지속성과 변용성에 관한 연구」, 서울대학교 대학원 박사
학위 논문, 1989.

林和,「靑年의 懺悔: 나의 文學十年記」『文章』2卷 2號, 文章社, 1940. 2.

장성수,「1960-1970년대 한국 아파트의 변천에 관한 연구」, 서울대학교 대학원 박사학위 논문,
1994.

정기용,「도시공간의 정치학」『문학과학』3호, 1993. 4.

정기용,「무주 프로젝트: 지역 공공건축의 이론과 실천을 위하여」『이상건축』118호, 2002. 6.

정선화,「심포지엄 — 동아시아의 건축적 전망」『꾸밈』78호, 1989. 6.

鄭世權,「住宅改善案」『實生活』7卷 4號, 獎産社, 1936. 4.

鄭世權,「千載一遇인 戰爭好景氣來!: 어떻게 하면 이판에 돈 버을까」『三千里』7卷 10號, 三千里
社, 1935. 11.

정아선·최장순·최찬환,「청량리 부흥주택의 특성 및 변화에 관한 연구」『대한건축학회 논문집』
계획계 20권 1호, 2004. 1.

정인하·강수정,「서울강남 도시블록의 필지구획 패턴에 관한 연구」『대한건축학회 논문집』계
획계 28권 5호, 2012. 5.

정인하, 「건축가 정기용과 프랑스 68세대 지식인들」 『프랑스학연구』 61호, 2012.

정인하, 「우규승의 주택작품에서 나타나는 공간 조직방식에 관한 연구」 『대한건축학회 논문집』 21권 7호, 2005.

정인하, 「이상의 초기시에 나타난 한국근대건축의 '근대성' 탐구」 『건축역사연구』 8권 1호, 1999. 3.

정인하, 「일제 강점기 시가지계획 결정이유서에 나타난 '시가할표준도(市街割標準圖)'에 관한 연구」 『대한건축학회 논문집』 25권 12호, 2009. 12.

정인하, 「절두산 성당의 장소성과 조형성 연구」 『건축역사연구』 9권 1호, 2000. 3.

정인하, 「1950−60년대 한국건축의 기술적 담론에 관한 연구」 『대한건축학회 논문집』 22권 1호, 2006.

정인하, 「프랑스 신도시개발의 도시사적 맥락과 그 공간이용계획에 관한 연구—세르지 퐁뜨와즈(Cergy Pontoise) 신도시와 마른느 라 발레(Marne-la-Vallée) 신도시를 중심으로」 『대한건축학회 논문집』 10권 7호, 1994. 7.

정창원, 「한국 미션건축에 있어서 장로교 소속 개척선교사들의 건축활동에 관한 사적 고찰」 『건축역사연구』 13권 3호, 2004. 9.

정효정, 「흙건축, 실험에서 실재로」 『건축과환경』 165호, 1998. 5.

정훈철·권순찬·김태영, 「근대기 목조 지붕트러스 부재 크기에 관한 연구」 『대한건축학회지회연합회 논문집』 13권 4호, 2011. 12.

전병옥·이옥·김태영, 「한국 근대초기 콘크리트 중층바닥의 출현시기와 구조방식에 관한 연구」 『대한건축학회 논문집』 계획계 22권 3호, 2006. 3.

朝鮮建築會, 「官舍及舍宅篇」 『朝鮮と建築』 6輯 5號, 朝鮮と建築會, 1927. 5.

朝鮮建築會, 「朝鮮都市計劃令」 『朝鮮と建築』 2輯 2號, 朝鮮建築會, 1923. 2.

조선일보사, 「개선권고하기로, 부여박물관 건축심의위 결론」 『조선일보』, 1967. 9. 16.

朝鮮日報社, 「朝鮮人生活에適應한 住宅設計圖案懸賞募集」 『朝鮮日報』, 1929. 3. 21.

조성룡, 「가회동 11번지 주거계획」 『건축문화』 122호, 1991. 7.

조성룡, 「기념에서 기억으로」 『와이드 AR』 28호, 2012. 7/8.

조성태·강동진, 「부산항 해안선의 변천과정 분석」 『한국도시설계학회지』 10권 4호, 2009. 12.

조은희, 「한국 현대시에 나타난 다다이즘, 초현실주의의 수용 양상에 관한 연구」, 서울대학교 대학원 석사학위 논문, 1987.

조정식, 「마당의 어의와 초월적 특성에 관한 연구」 『대한건축학회 논문집』 12권 2호, 1996. 2.

주상훈, 「조선총독부의 근대시설 건립과 건축계획의 특징: 사법, 행형, 교육시설 건축도면의 분석을 중심으로」, 서울대학교 대학원 박사학위 논문, 2010.

최민정, 「세운상가: 한 시대를 지배한 서울의 공룡 1」, 웹진 『VMSPACE』, 2010. 12.

최민정, 「세운상가: 한 시대를 지배한 서울의 공룡 2」, 웹진 『VMSPACE』, 2010. 12.

최아신, 「창경궁 대온실의 재료 및 구축방식에 관한 연구」, 서울시립대학교 대학원 석사학위 논문, 2008.

최병선, 「한국도시계획의 반세기」 『도시문제』 21권 12호, 1986. 12.

최욱, 「가파도 아티스트 인 레지던스」 『domus Korea』 no.2, Summer 2019.

최원집, 「철강의 역사: 철강공업의 발달 과정」 『건축』, 1993. 1.

度支部建築所, 『建築所事業槪要 第1次』, 度支部建築所, 1909.

토미이 마사노리, 「우리나라 근대주택의 기술발전—일제강점기를 중심으로」 『기술발전으로 본 한국 근현대 건축의 역사연구』, 한국건축역사학회 보고서, 2012.

토미이 마사노리·이미경, 「서울을 중심으로 한 한국근대건축의 기초적 조사연구」 『대한건축학회 학술발표대회 논문집』 계획계 7권 1호, 1987. 4.

플로리안 베이겔(Florian Beigel), 「Paju Landscape Script—Design Strategies」『파주출판문화정보산업단지 건축설계지침』, 파주출판문화정보산업단지사업협동조합, 1999. 8.

플로리안 베이겔·김종규, 「보자기 갤러리 & 재즈클럽 스토리빌」『건축과환경』 241호, 2004. 9.

하남구·우신구, 「부산 감천2동 경사지 마을의 특성에 관한 연구」『대한건축학회 학술발표대회 논문집』 계획계 31권 1호, 2011. 4.

한상규, 「1930년대 모더니즘 문학의 미적 자의식—이상문학의 경우」『한국학보』 15권 2호, 1989. 6.

한상형·강양석, 「다가구-다세대주택의 형태변화가 주변 주거환경에 미치는 영향」『대한국토도시계획학회 추계학술대회 논문집』 5호, 2003. 10.

한장희·정인하, 「박길룡의 주가(住家) 계획에서 온돌의 역할에 관한 연구」『대한건축학회 논문집』 36권 1호, 2020. 1.

함인선, 「청년건축인협의회」『건축과사회』 25호, 2013. 12.

홍성철, 「한국에 체재한 외국인계획가의 활동에 대한 보고: 미국도시계획가 오즈월드 내글러(Oswald Nagler)」『국토계획』 3권 1호, 1968. 5.

황두진, 「김태수와 한국적 전통」『건축과환경』 125호, 1995. 1.

황보영희·한동수, 「서울용산지역의 가로망 변화에 관한 연구」『대한건축학회 논문집』 계획계 24권 2호, 2004. 10.

황서린, 「일제강점기 한인건축가의 주택개량론에 관한 연구: 박길룡을 중심으로」, 이화여자대학교 대학원 석사학위 논문, 2011.

서양 단행본

Appadurai, Arjun, *Modernity at Large*, Minneapolis: University of Minesota Press, 1996.

Baudelaire, Charles, *Le Peintre de la vie modern*, Paris: Calmann Lévy, 1885.

Beigel, Florian & Christou, Philip, *Architecture as City: Saemangeum Island City*, Vienna: Springer, 2010.

Beigel, Florian, *Time Architecture*, London: Architecture Research Unit, 2003.

Benedikt, Michael, *Deconstructing the Kimbell: An Essay on Meaning and Architecture*, New York, NY: SITES/Lumen Books, 1991.

Benedikt, Michael, *For an Architecture of Reality*, New York: Lumen Books, 1992.

Bötticher, Karl G. W., *Die Tektonik Der Hellenen*, Potsdam: Riegel, 1852; Herrmann, Wolfgang, *Gottfried Semper: In Search of Architecture*, Cambridge, MA: The MIT Press, 1984.

Butler, Remy & Noisette, Patrice, *Le logement social en france, 1815–1981*, Paris: CD/Fondation, 1983.

Cambon, Pierre, "Déambulation," *La Résidence de France à Séoul*, Paris: Editions internationals du Patrimoine, 2019.

Cody, Jeffrey W., *Building in China, Henry K Murphy's Adaptive Architecture, 1914–1935*, Hongkong: Chinese University Press, 2001.

Corner, James, "Terra Fluxus," in Waldheim, Charles (ed.), *The Landscape Urbanism Reader*, New York: Princeton Architectural Press, 2006.

Curtis, William J. R., *Le Corbusier, Ideas and Forms*, London: Phaidon Press, 1986.

Deleuze, Gilles & Guattari, Félix, *Kafka: Pour une littérature mineure*, Paris: Les Éditions de Minuit, 1975.

Deleuze, Gilles & Guattari, Félix, *Mille Plateaux: Capitalisme et schizophrenie 2*, Paris: Les Éditions de Minuit, 1980.

Delissen, Alain, "Un jardin sur la colline, histoire des Résidences de France à Séoul," *La Résidence de France à Séoul*, Paris: Éditions internationales du Patrimoine, 2018.

Eisenman, Peter, "Critical Architecture in a Geopolitical World," in Davidson, Cynthia C. & Serageldin, Ismaïl (eds.), *Architecture Beyond Architecture*, London: Academy Editions, 1995.

Eliade, Mircea, *Images and Symbols*, New York: Sheed & Ward, 1961.

Fathy, Hassan, *Construire avec le peuple: histoire d'un village d'Égypte, Gourna*, Paris: Éditions Sindbad, 1970.

Flamand, Jean-Paul, *Loger le people*, Paris: La Decouverte, 1989.

Frampton, Kenneth, "Ten Points on an Architecture of Regionalism: A Provisional Polemic," in Canizaro, Vincent (ed.), *Architectural Regionalism: Collected Writings on Place, Identity, Modernity, and Tradition*, New York: Princeton Architectural Press, 2007.

Frampton, Kenneth, *Modern architecture: a critical history*, London: Thames & Hudson, 1985.

Gale, James S., *Korean Sketches*, New York: Fleming H. Revell Co, 1898.

Gelézeau, Valérie, "The Gangnamscape: apartments and vertical cities of South Korea," in Seoul Museum of Art, *(The) Self-Evolving City: Korean Architecture Exhibition for the UIA 2017 Seoul World Architects Congress*, Seoul: Seoul Museum of Art, 2017.

Giedion, Siegfried, "The Need for a New Monumentality," in Zucker, Paul (ed.), *New Architecture and City Planning*, New York: Philosophical Library, 1944.

Groth, Paul & Bressi, Todd W., *Understanding Ordinary Landscapes*, New Haven: Yale University Press, 1997.

Habermas, Jurgen, *Philosophical Discourse of Modernity*, Cambridge, MA: The MIT Press, 2000.

Heidegger, Martin, Hofstadter, Albert (trans.), *Poetry, Language, Thought*, New York: Harper Colophon Books, 1971.

Hidenobu, Jinnai, Nishimura, Kimiko (trans.), *Tokyo, A Spatial Anthology*, Berkeley: University of California Press, 1995.

Hoare, J. E., *Embassies in the East*, London: Routledge, 1999.

H-Sang, Seung, *Culturescape*, Berlin: AEDES, 2005.

Ishii, Kazuo, *Membrane Designs and Structures in the World*, Tokyo: Shinkenchikusha, 1999.

Isozaki, Arata, Sabu, Kohso (trans.), *Japan-ness in Architecture*, Cambridge, MA: The MIT Press, 2006.

Jung, Inha, *Architecture and Urbanism in Modern Korea*, Honolulu, U.S.: University of Hawaii Press, 2013.

Jung, Inha, *Exploring Tectonic Space*, Tübingen, Germany: Wasmuth, 2008.

Klee, Paul, *Notebooks, Volume 2: The Nature of Nature*, London: Lund Humphries Pub Ltd, 1992.

Koolhaas, Rem & Mau, Bruce, *S, M, L, XL*, New York: The Monacelli Press, 1995.

Kopp, Anatole et al., *L'architecture de la reconstruction en France, 1945–1953*, Paris: Editions du Moniteur, 1982.

Kopp, Anatole, *Changer la vie, changer la ville*, Paris: Union Générale des Editions, 1975.

Kopp, Anatole, *L'Architecture de la période stalinienne*, Grenoble: Presses universitaires de Grenoble, 1978.

Kopp, Anatole, *Ville et révolution*, Paris: Seuil, 1969.

Lancaster, Clay, *The American Bungalow 1880–1930*, New York: Dover Publication, 1985.

Latham, Michael E., *Modernization as Ideology: American Social Science and Nation Building in the Kennedy Era*, Chapel Hill: University of North Carolina Press, 2000.

Laugier, Marc-Antoine, *Essai sur l'architecture*, Paris: Hachette Bnf, 1753.

Lefebvre, Henri, Kofman, Eleonore & Lebas, Elizabeth (trans. and eds.), "Lost in Transposition," *Writing on Cities*, Malden: Blackwell, 1996.

Lefebvre, Henri, *La pensée marxiste et la ville, Tournaiand*, Paris: Casterman, 1972.

Lefebvre, Henri, *La production de l'espace*, Paris: Anthropos, 1974.

Lefebvre, Henri, *La révolution urbaine*, Paris: Gallimard, 1970.

Lefebvre, Henri, *Le Droit à la ville*, Paris: Seuil, 1968.

Lefebvre, Henri, Moore, John (trans.), *Introduction to Modernity*, London & New York: Verso, 1995.

Lethaby, W. R., *Architecture Mysticism and Myth*, London: Percival & Co, 1892.

Macouin, Francis, *La Corée du Choson: 1392−1896*, Paris: Belles Lettres, 2009.

Maki, Fumihiko, *Nurturing Dreams*, Cambridge, MA: The MIT Press, 2006.

Maxwell, Robert, "The Pursuit of the Art of Architecture," *James Stirling, Architectural Design Profile*, London: Academy Editions, 1982.

Merrifield, Andy, *Henri Lefebvre, A Critical Introduction*, London: Routledge, 2006.

Mies van der Rohe, Ludwig, "Architecture and Technology," in Puente, Moisés (ed.), *Conversations with Mies van der Rohe*, New York: Princeton Architectural Press, 2008.

Moholy-Nagy, László, *Malerei, Photographie, Film*, Munich: Albert Langen, 1925.

Mumford, Lewis, "Lewis Mumford to Sert, December 28, 1940," in Mumford, Eric, *The CIAM Discourse on Urbanism, 1928−1960*, Cambridge, MA: The MIT Press, 2002.

Mumford, Lewis, "The Death of the Monument," in Martin, J. L. et al., *Circle: International Survey of Constructive Art*, London: Faber and Faber, 1937.

Neumeyer, Fritz, *Artless Word*, Cambridge, MA: The MIT Press, 1991.

Panofsky, Erwin, Wood, Christopher (trans.), *Perspective as Symbolic Form*, New York: Zone Books, 1991.

Porphyrios, Demetri, "On critical history," in Ockman, Joan (ed.), *Architecture Criticism Ideology*, Princeton, N. J.: Princeton Architecture Press, 1986.

Rhodes, Harry A. (ed.), *History of Korea Mission, Presbyterian Church USA: 1884−1934*, Seoul: Chosen Presbyterian Church USA, 1934.

Rice, Charles, *The Emergence of the Interior: Architecture, Modernity, Domesticity*, London: Routledge, 2007.

Roncayolo, Marcel (ed.), *Histoire de la France urbaine, tome 5, la ville aujourd'hui*, Paris: Seuil, 1985.

Rovira, Josep M., *Jose Luis Sert, 1901−1983*, London: Phaidon Press, 2004.

Rowe, Colin, *Collage City*, Cambridge, MA: The MIT Press, 1984.

Rowe, Peter G., *East Asia Modern: Shaping the Contemporary City*, London: Reaktion Books, 2005.

Said, Edward W., *Orientalism*, New York: Vintage, 1979.

Schwarzer, Mitchell, *German Architectural Theory and the Search for Modern Identity*, Cambridge: Cambridge University Press, 1995.

Scully, Vincent, *American Architecture and Urbanism*, New York: Frederick A. Praeger Publishers, 1969.

Shin, Gi-Wook & Robinson, Michael, "Rethinking Colonial Korea," *Colonial Modernity in Korea*, Cambridge, Mass.: Harvard University Asia Center, 1999.

Solá-Morales, Ignasi, "Terrain Vague," in Davidson, Cynthia (ed.), *Anyplace*, Cambridge, MA: The MIT Press, 1995.

Sorensen, Andre, *The Making of Urban Japan*, London: Routledge, 2002.

Stelter, Gilbert A. "Rethinking the significance of the City Beautiful Idea," in Freestone, Robert (ed.), *Urban Planning in a Changing World*, London: E & FN Spon, 2000.

Tafuri, Manfredo & Dal Co, Francesco, Wolf, Erich (trans.), *Modern Architecture*, New York: Harry N. Abrams, 1979.

Tafuri, Manfredo, Brun, Françoise (trans.), *Projet et Utopie: de l'Avant-garde à la Métropole*, Paris: Dunod, 1979.

Taut, Bruno, *Houses and People of Japan*, Tokyo: Sanseido Press, 1937.

Waite, Geoffrey, "Lefebvre without Heiddger," in Goonewardena, Kanishka (ed.), *Space, Difference, Everyday Life*, London: Routledge, 2008.

Woo, Kyu Sung & Ojeda, Oscar Riera, *Whanki Museum*, Gloucester, MA: Rockport, 1999.

Woo, Kyu Sung, *The Roosevelt Island Housing Competition—Outline of a Design Proposal*, 1975.

서양 기사 및 논문

Alexander, Christopher, "A City is not a Tree," *Architectural Forum*, vol.122, no.1, April 1965.

Barrios, Carola, "Can Patios Make Cities? Urban Traces of TPA in Brazil and Venezuela," *Journal of interdisciplinary studies in Architecture and Urbanism*, no.1, 2013.

Beigel, Florian, "Exteriors into Interiors," *Korean Architects*, no.141, 1996. 5.

Brighenti, Andrea Mubi "Reivew of *Milieu et identité humaine. Notes pour un dépassement de la modernité* by Augustin Berque," *Space and Culture*, 2011. http://www.spaceandculture.org/2011/05/26/book-review-milieu-and-human-identitynotes-towards-a-surpassing-of-modernity/(현재 링크 유실).

Christ-Janer, Victor F., "Constituent Imagery," *Perspecta*, vol.17, 1980.

Chung, Guyon, "Mutation du milieu rural en Corée: pour une approche d'un habitat plus collectif à travers l'analyse du savoir-faire traditional," *Unité Pédagogique d'Architecture*, no.6, 1983. 5.

Collison, Peter, "Town Planning and the Neighborhood Unit Concept," *Public Administration*, vol.32, no.4, 1954. 12.

Curtis, William J. R., "Modern Architecture, Monumentality and the Meaning of Institutions: Reflections on Authenticity," *Harvard Architectural Review*, no.4, 1984.

Harvey, David, "The Right to the City," *New Left Review*, no.53, 2008.

Hong, Yan, "Shanghai College: An architectural history of the campus designed by Henry K. Murphy," *Frontiers of Architectural Research*, no.5, 2016.

Horwitz, Aron B. "Evaluation of Planning and Development," *Seoul Report,* 1967. 3.

Jung, Sanghoon, "Oswald Nagler, HURPI, and the Formation of Urban Planning and Design in South Korea: The South Seoul Plan by HURPI and the Mok-dong Plan," *Journal of Urban History*, vol.40, no.3, 2014.

Jung, Sanghoon, "The minimum dwelling approach by the Housing, Urban and Regional Planning Institute, HURPI. of South Korea in the 1960s," *Journal of Urban History*, vol.21, no.2, 2016.

Kim, Kwang-ho et el., "A Comparative Study on the Concept of Space in Gana Art Center and Whanki Museum—Focused on Prospect and Continuity," *Journal of Asian Architecture and Building Engineering*, vol.1, no.2, November 2002.

Le groupe standardisation de l'MIFRE 19, *Invention of Industrial Design: the Methodology of Keiji Kôbô*, Working paper−Série P: Production Grise de Recherche WP-P-01-IRMFJ-Standardisation 09-07, 2009.

Maffesoli, Michel, *La conquête du présent*, Paris: P.U.F, 1979.

Mies van der Rohe, Ludwig, "Baukunst und Zeitwille!" *Der Querschnitt*, vol.4, no.1, 1924.

Moravánszky, Akos, "'Truth to material' vs 'the Principle of Cladding': The Language of Materials in Architecture," *AA Files*, no.31, Summer 1996.

Park, Dongmin, *Free World, Cheap Buildings: U.S. Hegemony and the Origins of Modern Architecture in South Korea, 1953–1960*, Dissertation of Ph.D. Thesis, Berkeley: University of California, 2016.

Popescu, Carmen, "Space, Time: Identities," *National Identities*, vol.8, no.3, 2006. 9.

Shirley, John, (ed.), *Report of the sixth meeting of the Australian Association for the Advancement of Science, held at Brisbane*, Queensland: Conference Proceedings edition, January 1895.

Song, Hayub et al., "Inner Space in the City: Jose Luis Sert, Fumihiko Maki and Kyu Seung Woo's Search for Inner Space," *Journal of Asian Architecture and Building Engineering*, vol.14, no.2, 2015. 5.

Taylor, Jeremy E., "The Bund: Littoral Space of Empire in the Treaty Ports of East Asia," *Social History*, vol.27, no.2, 2002.

Tingey, William R., "The Principal Elements of Machiya Design," *Process*, no.25, 1981. 7.

Woo, Kyu Sung, *Casas Internacional 64: Kyu Sung Woo*, Madrid: Kliczkowski Publisher, 1999.

Woo, Kyu Sung, "Competition on an Island New Town: 2. The Winners," *AIA Journal*, 1975. 7.

일문 문헌

小林英夫, 『満鉄—「知の集団」の誕生と死』, 東京: 吉川弘文館, 1996.

後藤沙羅·末包伸吾·増岡亮, 「伊丹潤の言説における李朝に関する建築思想」 『日本建築学会計劃系論文集』 84巻 760号, 2019. 6.

今和次郎, 「朝鮮の民家に關する研究一斑」, 『朝鮮と建築』 1輯 6號, 京城: 朝鮮建築會, 1922. 11.

蔵田周忠, 『蔵田周忠 等々力住宅区の一部』, 東京: 国際建築協会, 1936.

栗原葉子, 「「住まい」と「家庭」思想—明治後半から大正期を中心として」, 名古屋大学国際言語文化研究科国際多元文化専攻 編, 『多元文化』, 2003. 3.

隈研吾, 「素材と村法」, 伊丹潤, 『JUN ITAMI 1970–2008 建築と都市』, 東京: 主婦の友社, 2008.

東京市政調査会, 『日本都市年鑑』 第4, 東京: 東京市政調査会, 1935.

中村誠, 「朝鮮建築界の二大急務」 『朝鮮と建築』 1輯 1號, 京城: 朝鮮建築會, 1922. 6.

中村誠, 「住宅出品の趣旨」 『朝鮮と建築』 8輯 10號, 京城: 朝鮮建築會, 1929. 10.

中原佑介, 「無の媒体」, 伊丹潤, 『ITAMI JUN: Architecture and Urbanism 1970–2011, 伊丹潤の軌跡』, 東京: Hanegi Museum·クレオ (発売), 2011.

内務省, 「土地區劃整理設計標準」, 東京: 内務省, 1933. 7.

西垣安比古, 「朝鮮の「すまい」に於けるマルとマダン: 風水地理説を通して」 『日本建築学会計画系論文報告集』 379号, 1987. 9.

西澤泰彦, 「建築家中村興資平の経歴と建築活動について」 『日本建築学会計画系論文報告集』 450号, 1993. 8.

多田工務店, 『朝鮮と建築』 11輯 4號, 朝鮮總督府, 1932. 4.

丹下健三, 「民衆と建築」 『新建築』, 東京: 新建築社, 1956. 10; 『人間と建築』, 東京: 彰国社, 1970.

丹下健三, 「傳統と創造について」 『人間と建築』, 東京: 彰國社, 1970.

丹下健三, 「現在 日本において近代建築をいかに理解すか」 『新建築』, 東京: 新建築社, 1955. 1.

丹下健三, 『人間と建築—デザインおぼえがき』, 東京: 彰国社, 2011.

丹下健三·藤森照信, 『丹下健三』, 東京: 新建築社, 2002.

都市住居研究會·朴勇煥 共著, 『異文化の葛藤と同化: 韓國における'日式住宅'』, 東京: 建築資料研

518

究社, 1996.

丸山泰明,「蔵田周忠と民俗学: 1920－30年代における民家研究と民俗博物館との 関わりをめぐって」『年報非文字資料研究』8号, 2012.

松村秀一,「コンクリート建築の顔に仕立て技巧」『Precast Concreteカーテンウオール技術史』, 東京: PCSA, 1994.

毎日新聞社,『別冊一億人の昭和史, 日本植民地史 1 朝鮮』, 東京: 毎日新聞社, 1978.

村松伸,『上海―都市と建築 1842－1949年』, 東京: PARCO出版局, 1991.

村松貞次郎,「幕末・明治初期洋風建築の小屋組とその発達」『日本建築学会論文報告集』63号, 1959. 10.

村松貞次郎,『日本建築技術史』, 東京: 地人書館, 1959.

村田明久,「外国人居留地の建設過程と計画手法に関する研究」『日本建築学会計画系論文報告集』 414号, 1990. 8.

佐野利器,「学術界の状況」『佐野博士追想録』, 東京: 佐野博士追想録編集委員会, 1957.

佐々木史郎,「二次世界大戦前の邦文文献にみる韓国民家の地理学的研究の軌跡(I)―岩槻善之 (1924) に先行する諸研究を中心として」『宇都宮大学国際学部研究論集』5号, 1998. 3.

佐々木史郎,「第二次世界大戦以前の邦文文献にみる韓国民家の地理学的研究の軌跡(II)」『宇都宮大学国際学部研究論集』21号, 2006. 3.

関根伸夫,「作法の建築―伊丹潤の建築」, 伊丹潤,『JUN ITAMI 1970－2008 建築と都市』東京: 主婦の友社, 2008.

関野貞,「朝鮮の住宅建築」『住宅建築』5月号, 東京: 建築世界社, 1916. 5.

住友和子編集室, 日本人と住まい6『間取り』, 東京: リビング・デザインセンター, 2001.

志賀亀之助 編,『洋風木造建築構造図解』, 東京: 大日本工業学会, 1924.

淸水組,『工事年鑑』, 東京: 淸水組, 1937.

青木正夫・鈴木義弘・岡俊江,『中廊下の住宅―明治大正昭和の暮らしを間取りに読む』, 東京: 住まいの図書館出版局, 2009.

安藤忠雄,『安藤忠雄の建築』, 東京: TOTO出版, 2010.

アントニン レイモンド,『私と日本建築(SD新書 17)』, 東京: 鹿島出版社, 1967.

山形政昭,『ヴォーリズの 西洋館』, 京都: 淡交社, 2002.

梁尚湖,「韓國近代の都市史研究: 開港時期(1876－1910) 外國人居留地を對象にして―韓國近代建築史としての都市史研究を目指して」, 東京: 東京大学大学院博士学位論文, 1994.

江口敏彦,『洋風木造建築―明治の様式と鑑賞』, 東京: 理工学社, 1996.

オギュスタン・ベルク 著, 篠田勝英 翻訳,『日本の風景・西欧の景観 そして造景の時代』, 東京: 講談社, 1990.

オギュスタン・ベルク, 宮原 信 翻訳,『空間の日本文化』, 東京: 筑摩書房, 1994.

小田省吾,『德壽宮史』, 京城: 李王職, 1938.

大蔵省管理局,『日本人の海外活動に關する關歷史的調査』朝鮮編3分冊, 東京: 大蔵省管理局, 1946.

太田博太郎 編,『住宅近代史』, 東京: 雄山閣, 1969.

横浜開港資料・横浜市歴史博物 館,『開港場横浜ものがたり: 1859－1899』, 横浜: 横浜開港資料館, 1999. 6.

內田靑藏,「アメリカ屋と住宅改良運動」『CONFORT(コンフォルト)』, 2001. 5.

稲垣榮三,『日本の近代建築』, 東京: 鹿島出版會, 1979.

石田賴房,『日本近代都市計画の百年』, 東京: 自治體研究所, 1987.

石井一夫,『世界の膜構造デザイン』,東京: 新建築社, 1999.

岩井長三郎,「新廳舍の計劃」『朝鮮と建築』5輯 5號, 京城: 朝鮮建築會, 1926. 5.

岩槻善之,「朝鮮民家の家構に就いて」『朝鮮と建築』3輯 2號, 京城: 朝鮮建築會, 1924. 2.

伊丹潤,『高麗李朝聖拙抄』. 東京: Hanegi Museum, 1992

伊丹潤,『高麗李朝拙抄』, 東京: 株式会社クレオ, 2011.

伊丹潤 編,『李朝民畫』, 東京: 講談社, 1975.

伊丹潤,『李朝白磁壺』, 東京: Hanegi Museum, 2007.

伊丹潤,『李朝白磁拙抄』, 東京: 株式会社クレオ, 2009.

伊丹潤,『李朝の建築』, 東京: 求龍堂, 1981.

伊丹潤,『伊丹潤: 1970−1987』, 東京: 求龍堂, 1987.

伊丹潤,『伊丹潤: 伊丹潤建築作品集』, 東京: 求龍堂, 1993.

伊丹潤,『ITAMI JUN: Architecture and Urbanism 1970−2011, 伊丹潤の軌跡』, 東京: Hanegi Museum・クレオ (発売), 2011.

伊丹潤,『JUN ITAMI: 建築と絵画』, 東京: 求龍堂, 2002.

伊丹潤,『JUN ITAMI 1970−2008: 建築と都市』, 東京: 主婦の友社, 2008.

伊丹潤,『韓国の建築と文化』, 東京: 求龍堂, 1983.

伊丹潤 編,『韓国の建築と芸術』, 東京: 韓国の建築と芸術刊行会, 1988.

伊丹潤,『韓国の空間』, 東京: 求龍堂, 1985.

伊丹潤・古谷誠章,「時代を導く人 2: 建築は大地から生まれるものだ」『INAX REPORT』no.180, 2009. 10.

善生永助,「調査資料 第34輯 生活狀態調査(其四)」『平壤府』, 京城: 朝鮮總督府, 1932.

開田一博,「鋼構造創成期における工場建築等の設計と建設」『新日鉄住金技報』405号, 2016. 8.

木村徳国,「明治時代の住宅改良と中廊下形住宅様式の成立」『北海道大學工學部研究報告』21号, 1959. 5. 30.

殿木圭一,『上海』, 東京: 岩波新書, 1942.

富井正憲,「日本, 韓國, 臺灣, 中國の住宅營團に關する研究—東アジア4カ國における住居空間の比較文化論的考察」, 東京: 東京大学博士学位論文, 1996.

ハウジンッグスタデイグループ,『韓国現代住居学—マダンとオンドルの住様式』, 東京: 建築智識, 1990.

畑聰一,「韓国の住まいの型とその変容」, ハウジンッグスタデイグループ,『韓国現代住居学—マダンとオンドルの住様式』, 東京: 建築知識, 1990.

船越欽哉,「朝鮮家屋の話」『建築雑誌』141号, 東京: 日本建築学会, 1898.

藤森照信,『日本の近代建築(上 幕末・明治篇)』, 東京: 岩波新書, 1993.

藤森照信,『日本の近代建築(下)』, 東京: 岩波新書, 1993.

藤森照信,「佐野利器論」『材料・生産の近代』, 東京: 東京大学出版会, 2005.

藤本盛久 編,『構造物の技術史』, 東京: 市ケ谷出版社, 2001.

중문 문헌

赖德霖・伍江・徐苏斌主编,『中国近代建筑史(第一卷)・门户开放』, 北京: 中国建筑工业出版社, 2016.

隗瀛涛,『中国近代不同类型城市综合研究』, 成都: 四川大學出版社, 1998.

찾아보기

ㄱ

가구식(trabeated) 구축 251

가능성의 장 13-16, 18, 50

가든아파트먼트 218

가사이 만지(葛西萬司) 102

가사하라 도시로(笠原敏郎) 61

가이거, 데이비드(Geiger, David) 295, 296, 317, 323-325

가타리(P. F. Guattari) 15, 369-371, 373, 386

가타야마 도쿠마(片山東熊) 101

가타쿠라식산주식회사 68

가톨릭회관 → 명동성모병원

가파도 아티스트 인 레지던스 462

「가회동 11번지 주거계획 건축전시회」 430, 432

각국공원 37

각심재 → 민병옥 가옥

각인의 탑 364, 378-380

간삼건축 320, 321

간송미술관 → 보화각

간이보험과 139

감응(correspondence) 416

감천마을 171, 172

강남 개발 172, 178, 179, 187, 188, 191-193, 200

강남파이낸스센터 → 현대 강남 사옥

강변교회 365

강병기 230

강봉진(姜奉辰) 225

강화도조약 21, 22, 25, 31

『개벽』 79, 127

개선주택 설계도안 현상설계 80

개성시청사 117

개시장(開市場) 22

개항장 21-27, 29, 30, 37, 39, 42, 45, 47, 52, 76, 97, 104

거류지 23, 25, 27-30, 36, 37, 59, 106

거문도사건 23

건국대학교 도서관 266-268

건국대학교 상허기념관 → 서북학회회관(구)

건양사 87, 92, 133, 134

건양주택 134, 135

『건축가 없는 건축』 420

「건축과 테크놀로지」 332

「건축기본법」 357, 409

'건축무한육면각체' 연작 155

「건축법」 193, 194, 217, 218

건축 비예술론 138

건축운동연구회 355

건축의미래를준비하는모임(건미준) 355, 356

건축적 산책로(Promenade Architecturale) 271

건축지형도 9, 10, 18, 87, 368

게르스터, 게오르크(Gerster, Georg) 442

게이지고보(型而工房) 137

게일, 제임스(Gale, James S.) 36

『겐치쿠잣시(建築雜誌)』 138, 427

겸이포제철소 115

겸재(謙齋) 정선(鄭敾) 249, 367

경기대학교 425, 437

경동교회 288, 292, 293, 296, 301

경무부령 97

경복궁 33, 37, 57, 58, 116, 117, 225, 284, 463; 경회루 236, 260, 261

경부고속도로 174, 178, 188

경상남도문화예술회관 → 진주문화예술회관

경성 57, 61, 62, 64, 65, 80-82, 97, 102, 120, 125, 127, 128, 133, 134, 136, 139, 142, 148-150, 159, 161, 184, 199, 427

521

경성고등공업학교(경성고공) 11, 103, 117, 118, 123, 145, 162, 163, 304
경성고등보통학교 100
경성공업전문학교 → 경성고등공업학교
경성대법원 118
『경성도시계획조사서』 65
경성문화촌 81
경성부민관 121
경성부청사 58, 100, 121
경성사범학교 부속소학교 99
「경성시구개수예정계획노선」 55, 57, 161
경성여자고등보통학교 100
경성역 139, 149
경성의학전문학교 부속의원 99, 463
경성의학전문학교 부속의원 외래진료소 99
경성재판소 100, 101
경성제국대학 99, 100, 118, 139, 140, 142, 143, 159
경운궁 → 덕수궁
경주국립공원 계획안 269
경주 선재미술관 344-346
경주성당 246, 254
경향신문 사옥 → 문화방송 사옥
경흥 22
경희궁 57
계단실형 214, 215
『계명시보』 133, 135
고노 마고토(河野誠) 60
고려대학교 본관 114
고베 26, 28, 106, 379
고베공업전문학교 175
고석규 445
고야구미(小屋組) 109
고종(高宗) 21, 30, 31, 33-36, 38
고주석 237, 238
곤 와지로(今和次郎) 124, 136
골드스미스, 마이런(Goldsmith, Myron) 332
『공간』 179, 225, 237, 246, 247, 428, 429
공간건축 289, 294, 297, 318, 429, 439
『공간과 사회』 413
공간 사옥 16, 288-292, 294, 298, 299, 301, 302, 428, 429, 435
『공간의 시학』 418

공공성 409, 425, 433, 437-439
공기막구조 323, 324
공릉 사옥 288, 289
공부국(工部局) 25
공상적 사회주의 151
『공업대사전』 116
공업전습소 103, 106
과천 신도시 174, 196, 197, 199
과천정부종합청사 313
곽인식 369, 373, 379
곽재환 242, 425
관계항 370, 373, 381, 382, 384, 385
관동대지진 61, 62, 115, 119, 309
관사 52, 75, 82, 83, 98
광명시청사 287
광저우 24, 26, 27, 31, 40, 43
광정(光井) 90
광주대단지사건 173, 174
광주세무감독국 99
광통관 112
광해군(光海君) 35
광화문광장 236, 438
교보생명 연수원 361, 362
교외화 62, 67, 79
구니에다 히로시(國枝博) 101
구라다 지카타다(藏田周忠) 124, 136, 137
구례 운조루 426
구르나 마을 420
구미문화예술회관 241, 242
「93 건축가선언」 356
「93 건축백서」 356
구성주의 152, 163
구인회(九人會) 147, 148
구인회 주택 287, 288
구정아트센터 → 온양미술관
구조 건축(structural architecture) 330
구조사(構造社) 305
국가주의 11, 222, 227, 228, 231, 283, 349, 357
국립경주박물관 245, 246, 256-261
국립공주박물관 245, 246, 256, 258-261
국립국악학교 434
국립극장 235, 236, 245, 246, 253, 256-261
국립민속박물관 → 국립종합박물관

국립박물관 → 국립중앙박물관

국립아시아문화전당 18, 388, 404-408, 463

국립종합박물관 224-226

국립중앙박물관 222, 226, 358

국립진주박물관 239, 241, 284, 288, 296, 297

국립청주박물관 239, 241, 284, 288, 290, 296, 297

국립현대미술관 413; 과천관 359-363; 서울관 18, 463, 464

국민주택 215, 245

국악사양성소 253, 256-261

국제그룹 사옥 321

국제극장 304

국제예술가대회 264

국제협조처(ICA) 175, 176, 203

국토개발연구원 199

『국토계획』175

국토연구원 175, 456

국회의사당(남산) 224, 230, 231, 283

국회의사당(여의도) 225, 230, 233, 234, 253, 315

군산 22, 29, 30, 82

군산세관(구) 112

군산시민문화회관 281

군산시청사 117

군인아파트 209

군집미 241, 285, 288, 296, 299

궁극 공간 293

궁형 아치 40

그라운드스케이프(groundscape) 444

그로피우스(W. Gropius) 137, 143, 391

그리드 29, 140, 190, 266, 335

그린벨트 174

극동빌딩 313, 314

근대건축국제회의(CIAM) 389, 392, 395

근대성 27, 75, 76, 78, 123, 124, 136, 138, 145, 146, 148, 153, 156, 164, 165, 222, 223, 267, 350, 352, 353, 357, 367, 368, 389, 415

근린주구론 172, 176, 181, 191, 192, 194-197, 200

글로컬라이제이션 363, 369

금화공원 지구 177, 389, 390, 394

기관 없는 신체(Corps sans Organe) 440

기기창 31, 32

기념비의 죽음 228

기념성 221, 222, 227-236, 238, 242, 251, 256, 274, 279, 303, 405

기능주의 14, 137, 139, 224, 235, 332, 370, 378, 420

기독병원 46

기둥 배열 256-258, 311

기디온, 지그프리드(Giedion, Sigfried) 228, 280

기메 박물관 375

기술의 의미론 303, 327

기자정전(箕子井田) 58, 59

기적의 도서관 409, 416, 417

『기호의 제국』 373

김기석(金琪碩) 430-432

김기웅 238, 239

김동수 87

김말봉 264

김병윤 425, 443

김석철(金錫澈) 240-242, 366, 367

김세중 247

김소운 264

김수근(金壽根) 15, 16, 164, 176, 181-185, 187, 224-227, 230-232, 235, 239-242, 245, 283-302, 307, 313, 318, 323, 352, 355, 366, 371, 388, 389, 428, 429, 435, 439, 450, 454

김억중 251

김영준 435, 452

김옥균(金玉均) 32

김옥길기념관 445

김원 366

김유방 79

김윤기(金允基) 75, 92, 93, 103, 104, 133, 201

김윤식 145

김의원 175

김인철(金仁喆) 425, 429, 430, 432-435, 443, 445

김인호 316, 317

김정동 133

김정수(金正秀) 227, 233, 234, 303, 304, 308, 313, 315

김정철 203

김종규 435, 442, 452, 455

김종량(金宗亮) 75, 92, 103, 132

김종성(金鍾星) 245, 290, 303, 312, 319, 322, 323, 327−345, 351, 364, 388, 397, 404

김종필 176, 231, 302

김준성 404, 452, 455

김중업(金重業) 164, 175, 204, 209, 224−227, 233, 234, 239−243, 245, 263−281, 284, 302, 307, 310, 311, 351, 352, 355, 366, 367, 371, 389, 428

김창렬 주택 400, 401

김창집 305, 310

김천고등보통학교(김천고등학교) 141

김태수(金泰修) 179, 359−361, 364

김포공항 287, 322

김해경(金海卿) → 이상

김헌 454

김현옥 184, 188, 189

김희춘 238, 304, 305

ㄴ

나가사키제철소 119

나남 52, 53

나라 컨벤션 홀 현상설계 442

나바위성당 44

나이토 타츄(內藤多仲) 138

나주 호남비료 공장 315

나카무라 요시헤이(中村與資平) 101, 102

나카하라 유스케(中原佑介) 380

낙원상가 182, 184, 186, 187

난징조약 24

「날개」148, 149, 158, 159

남당(南堂) 43

남만주철도주식회사 53, 58

남산맨션 287, 288

남산스퀘어빌딩 → 극동빌딩

남산음악당 계획안 287

남서울계획 177, 389

남영동 치안본부 대공분실 302

내글러, 오즈월드(Nagler, Oswald) 176, 179, 182, 185, 192, 387−391

내당(內堂) 93

내부성 15, 16, 149

내부적 경관 445

내부청사 99

네거티비즘 241, 293, 454

네덜란드식 2매 쌓기 39

네르비, 피에르(Nervi, Pier L.) 316

노다 도시히코(野田俊彦) 138

노들섬 복합문화기지 463, 464

노무라 이치로(野村一郎) 101, 116

노무현 대통령 사저 419

노스이스턴대학 국제 기숙사 393

노출콘크리트 268, 278, 286, 287, 292, 296, 300, 301, 307

농상공부 100

'농촌마을'(정기용) 421

뉴욕 도시개발공사 393−395

니시가키 야스히코(西垣安比古) 426

니시지마 건축설계사무소 305

니체 252

닝보 24

ㄷ

다가구주택 218

다다(Dada) 147, 152

다다미 80, 93, 94

다세대주거 17, 201, 204, 208, 217−219

다세대주택 208, 217−219

다쓰노 긴고(辰野金吾) 35, 101, 116

다이어그램 13, 15, 16, 18, 66, 89, 94, 195, 197, 263, 286−288, 324, 392, 401, 429, 435

다카하시 신키치(高橋新吉) 147

다케나카 입체 트러스 323, 324, 331

단게 겐조(丹下健三) 176, 181, 185, 227, 230, 302, 316

단암빌딩 → 도큐호텔

단일한 연속체(quantum continuum) 158

단층선 10

대구 계산성당 45

대구 계성학교 46, 47; 핸더슨관 103, 113, 114

대구 공군기지 격납고 305

대구공소원 99, 111

대구덕산공립심상소학교 84

대구복심법원 99, 111

대구삼덕초등학교 →
　　대구덕산공립심상소학교
대구실내체육관 315-317
대구자혜의원 99
대구제일교회 46, 47
『대도시와 정신적 삶』 150
대량식(大樑式) 구조 32, 104
대우문화재단 빌딩 333, 334
대우센터 310
대우증권 빌딩 333, 334
대전세계박람회 318, 302, 324, 354
대전 충무체육관 315, 317
대학로 118, 290, 297, 298, 300
대한국토계획학회 175, 178, 189
대한성공회회관 계획안 278, 279
대한시멘트 306
대한의원 본관(구) 111-113
대한제국 9, 30, 32-34, 36, 38, 51, 58, 221
대한주택공사 72, 176, 202, 210
대한중공업공사 인천 평로 공장 305, 314
대한화재해상보험 사옥 314
대현 지구 66, 70, 71, 73
더 아키텍츠 컬래버레이티브(The Architects
　　Collaborative) 240
덕성여자대학교 약학관 294
덕수궁 30, 33, 34, 36, 38, 57, 58, 312, 439;
　　구성헌 34, 38; 돈덕전 34, 37-41; 석조전
　　34, 35, 39, 40, 116, 139; 정관헌 34, 37-41;
　　중명전 34, 37-41; 환벽정 34, 38
『덕수궁사(德壽宮史)』 37, 38
데리다 440
데 스테일 152, 163, 228
『데어 크베르슈니트』 328
데페이즈망 156, 157
도리(鳥居) 134, 226, 227
「도시계획법」 53, 56, 60-64, 67, 68, 193, 194,
　　218
『도시공론』 61
〈도시들의 책에서 발췌한 한 페이지〉 454
도시 미화 운동 53, 67, 448
도시연구회 60, 67
『도시와 혁명』 413
『도시정보』 175

도시형 한옥 17, 50, 73, 76, 85, 87-94, 104,
　　127, 128, 134, 201, 202, 204-208, 210, 219,
　　284, 392, 400-402, 428-430, 433, 443
도창환 425
도천 라일락집 435
도쿄 계획 1960 181
도쿄고등공예학교 137
도쿄공업대학 103
도큐호텔 267, 310
독립기념관 235, 238, 239, 358
돈암 지구 67, 70-74, 171
돔이노 263, 266, 272, 273, 275
동국제강 308
동다유(董大酉) 102
동대문디자인플라자 449
동산병원 46
동성빌딩 312
동심원적 도시 178
동아백화점 140-142
『동아일보』 92, 136, 140, 164, 226, 227
동아일보사 사옥 117
동양강철 308, 310
동양시멘트 306
동양척식주식회사 68, 81
동일은행 남대문지점 140, 141
동정근 425
두손 뮤지엄 383, 385
두스뷔르흐, 테오 반(Doesburg, Theo van) 152,
　　156
둥자오민샹 36, 41
뒤리그, 장 피에르(Durig, Jean Pierre) 457
뒤스부르크 환경공원 461
들뢰즈(G. Deleuze) 15, 369-371, 373, 386,
　　440
DBEW디자인센터 367
딕슨, 아서(Dixon, Arthur S.) 48

ㄹ
라 데팡스 187
라란데, 게오르크 데(Lalande, Georg De) 116
라 빌레트 건축학교 421
라움플랜 290
라이트, 프랭크 로이드(Wright, Frank

Lloyd) 290, 291, 339

라 투레트 수도원 288, 339

라틴크로스 341

랑팡, 피에르(L'Enfant, Pierre C.) 54

래미안 퍼스티지아파트 217

랜드스케이프 10, 14, 18, 388, 405, 407,
442-444, 447-451, 453-463, 465

랭어, 수잔(Langer, Susanne K.) 443

러시아 21, 23, 36, 52, 53, 152, 202, 412-414

러시아공사관 37-41

러일전쟁 21, 37, 51, 96

레버하우스 226, 309, 310

레이먼드, 안토닌(Raymond, Antonin) 290

렉슬아파트 단지 216

로마네스크 43, 48, 118, 140, 340, 341

로버트 윌슨 주택 76, 77

로비 하우스 291

로빈 후드 가든스 주거단지 186

로스, 아돌프(Loos, Adolf) 290, 341

로이즈보험 사옥 336

로저스, 리처드(Rogers, Richard) 336

로즈, 조지(Rose, George) 9

로, 콜린(Rowe, Colin) 449

로크와 로브 프로젝트 265, 419

로, 피터(Rowe, Peter G.) 12

롯코 집합주택 430

롱샹 성당 280, 339

루도프스키, 버나드(Rudofsky, Bernard) 420

루돌프, 폴(Rudolph, Paul M.) 233, 395

루스벨트 아일랜드 392, 393-396, 398

뤼엔지(呂彦直) 102

류춘수 296, 324, 366, 429

르네상스 13, 40, 106, 227, 255, 261

르 코르뷔지에(Le Corbusier) 60, 173, 176,
181, 185, 187, 217, 226-230, 260, 263-268,
271-273, 275, 276, 279, 280, 288, 292, 307,
339, 360, 366, 367, 419

르페브르, 앙리(Lefebvre, Henri) 411,
413-416, 418

리롱 주택 90

리벳 이음(rivet joint) 120

리빌(reveal) 333

리신(lithin) 117

ㅁ

마(間) 376

마당 10, 16-18, 87, 88, 90-94, 125, 128, 132,
201, 204-207, 241, 250-252, 275, 285, 286,
290-292, 294, 377, 397, 400-404, 406, 408,
419, 425-446, 453, 454, 461, 463, 464

마로니에공원 298-300

마르크스주의 413-415

마르트네, 앙리(Martenet, Henri) 119

마산 22, 27, 29, 94, 274

마산 양덕성당 288, 292, 293, 296, 301

마산포 23

마셜(F. J. Marshall) 47

마쓰다 히라타 설계사무소 264

마종유 87

마춘경 316

마치야(町屋) 30, 82, 83, 93

마쿠앵, 프랑시스(Macouin, Francis) 421

마키 후미히코(槇文彦) 389, 431

마페졸리, 미셸(Maffesoli, Michel) 414

마포 36, 51, 66, 72, 111, 210, 211, 250, 461

마포 석유비축기지 461

마포아파트 210, 211

막구조 296, 321, 323-325

말그리마을 418, 421

망사르드 39, 108

매그재단 사옥 391

매끄러운 공간(espace lisse) 372

매사추세츠 공과대학 185, 413

맨체스터 가로공원 현상설계 393, 394

머피, 헨리(Murphy, Henry K.) 102, 103, 113

멈퍼드, 루이스(Mumford, Lewis) 228, 392

메가스트럭처 184, 186, 405

메가시티 148, 170

메로 시스템 322

메이지유신 21, 164

메타볼리즘 176, 288, 370

메탈라스(metal lath) 107

메트로폴리스 150-153, 157, 459

메트로폴리탄 미술관 한국관 359

명동성당 43-45, 459, 460

명동성모병원 305, 308, 309

명보극장 267, 359, 367

명수대성당 246, 252
모노파 363, 364, 369, 373, 378, 379
모더니티 10, 12, 222-224, 349, 351, 353
모뒬로르(Le Modulor) 264, 266
모스(J. R. Morse) 50
모홀리 나기 157
목동 197-199, 397, 450
목조 트러스 31, 32, 99, 108, 110, 207
목포 22, 29, 67, 82, 107, 445
몬드리안(P. Mondrian) 152, 159
몽학재 433
묄렌도르프(P. G. von Möllendorff) 36, 37
무가 주택 83, 84
무감각함(blasé) 148
무라노토고상 369, 383
무량수전 377
무명성 372, 382
무무헌 90
무애건축사무소 304
무(無)의 매체 370, 378-380, 384
무주곤충박물관 422, 423
무주(無柱) 공간 32, 102, 121, 122, 322, 331,
    338, 344
무주공설운동장 422, 424
무주군청사 422
무주서창향토박물관 422, 423
문예회관 공연장 288, 290, 299, 301
문예회관 미술관 290, 294, 298, 299, 301
『문화과학』 415
문화방송 사옥 313
문화비축기지 → 마포 석유비축기지
문화역서울284 → 서울역사(구)
문화운동 75, 79, 127
문화적 풍경(Culturescape) 446
문화주택 50, 73, 76, 78-82, 87, 91, 94, 108,
    127-129, 131, 201
뮈텔 주교 44
미국경제협조처(USOM) 179, 210
미국 국립문서기록관리청(NARA) 203
미국대외활동본부(FOA) 304
미나카이 백화점 142
미네소타 프로젝트 304
미동보통학교 139

미스 반 데어 로에(L. Mies van der Rohe) 211,
    226, 233, 291, 305, 311, 312, 327-346, 351
미쓰비시제철 115
미쓰코시백화점 142, 159
미즈노 렌타로(水野錬太郎) 60
미쿠니 토시미치(三国利道) 80
민가연구회 136
민가 조사 92, 123, 124, 126, 136
민병수 가옥 114, 142, 143
민병옥 가옥 132, 133
민영빈 주택 281
민족건축인협의회(민건협) 355
민족대성전 278, 281
민현식(閔賢植) 425, 434, 435, 439, 440, 442,
    443, 445, 452, 453
민현준 463
밀알학교 359, 365, 366
밀오너스 빌딩 265

ㅂ

바다호텔 계획안 278
바로크 43, 54, 227, 448
바르셀로나 파빌리온 291, 338, 346
바르트, 롤랑 373
바슐라르 418
바우하우스 137, 143, 152, 228
바카디 사옥 341-343
박길룡(朴吉龍) 16, 75, 91-93, 103, 114, 118,
    123-143, 163, 164, 201, 427
박노수 주택 131
박동진(朴東鎭) 75, 103, 114, 163, 164, 427
박병주(朴炳柱) 175, 176, 179-181, 183, 192,
    203
박승홍 464
박원용 87
박윤성 236
박정희 49, 174, 177, 183, 184, 188, 222, 225,
    235, 238, 456
박정희 가옥 82
박춘명(朴春明) 230, 313, 320
박태원 148-151
박흥식 141, 142
반포 54, 188, 210, 216, 217, 240

발모리 어소시에이츠(Balmori Associates) 457, 458

방갈로 주택 78, 80, 207

방주교회 386

방철린 425, 429, 433

방화상 구조 35, 39, 116

배기형(裵基瀅) 303, 305, 314, 315

배럴 볼트 403

배재학당 36, 103

백문기 425, 432

버그만, 슈라이(Bergermann, Schlaich) 324

버넘, 다니엘(Burnham, Daniel H.) 54

버지, 존(Burgee, John) 394

번드(The Bund) 26, 27, 29

번사창 31, 32

번햄, 레이너(Banham, Reyner) 312

벌룬 프레이밍 구법 104, 105

벌룬 프레임 78, 108

범영루 272

범태평양건축상 292

법주사 팔상전 225

베네딕트, 마이클(Benedikt, Michael) 439

베네치아 비엔날레 264, 367

베란다 26, 35, 37-41, 47, 112, 125, 266

베르크, 오귀스탱(Berque, Augustin) 444

베를린 신국립미술관 334

베를린 필하모니 334

베어드(W. M. Baird) 47

베이겔, 플로리안(Beigel, Florian) 442, 443, 451, 453-455

베즐레 성당 341

벤야민 150, 151, 160

벨기에영사관(구) 112

병산서원 377, 392, 445; 만대루 377, 445

병인박해 249

병인순교 백주년 기념성당 →
　절두산순교기념관 순례성당

보들레르 148, 150, 160, 161, 223

보리스, 윌리엄(Vories, William M.) 14, 77, 102, 103, 113

보스트윅(H. R. Bostwick) 51

보이드(void) 430

보일러 난방 205-207

보편적 지역주의 369, 385, 386

보화각 114, 142, 143

봉수대 361, 362

뵈티허, 카를(Bötticher, Karl) 331

부산 21, 22, 25-27, 29, 42, 45, 51, 56, 61, 67, 77, 85, 120, 170-173, 175, 184, 198, 202, 274, 312, 357

부산 구덕체육관 315, 316

부산경찰서 99

부산대학교 본관 266-268

부산세관(구) 115

부산시립박물관 245, 246, 256-258, 260, 261

부산아시안게임 296, 354

부산 정란각 107

부여박물관 226, 227, 302

부여호텔 계획안 287

북촌 16, 87, 91, 104, 283, 284, 285, 294, 367, 422, 429, 443, 444

분당 신도시 198-200, 434, 435, 441, 452

분당주택 430, 434, 435, 452

'분당주택 전람회 단지' 계획 430, 434, 452

분리파 102, 124, 127, 137

불광동성당 288, 296

불국사 272

불확정적 공간 454

브라운, 맥리비(Brown, J. McLeavy) 35

브라운슨, 자크(Brownson, Jacques) 332

브랜다이스대학 기숙사 392

브뤼기에르(B. Bruguiére) 42

브릭컨트리하우스 프로젝트 338

『비극의 탄생』 252

비뇰라, 자코모(Vignola, Giacomo B. da) 43

비뇰리, 라파엘(Viñoly, Rafael) 334, 335

비늘판 76, 78, 105-107

비례체계 246-248, 253, 255, 261

비무장지대 451

비오토피아 단지 381, 383, 384

비움 16-18, 90, 292, 293, 377, 405, 406, 425, 434, 439, 440, 442, 443, 461

「비움의 구축(Structuring Emptiness)」 440, 443

비판적 지역주의 358-360, 368, 380

비프로 저택 435

ㅅ

사관구(使館區) 36
사노 토시가타(佐野利器) 61, 137, 138
사리넨, 에로(Saarinen, Eero) 316, 317
사분할 리브 볼트 45
사사 게이이치(笹慶一) 55, 57, 101, 117, 136
4.3그룹 18, 355, 377, 425, 429-431, 434-
    436, 439-443, 445, 452
사선제한(斜線制限) 194
사세보(佐世保) 115
사이드, 에드워드(Said, Edward) 351
사이딩(siding) 105
사쿠라가오카(桜ヶ丘) 문화주택 단지 80-82
사프디, 모셰(Safdie, Moshe) 390
사회적 응축기(condensateurs sociaux) 414
사회주거 202, 209, 420
산본 신도시 198-200
산업혁명 11, 13, 56, 150, 160, 228, 330, 350,
    351, 413
산책자(flaneur) 148
산타 코스탄차 묘당 340
'살아 움직이는 선' 243, 277, 279
『삶을 바꿔라, 도시를 바꿔라』 413
삼강제강 308
'300만 명을 위한 현대 도시' 181
삼성 제일모직 TOP공장 314, 315
삼일빌딩 226, 267, 310-312, 321, 351
삼중심 아치 40
'삼차각설계도' 연작 154-156
삼현제 주택 432
삼화제철 307, 308
상계동 197-199
상업은행 본점 309
상파울루 비엔날레 388
상하이 23-27, 35, 37, 40, 43, 47, 90
새마을운동 420, 421
새만금계획 442, 447
새문안교회 36
새서울백지계획 179-181
샘터 사옥 290, 294, 300, 301
생제르맹 데 프레 성당 44
생태건축 409
생활권이론 195-199

생활세계(Lebenswelt) 418
샤룬, 한스(Scharoun, Hans) 334
샤먼 23, 24, 26, 27, 40
샹바르, 로제(Chambard, Roger) 269, 270
서가 유형 454
서강대학교 본관 268
서강대학교 예수회관 246-248, 254
서대문형무소 109
서린동 SK사옥 319, 331, 333-335
서병준산부인과의원 267, 277, 278, 280
서북학회회관(구) 112
서스펜션 구조 315, 316
서울건축 318, 397, 450
서울건축학교 355, 357, 425, 437, 442, 445
서울과학기술대학교 → 경성고등공업학교
서울광장 438
서울교육대학교 캠퍼스 294
서울대학교 공과대학 → 경성고등공업학교
서울대학교박물관 342-346
서울대학교병원 의학연구혁신센터 →
    한국해외개발공사 사옥
서울대학교 예술관 288, 294, 295, 439
서울도시건축전시관 438
서울도시기본계획 175, 177-181, 188
서울법원청사 287
서울세무국 주임 관사 84
서울스퀘어 → 대우센터
서울시립 남서울미술관 → 벨기에영사관(구)
서울아시안게임 295
서울어린이대공원 174
서울역사(구) 101, 110, 113, 114
서울올림픽 242, 295, 302, 303, 317, 322, 324,
    354, 361, 397, 430
서울월드컵경기장 296, 324
서울특별시의회 → 경성부민관
석굴암 전실 계획 269
석 뮤지엄 383-385
석실성심 성당 43
석운재 400-402
석채의 교회 377, 378
선교사 스윗즈 주택 76, 77
선교사 주택 45, 46, 76-78
선유도공원 444, 461, 462

선천 46

설원식 주택 계획안 282

성공회성당 43, 47, 439

성 미카엘 성당 43

성 바울 성당 유적 43

성진 22

세계건축가연맹 도쿄회의 293

세레딘 사바틴, 아파나시(Seredin-Sabatin,
 Afanasii I.) 35, 37-41, 45

세르트, 주제프 류이스(Sert, Josep Lluís) 176,
 387-395, 397-400, 441

『세르팡』 147

세실극장 → 대한성공회회관 계획안

세운상가 176, 182, 184-187, 297, 302

세이장 301

세종대학교 → 수도여자사범대학

세종문화회관 225, 235-237

세종시 18, 447, 456, 457

세키네 노부오(関根伸夫) 364, 369, 377,
 379-381

세키노 다다시(関野貞) 427

세포조성적 선형도시체계 179

셸 구조 305, 314-316, 322

소개공지대(疏開空地帶) 184

소비에트 궁전 현상설계 228

「소설가 구보씨의 일일」 148-150

소수 건축 370, 371

소수 문학 369-371, 373, 386

소주택조사위원회 86

소크 연구소 16, 439

소홍렬(蘇興烈) 293

손병희 102

손의 흔적 370

손탁호텔 37, 38, 40

솔라 모랄레스, 이그나시(Solà-Morales, Ignasi
 de) 459

쇼단 저택 265, 266, 275

수도극장 287

수도여자사범대학 268

수 뮤지엄 383-385

수성 지구 198

수송동 36

수원화성 361, 362

수졸당 434

수평적 랜드스케이프 462

수피아여학교 46, 113

순수한 사인(sign pur) 156

쉬자후이 성당 43

슈라이, 요르그(Schlai, Jörg) 317, 324

슈에이샤 119

슈투트가르트 211

슈퍼 블록 187, 190

스미스슨 부부(Alison Smithson and Peter
 Smithson) 185, 186

스미요시 주택 430

스타던(J. C. Staden) 29

스타인버그, 데이비드(Steinberg, David) 388

스털링, 제임스(Stirling, James F.) 367

스톤, 로버트(Stone, Robert) 395

스트럭처 글라스 월 시스템 320, 321

스틱 방식 320, 321

스팬드럴 309, 310

스페이스 프레임 289, 321-323

스펙 하우스 201

승효상(承孝相) 286, 405, 425, 434-436, 440,
 442, 443, 446, 452-454

「시가지건축물법」 61

「시가지건축취체규칙」 63, 97

시가지계획결정이유서 65, 70

시가할표준도 70-73

시구개정계획 58, 59

「시구개정령」 54-56, 63

시구개정사업 54-60, 67, 199

시그램빌딩 226, 311, 351

시리아니, 앙리(Ciriani, Henri) 436

시미즈구미(淸水組) 143

시민회관 236, 304

시알에스(CRS) 건축사무소 321

CEO 라운지 I 444

시카고 플랜 54

식민지배 9, 10, 21, 22, 41, 49-51, 54, 57, 58,
 68, 69, 75, 96, 98, 100, 101, 123, 124, 265

『신가정』 133

신건축문화연구소 305, 314

신고전주의 34, 118, 119, 236

신구논쟁 223

신동공사(紳董公社) 25

『신동아』 131, 135

신라호텔 313, 314

신명학교 46

신세계백화점 본점 117

「신세대 한국건축 3인전」 430, 431

신신백화점 304

『신여성』 131, 135

신의주 56, 67, 73

신의주시청사 117

신의주 지방법원청사 99

신한은행 광교 빌딩 → 조흥은행 본점

『실생활』 130-135

심리 지도(psychogeography) 149

심의석(沈宜錫) 35, 47, 103

싱켈(K. F. Schinkel) 330

쌈지공원(마을마당) 438

쌈지길 438

쓰즈키마(續き間) 84

쓰치야 츠모루(土屋積) 121

쓰카모토 야스시(塚本靖) 101

ㅇ

아관파천 33

아궁이 126, 128, 130-134, 209

아디케스 법 63, 67

아르코미술관 → 문예회관 미술관

아르코예술극장 → 문예회관 공연장

아리요시 주이치(有吉忠一) 63

아리움 사옥 → 서병준산부인과의원

아방가르드 103, 145-147, 150-153, 156,
    157, 160, 163-165, 228, 331, 339, 352, 368,
    369

아셈타워 319

아시아유럽정상회의(ASEM) 354

아시아재단 176, 388, 390

아시아출판문화정보센터 443

아우트리거 319, 320

I빔 멀리언 311, 341

아이젠만, 피터(Eisenmann, Peter) 15, 352

I형 연철 보 35

아주대학교 에너지시스템연구소 337

아케이드 39, 40, 150, 151

『아케이드 프로젝트』 150, 151

아키타이프 391, 403

아파두라이(A. Appadurai) 349

『아파트 공화국』 202

아파트 지구 190, 193, 212, 213

아펜젤러(H. G. Appenzeller) 47, 113

아편전쟁 11, 24

아현동성당 246

아현동 재개발 50

안도 다다오(安藤忠雄) 430, 432

안병의 270, 272, 428

안영배(安瑛培) 192, 203, 233, 429

알렉산더, 크리스토퍼(Alexander,
    Christopher) 195, 450

애덤스(J. E. Adams) 47

애스턴(W. G. Aston) 28, 29, 36, 47

야나기 무네요시(柳宗悦) 372, 374, 375, 381

야생성 370

야스다 은행 139

약현성당 42-44

양무운동 31

양천수리조합 배수펌프장(구) 104, 106

양, 켄(Yeang, Ken) 404

『양풍목조건축도해』 105, 108

어반 보이드(urban void) 438, 449

언더우드(H. G. Underwood) 77, 102

언더우드학당 36

언어교육원(건국대학교) →
    건국대학교 도서관

영명학교 46

엄덕문(嚴德紋) 176, 203, 236, 237, 246, 305

에스오엠(SOM) 226, 320

H자형 한옥 92, 129, 131-133, 135

H형강 308, 310, 317

에이크, 알도 판(Eyck, Aldo van) 387, 420

에이호 회사 139

에콜 데 보자르(École des Beaux Arts) 102, 339,
    411-413

에프엘스미스(FLSmith Co.) 306

에프오에이(FOA) 460, 461

엔가와(緣側) 125, 426

엔비크 공법 115

LS용산타워 → 국제그룹 사옥

찾아보기

LG 강남 사옥 320

LG트윈타워 318, 319

엠브이알디브이(MVRDV) 435

엠엠케이플러스 464

여수 수족실험관 287

여의도 계획 181-184, 187, 297, 302, 450

여의도광장 174

여의도 시범아파트 211, 213

여초서예관 441

연다산리 주택 422

연세대학교 77, 102, 103, 113, 313

연세대학교 학생회관 313

열화당책박물관 453

영국건축협회건축학교(AA건축학교) 439,
　442

영국공사관 39, 47, 112

『영국 노동계급의 상황』 161

영국식 네오고딕 양식 113, 114

영국영사관 41

영단주택 72, 84-86, 89, 94, 203, 204

영동 지구 187, 190-192, 195

영등포 지구 70-73

영사관령 97

영선사(領選使) 31

영월 구인헌 422

영주 부석사 299, 362, 363, 377

영토화(territorialisation) 12, 370-373, 376,
　377, 386

예수교서회 139

예술의전당 235, 239-242, 367

예(禮)의 건축 370, 372, 376-380

예일영국미술센터 339

'오감도(烏瞰圖)' 연작 157-160, 162

오노다 시멘트 115, 306

오다 쇼고(小田省吾) 37, 38

오르테가, 안드레스 페레아(Ortega, Andrés
　Perea) 405, 456

오리엔탈리즘 351

오사카 만국박람회 289, 295, 302, 323

오스만(G. E. Haussmann) 56, 57, 59, 150, 151,
　160, 161, 411, 413

오언, 로버트(Owen, Robert) 151, 413

오영섭 87

오영진 264

오월혁명 → 육팔혁명

오일륙군사정변 231

오일팔민주화운동 388, 404

오쿠(奧) 376

옥천 죽향초등학교 구 교사 104, 106

온돌 17, 80, 81, 86, 93, 94, 124-126,
　128-132, 134, 135, 164, 204, 205, 208, 209,
　211, 431

온양미술관 364, 378, 379

온양민속박물관 364, 367

올림픽 가든타워 367

올림픽 세계평화의문 235, 243, 267, 273

올림픽선수기자촌 설계 393

올림픽선수기자촌 아파트 397-399

올림픽 역도경기장 317, 323, 324, 331

올림픽 조각공원(Olympic Sculpture Park) 459

올림픽 주경기장 287, 295, 317

올림픽 체조경기장 287, 295, 296, 317, 323,
　324

옴스테드, 프레더릭 로(Olmsted, Frederick
　Law) 54

와세다대학 92, 103, 133, 136, 378

와이탄(外灘) → 번드

와플 보 322

요시무라 준조(吉村順三) 290

요시자와 토모타로(吉澤友太郎) 47

요요기경기장 316

요코하마 26, 27, 106

요코하마 고등공업학교 264

요코하마 국제제항터미널 현상설계 442

용산 22, 43, 51, 52, 66, 101, 120, 178, 209,
　321, 464

용암포 22

우경국 425, 429, 432, 433

우규승(禹圭昇) 359, 364, 387-393, 395,
　397-400, 402, 404-408

우리금융아트홀 → 올림픽 역도경기장

'우리마당' 연작 431

우양미술관 → 경주 선재미술관

우에다 유우세(上田雄三) 379

우일선 선교사 사택 → 로버트 윌슨 주택

우치다 요시카즈(内田祥三) 61, 138

우한 26, 27, 31

웅어스, 오스발트(Ungers, Oswald M.) 395

워런 트러스(warren truss) 121

워싱턴 계획 54

워싱턴 자유의 종각 계획안 269

워커힐 224, 231; 힐탑바 287, 307

원도시건축 314, 318, 439

원산 21, 22, 25, 42, 184

원산중학교 본교사 105

웰콤시티 442

〈위상-대지〉 379-381, 385

윈스브로우 홀 113

윌리엄스, 존(Williams, John) 393

유걸(兪杰) 359, 364-366, 460

유네스코회관 305, 306, 308, 309, 319, 321

유니테 다비타시옹 185, 265

유니트 방식 320, 321

유동룡(庾東龍) → 이타미 준

유동하는 바탕(fluid base) 442

유엔기념공원 273, 274

유엔기념묘지 정문 263, 267, 273, 274, 282

유엔한국재건단(UNKRA) 202, 203, 304, 306,
  308

유영근 226, 309

육군박물관 279, 280

육군사관학교도서관(육사도서관) 341-343,
  345

63빌딩 318, 320, 321

육이오전쟁 10, 169-172, 177, 184, 202, 221,
  283, 306, 308, 388

육팔혁명 410, 412, 414

윤승중 225

윤일주(尹一柱) 42

윤정섭 175, 304, 305

윤효중 264

『율리시스』 150

을미사변(乙未事變) 30

을사늑약 42, 96, 111

의양풍(擬洋風) 106, 107

의재미술관 445

의정부 33, 96, 100

의주 22, 46

의창군수 관사 94

이강홍 주택 280

이경성 225

이경호 주택 263, 266, 267, 273, 275, 428

이광노 233, 304, 313, 429, 430

이마(居間) 125, 308

이매구 87

이분 올루아 스포츠호텔 279

이사청(理事廳) 100

이상(李箱) 103, 145-154, 156-165

이성관 425, 429, 434, 440, 441

이성옥 175

이소진 435

이승만 202

「이 시대 우리의 건축」 430, 434

이시카와 히데아키(石川栄耀) 175

이시코 준조(石子順造) 379

이여송 33

이오닉 오더 35, 112

이와쓰키 요시유키(岩槻善之) 118, 124, 125

이와이 조자부로(岩井長三郎) 101

이우환 364, 369, 372-374, 379-385

이윤순 133, 134

이응노의 집 445

이일훈 425

『이조민화』 375

이종상 425, 432, 433

이채연(李采淵) 32

이천승 304

이케다 히로시(池田宏) 61

이타미 준(伊丹潤) 363, 364, 369-381,
  383-386

이태준 148

이홍장(李鴻章) 31, 36

이화여자대학교
  이화캠퍼스복합단지(ECC) 444, 460

이화여자대학교 파이퍼 홀 103, 113

이화학당 36

이희태(李喜泰) 224, 235, 236, 245-261

인공 데크 182, 185, 186

인동간격 98, 208, 213, 214, 218, 398

인문관(부산대학교) → 부산대학교 본관

인천 22, 25-29, 37, 50, 62, 80, 85, 106, 198,
  274, 308, 325

인천 답동성당 42
인천 문학경기장 324
인천 송림동성당 246
인천시청사 117
인천제물포각국조계장정 25, 28
인천해무청사 266
인포룸 440
일리노이공대 327, 339
일본공사관 37, 106
일산 신도시 198-200, 435
일상성 405, 409, 410, 414-416
일식 주택 30, 50, 75, 76, 80, 82-84, 87,
　91-94, 107, 127-131, 201
일식 트러스 108, 109
일신제강 영등포 공장 305
임시세관공사부 96
임진왜란 35
임창복 177, 205
입체온돌 134, 135
입체 트러스 289, 321-325, 331
잉골스 아이스하키링크 316

ㅈ

자시키(座敷) 84
자에라 폴로, 알레한드로(Zaera-Polo,
　Alejandro) 460
자울 주택 265
자유공원 → 각국공원
자유센터 224, 226, 230-235, 288, 302
자하문(불국사) 272
자하문(서울) 187
잠실 개발 191
잠실 아파트 210
잠실 야구경기장 317
잠실 지구 191, 192, 195, 197, 199
장기인(張起仁) 233
장세양 296, 301, 432
장충체육관 315
재건주택 202, 204
『재래식 주가개선에 대하야』 131, 135
재영토화 12
저축 은행 139
전관거류지 21, 22, 25, 27

전남도청사 118, 404, 405, 407, 408
전단벽 309, 318, 319
전이 공간 296, 393
전주 새한제지 공장 315
전주자혜의원 99
전주 전동성당 45
전통 논쟁 16, 221, 222, 224-227, 303, 357,
　358, 360
전형필 142
절두산순교기념관 246, 249, 251, 252, 253,
　256-261; 박물관 250-261; 순교기념탑 249,
　250; 순례성당 250-253
절충주의 11, 41, 79, 95, 101, 103, 106, 142,
　221, 229
점지의 묘 241, 445
정경(鄭坰) 230, 310
정기용(鄭奇鎔) 269, 355, 359, 404, 409-423,
　437
정길협 238
정동 34-39, 42, 46, 47, 112, 133, 212, 432
정동제일교회 36, 46, 47
정림건축 14, 318, 358
정부세종청사 458
정세권(鄭世權) 87, 132, 134, 135
정영균 405
정영선 444, 461, 462
정인국 239, 305
정재헌 435, 436
정종태 230
정주간 126
정준수 가옥 133
제물포 21, 27, 28, 36, 42, 76
제물포구락부 37
제수 성당 43
제이차세계대전 11, 184, 229, 350, 413
제일차세계대전 102, 150, 328
제주대학교 본관 263, 266, 267, 275, 276
제주신영영화박물관 367
제주월드컵경기장 325
제퍼슨 메모리얼 317
젬퍼, 고트프리트(Semper, Gottfried) 330, 331
조각가의 아틀리에 378
'조감도(鳥瞰圖)' 연작 154, 157

조경설계 서안 461
조계 23-26, 28, 30
조계지 22-30, 40, 41
조례주택 218
조몬(繩文) 376
조미수호통상조약 36
조선건축회 60, 80, 86, 101, 135
『조선과 건축(朝鮮と建築)』 60, 71, 80, 83, 100, 101, 124, 129, 131, 132, 135, 141, 147, 153, 156, 421
『조선과 그 예술』 374
조선기독대학 → 연세대학교
조선도시경영주식회사 81, 82
『(조선문) 조선』 125, 130
「조선박람회」 75, 80
『조선부락조사특별보고 제1책: 민가』 124
『조선사대도시(경성, 평양, 부산, 대구) 도시계획현상조사서총람』 61
조선생명보험 사옥 140, 141
「조선시가지계획령」 56, 61-64, 67, 68, 72, 97, 193, 309
조선식산은행 68
조선은행 본점 35, 101, 102, 110, 116
『조선의 건축과 문화』 376
조선이연 인천 공장 307, 308
『조선일보』 127, 130, 134
조선주택영단 72, 73, 85, 94, 203
조선총독부 49, 55, 56, 60-68, 75, 84, 95-101, 103, 107, 108, 117, 118, 123-125, 132, 137, 139, 145, 161, 184
「조선총독부건축표준」 98, 111
조선총독부 관방회계과 83, 101, 146, 163
조선총독부 영선계 83, 97, 118, 139, 146, 163
조선총독부 중앙시험소 청사 104, 106, 107
조선총독부 청사 57, 58, 95, 100, 101, 116, 117, 139
『조선토목사업지』 56
조성렬 301
조성룡 425, 430-434, 442-445, 461, 462
조영수호통상조약 25, 47
조양방직 공장(구) 107, 109, 110
조용만 147
조이스, 제임스 150

조일잠정합동조관 50
조흥은행 남대문지점 309
조흥은행 본점 226, 308-310
존슨, 필립(Johnson, Philip) 394
종로타워 334
종묘 33, 57, 284
종암아파트 208-210
종연방적 전남 공장(구) 121
종합건축연구소 236, 304, 305
주거개량운동 75, 79, 124, 126, 201, 427
주상복합 186, 201, 211, 214
주생활 계몽운동 123
주원(朱源) 175
주인도한국대사관 288
주종원(朱鍾元) 175, 176, 203
주택개량운동 127
주택·도시 및 지역계획연구소(HURPI) 176, 179, 192, 388-390, 407
주택도시연구원 199
주한프랑스대사관 263, 266, 267, 269-273, 275, 282, 307
줄레조, 발레리(Gelézeau, Valérie) 202
중복도형 79, 80, 82-84, 86, 93, 94, 113, 129, 131, 209, 214
중앙고등학교 본관 114
중앙산업 208, 306
중앙전화국 139
중정 16, 87, 93, 132, 209, 237, 238, 294, 300, 338, 344, 392, 393, 399, 400, 402, 404, 406, 427, 428, 432, 441
중정식 주거 91, 93, 128, 392, 400, 419, 441
증식하는 원 278-280
지문(地文) 443
지소규칙 25
GS타워 → LG 강남 사옥
지오데식 돔 324
지요다 생명 139
「지정학적 세계에서의 비판적 건축」 352
지철근 305
진남포 22, 56
진주문화예술회관 273, 281
진천 덕산양조장 104, 107
진해 52, 53, 82, 107

진해성당 246
진해우체국 104, 110
진해해군공관 266, 273
짐멜, 게오르크(Simmel, Georg) 150
집장사집 17, 201, 204-208, 211, 217, 219,
　428
집중식 주거 91, 93, 128, 427
「짓기, 거주하기, 생각하기」 417

ㅊ

차노마(茶の間) 84
차일렌바우(Zeilenbau) 208-211
찬디가르 229, 230, 233, 264-266, 268, 271,
　272
창경궁 대온실 119, 120
창덕궁 35, 57, 119, 159, 284; 연경당 428, 429
창암장 301
창융호(Chang Yung Ho) 404
채만식 148
'천 개 도시들의 도시' 456
천도교 중앙대교당 102
천원지방 34
「철강공업육성법」 317
철골 트러스 돔 구조 305, 315
철근콘크리트조 99, 100, 112-118, 121, 140,
　207, 215, 259, 272, 306-308, 310, 314, 315,
　341, 422
첨두 아치 45
청계상가 186
청년건축인협의회(청건협) 355, 356
청담동 주택(조성룡) 432
청량리 홍릉 부흥주택 단지 203
청일전쟁 21, 28, 32, 44, 46, 111
청진 22, 30, 52, 71, 73, 85, 86, 184, 283
청파동성당 246
체임벌린, 파월 앤드 본(Chamberlin, Powell and
　Bon) 240
초량항 22
총독관저 101, 139
최문규 438
최순우 289, 293, 445
최욱 435, 443, 462
최종완 314, 315

최종환 305
최종훈 453
축부 구조 104, 105
축조예술 328, 329
「축조예술과 시대의지」 328
춘천실내체육관 315, 317
춘천 자두나무집 418, 419, 422
출판물종합유통센터 북센 453
충청남도역사박물관 → 국립공주박물관
츠보이(坪井慶介) 310
측후소(測候所) 99
치도론 32
「치도약론」 32
치안본부청사 287
칠원마을 361

ㅋ

『카프카: 소수 문학을 위해』 370
칸델라, 펠릭스(Candela, Félix) 316
칸, 루이스(Kahn, Louis) 16, 338-340,
　343-346, 403, 439
칸, 파즐루르(Khan, Fazlur) 319
KAL빌딩 310
캉봉, 피에르(Cambon, Pierre) 375
커튼월 117, 267, 268, 305, 306, 308-313, 320,
　321, 334, 351
커티스, 윌리엄(Curtis, William J. R.) 229, 271
컬럼비아대학 390
케임브리지 387, 392, 400, 401
케임브리지 자택(우규승) 400, 401, 403
코너, 제임스(Corner, James) 448
코르나로 저택 40
코르텐강 312
『코리안 스케치』 36
코스트(E. J. G. Coste) 43-45
코오롱 사옥 320
코티지 양식 78
콘더, 조사이아(Conder, Josiah) 116
『콜라주 시티』 449
콜브란(H. Collbran) 51
콜하스, 렘(Koolhaas, Rem) 15, 395
콥, 아나톨(Kopp, Anatole) 412-414
쿠마 겐고(隈研吾) 101, 364, 373

쿱 힘멜블라우(Coop Himmelblau) 405
퀸 포스트 트러스(쌍대공 트러스) 108, 109
큐비즘 152, 163
크라이스트 제너(V. F. Christ-Janer) 298, 390, 391, 403
크레, 폴(Cret, Paul P.) 339
크루프 사옥 338
크리스토, 필립(Christou, Philip) 195, 442, 450, 453, 455
클레, 파울 442, 454
키에리카티 저택 40, 254
킴벨 미술관 339, 343, 403, 439
킹 포스트 트러스(왕대공 트러스) 39, 108

ㅌ
타워형 214
타워호텔(구) 232, 235
타푸리, 만프레도(Tafuri, Manfredo) 53, 151, 152
탁지부 건축소 96, 100, 101, 111, 115
탄허기념박물관 441
탈근대성 165
탈영토화 12, 370-373, 376, 377, 386
태양의집 277
태평로 삼성 본관 313, 319, 321
태평양전쟁 42, 70
「택지건물등가격통제령」 70
터릿(turret) 40
테랭 바그(terrain vague) 458, 459
테헤란로 189, 194
텍토닉 330, 331, 344
텐서그러티 돔(구조) 323-325
톈진기기국 31
톈진조약 24, 26
「토지가옥저당규칙」 54
「토지가옥증명규칙」 51, 54
토지구획정리 61-64, 66-73, 85-87, 91, 171, 188, 189, 193, 196, 199
「토지구획정리사업법」 193
「토지수용령」 55
토지장정 24, 25
「토지조사령」 54, 55
토지조사사업 55, 57

통경축(通經軸) 216, 217
투바이포 공법 105
튜브 구조 319, 331
트랜셉트 47
트롤럽, 마크(Trollope, Mark. N.) 48
팀 텐(Team X) 12, 395, 420

ㅍ
파노프스키(E. Panofsky) 158
파리 개조 계획 56, 151, 160, 161, 411, 413
파리 외방 전교회 42, 43
「파리인의 꿈」 150
파주출판도시 439, 440, 442, 443, 447, 451-454, 456
파크스(H. S. Parkes) 29
파티, 하산(Fathy, Hassan) 420
판상형 208, 211, 214, 216
판스워스 하우스 338
판원자오(范文照) 102
판자촌 171, 173, 177, 389
팔라디오니즘 14
팔라디오, 안드레아(Palladio, Andrea) 40, 254
팔라디오 양식 113
팔라초 261
팔레이 파크 438
퍼스(C. S. Peirce) 77, 102, 118, 139, 156, 217, 294, 295, 300, 444, 460, 461
페디먼트 35, 106
페레스 데 아르케, 로드리고(Perez de Arce, Rodrigo) 442
페로, 도미니크(Perrault, Dominique) 14, 444, 460, 461
페로, 샤를(Perrault, Charles) 223
페리, 클래런스(Perry, Clarence A.) 192, 196, 264
페이, 아이 엠(Pei, I. M.) 304
펠러, 안톤 마르틴(Feller, Anton Martin) 102
편복도형 211, 214
평안남도청사 99
평안북도청사 99, 115
평양 22, 42, 46, 51, 56, 58, 59, 61, 67-69, 85, 86, 89, 115, 132, 184
평양고등보통학교 99

평양사범학교 100
평촌 신도시 198-200
「평화기념동경박람회」 137
포스코센터 320, 321
포스터, 노먼(Foster, Norman) 336
포스트모던 11, 12, 95, 164, 327, 329, 339,
　358, 395
포지티비즘 293
포켓 파크(pocket park) 438
포트먼, 존(Portman Jr., John) 341
포항공대 체육관 324
포항제철 317
풍피두센터 286, 288, 290, 329, 336
푸리에, 샤를(Fourier, Charles) 151, 413
푸아넬(V. Poisnel) 43, 45
푸저우 24
푸코(M. Foucault) 10, 156
푸트(L. H. Foote) 36
풀러, 벅민스터(Fuller, Buckminster) 324
풍경 감응 445
풍문여자고등학교 과학관 313
풍 뮤지엄 383-385
퓨리즘 228
프란치니, 알베르토(Francini, Alberto) 405
프랑스공사관 37-41
프랑스국립도서관 461
프램턴, 케네스(Frampton, Kenneth) 360
프레이저플레이스 남대문서울호텔 →
　동성빌딩
프리캐스트 콘크리트 패널(PC패널) 215, 314
플래그스태프 하우스 40
피바디 테라스 391-393
피아노, 렌조(Piano, Renzo) 336
핀크스 멤버스 클럽하우스 383
필로티 218, 219, 247, 253-256, 260, 261, 271,
　431
핑크 트러스 120

ㅎ

하기와라 코이치(萩原孝一) 121
하디드, 자하(Hadid, Zaha) 449, 460, 461
하딩, 존 레지널드(Harding, John Reginald) 35
하루야마 유키오(春山行夫) 147

하버드대학 389, 391, 392
하버드대학원 기숙사 392
하버마스 223
하비, 데이비드(Harvey, David) 183, 456
하시구치 신스케(橋口信助) 79, 80
하워드, 에비니저(Howard, Ebenezer) 60
하이데거 224, 417, 418
하이 라인(High Line) 459
하이테크 건축 327, 336, 337, 357, 364
한강 아파트 단지 210, 211
한국건축가학교 425
「한국건축양식연구보고서」 233
한국건축학교육인증원 357
한국과학기술연구소(KIST) 177; 본관 176,
　288, 301
한국과학기술원부설지역개발연구소 217
한국문화예술위원회 예술가의 집 →
　경성제국대학 본관
한국산업은행 175, 203
한국산업은행 대구지점 117
한국성 222, 238
한국어린이회관 313
한국외환은행 본점 계획안 278, 280
한국은행 소공별관 → 상업은행 본점
한국은행 화폐박물관 → 조선은행 본점
한국전력공사 남대문로 사옥 117
한국종합기술개발공사 176, 181, 182, 185,
　289
한국종합무역센터 무역회관 318
한국천주교순교자박물관 →
　절두산순교기념관 박물관
한국해외개발공사 사옥 290, 294, 300
한길사 사옥 454
한미재단 304
한샘 기행 356, 436
한성도시개조사업 32
『한성순보』 32
한성전기회사 33
한일월드컵 303, 318, 325, 354, 437
한정섭 175
한청빌딩 140, 141
함성권 305, 314
합정동 주택(조성룡) 432

해광사 31

해방촌 171

해비타트67 390

해안건축 457, 458

해안통(海岸通) → 번드

해체주의 건축 357

해피홀 286, 288

행정수도 건설 174, 179

'행정수도 건설을 위한 백지계획' 196

허유재병원 435

헤이리 아트밸리 442, 447, 451, 454-456

현대 강남 사옥 319

『현대성의 철학적 담론』 223

현대카드 디자인 라이브러리 444

형식미 245, 255, 260, 352

혜화동성당 246, 247, 252, 254, 256, 257

'호수로 가는 집'(김인철) 445

혼마 다카요시(本間孝義) 62

홀위츠, 애런(Horwitz, Aaron B.) 179

홈 패인 공간(espace strié) 371

홍난파 가옥 81

홍순인 301

홍콩 26, 40, 43

화신백화점 140-142

환구단(圜丘壇) 33, 34

환기미술관 359, 391, 403, 404, 407, 408

환상형 도로 457

황궁우(皇穹宇) 33, 34

황두진 90, 435

황용주 175, 177

황일인 238

「회사령」 100

『횔덜린 시의 해명』 224

효성빌딩 312, 333, 351

후나코시 킨야(船越欽哉) 427

후루야 노부아키(古谷誠章) 378

후먼조약 24

후생주택 → 재건주택

후스마(襖) 84

후지모리 테루노부(藤森照信) 39, 138

후쿠바 하야토(福羽逸人) 119

휴먼 스케일 239, 283, 289, 290, 292, 296

흉내내기(mimicry) 27

흙건축 409, 421-423

힐사이드 테라스 431

힐튼호텔 322, 324, 334, 341, 342, 344

도판 제공

* 숫자는 '장(章) - 도판 번호'를 가리키며 도판 출처가 문헌인 경우 서지사항을 밝혔다. 출처나 저작권자를 찾지 못한 도판은 '저자' 제공 항목 중 '다시 작도'로 표시된 것들로, 연락이 닿는 대로 적절한 조치를 취할 것을 약속드린다.

개인 및 단체

간삼건축 13-14; 건축사무소 구조사 13-9; 경영위치건축사무소 10-8; 공간건축 7-11, 9-4, 12-4, 12-5, 12-9, 12-13, 12-15; 국가기록원 1-1(CJA0002274), 2-9(CJA0013073), 5-12; 국립중앙박물관 16-6; 국립현대미술관 18-5, 18-6; 기오헌 19-14, 기용건축 18-2, 18-7, 18-10, 18-11; 김병윤 19-17; 김용관 15-1; 김인철 20-13; 김재경 3-17, 8-17, 8-18, 8-19, 12-1, 18-1, 18-3, 18-4, 18-9, 19-12, 19-18, 20-12; 김종성 14-1, 14-9, 14-10, 14-16, 20-6; 김중업건축박물관 11-4, 11-12, 11-15, 11-17, 11-18, 11-19; 네이버 지도 서비스 2-18; 대한민국국회 9-7; 리움미술관 16-1; 문정식 13-19; 박영채 1-7, 1-10, 1-11, 1-19, 4-21, 4-4, 5-15, 9-10, 12-16, 13-1, 13-2, 13-7, 13-11, 14-12, 14-15, 15-10, 15-11, 15-12, 15-14, 19-13, 20-1, 20-14, 20-5; 박완순 3-16, 10-5; 서울건축 13-6, 13-13, 13-16, 14-2, 14-3, 14-5, 14-6, 14-8, 14-13, 14-14, 14-17, 14-18, 14-19, 14-20; 서울과학기술대학교 4-25; 서울시 항공사진 서비스 8-1; 서울역사박물관 6-4; 선진엔지니어링 7-9; 아르키움 19-3, 19-5, 19-11; 아이 아크건축사사무소 15-9, 20-10; 아이티엠유이화건축사무소 16-4, 16-7; 안장헌 19-19; 엄이건축 8-3, 8-14[(저자가 다시 작도(作圖)], 8-15(저자가 다시 작도); 연세대학교박물관 4-3; 예공건축 19-7; 윤재신 11-5; 윤재웅(저자가 다시 작도) 3-3; 이로재 17-16, 19-9; 이성관 19-15; 이인미 7-1; 이종상 19-6; 일건건축 17-8; 임정의 4-23, 9-2, 15-4, 19-10(기오헌 제공); 정정웅 9-14, 12-8, 12-11, 12-12, 12-18, 13-4, 13-17; 칸 건축 19-8; 통계청 8-2; 파주출판문화정보산업단지 사업협동조합 20-2, 20-3; 한국천주교순교자박물관 10-6; 한삼건 1-4, 1-6, 2-2; 한국토지주택공사 7-18, 7-19, 7-23, 8-7, 20-7; 해안건축 20-8, 20-9; Dominique Perrault Architecture 20-11; Google Earth 7-10, 7-13; Jonathan Lovekin 20-4; KSWA 7-3, 17-1, 17-3, 17-4, 17-5, 17-6, 17-7, 17-9, 17-15, 17-17, 17-18; Nils Clauss 1-17, 4-17, 8-9, 8-10, 8-12, 19-1, 9-13; Osamu Murai 16-5, 19-16; Raphael Olivier 11-7; Sanyam Bahga 11-1; Tanaka Hiroaki 16-11; Timothy Hursley 17-2, 17-11, 17-12, 17-13, 17-14; TSKP Studio 15-3, 15-7.

저자

1-8, 1-13, 1-14, 1-15(저자가 다시 작도), 1-16(저자가 다시 작도), 1-18, 1-20, 1-21, 1-22, 2-6(저자가 다시 작도), 3-1, 3-7, 3-8, 3-14(저자가 다시 작도), 3-15(저자가 다시 작도), 4-2, 4-9, 4-10, 4-12, 4-13, 4-14, 4-15, 4-16, 4-18, 4-20, 4-22, 4-24, 4-26, 4-27, 4-28, 5-6, 5-7, 5-15, 7-2, 7-12(저자가 다시 작도), 7-14, 7-15(저자가 다시 작도), 7-17(저자가 다시 작도), 7-22(저자가 다시 작도), 8-16, 9-1, 9-5, 9-8, 9-9, 9-15, 10-1, 10-3, 10-4, 10-7, 10-9, 10-10, 10-11, 11-2, 11-3, 11-6, 11-8, 11-9, 11-10, 11-11, 12-6, 12-7, 12-10, 12-14, 12-17, 12-19, 12-20, 12-21, 12-22, 12-23, 12-24, 13-5, 13-8, 13-10, 13-12, 13-15, 13-18, 14-4, 15-2, 15-5, 15-6, 15-8, 15-13, 16-2, 16-3, 16-8, 16-9, 16-10, 16-12, 17-10, 18-8.

문헌 및 지도

고석규, 「역사적 관점에서 본 목포의 도시공간과 문화」, 서울건축학교, 『전환의 도시 목포』, 2004. p.58. 1-3; 공간사, 『공간』, 1967. 9. p.12. 13-3; 공간사, 『공간』, 1968. 4. p.21. 9-6; 공동주택연구회, 『한국 공동주택계획의 역사』, 1999. p.219. 8-8(저자가 다시 작도); 광주광역시, 『광주도시계획사』, 2009. p.135. 2-12; 구십구건축문화의해조직위원회·국립현대미술관, 『한국건축 100년』, 1999. p.219. 3-2(저자가 다시 작도); 국가기록원, 『일제시기 건축도면 해제 I: 학교 편』, 2008. 4-1(첫째 줄), 4-7; 국가기록원, 『일제시기 건축도면 해제 III: 법원·형무소 편』, 2010. 4-1(둘째 줄); 국가기록원, 『일제시기 건축도면 해제 IV: 의료·세관시설 편』, 2011. 4-1(셋째 줄); 국가기록원, 『일제시기 건축도면 해제 VII: 각급 기관 및 지방청사 편』, 2014. 4-1(넷째 줄); 김수근, 「국제지명설계경기: 김수근 안」, 『건축문화』 43호, 1984. 12. p.20. 9-12; 김수근, 『좋은 길은 좁을수록 좋고 나쁜 길은 넓을수록 좋다』, 1989. p.134. 12-2; 김수근, 『좋은 길은 좁을수록 좋고 나쁜 길은 넓을수록 좋다』, 1989. p.257. 12-3; 김중업, 「국제지명설계경기: 김중업 안」 『건축문화』 43호, 1984. 12. p.24. 9-11; 朝鮮建築會, 『朝鮮と建築』, 1941. 4. 5-11(저자가 다시 작도); 朝鮮建築會, 『朝鮮と建築』, 1927. 5. pp.6-65. 3-9; 朝鮮總督府, 『朝鮮土木事業誌』, 1928. p.1045. 6-5; 朝鮮總督府, 『大邱市街地計畫決定理由書』, 1937, p.53. 2-14; 주남철, 『한국주택건축』, 1994. p.100. 19-2; 清水組, 『住宅建築図集』, 1939. p.119. 5-16; 住友和子編集室, 『間取り』, 2001. p.18. 3-10; 住友和子編集室, 『間取り』, 2001. p.24. 3-11; 小林英夫, 『満鉄—「知の集団」の誕生と死』, 1996. p.57. 2-3, 2-4; 김기석, 『건축가 김기석 집이야기 전집 4: 길은 집을 만들고』, 1997. p.71. 19-4; 김민아·정인하, 『대한건축학회 논문집』, 2014. 1, p.252. 2-13; 金惟邦, 『開闢』, 1923. 4, p.57. 3-4(위); 金惟邦, 『開闢』, 1923. 4, p.58. 3-4(아래); 김의원, 『한국국토개발사연구』, 1982. p.652. 1-5; 김의원, 『한국국토개발사연구』, 1982. p.659. 2-1; 김중업, 『건축』, 1965. 7. p.36. 8-6; 김태영, 『한국근대도시주택』, 2003. p.173. 3-19; 金海卿, 『朝鮮と建築』 1, 1931. 10. p.29. 6-2; 多田工務店, 『朝鮮と建築』, 1932. 4. p.20. 3-6; 〈대경성부대관(大京城府大觀)〉 6-1; 대한주택공사, 『과천 신도시 개발사』, 1984. 7-20; 대한주택공사, 『대한주택공사 30년사』, 1992. p.256. 8-11; 대한주택공사, 『대한주택공사 30년사』, 1992. p.60 3-13; 李允淳, 『朝鮮日報』, 1937. 1. 4. 5-8; 每日新聞社, 『別冊一億人の昭和史, 日本植民地史 1 朝鮮』, 1978, p.119. 2-7; 문화재청, 『대한의원본관 실측보고서』, 2002. 4-19(저자가 다시 작도); 문화재청 근대문화재과, 『구 공업전습소 본관 정밀실측조사보고서』, 2010. p.267. 4-11; 朴吉龍(P生), 『(朝鮮文) 朝鮮』, 1928. 7. p.46. 5-1(저자가 다시 작도); 朴吉龍, 『(朝鮮文) 朝鮮』, 1928. 10. 5-2(저자가 다시 작도); 朴吉龍, 『在來式 住家改善에 對하야』, 1933. p.32-33. 3-18; 朴吉龍, 『在來式 住家改善에 對하야』, 1937. 5-4(저자가 다시 작도), 5-5; 朴吉龍, 『朝鮮と建築』, 1930. 11, 1931. 9, 1932. 2, 1935. 10, 1937. 12, 권두 부록. 5-13; 朴吉龍, 『實生活』, 1932. 8. 5-3; 박병주, 『공간』, 1966. 11. p.8. 7-6, 7-7; 富井正憲, 「日本, 韓國, 臺灣, 中國の住宅營團に關する研究—東アジア4カ國における住居空間の比較文化論的考察」, 1996, p.498. 3-12; 富井正憲, 「日本, 韓國, 臺灣, 中國の住宅營團に關する研究—東アジア4カ國における住居空間の比較文化論的考察」, 1996, p.497. 2-15; 三国利道, 『朝鮮と建築』, 1922. 11. 3-5; 서울건축연구진, 『목동 신시가지 계획: 중심지구 도시설계 및 주거지역 계획설계』, 1984. p.12. 7-21; 서울역사박물관, 『서울지도』, 2006, pp.110-111. 2-10; 서울특별시 한강건설사업소, 『여의도 및 한강연안개발계획』, 1969. p.32. 7-8; 서울특별시, 『서울도시기본계획』, 1966. p.241. 7-4; 서울특별시, 『잠실 지구 종합개발기본계획』, 1974. p.3. 7-16; 小田省吾, 『德壽宮史』, 1938. 1-12; 손정목, 『일제강점기 도시화과정연구』, 1996. p.153. 6-6; 江口敏彦, 『洋風木造建築—明治の様式と鑑賞』, 1996. p.74. 4-6, 4-8; 江口敏彦, 『洋風木造建築—明治の様式と鑑賞』, 1996. p.98. 4-5; 이규헌, 『(사진으로 보는) 근대한국: 산하와 풍물』 상권, 1986. p.64. 1-2; 이규헌, 『(사진으로 보는) 근대한국: 산하와 풍물』 상권, 1986. pp.10-11. 2-11; 이희태, 「혜화동성당」 『공간』, 1971. 6. p.44. 10-2; 임창복, 「한국 도시

단독주택의 유형적 지속성과 변용성에 관한 연구」, 1989. pp.58-64. 8-4; 장림종·박진희,『대한민국 아파트 발굴사』, 2009. p.106. 8-5; 장성수,「1960-1970년대 한국 아파트의 변천에 관한 연구」, 1994. p.118. 8-13; 鄭世權,「住宅改善案」『實生活』, 1936. 4. 5-9(저자가 다시 작도); 鄭世權,『實生活』, 1936. 4. 5-10(저자가 다시 작도); 정인하,『김중업 건축론: 시적 울림의 세계』, 1998. p.122. 11-13; 정인하,『시적 울림의 세계: 김중업 건축론』, 2003. p.98. 11-14; 정인하,『시적 울림의 세계: 김중업 건축론』, 2003. p.183. 11-16; Tai Soo Kim, *A Master Plan for Seoul City*, 자비출판, 1969, 표지. 7-5;〈한성부지적도〉(이상구 제작). 2-5(저자가 다시 작도).

commons.wikimedia.org

Duncid 9-3; Burton Holmes from Ewing Galloway-Library of congress 1-9; Francis Vérillon 14-11; Stephen Richards 14-7.

도판 제공

정인하(鄭麟夏)는 1964년 출생으로, 서울대학교 건축학과를 졸업하고 동대학원에서 석사학위를 받았다. 1993년 프랑스 파리 제1대학에서 프랑스 현대건축을 주제로 박사학위를 취득했다. 현재 한양대학교 에리카 건축학부의 건축역사 및 이론 담당 교수로 재직하면서, 동아시아 근현대건축사에 대한 연구를 하고 있다. 주요 저서로『현대건축과 비표상』(2006),『감각의 깊이: 이희태 건축론』(2003),『김중업 건축론: 시적 울림의 세계』(1998),『김수근 건축론: 한국건축의 새로운 이념형』(1996) 등이 있으며, 해외 출간 저서로는『사회주의 삶의 방식의 건설: 북한의 주거와 도시계획(Constructing the Socialist Way of Life: Mass Housing and Urbanism in North Korea)』(2023),『포인트-카운터포인트: 한국 건축가 10인의 궤적(Point-Counterpoint: Trajectories Of Ten Korean Architects)』(2014),『한국의 건축과 도시계획(Architecture and Urbanism in Modern Korea)』(2013),『구축적 공간의 탐구: 김종성 건축론(Exploring Tectonic Space: The Architecture of Jong Soung Kimm)』(2008) 등이 있다.

한국의 근현대건축
다이어그램으로서의 역사

정인하

초판1쇄 발행일 2023년 9월 15일
발행인 李起雄 발행처 悅話堂
경기도 파주시 광인사길 25 파주출판도시
전화 031-955-7000 팩스 031-955-7010
www.youlhwadang.co.kr yhdp@youlhwadang.co.kr
등록번호 제10-74호 등록일자 1971년 7월 2일
편집 이수정 장한올 디자인 염진현
인쇄 제책 (주)상지사피앤비

ISBN 978-89-301-0778-5 93540

Modern Architecture in Korea © 2023, Jung Inha
Published by Youlhwadang Publishers. Printed in Korea